“十二五”国家重点图书出版规划项目
化学化工精品系列图书·精细化工系列

日用化学品化学

——日用化学品配方设计及生产工艺

主　编　王慎敏　唐冬雁
副主编　王正平　金秋云
　　　　刘晓光　李　垚
主　审　乔英杰　强亮生

哈爾濱工業大學出版社

内 容 提 要

日用化学品是一类发展迅速且与人们生活极为贴近的精细化学品。本书系统地介绍了各种日用化学品的配方设计原理、性能特点、制备方法、应用范围、发展趋势、主要生产设备、质量标准和检测方法等。全书分为绪论、表面活性剂理论简介、家用洗涤用品、化妆品、香料香精、日用卫生用品、日用化学杂品、日用化学品主要生产设备、主要日用化学品分析检测方法和产品质量标准,共九章。

本书取材新颖,内容丰富、翔实,在保证系统性和知识性的同时,注重理论与实践结合,突出了实用性和趣味性,既可作为高等院校化学、化工类专业本、专科学生的教材,也可作为相关教师的教学参考书,还可作为日用化学品研究、开发、生产人员的工具书。

图书在版编目(CIP)数据

日用化学品化学:日用化学品配方设计及生产工艺/王慎敏主编. —哈尔滨:哈尔滨工业大学出版社,2001.10(2019.6 重印)
ISBN 7-5603-1658-1

Ⅰ.日… Ⅱ.王… Ⅲ.日用化学品-工业化学 Ⅳ.TQ072

中国版本图书馆 CIP 数据核字(2001)第 048829 号

责任编辑 王桂芝 黄菊英
封面设计 卞秉利
出版发行 哈尔滨工业大学出版社
社 址 哈尔滨市南岗区复华四道街 10 号 邮编 150006
传 真 0451-86414749
网 址 http://hitpress.hit.edu.cn
印 刷 肇东市一兴印刷有限公司
开 本 787mm×1092mm 1/16 印张 22.5 字数 572 千字
版 次 2001 年 10 月第 1 版 2019 年 6 月第 6 次印刷
书 号 ISBN 978-7-5603-1658-1
定 价 42.00 元

前　　言

随着科学的发展、社会的进步和人们生活水平的日益提高，日用化学品作为一类与人们生活极为贴近的精细化学品，已形成一个相对独立的工业门类，并以惊人的速度发展，急需其研制、开发和生产方面的专门人才。因此，在原精细化工专业教学计划中，大都将日用化学品化学列为专业主干课或指定必修课，并按 30 ~ 40 学时组织教学。专业调整后，多数高校的精细化工专业改为应用化学专业，亦有一部分按规定合并于化学工程与工艺专业。但无论怎样，日用化学品化学都是其专业必修课或专业主干课中的重要内容(因有些学校未将日用化学品化学单独设课)。加之日用化学品的通用性和广泛性，不少化学化工类专业也将日用化学品化学列为指定必修课或重点选修课。值得指出的是目前国内还没有一本以教材形式出版的日用化学品化学书籍，为了解决教学之急需，我们组织几所高校和科研单位的同志，合编了这本日用化学品化学。

本书的主要特色是将理论与实践有机地融为一体，详细介绍各类日用化学品的配方结构、设计方法和生产工艺。本书取材新颖、内容广泛、循序渐进，有较强的系统性，并在保证科学性的同时，注重理论与实践的结合，突出了实用性和趣味性，既可作为高等院校化学、化工类专业本、专科的教材，亦可作为相关教师的教学参考书，还可作为广大日用化学品研究、开发、生产人员的工具书。

本书由哈尔滨理工大学王慎敏、哈尔滨工业大学唐冬雁主编，哈尔滨工程大学王正平、哈尔滨理工大学金秋云、齐齐哈尔产品质量技术监督检测中心刘晓光、哈尔滨工业大学李垚任副主编。书中第一章由王慎敏编写，第二章由王慎敏、唐冬雁编写，第三章由李垚、王慎敏、王正平编写，第四章由金秋云、唐冬雁、臧秋香编写，第五章由唐冬雁、王正平编写，第六章由马正、李垚编写，第七章由臧秋香、李垚编写，第八章由王正平、马正编写，第九章由刘晓光、金秋云编写。参加本书编写的还有哈尔滨理工大学秦梅，黑龙江省经济信息中心郭迎，参加本书校对的有李景福、魏志军、张健、金媛媛、秦声远、张贺新等，全书由王慎敏、唐冬雁统编修改定稿，由哈尔滨理工大学乔英杰、哈尔滨工业大学强亮生主审。

本书在编写过程中重点参考了顾良荧主编，化学工业出版社出版的《日用化工产品原料制造与应用大全》，李和平、葛虹主编，科学出版社出版的《精细化工工艺学》，孙绍曾主编，化学工业出版社出版的《新编实用日用化学品制造技术》，王福赓、郑林编，中国纺织出版社出版的《日化产品学》，并得到了哈尔滨理工大学教务处、应用化学化工系和哈尔滨工业大学教务部、应用化学系的大力支持，在此一并表示感谢。

由于编者水平所限，加之时间仓促，书中不妥之处在所难免，恳请读者提出批评意见。

编　者

2001 年 7 月

目　录

第一章 绪 论

1.1 日用化学工业的范围及其在化学工业中的地位

1.1.1 日用化学工业的范围

顾名思义，日用化学工业是指生产人们在日常生活中所需化学品的工业。日用化学工业既是一个历史悠久的行业，同时又是一个新兴的发展中的行业。日用化学工业的范围随着时代的变迁和科学技术的发展也在不断地变化，不断地融入新的内容。但不论怎样变化，家用洗涤用品、化妆品、香料、香精及日用卫生用品等仍是日用化学工业的主体，也是日用化学品的主导产品。

肥皂是最早的日用化学品。肥皂生产有人认为在公元 600 年开始，也有人认为在公元前 2500 年就已出现。但肥皂真正迅速普及则是在 19 世纪路布兰制碱法出现以后。

合成洗涤剂的主活性物——烷基苯磺酸盐、烷基硫酸盐，虽早在 19 世纪 20 年代就已问世，但世界上第一个合成洗涤剂产品直到第一次世界大战才进入市场，其产量在第二次世界大战前一直都很低，真正形成合成洗涤剂工业是在第二次世界大战以后。1945 年美国合成洗涤剂的销售量为 9 万 t，1949 年达到 36 万 t，1953 年美国合成洗涤剂的产量率先超过肥皂。1967 年全世界合成洗涤剂的总产量超过肥皂。此时合成洗涤剂才真正成为洗涤用品的主体。洗涤用品包括衣用洗涤剂、个人清洁保护用品、工业清洗剂和公共设施清洗剂 4 大部分。

化妆品是指以涂抹、喷洒或类似方法施于人体皮肤、毛发、口唇等处，具有保护、美容等功能的产品。目前主要有护肤化妆品、美容化妆品和发用化妆品 3 大类。随着人民精神文明和物质生活水平的不断提高，化妆品已由过去的奢侈品逐步成为人们日用生活用品。目前，化妆品已成为日用化学工业的重要组成部分。

另外，香料香精及日用卫生用品等日用化学品随着人们生活水平的提高，也得到了飞速的发展，并逐渐成为日用化学品的重要组成部分。

1.1.2 日用化学工业在化学工业中的地位

随着社会的发展和人们生活水平的不断提高，日用化学工业在化学工业中的比重亦逐步提高，到 2000 年，经济比较发达的国家日用化学工业中的洗涤剂、化妆品和香料香精的销售额一般占整个化学工业销售额的 15%以上，其中美国高达到 25%。

据国家统计局统计，1998 年我国石油和化学工业完成工业总产值（不变价）4 949.79 亿元，比上年增长 6.95%，其中化工系统总产值 2 895.6 亿元，比上年增长 8.3%。据行业估算，1998 年我国日化行业产值近 600 亿元，占整个化学工业总产值的 20%左右。

1.2 日用化学品与人民生活的关系

日用化学品是人们日常生活中不可缺少的消费品，与人们的衣、食、住、行息息相关。它在提高人民生活水平、优化人民生活质量、保护人们赖以生存的环境等方面具有重要作用，可以说："现代人类生活离不开日用化学品"。随着我国人民生活水平由温饱型向小康型的过渡，人们对日用化学品的品种、档次、质量、环保功能等提出了更高层次的要求。要求洗涤用品不但具有去污功能，还应具有增白、增艳、抗静电、柔软、杀菌等多种功能。要求化妆品通过高新技术来实现促进皮肤细胞新陈代谢，防止皮肤自然老化的生理效应，要求生产出抗衰老产品、葆青产品、美白产品、祛斑产品，以满足人们的期望。崇尚天然、回归大自然成为人们对日用化学品的追求。

牙膏是用于清洁牙齿、保护口腔的重要日用消费必需品，关系到人们对食物的消化吸收，对于保护人们的身体健康起到重要的作用。

香料香精虽不是人们日常生活中的直接消费品，但在改善人们的生存环境和提高人民的生活水平方面起着很重要的作用。各种清洁空气、清洗皮肤毛发、保护皮肤、美化皮肤的化学品，以及为改善食品口感的各种食品添加剂等等，一般都要加入香料和香精。

1.3 我国日用化学工业的基本状况

日用化学品的种类繁多。按日用化学品的消耗量来看，洗涤用品和化妆品是其主流。据不完全统计，至2000年全国洗涤用品和化妆用品的产量已占全部日用化学品产量的70%以上。因而二者的发展对日化行业起着举足轻重的作用。

随着人们生活水平的提高和消费观念的变化，享受型非生活必需品增长很快。对世界化妆品市场调查表明，我国化妆品年增长率雄居世界首位，洗涤用品产量位居世界第二。虽然我国的日用化学工业呈持续增长之势，但日用化学产品的人均消费量与世界水平仍有很大差距。目前，虽然我国发达的大中城市化妆品人均消费已达80元，接近世界人均消费水平，但全国人均消费水平仅有25元，而发达国家人均消费已达35～70美元，我国洗涤用品的人均消费水平也远远低于世界平均消费水平。由此可见，日用化学产品在我国的市场潜力不可低估。

全球经济一体化使日化产品的竞争格局由国内演变至国际间，广阔的市场发展潜力吸引国际诸多厂商迫不及待地抢占中国市场，世界顶级的跨国公司，如美国的宝洁、德国的汉高、英国的联合利华、日本的资生堂等相继来华投资办厂。一时间，仅化妆品行业就引进外资3亿美元，近80%的国内市场被国外品牌占领，注册的合资企业达500多家；洗涤用品行业，到2000年全国著名大商场和超市中洗衣粉的市场占有率，合资产品已接近80%。

外资品牌的介入极大地丰富和繁荣了我国日化产品的市场，同时也带来了世界领先的科技和设备，促进了我国日化行业的发展，激发了业内同仁的昂扬斗志，有识之士为谋求我国日用化学工业的自身发展，根据我国消费者的特殊需求，以发展科技、完善经营、规范运作为利刃，寻求迎接全球挑战的切入点。

1.3.1 洗涤用品概况

我国的肥皂生产始于清朝光绪末年，而合成洗涤剂则是在1956年开始研制，1958年投入工业生产并投放市场，有产量统计是在1959年。之后发展很快，到1985年合成洗涤剂的产量开始超过肥皂。尽管我国洗涤用品的人均占有量只有世界平均水平的1/3，但总产量已达到386万t。洗涤用品，特别是合成洗涤用品，多年来一直以较高的速度发展，1990年比1980年增长了107%，1995年比1990年又增长了13%，2000年比1995年增长了20%，计划产量达到331万t。

1.3.2. 化妆品概况

化妆品工业是日用化学工业的重要门类，随着全球经济一体化的发展和人民生活水平的逐渐提高，发展非常迅猛，1990年我国化妆品的销售额仅为45亿元，1998年销售额为275亿元，2000年达到335亿元，比1999年增长9%。

1.3.3 口腔卫生用品概况

牙膏是人们日常生活的必需品，也是日用化学工业的重要门类。自1922年我国生产出第一支管装牙膏，70多年来，牙膏的品种、产量和功能都获得了长足的发展。1949年我国牙膏的产量仅有2 100万支，到1998年牙膏的产量就达到了28.07亿支，是1949年的135倍，销售收入达46亿多元，到2000年超过30亿支，销售收入70亿元。

1.3.4 香料香精概况

我国的香料工业与国外的发展经历相差不多，最早是简单地调配香精，而后发展为制造香料。

中国的香精调配始于20年代初期，当时完全依靠进口香料和香精的再调配。香精的生产始于30年代，当时主要是把分离出的单体再稍加合成，制成单离香料和半合成香料。到50～60年代已能合成出一批基本香料，既适应了国内调香的需要，也开始销往国外。

到了80年代初期，改革开放的形势促进了我国香料的大发展，促使全国香料生产企业的生产积极性得到充分的发挥，老厂扩大更新，新厂频频建立，科技力量逐步增强，产品在数量、品种和质量方面都有了明显的提高，具备了参与国际竞争的能力。

90年代，中国的香料开始大批涌入国际市场，出现了空前的蓬勃发展的局面，在世界香料市场已具有举足轻重的地位。1996年产量为15 873.2t，工业总产值约90亿元。“九五”末期计划产量达到7.8万t，产值76.6亿元，出口创汇4.4亿美元(从目前看，1996年已完成“九五”计划指标，但在统计口径上可能有些出入)。

1.4 我国日用化学工业的发展规划和发展趋势

日用化学工业与国民经济的其他行业一样，要想优先发展，科技必须先行，要靠先进的科学技术和优质的原料及先进的管理手段。

未来的市场竞争是科技的竞争，谁拥有高新技术、特色产品，谁就有了市场的准入权，只有顺应知识经济的潮流，提高产品的科技含量，才能使我国日化工业在激烈的商战中立于不败之地，也是进入WTO的必由之路。

目前，人们对非生活必需的日化产品的需求也不仅仅限于暂时性效果，保健意识正逐渐深入人心。"绿色革命"、"环保产品"、"回归自然"等是消费者对天然成分高的日化产品的追求和信赖。无磷和低磷洗涤剂、生物酶洗衣粉的畅销证实了人们对"回归自然"的热爱。中国地大物博，博大精深的中医药理论不仅是国人的骄傲，也早已为世界所认可。将中医药理论与现代科技有机结合，研制出高天然成分的日化产品，既有医疗保健功能，又有美化生活的效果，是足以打入国际市场的"特色品牌"产品。特色属于民族，追求高科技，与国际水平并驾齐驱才能走向国际。欧美等国家重金聘用各学科的专家，投入大量科研经费，为打好科技战不惜重金开发各种生物化妆品。我国科技工作者目前也致力于以生物酶或微生物为催化剂，用生物手段合成各种日化产品，既减少了化学合成法中繁锁的反应条件，又使产品符合环保条件，具有副产物少、刺激性小、生产效率高等特点，同时也迎合消费者崇尚自然的心态。21世纪是生物的时代，种种迹象表明，生物科学正一步步向日化工业渗透，我国只有以科技为先，拉进与国际水平的差距，辅以具有中国特色的、符合中国人民消费心理的特色产品，才能在宝洁、汉高、联合利华、资生堂等群雄割据的市场中占有一席之地。

在全球经济一体化已成为大势所趋，市场运作日趋规范之时，我国日化市场的竞争实际上已是一场国际之战，这种竞争除了技术上的角逐，更是人才、信息、营销、管理等全方位之战。国外碧浪、飘柔等品牌的形象、概念已深入人心，乐于为消费者所接受。我国的日化行业目前品牌意识仍比较淡薄，欲与世界接轨，还要在品牌管理上下功夫。作为科技密集型、高技术含量的日化行业，老产品的更新和调整、新产品的开发都将决定一个生产企业的市场份额，在琳琅满目的日化产品市场中，只有不断推陈出新、出奇制胜，奉献有特色的、高品质的产品，方能抢占市场。我国的日化工作者应交给令消费者放心的产品，更快、更具体地实施国际质量标准，否则便难于在强手林立的市场中立足，打入国际市场则更是奢望。

源远流长的五千年文化是我国的特色资本，日新月异的高科技是我国的现代化武器，取他山之甘泉，灌我方之沃土，国产品牌枝繁叶茂之时指日可待！

1.4.1 洗涤用品的发展规划和发展趋势

我国洗涤用品工业计划在未来15年内仍保持稳步增长的发展势头，表1.1为2000～2015年中国洗涤用品工业发展预测。

表1.1 2000～2015年中国洗涤用品工业发展预测

时间 产品	2000年预计	2005年计划	2000～2005年增长/%	年增长/%	2015年规划	2005～2015年增长/%	年递增/%
洗涤用品产品	385.0	460.0	19.48	3.62	648.0	36.0	3.5
其中，合成洗涤剂	330.0	405.0	22.72	4.2	593.0	46.4	3.9
肥(香)皂	55.0	55.0	0.0	0.0	55.0	0.0	0.0

新世纪人们对洗涤用品也提出了更高层次的要求。要求洗涤用品突破单一的去污功能，即不仅要求衣物洗后洁净，更要求具有增白、增艳、抗静电、柔软、杀菌等多种功能，还要

有穿着如新之感。对居室环境不仅要求明窗净几,更要卫生舒适,空气清新。厨房、浴室的清洁卫生同时要求方便、速效、无烟雾污染等。消费者的需求和对环保的更高期望,加之高新技术的应用,是我国的洗涤用品工业发展的推动力,今后的发展方向是:① 开发高效型和多功能型洗涤用品。洗涤剂在提供更充分、彻底地去除各种污垢和特殊污渍的卓越洗净力的前提下,兼有杀菌、保护织物和增加对织物的调理功能。② 开发室温下应用的节水型洗涤用品。在洗涤用品的制造和使用过程中节约资源、节省能源,特别是节约洗涤用水和降低洗涤能耗。③ 开发环境友好型绿色产品。洗涤后的生活污水对环境和自然生态的影响应减至最小。④ 开发温和型洗涤剂,提高洗涤剂对人体的安全性,减小对皮肤和粘膜的刺激性。⑤ 改善洗涤用品剂型和外观。运用高新技术使其成为具有新颖独特功能的载体和赏心悦目的、受消费者青睐的外形。

1.4.2 化妆品的发展规划和发展趋势

我国的化妆品工业近年来发展很快,并将继续保持稳定增长的势头。表 1.2 列出了我国化妆品工业 2000 ~ 2015 年的工业发展预测。

表 1.2 2000 ~ 2015 年中国化妆品工业发展预测

时间 产品	2000 年预计	2005 年计划	2010 年规划	2015 年规划
销售额/亿元	335	500	800	1 100
利税额/亿元	125			
增长率/%	9	8.17	8.9	6.22

我国的化妆品工业在未来的相当一段时间内生产和销售并保持稳定增长的势头,其发展的总趋势是:

(1) 美容消费品将是妇女消费的主流产品,今后将会保持上升的发展趋势。

(2) 护肤用品仍然是化妆品工业发展的主流产品,今后将会保持稳定增长的趋势。

(3) 洗发、护发用品的需求将向中高档产品发展,将保持原来的发展速度。

(4) 防皱、美白、抗衰老等化妆品,因受使用效果的限制,消费水平将在徘徊中进行,但今后仍有较大的需求。

(5) 护肤类化妆品将在添加物上拓宽,引入生物制剂,使产品具有多功能。

(6) 随着人们户外活动和旅游的增多,臭氧层的破坏,人们对紫外光的防护越显重视,皮肤科专家认为我国防晒产品的生产和使用刚刚开始,在相当一段时间内将发展更快、产量更大、使用面更广。

(7) 适合老年人身体特点、心理状态和观念转变用的老年化妆品有待开发。

(8) 适用、质优和新颖的儿童化妆品具有广阔的市场。

(9) 护肤、须用和发用及浴液等男士化妆品也将得到发展。

(10) 具有去死皮、促进新陈代谢功能的果酸用于美容化妆品成为重大突破目标。

(11) 对皮肤角质层有很强亲和性和“穿透”力并可促进细胞生长的人参皂苷在化妆品中的应用仍方兴未艾。

(12) 我国开发的添加天然“茶多酚”的化妆品,易被皮肤吸收,活性稳定,在酸性和避光条件下活性能较长期保持不变,无毒、无刺激性。这类产品将扩大生产。

(13) 酵素能抑制皮肤老化,参与角质的新陈代谢,增白皮肤的胶原酶、透明质酸酶,是化妆品很有前途的添加剂。

(14) 各种品牌洗面奶产品相继登场,在今后一段时间将会有更大发展。

(15) 在今后的城市和农村,沐浴液将取代香皂和肥皂,获得较大发展。

(16) 彩发在国际上已流行多年,但在中国正在起步,今后将会有较大发展。

随着人们对化妆品的追求,将会有更多种类的新型化妆品投入市场。

1.4.3 口腔卫生用品的发展规划和发展趋势

按照我国2000年口腔保健的预期目标规定,到2000年我国城市人民的刷牙率达85%,农村达到50%,按全国城市刷牙人数每人每年平均消费5支牙膏,农村每人每年平均消费3支牙膏计划,到2000年,全国牙膏销量将达到30.5亿支,未来10年计划的规划产量见表1.3。

表1.3 2000~2010年中国牙膏工业发展预测

	2000年计划	2005年规划	2010年规划
产销量/亿支	30.5	40	60
销售收入/亿元	50	70	100
出口量/亿支	1.66	2	
创汇额/万美元	4 000	6 000	13 000

目前,中国尚有5~6亿人不刷牙,刷牙人数呈逐年增加趋势,而刷牙人中的刷牙次数也在增加,因此,牙膏在中国具有巨大的潜在市场和广阔天地。已故原卫生部部长陈敏章提出:"中国口腔保健的出路在于预防,需要全社会一致努力去完成。"中国人口多,牙医少,预防牙病是首要的。

牙膏清洁牙齿的功能主要是通过磨擦剂来实现的,磨擦剂在牙膏配方中的比例占45w%~55w%。国际上通常使用4种磨擦剂(碳酸钙、磷酸氢钙、氢氧化铝和二氧化硅)。美国牙膏配方中磷酸氢钙和二氧化硅占97w%,我国碳酸钙占86w%。目前,总的认为牙膏配方中使用二氧化硅和磷酸氢钙作磨擦剂是先进的,比较理想的。从发展看,中国要积极开发磷酸氢钙、二氧化硅等磨擦剂,提高牙膏的配方水平,以适应中国不同层次消费者以及城市和农村的不同需求。

要依靠科技进步,开发具有中国特色的中草药牙膏新产品,增加品种,满足人民的不同层次的需求,提高牙膏行业的整体水平。

1.4.4 香料香精的发展规划和发展趋势

香料香精工业是国民经济中的一个配套性的行业,不是一般人们的日常直接消费品,它是发展轻工业加香产品的基础。中国具有较丰富的香料原料资源。2000年香料香精产品计划产量为7.8万t,产值76.6亿元,出口创汇4.4亿美元。2010年规划产量为12.3万t,产值114.5亿元,出口创汇6.1亿美元。

合成香料开发在香料工业中占有重要作用,由于它不受气候和地理条件限制,工艺稳定，产量和质量易于控制，开发品种较天然的快，因而发展迅速。但目前我国的合成香料发展仍处于仿制阶段，加入 WTO 后，中国必须走创新的路子，研制、开发出自己的合成香料。

中国有着丰富的天然香料资源，已发现芳香植物 500 种之多，许多品种没有得到开发。今后开发重点是资源较多、优产较高的植物品种。近年来已开发了浮滤式浸提器、连续式浸提器等设备来提高天然香料的加工技术。今后需加快发展流体 CO_2 及其超临界流体浸提等先进的萃取技术，以赶超世界先进水平。

参 考 文 献

1 张高勇．中国合成洗涤剂四十年及跨世纪展望．日用化学品科学，1999(1)

2 梁梦兰，薛卫星．洗衣粉的发展趋势．日用化学品科学，2001(2)

3 计石祥．中国洗涤用品工业发展概况及展望．日用化学品科学，2001(1)

4 计石祥．1999 年中国洗涤用品工业的发展及展望．日用化学品科学，2000(1)

5 俞福良．洗涤剂进展．日用化学品科学，1999(增刊)

6 邬曼君．高新技术与日用化学工业发展．日用化学品科学，1998(5)

7 侯景辉．主要日用化学品现状与展望．中国石油和化工，1999(2)

8 刘玉亮．21 世纪中国化妆品产业的未来．日用化学品科学，1999(增刊)

9 邬曼君．国外化妆品工业发展动态．日用化学品科学，1999(增刊)

10 张殿义．中国化妆品工业发展趋势．日用化学品科学，2001(2)

11 肖子英．中国化妆品工业发展战略初探．日用化学品科学，1999(3)：32～36

12 张殿义．发展中的中国化妆品工业．日用化学品科学，1999(6)：17～19

13 张殿义．中国化妆品工业回顾与展望．日用化学品科学，1998(2)：32～35

14 张殿义．发展中的中国香精香料工业．日用化学品科学，1998(5)：31～33

15 张晓冬．中国化妆品市场发展与展望．日用化学品科学，1999(1)：19～23

16 张殿义．中国牙膏工业的发展及展望．日用化学品科学，2001(1)

17 骆燮龙．国外化妆品产业的发展趋势和中国化妆品产业的基本政策．日用化学品科学，2001(2)

第二章　表面活性剂理论简介

表面活性剂具有润湿、分散、乳化、增溶、起泡、洗涤、匀染、润滑、渗透、抗静电、防腐蚀、杀菌等多方面的作用和功能，广泛应用于国民经济的各个领域，日用化学工业更是需要大量的表面活性剂。表面活性剂是洗涤用品、化妆品和日用卫生用品的重要原料之一。

2.1 表面活性剂

2.1.1 表面张力

界面上的分子与体相内部分子所处的状态不同，体相内部分子受到周围分子的作用力，这种作用力以统计平均来说是对称的，合力为 0。而界面上的分子，由于两相性质的差异，所受到的作用力是不对称的，合力不为 0，即受到一个垂直指向内部的作用力。例如图 2.1 所示的液－气界面上的分子，周围的分子对它的作用力是不对称的，液相分子对它的吸引力比气相分子对它的吸引力要强，故产生了表面分子受到向液相内部的引力。所以表面分子比液相内部的分子相对不稳定，它有向液相内部迁移的趋势，因而液相表面有自动缩小的倾向，把液体表面任意单位长度上的收缩力称为表面张力，单位为 $N\cdot m^{-1}$。

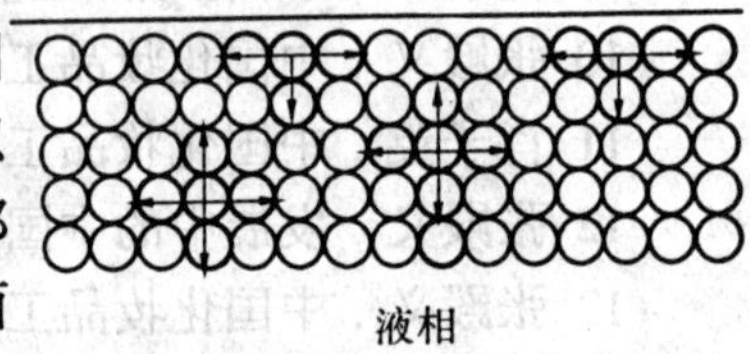

图 2.1　液相内部和液－气界面的分子所受作用力的示意图

从能量上看，要将液体分子移到表面，需要克服内部分子对它的作用力而做功，所以表面分子比内部分子具有更高的能量。换言之，要使体系的表面积增加，就必须对体系做功，增加单位面积，对体系做的可逆功称为表面(过剩)自由能，单位为 $J\cdot m^{-2}$。

因为 $J\cdot m^{-2} = N\cdot m\cdot m^{-2} = N\cdot m^{-1}$，故表面(过剩)自由能和表面张力有相同的数值和量纲。

2.1.2 表面活性和表面活性剂

日常生活中使用的洗衣粉、肥皂等物质，少量加入水中就能使水的表面化学性质发生明显改变，例如降低水的表面张力，增加润湿性能、洗涤性能、乳化性能以及起泡性能等等，而像食盐、糖之类的物质却无此功能。

大量事实表明，各种物质水溶液的表面张力与浓度的关系有三种情形，如图 2.2 所示的三种表面张力－浓度曲线。第一种情况是水溶液的表面张力随溶质浓度增加而增加，且大致呈线形关系(曲线 1)，NaCl、KNO_3、NaOH 等一般无机物的水溶液具有这种性质；第二种是表面张力随溶质浓度的增加而降低，一般浓度稀时降低幅度大，浓度大时下降缓慢(曲线 2)，醇、醚、酯、酸等极性有机物的水溶液具有这种曲线的特点；第三种则是表面张力在溶质浓度较稀时随浓度急剧下降，但到一定浓度时却几乎变化不大(曲线 3)，洗衣粉、肥皂等物质的水溶液具有这种性质。

除第一类物质能使水的表面张力增加外，第二、三类物质都有一个共同的特点，即能降低水的表面张力。我们将能降低溶剂表面张力的性质称为表面活性，而具有表面活性的物质称为表面活性物质。因此，第一类物质为非表面活性物质，没有表面活性；而第二、三类为表面活性物质，具有表面活性。

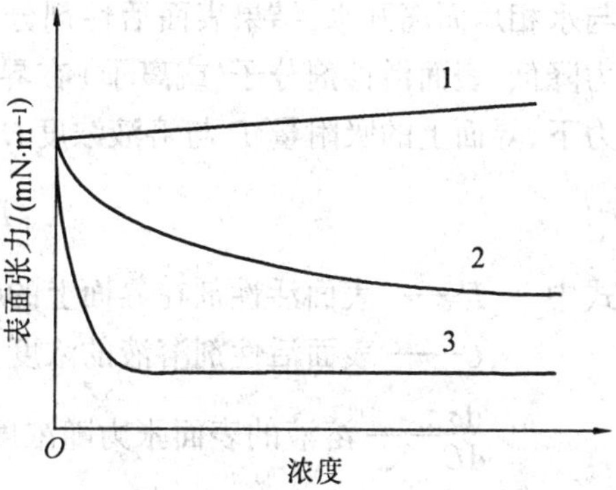

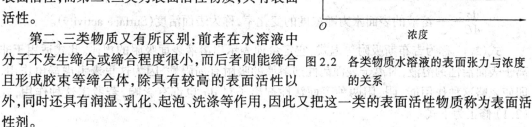

图 2.2　各类物质水溶液的表面张力与浓度的关系

第二、三类物质又有所区别：前者在水溶液中分子不发生缔合或缔合程度很小，而后者则能缔合且形成胶束等缔合体，除具有较高的表面活性以外，同时还具有润湿、乳化、起泡、洗涤等作用，因此又把这一类的表面活性物质称为表面活性剂。

2.1.3　表面活性剂的分子结构特点

表面活性剂是一种具有特殊结构和性质的有机化合物，它们能明显地改变两相间的界面张力或液体(一般为水)的表面张力，具有润湿、起泡、乳化、洗涤等性能。

就结构而言，表面活性剂都有一个共同的特点，即其分子中含有两种不同性质的基团，一端是长链非极性基团，能溶于油而不溶于水，亦即所谓的疏水基团或憎水基，这种憎水基一般都是长链的碳氢化合物，有时也为有机氟、有机硅、有机磷、有机锡链等。另一端则是水溶性的基团，即亲水基团或亲水基。亲水基团必须有足够的亲水性，以保证整个表面活性剂能溶于水，并有必要的溶解度。由于表面活性剂含有亲水基和疏水基，因而它们至少能溶于液相中的某一相。表面活性剂的这种既亲水又亲油的性质称为两亲性(Am－phiphiline)。图 2.3 所示的为离子型表面活性剂十二烷基硫酸钠的结构示意图。

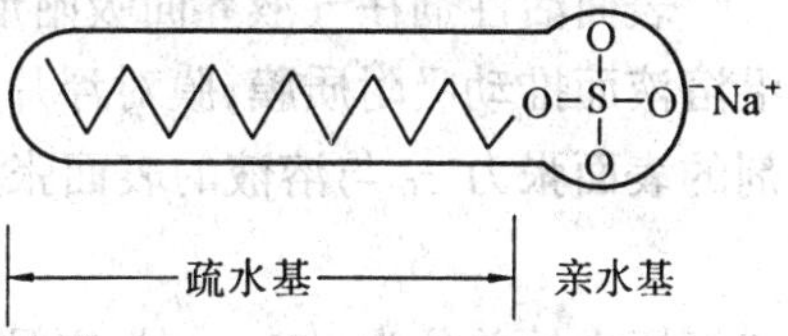

图 2.3　两亲性表面活性剂 $C_{12}H_{25}SO_4Na$ 示意图

表面活性剂的这种独特的分子结构，使其具有一部分可溶于水而另一部分易从水中逃离的双重性质。在水溶液中，尽管水分子与疏水基团存在着相互作用，但水分子之间的作用力要远大于它们之间的作用，而疏水基团则存在着相互吸引、相互缔合而离开水相的趋势。在水溶液中，疏水基团相互吸引、缔合的作用称为疏水作用(Hydrophobic interaction)或疏水效应(Hydrophobic effect)。

溶液中溶有表面活性剂时，由于表面活性剂吸附在界面(表面)上，使界面张力(表面张力)显著下降，同时渗透、乳化和分散等作用与纯溶剂比较也都发生明显变化。

2.1.4　表面活性剂水溶液的特性

2.1.4.1　表面活性剂在界面上的吸附

表面活性剂分子中具有亲油基和亲水基，为两亲分子。水是强极性液体，当表面活性剂溶于水中时，根据极性相似相引、极性相异相斥原理，其亲水基与水相引而溶于水，其亲油基与水相斥而离开水,结果表面活性剂分子(或离子)吸附在两相界面上,使两相间的界面张力降低。表面活性剂分子(或离子)在界面上吸附越多,界面张力降低越大。在一定温度和压力下,界面上的吸附量 Γ 与溶液浓度 C 有关,吉布斯(Gibbs)从热力学推导出这种关系

$$\Gamma = -\frac{C}{RT}\left(\frac{d\sigma}{dC}\right) \tag{2.1}$$

式中 Γ—— 表面活性剂在界面上的吸附量,$mol \cdot cm^{-2}$;

C—— 表面活性剂溶液的浓度,$mol \cdot L^{-1}$;

$\frac{d\sigma}{dC}$—— 溶液的表面张力随浓度的变化率,称为表面活度(Surface activity)。

式(2.1)称为吉布斯吸附等温式,它定量地表示出溶液表面吸附的规律。此式适用于非离子表面活性剂溶液,对离子表面活性剂溶液的吸附有局限性,因为这里未考虑静电作用,即使忽略这种作用能,阴、阳两种表面活性剂离子对 $d\sigma$ 也都有影响,若考虑这种作用,式(2.1)修正为下式

$$\Gamma = -\frac{C}{nRT}\left(\frac{d\sigma}{dC}\right) \tag{2.2}$$

式中 n—— 常数,取决于离子表面活性剂的类型和离解程度,对 1 - 1 型表面活性剂来说,$n = 2$。

2.1.4.2 吸附膜的一些性质

1. 吸附膜的表面压力

表面活性剂在气液界面吸附形成吸附膜,如在界面上放置一无摩擦可移动浮片,以浮片沿溶液面推动吸附质膜,膜对浮片产生一压力,此压力称为表面压力,以 π 表示,它等于纯溶剂的表面张力 σ_0 与溶液的表面张力 σ 的差值

$$\pi = \sigma_0 - \sigma \tag{2.3}$$

表面压力的单位为 $mN \cdot m^{-1}$,它是二维运动分子的压力。

表面活性剂稀溶液的表面压力 π 与溶液的浓度成正比

$$\pi = KC \qquad dC = \frac{d\pi}{K} = -\frac{d\sigma}{K} \tag{2.4}$$

式中 K—— 比例系数。

设表面上每一吸附分子所占据的面积为 A,则有

$$A = \frac{1}{N_A \Gamma} \tag{2.5}$$

式中 N_A—— 阿佛加德罗常数,$k = \frac{R}{N_A}$。

将式(2.4)、(2.5)代入式(2.2),加以整理,得

$$A\pi = \frac{R}{N_A}T = kT \tag{2.6}$$

式中 k—— 玻耳兹曼常数,$k = \frac{R}{N_A}$。

式(2.6)为二维理想气体状态方程,它表示从稀溶液吸附的表面分子可在二维空间运动,有如自由运动的二维理想气体。当溶液的浓度增大时,表面吸附的分子数目增多,它们

之间的距离缩小,分子的“尾”与“尾”借范德华力作用可呈交叉状,此时吸附分子不能自如地在二维空间运动。浓度再增大,表面活性剂分子的亲水基浸入水中,亲油基指向空间,使体系在能量上最为有利,此时吸附分子有如二维的液体甚至固体。

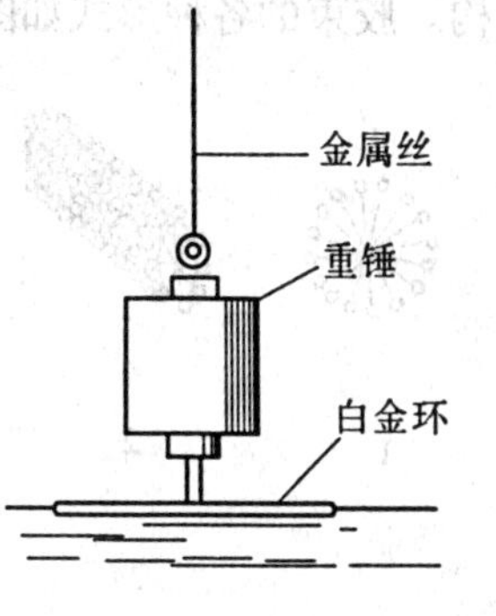

图 2.4 表面粘度测定装置

2. 表面粘度

与表面压力一样,表面粘度是由不溶性分子膜表现出的一种性质。以细金属丝悬吊一白金环,令其平面接触水槽的水表面,旋转白金环,白金环受水的粘度阻碍,振幅逐渐衰减(图 2.4),据此可测定表面粘度,方法是:先在纯水表面进行实验,测出振幅衰减,然后测定形成表面膜后的衰减,从两者的差值求出表面膜的粘度。

表面粘度与表面膜的牢固度密切有关。

由于吸附膜有表面压力和粘度,它必定具有弹性。吸附膜的表面压力越大,粘度越高,其弹性模量就越大。表面吸附膜的弹性模量在稳泡过程中有重要意义。

2.1.4.3 胶束的形成

表面活性剂的稀溶液服从理想溶液所遵循的规律。表面活性剂在溶液表面的吸附量随溶液浓度增高而增多,当浓度达到或超过某值后,吸附量不再增加,这些过多的表面活性剂分子在溶液内是杂乱无章的,抑或以某种有规律的方式存在。实践和理论均表明,它们在溶液内形成缔合体。这种缔合体称为胶束(micelle)。

1. 临界胶束浓度

表面活性剂在溶液形成胶束的最低浓度称为临界胶束浓度(critical micelle concentration,缩写为 *cmc*)。低于此浓度,表面活性剂以单分子体方式存在于溶液中,高于此浓度它们以单体和胶束的动态平衡状态存在于溶液中。所以,在温度和压力一定的条件下,测定溶液的表面张力、当量电导、渗透压、洗涤力等一系列物理化学性质随浓度变化时发现,在某一狭窄浓度区间它们发生急剧变化(见图 2.5)。严格地说,此狭窄浓度区间的适当值才是临界胶束浓度(*cmc*)。出现这种狭窄浓度区间,是因为测定方法不同,临界胶束浓度也稍有不同。不同的表面活性剂各自有其临界胶束浓度特征值。构成胶束的表面活性剂分子,其亲油基之间的作用力为范德华力(Van der Waals force)。当表面活性剂水溶液的浓度达到 *cmc* 值后,再加入表面活性剂,其单体分子浓度不再增加,而只能增加胶束的数量。

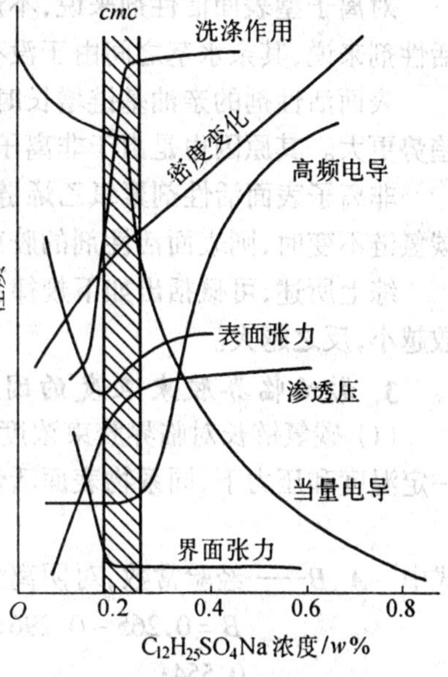

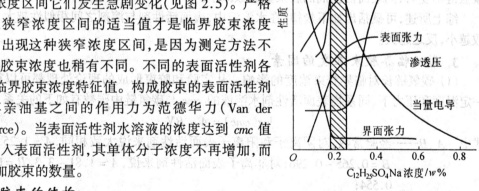

图 2.5 十二烷基硫酸钠水溶液的一些性质随浓度的变化

2. 胶束的结构

以扩散法和光散射法对胶束研究证实,浓度在 *cmc* 以上不太高的范围内胶束大都呈球状,为非晶态结构,有一个与液体相似的内核,由碳氢链组成。当浓度高于 *cmc* 10 倍时,胶束呈棒状,这种棒状结构有一定的柔顺性。浓度再增大，棒状胶束聚集成六角结构。浓度更大时则形成层状结构。胶束的各种形式如图2.6所示。

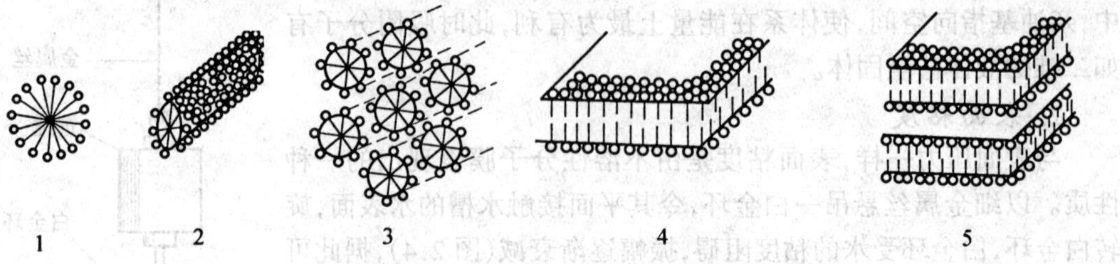

图2.6 胶束的各种形状

1—球状；2—棒状；3—六角束；4—层状；5—块状

构成胶束的分子单体数目称为聚集数。一般来说，离子型表面活性剂胶束的聚集数较小，约为10～100左右；而非离子型表面活性剂胶束的聚集数较大，如月桂醇聚氧乙烯醚[$C_{12}H_{25}-O(C_2H_4O)_6H$]胶束，在25～50 ℃时聚集数为400。

聚集数为数十的小胶束为球状体。链长增大，反离子浓度增高，能导致聚集数增大。在球状胶束的情况下，分子单体向胶束内紧密填充并不容易，于是胶束发生非对称增长，形成椭圆状体，甚至棒状体，乃至层状和块状体。

胶束的大小在0.005～0.01 μm之间，小于可见光的波长，所以胶束溶液是清澈透明的。胶束的大小与胶束的形状有密切关系。胶束的大小通常以聚集数来表示。胶束的大小可采用光散射法、X-射线衍射法、扩散法、渗透法、超离心法等进行测定。如用光散射法测出胶束的相对分子质量(胶束量)，除以表面活性剂的相对分子质量，即得到胶束聚集数。

对离子型表面活性剂来说，不论亲水基的种类，其聚集数在50～60之间；对非离子表面活性剂来说，其亲水基之间由于没有离子电荷的排斥作用，其 *cmc* 很小，聚集数很大。

表面活性剂的亲油基链增长时，胶束聚集数增大。特别是非离子表面活性剂，其增加的趋势更大。其原因也是由于非离子表面活性剂没有离子电荷的排斥作用所致。

非离子表面活性剂聚氧乙烯链长变化时，也会引起性质变化，如聚氧乙烯链长增大，而碳氢链不变时，则表面活性剂的胶束聚集数减小。

综上所述，可概括出如下规律：在水溶液中，表面活性剂与溶剂之间相似性越大，其聚集数越小，反之越大。

3. 影响临界胶束浓度的因素

(1) 碳氢链长对临界胶束浓度的影响。从实验和胶束形成的理论处理都可以得出：在一定温度和压力下，同系物表面活性剂水溶液的 *cmc* 与碳氢链中碳数有如下的关系

$$\log(cmc) = A - BN \tag{2.7}$$

式中 A、B——经验常数，对阴离子和阳离子表面活性剂来说大致相同，$A=1.25\sim1.92$，$B=0.265\sim0.296$；对非离子表面活性剂来说，$A=1.81\sim3.3$，$B=0.488\sim0.554$；

N——碳氢链中的碳原子数。

(2) 亲水基位置和碳氢链分支对临界胶束浓度的影响。表面活性剂的亲水基位置(即支化度)对 *cmc* 亦有影响：一般，亲水基在分子一端时影响最小，在分子中央时影响最大。碳氢链支化度越大，越难形成胶束。因此具有支链的表面活性剂的 *cmc* 高于具有相同碳数

的直链表面活性剂的 *cmc*。例如，$(C_8H_{17})_2N(CH_3)_2Cl$ 的 *cmc* 为 0.026 6 $mol\cdot L^{-1}$，而 $C_{16}H_{33}N(CH_3)_3Cl$的 *cmc* 为 0.001 4 $mol\cdot L^{-1}$。

(3) 不饱和度对临界胶束浓度的影响。不饱和链较饱和链具有较多剩余键能，所以其溶解度较高，因此碳氢链上增加不饱和键时，*cmc* 相应增高，一般来说，每增加一个双键，*cmc* 约增大 3～4 倍。

(4)碳氢链中极性取代基对临界胶束浓度的影响。碳氢链中有极性基时，表面活性剂的 *cmc* 显著增高。这是因为碳氢链的极性增大时，表面活性剂与水的作用增强，于是其溶解度亦增高。

(5)碳氢链上苯环取代基对临界胶束浓度的影响。碳氢链上有苯环的表面活性剂与具有同碳数直链烷烃链表面活性剂比较，其 *cmc* 较高，这是因为苯环有大 π 键，其剩余键能较直链烷烃高，故与水的作用强，使 *cmc* 增高。例如，辛基苯磺酸钠的 *cmc* 为 $1.5\times10^{-2}mol\cdot L^{-1}$，而十四烷基磺酸钠的 *cmc* 则为 $2.5\times10^{-3}mol\cdot L^{-1}$。

(6)碳氟链对临界胶束浓度的影响。含碳氟链的表面活性剂具有较高的表面活性，与具有同碳数碳氢链的表面活性剂相比，其 *cmc* 低得多。对于碳氢链中的氢被氟部分取代的表面活性剂来说，其 *cmc* 随被取代程度增大而减小。但末端碳原子上的氢被氟取代的表面活性剂，其 *cmc* 反而升高。例如，$CF_3(CH_2)_8CH_2N(CH_3)_3Br$ 的 *cmc* 为 $CH_3(CH_2)_8N(CH_3)_3Br$ 的 2 倍。

(7)亲水基团对临界胶束浓度的影响。离子表面活性剂的 *cmc* 较非离子表面活性剂的 *cmc* 大得多，碳氢链相同时，前者较后者约大 100 倍。这是因为离子表面活性剂的亲水基团的水化作用较强，易溶于水，而非离子表面活性剂的亲水基团亲水能力较低。

具有相同碳氢链的离子型表面活性剂，它们的极性基不同，也导致 *cmc* 产生差异。对于硫酸基、磺酸基和羧酸基来说，它们按硫酸基 < 磺酸基 < 羧酸基顺序使表面活性剂的 *cmc* 增大。

(8)反离子对临界胶束浓度的影响。在表面活性剂水溶液中添加盐，使 *cmc* 下降。在实际应用中通常都要向表面活性剂水溶液中加盐，因此必须了解盐对 *cmc* 的影响。

表面活性剂的 *cmc* 与添加盐的浓度有如下的关系

$$\log(cmc) = a - b\log c_i \tag{2.8}$$

式中　a、b——与表面活性剂有关的经验常数；

c_i——盐的浓度(表面活性剂 + 盐)。

从式(2.8)可以看出，添加盐能促进表面活性剂形成胶束，使 *cmc* 减小。显然这是因为反离子吸附于胶束中的表面活性剂的极性基团上，从而使同电荷极性基团之间排斥力减小，易于形成胶束导致的。所以，表面活性剂的 *cmc* 通常都是随盐的添加量增大而减小的。

一般地说，二价金属盐离子(Cu^{2+}、Zn^{2+}、Mg^{2+}等)较一价金属离子(K^+、Na^+、Cs^+)降低 *cmc* 的效应要大。不同的一价金属离子对 *cmc* 的影响大致相同，但一价非金属阴离子对 *cmc* 的影响却不相同。例如，I^-、Br^-、Cl^-使 *cmc* 降低的顺序为：$I^- > Br^- > Cl^-$。

(9)醇对临界胶束浓度的影响。醇对表面活性剂的 *cmc* 的影响较复杂，但一般地说，随醇加入量增大而减小，其减小的程度与醇的结构有关，对于脂肪醇来说，其减小表面活性剂 *cmc* 的能力随碳氢链增加而增大。这可做如下解释：醇分子能穿入胶束形成混合胶束，减小表面活性剂离子间的排斥力，同时由于醇分子的加入使体系的熵值增大，所以胶束易于形成和增大，使 *cmc* 降低。

表面活性剂的 *cmc* 主要决定于分子本身的性质，也即主要与分子的疏水基和亲水基结构有关，各种常见的表面活性剂 *cmc* 值如表 2.1 所示。

表 2.1　一些表面活性剂的临界胶束浓度（*cmc*）

类　型	表　面　活　性　剂	温度/℃	*cmc*/(mol·L⁻¹)
阴离子型	$C_{11}H_{23}COONa$	25	2.6×10^{-2}
	$C_{12}H_{25}COOK$	25	1.25×10^{-2}
	$C_{15}H_{31}COOK$	50	2.2×10^{-3}
	$C_{17}H_{35}COOK$	55	4.5×10^{-4}
	$C_{17}H_{33}COOK$	50	1.2×10^{-3}
	松油酸钾	25	1.2×10^{-2}
	$C_8H_{17}SO_4Na$	40	1.4×10^{-1}
	$C_{10}H_{21}SO_4Na$	40	3.3×10^{-2}
	$C_{12}H_{25}SO_4Na$	40	8.7×10^{-3}
	$C_{14}H_{29}SO_4Na$	40	2.4×10^{-3}
	$C_{15}H_{31}SO_4Na$	40	1.2×10^{-3}
	$C_{16}H_{33}SO_4Na$	40	5.8×10^{-4}
	$C_8H_{17}SO_3Na$	40	1.6×10^{-1}
	$C_{10}H_{21}SO_3Na$	40	4.1×10^{-1}
	$C_{12}H_{25}SO_3Na$	40	9.7×10^{-3}
	$C_{14}H_{29}SO_3Na$	40	2.5×10^{-3}
	$C_{16}H_{33}SO_3Na$	50	7.0×10^{-4}
	$p-n-C_6H_{13}C_6H_4SO_3Na$	75	3.7×10^{-2}
	$p-n-C_7H_{15}C_6H_4SO_3Na$	75	2.1×10^{-2}
	$p-n-C_8H_{17}C_6H_4SO_3Na$	35	1.5×10^{-2}
	$p-n-C_{10}H_{21}C_6H_4SO_3Na$	50	3.1×10^{-3}
	$p-n-C_{12}H_{25}C_6H_4SO_3Na$	60	1.2×10^{-3}
	$p-n-C_{14}H_{29}C_6H_4SO_3Na$	75	6.6×10^{-4}
阳离子型	$C_{12}H_{25}NH_2\cdot HCl$	30	1.4×10^{-2}
	$C_{16}H_{33}NH_2\cdot HCl$	55	8.5×10^{-4}
	$C_{18}H_{37}NH_2\cdot HCl$	60	5.5×10^{-4}
	$C_8H_{17}N(CH_3)_3Br$	25	2.6×10^{-1}
	$C_{10}H_{21}N(CH_3)_3Br$	25	6.8×10^{-2}
	$C_{12}H_{25}N(CH_3)_3Br$	25	1.6×10^{-2}
	$C_{14}H_{29}N(CH_3)_3Br$	30	2.1×10^{-3}
	$C_{16}H_{33}N(CH_3)_3Br$	25	9.2×10^{-4}
	$C_{12}H_{25}(NC_5H_5)Cl$	25	1.5×10^{-2}
	$C_{14}H_{29}(NC_5H_5)Br$	30	2.6×10^{-3}

续表 2.1

类型	表面活性剂	温度/℃	cmc/(mol·L^{-1})
	$C_{16}H_{33}(NC_5H_5)Cl$	25	9.0×10^{-4}
	$C_{18}H_{37}(NC_5H_5)Cl$	25	2.4×10^{-4}
两性离子	$C_8H_{17}N^+(CH_3)_2CH_2COO^-$	27	2.5×10^{-1}
	$C_8H_{17}CH(COO^-)N^+(CH_3)_3$	27	2.5×10^{-1}
	$C_8H_{17}CH(COO^-)N^+(CH_3)_3$	60	2.5×10^{-1}
	$C_{10}H_{21}CH(COO^-)N^+(CH_3)_3$	27	2.5×10^{-1}
	$C_{12}H_{25}CH(COO^-)N^+(CH_3)_3$	27	2.5×10^{-1}
非离子型	$C_6H_{13}(OC_2H_4)_6OH$	20	7.4×10^{-2}
	$C_6H_{13}(OC_2H_4)_6OH$	40	5.2×10^{-2}
	$C_8H_{17}(OC_2H_4)_6OH$	—	9.9×10^{-3}
	$C_{10}H_{21}(OC_2H_4)_6OH$	—	9.0×10^{-4}
	$C_{12}H_{25}(OC_2H_4)_6OH$	—	8.7×10^{-5}
	$C_{14}H_{29}(OC_2H_4)_6OH$	—	1.0×10^{-5}
	$C_{16}H_{33}(OC_2H_4)_6OH$	—	1.0×10^{-6}
	$C_{12}H_{25}(OC_2H_4)_6OH$	25	4.0×10^{-5}
	$C_{12}H_{25}(OC_2H_4)_7OH$	25	5.0×10^{-5}
	$C_{12}H_{25}(OC_2H_4)_9OH$	—	1.0×10^{-4}
	$C_{12}H_{25}(OC_2H_4)_{12}OH$	—	1.4×10^{-4}
	$C_{12}H_{25}(OC_2H_4)_{14}OH$	25	5.5×10^{-5}
	$C_{12}H_{25}(OC_2H_4)_{23}OH$	25	6.0×10^{-5}
	$C_{12}H_{25}(OC_2H_4)_{31}OH$	25	8.0×10^{-5}
	$C_{16}H_{33}(OC_2H_4)_7OH$	25	1.7×10^{-6}
	$C_{16}H_{33}(OC_2H_4)_9OH$	25	2.1×10^{-6}
	$C_{16}H_{33}(OC_2H_4)_{12}OH$	25	2.3×10^{-6}
	$C_{16}H_{33}(OC_2H_4)_{15}OH$	25	3.1×10^{-6}
	$C_{16}H_{33}(OC_2H_4)_{21}OH$	25	3.9×10^{-6}
	$p-t-C_8H_{17}C_6H_4O(OC_2H_4)_2H$	25	1.3×10^{-4}
	$p-t-C_8H_{17}C_6H_4O(OC_2H_4)_3H$	25	9.7×10^{-5}
	$p-t-C_8H_{17}C_6H_4O(OC_2H_4)_4H$	25	1.3×10^{-4}
	$p-t-C_8H_{17}C_6H_4O(OC_2H_4)_5H$	25	1.5×10^{-4}
	$p-t-C_8H_{17}C_6H_4O(OC_2H_4)_6H$	25	2.1×10^{-4}
	$p-t-C_8H_{17}C_6H_4O(OC_2H_4)_7H$	25	2.5×10^{-4}
	$p-t-C_8H_{17}C_6H_4O(OC_2H_4)_8H$	25	2.8×10^{-4}
	$p-t-C_8H_{17}C_6H_4O(OC_2H_4)_9H$	25	3.0×10^{-4}
	$p-t-C_8H_{17}C_6H_4O(OC_2H_4)_{10}H$	25	3.3×10^{-4}
	$C_8H_{17}OCH(CHOH)_5$	25	2.5×10^{-2}
	$C_{10}H_{21}OCH(CHOH)_5$	25	2.2×10^{-3}
	$C_{12}H_{25}OCH(CHOH)_5$	25	1.9×10^{-4}

续表 2.1

类型	表面活性剂	温度/℃	$cmc/(mol\cdot L^{-1})$
	$C_6H_{13}[OCH_2CH(CH_3)_2(OC_2H_4)_{9.9}OH^*]$	20	4.7×10^{-2}
	$C_6H_{13}[OCH_2CH(CH_3)_3(OC_2H_4)_{9.7}OH^*]$	20	3.2×10^{-2}
	$C_6H_{13}[OCH_2CH(CH_3)_4(OC_2H_4)_{9.9}OH^*]$	20	1.9×10^{-2}
	$C_7H_{15}[OCH_2CH(CH_3)_3(OC_2H_4)_{9.7}OH^*]$	20	1.1×10^{-2}
	$C_9H_{19}C_6H_4O(C_2H_4O)_{9.5}H^*$	25	$(7.8\sim9.2)\times10^{-5}$
	$C_9H_{19}C_6H_4O(C_2H_4O)_{10.5}H^*$	25	$(7.5\sim9.0)\times10^{-2}$
	$C_9H_{19}C_6H_4O(C_2H_4O)_{15}H^*$	25	$(1.1\sim1.3)\times10^{-4}$
	$C_9H_{19}C_6H_4O(C_2H_4O)_{20}H^*$	25	$(1.4\sim1.8)\times10^{-4}$
	$C_9H_{19}C_6H_4O(C_2H_4O)_{30}H^*$	25	$(2.5\sim3.0)\times10^{-4}$
	$C_9H_{19}C_6H_4O(C_2H_4O)_{100}H^*$	25	1.0×10^{-3}
	$C_9H_{19}COO(C_2H_4O)_{7.0}CH_3^*$	27	8.0×10^{-4}
	$C_9H_{19}COO(C_2H_4O)_{10.3}CH_3^*$	27	10.5×10^{-4}
	$C_9H_{19}COO(C_2H_4O)_{11.9}CH_3^*$	27	14.0×10^{-4}
	$C_9H_{19}COO(C_2H_4O)_{16.0}CH_3^*$	27	16.0×10^{-4}
	$(CH_3)_3SiO[Si(CH_3)_2O]Si(CH_3)—CH_2(C_2H_4O)_{8.2}CH_3^*$	25	5.6×10^{-5}
	$(CH_3)_3SiO[Si(CH_3)_2O]Si(CH_3)—CH_2(C_2H_4O)_{12.8}CH_3^*$	25	2.0×10^{-5}
	$(CH_3)_3SiO[Si(CH_3)_2O]Si(CH_3)—CH_2(C_2H_4O)_{17.3}CH_3^*$	25	1.5×10^{-5}
	$(CH_3)_3SiO[Si(CH_3)_2O]_9Si(CH_3)—CH_2(C_2H_4O)_{17.3}CH_3^*$	25	5.0×10^{-5}
	$n-C_{12}H_{25}N(CH_3)_2O$	27	2.1×10^{-3}

* 氧乙烯数为平均值。

2.1.5 表面活性剂的类型

表面活性剂是一种既有疏水基团又有亲水基团的两亲性分子。表面活性剂的疏水基团一般是由长链的碳氢构成,如直链烷基 $C_8\sim C_{20}$;支链烷基 $C_8\sim C_{20}$,烷基苯基(烷基碳原子数为 8~16)等。疏水基团的差别主要是在碳氢链的结构变化上,差别较小,而亲水基团的种类则较多,所以表面活性剂的性质除与疏水基团的大小、形状有关外,主要还与亲水基团有关。亲水基团的结构变化较疏水基团大,因而表面活性剂的分类一般以亲水基团的结构为依据。这种分类是以亲水基团是否为离子型为主,将其分为阴离子型、阳离子型、非离子型、两性离子型和其他特殊类型的表面活性剂。详见表 2.2。

表 2.2 表面活性剂按亲水基分类

类型	名称	结构式	备注
阴离子表面活性剂	羧酸盐	RCOOM	用做洗涤剂、乳化剂,可以是钠、钾或铵盐,也可以是胺盐和吗啉盐
	硫酸酯盐	$ROSO_3M$	用做洗涤剂、乳化剂和发泡剂,可以是钠、钾、铵或三乙醇胺盐
	非离子基硫酸盐	$RO(CH_2CH_2)_nSO_4Na$ 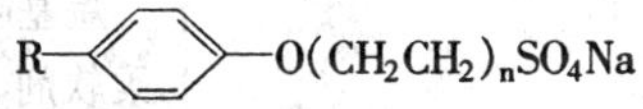	用做洗涤剂、发泡剂
	磺酸盐	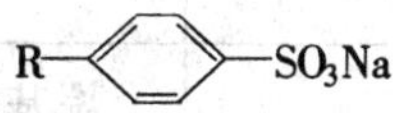	烷基苯磺酸钠,用于洗衣粉生产
		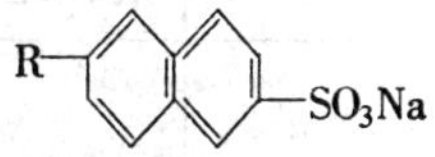	烷基萘磺酸钠,用做润湿剂
		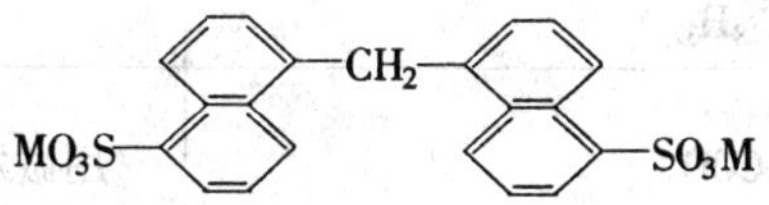	萘磺酸-甲醛缩合物,用做分散剂(水泥、胶片工业)
		RSO_3Na	烷基磺酸钠,用做润湿剂
	磷酸酯盐	$RO-\overset{OR}{\underset{OM}{P}}=O$, $RO-\overset{OM}{\underset{OM}{P}}=O$	磷酸双酯盐,磷酸单酯盐,用做乳化剂、抗静电剂和抗蚀剂
阳离子表面活性剂	伯胺盐	$R-NH_2\cdot HCl$	用做乳化、分散、润湿剂
	仲胺盐	$R-\overset{CH_3}{\underset{H}{N}}-HCl$	
	叔胺盐	$R-\overset{CH_3}{\underset{CH_3}{N}}-HCl$	

续表 2.2

类型	名称	结构式	备注
阳离子表面活性剂	季铵盐	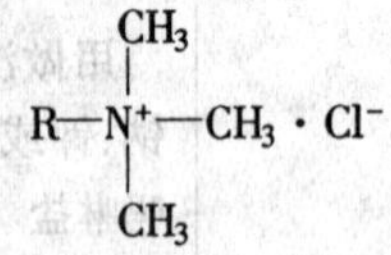	烷基三甲基氯化铵盐，用做粘胶凝固液中的添加剂
		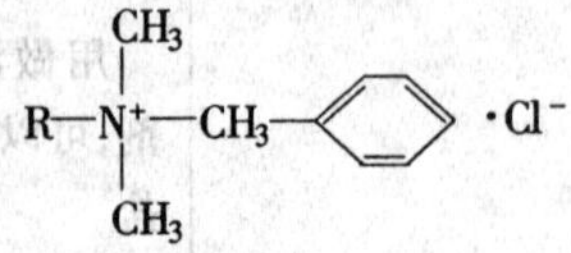	烷基二甲基苄基氯化铵盐，用做杀菌消毒剂、发泡剂
		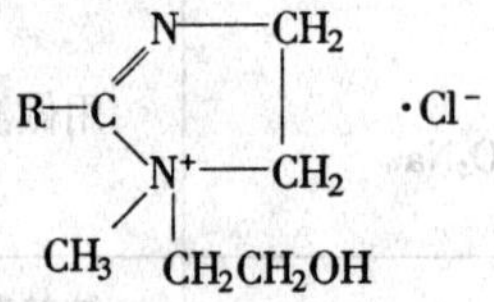	烷基咪唑啉化合物，用做织物柔软剂、直接染料的固色剂
		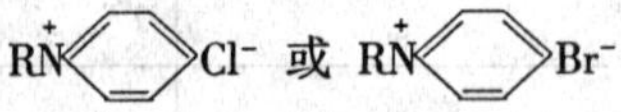	烷基吡啶盐，用做纤维防水剂、染色助剂、杀菌剂
	烷基磷酸取代胺	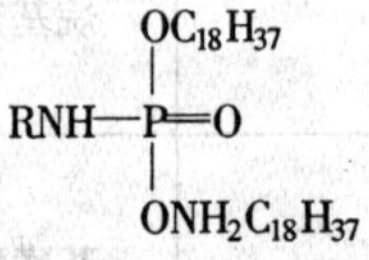	用做乳化剂、抗静电剂
两性表面活性剂	氨基酸型两性表面活性剂	$RN^+H_2CH_2CH_2COO^-$	用做发泡剂、洗涤剂
	甜菜碱型两性表面活性剂	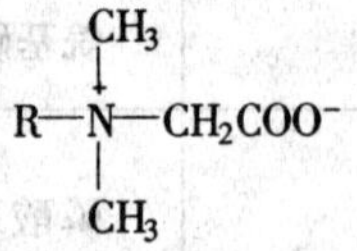	用做发泡剂、洗涤剂
	咪唑啉型两性表面活性剂	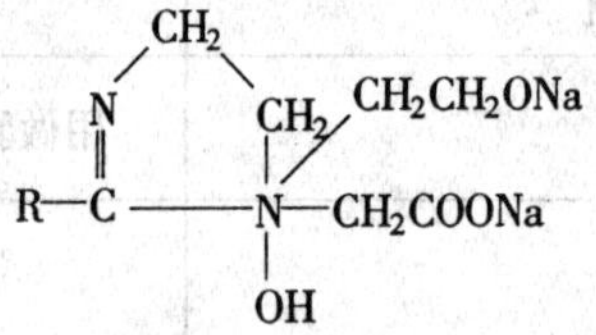 或 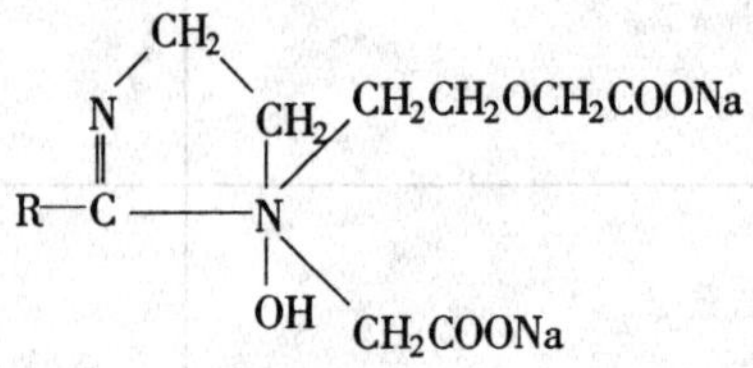	用做香波、皮肤清洁剂

续表 2.2

类型	名 称	结 构 式	备 注
两性表面活性剂	氧化胺	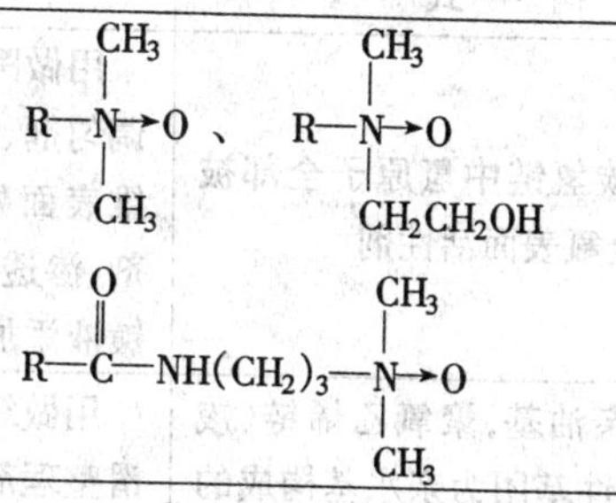	用于化妆品，做发泡、稳泡、润滑、乳化、抗静电、润湿剂
	牛磺酸衍生物	$R_3N^+CH_2CH_2SO_3^-$	
非离子表面活性剂	脂肪醇聚氧乙烯醚	$RO\text{-}(CH_2CH_2O)_n\text{-}H$	用做润湿剂
	烷基酚聚氧乙烯醚	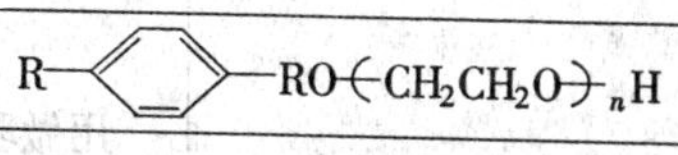	用于特殊乳化分散剂，也可用于强碱性洗涤剂
	脂肪酸聚氧乙烯酯	$RCOO\text{-}(CH_2CH_2O)_n\text{-}H$	用做乳化剂、分散剂、纤维油剂、染色助剂，还可用于家用洗衣粉中
	聚氧乙烯烷基胺	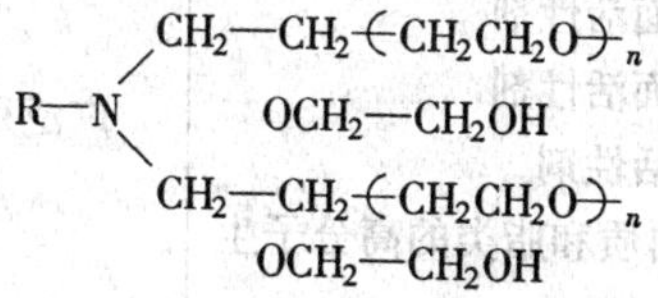	用做染色助剂、人造丝增强剂和防污剂
	聚氧乙烯烷基醇酰胺	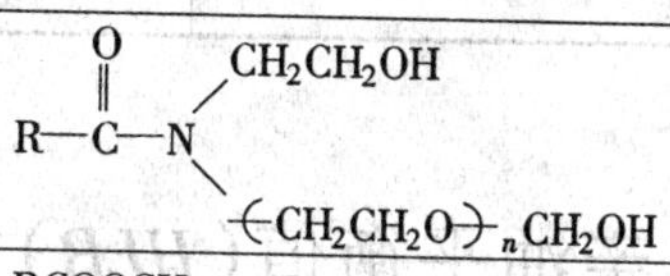	用做泡沫促进剂、泡沫稳定剂、增溶剂、增稠剂、乳化剂和防锈剂
	甘油(单)脂肪酸酯和季戊四醇(单)脂肪酸酯	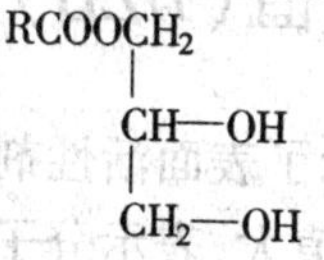 和 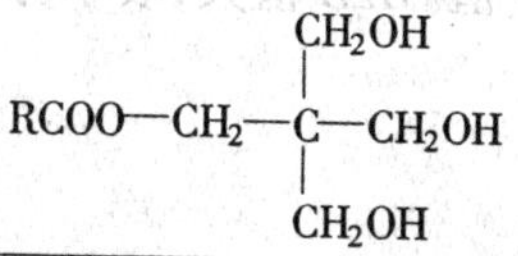	用做食品、化妆品乳化剂，人造纤维与合成纤维的柔软剂
	山梨醇脂肪酸酯	$RCOOC_6H_8(OH)_5$	用做纤维柔软剂
	失水山梨醇脂肪酸酯	$RCOOC_6H_8O(OH)_3$	用做纤维油剂、乳化剂
	聚氧乙烯失水山梨醇脂肪酸酯	$RCOOC_6H_8O_4(C_2H_4O)_xH$ $(C_2H_4O)_yH(C_2H_4O)_zH$	用做食用乳化剂，纤维柔软剂、平滑剂、润湿剂，金属清洗剂，化妆品乳化剂
	蔗糖脂肪酸酯(蔗糖酯)	$RCOOC_{12}H_{21}O_{10}$	用做食品、医药中的乳化剂，低泡沫洗涤剂
	烷基醇酰胺	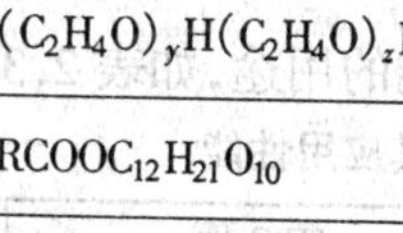	用做泡沫稳定剂、增稠剂

续表 2.2

类型	名 称	结 构 式	备 注
其他特殊类型	氟表面活性剂	表面活性剂的碳氢链中氢原子全部被氟原子取代了的全氟表面活性剂	用做医药化妆品乳化剂、涂料调匀剂、油墨润湿剂、灭火剂、纤维表面处理剂、抗静电剂、消泡剂、渗透剂、树脂表面改性剂、电镀液添加剂
	硅表面活性剂	以硅氧烷链为亲油基，聚氧乙烯链、羧基、酮基或其他极性基团为亲水基构成的表面活性剂	用做纤维和织物的防水剂、平滑整理剂，还广泛用于化妆品生产中
	天然高分子表面活性剂	藻朊酸钠	用于食品生产
		果胶酸钠	
		各种淀粉	
		羊毛脂	用做乳化剂、柔软剂、保湿剂
		蜂蜡	用做乳化剂、柔软剂
	生物表面活性剂	糖脂系生物表面活性剂 酰基肽系生物表面活性剂 酯肪酸系生物表面活性剂 磷脂系生物表面活性剂 结合有多糖、蛋白质和脂类的高分子生物表面活性剂	广泛用于各领域

2.2 亲水亲油平衡值(*HLB*)

HLB 是 Hydrophile Lipophile Balance 的缩写，表示了表面活性剂的亲水基团和亲油基团具有的亲水亲油平衡值，即表面活性剂 *HLB* 值。*HLB* 值大，表示分子的亲水性强，亲油性弱；反之亲油性强，亲水性弱。

2.2.1 *HLB* 值的规定

HLB 值是个相对值，故在制定 *HLB* 值时，作为标准，规定无亲水性能的石蜡的 *HLB* 值为 0，而水溶性较强的十二烷基硫酸钠的 *HLB* 值为 40。因此表面活性剂的 *HLB* 值一般在 1 ~ 40 范围以内。通常来说，*HLB* 值小于 10 的乳化剂为亲油性的，而大于 10 的乳化剂则是亲水性的。因此，由亲油性到亲水性的转折点约为 10。

根据表面活性剂的 *HLB* 值，可大致了解其可能的用途，如表 2.3 所示。

表 2.3 *HLB* 范围及其应用性能

HLB 值	用 途	*HLB* 值	用 途
1.5 ~ 3	W/O 型消泡剂	8 ~ 18	O/W 型乳化剂
3.5 ~ 6	W/O 型乳化剂	13 ~ 15	洗涤剂
7 ~ 9	润湿剂	15 ~ 18	增溶剂

由上表可知，适合于作油包水型乳化剂的表面活性剂的 *HLB* 值为3.5～6，而水包油型乳化剂的 *HLB* 值为8～18。

2.2.2 *HLB* 值的确定

表面活性剂的 *HLB* 值一般可根据水溶法和计算法来确定。

2.2.2.1 水溶法

水溶法是在常温下将表面活性剂加入水中，依据其在水中的溶解性能和分散状态来估计其大致的 *HLB* 范围，见表2.4。

表 2.4 *HLB* 范围及其水溶性

HLB 值	水中状态	*HLB* 值	水中状态
1～4	不分散	8～10	稳定的乳白色分散体
3～6	分散不好	10～13	半透明至透明分散体
6～8	振荡后成乳白色分散体	>13	透明溶液

水溶法较为粗略，随意性也较大，但操作简便、快捷，在确定大致的 *HLB* 范围时仍不失为一种有效的方法。

2.2.2.2 计算法

1. Davies 法

Davies 法认为表面活性剂的 *HLB* 值为各结构性基团 *HLB* 值的总和，其中的关系如下式

$$HLB = 7 + \sum(\text{亲水基团基数}) - \sum(\text{亲油基团基数}) \tag{2.9}$$

各基团的 *HLB* 基数如表2.5所示。

表 2.5 一些基团的 *HLB* 基数

基　　团	*HLB* 基团数	基　　团	*HLB* 基团数
亲水基团		—O—	1.3
$—SO_4Na$	38.7	—OH(失水山梨醇环)	0.5
—COOK	21.1	$—(C_2H_4O)—$	0.33
—COONa	19.1	亲油基团	
$—SO_3Na$	11	$—CH_2—$	-0.475
—N(叔胺)	9.4	$—CH_3$	-0.475
酯(失水山梨醇环)	6.8	═CH—	-0.475
酯(自由)	2.4	$—(C_3H_6O)—$(氧丙烯基)	-0.15
—COOH	2.1	$—CF_2—$	-0.87
—OH(自由)	1.9	$—CF_3$	-0.87

2. MeGowan 法

MeGowan 法主要是根据分子的大小及其水溶性来确定 *HLB* 值

$$HLB = 7 + \frac{1.50 n_{H_2O} - 0.337 \times 10^5 V_0}{C} \tag{2.10}$$

上式中 n_{H_2O} 表示每一个表面活性剂分子水化的分子数目，V_0 为表面活性剂分子在绝对零度时的体积(见表2.6)，C 为常数，对于离子和非离子表面活性剂，其值分别为2和1。

3. Griffin 法

Griffin 法是根据结构与性能之间的关系而建立的经验或半经验的方法，仅适用于不含其他元素如 N、P、S 的非离子表面活性剂。

(1) 聚氧乙烯型非离子表面活性剂

$$HLB = 20 \times \frac{\text{亲水基质量}}{\text{表面活性剂质量}} \tag{2.11}$$

如壬基酚聚氧乙烯 - 10(OP - 10)：$C_9H_{19}(C_6H_5)O(C_2H_4O)_{10}H$。

$$\text{亲水基质量} = O(C_2H_4O)_{10}H = 457$$

$$\text{亲油基质量} = C_9H_{19}(C_6H_5) = 203$$

则

$$HLB = 20 \times \frac{457}{203 + 457} = 13.9$$

表 2.6　MeGowan 法的基团 HLB 值

基　团	$V_0/10^5(m^3 \cdot mol^{-1})$	n_{H_2O}	HLB
C_6H_5—	6.621	0	- 2.231
CH_3—	1.952	0	- 0.658
—CH_2—	1.409	0	- 0.475
═ CH—	0.866	0	—0.292
—OH	1.130	1	1.119
—O—	0.587	1	1.302
>C═O	1.566	1	0.972
—OC═O	2.153	1	0.774
—CH_2CH_2O—	3.405	1	- 1.147
$CH_2(CH_3)CH_2O$—	4.814	1	- 1.622
—$CONH_2$	3.107	2	- 1.047
—CONH—	2.564	2	- 0.864
$C_5H_6O_4$	8.307	2	- 2.799
$C_6H_{10}O_5$	10.303	3	- 3.472
—$CH(NH_3^+)COO^-$	5.103	4	- 1.720

若亲水基仅为聚氧乙烯，则

$$HLB = \frac{w_E}{5} \tag{2.12}$$

式中　w_E—— 聚氧乙烯的质量分数。

(2) 对于多元醇脂肪酸酯及环氧乙烷的加成物如 Span 和 Tween 系列

$$HLB = 20\left(1 - \frac{S}{A}\right) \tag{2.13}$$

式中　S—— 酯的皂价值；

A—— 脂肪酸的酸值。

(3) 对于皂化值难以测定的表面活性剂如松节油、羊毛脂等环氧乙烷的加成物

$$HLB = \frac{w_E + w_P}{5} \tag{2.14}$$

式中　w_E—— 环氧乙烷的质量分数。

w_P—— 多元醇的质量分数。

实际上,使用较多的是表面活性剂的混合体系。对于混合表面活性剂,一般认为 *HLB* 具有加和性。只要知道某表面活性剂的 $xw\%$ 及其 *HLB*,则混合表面活性剂的 HLB_{mix} 可以用加和关系求得

$$HLB_{mix} = \sum xw\% \cdot HLB$$

表 2.7 中列出了一些典型表面活性剂的 *HLB* 值。

表 2.7　一些表面活性剂的 *HLB* 值

表　面　活　性　剂	商品名称	类　型	*HLB*
油酸			1
油酸钠	钠皂	A	18
油酸钾	钾皂	A	20
十二烷基硫酸钠	AS	A	40
十四烷基苯磺酸钠	ABS	A	11.7
烷基芳基磺酸盐	Atlas G - 3300	A	11.7
三乙醇胺油酸盐	FM	A	12
十二烷基三甲基氯化铵	DTC	C	15
N - 十六烷基 - *N* - 乙基吗啉基乙基硫酸盐	AtlasG - 263	C	25 ~ 30
失水山梨醇单月桂酸酯	Span 20 或 Arlacel 20	N	8.6
失水山梨醇单棕榈酸酯	Span 40 或 Arlacel 40	N	6.7
失水山梨醇单硬酯酸酯	Span 60 或 Arlacel 60	N	4.7
失水山梨醇三硬酯酸酯	Span 65 或 Arlacel 65	N	2.1
失水山梨醇单油酸酯	Span 80 或 Arlacel 80	N	4.3
失水山梨醇三油酸酯	Span 85	N	1.8
聚氧乙烯失水山梨醇单月桂酸酯	Tween 20	N	16.7
聚氧乙烯失水山梨醇单月桂酸酯	Tween 21	N	13.3
聚氧乙烯失水山梨醇单棕榈酸酯	Tween 40	N	15.6
聚氧乙烯失水山梨醇单硬脂酸酯	Tween 60	N	14.9
聚氧乙烯失水山梨醇单硬脂酸酯	Tween 61	N	9.6
聚氧乙烯失水山梨醇三硬酯酸酯	Tween 65	N	10.5
聚氧乙烯失水山梨醇单油酸酯	Tween 80	N	15
聚氧乙烯失水山梨醇单油酸酯	Tween 81	N	10.0
聚氧乙烯失水山梨醇三油酸酯	Tween 85	N	11
失水山梨醇倍半油酸酯	Arlacel 83	N	1.8
失水山梨醇倍半油酸酯	Arlacel 85	N	3.7
失水山梨醇三油酸酯	ArlacelC	N	3.7
聚氧乙烯山梨醇蜂蜡衍生物	AtlasG - 1706	N	2
聚氧乙烯山梨醇蜂蜡衍生物	AtlasG - 1704	N	2.6
聚氧乙烯山梨醇六硬脂酸酯	AtlasG - 1050	N	2.6

续表 2.7

表　面　活　性　剂	商品名称	类　型	*HLB*
丙二醇单硬脂酸酯	AtlasG－922	N	3.4
丙二醇单硬脂酸酯	AtlasG－2158	N	3.4
聚氧乙烯山梨醇 4.5 油酸酯	AtlasG－2859	N	3.7
聚氧乙烯山梨醇蜂蜡衍生物	AtlasG－2859	N	4
丙二醇单月桂酸酯	AtlasG－917	N	4.5
丙二醇单月桂酸酯	AtlasG－3851	N	4.5
二乙二醇单油酸酯	AtlasG－2139	N	4.7
二乙二醇单硬脂酸酯	AtlasG－2145	N	4.7
聚氧乙烯山梨醇蜂蜡衍生物	AtlasG－1702	N	5
聚氧乙烯山梨醇蜂蜡衍生物	AtlasG－1725	N	6
二乙二醇单月桂酸酯	AtlasG－2124	N	6.1
聚氧乙烯二油酸酯	AtlasG－2242	N	7.5
四乙二醇单硬脂酸酯	AtlasG－2147	N	7.7
四乙二醇单油酸酯	AtlasG－2140	N	7.7
聚氧乙烯甘露醇二油酸酯	AtlasG－2800	N	8
聚氧乙烯山梨醇羊毛脂油酸衍生物	AtlasG－1493	N	8
聚氧乙烯山梨醇羊毛脂衍生物	AtlasG－1425	N	8
聚氧丙烯硬脂酸酯	AtlasG－3608	N	8
聚氧乙烯山梨醇蜂蜡衍生物	AtlasG－1734	N	9
聚氧乙烯氧丙烯油酸酯	AtlasG－2111	N	9
四乙二醇单月桂酸酯	AtlasG－2125	N	9.4
六乙二醇单硬脂酸酯	AtlasG－2154	N	9.6
混合脂肪酸和树脂酸的聚氧乙烯酯类	AtlasG－1218	N	10.2
聚氧乙烯十六烷基醚	AtlasG－3806	N	10.3
聚氧乙烯月桂基醚	AtlasG－3705	N	10.8
聚氧乙烯氧丙烯油酸酯	AtlasG－2116	N	11
聚氧乙烯羊毛脂衍生物	AtlasG－1790	N	11
聚氧乙烯单油酸酯	AtlasG－2142	N	11.1
聚氧乙烯单棕榈酸酯	AtlasG－2086	N	11.6
聚氧乙烯单月桂酸酯	AtlasG－2127	N	12.8
聚氧乙烯山梨醇羊毛脂衍生物	AtlasG－1431	N	13
聚氧乙烯月桂基醚	AtlasG－2133	N	13.1
聚氧乙烯蓖麻油	AtlasG－1794	N	13.3
聚氧乙烯单油酸酯	AtlasG－2144	N	15.1
聚氧乙烯油基醚	AtlasG－3915	N	15.3
聚氧乙烯十八醇	AtlasG－3720	N	15.3
聚氧乙烯油醇	AtlasG－3920	N	15.4
乙二醇脂肪酸酯	Emcol EO－50	N	2.7
丙二醇单硬脂酸酯	Emcol PO－50	N	3.4
二乙二醇脂肪酸酯	Emcol DP－50	N	5.1
丙二醇脂肪酸酯	Emcol PS－50	N	3.4
丙二醇脂肪酸酯	Emcol PP－50	N	3.7

续表 2.7

表　面　活　性　剂	商品名称	类　型	*HLB*
聚氧乙烯脂肪酸酯	Emulphor VN－430	N	9
聚氧乙烯单油酸酯	PEG400 单油酸酯	N	11.4
聚氧乙烯单月桂酸酯	PEG400 单月桂酸酯	N	13.1
烷基酚聚氧乙烯醚	Igepal CA－630	N	12.8
聚醚 L31	Pluronic L31	N	3.5
聚醚 L35	Pluronic L35	N	18.5
聚醚 L42	Pluronic L42	N	8
聚醚 L61	Pluronic L61	N	3
聚醚 L62	Pluronic L62	N	7
聚醚 L63	Pluronic L63	N	11
聚醚 L64	Pluronic L64	N	15
聚醚 L68	Pluronic L68	N	29
聚醚 L72	Pluronic L72	N	6.5
聚醚 L81	Pluronic L81	N	2
聚醚 L88	Pluronic L88	N	24
聚醚 L108	Pluronic L108	N	27

注：A—阴离子；C—阳离子；N—非离子。

复习思考题

1. 试述表面活性剂的分子结构对其性能有何影响？
2. 表面活性剂有哪几种类型？各有什么特点？
3. *cmc* 的意义及与碳氢链的关系。
4. 影响 *cmc* 的因素有哪些？
5. *HLB* 值代表什么？基数值以何种表面活性剂为基准？
6. *HLB* 值的计算方法有几种，并试述计算式如何应用？

参考文献

1 刘程．表面活性剂应用手册．北京：化学工业出版社，1992
2 廖文胜，阳振乐．宾馆与家用洗涤剂配方设计．北京：中国轻工业出版社，2000
3 夏纪鼎，倪永全．表面活性剂和洗涤剂化学与工艺学，北京：中国轻工业出版社，1997
4 赵国玺．表面活性剂的物理化学．北京：北京大学出版社，1991

第三章 家用洗涤用品

洗涤用品是千家万户的日常生活必需品,长期以来在保护人体健康、清洁环境等方面起到了十分重要的作用。

洗涤用品又称洗涤剂,是用于清洗而专门配制的净洗产品。它主要由表面活性剂、助洗剂和添加剂组成。洗涤剂中的各种物质绝大部分根据洗涤的要求具有各种不同的功能,且有互补性,并能提高另一种组成物质的功能。另一些物质则有利于净洗过程或改进产品的外观。

家用洗涤用品的种类繁多,随着人民生活水平的不断提高,对家用洗涤用品的功能要求越来越高。由以往的通用型逐渐向专用型过渡,在配方中加入各种不同的添加剂制成功能各异的专用品,是家用洗涤用品的发展趋势。其主要特点是:① 向环保型发展,以减少对环境的污染;② 采用多种表面活性剂复配,提高洗涤性能,控制泡沫程度;③ 开发低温洗涤剂,节约能源;④ 向专用型发展,发挥洗涤剂的作用;⑤ 由高泡型向低泡型和控泡型方向发展;⑥ 由单一的浆状、液体、片状、浓缩型等向多种剂型转变。

据统计,1995 年世界洗涤用品的总产量为 4 300 万 t,按 58 亿人口计算,人均消费量为 7.9 kg。我国 1995 年洗涤用品的总产量为 3 000 万 t,人均消费量仅 2.3 kg,不及世界平均水平的 1/3。所以我国的家用洗涤用品市场有很大的潜力,洗涤用品工业应有较大的发展。根据计划,2000 年,中国洗涤用品的总产量将达到 385 万 t,2005 年将达到 460 万 t,至 2015 年将达到 648 万 t。

3.1 洗涤过程

3.1.1 概述

从广义上讲,洗涤是从被洗涤对象中除去不需要的成分并达到某种目的的过程。通常意义的洗涤是指从载体表面去除污垢的过程。在洗涤时,通过一些化学物质(如洗涤剂等)的作用以减弱或消除污垢与载体之间的相互作用,使污垢与载体的结合转变为污垢与洗涤剂的结合,最终使污垢与载体脱离。因被洗涤对象和要清除的污垢是多种多样的,因此洗涤是一个十分复杂的过程,洗涤作用的基本过程可用如下简单关系表示

$$\text{载体·污垢} + \text{洗涤剂} \xrightleftharpoons{\text{介质}} \text{载体} + \text{污垢·洗涤剂}$$

洗涤过程通常可分为两个阶段:一是在洗涤剂的作用下,污垢与其载体分离;二是脱离的污垢被分散、悬浮于介质中。洗涤过程是一个可逆过程,分散、悬浮于介质中的污垢也有从介质中重新沉淀到被洗物上。因此,一种优良的洗涤剂除了具有使污垢脱离载体的能力外,还应有较好的分散和悬浮污垢、防止污垢再沉积的能力。

3.1.2 污垢的种类

即使是同一种物品,如果使用环境不同,则污垢的种类、成分和数量也会不同。

油体污垢主要是一些动、植物油及矿物油(如原油、燃料油、煤焦油等),固体污垢主要是烟尘、灰土、铁锈、碳黑等。就衣服的污垢而言,有来自人体的污垢,如汗、皮脂、血等;来自食品的污垢,如水果渍、食用油渍、调味品渍、淀粉等;有化妆品带来的污垢,如唇膏、指甲油等;从大气中来的污垢,如烟尘、灰尘、泥土等;其他如墨水、茶水、涂料等。可以说形形色色,种类繁多。

各种各样的污垢通常可分为固体污垢、液体污垢和特殊污垢三大类:

(1) 固体污垢。常见的固体污垢有灰、泥、土、铁锈和炭黑等颗粒。这些颗粒表面大多带有电荷,多数带负电,容易吸附在纤维物品上。一般固体污垢较难溶于水,但可被洗涤剂溶液分散、悬浮。质点较小的固体污垢,除去较为困难。

(2) 液体污垢。液体污垢大都是油溶性的,包括动植物油、脂肪酸、脂肪醇、矿物油及其氧化物等。其中动植物油、脂肪酸类能与碱发生皂化作用,而脂肪醇、矿物油则不为碱所皂化,但能溶于醇、醚和烃类有机溶剂,并被洗涤剂水溶液乳化和分散。油溶性液体污垢一般与纤维物品具有较强的作用力,在纤维上吸附较为牢固。

(3) 特殊污垢。特殊污垢有蛋白质、淀粉、血、人体分泌物如汗、皮脂、尿以及果汁、茶汁等。这类污垢大多能通过化学作用而较强地吸附在纤维物品上,故洗涤起来比较困难。

各种污垢很少单独存在,往往是混在一起,共同吸附在物品上。污垢有时在外界的影响下还会氧化、分解或腐败,从而产生新的污垢。

3.1.3 污垢的粘附作用

衣服、手等之所以能沾上污垢,是因为物体与污垢之间存在着某种相互作用。污垢在物体上粘附作用多种多样,但不外乎物理性粘附和化学性粘附两种。

3.1.3.1 物理粘附

烟灰、尘土、泥沙、炭黑等在衣物上的粘附属物理粘附。一般来说,通过这种粘附的污垢,与被沾污的物体之间的作用相对较弱,污垢的去除也比较容易。依作用力的不同,污垢的物理粘附又可分为机械力粘附和静电力粘附。

(1) 机械力粘附。这一类粘附主要指的是一些固体污垢(如尘土、泥沙)的粘附作用。机械力粘附是污垢比较弱的一种粘附方式,几乎可以用单纯的机械方法将污垢去除掉,但当污垢的质点比较小时($<0.1\ \mu m$),去除起来比较困难。

(2) 静电力粘附。静电力粘附主要表现在带电的污垢粒子在异性电荷物体上的作用。大多数纤维性物品在水中带负电,很容易被某些带正电荷的污垢,如石灰类所粘附。有些污垢尽管带负电荷,如水溶液中的炭黑粒子,但可以通过水中的正离子(如 Ca^{2+}、Mg^{2+}等)所形成的离子桥(离子在多个异性电荷之间,与它们共同作用,起类似桥梁作用)附着在纤维上。

静电作用比简单的机械作用要强,因而污垢去除相对困难些。

3.1.3.2 化学粘附

化学粘附是指污垢通过化学键或氢键作用到物体上的现象。如极性固体污垢、蛋白质、铁锈等在纤维物品上的粘附，纤维中含有羧基、羟基、酰胺等基团，这些基团和油性污垢的脂肪酸、脂肪醇容易形成氢键。化学作用力一般比较强，因而污垢在物体上结合得较为牢固。这类污垢用通常的方法很难去除，需采用特殊的方法来处理。

污垢粘附的牢固程度与污垢本身的性质和被粘附物的性质有关。一般颗粒容易在纤维性物品上粘附。固体污垢质点越小，则粘附得越牢固。亲水性物体如棉花、玻璃等表面上的极性污垢要比非极性污垢粘附得更牢固，而非极性污垢的粘附强度比极性污垢如极性脂肪、灰尘、粘土等要大，更不容易去除和清洗。

3.1.4 污垢的去除机理

洗涤的目的在于去除污垢。在一定温度的介质中（主要以水为介质），利用洗涤剂所产生的各种物理化学作用，减弱或消除污垢与被洗物品的作用力，在一定的机械力作用下（如手搓、洗衣机的搅动、水的冲击），使污垢与被洗物品脱离，达到去污的目的。

由于污垢多种多样，污垢的存在形式也多种多样，加之被洗对象结构的复杂性，因此对于污垢的去除应根据具体情况选择合适的洗涤剂，采取适宜的洗涤方法。

3.1.4.1 液体污垢的去除机理

1. 润湿

液体污垢大多为油性污垢。油污能润湿大部分的纤维物品，在纤维材料的表面上或多或少扩散成一层油膜。洗涤作用的第一步，是洗涤液润湿表面。为说明方便，可将纤维的表面看成是平滑的固体表面。液体在固态表面的润湿程度可以接触角 θ 来度量，接触角 θ 可定义为自固－液界面经过液体内部到气－液界面的夹角，如图 3.1 所示。

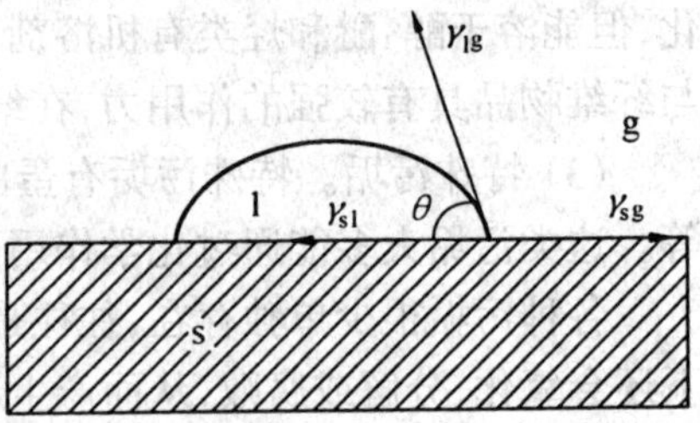

图 3.1 液滴的接触角

固体表面的润湿状况可用润湿方程来表达

$$\gamma_{sg} - \gamma_{sl} = \gamma_{lg}\cos\theta \tag{3.1}$$

此时的接触角为平衡接触角。

习惯上将 90°定为润湿与否的标准：$\theta < 90°$时，称为润湿，且 θ 越小，润湿性越好；$\theta > 90°$时，称为不润湿；平衡接触角 $\theta = 0$ 时，则为完全润湿。

当 $\cos\theta = 1$ 时，此时的表面张力称为临界表面张力。只有当液体的表面张力等于或低于固体的临界张力时，液体在固体表面的扩散才可以自发进行，才能彻底润湿。

表 3.1 列出了一些纤维材料的临界表面张力。

从表中可以看出，除聚四氟乙烯、聚三氯乙烯、聚氟乙烯外，其他材料的临界表面张力均在 $29 \times 10^{-5} N \cdot cm^{-1}$（20 ℃）以上，因此一般洗涤剂水溶液容易润湿这些材料。若材料表面已经粘上污垢，其临界表面张力一般也不会低于 $30 \times 10^{-5} N \cdot cm^{-1}$，一般表面活性剂溶液也能较好地润湿。在一般天然纤维（棉、毛等）上水的润湿性能较好，但在人造纤维（如聚丙烯、聚酯等）上的润湿性往往较差。

表面活性剂水溶液的表面张力一般低于一些常见纤维的临界表面张力，因而在洗涤作用中，洗涤液对纤维的润湿并非困难之事。此外，实际上的表面并非光滑表面，多为粗糙表面，因而更易于润湿。

表 3.1　一些材料的表面张力

纤维材料	临界表面张力 γ_c(20 ℃)/10^{-5}(N·cm^{-1})	纤维材料	临界表面张力 γ_c(20 ℃)/10^{-5}(N·cm^{-1})
聚四氟乙烯	18	尼龙	46
聚三氟乙烯	22	聚丙烯晴	44
聚氟乙烯	28	纤维素 C(再生)	44
聚丙烯	29	聚乙烯醇	37
聚乙烯	32	聚氯乙烯	39
聚苯乙烯	31	聚酰胺	46
聚酯	43		

2. 油污的脱离－卷缩机理

洗涤作用的第二步是油污的去除，液体污垢的去除是用一种卷缩(rolling-up)的方式来实现的(图 3.2)。液体污垢原来是以铺开的油膜形式存在于表面上，在洗涤液对固体表面优先润湿作用下，逐级卷缩成为油珠，被洗涤液替换下来，在一定外力作用下最终离开表面，如图 3.2 所示。在这个过程中，由于表面活性剂容易吸附在固体表面和油污膜面上，使固体－水和油－水的界面张力降低。为了维持固－水－油三相界面上作用力的平衡，油污的固体表面上的接触角有变大的趋势，也即油污会逐渐卷缩，达到一定程度时就能脱离固体表面。

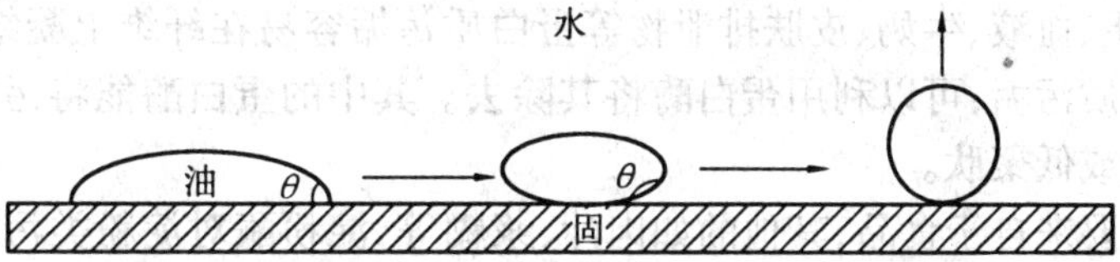

图 3.2　表面上的油膜在洗涤液作用下卷缩成“油珠”

实际上，油污多种多样，再加上不同性质的载体表面，因此，油污在表面上的吸附强度也不同，去除它们的难易程度也就不同。当液体油污与表面的接触角为 180°时，污垢可以自发地脱离载体表面；若它们之间的接触角在 90°～180°的范围，则污垢不能自发脱离表面，但可以被液流冲走(图 3.3)；当接触角小于 90°时，液流只能冲走大部分的油污，仍有一小部分油污留在表面(图 3.4)。只有通过更大的机械力，或是通过较浓的表面活性剂溶液的增溶作用才能将这一小部分残留油污除去。

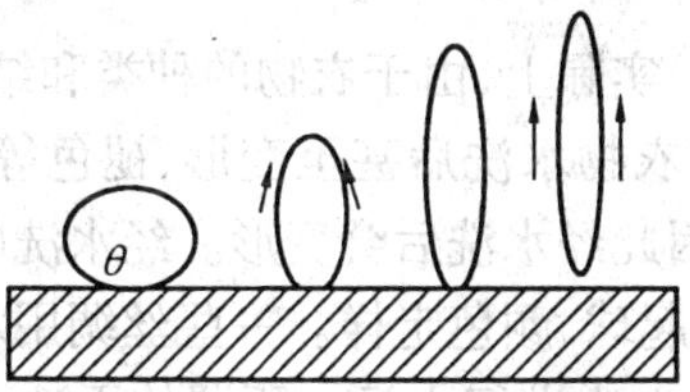

图 3.3　油滴($\theta<90$ ℃)的完全去除

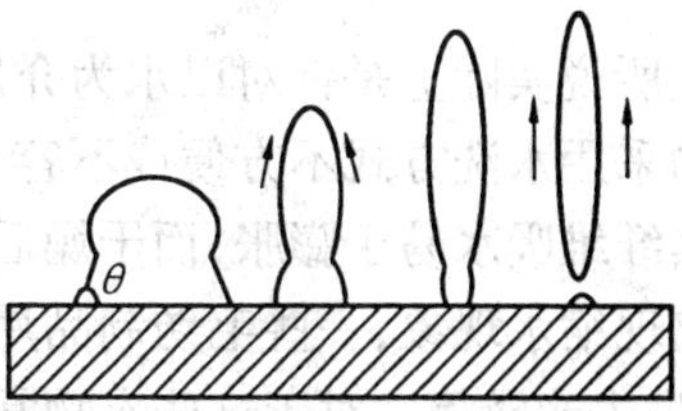

图 3.4　油滴($\theta>90$ ℃)的不完全去除

3.1.4.2　固体污垢的去除机理

液体污垢的去除，主要是通过洗涤液对污垢载体的优先润湿，而对于固体污垢的去除机理则有所不同，在洗涤过程中，主要是洗涤液对污垢质点及其载体表面的润湿。由于表面活性剂在固体污垢及其载体表面的吸附，减小了污垢与表面之间的相互作用，降低了污垢质点在表面的粘附强度，因而污垢质点容易从载体表面上除去。

不仅如此，表面活性剂，尤其是离子型表面活性剂，在固体污垢及其载体表面上的吸附有可能增加固体污垢及其载体表面的表面电势，更有利于污垢的去除。固体或一般纤维表面在水介质中通常带负电，因此，在污垢质点或固体表面上能形成扩散双电层。由于同性电荷相斥，因此，水中污垢质点在固体表面上的粘附强度会有所减弱。当加入阴离子表面活性剂时，由于阴离子表面活性剂能同时提高污垢质点及固体表面的负表面电势，使它们之间的排斥力更为增强，因而，质点的粘附强度更加降低，污垢更易于除去。

非离子表面活性剂在一般带电的固体表面上都能产生吸附，尽管不能明显改变界面电势，但吸附的非离子表面活性剂往往在表面上形成一定厚度的吸附层，有助于防止污垢再沉积。

对于阳离子表面活性剂，由于它们的吸附会使污垢质点及其载体表面的负表面电势降低或消除，这使得污垢与表面之间的排斥降低，因而不利于去除污垢；再者，阳离子表面活性剂在固体表面吸附以后，往往将固体表面变成疏水性，因而不利于表面的润湿，也就不利于洗涤。

3.1.4.3　特殊污垢的去除

蛋白质、淀粉、人体分泌物、果汁、茶汁等这类污垢用一般的表面活性剂难以除去，需采用特殊的处理方法。

像奶油、鸡蛋、血液、牛奶、皮肤排泄物等蛋白质污垢容易在纤维上凝结变性，粘附较为牢固。对于蛋白质污垢，可以利用蛋白酶将其除去。其中的蛋白酶能将污垢中的蛋白分解成水溶性氨基酸或低聚肽。

淀粉污垢主要来自于食品，其他的如肉汁、浆糊等，淀粉酶对淀粉类污垢的水解有催化作用，使淀粉分解成糖类。

脂肪酶能催化分解一些用通常方法难以除去的三脂肪酸甘油酯类污垢，如人体分泌的皮脂、食用油脂等，使三脂肪酸甘油酯分解成可溶性的甘油和脂肪酸。

一些来自果汁、茶汁、墨水、唇膏等有颜色的污渍，即使反复洗涤也常常难以彻底洗干净。此类污渍可以通过一些像漂白粉之类的氧化剂或还原剂进行氧化还原反应，破坏生色基团或助色基团的结构，使之降解成较小的水溶性成分而除去。

3.1.5　干洗的去污机理

以上所说实际上是针对以水为介质的洗涤作用。实际上，由于衣物的种类和结构不同，某些衣物采用水洗方式不方便或不容易洗干净，有的衣物水洗后甚至变形、褪色等，例如大部分天然纤维吸水易于膨胀，而干燥后又容易缩水，因此经水洗后会变形。经水洗的羊毛制品也常出现缩水现象，一些毛纺制品用水洗后还容易起球、颜色走样。一些丝绸用水洗后手感变差、失去光泽等。对于这些衣物常常采用干洗的方法进行去污。所谓的干洗一般是指在有机溶剂特别是在非极性溶剂中的洗涤方式。

相对于水洗，干洗是一种比较温和的洗涤方式。因为干洗并不需要太大的机械作用，对衣物不至于造成损伤、起皱和变形，同时干洗剂不像水那样，很少产生膨胀和收缩作用。只要技术处理得当,就可以使衣物干洗后达到不变形、不褪色和延长使用寿命等优良效果。

从干洗角度来说,各种污垢大致有以下三种:

(1) 油溶性污垢。油溶性污垢包括各种油和油脂,是液体或油腻状,可溶于干洗溶剂。

(2) 水溶性污垢。水溶性污垢可溶于水溶液,但不溶于干洗剂,是以水溶液状态吸附在衣物上,水挥发后析出颗粒状固体,如无机盐、淀粉、蛋白质等。

(3) 油水不溶性污垢。油水不溶性污垢既不溶于水,也不溶于干洗溶剂,如炭黑、各种金属的硅酸盐和氧化物等。

由于各种污垢的性质不同,因而在干洗过程中对于污垢的去除存在不同的作用方式。油溶性污垢,如动植物油、矿物油和油脂等,易溶于有机溶剂,在干洗中较容易除去。干洗溶剂对油和油脂极好的溶解能力实质上来自分子间的范德华作用力。

对于水溶性污垢如无机盐、糖类、蛋白质、汗等的去除,还必须在干洗剂中加入适量的水,否则水溶性污垢难以从衣物中去除。但水较难溶于干洗剂中,因此为增加水的量,还需加入表面活性剂。干洗剂中存在的水能使污垢及衣物的表面水化,从而容易与表面活性剂的极性基团发生相互作用,有利于表面活性剂在表面的吸附。此外,在表面活性剂形成胶束时,水溶性污垢及水能被增溶进胶束中。表面活性剂除能增加干洗溶剂中水的含量外,还能起到防止污垢再沉积的作用,以增强去污效果。

少量水的存在对去除水溶性污垢是必要的,但过量的水会导致一些衣物变形、起皱等,故干洗剂中水的含量必须适度。

既非水溶性也非油溶性的污垢如灰、泥、土和炭黑等固体颗粒一般以静电力吸附或与油污结合附着在衣物上。在干洗中,溶剂的流动、冲击能使以静电力吸附的污垢脱落下来,而干洗剂能溶解油污,使与油污相结合并附着在衣物上的固体颗粒脱落于干洗剂中,干洗剂中的少量水和表面活性剂,则使那些脱落下来的固体污垢粒子能稳定地悬浮、分散,防止其再沉积到衣物上。

3.1.6 影响洗涤作用的因素

表面活性剂在界面上的定向吸附以及表面(界面)张力的降低是液体或固体污垢去除的主要因素。但洗涤过程较为复杂,即使同一类洗涤剂的洗涤效果还受到其他许多因素的影响。这些因素包括洗涤剂的浓度、温度、污垢的性质、纤维的种类、织物的组织结构等。

3.1.6.1 表面活性剂的浓度

溶液中表面活性剂的胶束在洗涤过程中起到重要作用。当浓度达到临界胶束浓度(*cmc*)时,洗涤效果急剧增加。因此溶剂中洗涤剂的浓度应高于 *cmc* 值,才有良好的洗涤效果。但是当表面活性剂的浓度高于 *cmc* 值后,洗涤效果递增就不明显了,过多的增加表面活性剂的浓度是没有必要的。

借助增溶作用去除油污时,即使浓度在 *cmc* 值以上,增溶作用仍随表面活性剂浓度的提高而增加。这时就宜在局部集中使用洗涤剂,例如在衣服的袖口和衣领处污垢较多,洗涤时可先涂沫一层洗涤剂,以提高表面活性剂对油污的增溶效果。

3.1.6.2 温度

温度对去污作用有很重要的影响。总的来说,提高温度有利于污垢的去除,但有时温度过高也会引起不利因素。

温度提高有利于污垢的扩散，固体油垢在温度高于其熔点时易被乳化，纤维也因温度提高而增加膨化程度，这些因素都有利于污垢的去除。但是对于紧密织物，纤维膨化后纤维之间的微隙减小了，这对污垢的去除是不利的。

温度变化还影响到表面活性剂的溶解度、*cmc* 值、胶束量大小等，从而影响洗涤效果。长碳链的表面活性剂温度低时溶解度较小，有时溶解度甚至低于 *cmc* 值，此时就应适当提高洗涤温度。温度对 *cmc* 值及胶束量大小的影响，对于离子型和非离子型表面活性剂是不同的。对离子型表面剂，温度升高一般能使 *cmc* 值上升而胶束量减小，这就意味着在洗涤溶液中要提高表面活性剂的浓度。对于非离子型表面活性剂，温度升高，导致其 *cmc* 值减小，而胶束量显著增加，可见适当提高温度，有助于非离子型表面活性剂发挥其表面活性作用。但温度不宜超过其浊点。

总之，最适宜的洗涤温度与洗涤剂的配方及被洗涤的对象有关。有些洗涤剂在室温下就有良好的洗涤效果，而有些洗涤剂冷洗和热洗的去污效果相差很多。

3.1.6.3 泡沫

人们习惯上往往把发泡能力与洗涤效果混为一谈，认为发泡力强的洗涤剂洗涤效果好。研究结果表明，洗涤效果与泡沫的多少并没有直接关系。例如，用低泡洗涤剂进行洗涤，其洗涤效果并不比高泡洗涤剂差。

泡沫虽与洗涤没有直接关系，但在某些场合下，泡沫还是有助于去除污垢的，例如，手洗餐具时洗涤液的泡沫可以将洗下来的油滴携带走。擦洗地毯时，泡沫也可以带走尘土等固体污垢粒子，地毯污垢中尘土占很大比例，因此地毯清洗剂应具有一定的发泡能力。

发泡力对于洗发香波也是重要的，洗发或沐浴时液体产生的细密泡沫使人感到润滑舒适。

3.1.6.4 纤维的品种和纺织品的物理特性

除了纤维的化学结构影响污垢的粘附和去除外，纤维的外观形态以及纱线和织物的组织结构对污垢去除的难易均有影响。

羊毛纤维的鳞片和棉纤维弯曲的扁平带状结构比光滑的纤维更易积累污垢。例如，沾在纤维素膜（粘胶薄膜）上的炭黑容易去除，而沾在棉织物上的炭黑就难以洗脱。又如聚酯的短纤维织物比长纤维织物容易积聚油污，短纤维织物上的油污也比长纤维织物上的油污难以去除。

紧捻的纱线和紧密织物，由于纤维之间的微隙较小，能抗拒污垢的侵入，但同样也能阻止洗涤液把内部污垢排除出去，故紧密织物开始时抗污性好，但一经沾污洗涤也比较困难。

3.1.6.5 水的硬度

水中 Ca^{2+}、Mg^{2+} 等金属离子的浓度对洗涤效果的影响很大，特别是阴离子表面活性剂遇到 Ca^{2+}、Mg^{2+} 离子形成的钙、镁盐溶解性均较差，会降低它的去污能力。在硬水中即使表面活性剂的浓度较高，其去污效果仍比在蒸馏水中差得多。要使表面活性剂发挥最佳洗涤效果，水中 Ca^{2+} 离子浓度要降到 1×10^{-6}mol·L^{-1}（$CaCO_3$ 要降到 0.1 mg·L^{-1}）以下。这就需要在洗涤剂中加入各种软水剂。

3.2 家用洗涤用品的种类和发展趋势

洗涤用品是人民日常生活的必需品,长期以来为保护和清洁环境,保护人体健康,起着非常重要的作用。

3.2.1 家用洗涤用品的种类

家用洗涤用品主要包括肥皂和洗涤剂两大类,每类中又品目繁多。家用洗涤剂包括衣物洗涤剂、家庭用清洁剂和个人卫生清洁剂等。

3.2.2 家用洗涤用品的发展趋势

家用洗涤用品的总的发展趋势,就商品形式而论,粉状产品发展减慢,液体洗涤剂增长加快,由粉状向液体、膏状、浓缩性、超浓缩型转变;就洗涤对象而论,由通用型逐渐转向专用型,在配方中加入各种各样的添加剂,出现了许多功能各异的专用产品。近年来开发的复配洗衣粉、加酶洗衣粉、含氧漂白洗衣粉、杀菌洗衣粉,以及五光十色的专用液体洗涤剂和硬表面清洁剂,为消费者提供了极大的方便,受到各方面的欢迎。

洗衣皂产量日渐下降,部分已被合成洗涤剂所取代,但香皂品种有了很大发展,今年陆续上市的儿童皂、老年皂、复合皂、液体皂、富脂皂、美容皂、杀菌皂等等,使香皂市场面目一新。

3.3 家用洗涤用品的主要原料

3.3.1 肥皂的主要原料

3.3.1.1 油脂

用于制皂的油脂除了食用油脂外,还有工业用油脂和野生植物油脂。油是在常温条件下呈液态的甘油三酸酯,脂是在相同条件下呈固态的甘油三酸酯。常温条件的低温和高温之间的温差有 30~40 ℃,同一油脂在常温下有时以液体存在,有时则以固体存在,所以习惯上对油和脂不作严格区别,统称油脂。有时把固态的脂也称做油,如牛油。

油脂由甘油和脂肪酸化合而成,因其所含脂肪酸的种类不同,所以相对分子质量和物理化学性质随脂肪酸种类不同而不同。含低分子脂肪酸多的油脂,其相对分子质量约为 700,而含高分子脂肪酸油脂的相对分子质量可达 900 以上。油脂中除了甘油酯外,还含有各种随油而异的特定杂质,所以各种油脂在外观上也都存在一些比较明显的差异。兹将一些常用油脂的外观特性综合列表(表 3.2),以对油脂作初步鉴别。

表 3.2 中所列亚麻仁油、大麻油、梓油都含有不饱和度很高的脂肪酸,是宝贵的干性油,一般用于油漆的生产,在制皂中很少采用。鱼油含脂肪酸的不饱和度高,但有难闻的腥味,不能直接用来制皂,然而鱼油经过加氢后不饱和度降低,腥味消失。一般加氢至碘值降为 33~40 时即可得到无腥味、白色的氢化鱼油。氢化鱼油大多用做洗衣皂的原料,也可少量用于香皂的生产。对于一些深色的油脂,都要经过精炼、脱色甚至脱臭后才能使用。油脂精炼在制皂行业中也称油脂的预处理,精炼的目的是除去甘油三酸酯以外的杂质。

表 3.2 油脂的外观特性

类 别	油脂名称	颜 色	嗅 感	味	其 他
	亚麻仁油	淡黄至金色	显著汽油气味		
	大麻油	棕褐	特臭		
	梓油	棕黄	芝麻气味		
	豆油	淡黄至黄褐	豆香味		
	玉米油	淡黄至黄	油香味	甜	
	棉子油	淡黄至深褐	油香味	苦	有粘性
植物油	芝麻油	淡黄至黄褐	芝麻香味		易酸败而变稠厚
	菜油	黄至暗褐	稍臭油气味		夏季透明、冬季混浊
	花生油	淡黄至浅褐	花生香		
	茶油	杏黄	无明显油气味		
	橄榄油	淡黄至深黄	一般油气味		常含多量游离酸
	蓖麻油	淡黄至黄绿	一般油气味		密度、粘度大于其他油脂
	米糠油	黄绿	米糠气味		易酸败
	向日葵油	淡黄至深黄	无明显油气味		
	棕榈油	橘黄至棕红	愉快香气味	甜	呈乳状
植物脂	棕榈仁油	白至微黄	芳香气味		半固体、易酸败
	柏油	白至灰黄	树脂气味		坚硬
	椰子油	淡黄	椰子香气味		软固体
	鲳鱼油	赤褐	恶腥味		
	鲢鱼油	黄褐至赤褐	恶腥味		
动物油	鲱鱼油	黄褐至赤褐	恶腥味		
	鲸鱼油	淡黄至赤褐	恶腥味		
	牛脚油	黄至褐	腥味		常混有马或羊脚油
	牛脂	白至灰黄	臭		常混有羊油、筋皮
	羊脂	白至淡灰	羊膻气味		较牛脂坚硬
动物脂	猪脂	白至淡黄	一般油气味		易酸败变黄
	骨脂	暗黑	恶臭		常含微量钙盐
	马脂	微褐	腥臭		含游离酸多、易酸败

各种油脂在制皂配方中的选用主要取决于其所含脂肪酸的组成。了解各种油脂的脂肪酸组成是进行油脂配方的重要依据，各种天然油脂所含脂肪酸的组成受天气、地域的影响并因生长期长短以及采集期早晚而有所变化，但都在一个大体范围内波动。各种常见油脂所含脂肪酸的情况见表 3.3。了解了油脂中脂肪酸的组成，在油脂资源短缺或价格变动时，就比较容易找到替代油脂，例如，表 3.3 中棕榈仁油、椰子油和巴巴苏仁油中油脂，它们的脂肪酸组成近似，在油脂配方中可以互相取代。

由于脂肪酸组成不同，用于表达油脂物性的一些理化指标也就因油脂不同而异。对于制皂工艺选用油脂来说，使用意义较大的 4 项指标是：相对密度、凝固点、皂化值和碘值。

相对密度是在一定温度下，油脂的质量与同体积水的质量之比。油脂相对密度随其相对分子质量增大而减小，随脂肪酸的不饱和度增高而增大。油脂的相对密度随温度升高而减小。肥皂厂常用相对密度来计算反应器的投料量和罐中储存的油脂量。

表 3.3 常见油脂中的脂肪酸组成%

油脂名称	饱和脂肪酸										不饱和脂肪酸							其他酸
											一烯酸					二烯酸	三烯酸	
	C6	C8	C10	C12	C14	C16	C18	C20	C22	C24	C14	C16	C18	C20	C22	C18	C18	
牛　油					2～7	26～30	17～24				1	6	43～45			1～4		
羊　油					2～5	24～25	30						36～39			2～4		
猪　油					1.3～3	24～28	12～18	1				3	42～48			6～9		
骨　油						20～21	19～21						50～55			5～10		
柏　油			0～1.7	2.5	3.6～4.7	58～64	2						28～35					
木　油				1.3	2	35	2～3.3	0.5					22～23			12.2	21.2	C10二烯酸 2.3
梓　油													28～30			44～53		
漆　蜡					1.9	68～79	5～12						12～14					
棕榈油					0.6～1	44～48	3～4			0.1			38～43			9～9.5		
棕榈仁油	0.6～2	3	4～6	48～55	12～19	8～9	2～7						4～14			0～2		
椰子油	0.2～2	3～10	4～11	45～51	17～22	4～9	1～5						2～20			1～2.5		
巴巴苏仁油	0.3	5.3	5.9	44.2	15.8	8.6	2.9						15.1	0.1		1.7		
花生油						6～7.3	5	2～4	3～9	1～3			56～61			22～23		
菜子油						4	2						19	13	40	14	8	
棉子油					0.4～1	20～29	2～4	0.6				2	24～35			40～44		
米糠油					0.5	12～20	2	0.5	0.4			0.4～2	40～50			29～42		
豆　油						6.5～11	4	0.7		0.1			25～32			49～51	2～9	
茶　油						7.5	0.8						74～84			7～14		
玉米油						7～13	3～4	0.4		0.2			29～43			39～54		
向日葵油						11	6						29			52	2	
蓖麻油						2	1～2						7～8.6			3～3.5		蓖麻酸 87
蚕蛹油						20	4	1				2	35			12	25	
鲸　油						8	12					17	25			20		C22五烯酸 18
亚麻仁油						2.7	5.4						5			48.5	34.1	
大麻油						2	2.5						14			65	16	
芝麻油						7.3	4.4	4		0.4			46			35.2		
橄榄油						9.2	2	0.2					83.1			3.9		

每一种脂肪酸都有固定范围的凝固点或熔点，几种脂肪酸混合在一起后，其凝固点有相加性，可以按它们在混合物中的比例计算出来。油脂所含脂肪酸从表 3.3 可以看出，都是混合脂肪酸，其脂肪酸的凝固点也就是该油脂所含混合脂肪酸的凝固点。熔点和凝固点是物质在自身蒸气压下达到液态和固态平衡的温度。如果达到平衡的温度是用冷却液体的方法求得的，那么这个温度就为该物质的凝固点；如果平衡温度是用加热固体的方法求得的，则这个温度叫熔点。肥皂在工业中，一般都是用凝固点指标，脂肪酸凝固点不仅用做鉴别各种油脂的重要指标，而且用以预测这种油脂制成的肥皂的软硬程度。一般情况下，脂肪的凝固点高的油脂所制成的肥皂硬度大，反之则低。

皂化值用以表示油脂被碱完全皂化所需的碱量，定义为皂化 1 g 油脂所需要的氢氧化钾毫克数。皂化值可以用来计算皂化某种油脂所需的碱及该油脂的平均相对分子质量。若以 S_v 表示油脂的皂化值，则皂化所需氢氧化钠量为

$$1\,000 \times S_v \times \frac{40}{56.1 \times 1\,000} = S_v \times 0.714\ (\text{kg 碱/t 油})$$

知道了油脂的皂化值，则该油脂的平均相对分子质量为

$$1\,000 \times 3 \times 56.1/S_v = 168\,300/S_v$$

式中　56.1——氢氧化钾的相对分子质量；

40——氢氧化钠的相对分子质量；

3——皂化 1 mol 油脂需要的氢氧化钾物质的量数。

由此可见，油脂的皂化值越高，则表示其相对分子质量越小，皂化时所需的碱量越小。

碘值是指油脂所能吸收卤素单质的量，定义为 100 g 油脂吸收的碘的克数。油脂的碘值越高，反映其不饱和程度越高。油脂工业常以碘值高低来划分油脂的属性并且确定适宜的用途。碘值高于 130 的油脂属于干油性，低于 100 的属于不干油性，在 100 ~ 130 之间的属于半干油性，制造油漆涂料需用碘值高的油脂；制造肥皂需用碘值低的油脂。制造香皂用的混合油脂的碘值要求在 65 以下；碘值高的油脂制成肥皂容易酸败变质。碘值可以用来计算脂加氢制硬化油时所需要的氢气量，每吨油脂碘值降低 1 所需要的氢气量为 0.079 5 kg。

在确定油脂配方时，往往用一个经验数值来预示成皂后的肥皂硬度，这个数值由用油脂的皂化值减去它的碘值而得，称为 *INS* 值。由 *INS* 值要求出一个 *SR* 值，称为溶解度比值，此值用于预示肥皂的溶解性和起泡性。*INS* 值越大，成皂硬度越大；*SR* 值越大，成皂的溶解性和起泡力越好。

各种常用油脂的脂肪酸凝固点、相对密度、皂化值、碘值的数据列于表 3.4 中。

3.3.1.2　脂肪酸

制皂用的天然脂肪酸主要来自两个方面：一是油脂精炼时产生的下脚及其他一些废油，其中所含一定数量脂肪酸，但因同时含大量杂质，无法用来直接制皂，一般都将其酸解或补充皂化后酸解再蒸馏而得脂肪酸，习惯上称为红油，是以含油脂为主的混合脂肪酸。这两方面得来的脂肪酸质量波动较大，只能用来制造低档洗衣皂。目前许多肥皂厂都用先进的制皂工艺，即脂肪酸中和法，取代过去的脂肪皂化法。所用脂肪酸由皂厂自行油脂水解而取得，其脂肪酸组成大体上相当于配入油脂中所含脂肪酸，可用于制造各类肥皂，同时简化了甘油回收工艺。

油脂是再生资源，但也可用人工合成的方法制得。适合制造肥皂的天然脂肪酸为 C_{12}、

C_{14}、C_{16}、C_{18}饱和脂肪酸和 C_{18}不饱和脂肪酸，目前能大规模投产的 $C_{12}\sim C_{18}$的合成工艺有两种：石蜡氧化法和羰基合成醇碱溶法。

表 3.4 常用油脂的一些常数

油　脂	相对密度(15 ℃)	脂肪酸凝固点/℃	皂化值/mgKOH·g^{-1}	碘值/gI$_2$·(100g)$^{-1}$
玉米油	0.922～0.926	14～20	187～193	103～133
向日葵油	0.922～0.926	16～20	188～194	113～143
棕榈油	0.921～0.925	40～47	196～207	44～54
棕榈仁油	0.925～0.935	20～28	244～248	10～17
柏油	0.918～0.922	45～53	203～208	27～35
木油	0.920～0.935	40～44	202～208	80～100
60 ℃硬化油		58.8	190～195	15～30
椰子油	0.925～0.927	22～25	250～260	7.5～10.5
漆蜡	0.975～1.000	57	205～238	5～18
棉子油	0.915～0.930	33～37	191～196	105～110
米糠油	0.913～0.930	20～25	183～194	91～109
菜子油	0.913～0.918	15	170～177	97～105
茶油	0.915～0.925	13～18	190～195	84～93
花生油	0.916～0.918	27～32	186～196	88～105
蓖麻油	0.958～0.968	3	176～186	83～87
豆油	0.924～0.926	20～25	189～195	103～120
牛油	0.943～0.925	40～47	192～200	35～59
羊油	0.937～0.952	43～38	192～195	33～46
猪油	0.934～0.938	33～43	195～202	45～70
骨油	0.914～0.916	38	190～195	46～56
蚕蛹油	0.918	6～10	190～194	135～138
海棠油		30～38	185～190	85～88

3.3.1.3 松香

松树泌出的松脂，由松节油和松香组成，经过蒸馏，约可蒸出 25*w*%松节油，剩余为松香。松香中残留松节油多，则松香的熔点低、质软、粘手。

松香含有 90*w*%含羰基的芳香族化合物和 10*w*%左右非酸物质，前者总称树脂酸(分子式为 $C_{20}H_{30}O_2$)，包括松香酸、左旋海松酸、右旋海松酸和其他树脂酸；后者包括碳氢化合物、高分子仲醇和脂类物质等。松香在空气中易被氧化并颜色变深。所以在香皂中很少使用松香。

松香价格比油脂低，在肥皂中代替部分油脂可使肥皂成本降低，另外松香加在肥皂中，能阻止硬脂酸皂的结晶，使皂体不过分坚硬、不脆裂、不酸败；但松香皂的起泡力和去污力都不如油脂皂，所以在肥皂中不能过多添加松香。松香在油脂配方中的使用量控制在 15*w*%～25*w*%，而且只在洗衣皂中使用。在计算油脂配方的脂肪酸凝固点时，松香的凝固点以 26 ℃计算。松香中不含甘油，所以制皂时松香不与油脂混在一起皂化，而是单独用纯碱皂化成皂化率为 70*w*%左右的松香皂后，于煮皂的整理工序掺入，这样可以不影响其他油脂皂化后的甘油回收率。

3.3.1.4 木浆浮油

松木用硫酸盐法制造纸浆时，木料中的油脂和松香转变成可溶性钠盐进入黑液，当黑液浓缩到固体物含量达 25*w*% ~ 28*w*%，并冷却后，脂肪酸皂和松香皂凝结成褐色絮状物或块状物浮于黑液表面，取出后成为黑液皂，或称硫酸盐皂。用硫酸酸化黑液后，脂肪酸和松香酸等酸性物质即分出并呈油状物浮于液面。此油状物称为木浆浮油，亦称塔尔油，系英文 Tall oil 的音译。木浆浮油用做制皂原料时必须经过精制。

3.3.1.5 碱

肥皂厂用于皂化的碱是氢氧化钠，有时也用氢氧化钾、碳酸钠、碳酸钾。某些特殊情况下也用三乙醇胺等有机碱，如配制透明度要求高的液体产品。氢氧化钠、氢氧化钾用于皂化油脂，碳酸钠、碳酸钾用于中和脂肪酸。氢氧化钠、碳酸钠用于制硬质的钠皂，氢氧化钾、碳酸钾用于制造软质的或液体钾皂。

氢氧化钠的分子式为 NaOH，习惯上叫做烧碱，亦称火碱或苛性钠。纯品系无色透明晶体，相对密度为 2.130，熔点为 318.4 ℃，工业品含有 0.5*w*% ~ 2.5*w*% 碳酸钠和 0.1*w*% ~ 3*w*% 氯化钠，是白色不透明固体。固体烧碱吸湿性强，易溶于水，溶解时放热量大。烧碱具有强碱性，对皮肤有极强的腐蚀性。

氢氧化钾的分子式为 KOH，俗称苛性钾，系白色半透明晶体，相对密度为 2.044，熔点 360 ℃，氢氧化钾在空气中易吸潮和二氧化碳，易溶于水，腐蚀性极强。

碳酸钠的分子式为 Na_2CO_3，俗称纯碱，亦称苏打。纯品系白色粉末或细粒，相对密度为 2.532，熔点为 851 ℃。工业品含有少量氯化物、硫酸盐和碳酸氢钠等杂质。碳酸钠吸湿性强，有多种水合物。

碳酸钾的分子式为 K_2CO_3，俗称钾碱，亦称桐碱、柴碱。纯品系白色晶体粉末，相对密度为 2.428，熔点为 891 ℃。吸湿性强，易溶于水，呈碱性。

3.3.1.6 食盐

食盐的分子式为 NaCl，相对密度为 2.161，熔点为 804 ℃，在制皂时用做盐析剂。要求食盐、镁含量尽量少，否则在煮皂过程中会形成大量不溶于水的钙皂和镁皂。在甘油回收的肥皂厂一般都不购买食盐。因为煮皂时液碱中所含约 4*w*% ~ 5*w*% NaCl，在回收甘油的过程中，这些 NaCl 在蒸发阶段析出而成为回收盐。

3.3.1.7 硅酸钠

硅酸钠俗称水玻璃，又称泡花碱，它的分子式通式为 $Na_2O \cdot nSiO_2$。n 表示 SiO_2 分子数对 Na_2O 分子数的比值，称做水玻璃的模数。模数是水玻璃性质的一个重要指标，模数越小，碱性越大；肥皂工业一般使用模数为 1.8 ~ 3.6 的水玻璃，主要用做洗衣皂的添加剂，少量为香皂的抗氧剂，洗衣皂用模数为 2.4 左右水玻璃，香皂则用 3.36 ~ 3.6 的高模数水玻璃。将碱液加入高模数水玻璃中，则 $Na_2O \cdot nSiO_2$ 与 NaOH 可发生反应，使水玻璃的模数降低。不过这个反应进行得很慢，大概需要在室温放置 24 h 才能完成。肥皂厂常利用水玻璃的这个特性来调节模数，有时为降低肥皂中游离碱含量，向肥皂中加入高模数水玻璃，一般模数大于 2 的水玻璃，加入肥皂中后，都有降低肥皂中游离碱含量的作用。

不同模数水玻璃溶液的相对密度和浓度的关系可参阅表 3.5 ~ 3.9。

表 3.5　模数 1.69 水玻璃的相对密度与含量表

相对密度	°Be′	含　　量/w%		
		硅酸钠	其中 Na_2O	其中 SiO_2
1.006 1	2.3	1.69	0.64	1.05
1.058 4	8.0	5.03	1.90	3.31
1.106 9	14.0	10.69	4.04	6.65
1.167 3	20.4	15.93	6.02	9.91
1.297 0	33.2	26.84	10.14	16.70
1.370 5	39.2	31.86	12.04	19.82
1.403 7	41.7	34.40	13.00	21.40
1.441 4	44.4	36.87	13.93	22.94

表 3.6　模数 2.06 水玻璃的相对密度与含量表

相对密度	°Be′	含　　量/w%		
		硅酸钠	其中 Na_2O	其中 SiO_2
1.082 9	11.1	8.97	2.99	5.98
1.132 8	17.0	13.50	4.50	9.00
1.178 9	22.0	18.18	6.06	12.12
1.266 4	30.5	25.29	8.43	16.86
1.302 8	33.7	28.16	9.38	18.76
1.342 6	37.0	34.40	10.53	21.06
1.365 3	38.8	31.59	11.12	22.24
1.384 9	40.3	34.65	11.55	23.10
1.402 3	41.6	36.03	12.01	24.02
1.418 8	42.8	37.29	12.43	24.86
1.442 8	44.5	38.67	12.89	25.78
1.621 9	55.6	51.60	17.20	34.40
1.682 1	58.8	55.26	18.42	36.84

表 3.7　模数 2.40 水玻璃的相对密度与含量表

相对密度	°Be′	含　　量/w%		
		硅酸钠	其中 Na_2O	其中 SiO_2
1.014 7	2.1	1.73	0.52	1.21
1.031 3	4.4	3.44	1.03	2.41
1.093 5	12.4	10.08	3.02	7.06
1.160 0	20.0	16.65	4.99	11.66
1.286 6	32.3	27.93	8.29	19.64
1.326 6	35.7	31.17	9.25	21.92
1.378 3	39.8	34.37	10.20	24.17
1.396 9	41.2	36.46	10.82	25.64
1.423 0	43.1	38.40	11.40	27.00
1.452 9	45.2	40.37	11.98	28.39

表 3.8　模数 3.36 水玻璃的相对密度与含量表

相对密度	°Be′	含　量/w%		
		硅酸钠	其中 Na_2O	其中 SiO_2
1.018 3	2.6	2.35	0.55	1.80
1.073 3	9.9	8.78	2.06	6.72
1.149 9	14.8	12.92	3.03	9.89
1.113 7	18.9	17.18	4.03	13.15
1.193 4	23.5	21.66	5.08	16.58
1.240 4	28.1	24.46	5.97	19.49
1.265 3	30.4	27.67	6.49	21.18
1.283 2	32.0	29.34	6.88	22.46
1.317 0	34.9	31.85	7.47	24.38
1.347 6	37.4	34.28	8.04	26.24
1.369 2	39.1	36.24	8.50	27.74
1.390 2	40.7	38.37	9.00	29.37
1.407 8	42.0	38.88	9.12	29.76

表 3.9　模数 3.9 水玻璃的相对密度与含量表

相对密度	°Be′	含　量/w%		
		硅酸钠	其中 Na_2O	其中 SiO_2
1.019 0	2.7	2.35	0.49	1.86
1.039 4	5.5	4.74	0.99	3.75
1.058 4	8.0	7.19	1.50	5.69
1.078 4	10.5	9.54	1.99	7.55
1.098 5	13.0	11.89	2.48	9.41
1.120 6	15.6	14.33	2.99	11.34
1.143 5	18.2	16.82	3.51	13.31
1.165 6	20.6	18.93	3.95	14.98
1.302 8	33.7	31.73	6.62	25.11
1.306 3	34.0	32.54	6.79	25.75

3.3.1.8　脱色剂

肥皂用油脂的色泽都比不上食用油脂，许多油脂在煮皂前都需经过脱色处理，也有煮成皂基后再行脱色处理。脱色作用有物理吸附脱色，有与色素发生氧化或还原反应而脱色。借助物理作用的脱色剂有活性白土和活性炭，借助化学反应的脱色剂有次氯酸钠、双氧水、保险粉和雕白粉。

1. 活性白土

活性白土主要用于油脂脱色，活性白土是膨润土岩经硫酸活化处理后制成的，主成分是 SiO_2 和 Al_2O_3，含有 CaO、MgO 和 Fe_2O_3 等杂质。其质量随矿土产地和活化方法而异，虽成分相似，但对油脂的脱色效能却相差悬殊，因此选用何种牌号的活性白土，一般是通过实际油脂脱色试验后做出决定。

2. 活性炭

活性炭是用核桃壳、椰子壳和棉子壳等经煅烧而制成的,对气体和色素有很强的吸附能力。活性炭是无嗅无味的黑色粉末,不溶于所有溶剂,沸点 4 200 ℃,着火点 300 ℃。相对密度有三种不同的表示方法:① 不计孔隙的单位体积质量,称真密度,为 1.75 ~ 2.1 $g\cdot cm^{-3}$;② 计孔隙的单位体积质量,称视密度,为 500 ~ 1 000 $kg\cdot m^{-3}$;③ 包括孔隙及粒间空间的单位体积炭层的质量,称松密度,为 200 ~ 600 $kg\cdot m^{-3}$。活性炭的有效半径和内表面积随原料和烧透程度而异,一般分 3 个类型,其数值如表 3.10 所示。商品活性炭的质量要求是对亚甲基蓝的脱色力 > 70%,120 ℃,挥发物 < 15*w*%,酸中溶解物 < 3*w*%,醇中溶解物 < 0.2*w*%,氯化物 < 0.1*w*%,硫酸盐 < 0.15*w*%,硫化物:无反应,灼烧残渣 < 3.5*w*%。

表 3.10　中等活化程度的活性炭的有效半径和内表面积

孔　径	有效半径/10^{-10}m	内表面积/($m^2\cdot g^{-1}$)
微　孔	10 ~ 20	240
中型孔	150	150
粗　孔	8 000	1.9

3. 次氯酸钠

次氯酸钠的分子式是 NaClO,系黄色晶体,俗称漂粉精、高效漂白粉。次氯酸钠在空气中不稳定,易分解,故其产品均为其含氢氧化钠的水溶液。水溶液为浅黄色液体,保存时必须维持碱性并保持低温,否则易分解并逐渐失效。次氯酸钠对油脂和肥皂的漂白效果较好。

制备次氯酸钠溶液的简单而效果又好的方法是将氯气通入一定浓度的 NaOH 冷溶液,NaOH 的浓度一般采用 50 ~ 80 $g\cdot L^{-1}$,溶液温度保持 < 25 ℃。

4. 双氧水

双氧水是过氧化氢水溶液,分子式是 H_2O_2。纯的过氧化氢是无色无味的油状液体,相对密度为 1.458,熔点 −2 ℃,能与水或乙醇以任何比例混合。市售双氧水一般浓度为 30*w*%、35*w*% 和 50*w*% 三种,其性能分别列于表 3.11。

表 3.11　双氧水的一般性能

项　目	31.2*w*%	35*w*%	50*w*%
外观	无色透明液体	无色透明液体	无色透明液体
相对密度/(20/40 ℃)	1.120	1.130	1.196
沸点/℃	106	107	111
熔点/℃	−27	−32.6	−50.2
蒸气压			
总压(30 ℃)/kPa	3.2	3.1	2.4
H_2O_2 分压/kPa	0.04	0.05	0.1
pH 值	2.4 ~ 2.6	2.2 ~ 2.4	1.7 ~ 1.9
稳定性(放置 365 d 后)	浓度降低 1*w*% ~ 1.3*w*%		浓度降低 1*w*% ~ 1.1*w*%

双氧水在碱性溶液中不稳定,易分解放氧而失效。在酸性液中则很稳定,所以工业品中常加适量的硫酸或磷酸。

双氧水为强氧化剂,可用于油脂或肥皂的脱色。双氧水本身虽不会燃烧,但与易燃烧物接触能引起剧烈燃烧,30w%的双氧水对皮肤有强烈的刺激性。双氧水储存时应避光,以免分解。

5. 保险粉

保险粉是连二亚硫酸钠的俗称,分子式为 $Na_2S_2O_4$。工业品有不含结晶水和含两分子结晶水两种,前者为淡黄色粉末,后者为白色细粒结晶;保险粉是一种强还原性的脱色剂,用于肥皂脱色,保险粉溶于水,不溶于乙醇,配制成水溶液使用,置于空气中易受潮,并被氧化而分解。保险粉是易燃物品,燃烧时遇水放出易燃的氢气和有毒的硫化氢气体,故不宜用水扑救。

6. 雕白粉

雕白粉是甲醛合亚硫酸氢钠($NaHSO_3 \cdot CH_2O$)和甲醛合次硫酸氢钠(($NaHSO_2 \cdot CH_2O$)的混合物,呈白色块状,溶于水,是一种强还原剂,用于肥皂的脱色。雕白粉在常温下较为稳定,遇高温将分解成亚硫酸盐;存放时要防止受潮受热,但比保险粉稳定。

雕白粉是由保险粉与甲醛液反应而成

$$Na_2S_2O_4 + 2CH_2O \rightarrow Na_2S_2O_4 \cdot 2CH_2O$$

$$Na_2S_2O_4 \cdot 2CH_2O + H_2O \rightarrow NaHSO_3 \cdot CH_2O + NaHSO_2 \cdot CH_2O$$

所以两者性能有某些近似,同属还原性脱色剂。

3.3.1.9 着色剂

肥皂使用着色剂,一方面是增加肥皂的美观,另一方面是掩盖或调整肥皂带有的不太好看的色泽。使肥皂全部染色时使用染料,局部染色或制造条纹皂时使用颜料。

用于肥皂的染料或颜料要求:① 不与碱作用,不因碱性作用而变色;② 耐光,不因久置空气中而变色;③ 能溶于水或被肥皂分散于水中,不因水溶性差而使被洗衣物染色;④ 色泽光彩鲜艳。肥皂中常用的色素分别为下列品种:

黄色:常用的肥皂黄,易呈碱性皂黄或酸性金黄 G,系酸性偶氮染料。皂黄耐碱、耐热、耐光,在水和乙醇中溶解度较好,难溶于丙酮。使用时先用沸水溶解,再调入肥皂中。目前大多洗衣皂中都加入皂黄。黄色也可采用耐晒 G 和耐晒黄 10G 等颜料。

红色:各种曙红色染料、原藻染料及其他红色染料都可使用。常用的是碱性玫瑰精,旧称盐基玫瑰精 B ,是占吨类染料的一种,溶于水和乙醇。显有强的荧光,色鲜艳,但不耐光。

蓝色:常用直接耐晒翠蓝 GL,也称锡利翠蓝,属酞菁类的直接染料,耐碱、耐热,但耐光性稍差,难溶于水,用沸水煮溶后再用。还有一种靛蓝,亦称靛青,不溶于水和乙醇,一般不用做有色香皂的着色剂,只在白色香皂中加用少量以抵消皂体带有的黄色,使之显白。

绿色:使用印花涂料浆绿 8601。其主要成分为酞菁绿,系酞菁类颜料。绿色鲜明、耐碱、耐热、耐光。绿色亦可用直接耐晒翠蓝 GL 和酸性黄金 G 配制而成。

橘红色:用辉桔红 G 染料。先用沸水溶解,再加肥皂中。

紫色:用甲硫紫 S4B 染料,沸水溶后使用。

其他颜色如棕色等,可用两种或两种以上互相配色。

还有一种白色染料,使用目的不是使肥皂着色,这就是二氧化钛,俗称钛白或钛白粉,分子式为 TiO_2,系折射率很高的白色粉末。肥皂中加入二氧化钛的目的是遮盖肥皂的透明度,使之显白。二氧化钛分搪瓷用和颜料用两种规格,前者用真空冷却工艺所制,用于的洗衣皂,用量一般为 0.2w% 左右,后者用于香皂,用量为 0.025w% ~0.2w%。

3.3.1.10 香料

肥皂中添加香料,目的在于遮盖一些低质油脂带入的难闻气味;香皂加香,则在于使人发生快感,乐于使用。我国大多数肥皂厂在洗衣皂中都使用香草油,加入量为 0.3w% ~0.5w%。香皂则按品种加入各种类型的香精,香精的选用对香皂的生产成本和质量都有重大影响。用于肥皂的香精还有液体洗涤用品香精和皂粉香精。

香皂用香精的香型很多,有玫瑰、茉莉、棕榄、力士、檀香、薰衣草、百合花、青香、柑桔香、素心兰、青香薰衣草、木香、琥珀香等香型。各种香型又有它独特的格调,如玫瑰花香可分为红玫瑰,其格调是香气正甜;紫玫瑰呈干甜;粉红玫瑰清气较重;白玫瑰则醛味突出。

3.3.1.11 其他材料

1. 荧光增白剂

荧光增白剂是一种染料,本身无色,但能吸收日光中的紫外线而产生明亮的蓝紫色荧光,使附着体显得洁白。荧光增白剂品种繁多,肥皂中使用的有织物增白剂和白色香皂增白剂两种,前者加于洗衣皂中,使织物洗涤增白,后者加入香皂中,使白色香皂的皂体增白。市售的荧光增白剂 BSL 和 31 号都是 4,4 - 二氨基芪 - 2,2 - 二磺酸的双(三氮(杂)苯基)的衍生物,一般用量为 0.03w% ~0.2w%。用于白色香皂效果较好的增白剂为三唑型 TA - 4 增白剂,一般用量为 0.01w% ~0.02w%。

2. 抗氧剂

为防止肥皂酸败和褪色,在肥皂中加入一定的抗氧剂。常用的抗氧剂是 2,6 - 二叔丁基对甲基苯酚,简称 BHT。BHT 为白色结晶体,凝固点为 70 ℃,相对密度(20 ℃/4 ℃)1.048,溶于甲醇、乙醇、异丙醇、石油醚、苯、丁酮和亚麻仁油,不溶于水和 10w% 烧碱溶液。邻甲苯二胍是肥皂制品的一种特效抗氧化剂,用量为 0.04w% ~0.1w%。这种邻甲苯二胍呈碱性,能和油酸、硬脂酸等脂肪酸发生中和反应,所以应在油脂和脂肪酸皂化之后加入。邻甲苯二胍不能使用铝制或镀锡容器。

3. 杀菌剂

杀菌剂应用于药皂、除臭皂中,常用的杀菌剂有:

(1) 甲酚又称克利沙酸,分子式为 $CH_3C_6H_4OH$。相对密度 1.03 ~ 1.05。克利沙酸是间甲酚、对甲酚和邻甲酚的混合物,190 ℃前馏出物 $<3\%$,210 ℃前馏出物 $>96\%$。在药皂中用量一般为 2w%。

(2) 香芹酚,学名 2 - 羟基对异丙基甲苯或 2 - 甲基-5 - 异丙基苯酚,无色油状液体,相对密度为 0.976 0(20 ℃/4 ℃),熔点 0 ℃,沸点 237 ~ 238 ℃。溶于乙醇、乙醚和碱溶液,不溶于水,在药皂中用量一般为 1w%。

(3) 百里酚,又称麝香草酚,是香芹酚的异构体,学名 3 - 羟基对异丙基甲苯或 5 - 甲基 - 2 - 异丙基苯酚,无色晶体或白色结晶粉末,相对密度为 0.979,熔点 48 ~ 51 ℃,沸点 233 ℃。微溶于水,溶于冰醋酸和石蜡油,易溶于乙醇、氯仿、乙醚和橄榄油,在药皂中用量一般为 1w%。

(4) 六氯酚,学名 2,2′ - 亚甲基 - 双(3,4,6 - 三氯苯酚)或 2,2′ - 二羟基 - 3,5,6,3′,

5′,6′-六氯二苯基甲烷,白色结晶粉末,无臭或略带酚味,熔点>160.5 ℃,不溶于水、矿物油、甘油、凡士林和石蜡油中,加热时可溶于植物油及脂肪酸中,在药皂中用量一般为0.2*w*%。

(5) 四甲基秋兰姆化二硫,简称秋兰姆或英文名称的缩写 TMTD,白色或灰白色结晶粉末,有特殊臭味和刺激作用,相对密度为1.29,熔点155~156 ℃。几乎不溶于水、淡碱液和乙醚、石油醚等溶剂中,溶于氯仿、丙酮、苯和乙酸乙酯中,在药皂中用量一般为1*w*%。

(6) 3,4′,5-三溴水杨酰苯胺,系白色粉末,熔点227~228 ℃。不溶于水,溶于热的丙酮中,在药中用量一般为0.5*w*%~1.0*w*%。

(7) 六氯联苯,*N*-3,4,4′-三氯碳酰苯胺(TCC),3,4′5-三溴水杨酰苯胺(TBS),4,4′-二氯胆-3′(三氟甲烷)碳酰-*N*-苯胺和α-羟基-2′,4,4′-三氯二苯酚代醚均是除臭皂和杀菌皂应用广泛的杀菌剂。

4. 螯合剂

常用的螯合剂为乙二胺四乙酸二钠盐和四钠盐,简称 EDTA,分子式为$(HOOCCH_2)_2NCH_2CH_2N(CH_2COOH)_2$,系无色结晶体,加热至240 ℃以上分解,微溶于水,不溶于普通有机溶剂。在肥皂中使用时用经氢氧化钠中和过的钠盐,一般用二钠盐或四钠盐。

5. 加脂剂

人体皮肤的生理组织可分为正常型、多脂型和干燥型三种。干燥型皮肤含脂量低于正常型皮肤,在使用肥皂时,常引起皮肤表面皮脂被过量除去,使皮肤受到损伤,造成皮肤粗糙、皱裂。为防止这种倾向的产生,可在肥皂中加入脂质和脂质保护剂,给皮肤以润湿,恢复弹性。加入的脂质称加脂剂。

通常使用的加脂剂有脂肪酸、高级脂肪醇、羊毛脂及其衍生物、脂肪酸单乙醇酰胺、乙氧基化脂肪酸单乙醇酰胺等。主要起润湿作用的有甘油、乙二醇、聚乙二醇等。除此之外还有磷脂、维生素、牛奶、蜂蜜、水解蛋白,并构成硬脂酸酯等。

6. 钙皂分散剂

肥皂最大的不足是在硬水中洗涤时,会与水中的钙镁离子形成不溶于水的、无洗涤能力的钙、镁皂。它不但浪费大量的肥皂,而且所形成的皂与皮肤分泌的蛋白质、皮脂或吸附于皮肤表面的无机污垢结合形成皂垢。皂垢会发生凝聚,分离并吸附在被洗织物上,时间一长皂垢泛黄发硬,使织物失去光泽。在这种情况下,可加入一种叫钙皂分散剂的表面活性剂,它能使皂垢稳定地分散。

钙皂分散剂可分为阴离子型、非离子型、两性离子型三种,其加入量一般为5*w*%~10*w*%。常见的主要钙皂分散剂有:α-甘油单烷基醚、α-磺酸盐、α-磺基脂肪酸甲脂盐、α-酰基-α′-磺酰基二甘油酯、酰基-*N*-甲基牛磺酸盐、脂肪酸异丙酰基硫酸酯盐、*N*-酰基谷氨酸盐、烷基硫酸盐、烷基苯磺酸盐、烷基聚氧乙烯醚、脂肪酸羟乙基磺酸盐等。

7. 透明剂

为抑制肥皂的结晶,提高透明度所加入的物质叫透明剂。常用的透明剂有:乙醇、乙二醇、甘油、蔗糖、山梨醇、丙二醇。*N*-酰基氨基酸的单乙醇胺、二乙醇胺、三乙醇胺盐等。这些物质不但可提高肥皂的透明度,而且可防止皂体开裂,兼有保护皮肤之功效。

3.3.2 配制洗涤剂的主要原料

现代洗涤剂是含有多种成分的复杂的混合物。其中表面活性剂是起清洗作用的主要成分，洗涤剂中的其他组分是为改善和增加表面活性剂的洗涤效能或为适应某些特殊需要，或是为改变制成产品的形状而加入的。由于它们之间的协同作用会产生更加理想的洗涤效果。

3.3.2.1 洗涤剂中常用的表面活性剂

1. 阴离子表面活性剂

阴离子表面活性剂溶于水时，分子电离后具有表面活性的部分为阴离子。疏水基主要是烷基和烷基苯，亲水基主要是羧基、磺酸基、硫酸基，在分子结构中还可能存在酰胺基、酯键、醚键。下面介绍阴离子表面活性剂的主要品种。

(1) 羧酸盐。羧酸盐类表面活性剂共分为两类：一类是亲油基与羧基直接相连，称为脂肪酸皂，分子通式为 $RCOO^- M^+$；另一类是亲油基通过中间键，如酰胺键，与羧基相连，其通式为 $R{-}\overset{\overset{\large O}{\|}}{C}{-}NH{-}(CH_2)_n{-}COO^- M^+$。其中 R 为 $C_8 \sim C_{22}$，M 为 K^+、Na^+、NH_4^+ 等。

羧酸盐是用油脂与碱溶液加热皂化而制得，也可用脂肪酸与碱直接反应而制得，由于油脂中脂肪酸的碳原子数不同以及选用碱剂的不同，使所制成的肥皂的性能有很大差异。脂肪酸皂中具有代表性的是硬脂酸钠($C_{17}H_{35}COONa$)，它在冷水中溶解缓慢，且形成胶体溶液，在热水中和乙醇中有较好的溶解性能。脂肪酸皂的碳链越长，其凝固点愈高，硬度加大，水溶性也下降。

对于同样的脂肪酸而言，钠皂最硬，钾皂次之，胺皂则较柔软。钠皂和钾皂有较好的去污力，但其水溶液碱性较高，pH 值约为 10，而胺皂的水溶液碱性较低，pH 值约为 8。

用于制造各类洗涤用品的脂肪酸皂都是不同长度碳链的脂肪酸皂的混合物，以便获得所需要的去污力、发泡力、溶解性、外观等。

肥皂虽有去污力好、价格便宜、原料来源丰富等特点，但它不耐硬水、不耐酸、水溶液呈碱性。

(2) 烷基硫酸酯盐。烷基硫酸酯盐的分子通式为 $RO{-}SO_3M$，其中 R 为 $C_{8\sim18}$，M 通常为钠盐，也可能为钾盐或胺盐。烷基硫酸酯盐的制备方法是将高级脂肪醇经过硫酸化后再与碱中和

$$ROH \xrightarrow{\text{硫酸化}} R{-}O{-}SO_3H \xrightarrow{\text{中和}} R{-}O{-}SO_3M$$

这类表面活性剂具有很好的洗涤能力和发泡能力，在硬水中稳定，溶液呈中性或微碱性，它们是配制液体洗涤剂的主要原料。其中最重要的品种是月桂醇硫酸钠，商品代号 K_{12}，分子式为 $C_{12}H_{25}O{-}SO_3Na$，外观为白色粉末，可溶于水，可用做发泡剂、洗涤剂等。

如果在烷基硫酸酯的分子中再引入聚氧乙烯醚结构或酯结构，则可以获得性能更优良的表面活性剂。这类产品具有代表性的是月桂醇聚氧乙烯醚硫酸钠，分子式为 $C_{12}H_{25}(OCH_2CH_2)_3{-}OSO_3Na$，俗称 AES，它是由非离子表面活性剂月桂醇聚氧乙烯醚硫酸化而制得

$$C_{12}H_{25}O(OCH_2CH_2)_3{-}H \xrightarrow{\text{硫酸化}} C_{12}H_{25}O(OCH_2CH_2)_3{-}SO_3H \xrightarrow{\text{中和}}$$
$$C_{12}H_{25}O(OCH_2CH_2)_3{-}SO_3Na$$

由于分子中有聚氧乙烯醚结构，月桂醇聚氧乙烯醚硫酸钠比月桂醇硫酸钠水溶性更好，

其浓度较高的水溶液在低温下仍可保持透明，适合配制透明液体香波。月桂醇聚氧乙烯醚硫酸盐的去油污能力特别强，可用于配制去油污的洗涤剂，该原料本身的粘度较高，在配方中还可起到增稠作用。

非离子表面活性剂单月桂酸甘油酯经硫酸化并中和后，可制得单月桂酸甘油酯硫酸钠，其分子式为

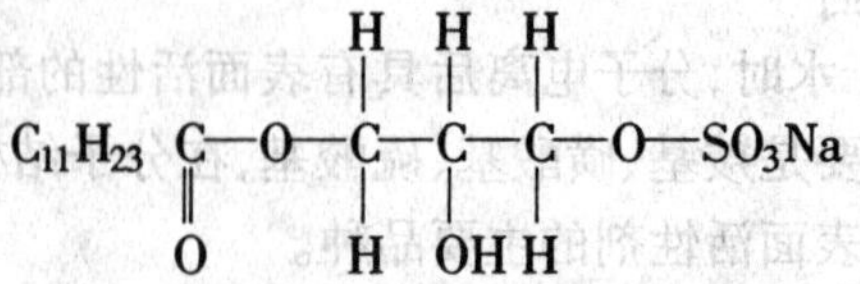

该产品易溶于水，水溶液呈中性，对硬水稳定，其发泡性和乳化作用均好，去污力强，适用于配制香波等高档液体洗涤剂。

(3) 烷基磺酸盐。烷基磺酸盐的通式为 R—SO_3M，其中 R 可以是直链烃基、支链烃基或烷基苯，M 可以是钾盐、钠盐、钙盐、胺盐，这是应用最多的一类阴离子表面活性剂，它比烷基硫酸酯盐的化学稳定性更好，表面活性也更强，称为配制各类合成洗涤剂的主要活性物质。烷基磺酸盐的疏水基不同时，可以表现出不同的表面活性，可分别作为乳化剂、润湿剂、发泡剂、洗涤剂等使用。现将烷基磺酸盐中的主要产品介绍如下。

① 烷基苯磺酸钠(ABS)，分子式为 R—  —SO_3Na。它是由烷烃脱氢后直接与苯缩合制得烷基苯，然后用 SO_3 磺化，中和后即得成品。烷基苯磺酸钠具有良好的发泡力和去污力，综合洗涤性能优越，是合成洗衣粉中使用最多的活性物质。其代表品种为十二烷基苯磺酸钠。

早期的烷基苯磺酸钠是以丙烯为原料，聚合成四聚丙烯(十二烯)，再与苯缩合成十二烷基苯。用这种原料生产的烷基苯磺酸钠虽然润湿能力好，去污能力也好，但不易生物降解，排放后污染环境，因此，这种产品已逐渐被由正构烷烃生产的直链烷基苯磺酸钠(LAS)所取代。

② 仲烷基磺酸钠(SAS)，是以平均碳数为 $C_{15\sim16}$的正构烷烃为原料而制得的磺酸盐。正构烷烃在紫外光照射下与 SO_2 和 Cl_2 反应生成烷基磺酰氯，然后用 NaOH 中和制得烷基磺酸钠

$$RH + SO_2 + Cl_2 \xrightarrow{h\nu} RSO_2Cl + HCl$$

$$RSO_2Cl + 2NaOH \longrightarrow R{-}SO_3Na + NaCl + H_2O$$

这种方法叫磺氯化法，也可以用 SO_2、O_2 在紫外光照射下与烷烃反应

$$RH + SO_2 + O_2 \xrightarrow{h\nu} R{-}SO_2OOH$$

$$R{-}SO_2OOH + SO_2 + H_2O \longrightarrow RSO_3H + H_2SO_4$$

这种方法叫磺氧化法，用磺氧化法生产的烷基磺酸钠副产品少，色泽浅，适宜于民用洗涤品。

直链正构烷烃的磺氧化反应中，仲碳原子比伯碳原子更易发生反应，因此产品的组成主要是仲烷基磺酸钠。

仲烷基磺酸钠的表面活性与直链烷基苯磺酸钠接近，但溶解性能及生物降解性能均优于直链烷基苯磺酸钠。

③ α－烯基磺酸盐(AOS)。由石蜡裂解生产的 $C_{15\sim18}$的 α－烯烃用 SO_3 磺化然后中和，

便得到 α - 烯基磺酸盐，简称 AOS，它的主要成分是烯基磺酸盐（$R—CH═CH—(CH_2)_n—SO_3Na$）和羟基烷基磺酸盐（$R—\underset{\displaystyle OH}{\underset{|}{CH}}—(CH_2)_n—SO_3Na$）。

$C_{15\sim18}$的 AOS 的去污力优于 LAS，而且生物降解性能好，不会污染环境，AOS 刺激性小，毒性低。用小白鼠做口服急性中毒试验(24 h)，几种烷基磺酸盐的半数致死量 LD_{50}数据为

AOS（α - 烯基磺酸盐）	3.26 $g\cdot kg^{-1}$体重
LAS（直链烷基苯磺酸盐）	1.62 $g\cdot kg^{-1}$体重
AS（烷基磺酸盐）	1.46 $g\cdot kg^{-1}$体重

可见 AOS 的毒性远低于 LAS 和 AS。AOS 与非离子表面活性剂以及阴离子表面活性剂都有良好的配伍性能。AOS 与酶也有良好的协同作用，是制造加酶洗涤剂的良好原料。综合上述性能，可以预计 AOS 应有良好的发展前景。

④ 烷基磷酸酯盐。烷基磷酸酯盐也是一类重要的阴离子表面活性剂。可以用高级脂肪醇与五氧化二磷直接酯化而制得。所得产品主要是磷酸单酯盐及磷酸双酯盐的混合物

不同疏水基的产品以及单酯盐、双酯盐含量不同时，产品性能有较大差异，使产品适用于乳化、洗涤、抗静电、消泡等不同用途，如十二烷基磷酸酯钠主要作为抗静电剂，用于具有调理作用的产品。

十二烷基聚氧乙烯醚磷酸酯盐是一种优良的表面活性剂。它由非离子表面活性剂烷基聚氧乙烯醚与五氧化二磷酯化而得到。分子式为

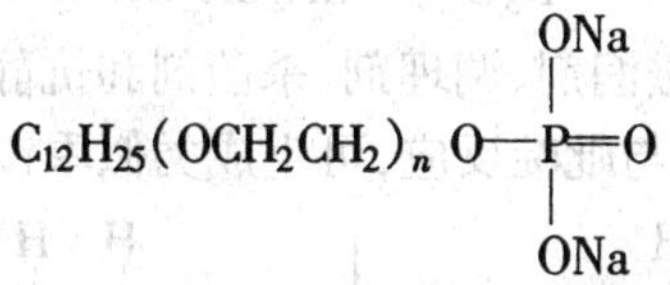

这是一种粘度很高、去污力很强、适合于配制餐具洗涤剂的表面活性剂。这类磷酸酯盐兼有非离子表面活性剂的特点，因此其综合性能及配伍性能俱佳。

以多元醇酯类非离子表面活性剂衍生的磷酸酯盐，如单月桂酸甘油酯磷酸酯盐，也是综合性能较好的阴离子表面活性剂，用于食品乳化剂、餐具洗涤剂和硬表面清洗剂。

⑤ 分子中具有多种阴离子基团的表面活性剂。为了改进表面活性剂的性能，随着有机合成技术的进步，可在分子中引入多种离子型官能团。如脂肪醇聚氧乙烯磺基琥珀酸单酯二钠

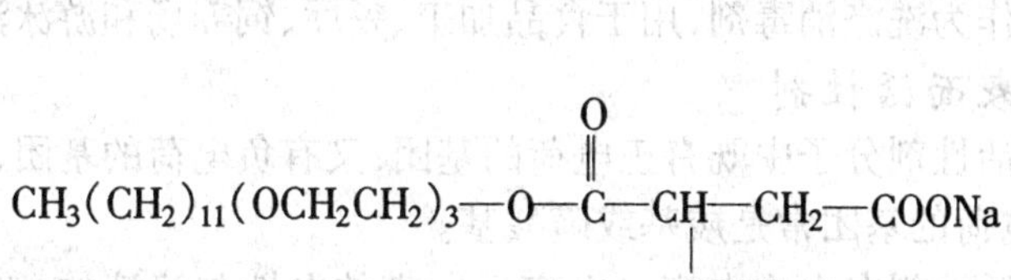

这是一种性能温和、生物降解好、发泡力强的表面活性剂。它不仅本身刺激性小，而且在配伍时可以降低硫酸酯类表面活性剂的刺激性，可用于配制高档香波和化妆品。

2. 阳离子表面活性剂

阳离子表面活性剂溶于水时,分子电离后具有表面活性的部分为阳离子。几乎所有的阳离子表面活性剂都是有机胺的衍生物。

阳离子表面活性剂的去污力较差,甚至有负洗涤效果。一般阳离子表面活性剂与阴离子表面活性剂混合后能形成不溶于水的复合物。只有其中一种活性物过量而能使复合物增溶时,混合液才呈透明状。

阳离子表面活性剂主要用做杀菌剂、柔软剂、破乳剂、抗静电剂等。日化产品中可能用到的几种阳离子表面活性剂主要有:

(1) 季铵盐。季铵盐是阳离子表面活性剂中最常用的一类,一般是脂肪胺与卤代烃反应生成季铵盐,例如,用十二烷基二甲基胺与氯苄反应生成十二烷基二甲基苄基氯化胺

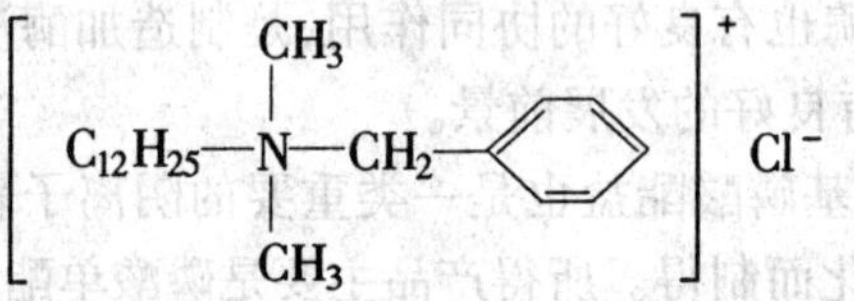

这是一种具有杀菌能力的表面活性剂,俗称"洁尔灭",除此以外,季铵盐表面活性剂还有十六烷基三甲基氯化铵、十二烷基二甲基苄基溴化铵、十八烷基三甲基氯化铵、双十八烷基二甲基苄基溴化铵等。

(2)咪唑啉盐。咪唑啉化合物是典型的环胺化合物。用羟乙基乙二胺和脂肪酸缩合即可得到环叔胺,再进一步与卤代烃反应即得咪唑啉盐表面活性剂。例如

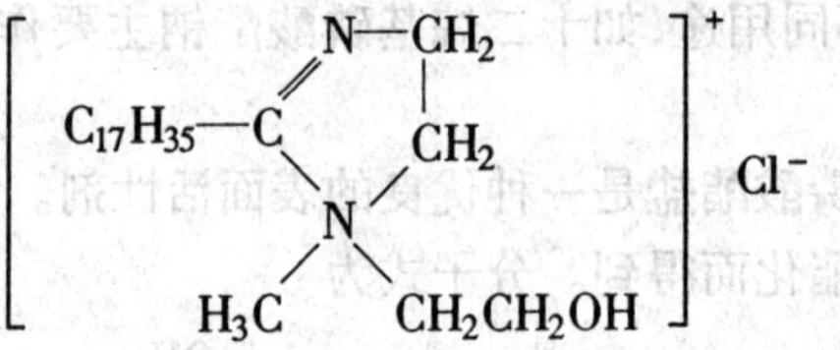

这类表面活性剂主要用做头发滋润剂、调理剂、杀菌剂和抗静电剂,也可用做织物柔软剂。

(3)吡啶卤化物。卤代烷烃与吡啶反应,可生成类似季铵盐的烷基吡啶卤化物

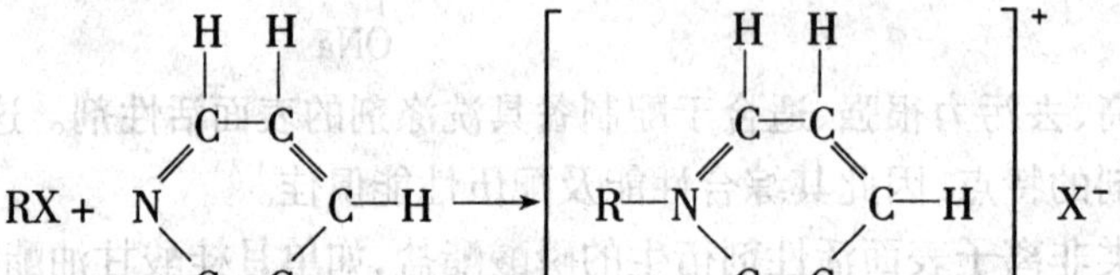

十二烷基吡啶氯化胺是这类表面活性剂的代表物,其杀菌力很强,对伤寒杆菌和金黄葡萄球菌有杀菌能力。可作为洗涤消毒剂,用于食品加工、餐厅、饲养场和游泳池等的清洗消毒。

3. 两性离子表面活性剂

两性离子表面活性剂分子中既有正电荷的基团,又有负电荷的基团,带正电荷的基团常为含氮基团,带负电荷的基团常是羧基或磺酸基。

两性离子表面活性剂在水中电离。电离后所带的电性与溶液的 pH 值有关,在等电点以下的 pH 值溶液中呈正电荷性,显示阳离子表面活性剂的作用;在等电点以上 pH 值溶液中呈负电荷性,显示阴离子表面活性剂的作用。在等电点的 pH 值溶液中形成内盐,呈现非

离子型，此时表面活性较差，但仍溶于水，因此两性离子表面活性剂在任何 pH 值溶液中均可使用，与其他表面活性剂相容性好。耐硬水，发泡力强，无毒性，刺激性小，也是这类表面活性剂的特点。下面介绍几种常用的两性离子表面活性剂。

(1) 甜菜碱型两性离子表面活性剂。甜菜碱是从甜菜中分离出来的一种天然产物，其成分为三甲基胺基乙酸盐。如果甜菜碱分子中的一个—CH_3 被长碳链烃基取代就是甜菜碱型表面活性剂。最有代表性的是 *N* – 十二烷基 – *N*，*N* – 二甲基 – *N* – 羧甲基甜菜碱（简称十二烷基羧基甜菜碱）

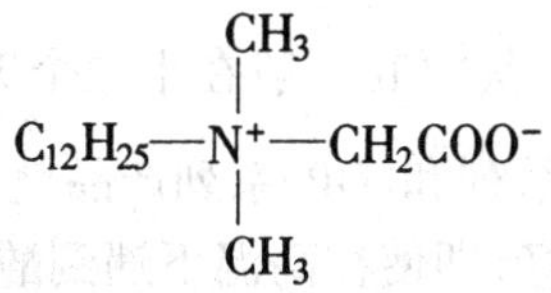

具有酰胺基的甜菜碱，则性能更为优良，如椰油酰胺甜菜碱

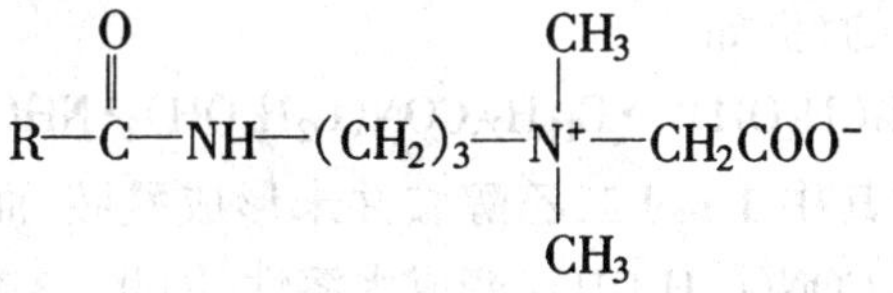

$(R = C_{7\sim17})$

甜菜碱型表面活性剂一般由对应的叔胺与氯乙酸钠反应而制得

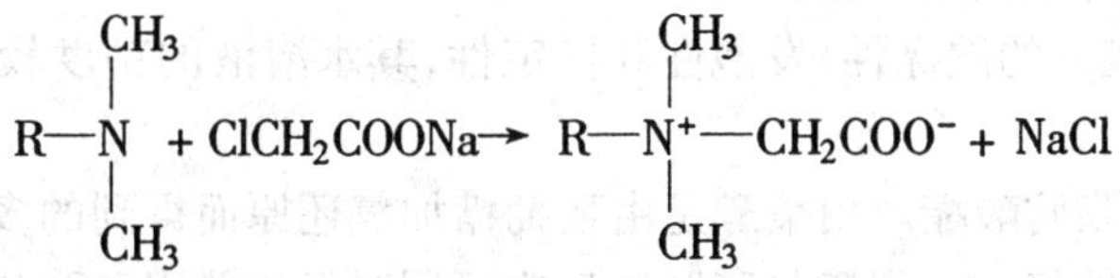

(2) 氨基酸型两性表面活性剂。它是由脂肪胺与卤代羧酸反应而制得的，其中具有代表性的是十二烷基胺基丙酸（$C_{12}H_{25}NHCH_2CH_2COOH$）。

(3) 咪唑啉型两性表面活性剂。它是由咪唑啉衍生物与卤代羧酸反应而制得的，如 1 – 羟乙基 – 2 – 烷基羧基咪唑啉

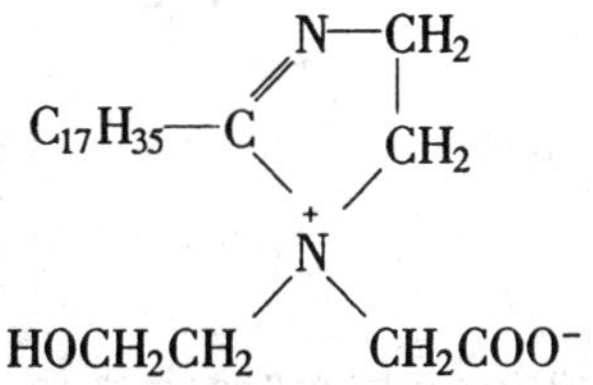

这是一种优良的表面活性剂，刺激性小，可用于婴儿香波和洗发香波中，还可用做抗静电剂、柔软剂、调理剂、消毒杀菌剂。

4. 非离子表面活性剂

非离子表面活性剂在水溶液中不电离，其分子结构中的亲油性基团与离子型表面活性剂大致相似，但亲水基团是羟基和醚基。由于非离子表面活性剂在水中不呈离子状态，所以不受电解质、酸、碱的影响，化学稳定性好，与其他离子表面活性剂的相容性好，在水中及有机溶剂中均有较好的溶解性能。依据亲水基中羟基的数目不同或聚氧乙烯链长度不同，可以合成一系列亲水性能不同的非离子表面活性剂，以适应润湿、渗透、乳化、增溶等各种不同的用途。常用的非离子表面活性剂有：

(1) 聚氧乙烯类非离子表面活性剂。这类表面活性剂是由高级脂肪醇、高级脂肪酸、烷

基酚、多元醇等与环氧乙烷加成而制得。它们是非离子表面活性剂中生产量最大、用途最广的表面活性剂。

① 脂肪醇聚氧乙烯醚。由脂肪醇与环氧乙烷直接加成而得到，其通式为 $RO(CH_2CH_2O)_nH$，其中 $R=C_{12\sim18}$，$n=3\sim30$（n 值亦称 EO 数），EO 数较小时，用做 AES 的原料和乳化剂，EO 数较大时，用于润湿剂或洗涤剂。例如，平平加 O(peregal O)就是这类产品，其 R 为 C_{18}，n 为 15。

② 烷基酚聚氧乙烯醚。由烷基酚与环氧乙烷直接加成而得，其通式为

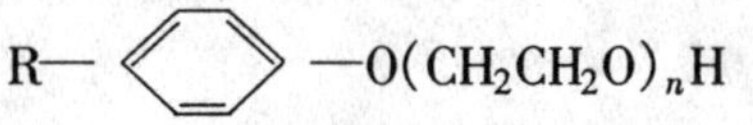

，其中 R 一般在十二个碳原子以下，常用的为壬基酚，根据 n 数不同，可制备系列产品，“TX”系列和“OP”系列产品就是这类表面活性剂的商品名称，这类产品最大的特点是化学稳定性好，即使在高温下遇到酸、碱也不会被破坏。

(2) 烷基醇酰胺。烷基醇酰胺是分子中具有酰胺基和羟基的非离子表面活性剂。它是由脂肪酸与二乙醇胺反应而制得的，例如

$$C_{11}H_{23}COOH+2NH(CH_2CH_2OH)_2 \rightarrow C_{11}H_{23}CON(C_2H_4OH)_2\cdot NH(C_2H_4OH)_2$$

这就是净洗剂 6501。合成反应时其中 1 mol 二乙醇胺并未形成酰胺，而是与烷基醇酰胺结合成复合物，使难溶于水的 $C_{11}H_{23}CON(C_2H_4OH)_2$ 变成水溶性，因此，这类产品的水溶液呈碱性，在酸性介质中会降低其溶解性。

烷基醇酰胺有较好的洗涤性、发泡性和稳定性，其水溶液的粘度较大，配伍于液体产品中有增稠效果。

(3)失水山梨醇脂肪酸酯。山梨醇是由葡萄糖加氢还原而得到的多元醇，由于醛基已被还原，因此化学稳定性好。山梨醇与脂肪酸反应可同时发生脱水和酯化反应

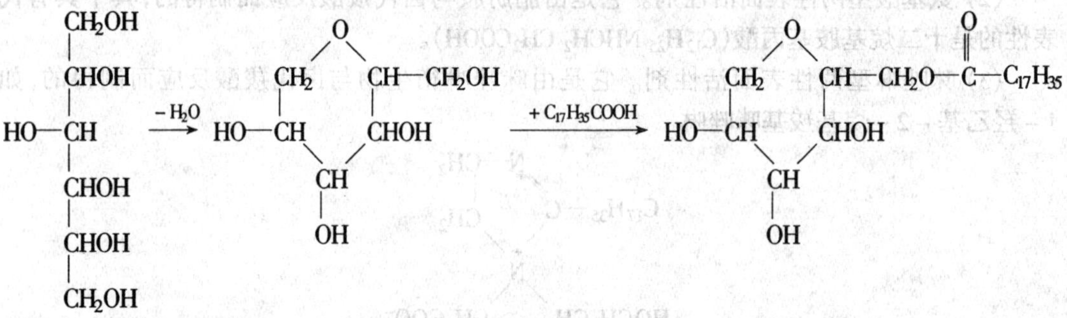

这种失水山梨醇的硬脂酸酯就是乳化剂“斯盘”60(Span60)。山梨醇可在不同位置的羟基上失水，构成各种异构体，实际上山梨醇的失水反应较复杂，往往得到的是各种失水异构体的混合物。“斯盘”(Span)是失水山梨醇脂肪酸酯表面活性剂的总称，按照脂肪酸的不同和羟基酯化度的差异，斯盘系列产品的代号如下

span20，$R=C_{11}H_{23}$	单酯	饱和
span40，$R=C_{15}H_{31}$	单酯	饱和
span60，$R=C_{17}H_{35}$	单酯	饱和
span65，$R=C_{17}H_{35}$	三酯	饱和
span80，$R=C_{17}H_{33}$	单酯	不饱和
span85，$R=C_{17}H_{35}$	三酯	不饱和

"斯盘"类表面活性剂的亲水性较差,在水中一般不易溶解。若将"斯盘"类表面活性剂与环氧乙烷作用,在其羟基上引入聚氧乙烯醚,就可大大提高它们的亲水性,这类由"斯盘"衍生得到的非离子表面活性剂称为"吐温"(Tween),"吐温"的代号与"斯盘"相对应,即 Span20 与环氧乙烷加成称为 Tween20,Spen40 与环氧乙烷加成称为 Tween40,其余类推。Span 与 Tween 混合使用,可获得具有不同 HLB 值的乳化剂。由于这类表面活性剂无毒,常用于食品工业、医药工业和化妆品工业中。

(4) 氧化胺。氧化胺是一类性能优良的非离子表面活性剂,一般是用脂肪叔胺与双氧水反应制得。例如,十二烷基二甲基氧化胺的制备反应

$$C_{12}H_{25}-\overset{\overset{\displaystyle CH_3}{|}}{\underset{\underset{\displaystyle CH_3}{|}}{N}} + H_2O_2 \longrightarrow C_{12}H_{25}-\overset{\overset{\displaystyle CH_3}{|}}{\underset{\underset{\displaystyle CH_3}{|}}{N}}\rightarrow O + H_2O$$

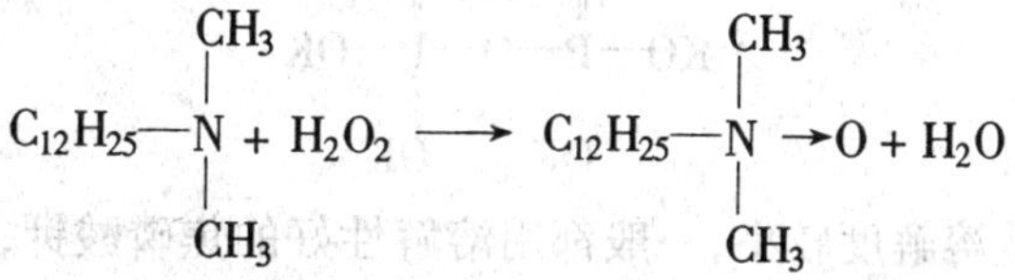

在氧化胺的长烃链中还可以加入酰胺结构,例如,椰油酰胺氧化胺

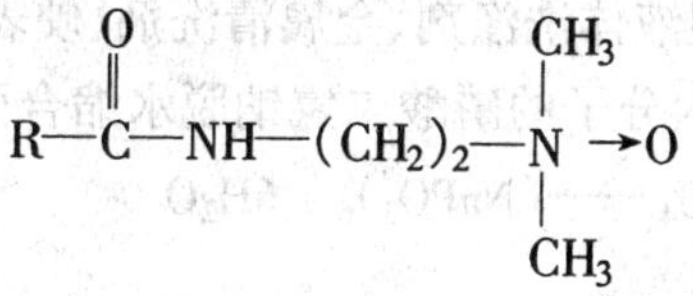

$$R-\overset{\overset{\displaystyle O}{\|}}{C}-NH-(CH_2)_2-\overset{\overset{\displaystyle CH_3}{|}}{\underset{\underset{\displaystyle CH_3}{|}}{N}}\rightarrow O \qquad (R = C_{7\sim17})$$

在中性或碱性溶液中,氧化胺显示非离子表面活性剂的特性,在酸性溶液中,则显示弱阳离子表面活性剂的特性。在很宽的 pH 值范围内与其他的表面活性剂有很好的相容性。氧化胺在溶液中能产生细密的泡沫,刺激性小,有抗静电、调理作用。因此,这类表面活性剂多在洗发香波、沐浴液、高档餐具洗涤液中使用。

3.3.2.2 无机盐类助洗剂

1. 磷酸盐

磷酸盐的种类很多,在合成洗涤剂中使用的磷酸盐主要是缩合磷酸盐。它是用不同此例的磷酸氢二钠和磷酸二氢钠在高温下脱水缩和而成。洗涤剂中常用的缩合磷酸盐有:

(1) 三聚磷酸钠。三聚磷酸钠是由 $2\ mol Na_2HPO_4$ 与 $1\ mol NaH_2PO_4$ 加热脱水缩合而成

$$2Na_2HPO_4 + NaH_2PO_4 \rightarrow Na_5P_3O_{10} + 2H_2O$$

其结构式为

$$NaO-\overset{\overset{\displaystyle O}{\|}}{\underset{\underset{\displaystyle ONa}{|}}{P}}-O-\overset{\overset{\displaystyle O}{\|}}{\underset{\underset{\displaystyle ONa}{|}}{P}}-O-\overset{\overset{\displaystyle O}{\|}}{\underset{\underset{\displaystyle ONa}{|}}{P}}-ONa$$

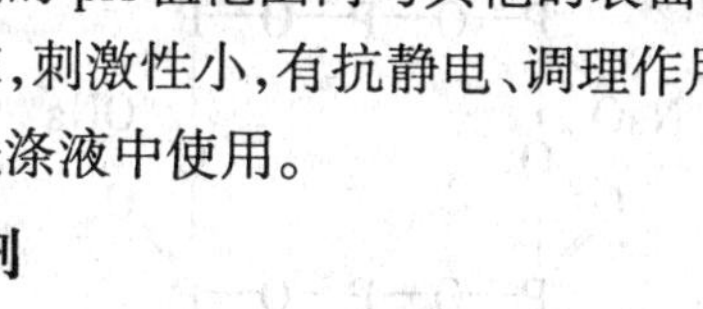

三聚磷酸钠俗称"五钠",英文缩写为 STPP(sodium tripolyphosphate)。外观为白色粉末状,能溶于水,水溶液呈碱性,它对金属离子有很好的络合能力,不仅能软化硬水,还能络合污垢中的金属成分,在洗涤过程中起到使污垢解体的作用,从而提高了洗涤效果。

三聚磷酸钠在洗涤过程中还起到"表面活性"的效果。例如,它对污垢中的蛋白质有溶胀和加溶作用;对脂肪类物质能起到促进乳化作用;对固体微粒有分散作用,防止污垢再沉积,此外,还能使洗涤溶液保持一定的碱性,上述这些作用起到了助洗效果。

三聚磷酸盐配伍在洗衣粉中，能防止产品结块，保持产品呈干爽的颗粒状，这对于产品的造型很重要。

由于三聚磷酸钠具有上述效果，因此是一种很重要的助洗剂，它在洗衣粉中的添加量可达 20$w\%$～40$w\%$。

(2) 焦磷酸钾。焦磷酸钾是由两个分子的 K_2HPO_4 脱水而成

$$2K_2HPO_4 \rightarrow K_4P_2O_7 + H_2O$$

其结构式为

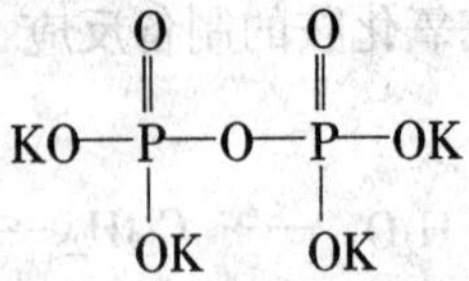

由于焦磷酸的钠盐溶解度较小，一般都用溶解性好的焦磷酸钾，但焦磷酸钾很易吸湿，只宜用在液体洗涤剂中。焦磷酸盐对钙镁等金属离子有螯合能力，也有一定的助洗效果，但对皮肤有刺激性，只宜用于配置重垢型液体洗涤剂、金属清洗剂、硬表面清洗剂等清洁用品。

(3) 六偏磷酸钠。六偏磷酸钠由六分子的磷酸二氢钠脱水缩合而成

$$6NaH_2PO_4 \longrightarrow (NaPO_3)_6 + 6H_2O$$

其结构式为

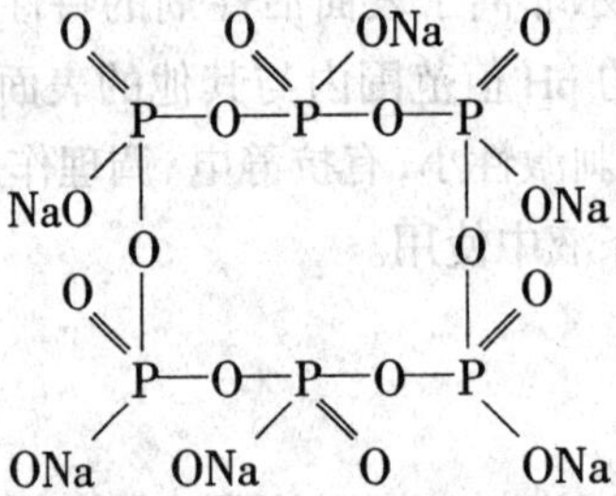

六偏磷酸钠的水溶液的 pH 值接近 7，对皮肤的刺激性小，浓度较高时还有防止腐蚀的效果，在中性和弱碱性溶液中对钙、镁离子有很好的螯合能力。它的缺点是吸湿和水解，一般仅用在工业清洗剂中。

2. 硅酸钠

硅酸钠俗称水玻璃或泡花碱。分子式可表示为 $Na_2O \cdot nSiO_2 \cdot xH_2O$。它是用石英砂与纯碱在高温下加热熔融而制得。商品硅酸钠为粒状固体或粘稠的水溶液，水玻璃的 Na_2O 与 SiO_2 的比值改变时，性质也随之变化，如果分子式中 $Na_2O:SiO_2 = 1:n$，则此比值称为模数。模数愈低，碱性愈高，水溶性也愈好；反之模数愈高，碱性愈低，水溶性也愈差。在洗涤剂中所用水玻璃的模数为 1:1.6～1:2.4，它在水中能水解而形成硅酸的溶胶。

水玻璃常加在肥皂中作为填料，因它的价格便宜，可以降低肥皂的成本。水玻璃添加在洗衣粉中有显著的助洗效果，首先是硅酸钠对溶液的 pH 值有缓冲效果，使溶液的 pH 值保持弱碱性，有利于污垢的洗脱。其次是它水解产生的胶体溶液对固体污垢微粒有分散作用，对油污有乳化作用。在洗衣粉中加入水玻璃，还能增加粉状颗粒的机械强度、流动性和均匀性。

水玻璃的缺点是水解生成的硅酸溶胶可被纤维吸附而不易洗去，织物干燥后易导致手感粗糙，故洗衣粉中水玻璃的添加量不宜过多。

3. 硫酸钠

无水硫酸钠俗称元明粉。含有10分子结晶水的硫酸钠($Na_2SO_4 \cdot 10H_2O$)俗称芒硝。

硫酸钠常添加在洗衣粉中作为填充料，以降低成本。如果硫酸钠与阴离子表面活性剂配伍使用，由于溶液中SO_4^{2-}负离子的增加，使阴离子表面活性剂的表面吸附量增加，并促使在溶液中形成胶团，因而降低了洗涤液的表面张力和 *cmc* 值，有利于润湿、去污等作用，硫酸钠的加入还可降低料液的粘滞性，便于洗衣粉成型。硫酸钠在洗衣粉中的添加量一般可达到$20w\% \sim 45w\%$。

4. 碳酸钠

碳酸钠可作为碱剂和填料加到洗衣粉中，也有降低表面活性剂 *cmc* 值的效果。但碳酸钠的碱性较强，只能用在低档洗衣粉中。洗涤丝、毛织品的高档洗涤用品中一般不加入碳酸钠。

3.3.2.3 三聚磷酸钠的代用品

三聚磷酸钠虽是一种优良的助洗剂，但它排放后会导致水质的过营养化(又称过肥现象)而污染水域，因此近20年来从事洗涤剂开发的科技工作者在三聚磷酸盐代用品方面做了大量工作。这些代用品主要是有机螯合物、高分子电解质和分子筛。

有机螯合剂是能与钙、镁等金属离子螯合的有机化合物，通过螯合作用将金属离子封闭在螯合剂分子中而使水软化。乙二胺四乙酸钠(EDTA)即为常用的有机螯合剂，其结构式为

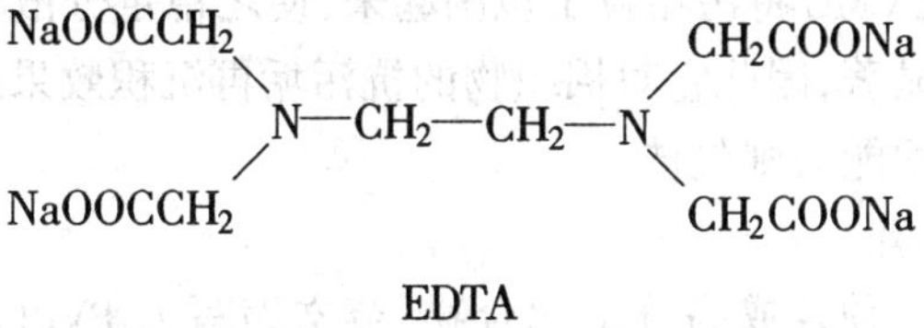

EDTA

有机螯合物虽能软化硬水，但不像三聚磷酸盐对污垢有乳化和分散的作用。

高分子电解质中被开发用于助剂的主要是聚丙烯酸钠

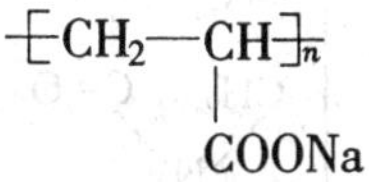

$(n = 10 \sim 4\,000)$

它对多价金属离子也有螯合作用，可以提高洗涤剂在硬水中的去污能力，聚丙烯酸钠还可吸附于被洗物表面和污垢表面，增加被洗物和污垢之间的静电斥力，有利于污垢的去除。并能增加污垢的分散力，防止污垢再沉积聚。丙烯酸钠与STPP复合使用有较好的助洗效果。

分子筛也称人造沸石，是一种较有发展前景的助洗剂，可以部分代替STPP，它是硅铝酸盐的结晶物，分子筛按孔径大小分为很多种类，作为助洗剂用的是“4A”分子筛，其分子式为$Na_{12}[(AlO_2)_{12}(SiO_2)_{12}] \cdot 27H_2O$。分子筛能将其晶格中的$Na^+$与水中$Ca^{2+}$、$Mg^{2+}$等进行离子交换而使水软化。它除了软化硬水外，还能吸附洗脱的污垢，有助于去污。将分子筛与STPP共用，助洗效果很显著，若分子筛完全取代STPP，则去污效果及抗污垢再沉积效果都不够理想。

3.3.2.4 抗污垢再沉积剂

在合成洗涤剂中常用的十二烷基苯磺酸钠等阴离子表面活性剂对纤维上粘附的污垢虽有脱除能力,但与肥皂相比,存在着脱落下来的污垢会重新附着在纤维上的缺点,即抗污垢再沉积能力差,洗后衣物表面泛灰、泛黄。为了克服这一缺点,必须在合成洗涤剂中加入抗污垢再沉积剂。

1. 羧甲基纤维素钠(CMC)

羧甲基纤维素钠具有很好的抗污垢再沉积能力。它是纤维素的衍生物,英文缩写为CMC(carboxylic methyl cellulose)。将纤维素用烧碱和氯乙酸处理,即得到羧甲基纤维素钠

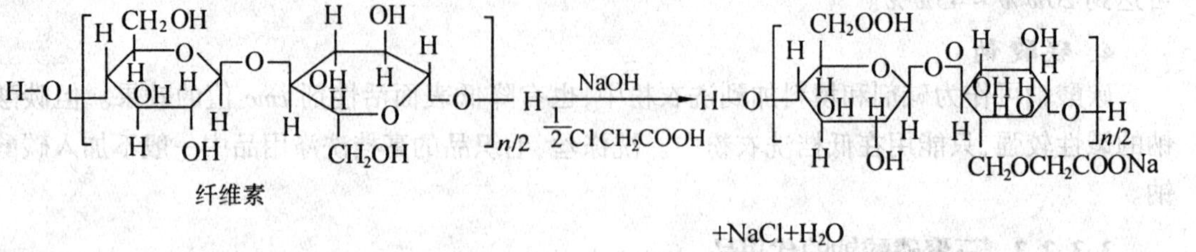

纤维素的分子结构属多聚葡萄糖,每个葡萄糖单元中有三个羟基,其中伯羟基中的H易被—CH_2COOH所取代。我们将每个葡萄糖单元中所生成的羧甲基数称为取代度,CMC的性质与取代度有关,用于抗污垢再沉积的CMC的取代度应在0.4~0.6之间,即平均每二个葡萄糖单元有一个羧甲基。

CMC抗污垢再沉积作用的机理主要是,CMC吸附纤维的表面,从而减弱了纤维对污垢的再吸附,但也不能忽视CMC将污垢粒子包围起来,使之稳定分散在洗涤液中的作用,CMC在棉纤维表面的吸附最显著,因此它对棉织物的抗污垢再沉积效果最好,而对毛织品及合成纤维制品的抗污垢再沉积能力则欠佳。

2. 聚乙烯吡咯烷酮

聚乙烯吡咯烷酮是一种合成高分子化合物,英文缩写为PVP(polyvinyl pyrrolidone)。它由乙烯吡咯烷酮聚合而成

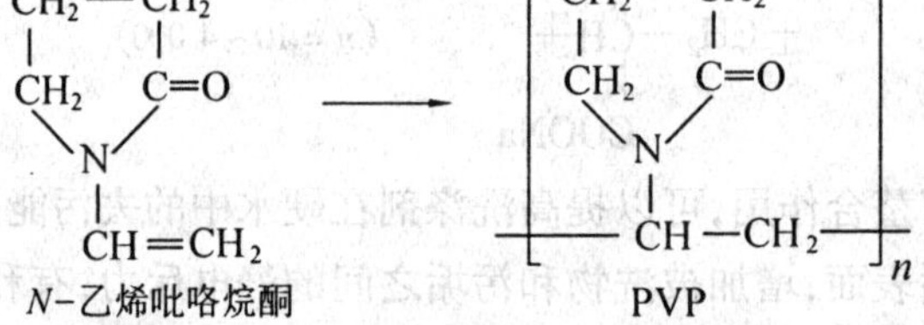

用做抗污垢再沉积剂的PVP的平均相对分子质量为10 000~40 000,它对污垢有较好的分散能力,对棉织物及各种合成纤维织物均有良好的抗污垢再沉积效果。表3.12列出了PVP及CMC在各种织物上的抗污垢再沉积能力,以反射率损失表示抗污垢再沉积能力的大小,数字愈小,抗污垢再沉积效果愈佳。PVP(K-15)和PVP(K-30)分别表示其相对分子质量为1万和4万。从表中数据可以看出对于疏水性合成纤维和羊毛,PVP的抗污垢再沉积能力比CMC好得多。PVP不仅抗污垢再沉积能力强,而且在水中溶解性能好,遇无机盐也不会凝聚析出,与表面活性剂配伍性能好,其缺点是价格昂贵。

表 3.12 抗污垢再沉积能力

抗污垢再沉积剂 / 纤维	PVP(K-15)	PVP(K-30)	CMC	ABS(参比)
棉	22.4	29.7	33.0	43.8
涤纶	4.8	6.7	39.5	39.5
锦纶	26.1	31.0	62.8	62.8
晴纶	10.3	13.3	41.6	41.6
粘胶丝	31.6	36.6	51.0	59.3
羊毛	5.6	6.0	15.0	15.1

注:表中数据为织物反射率损失,数据愈小,抗再沉积效果愈佳。

3.3.2.5 漂白剂和荧光增白剂

1. 漂白剂

添加在洗涤剂中的漂白剂一般为氧化剂,它在洗涤过程中能将有色的污物氧化而使其被破坏,这样不仅能去除重垢污斑,且可使衣物洁白,色彩鲜艳。洗涤剂中常用的漂白剂有:

(1)过硼酸钠。过硼酸钠由硼砂与双氧水反应而制得。分子式为 $NaBO_3\cdot 4H_2O$ 或 $NaBO_3\cdot H_2O$。它不易溶于冷水,可溶于热水。它在水溶液中受热后释放出过氧化氢

$$H_2O + NaBO_3\cdot xH_2O \rightarrow NaBO_2 + H_2O_2 + xH_2O$$

释放出的 H_2O_2 具有漂白功效,而且过硼酸钠分解后产生的 $NaBO_2$ 也有一定的助洗性能。因此洗衣粉中添加了过硼酸钠可以提高去除污斑,增加白度的效果。

如果洗涤的温度过低,过硼酸钠就难以发挥作用,温度在 80 ℃以上才能有漂白效果。为了使过硼酸钠在较低温度下发挥作用,可以添加某些活性剂。例如,在洗衣粉中添加少量的四乙酰二胺(TAED),可使过硼酸钠的漂白温度下降到 60 ℃。另外还有些活化剂可使活化温度下降的更多,如异壬酸苯酚酯磺酸钠可使活化温度下降到 40 ℃,而且这种活化剂本身是表面活性剂,也具有洗涤作用。

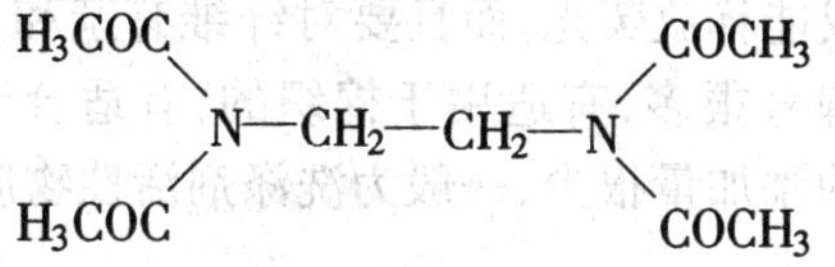

四乙酰二胺

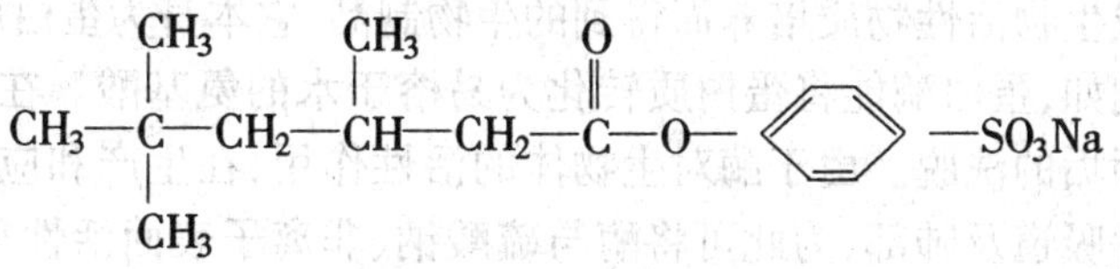

异壬酸苯酚酯磺酸钠

(2) 过碳酸钠。过碳酸钠由碳酸钠与双氧水反应而制得,分子式为 $2Na_2CO_3\cdot 3H_2O_2$,它在水溶液中分解为 Na_2CO_3 和 H_2O_2,因此它既有漂白作用,又可作为碱剂。过碳酸钠在 50 ℃就有漂白作用,不必加入活性剂,生产时的成本比过硼酸钠低。

过碳酸盐的分解温度较低,吸湿后更易分解,为了防止重金属对过碳酸盐的催化分解,在配方中可添加 EDTA 等金属螯合剂,以提高其储存稳定性。

(3) 次氯酸钠。次氯酸钠由氯气通入氢氧化钠溶液而制得，它是一种漂白能力很强的氧化剂，化学性质很不稳定，易分解释放出游离氯，只有在强碱性条件下，次氯酸钠才较为稳定。因此民用洗涤剂中较少用它作为漂白剂。在工业生产中常用次氯酸钠作为纺织品的漂白剂。

2. 荧光增白剂

洗涤剂的使用者对衣物洗涤后的白度很为关注。为了增加衣物洗涤后的白度，以往在洗衣粉中加入少量蓝色染料，使织物上增加微量的蓝色，与原有的微黄色互为补色，从视觉上提高了表观白度，但织物反射的亮度却降低了，这种增白的方式叫做加蓝增白。

现代使用的荧光增白剂是一种荧光物质，它可将肉眼看不见的紫外光吸收，并释出波长为 400 ~ 500 mm 的紫蓝色荧光，这种紫蓝色荧光与织物上原来的微黄色互为补色，增加了白度。与加蓝增白不同的是它不仅增加了白度，还增加了亮度，使织物能反射出更多的光。增白原理可参阅图 3.5，根据这样的原理，荧光增白剂不仅使白色织物增白，亦可使有色织物或花布的色彩更加鲜艳、明亮。

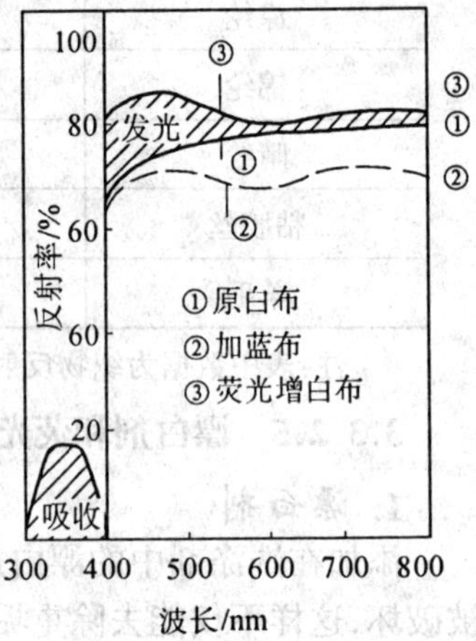

图 3.5 荧光增白原理

荧光增白剂是结构复杂的合成有机化合物，例如，用于棉织物的二胺基芪二磺酸型的荧光增白剂 VBL 的结构式为

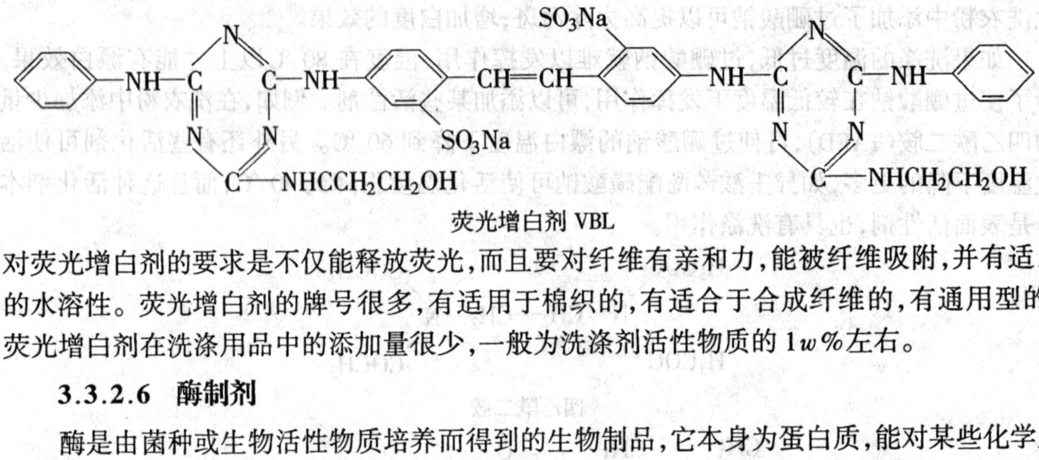

荧光增白剂 VBL

对荧光增白剂的要求是不仅能释放荧光，而且要对纤维有亲和力，能被纤维吸附，并有适当的水溶性。荧光增白剂的牌号很多，有适用于棉织的，有适合于合成纤维的，有通用型的。荧光增白剂在洗涤用品中的添加量很少，一般为洗涤剂活性物质的 1w%左右。

3.3.2.6 酶制剂

酶是由菌种或生物活性物质培养而得到的生物制品，它本身为蛋白质，能对某些化学反应起催化作用。例如，蛋白酶能将蛋白质转化为易溶于水的氨基酸。在洗涤剂中添加酶制剂能有效地促进污垢的洗脱。由于酶对生物体的活性作用，在生产和应用过程中要防止酶的粉尘吸入人体呼吸道及肺部，为此可将酶与硫酸钠、非离子表面活性剂混合后喷雾造粒。还可用微胶囊将酶制剂包裹起来，这样不仅可以防止粉尘污染，还有利于保持酶的活性。酶的品种很多，下列几种酶可用于洗涤剂中。

(1) 蛋白酶。蛋白酶能促使不溶于水的蛋白质水解成可溶性的多肽或氨基酸。如衣物上有奶渍、血渍、汗渍等斑迹，用一般表面活性剂难以洗去，而蛋白酶对这些污斑的去除有很好的效果。蛋白酶的品种也很多，在洗涤用品中宜选用耐碱型的碱性蛋白酶。

(2) 脂肪酶。脂肪酶能促使脂肪中的酯键水解。衣物上的脂肪类污垢虽可借表面活性剂的乳化作用而去除，但合成纤维纺织制品上的油污有时仅靠表面活性剂也难以清洗净。如在洗涤用品中填加脂肪酶，可使油脂水解为亲水性较强的甘油单酯或甘油双酯而易于除去。脂肪酶作用较为缓慢，因此宜将衣物在含有酶的洗涤液中预浸渍，则效果较好。残余的脂肪酶还能被吸附在洗后的衣物上，因此衣物经过多次用这类洗涤剂洗涤后，可取得显著效果。

(3) 纤维素酶。纤维素酶近年来被研究开发用于洗涤剂工业。纤维素酶本身并不能与污垢发生作用，纤维素酶的活力主要使纤维素发生水解，如果是织物表面的茸毛发生局部水解，则有利于污垢的释出。纤维素酶还能使洗涤后的衣物有柔软蓬松效果。在纺织印染工业中可用纤维素酶对牛仔织物进行加工处理，以代替传统的石磨工艺。随培养的菌种而异，纤维素酶也有不同的品种，有些仅能在纤维素大分子的非结晶区域作用，有些能浸入大分子的晶区进行作用，可能导致纤维的损伤，在酶的品种筛选时应加以注意。

(4) 淀粉酶。淀粉酶能将淀粉转化为水溶性较好的糊精，因此它能使衣物上粘附的淀粉容易洗去。

酶的催化作用不仅有很强的选择性，而且其活性作用受温度、pH 值及配伍的化学药品等因素的影响，酶适宜的工作温度一般在 50～60 ℃，因此用含酶的洗涤剂洗涤衣物时，宜用温水，如水温过高，酶将失去活性，各种不同的酶又有它们各自适宜的 pH 值。例如，纤维素酶能发挥活性的 pH 值在 5 左右。洗涤溶液多数处于弱碱性，为了使酶适应洗涤的条件，有时需要对酶的品种进行筛选或改性处理。阳离子表面活性剂能迅速降低酶的活性；阴离子表面活性剂一般对酶的影响较小，脂肪醇聚氧乙烯醚类非离子表面活性剂不但不会影响酶的活性，反而对溶液中的酶有稳定作用。酶不能与次氯酸钠等含氯的漂白剂配伍，否则将丧失活性，过氧酸盐类氧化剂对酶的影响较小。

3.3.2.7 抗静电剂和柔软剂

棉、麻纤维的织物洗涤干燥后往往有明显的粗糙手感，特别是棉织品的内衣、床单、毛巾等，如产生这种粗糙感，人的皮肤就会感到不舒适。为克服此缺点，可在洗涤制品中加入柔软剂。合成纤维由于绝缘性能好，且摩擦系数大，由它们制成的衣服摩擦时会产生静电，影响穿着舒适性。为防止静电，可在洗涤制品中加入抗静电剂。对于有调理功能的洗发香波和护发素也应具有柔软和抗静电功能，使头发具有良好的梳理性和飘逸感。

前已述及，多数阳离子表面活性剂都具有柔软抗静电的功能，但一般的阳离子表面活性剂不宜与洗涤剂中常用的阴离子表面活性剂配伍，需在织物洗涤和漂洗后再将柔软剂或抗静电剂加入，这种洗涤和柔软处理的分步操作很不方便。

现在已经有了可以与阴离子表面活性剂同时使用的柔软、抗静电剂，兼有洗涤、柔软、抗静电的效果。避免了分步操作的麻烦。具有这种特性的阳离子表面活性剂有二硬脂酰二甲基氯化铵、硬脂酰二甲基苄基溴化铵、高碳烷基吡啶盐、高碳烷基咪唑啉盐（如 1－甲基－1－硬脂酰氨乙基－2－硬脂酰咪唑啉甲基硫酸酯），这些表面活性剂不仅是柔软剂和抗静剂，往往具有抗菌性能。

非离子表面活性剂中的高碳醇聚氧乙烯醚和具有长碳链的氧化胺也具有柔软功能。

Fries Bwrbera 等人还研究开发了具有柔软功能的阴离子表面活性剂。它们与阴离子洗涤剂有很好的相容性。具有羧基的如

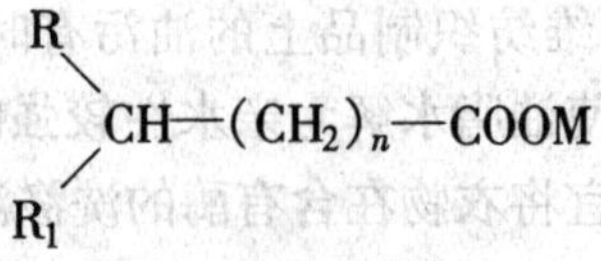

具有次磷酸结构的如

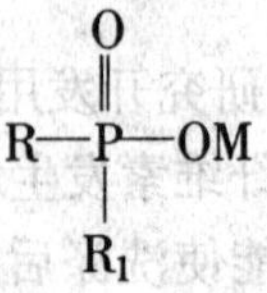

上式中的 M 为可溶性阳离子，R、R_1 为烷基。

3.3.2.8 稳泡剂和抑泡剂

洗涤时，发泡能力和泡沫稳定性是很重要的性能。例如，洗发香波和皮肤用清洁剂都要求有丰富而细密的泡沫，衣用洗涤用品在使用时也应有适当的泡沫起到携污作用，同时泡沫也对衣物的漂洗程度起到指示效果。但用洗衣机洗涤时，如果泡沫太多，就会妨碍洗衣机有效的工作，在配制洗涤剂时，要根据应用目的的不同来控制泡沫的多少，洗涤剂的泡沫可由选用不同品种表面活性剂及其配比的变化来加以调节，也可以加入稳泡剂或抑泡剂的方法来控制。

甜菜碱型两性表面活性剂和烷基醇酰胺是常用的添加于洗涤剂中的稳泡剂，同时它们本身也有洗涤功能，特别是与磺酸盐型和硫酸酯盐型阴离子表面活性剂配伍时有很好的稳泡效果。有些水溶性的高分子化合物也可用做稳泡剂，例如聚乙烯吡咯烷酮(PVP)可作为剃须膏、香波等高档化妆品的稳泡剂。添加 PVP 还有助洗效果，并能使毛发具有光泽。氧化叔胺也具有很好的稳泡效果，常用的月桂基二甲基氧化胺和肉豆蔻基二甲基氧化胺等。

洗衣机应用的洗涤剂需要较低的发泡能力，如果在磺酸盐、硫酸酯盐及非离子表面活性剂配制的洗涤剂中添加脂肪酸皂，则能起到抑泡的效果。对泡沫的抑制程度随脂肪酸的饱和度和碳数的增加而增大。饱和的 $C_{20} \sim C_{24}$脂肪酸皂是很好的泡沫抑制剂。

环氧乙烷和环氧丙烷的嵌段共聚物是一种低泡型的非离子表面活性剂，这类化合物是先用含活泼氢的化合物引发环氧乙烷反应，然后再与环氧丙烷反应得到非离子表面活性剂，其通式为 $R(C_2H_4O)_p(C_3H_6O)_qH$，其中 R 是含活泼氢的起始剂，p、q 分别为环氧乙烷和环氧丙烷的摩尔数。这类物质配伍于洗涤剂中即成为低泡型洗涤剂，异氰尿酸也是一种有效的泡沫抑制剂，其化学结构为

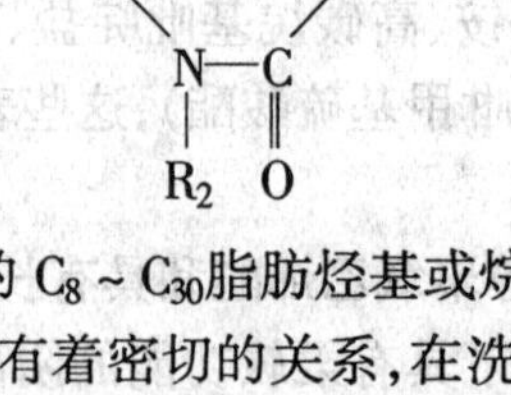

式中的 R_1、R_2、R_3 是相同的或不同的 $C_8 \sim C_{30}$脂肪烃基或烷基苄基的烃基。

表面活性剂的发泡状况与温度有着密切的关系，在洗涤剂中添加泡沫控制剂时须根据洗涤的温度进行调控，要求在热洗或冷洗下达到适当的发泡力。

3.4 主要家用洗涤用品的配方设计原理

3.4.1 概述

洗涤用品是按一定的配方配制的产品。要达到相同的洗涤效果可以有不同的配方组成。合理的配方可以发挥其中各个组分的综合效果或协同效应,达到最佳的使用性能。这时配方的设计和研究就显得格外重要。复配好的洗涤剂所产生的经济和社会效益决不比研制一种新的表面活性剂差。

纵观国内外关于洗涤的配方研究和配方设计资料,配方研究可概括为两个方面:一是理论研究,主要研究构成洗涤剂的组分的单质的表面性能。如临界胶束浓度、表面张力、对固体表面的吸附行为、润湿性能;对特定油类的增溶、乳化性能;研究该表面活性剂的临界溶解度(Krafft 或浊点)及其对 Ca^{2+}、Mg^{2+} 离子的敏感性;研究其相行为;研究其他物质存在对上述性质的影响等。这些研究结果对配方设计有一定的指导意义。但由于洗涤对象的复杂性及基质和污垢间相互作用的复杂性,仅依靠上述的理论指导不一定能获得较满意的洗涤剂配方。这就要求配方设计者还必须针对具体污垢对象来进行配方的筛选。

第二个方面就是充分了解基质和污垢的组成并进行去污试验。前人经过对大量的灰尘组成及衣物污垢组成的分析,建立了许多接近洗涤对象且容易重复的标准模型。配方设计者只需将设计的配方对多种标准模型(人工污布或污渍)进行去污试验,从中即可筛选出较为满意的配方。

3.4.2 主要的家用洗涤剂的配方通则

典型的家用洗涤剂一般都是由十几种化合物配合组成,各组分都有不同的作用,复配后会产生协同效应。其中主要成分为表面活性剂,常用的主要有烷基苯磺酸盐、月桂醇硫酸盐、脂肪醇聚氧乙烯醚或其硫酸盐、芳基化合物的磺酸盐和月桂醇的乙醇酰胺等。它们在配方中约占 5*w*% ~ 30*w*%,其作用是降低污垢与被洗衣物间的界面张力。磷酸盐助剂有分散、乳化、缓冲碱性作用。洗涤剂中的其他组成为硫酸钠、氯化钠或碳酸钠,它们的作用是提供电解质,离子含量的增加可加速活性剂分子增溶基团及润湿基团在表面的定向排列,在配方中含量可高达 20*w*%以上。

配方中一般还含有 1*w*%左右的羧甲基纤维素,主要是防止污垢的再沉淀。硅酸钠也有相似的作用,还能降低对金属的腐蚀,在洗涤剂中占 5*w*%以下。

过氧化物,如过硼酸钠用做织物漂白和污垢斑迹的去除,一般加入量约 10*w*%。此外,通常还需加入香料、荧光增白剂、抗氧防腐剂、杀菌剂等。

上述是洗衣剂的主要成分。

清洁剂的配方中含有更多的无机盐,如硅酸钠、三聚磷酸钠、焦磷酸四钾等,对洗涤器皿、硬表面等更为有效。

手工餐具洗涤剂中则含有胺氧化物和月桂醇聚氧乙烯醚硫酸盐;机洗餐具洗涤剂中三聚磷酸钠和偏硅酸钠的含量高达 50*w*%以上。

重垢型洗涤剂配方要维持较好的洗涤效果,应使洗涤溶液保持较高的 pH 值,这主要是因为当没有助洗剂存在时，烷基苯磺酸钠型重垢洗涤剂的去污效果相当差，磷酸盐助洗剂及EDTA等需要保持溶液pH值高于9时效果好。

但对轻垢型洗涤剂，要减轻对皮肤的刺激，减轻对织物的损伤，易于与酶制剂复配和保护环境，其pH值应在中性。

3.4.3 配方设计和筛选的方法

3.4.3.1 单因子试验法

单因子试验法是一种最简易的配方筛选方法。先根据产品使用的对象，在实验经验、基本原理及文献资料的基础上确定配方的主要组分，在此基础上固定其他成分的量，改变一种组分的量来考察其对产品性能的影响，从而确定最佳用量，在该组分的配比固定后再用类似的方法来确定另一组的最佳用量，这样经过多次试验以后，最后筛选出比较合理的配方。

单因子试验法比较简单，可在较短的时间内选出产品的配方，但这种实验方法是在其他组分用量固定的条件下确定某组分的最佳用量。它不能反映当其他组合用量变动时该组分的最佳用量是否有变化，因此，用单因子法筛选出来的合理配方也可能不是最佳配方。

3.4.3.2 双因子试验法

双因子试验法可使配方中的两个组分任意变化，测定随两组分变化导致配方性能的变化，如去污力、泡沫、流变性等。双因子变化配方的筛选与单因子试验一样，可按需要确定。

3.4.3.3 三角图法

用这种方法可以同时确定三种组分的最佳配比，此法是在三角坐标图上表示三组分体系的百分组成。三角坐标图如图3.6所示，三角形的每一条边即表示某一种组分的坐标，顶点A、B、C分别代表某纯组分，图中任一点的位置即表示体系的组成。例如AB边上的M表示该体系含$40w(\mathrm{A})\%$、含$60w(\mathrm{B})\%$，图中的N点表示含$40w(\mathrm{A})\%$、含$30w(\mathrm{B})\%$、含$30w(\mathrm{C})\%$。三角形图还可灵活应用，例如在筛选配方时，A、B、C三种组分的总量已确定为$40w\%$，A组分的变化范围为$20w(\mathrm{A})\% \sim 30w(\mathrm{A})\%$，B组分变化为$7w(\mathrm{B})\% \sim 17w(\mathrm{B})\%$，C组分变化为$3w(\mathrm{C})\% \sim 13w(\mathrm{C})\%$，它们变化范围只有10%，此时就可将三角图的坐标扩大为10%。就N点而言，A组分为$40w(\mathrm{A})\% \times 10w(\mathrm{A})\% + 20w(\mathrm{A})\% = 24w(\mathrm{A})\%$，B组分为$30w(\mathrm{B})\% \times 10w(\mathrm{B})\% + 7w(\mathrm{B})\% = 10w(\mathrm{B})\%$，C组分为$30w(\mathrm{C})\% \times 10w(\mathrm{C})\% + 3w(\mathrm{C})\% = 6w(\mathrm{C})\%$。

下面举例说明如何应用三角坐标图筛选配方。如果我们已确定用LAS(直链烷基苯磺酸钠)、AS(脂肪醇硫酸酯钠盐)、AES(脂肪醇聚氧乙烯醚硫酸酯钠盐)三种表面活性剂配制洗涤剂，并确定配方中表面活性剂总量为$15w\%$，助洗剂合计$30w\%$，洗涤对象以棉及涤/棉混纺织物为主，试验时可变化三种表面活性剂的用量，配制成多种样品，使它们的配比变化能均匀地分布在三角图中(图3.7)。再将这些样品进行去污性能的试验，得出每种配比的去污能力，将这种去污能力的数值标在三角图中每个样品对应的组成点上，再经计算机处理，划分出不同去污力的组成区间，然后将去污力相近的各点连接成线，这就是去污等值线。最佳去污等值线所包围的区域就是最佳去污区(图3.8中以阴影表示)。

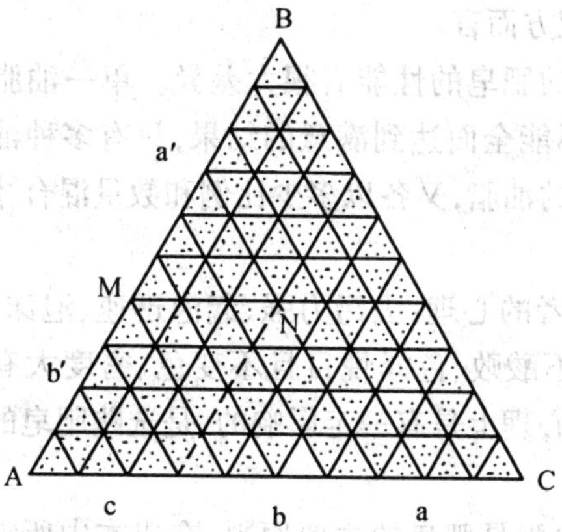

图 3.6　三角坐标图

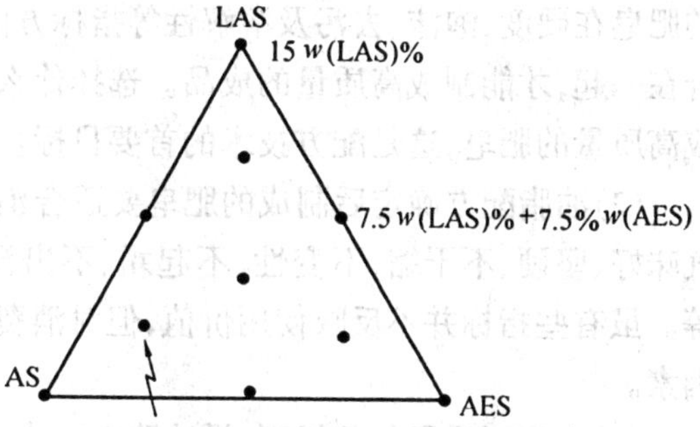

图 3.7　三组分配比分布

图 3.8 的三角图表示了在各种实验条件下所得的最佳去污区。其中Ⅰ、Ⅱ是涤/棉混纺织物在不同硬度的水中的最佳去污区，Ⅲ、Ⅳ是纯棉织物在不同硬度的水中的最佳去污区，而Ⅴ则表示了Ⅰ、Ⅱ、Ⅲ、Ⅳ图中阴影区的叠合部分。如果配方的组成在Ⅴ的阴影区域内，就能兼顾不同纤维和不同水质硬度下的洗涤效果，这就是最佳配方区域。若要考虑价格因素，则将图 3.8 中的Ⅴ与三角坐标的价格图重叠，得到图 3.8 中Ⅱ的最佳区域。在此区域内的配方组成，效果/成本最好。

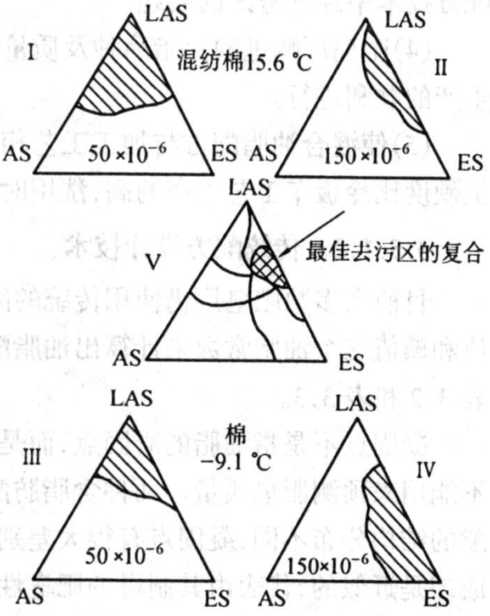

图 3.8　不同条件下最佳去污性能叠合示意图

以上介绍的筛选方法都是少因子变化的筛选方法，三角图法也只有三种组分的变化。单配方中的组分很多，各组分之间相互影响也非常复杂，要得出最优化的配方，可采用正交设计方法安排试验。将试验结果进行回归分析，得出各因子对性能函数影响的方程，最后对这些方程进行线性组合，即可获得在各种条件下的最佳配方。再将实验室筛选的配方在实际洗涤条件下进行实物洗涤，加之消费者的直接评价，最终确定配方。

3.5　肥皂的配方技术和生产工艺

3.5.1　肥皂的配方技术

3.5.1.1　配方设计的原则

肥皂除含有脂肪酸钠（钾）外，还添加有其它有机的和无机的组分。但在肥皂行业，所谓配方设计习惯上均指制造脂肪酸盐所用原料的配方而言。

(1) 各种油脂因所含脂肪酸组成不同，制成的肥皂的性能有很大差异。单一油脂制成的肥皂在硬度、泡沫、去污及溶解性等指标方面不能全面达到满意的结果，只有多种油脂混合在一起，才能制成高质量的成品。选择什么样的油脂，又各以多少比例和数量混合才能制成高质量的肥皂，这是配方技术的首要目标。

(2)油脂配方确定后制成的肥皂要适合消费者的心理：去污力强、起泡迅速、泡沫丰富、气味好、坚硬、不干缩、不变性、不起霜、不出汗、不酸败、色泽悦目且不变色、密度大有重感等。虽有些指标并不反映使用价值，但对消费者心理上是有一定影响的，是选购肥皂的考虑因素。

(3)在保证质量的前提下，设法降低成本。油脂是肥皂的主要原料，在成本中所占比例很大，在一般洗衣皂中，油脂占原料成本的 90% 以上，因此，在配方中如何选用低价油脂是配方技术中经常考虑的问题。

(4)肥皂厂购进的油脂品种及质量时有波动，配方技术的作用是要随时调整配方，保证生产的顺利进行。

(5)使混合油脂配方与加工工艺相适应，例如同一配方的油脂，制皂后用压条工艺成型，虽硬度比冷板车工艺生产的高，洗用时却磨蚀较快。

3.5.1.2 传统配方设计技术

目前大多数肥皂厂仍使用传统的配方技术。用这种技术配方时，主要根据凝固点、皂化值和碘值三个油脂常数来计算出油脂配方。一些常用油脂和野生植物油的这些常数可参阅表 3.2 和表 3.3。

凝固点不是指油脂的凝固点，而是指油脂所含混合脂肪酸的凝固点，因为油脂的凝固点不能用来预测肥皂质量。两种含脂肪酸组分近似的油脂，虽然脂肪酸与甘油化合成的三甘酯的结构分布不同，凝固点有很大差别，但是当这两种油脂被碱皂化后，所含脂肪酸盐的组成却是近似的，代表由其制得的肥皂性能的是混合脂肪酸的凝固点，所以应以混合脂肪酸的凝固点来作为计算油脂配方依据。

油脂配方中常使用混合脂肪酸的凝固点来预测肥皂的硬度和溶解性，凝固点高，则硬度高，溶解性差。这个规律对单一油脂或已经熟悉的油脂是可以应用的，但要注意的是凝固点是一个加合性指标，以 1:1 的比例将 C_8 和 C_{18}脂肪酸混合后，其凝固点与 C_{12}脂肪酸相似，而两者制成的肥皂性能完全不同，在油脂配方中往往出现脂肪酸凝固点与硬度关系反常现象，原因也是如此。例如，即使单一油脂，椰子油脂肪酸凝固点为 23 ℃，因含饱和脂肪酸 90*w*% 以上，制成的肥皂比牛油制成的硬，而从脂肪酸凝固点看，牛油为 43 ℃，远比椰子油高，只是因为牛油中含有 40*w*%以上的油酸，故皂质软韧，椰子油含油酸不到 10*w*%，故皂质坚硬，因此，脂肪酸凝固点在拟定油脂配方中有很大局限性；在既定工艺条件下，用于已经掌握的肥皂品种，同时也可用来调换已知配方中的个别油品。

传统配方技术中还用两个参数来拟定配方，一是用油脂的皂化值减去碘值的数据，简称 *INS* 值(Iodine Number Saponification)，二是 *SR* 值(Solubility Ratio)，这两个参数都是经验数值，没有理论根据和意义，但用 *INS* 值可预示成皂的硬度，*INS* 值增大，油脂由液体转成固体，成皂后肥皂硬度随之增大，但椰子油和棕榈油例外，用 *SR* 值预示成皂的溶解度和泡沫力，*SR* 值增大，成皂后肥皂的溶解度和泡沫力亦增大。

SR 值由 *INS* 值计算而来，计算公式为

$$SR\text{ 值}=\frac{\text{混合油脂的 }INS\text{ 值}}{\text{混合油脂中的 }INS\text{ 值在 130 以上的各单体油脂的 }INS\text{ 值总和}}$$

（不包括椰子油和棕榈仁油）

若查得油脂的皂化值和碘值后，即可求得该油脂的 *INS* 值和 *SR* 值。肥皂厂计算这两个数值一般采用表 3.13 所列的数值。

表 3.13 常用油脂的 *INS* 值和 *SR* 值

油　脂	*INS* 值	油　脂	*INS* 值	油　脂	*INS* 值	油　脂	*INS* 值
椰子油	250	牛油	150	猪油	137	玉米油	79
棕榈仁油	235	棕榈油	146	花生油	102	豆油	54
柏油	165	骨油	143	棉子油	85	松香	50
羊油	155						

混合油脂的脂肪酸凝固点、*INS* 值和 *SR* 值的计算都采用加权平均法，例如，以香皂的典型配方：43 ℃凝固点的牛油 80*w*%和 23 ℃椰子油 20*w*%来计算，其混合油脂

$$\text{凝固点}=43\ ℃\times 80w\%+23\ ℃\times 20w\%=39\ ℃$$

$$INS\text{ 值}=150\times 80w\%+250\times 20w\%=170$$

$$SR\text{ 值}=1700/150\times 80w\%=1.42$$

根据经验，香皂和洗衣皂的这些参数应当控制在表 3.14 所示的范围内。但是，由于地理、气候、采集期、品种等不同因素，同名油脂的组成各不相同，又由于传统配方技术采用的参数是一些加和性指标，所以不能完全依靠这些参数来确定配方。无论在实践中还是在书刊介绍中，对于油脂配方的确定，都要在最后加上通过小试验证后投产之类的补充说明。实际上，几十年的肥皂生产实践已经积累了许多行之有效的油脂配方，在这个基础上根据油脂来源和价格适当作些调整，就可生产出比较满意的肥皂产品。表 3.15 列出的是各种油脂的成皂状况，供调整配方时参考。

表 3.14 洗衣皂和香皂油脂配方的参数范围

参　数	洗衣皂	香　皂
皂化值/($mgKOH\cdot g^{-1}$)	200～210	210～220
碘值/$gI_2\cdot(100g)^{-1}$	35～50	30～40
脂肪酸凝固点/℃	38～40	40～42
INS 值	130～160	160～180
SR 值	1.1～1.3	1.2～1.5
月桂酸为主的短链脂肪酸/*w*%	0～10	10～20

表 3.15 各种油脂成皂状况

油 脂	皂 色	组 织	溶解度	泡沫力	去污力	保存性	对皮肤的作用	皂化情况	盐析情况
柏油	灰白	坚硬脆	小	尚好,不持久	好	良好	温和	难	易
木油	灰白至黄	硬	稍大	尚好,不持久	尚好	比较差	温和	难	易
60 ℃硬化油	白	坚硬脆	很小	尚好	尚好	良好	温和	难	易
椰子油	白	硬	很大	良好,不持久	好	良好	有刺激性	易	难析清
漆蜡	灰白绿	坚硬	小	尚好	尚好	良好	浊和	难	尚易
棉子油	黄	软、韧	大	尚好	尚好	差	温和	易	尚易
菜子油	黄绿	软、松	小	很差	很差	差	温和	很难	很难
米糠油	黄绿	很软	大	差	差	差	温和	容易	尚易
茶油	白	尚硬	大	尚好	良好	差	很温和	易	易
花生油	淡黄	硬而韧	大	尚好	尚好	尚好	很温和	较难	尚易
蓖麻油	黄微绿	软	很大	很差	差	差	温和	尚易	难析清
豆油	黄	软	很大	尚好	尚好	很差	温和	容易	尚易
牛羊油	白	很硬	小	良好、持久	良好	良好	很温和	较难	易
猪油	白	硬而韧	尚大	良好、持久	良好	良好	很温和	尚易	易
骨油	黄	硬	小	良好	良好	尚好	温和	较难	易
蛹油	深黄	软	大	尚好	差	很差	温和	较难	难析清
松香	深黄	极软粘	很大	良好、不持久	差	良好	温和	极易	易、分不清
皂用合成脂肪酸	灰白	硬脆	大	细小不持久	尚好	尚好	有刺激	易	不能析离

3.5.1.3 配方技术的改进

传统的配方技术的基础是实践经验和一些经验数据。近几十年来,油脂化学研究工作使脂肪酸盐的物理化学性能取得了许多规律性的结果,这对深化肥皂的油脂配方技术很有帮助,可以在深层次上设计配方。

肥皂的主要用途是去污,从根本上说,污垢的除去是通过表面活性剂分子的憎水基部分发生吸附作用而实现的,表面活性剂分子在污垢和织物上的吸附是除去污垢的基础。在某些情况下,亲水基团通过溶剂化作用,或靠静电吸引力,或靠离子交换作用也能全部或部分影响吸附作用。肥皂的亲水基团都是—COONa,其性质上的差异主要是憎水基团的不同而造成的。憎水基团对脂肪酸钠的表面活性的影响归纳起来有以下几个方面:

(1) 钠盐在水中的溶解度随憎水基链长增长而减小。溶液温度对脂肪酸钠的溶解度具有显著影响,温度升至一定范围(以及超过克拉夫特点后),溶解度急剧增大。憎水基链越长,则克拉夫特温度愈高,在低温时溶解度愈小,所以表面活性在热水中较在冷水中更能显示出来。在 100 ℃时,不仅 C_{18}脂肪酸钠的去污能力较好,而且最佳浓度也较小;C_{18}、C_{16}、C_{14}和 C_{12}脂肪酸钠在 100 ℃时的最佳浓度分别为 0.5、1、2、5 $g\cdot L^{-1}$。

(2) 脂肪酸钠与烃的润湿热随水基链长增加而增加。脂肪酸钠在高温无水状态下可溶于石蜡油中，冷却时成透明的或不透明的凝胶析出。肥皂与油相润湿时因放出一部分热量而使体系达到稳定，放出的润湿热随憎水基链长增加而线性增加。

(3) 脂肪酸钠与水形成凝胶时结合的水量随憎水基链长增加而增加。在脂肪酸同系物中，小于 C_6 的钠盐易于溶于水，即使加入的水量很少，亦不形成凝胶。C_8 的钠盐在温度 <18 ℃、水量 <200 ml·mol^{-1}的条件下即形成凝胶。随憎水基链长增加，钠皂成凝胶所结合的水量显著增多，C_{12}的钠盐为 4 L·mol^{-1}、C_{14}的钠盐为 12 L·mol^{-1}、C_{16}的钠盐为 20 L·mol^{-1}、C_{18}的钠盐为 27 L·mol^{-1}、C_{20}的钠盐为 37 L·mol^{-1}。

(4) 临界胶束浓度随憎水基链长增加而下降。

(5) 同等程度降低表面张力所需的浓度随憎水基链长增加而减小。从 C_{10}、C_{11}、C_{12}、C_{13} 和 C_{14}脂肪酸钠的表面张力－浓度关系的数据可见，在这些同系物中，表面张力降低数值相近时所需的浓度随憎水基链长增加而减小。

(6) 临界胶束浓度的范围随憎水基链长增加而减小。表面活性剂的临界胶束浓度都有一定的范围，碳氢链较长的表面活性剂的范围较链短的要窄。

(7) 胶束半径随憎水基链长增加而增大。

(8) 胶束中包含的表面活性分子数量随憎水基链长增加而增多。

(9) 胶束对烃的增溶能力随憎水基链长增加而增大。

(10) 溶液的电导随憎水基链长增加而减小。表面活性剂溶液的电导在到达临界胶束浓度时呈现急剧下降的趋势，在同样浓度下，链愈长，则电导愈小。

(11) 表面活性剂的亲水亲油平衡值(*HLB* 值)随憎水基链长增加而减少。

(12) 起泡能力和泡沫稳定性随憎水基链长不同而不同。脂肪酸钠的起泡能力和泡沫稳定性随憎水基链长增加而增大，达到一个最佳点后，又随链长增加而减少。

(13) 脂肪酸钠的去污能力随憎水基链长不同而不同。脂肪酸钠的去污能力与溶液的温度有关，在常温下，以 C_{14}、C_{15}、C_{16}脂肪酸钠为较强；温度稍高时，C_{18}脂肪酸钠也有较强的去污能力。在相同温度下，与起泡能力相似，先随其憎水基链长增加而增大，达最高点后，随链长减少而减少。

(14) 纤维吸着表面活性剂数量随憎水基链长不同而不同。纤维对表面活性剂的最大吸着量大体上发生在链长为 C_{14}左右，大于或小于此链长时，吸着量均减少。

(15) 脂肪酸盐的溶度积随憎水基链长增加而减少。C_{16}、C_{17}、C_{18}脂肪酸钾的溶度积负对数值分别为 5.2、5.7、6.1。其他碱金属的脂肪酸盐的溶度积亦随憎水基链长增加而减小。

(16) 肥皂中 β－晶相的比例随憎水基链长增加而增多。在憎水基链含碳原子数 8～12 的肥皂中，β－晶相含量不到 30w%；碳原子数为 13～15 时，β－晶相达到 50w%，而当碳原子数为 16～19 时，β－晶相含量可达 60w%～70w%。在肥皂的四个晶相中，起泡力、去污力、溶解度以及透明度和结实度等指标，均以 β－晶相为最好。

(17) 脂肪酸钠成皂后的性状随憎水基链长不同而不同。憎水基链长不同的脂肪酸所生成钠皂的性能差异很大。

由上述各点可见，脂肪酸钠的各种特性取决于其憎水基链长，即脂肪酸类别。故用脂肪酸组成来设计油脂配元比用凝固点、*INS* 值和 *SR* 值更科学、可靠。国内外一般都公认典型的制皂油脂配方为牛油 80w%、椰子油 20w%。这个配方可以生产优质的高级香皂。由这两种油脂所含脂肪酸的组成加权平均计算后可知，这个配方的脂肪酸组成为：辛酸 1.6w%、癸酸 1.4$w\%$、月桂酸 9.6$w\%$、豆蔻酸 6.8$w\%$、棕榈酸 25.8$w\%$、硬脂酸 16.4$w\%$、油酸 37.4$w\%$、亚油酸 1.2$w\%$。根据这个组成和上述影响因素，设计油脂配方时，大体可以把脂肪酸组成定为：月桂酸 10$w\%$、豆蔻酸 10$w\%$、棕榈酸 25$w\%$、硬脂酸 15$w\%$、油酸 40$w\%$，接近这样组成的配方比较理想。

从表 3.2 和表 3.3 查得的脂肪酸组成作为计算配方的依据，可以基本满足需要，如果通过气相色谱仪为脂肪酸组成进行实测后再计算则更加可靠。

以脂肪酸组成为设计油脂配方的主要参数时，需要调换个别油脂类型时就较为方便。如需要用其他油脂取代椰子油，由表 3.3，棕榈仁油和巴巴苏仁油的脂肪酸组成与椰子油近似，可用来取代。又如，当找不到某种油脂的脂肪酸组成与另一种油脂相似，不能用一种油脂取代时，则可以用两种或两种以上的油脂取代。牛油与花生油以9:1相配比时，脂肪酸组成可近似于棕榈油；椰子油与花生油以 2:1 相配比时，脂肪酸组成可近似于牛油等。

3.5.2 皂基的生产工艺

肥皂生产分为两大工序：第一是油脂或脂肪酸被碱皂化制成皂基；第二是皂基中加入各种添加剂，经过不同工艺制成各种成品皂。皂基是各种成品皂的原料。

生产皂基有许多方法。目前常用的有沸煮法和中和法两种。沸煮法中有传统的大锅法和近代的连续法。我国目前 90%以上的肥皂是用大锅法生产的，冷法制皂虽已属淘汰的方法，但对某些特殊情况，如制造一次性小块香皂，还是有价值的。

3.5.2.1 冷法

冷法亦称冷态皂化法，其皂化过程是在 50 ℃左右进行的。冷法所用原料是在 <50 ℃温度下用浓度 34.5$w\%$ ~ 38.0$w\%$强碱液处理，易被皂化的油脂，如椰子油、棕榈仁油，也可在易皂化油脂中配入一些牛油、猪油、蓖麻油等油脂；先被皂化的油脂皂作为乳化剂，其他油脂随之被皂化。由于此法不回收甘油，没有盐析放出废液等工序，所以油脂中带入的杂质都留在肥皂中，这就要求使用的油脂和碱液中杂质含量尽可能少。

冷法制皂方法是将油脂用间接蒸汽加热至 >50 ℃，滤入混合锅，在低于 50 ℃条件下边搅拌边加入烧碱溶液，加完碱液后继续搅拌到油脂被乳化变稠后，取样检查，当油与碱液乳化完全而不再分离，继续搅拌 1 h 或更长，使其充分乳化成稠浆，加入香料和色素，搅匀后放入凝皂框里。油脂和碱液在凝皂框里继续反应，保持皂框内温度，不致使物料过早冷却而停止反应。经过 3 ~ 4 d 的放置，即可取出已凝固的肥皂、切块、包装。

冷法制成的肥皂脂肪酸含量一般为 60$w\%$ ~ 66$w\%$，加入不同添加剂和润肤剂，能够制成不同类型的香皂。这种香皂在冷水中容易溶解，比研磨制成的常用香皂容易显示去污效果，也有良好的起泡性能。但应注意的是，加入的碱量应少于皂化所需的理论碱量，使肥皂中含有一些未皂化的油脂，否则制成的肥皂又硬又脆，难以进一步加工。

制造冷法肥皂的配方可参考表 3.16。按表中配方，皂化完全需要理论碱量为浓度 34.5$w\%$的碱液 28.5 份，但实际只用 25 份，目的是使肥皂中能含有一部分未皂化油脂。加入钠、钾混合碱是使皂体结构变软，起泡性能得到改善。为了加速乳化，可在配方中加入 1$w\%$的肥皂。配方中加入羊毛脂的目的，是使肥皂、未皂化油脂和羊毛脂一起生成一种冷霜物质，使这种肥皂作为冷霜皂。

表 3.16　冷法制皂的配料组成表

配料名称	1	2	3	4	5	6	7	8	9	10
椰子油或棕榈仁油	50	48	50	25	25	47	50	25	45	25
牛油	2	2		12	25			25		25
猪油				12.5		3				
蓖麻油										
甘油	1								5	
羊毛脂		2					2.5			
精致地蜡								2		
13.5$w\%$ KOH 碱液		2						1		
36.0$w\%$ KOH 碱液									4	5
34.5$w\%$ NaOH 碱液	25	25	25	25	25	25	25	25	25	22

3.5.2.2　大锅沸煮法

大锅沸煮法包括皂化、盐析、洗涤、碱析和整理五项基本操作，根据设备条件以及对质量、产量和技术经济指标的要求可以组成多种煮皂操作法。国内绝大多数肥皂厂采用的是半逆流洗涤煮皂操作法。

皂化操作是用碱液使油脂皂化并分解生成肥皂和甘油的过程。油脂与碱液是不相溶的两相体系，在大锅中通入蒸汽，以增加两相接触面积，同时提供活化反应所需能量。当部分油脂与碱反应生成肥皂后，肥皂作为乳化剂使整个体系成为均相反应，反应速度大大加快。反应接近终点时，因油脂和碱的浓度降低而使反应速度趋缓。操作时蒸汽的通入量可根据反应速度的变化进行相应的调整。反应接近终点时，随时用 1$w\%$酚酞溶液测试，当滴入的酚酞呈淡红色时，即可停止皂化操作。过量的碱再盐析时易溶入废液中，造成浪费，一般不使碱量过量。

盐析操作是将盐或饱和盐水加入皂化操作所得的皂胶中，使肥皂和甘油分离的过程。盐析的目的是回收甘油，同时也去除一部分色素和杂质。其操作过程是，向皂胶中送入蒸汽，翻动皂胶，同时加入固体食盐，至肥皂表面开始出现析出状态时停止加盐，再翻煮一段时间，待盐全部溶解后，取出样品，静置，看析出的下层废液是否凝冻，如有凝冻状，则需继续加盐翻煮；如废液清晰而无凝冻状，则停止翻煮，静置。锅内物料最后分为两层：上层为皂粒，下层为盐水，称为废液。废液中含有盐、甘油以及少量碱、杂质、色素和相对分子质量较小的肥皂。

经盐析并放去废液后的皂粒用洗涤操作可分出甘油和一部分色素杂质。洗涤操作是，加入清水煮沸，使皂粒由析出状态转入闭合状态，然后用盐析出并放出盐析水，此水成为洗涤水，也成为废液。如果采用逆流洗涤煮皂操作法，则此步操作均用碱析水进行逆流套用，不用清水。

碱析是用碱液代替食盐进行析出，碱析还可使未皂化的油脂进一步皂化，保证最后皂基中不含未皂化油脂，碱析去除色素和杂质的效果好于盐析。

整理是皂基生产的最后操作步骤，此操作分出的轻相是皂基成品，重相是含脂肪酸25*w*%～35*w*%的皂胶。虽然经过盐析、碱析等操作，大量色素和杂质已随废液除去，但尚有部分杂质溶于稀皂液中，因此整理操作是皂基质量的最后一步净化。整理操作的目的还在于保证皂基的总脂肪的含量稳定在一个水平上，这是技术要求很高的操作，尤其在大锅皂化法中，如果没有相当的实践经验，很难做好这步操作。整理操作的终点控制，一是靠化验，要求整理结果中皂胶的脂肪酸和电介质含量达到表3.17所列的范围；二是靠操作经验。达到整理要求的皂胶，经过15～48 h静置，分出的皂基即可符合表3.18所列的质量指标。下层的皂胶，回用到下一批碱析生产时使用，也可在更低档的肥皂生产中回用。用此法操作时，油脂与废液的质量比一般在1:1.1～1.2，废液中甘油含量可＞7*w*%，皂基中甘油含量一般＜0.25*w*%。

表3.17 皂胶的组成

皂　胶	脂肪酸/*w*%	游离 NaOH/*w*%	氯根/*w*%
用于香皂	54～56	0.35～0.50	0.60～0.85
用于洗衣皂	54～57	0.50～0.80	0.30～0.40

表3.18 皂基质量指标

皂　基	脂肪酸/*w*%	游离 NaOH/*w*%	氯根/*w*%
香皂皂基	＞62	＜0.20	＜0.25
洗衣皂皂基	＞60	＜0.30	＜0.15

3.5.2.3 连续皂化法

大锅煮皂法的缺点是周期长(约为50～60 h)，蒸汽消耗量大，占地面积大，不能适应现代生产的需要。目前国外大肥皂厂已采用连续皂化法，国内则为数不多。国外已获实际应用的连续皂化器有蒙萨逢(Monsavon)、联合利华(Uni-CHem)、阿尔法－拉伐尔(Alfa-Laval)和麦佐尼(Mozzoni)等型式。它们采用的皂化温度各不相同，蒙萨逢为95～100 ℃，联合利华为100 ℃，阿尔法－拉伐尔为125 ℃，麦佐尼为120 ℃，后面三种都是在加压条件下进行皂化，反应很快，一般在20 min内即可完成。皂胶中洗出甘油所用设备型式虽然各不相同，但都是全逆流洗涤工艺，效率高的可以在几十秒内完成整个洗涤过程。整理操作的工艺和设备都比较简单，用简单的管道混合器，将皂粒和需要补充的电解质水溶液分别打入混合器中充分混合，再经离心机将皂胶分成皂基和皂胶两部分。连续皂化法的甘油总回收率可达97%，比大锅法高10%左右；每千克皂基的蒸汽消耗量可从大锅法的0.90 kg降至0.16 kg。

3.5.2.4 中和法

中和法是将油脂水解成脂肪酸，然后用碱将脂肪酸中和成皂。这个方法有很多优点，首先使配方技术更加科学化，可以使配方中要求的脂肪酸组成和不饱和程度得到比较精确的控制；其次是甘油回收率高，且回收费用低；第三是可以使用低档油脂；第四是简化了制皂工艺。其缺点是需要设计一套脂肪酸水解和蒸馏的装置。

脂肪酸制皂是一个简单的酸碱中和过程，因加入碱的浓度或成分不同而有三种方法：一是用通常的30*w*%浓度的液碱与脂肪酸混合反应；二是用50*w*%高浓度碱液中和脂肪酸制取含脂肪物 78$w\%$ ~ 80$w\%$的皂片；三是先用纯碱，后用烧碱中和。

浓碱液皂化的工艺过程由中和、干燥和冷却三部分组成。中和是在皂化反应塔内完成的，塔内压力 0.28 ~ 0.35 MPa，温度 110 ℃。塔外用泵进行皂液的循环，循环比为 20:1。脂肪酸从塔底进入，碱液和少量的电解质溶液随循环皂进入塔内，必要的添加物在皂基离开反应塔之前在塔顶加入。利用塔内压力，皂基喷入常压或减压干燥器，使部分水分汽化，并使皂基冷却至适当温度，经冷却辊筒凝固成型，即得含脂肪酸 78$w\%$ ~ 80$w\%$的皂片。这个方法可以节省把皂基从含脂肪酸 60$w\%$ ~ 62$w\%$干燥到 78$w\%$ ~ 80$w\%$的热量。

脂肪酸与纯碱也能发生中和反应，因纯碱价格比烧碱低，用纯碱中和可以降低成本。但纯碱中和反应会生成二氧化碳气体，需要设置一套气体分离装置。纯碱中和进行到 50$w\%$ ~ 80$w\%$，反应物料粘度将大大增加，以至二氧化碳气体无法有效分离，因此其余 20$w\%$ ~ 50$w\%$的脂肪酸只能通过加入烧碱来继续完成反应。纯碱中和反应是吸热反应，脂肪酸和碱液都需要加热，所以能量消耗较用烧碱大。

皂化反应完成后，可依次加入皂基、返工皂、泡化碱和钛白粉等添加物。

3.5.3 香皂的生产工艺

香皂的总脂肪物含量一般都以 80$w\%$作为标准含量，个别产品也有要求总脂肪物为 72$w\%$。由大锅法或连续煮皂法生产的皂基，其脂肪酸含量均为 62$w\%$ ~ 63$w\%$，所以用来制造香皂时，首先进行干燥，干燥的皂片再与各种添加剂混合、均化，最后经压条、切块、打印和包装。皂基的干燥方法对香皂生产的技术经济指标有很大影响，各种添加剂的加入可使香皂具备不同的特性。经过干燥并加有各种添加剂的肥皂在搅拌机中混合均匀后，送到研磨机进行均化，研磨机一般由 3 ~ 4 个辊筒组成，辊筒的直径一般为 300 ~ 400 mm，长约 800 mm，第一辊筒的转速为 15 ~ 25 $r \cdot min^{-1}$，其后的辊筒转速依次比前一个快 1 倍，以使皂片依次粘附至下一个辊筒上。辊筒中都通有冷却水，冷凝的皂片在最后一个辊筒上被刮下来，为使混合物充分均化，并使香皂最大限度地较变为 β – 晶相，一般都将 3 台研磨机串联使用。研磨后的皂体温度为 35 ~ 45 ℃，皂片厚度为 0.2 ~ 0.4 mm。

经研磨后的皂片随即送进真空压条机，在真空下压成皂条。压条机是一个螺距不等的螺旋输送机，螺杆转速为 10 ~ 20 $r \cdot min^{-1}$，压条机出口装有一圆锥型的炮头，炮头上有一开口的挡板，孔的截面根据皂型而定。炮头出条处带有加热装置，使压出的皂条中心温度保持在 35 ~ 45 ℃。为了保证成皂中不夹带气泡，压条机在真空度为 53.33 ~ 79.99 kPa（400 ~ 600 mmHg）下工作，以使夹带进入肥皂的空气顺利逸出。

压条机出来的皂条即可切块并打印，目前的打印机已把打印和切块合在一起，无需切成块状后再打印，打印后的皂块放冷即可包装。包装一般用蜡纸和外包纸两层包装，高级一些的香皂则用白蜡纸、白板纸及外包纸三层包装。外包纸用专门的防霉铜板纸或 0.009 mm 厚的铝箔纸。

3.5.4 洗衣皂的生产工艺

洗衣皂有很多型号，根据皂中脂肪酸含量分为 42、47、53、56、60、65、72 型等。就生产途径而言，洗衣皂分属为三种类型：一是产品的脂肪酸含量低于皂基者，成皂时需要添加泡花碱等填充料，称填充型洗衣皂；二是纯皂基型洗衣皂，皂基稍加颜料后直接冷凝即成产品；三是产品的脂肪酸含量高于皂基,需要干燥成型的高脂肪酸洗衣皂。

生产洗衣皂的配料一般为:皂基,其加入量使成皂产品的脂肪酸含量达到质量标准;泡花碱,其加入量为"产量×(1-成皂含脂肪酸 $w\%$/皂基含脂肪酸 $w\%$)";香精,0.3$w\%$~0.5$w\%$;荧光增白剂 0.03$w\%$~0.2$w\%$;钛白粉 0.1$w\%$~0.2$w\%$;着色剂,适量。

洗衣皂的生产方法有冷桶法、冷板车法、真空出条法和常压出条法四种。

冷桶法是洗衣皂工业化生产最早的一种方法,现已被淘汰。

冷板车法是将调制好的皂浆送入冷板车内凝固成型的方法,冷板车由冷板和木框组成,冷水由冷板下部进入,上端流出,冷板中设有几条横隔板,使冷却水呈 S 型弯曲向上流动。木框是冷凝肥皂的模框,其厚度依皂型需要而定,皂浆在调和缸中保持 70~80 ℃,用压缩空气压入冷板车,压力控制在 0.15~0.2 MPa,维持约 25 min,以免木框内肥皂冷凝后因收缩出现空头或瘪膛。冷板车法制成的肥皂较坚硬。此法在发达国家均已淘汰,我国大多数肥皂厂则仍以此法为主要生产方法。

真空出条法由意大利麦佐尼公司在 1945 年首先研制成功并获得专利,我国国内自 1963 年开始采用。该法生产时,皂基、填充料及香精等其他助剂先在调缸中调和均匀,再经过滤器,送入真空冷却器,使其冷却凝固。肥皂在真空条件下冷却,约有 3%~5%水分蒸发掉,因此调缸中配料时应把这一因素考虑进去。80~90 ℃的料浆进入真空室通过空心轴喷嘴喷到桶壁上,冷凝的肥皂由刮刀刮下,再经压条机连续出条。压出的皂条先通过滚印机打印,接着用长条切块机匀块,然后送入烘房,使肥皂表面得以干燥,肥皂在烘房中停留时间约 15~20 min,此法产出的肥皂略带透明,为减少透明度并增加白度,可在调缸中配入 0.1$w\%$~0.2$w\%$的钛白粉。

常压出条法亦称冷却出条法,是我国 1966 年从意大利引进的技术,此法与真空出条法相比,两法的工艺流程在调和部分和出条以后的成型部分是相同的,不同之处主要在冷却、干燥部分。真空出条由一套真空系统、真空喷雾干燥室来完成,冷却出条是由冷却出条机来完成。冷却出条的肥皂起泡能力较真空出条法高,但硬度较低;冷却出条法的水耗量和汽耗量较真空出条法小。

3.6 合成洗涤剂配方设计和生产工艺

合成洗涤剂是一种按照专门拟定的配方制得的产品,配方中包括必要组分(表面活性剂)和辅助组分(助剂、增泡剂、螯合剂、抗污垢再沉降剂、填料等)两大类物质,配方的目的在于提高去污能力。

合成洗涤剂的主要功能是在水溶液体系中通过多种物理化学作用去除粘附在基质(纤维、硬表面等)表面上的第三种物质(污垢),简称去污,这一过程从根本上说是一种表面化学现象。要实现去污的过程,除表面活性作用外,螯合、碱性、分散,pH 缓冲及携污等作用也是必不可少的。所以在洗涤剂中除了表面活性剂外,还需添加多种助剂。加何种助剂,加入量多少是洗涤剂配方设计要考虑的重要问题。

洗涤剂的种类很多,有洗涤衣物、洗涤餐具和硬表面及洗发和皮肤的产品;可以制成固体、粉状、浆状和液体等多种剂型。

3.6.1 洗衣粉的配方设计和生产工艺

3.6.1.1 洗衣粉的主要成分

洗衣粉配方中的各个成分,在洗涤过程中发挥各自不同的作用,这些协同作用的结果使洗衣粉具有不同的去污作用。

配　方	$w\%$		$w\%$
表面活性剂	15~30	羧甲基纤维素纳	0.5~1.5
磷酸盐	8~20	荧光增白剂	适量
碳酸钠	5~10	香精	适量
硅酸钠	5~15	色素	适量
硫酸钠	平衡量		

对于一些要求具有特定功能的洗涤剂,则在上述配方的基础上,再添加一些专门的助剂。例如加酶洗涤剂,另加酶制剂而成;彩漂洗衣粉,另加过硼酸钠等释氧物而成。

1. 表面活性剂

表面活性剂是洗涤剂的主要成分,称为洗涤剂的活性物。作为起表面活性作用的物质,至少具备两个基本性质:一是溶入水中后能在低浓度(一般为 $0.01w\% \sim 0.2w\%$)下大幅度降低溶液的表面张力,一般能使水的表面张力从 $73\times10^{-5}\,N\cdot cm^{-1}$降至$(30\sim40)\times10^{-5}\,N\cdot cm^{-1}$;二是在达到临界胶束浓度(一般为 $0.05w\% \sim 0.3w\%$)后能形成大量的胶束,洗涤剂所提供的润湿、乳化、分散、增溶等作用均是由表面活性剂的上述基本性质派生出来的。具有这两种基本性质的物质,其分子都有共同的基本结构,即分子的一端是直链的、支链的、环状的或多环的碳氢链,另一端是$—COO^-$、$—SO_4^-$、$—SO_3^-$、$—(CH_2CH_2O)_n$、$—NH_2$或者$—NH\cdot CO—$等极性基团。碳氢链与油相亲和、与水相斥,故称疏水基或称亲油基;极性基与水相亲和,与油相斥,故称亲水基。每个表面活性剂分子中都含有一个或一个以上的疏水基以及一个或一个以上的亲水基。

表面活性剂结构不同,在水中的解离行为也不同。一般来说,其亲水基结构对解离行为有较大影响。根据表面活性剂在水溶液中解离出来的离子类型及所带电荷类型不同,可分为四类。

(1) 在水溶液中解离成一个带有长链疏水基和短亲水基的阴离子和一个金属阳离子。

$$R\,SO_3Na \rightarrow R + SO_3^- + Na^+$$

阳离子无表面活性,呈现表面活性的是阴离子,故此类活性剂称阴离子表面活性剂。

(2) 在水溶液中离解成一个带有长链疏水基和短亲水基的阳离子、一个不具表面活性的阴离子。

$$C_{18}H_{37}(CH_3)_3N\cdot Cl \rightarrow C_{18}H_{37}(CH_3)_3N^+ + Cl^-$$

此类活性剂的表面活性由阳离子所决定,故称阳离子表面活性剂。

(3) 在水溶液中不发生解离,不生成离子,而是以分子或胶束状态存在,如聚醚、脂肪醇聚氧乙烯醚、脂肪酸多元醇和烷基醇酰胺等。此类活性剂称非离子表面活性剂。

(4) 在水溶液中同时带有阴阳两种电荷的表面活性离子,如甜菜碱。

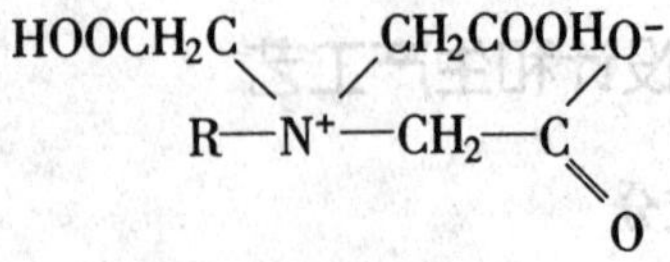

此类表面活性剂称两性表面活性剂。

阴离子和非离子表面活性剂一般都具有较强的去污力，是洗衣粉中常用的表面活性剂类型。阳离子和两性表面活性剂的去污力较弱，但分别具有较强的杀菌、抗静电和柔软等作用，故多用于配制相关的助剂以及香波一类化妆洗涤用品。

2. 磷酸盐

正磷酸盐很少用做洗涤剂的助剂，加于洗涤剂中的大多是聚合磷酸盐，聚合磷酸盐有许多品种，在洗涤剂中使用的有焦磷酸四钠、三聚磷酸钠、四磷酸钠和六偏磷酸钠，均由一钠和二钠磷酸盐混合物脱水而成。

$$2Na_2HPO_4 \rightarrow \underset{\text{焦磷酸四钠}}{Na_4P_2O_7} + H_2O$$

$$2Na_2HPO_4 + NaH_2PO_4 \rightarrow \underset{\text{三聚磷酸钠}}{Na_5P_3O_{10}} + 2H_2O$$

$$2Na_2HPO_4 + 2NaH_2PO_4 \rightarrow \underset{\text{四磷酸钠}}{Na_6P_4O_{13}} + 3H_2O$$

$$6NaH_2PO_4 \rightarrow \underset{\text{六偏磷酸钠盐}}{(NaPO_3)_6} + 6H_2O$$

在粉状洗涤剂中常用的是三聚磷酸钠，其次是焦磷酸四钠。磷酸盐在洗涤剂中能起下面几种作用。

(1) 能螯合水中的致硬金属离子而具有软化水的能力。水中的钙、镁等致硬金属离子通过复分解反应而进入磷酸盐分子的阴离子之中，其反应式可用离子式表示

$$\underset{\text{四磷酸钠}}{Na_2^{2+}(Na_2P_2O_7)^{2-}} + Mg^{2+}Cl^{2-} \rightarrow Na_2^{2+}(MgP_2O_7)^{2-} + 2NaCl$$

$$\underset{\text{三聚磷酸钠}}{Na_3^{3+}(Na_2P_3O_{10})^{3-}} + Ca^{2+}Cl^{2-} \rightarrow Na_3^{3+}(CaP_3O_{10})^{3-} + 2NaCl$$

经过复分解反应，钙、镁离子被螯合而失去原来的作用，不能再进一步参与离子反应，不会生成盐而从溶液中沉淀出来。

(2) 对细微的无机粒子或脂肪酸微滴具有分散、乳化、胶溶的作用，基本上一些难溶的金属皂、染料、粘土、淀粉、油脂等污垢可以被分散、乳化、胶溶到水中。

(3) 聚合磷酸盐，尤其是三聚磷酸盐，对表面活性剂的去污力有协同作用。

(4) 三聚磷酸钠的水溶液呈弱碱性，它的 $1w\%$ 水溶液的 pH 值为 9.7，对去污比较适合，尤其对酸性污垢的去污效果好。磷酸盐在洗涤剂中还有一种很重要的作用，就是对酸碱度的缓冲作用。

(5) 能提高洗涤剂溶液的起泡力和泡沫稳定性。

(6) 三聚磷酸钠有无水物和六水合物两种，吸湿性较小，加有三聚磷酸钠的洗衣粉可以保持良好的流动性与颗粒度，不致产生粉尘或发生吸潮、结块、粘结等不良现象。

3. 碳酸盐

洗涤剂中添加的碳酸盐有碳酸钠和碳酸氢钠两种，多数情况下，只加碳酸钠。

洗涤剂含有碳酸钠后，其水溶液的 pH 值可以保持在 9.0 以上，这样，洗涤剂在遇到酸性污垢发生作用时，溶液仍可保持碱性，而有些表面活性剂（如烷基苯磺酸钠）只有在碱性溶液中才体现出去污活性。碳酸钠所具有的碱性，在洗涤过程中可以与脂肪污垢发生皂化反应而将污垢除去。

碳酸钠可将水中的钙、镁离子软化为碳酸钙和碳酸镁而从溶液中沉淀出去，从而使水得到软化。沉淀产生后，碳酸钠仍能使洗涤剂溶液的 pH 值保持在 9.0 以上。

4. 硅酸钠

硅酸钠是氧化钠和二氧化硅的结合物

$$Na_2SiO_3 = Na_2O + SiO_2$$

洗衣粉中所使用的硅酸钠的模数一般为 1.6～2.4。

硅酸钠在洗涤剂中起的作用有以下几点：

(1) 有良好的缓冲作用，维持洗涤剂溶液的碱度。

(2) 能和钙、镁等金属离子形成沉淀而使水软化；所生成的沉淀不会再沉积到纤维上，易于漂洗。

(3) 对不锈钢和铝有抑制腐蚀的作用，可以防止洗涤剂中其他组分（如磷酸盐）对洗衣机金属表面的腐蚀。

(4) 水溶液因水解而产生胶束结构的硅酸，对污垢和微粒固体具有悬浮、分散和乳化的能力，可以防止污垢再沉积到织物上。

(5) 促进泡沫的生成和稳定。

(6) 在洗衣粉喷雾干燥成型中，硅酸钠可提高洗衣粉颗粒的强度、均匀性和自由流动性，改善成品的溶解性，防止洗衣粉结块。

5. 硫酸钠

硫酸钠有无水硫酸钠和含 10 个结晶水的十水硫酸钠两种。前者俗称元明粉，后者俗称芒硝。洗衣粉使用的是无水硫酸钠，在洗衣粉中的作用主要有以下三方面：

(1) 硫酸钠是天然矿产，可直接或经适当精制后用于洗涤剂中，因其价格低廉，故对洗衣粉的成本高低起着关键作用。

(2) 洗涤剂的临界胶束浓度都不高，一般在水中的浓度达到 0.05w%～0.3w%，即可获得较好的表面活性。硫酸在洗衣粉中是一种廉价稀释剂，可以提高表面活性剂的溶解性。

(3) 在成型过程中，硫酸钠使料浆密度增大，流动性变好，从而有助于洗衣粉的成型；配入较多的硫酸钠，对防止轻粉和细粉的形成有一定的作用。在粉剂中，硫酸钠还有防止结块的作用。

6. 羧甲基纤维素纳

羧甲基纤维素盐本身无去污作用，它在洗涤剂中的主要作用是防止污垢的再沉积。在洗涤剂作用下，污垢脱离织物进入水中。如果洗涤剂中没有适当的抗再沉积物质存在，一部分已被卷离的污垢仍将重新沉积到织物表面，使衣物变得乌暗。羧甲基纤维素对棉织物有良好的抗再沉积效果，对合成纤维织物和毛织物的效果并不理想。

羧甲基纤维素对提高洗涤剂的起泡力和泡沫稳定性、抑制洗涤剂对皮肤的刺激都有很大的作用。

羧甲基纤维素用于浆状洗涤剂中，还有增加产品稠度以及稳定胶体、防止分层的功效。

羧甲基纤维素在水中的溶解量较小，且溶解速度缓慢，故一般使用它的钠盐，即羧甲基纤维素钠。

7. 荧光增白剂

荧光增白剂对洗衣粉和织物产生的增白作用是一种光致发光的物理现象，不是化学漂白作用。洗衣粉中配入荧光增白剂后，其粉体既可吸收紫外线，也能反射可见光。

荧光增白剂种类有数百种之多，用于洗涤剂的主要有二氨基芪二磺酸双三嗪型和二苯并恶唑型两类。它们在洗衣粉中的增白效果随着配入量的增加而增加，但当达到最佳效果后再继续增量，则增白效果反而下降，且粉体外观出现黄色色调。

使用荧光增白剂需要注意的是，在一定量的增白剂存在下，增白效果与未加增白剂的粉体白度有关；基体白度愈高，增白效果愈显著。基体白度偏低的粉体，不能单靠配加增白剂来提高白度，首先要从原料质量、工艺技术等方面着手，提高粉体本身的白度。

洗涤剂的助剂还有许多，如螯合剂、泡沫稳定剂、料浆调理剂和酶制剂等，各有特定的用途。

3.6.1.2 洗衣粉配方举例

了解洗衣粉各组分的作用就可以根据需要，设计出各种不同类型的洗衣粉，如：去污力强、泡沫适中易漂洗、洗后织物手感好、色泽鲜艳，外观色泽好，颗粒度均匀，成本低及具有特殊功能等的制品。

1. 标准洗衣粉

我国轻工部部颁标准采用了与标准洗衣粉对比的办法确定企业产品的去污力，以标准洗衣粉的去污力为1，凡小于1的为不合格品。各企业产品都须以标准洗衣粉的去污力为下限才能制得合格产品。而标准洗衣粉的配方是参照日本通用配方制定的，组成如下。

配　方	w%		w%
LAS	15	Na_2CO_3	3
STPP	17	CMC-Na	1
Na_2SiO_3	10	Na_2SO_4	58

2. 棉麻类洗衣粉

棉麻类洗衣粉粘附的污垢量较大，洗衣粉应呈碱性。

配　方	w%		w%
LAS	15~28	CMC-Na	1~2
STPP	16~20	荧光增白剂	0.05~0.1
Na_2SiO_3	6~8	甲苯磺酸钠	0~2
Na_2CO_3	4~6	烷基磺酸钠	1~10
Na_2SO_4	39~47		

3. 丝毛类洗衣粉

丝毛织物属于蛋白质纤维，对碱不稳定，宜用中性洗涤剂洗涤，因此洗衣粉中应不含纯碱。

配　方	w%		w%
LAS	27～30	对甲苯磺酸钠	0～3
STPP	16～30	CMC－Na	2
Na_2SiO_3	4.5～6.0	荧光增白剂	0.05～0.1
Na_2SO_4	32～47		

4. 复配洗衣粉

我国洗涤剂中活性物主要是阴离子表面活性剂，其中烷基苯磺酸钠约占90w%，但其表面活性较非离子表面活性剂弱。随着表面活性剂品种的增加和成本的降低，已有越来越多的非离子表面活性被用于洗衣粉中。常用的有：脂肪醇聚氧乙烯醚(7)和(9)即 AEO_7 和 AEO_9 以及烷基酚聚氧乙烯醚，即 TX－10，它们在很低的浓度(0.01w%～0.002w%)下就能使水的表面张力降至 $30\times10^{-5}N\cdot cm^{-1}$左右，而烷基苯磺酸钠降到同样的表面张力值浓度需高出10倍。在去污力方面，AEO的去污力远大于LAS，在低浓度水溶液中尤为明显。

基于此，我国许多洗衣粉厂都在70年代后期试产了复配洗衣粉，即以部分非离子表面活性剂与烷基苯磺酸钠复配成洗涤剂的活性物，而不是单一的使用烷基苯磺酸钠。当时的复配洗衣粉配方大同小异，复配粉配方较原配方的去污力强，而其中的表面活性剂总含量却可以降低一些。

	海　鸥			长　江		
配方(w%)	原配方	复配1#	复配2#	原配方	复配1#	复配2#
LAS	30	10	15	20	10	12
AEO_9	—	5	3	—	3	2
TX－10	—	—	—	—	2	—
对甲苯磺酸钠	—	2	2	2	—	—
三聚磷酸钠	30	30	32	16	10	14
硅酸钠	6	8	7	8	10	9
纯碱	—	2	2	6	10	10
硫酸钠	25.5	32	28	47	52	45
羧甲基纤维素钠	1.4	1.4	1.4	1	0.5	0.5
荧光增白剂	0.1	0.1	0.1	0.05	0.03	0.03
产品的去污力	36.8	40.1	40.0	14.5	19.2	19.3

5. 无磷洗衣粉

在以烷基苯磺酸钠为单一活性物的配方中，添加三聚磷酸钠的量甚至会超过烷基苯磺酸钠的量，以便在较低成本基础上提高洗衣粉的质量。但是，洗衣粉中大量使用磷酸盐，不仅消耗了磷资源，而且给一些人均洗衣粉耗用量大的发达国家造成了污染公害。这些磷酸盐随洗涤废水排入河道，消耗了水中的溶解氧，影响鱼类的生存，造成了所谓“过肥化”。

1970年美国政府提出在两年内禁止在洗涤剂中使用磷酸盐，许多国家也相继禁止和限制使用磷酸盐，并推出多种无磷洗涤品种。但对于磷酸盐造成“过肥化”污染公害，许多学者发表了保留性的意见，所以美国政府将禁磷改为限磷规定。以下是几种无磷和低磷洗衣粉的配方。

配方(无磷和低磷洗衣粉，w%)	伯格公司 Tide 牌粉	利华公司 AⅡ牌粉	低磷粉
LAS	15	—	30
AES	6	—	—
非离子表面活性剂	—	9	8
烷基苯磺酸钠	—	1	—
对甲苯磺酸钠	1.5	—	—
聚乙二醇	1.5	—	—
Na_2CO_3	20	55	11.5
Na_2SiO_3	20	8	10
Na_2SiO_4	29	16	—
$NaHCO_3$	—	—	30
$NaBO_3$	—	2	—
$Na_2B_4O_7$	—	1	—
CMC - Na 及水或其他	7	8	10.5

6. 彩漂洗衣粉

彩漂洗衣粉是20世纪70年代以后发展起来的品种，它是一种含有漂白剂(主要是释氧漂白剂)的复配洗衣粉，对被洗物有去斑、漂白和增艳的作用，适用于所有纤维和有色织物。

洗衣粉中的释氧漂白剂主要有以下四种：

(1) 过硫酸钾，分子式为 $K_2S_2O_8$，是无色无味晶体，相对密度为2.47，能逐渐分解释氧，温度高，释氧快。

(2) 过焦磷酸钠，分子式为 $Na_4P_2O_7 \cdot 2H_2O$，含游离氧 9w%。

(3) 过硼酸钠，分子式为 $NaBO_2 \cdot H_2O_2$，系白色无味晶体，在冷水中溶解度小且稳定，在热水中较易溶解，在70～80 ℃有良好的漂白作用。溶液呈碱性，水和金属离子可促进其分解。

(4) 过碳酸钠，分子式为 $2Na_2CO_3 \cdot 3H_2O_2$，系白色颗粒。溶于水，在水中的溶解度，5 ℃时为12 g·(100 ml)$^{-1}$，20 ℃为14.5 g·(100 ml)$^{-1}$，40 ℃为18.5 g·(100 ml)$^{-1}$。其水溶液pH值为10.5。

过去，彩漂洗衣粉中的释氧物主要为过硼酸钠，现已转向采用过碳酸钠。

过碳酸钠除了在水中的溶解度大于过硼酸钠外，对茶污漂白力也较过硼酸钠强。彩漂洗衣粉低温时的活性较低，为提高其低温活性，可加入漂白活化剂，常用的活化剂有四乙酰乙胺(TAED)和四乙酰甘脲(TAGU)。

彩漂洗衣粉中加入无机过氧化物可以漂白各种有色污垢，但对于油酯、蛋白质、碳水化合物漂白效果较差,特别是温度提高时,蛋白质污垢易变性,漂白效果更差,通过加入一些酶制剂,可提高漂白效果。

释氧漂白剂可单独制成粉剂,再与表面活性剂、助洗剂、色素、香料和荧光染料混合而制成彩漂洗衣粉。

配　方	w%		w%
过碳酸钠(含有效氧 13.8w%,水分 0.6w%)	50	无水碳酸钠	38
蛋白酶	2	添加剂	10

彩漂洗衣粉比普通洗衣粉的配方中多释氧无机盐及相应的活化剂和稳定剂,并加入一些脂肪酶、蛋白酶之类的特殊功能制剂。下面是两例彩漂洗衣粉的配方。

配　方	Ⅰ(w%)	Ⅱ(w%)		Ⅰ(w%)	Ⅱ(w%)
烷基苯磺酸钠	7.0	10.0	荧白增白剂	0.2	0.2
AEO_9	2.5	3.0	$Na_2B_4O_7$	15.0	20.0
钠皂	2.5	1.0	EDTA	0.1	0.1
三聚碳酸钠	—	25.0	TAED	2.0	2.0
磷酸三钠	36.0	—	Mg_3 - EDTMP	0.3	—
Na_2SiO_3	6.0	5.0	$MgSO_4$	—	2.0
CMC - Na	0.5	—	水	4.9	8.1
Na_2SO_4	23.0	23.6			

7. 浓缩洗衣粉

浓缩洗衣粉是 70 年代在国际市场上问世的一种以非离子表面活性剂为主体的高效重垢型洗衣粉,它用的原料与上节介绍的复配洗衣粉相似,只是配比不同而已。复配洗衣粉的开发成功,展示了洗涤剂配方发展的前景,即非离子表面活性剂为洗衣粉活性物质的优越性,浓缩洗衣粉进一步发扬了这种优越性,把以烷基苯磺酸钠为主体的复配洗衣粉配方改变为以非离子表面活性剂为主的配方。同时,在配方中把以前在洗衣粉中起稀释作用的硫酸钠的比例做了较大的调整,由原来的 40w% ~ 60w%减少为 0w% ~ 25w%,因此浓缩洗衣粉的制造完全可以参照复配洗衣粉的配方技术进行配方设计。下面介绍几种浓缩洗衣粉的配方例子,供读者参考。

配　方	Ⅰ(w%)	Ⅱ(w%)	Ⅲ(w%)
非离子表面活性剂	10 ~ 15	13.9	11
烷基苯磺酸钠	—	—	1.5
三聚磷酸钠	50 ~ 60	42.3	32
碳酸钠	10 ~ 20	23.1	19
硅酸钠	10 ~ 20	适量	8 ~ 18
羧甲基纤维素钠	3	适量	1
荧光增白剂	0.3 ~ 0.5	适量	0.2
硫酸钠	—	—	至 100

浓缩洗衣粉配方中非离子表面活性剂含量较大，料浆发粘，不能用喷雾干燥法成型。浓缩洗衣粉的成型大多采用附聚成型法和流化床法。配制浓缩洗衣粉的物料均有粘合和晶化作用，当它们进行混合时适量的水分与无机组分形成水合晶体，在有机物料和硅酸盐溶液的粘合作用下，各物料间相互粘聚晶化，形成晶粒状微粒附聚体。适当的液固比不仅对顺利成型极为重要，而且是保证最终产品表观质量的先决条件。适当的水量与无机盐水合比有关，在 35~45 ℃的物料体系中，三聚磷酸钠、碳酸钠和硅酸钠的水合比分别为：$Na_5P_3O_{10}:6H_2O = 1:0.29$，$Na_2CO_3:H_2O = 1:0.17$，$Na_2O \cdot 2.5SiO_2:9H_2O = 1:0.76$。

由于水合比是有规律的，物料的最终水量一般用调整硅酸钠的比例来调控。

3.6.2 洗衣粉的成型技术

我国洗衣粉的成型技术将随着粉状洗涤剂新品种的发展而逐渐脱离高塔喷雾的方法，一方面是大中型厂采用附聚法成型，或者以高塔喷雾法结合附聚法后配料成型，另一方面是中小型企业，尤其是小型厂，采用一些投资小、操作费用低的早期使用的成型方法。

3.6.2.1 附聚成型法

附聚技术用于生产洗涤剂是从本世纪 50 年代开始的。附聚作用是干原料和液体粘结剂混合并形成颗粒的作用，形成的颗粒称附聚物。洗涤剂附聚是物理、化学混合过程，在此过程中，用硅酸盐的液体组分与固体组分混合并形成均匀颗粒。洗涤剂附聚成型的过程是用喷成雾状的硅酸盐溶液来粘结移动床上的干物料。雾状硅酸盐溶液在附聚器中与三聚磷酸钠和碳酸钠等能水合的盐类接触，即失水而干燥成一种干的硅酸盐粘结剂，然后通过粒子间的桥接，形成近于球状的附聚物。附聚成型的主要特点是通过配方中可起水合作用的组分，使硅酸盐溶液失水，达到粘结成粒的目的。配方中所用的羧甲基纤维素钠在附聚过程中也起着粘结剂的作用。

根据不同的配方和工艺，附聚成型法的生产工艺通常包括 4~7 个工序，其中附聚、条理（老化）、筛分和包装是必备工序，预混合、干燥和后配料为选用工序。附聚成型法的工艺流程如图 3.9 所示。

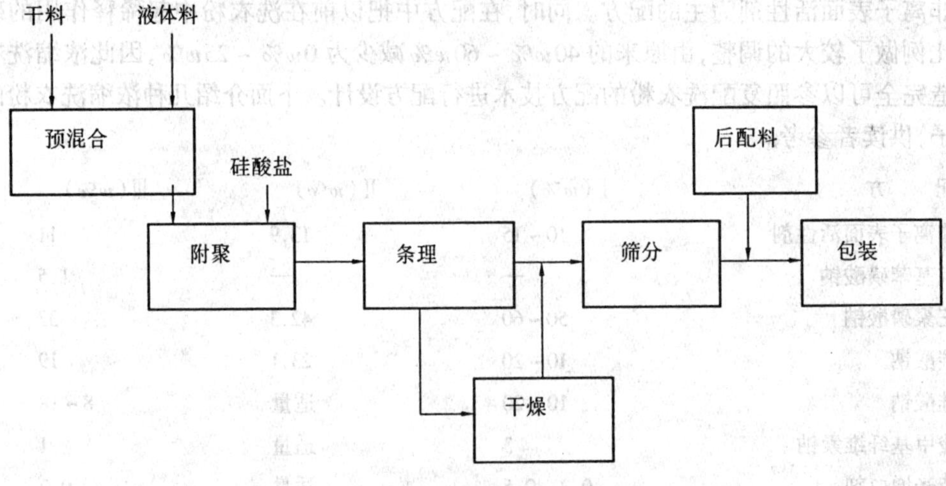

图 3.9 附聚成型法的工艺流程

预混合是将某些原料在进入附聚器前先行混合，预混物料可以是部分固体原料和部分液体原料的混合物，以促进某些原料的水和作用，也可以是干料和干料的混合物，液体原料与液体原料的混合物，可增加物料的均匀度，并提高附聚器的生产能力，最简单的预混合操作是，采用螺旋输送机做附聚器的进料装置，使干物料在输送过程中得到混合；液体物料的混合在捏合机中进行。

最早的附聚设备基本上是一些混合器，其中有固定混合器、带有喷嘴的旋转混合器、带有液体分散的旋转式混合器、双壳式混合器以及连续式曲折混合器。最近十几年来，研制成功了许多更符合附聚特点的附聚装置，主要有：生产能力为 100 t/h 的转鼓式附聚器、能力为 91 t/h 的立式附聚器、能力为 61.2 t/h 的"Z"型附聚器、能力为 20.4 t/h 的斜盘附聚器以及双锥式附聚器等。

3.6.2.2 简单吸收法

简单吸收法是一种投资小、设备简单，但劳动强度较大的方法，此法使用的原料应尽量多用可以水合的无机盐，当表面活性剂溶液中加入这些无机盐时，盐便逐渐进行水合，表面活性剂即随结晶水分散到无机盐中，由于这个反应在室温下进行，所以有相当多的碳酸钠可以水合成十水合物，十水合物的含量相当于碳酸钠本身质量的 $170w\%$，在这个方法中，它比三聚磷酸钠更有利于水分吸收。

简单吸收法的局限性在于，表面活性剂须形成粘度较低的水溶液(浓度 $< 40w\%$ 的溶液)，这样按最终粉剂计算，成品活性物含量难以超过 $8w\%$；即使采取措施，也只能达 $12w\%$，所以这个方法用于生产洗涤棉、麻等重垢物料和清洗地面等用途的产品比较合适。

配　方	$w\%$		$w\%$
烷基苯磺酸钠(40%活性)	12	五水硅酸钠	5
碳酸钠	77	松油	1
三聚磷酸钠	5		

简单吸收法的生产操作是先将干组分(碳酸钠、三聚磷酸钠和硅酸钠)都投入混合器，开始搅拌，然后通过喷嘴将表面活性剂溶液慢慢地喷入粉料中，调节此溶液的加入速率使液体接触粉料表面时即被吸收，否则会形成硬的结晶块。溶液加完并搅拌 15 min 后加入其他填料(如上例中的松油)，继续搅拌 1 ~ 5 min。将粉料卸出，老化 10 ~ 24 h。

3.6.2.3 吸收中和法

吸收中和法是在简单吸收法基础上发展起来的，主要的改动是用烷基苯磺酸代替烷基苯磺酸钠加入粉剂中，使固体干料吸收液体物料的同时进行烷基苯磺酸与碳酸钠的中和反应。此法所用设备与简单吸收法一样，却可制得活性物含量较高(达 $20w\%$ 以上)的成品。此法所用的烷基苯磺酸可以是 100 型的，也可以是 90 型的。

吸收中和法操作也很简单：将干料先投入混合器内，开动搅拌，将磺酸盐慢慢加入。如果使用 $90w\%$ 型磺酸盐，中和反应立即发生，所以加酸速率应控制使未吸收的过量酸不致过多为宜。如果使用 100 型磺酸盐，则反应速度较慢，加酸速率可以快些，使酸尽量分散开。当粉料呈均匀的褐蓝色时，表明磺酸已分散均匀，此时加入成品量 $2w\%$ 的水，促进中和反应进行。随着中和反应的进行，粉料转成浅黄色(没有任何黑色的磺酸聚集体)，然后可继续加入硅酸钠和荧光增白剂等添加物，一般情况下，装料量为 300 ~ 500 kg 的混合器反应可在 30 min之内完成。反应好的粉剂卸在混凝土地面上，老化过夜，再进行粉碎、包装。

下面以具体的配方为例说明其配制过程。

配　方	用 100 型硅酸盐（w%）	用 90 型硅酸盐（w%）
碳酸钠	58	58
羧甲基纤维素钠	2	2
三聚磷酸钠	15	15
烷基苯磺酸	18	20
水	2	—
硅酸钠（40w%溶液）	5	5

操作时先将前三种干料投入混合器中，边搅拌边加入烷基苯磺酸，然后加入水和硅酸钠。混好后放置地面上老化过夜，粉碎、包装。

如果成品中要加入过硼酸钠等漂白剂和荧光增白剂，则取已粉碎好的粉剂 89.9w%，连同 10.0w%过硼酸钠和 0.1w%荧光增白剂一起加入混合器中，搅拌数分钟即得成品。

如果使用的的磺酸是直链烷基苯磺酸，则粉剂易发生粘结现象，可加入少许甲苯磺酸盐或胶体二氧化硅来克服粘结现象。

3.6.2.4　滚筒干燥法

滚筒干燥法适用于制取高活性物含量的洗涤剂，这种洗涤剂含助剂较少，甚至不加助剂，主要用于工业洗涤剂配制，或为干混法提供表面活性剂原料。滚筒有两种形式：一种是双旋转加热滚筒，料浆由滚筒上部进入两个滚筒之间的空隙；一种是浸沾式双滚筒干燥器，浆料放在滚筒底下的料盘内，滚筒不断地将浆料从料盘沾起进行干燥。干燥后的薄层连续地由刮刀刮下落到传送带上运至料舱。

滚筒干燥器的滚筒直径一般为 0.6 ~ 1.8 m，长 0.9 ~ 4.5 m，转速为 5 ~ 10 $r \cdot min^{-1}$，料浆在滚筒表面的停留时间约为 6 ~ 15 s，其生产能力为每平方米干燥面积每小时可产出 4.5 ~ 48.8 kg 成品。

使用此法时，应注意进入滚筒的料浆的均一性，从调配好料浆至干燥成粉的过程中，料浆中不应产生析离或分层现象。

3.6.2.5　干混法

干混法就是全部使用干的固体物料混合的方法，可以与上述滚筒干燥法衔接应用，这是一种简单混合法，工艺操作比较简单。

3.6.2.6　膨胀法

膨胀法亦称汽胀法或称泡沫干燥法，主要利用气体在浆料中膨胀而得到疏松的洗衣粉颗粒。这种方法在国外的中小型工厂中多采用的是三偏磷酸钠的汽胀法。三偏磷酸钠的分子式为 $Na_3P_3O_9$，其中含（Na_2O）30.4w%、（P_2O_5）69.6w%，是六元环结构的白色粉状结晶，密度 2.54 $g \cdot ml^{-1}$，其 1w%水溶液呈中性，30 ℃时溶解度为 30 $g \cdot (100\ g)^{-1}$水。三偏磷酸钠与碱反应，则转化为三聚磷酸钠

$$Na_3P_3O_9 + 2NaOH \rightarrow Na_5P_3O_{10} + H_2O$$

这个反应的特点是放出大量的热,反应的 $\Delta H = -114.64\ kJ\cdot mol^{-1}$,这部分热使料浆中的水分得以蒸发;由于水急剧蒸发是在料浆中进行的,水汽使料浆膨胀为疏松的固体,汽胀法就是先制备好含有三偏磷酸钠的料浆,然后加碱使之膨化,碱与三偏磷酸钠反应生成的三聚磷酸钠最终转化成六水合物留在成品中起助剂的作用。

随表面活性剂原料形式不同而有加入烷基苯磺酸和烷基苯磺酸钠两种汽胀法生产洗衣粉工艺。

使用烷基苯磺酸时,烧碱分两次加入,先加的部分烧碱是为了中和磺酸,使其转化为烷基苯磺酸钠,其余的烧碱最后加入,使之与三偏磷酸钠反应而产生汽胀。下述配方是按物料加入顺序列出的。

配　方	w%		w%
水	7.3	硫酸钠	16.0
甲苯磺酸钠	10.0	硅酸钠	7.8
50w%烧碱液	3.6	三偏磷酸钠	26.3
烷基苯磺酸	14.7	烧碱液	13.8
羧甲基纤维素钠	0.5		

将水加热至 40 ~ 50 ℃,加入甲苯磺酸钠,稍加搅拌,加入浓度为 50w%的碱液,快速投入烷基苯磺酸,搅拌 5 ~ 10 min,如有块状,则继续搅拌至溶匀,然后相继把羧甲基纤维素钠、硫酸钠、硅酸钠以及三偏磷酸钠加入其中,搅拌 1 ~ 2 min,即成备用浆料;此时加入烧碱,浆料中即生成三聚磷酸钠并很快转化成六水合物。加碱后不到 1 min 浆料即开始汽胀,停止搅拌,料面上涨,静置 5 min,再从反应器底部吹入冷风,持续 10 min,使粒状洗涤剂冷却,将冷却的洗涤剂放入盘子中老化,老化后的洗涤剂经干燥达到要求的含水量后,粉碎、过筛得成品。成品的堆积密度为 $0.25 \sim 0.3\ g\cdot cm^{-3}$。

3.6.2.7 中和造粒法

中和造粒法与吸收中和法类似,但制品的堆积密度较小,产品质量近似于喷雾干燥法所得产品,在国外又叫干混法。

中和造粒法包括三个步骤:固体物料的混合、磺酸中和、产品的轻化。

洗衣粉的成型技术还有很多,如干式中和法、多层喷雾法、喷雾混合法以及混合流化床法等。

3.6.3 液体洗衣剂和生产工艺

液体洗涤剂是 1967 年开始在市场销售的,首批产品是美国 Lever 公司生产的 Wisk 和 AⅡ牌重垢液体洗净剂。我国也于 1967 年推出海鸥牌液体洗涤剂,年产量达 3 000 t,虽然起步较早,但由于配套原料——非离子表面活性剂的产量和质量滞后,影响了其发展速度。

其中的液体洗衣剂发展较快,主要是因为资源丰富的水大部分代替了硫酸钠和三聚磷酸钠。另一优点是生产工艺简便,设备投资少。但也有不足之处,主要碱性助剂的加入,它与表面活性剂在水中的相溶性较差,易于析出和分层,这是配方设计的一个难点。

3.6.3.1 液体洗衣剂原料的选择和配方的设计

1. 液体洗衣剂的原料

(1) 表面活性剂。衣用洗涤剂中一般不使用阳离子和两性离子表面活性剂,液体洗衣剂是以非离子表面活性剂为主,辅以阴离子表面活性剂。非离子表面活性剂主要使用脂肪醇聚氧乙烯醚和烷基酚聚氧乙烯醚,它们中常用的品种分别为 $AEO_{7\sim9}$和 TX-10。TX-10的生物降解性没有 $AEO_{7\sim9}$好,所以 $AEO_{7\sim9}$使用的几率比 TX-10 高。月桂基二乙醇酰胺和月桂醇单乙醇酰胺等非离子表面活性剂常用来作为泡沫促进剂。

用 AEO 配制的衣用液体洗涤剂,洗涤温度与分子中脂肪醇碳链长度及环氧乙烷加成量等因素相关。醇的碳链长度以 $C_{12\sim15}$为好,环氧乙烷加成量控制在 7~9 mol,所以一般都采用 AEO_7 或 AEO_9 为主要活性剂。常用的阴离子表面活性剂是十二烷基苯横酸钠和脂肪醇聚氧乙烯醚硫酸钠(AES),后者的抗硬水能力和去污力比前者强,所以采用 AES 的较多。

(2) 碱性助剂。碱性助剂在洗涤剂中的作用前面已有介绍,这里要讨论的问题是它们在溶液中的行为。

洗衣粉中使用的碱性助剂均为无机盐,主要是碳酸盐、磷酸盐和硅酸盐,大多是其钠盐。它们在水中的溶解度较低,如不采取适当措施,加有这些无机盐的液体洗涤剂就可能发生混浊或分层等不良现象。措施之一是将这些盐类的钠离子改变为钾离子(钾盐的溶解度大于钠盐),还可采用它们的三乙醇胺盐。即使使用烷基苯磺酸三乙醇胺和三乙醇胺月桂醇硫酸盐等阴离子表面活性剂,亦比使用它们的钠盐有利于溶液的透明。措施之二是同时加入增溶剂,以增加配入物料在水中的溶解度。

(3) 增溶剂。常用的增溶剂有甲苯磺酸钠、二甲苯磺酸钠和异丙基苯磺酸钠、低相对分子量的磷酸酯、磺基琥珀酸盐和尿素等。

阴离子和非离子表面活性剂在溶液中能形成混合胶束,也能提供对第三种物质的增溶作用。

(4) 溶剂。溶剂在液体洗涤剂中的作用:一是提高表面活性剂在水中的溶解度;二是调节产品的稠度;三是降低水溶液的表面张力,有助于提高对污垢的去除率;四是对油污有一定的溶解能力,溶剂本身就是去除油污性污垢的配方组分之一。常用的溶剂有乙醇、乙二醇、丙二醇、乙二醇单乙基醚、二乙二醇乙基醚、乙二醇单丁基醚、丙二醇甲基醚和二丙二醇甲基醚等;后面这些醚类中带有羟基和醚基,两种基团的存在,使它们既有较强的溶解油脂的能力,又有良好的偶合作用。

(5) 粘度调节剂。羧甲基纤维素钠在洗衣粉中有抗污垢再沉积于织物的作用和对产品起增稠的作用。若为了配制透明的液体产品,可以采用聚乙烯基吡咯烷酮(PVP),使用时将 PVP 预先配成 $5w\%$溶液,配制时再加入液体洗涤剂中。

乙醇、异丙醇等溶剂均有降低产品粘度的作用,氯化钾和氯化钠常用来调节产品的粘度,尤其是产品中含有脂肪醇聚氧乙烯醚硫酸钠时,氯化钠的加入有显著的增稠作用,但加入量过多时,又有降低粘度的作用。

(6) 螯合剂。由于溶解度的限制,三聚磷酸钠在液体洗涤剂中用量受到限制。在液体洗涤剂中一般使用有机螯合剂,如 EDTA、次氨基三醋酸钠和柠檬酸钠等。如用磷酸盐,则用三聚磷酸钾或焦磷酸四钾等。用乙二胺四乙酸三乙醇胺酯和乙二胺四乙酸三乙醇胺二钠盐替代三聚磷酸钠,既可保证产品的透明性,又可提高螯合钙、镁离子的能力。

(7) 酶制剂。蛋白酶和淀粉酶是应用于液体洗涤剂的两种酶。一般情况下,保证酶的最大稳定度需要两个条件:含水 40w% ~60w%和存在少量钙离子。自来水带入的钙量虽足够保持酶的稳定,但会抵消一部分螯合剂应发挥的作用。

2. 液体洗衣剂的配方设计

液体洗涤剂的配方可根据不同要求随时予以调整,所以各地各厂所用配方五花八门。拟定液体洗涤剂的配方须根据原料来源、工艺水平和成本等因素酌定。

(1) 我国早期产品的配方。

配　方	海鸥牌液体洗涤剂(w%)	上海牌洗涤剂(w%)
AES(20w%活性物)	85	—
AES(100w%活性物)	—	1
聚氧乙稀辛烷基酚醚	5	—
椰子油醇酰胺	10	2
烷基苯磺酸钠(100w%)	—	8
烷基硫酸钠(100w%)	—	12
三聚磷酸钾		5
尿素		7
乙醇	0.25	0.1
香精	0.25	0.1
水	—	62.9
皂用耐晒翠蓝色素	—	适量

(2) 国外产品的配方。

欧洲、日本、美国重垢衣用液体洗涤剂的配方(w%)。

配　方	欧　洲		日　本		美　国	
	有助剂	无助剂	有助剂	无助剂	有助剂	无助剂
LAS	5~7	10~15	5~15	—	5~17	0~10
肥皂	—	10~15	10~20	—	0~14	—
AES	—	—	5~10	15~25	0~15	0~12
AEO	2~5	10~15	4~10	10~35	5~11	15~35
抑泡剂	1~2	3~5	—	—	—	—
焦磷酸四钠或三聚磷酸钠	20~25	—	—	—	—	—
柠檬酸盐或硅酸盐	—	0~3	3~7	—	6~12	—
增溶剂(乙醇、丙二醇)	3~6	6~12	10~15	5~15	7~14	5~12
荧光增白剂	0.15~0.25	0.15~0.25	0.1~0.3	0.1~0.3	0.1~0.25	0.1~0.25
稳定剂	—	1~3	1~3	1~5	—	—
织物柔软剂	—	—	—	—	0~0.2	—

各个国家和地区洗涤习惯不同,有多种衣用液体洗涤剂的配方。原料不同,又有多种配方。

液体洗涤剂是直接将液体或固体原料复配制成的液体产品,由于生产工艺简单,产品使用效果好,被称为节能型产品。液体洗涤剂在各种家用洗涤品种中发展速度最快,而且品种最多。主要有衣用液体洗涤剂、发用液体洗涤剂、浴用液体洗涤剂、餐用液体洗涤剂、硬表面液体洗涤剂等几大类。国外液体洗涤剂的品种已发展至上万个,我国的品种也已超过千个。

本部分主要介绍衣用液体洗涤剂,其他类型将在以后各章中分别讲述。

3.6.3.2 液体洗涤剂生产工艺简述

液体洗涤剂的制造方法比较简单,一般均采用间歇式批量化生产工艺,而不采用连续化生产方式,主要是因为液体洗衣剂产品的品种繁多,根据市场需求须不断变换原材料和工艺条件等。液体洗涤剂的主要工序有:原料的精制处理、混配、均质化、排气、老化、成品包装。这些化工单元操作设备主要是带搅拌的混合罐、高效乳化或均质化设备,各种过滤器、物料输送泵、计量泵和真空泵,以及计量罐和灌装设备等。虽然其生产过程比较简单,但工艺条件和产品计量控制要求比较严格。例如,物料的质量检验、配方设计、搅拌效果、温度控制、粘度调节、pH 值调节及成品的质量检验等。

液体洗涤剂的生产工艺和设备要求如下。

原料处理:液体洗涤剂的原料至少有两种或更多,而且形态各异,固、液、粘稠膏体等均有。液体洗涤剂实质上是多种原料的混合物,因此,需预先调整其形态,以便于均匀地混合,如有些原料应预先加热或在暖房中溶化,有些要用水或溶剂预溶,然后才可加到混配罐中混合,某些物料还应预先滤去机械杂质,而经常使用的溶剂——水,还须进行去离子处理等。各种物料都要通过各种计量器、计量泵、计量槽、秤等准确计量。液体洗涤剂生产设备的材质多选用不锈钢、搪瓷玻璃衬里等材料。

混配:为了制得均相透明的溶液型或稳定的乳液型液体洗涤剂产品,物料的混配是关键工序。在按照预先拟定的配方进行混配操作时,混配工序所用设备的结构,投料方式与顺序,混配的各项技术条件,都体现在最终产品的质量指标中。混配设备锅或罐须用耐腐蚀材料制成,其中的搅拌器须能变速,搅拌机的浆叶必须定位恰当,要使最上层的浆叶正好浸在液面之下,以防搅拌时带进大量空气。搅拌机械主要有三类,参见 8.2 节。搅拌器的选型是混配设备的关键,混配过程的投料顺序一般是先将规定量的去离子水先投入锅内,调节温度同时开动搅拌,达到 40~50 ℃时,边加料边搅拌,先投入易溶解的成分,如 AES 较难溶解,可在 LAS 溶液中先加入增溶成分如甲苯磺酸钠或其他易溶的阴离子和非离子活性剂,再投入 AES,此时应控制水分,避免出现 AES 的凝胶。如果使用含量约 70w% 的 AES,因为它呈粘稠膏体,应预先用 50~60 ℃水溶化再投入,否则长时间加热会导致 AES 分解。

液洗生产中用的水应预先经离子交换处理,用 LAS 与 AES 复合型活性剂(LAS/AES)配制液洗时,须严格控制生产过程中 pH 值和粘度,若 pH > 8.5,继续投入其他成分后会出现混浊,使产品不易再调成透明状;影响成品粘度的因素较多,如各种原料投料量是否准确,原料中的杂质尤其是其中所带的无机盐分、料液的 pH 值、各成分的配伍性,甚至加料的顺序等都会严重影响成品的粘度和透明度。

混配工序操作温度不宜太高,投料过程一般温度约为 60 ℃,投完全部原料后,要在 40~50 ℃范围内继续搅拌至物料充分混合均匀。

主要原料在混配设备中混合均匀后，应降低料液温度至 40 ℃以下，然后在搅拌下分别加入防腐剂、着色剂、增溶剂等辅料，最后再加入香精，待搅拌均匀后送至老化均质工序。

老化：此工序是把好液洗产品质量的最后一道关，上述混配的物料放置一定时间使其充分老化均匀，对产品的粘度、色泽、气味、溶解性等指标做最后的调整，并对各项理化指标进行分析检验，合格后使产品排气、过滤、包装即为成品。

3.6.4 浆状洗涤剂的配方设计原则和生产工艺

浆状洗涤剂又称膏状洗涤剂，俗称洗衣膏。它的配方类似于粉状洗涤剂。主要不同点是浆状洗涤剂以水为稀释剂。浆状洗涤剂所需生产设备比粉状洗涤剂简单，投资少，适合于中小型工厂生产。对使用者来说，没有粉尘飞扬，并可以像肥皂那样涂抹使用。

与液体洗涤剂相比，浆状洗涤剂的显著优点在于胶体性质使其可以容纳较多量的碱助剂，有利于提高衣用洗涤剂的去污力。

1. 浆状洗衣剂的配方设计原则

浆状洗衣剂的配方设计原则除了借鉴粉状洗涤剂的各项要求，以保证一定的去污力和起泡力外，还要考虑各种组分对膏体结构和稳定性的影响，以便在相应的加工条件下得到外观性能良好的产品。浆状洗涤剂含有一种或几种表面活性剂、多种无机电解质及少量极性溶剂和高分子物质，它们与水结合的性能各不相同，所以在这个体系中的胶体状态是复杂的多相组合体，目前对它的结构还很少进行理论上的分析和研究。根据生产实践经验，从配方和加工两个方面控制好若干因素，可以制成满意的产品。

表面活性剂是浆状洗涤剂具有良好去污力的主要成分，早期的浆状洗涤剂都用单一阴表面活性剂制造，现在还加入一部分非离子表面活性剂进行复配；有时为了降低起泡力或增加膏体的稠度，也可以适当地配入少量脂肪酸钠。在不含脂肪酸钠的浆状洗涤剂中，表面活性剂对膏体的组织和稳定性没有显著影响。脂肪酸钠在配制初期对膏体组织和稠度等外观指标都有良好作用，但是如果配入比例不当，或脂肪酸碳链长度不合适，则在储存过程中膏体有可能增稠到最终结成硬块的程度，所以采用添加脂肪酸钠的配方时，应进行较长时间的考察。一般来说，碳链短的脂肪酸钠，如 C_{12}、C_{14}或椰子油脂肪酸，较碳链长的适合加入浆状洗涤剂中；纯度较高的硬脂酸钠容易导致膏体变稠变硬。

浆状洗涤剂中配入无机碱性盐，可以提高产品的去污能力，但使膏体粘度下降，且随着碱性盐加入量的增大，粘度随之下降。过多的配加这类无机盐，还可能导致表面活性剂和羧甲基纤维素等有机组分发生絮凝以至聚沉等不良后果。出现此类现象与所加无机盐的种类有关，大体上按下列顺序递减：$NaCl > Na_2SiO_3 > Na_2CO_3 > Na_2SO_4 > Na_5P_3O_{10}$。

三聚磷酸钠与烷基苯磺酸钠配伍，对浆状洗涤剂去污力的提高有很大作用，它对膏体的稳定性有影响，特别是在低温条件下储存能导致膏体中产生结晶。

碳酸钠在浆状洗涤剂中提供一定的碱度，对去污力有利，但它是浆状洗涤剂在室温条件下产生结晶的主要因素。

氯化钠对于改善浆状洗涤剂的膏体组织有利，它能增加粘度，防止在室温或较高温度下产品分层，能抑制低温时产品组织变坏，能使膏体保持比较洁白的状态；但使用量过多也能导致产品产生结晶。

硅酸钠对浆状洗涤剂的组织状态和外观指标影响不像碳酸钠、氯化钠和三聚磷酸钠等无机盐那么显著。适量的硅酸钠对去污力的提高有良好的作用。

浆状洗涤剂中的有机添加剂主要是羧甲基纤维素,有时也加一些尿素和酒精。羧甲基纤维素一方面能增强浆状洗涤剂的抗污垢再沉积能力,一方面又对膏体的组织结构产生影响。羧甲基纤维素的聚合度和取代度等质量指标直接影响着膏体的稳定性,从一些实验数据可以看出,聚合度大的羧甲基纤维素一般粘度大,成胶性好;但聚合度太大,则溶解性差。羧甲基纤维素的取代度愈高,其亲水能力愈大,有利于提高膏体的稳定性,但取代度过高,对膏体粘度有不利影响,造成膏体流动性差。由于制造浆状洗涤剂的羧甲基纤维素的取代度为0.6~0.8,聚合度以 $2w\%$ 水溶液的粘度在 800~1 200 MPa·s 之间为宜。酒精可防止浆状洗涤剂在低温下发生冻裂现象,尿素可以增加浆状洗涤剂在低温下的流动性。在冬天使用的配方时,一般都要加入一些酒精或尿素,或者同时添加这两种物质。

2. 浆状洗涤剂的生产工艺

配方确定之后,工艺条件对膏体稳定性也有较大影响。需要注意以下几个方面:

(1) 投料次序。各个生产厂都有自己的经验,所以投料次序并不一致,但要注意掌握以下几个问题:

① 表面活性剂宜尽早与水混溶成均一溶液,避免产品中各个局部的含量不均。

② 羧甲基纤维素溶于水中时有一个溶胀过程,故宜尽早投入水中并充分浸溶后,再投入下一个物料。

③ 非离子表面活性剂与硅酸钠不能同时加入,两者相遇宜形成难分散的凝冻状物质,影响物料混匀。

④ 三聚磷酸钠中含有Ⅰ型和Ⅱ型两种结构的盐类,其水合速度Ⅰ型大于Ⅱ型,Ⅰ型的水合速度进行极快,如果投料速度较快,或者搅拌效果不良,三聚磷酸钠即能结团而以小块分散在料浆中,这种团块表面已经水合成膜,所以料浆中的水分较难渗入其内部,内部的粉状物难以溶解。

⑤ Ⅱ型三聚磷酸钠的水合速度较慢,在水合前还需要 5 min 左右的诱导期,当水合作用发生时,它将吸收料浆中的水分而使料浆的粘度逐渐增大,给物料的搅拌带来一定困难,所以三聚磷酸钠应尽量放在其他物料之后加入。

⑥ 含有碳酸氢钠的配方在加料时要将硅酸钠在碳酸氢钠之前加入,以利于两者发生 $Na_2O\cdot nSiO_2 + Na_2HCO_3 \longrightarrow 2Na_2CO_3 + nSiO_2 + H_2O$ 的反应,此反应结果是析出能够结合大量水的凝胶,有利于膏体的稳定,如碳酸氢钠先于硅酸钠投入料浆,则它将先与水发生反应放出 CO_2。再遇硅酸钠时就不能使其析出 SiO_2 了,食盐对料浆有增稠作用,宜后投入。

(2) 温度。物料在反应锅内混合是一种预混合的过程,浆状洗涤剂的最后完成还需要经过研磨,以脱气和均质,所以反应锅中的温度宜稍高一些,以增加物料的溶解性和流动性,一般控温在 60~70 ℃之间。

(3) 研磨。机械研磨,可使膏体均匀,组织细腻,同时有利于预混合时混入的气泡逸出,避免膏体疏松发软,但是过度的研磨反而会使膏体变稀。在研磨前加一个脱气装置,再进行均质研磨,则更紧密细腻。

3.7 典型家用洗涤用品的性质、用途和配制方法

3.7.1 香、肥皂

肥皂是古老的洗涤剂,长期以来人类用它洗衣、沐浴、洁净环境。合成洗涤剂问世以来,由于合成洗涤剂性能优良,故一部分洗衣皂被合成洗涤剂取代,但香皂具有洗手、沐浴的独特功效,故仍保持一定市场,且以缓慢速度增长。

今后肥皂产品的发展方向首先是改性改质,克服普通肥皂在低温下溶解度差和不耐硬水的本质缺陷,使其兼备肥皂和合成洗涤剂的优点。为此,目前市场上出现了各种复合皂、复合皂粉和复合液体皂。许多高档香皂中均添加了钙皂分散剂。

其次是在皂中加入各种添加剂制成多种功能香皂,以适应香皂品种细分化和专用化需要,并以功能性和个性化激起顾客的购买欲,在激烈的市场竞争中领先取胜。如针对不同年龄的消费层出现了老人皂、儿童皂、婴儿皂;为美化外形有大理石花纹皂、全透明和半透明皂、异形皂等;按功能不同又有药皂、祛臭皂、清新皂、润肤皂、美容皂、减肥皂、驱蚊皂、杀菌皂等等。而美容皂中因所加的添加剂各异,又有牛乳皂、珍珠皂、花粉皂之别,以满足消费者多方面的需求。

再者,香皂品种还日益趋向高档化。对香皂除要求具有原来的洗净性能外,更重要的是还要有美丽的外观、舒适的香味,并有益于肌肤。在香皂中加入蜂密、人参、珍珠、水解蛋白、芦荟等高级营养物质,采用高级香精和华丽的包装来提高香皂的商品价值可使香皂起到类似化妆品的作用。

3.7.1.1 洗衣皂

英文名 laundry soap

性质:块状硬皂。主要成分是脂肪酸钠盐,其水溶液会使表面张力、界面张力下降,并具有乳化、发泡、润湿和去污等性能。用冷板车生产的肥皂,皂中脂肪酸含量有 53*w*%、47*w*%、42*w*%三种。用真空压条生产的肥皂,皂中脂肪酸含量有 65*w*%和 $<65w\%$二种。

用途:供家庭洗衣用,以及供日常洗杂物和用具等。

配方(冷板车工艺)	*w*%
硬化油	35
猪油	25
松香	25
植物油	15

配方(真空压条工艺)	*w*%
棉油酸	10
糠油	10
油脚	10
松香	15
猪油	20
硬化油	35

制法:

冷板车工艺,将皂基、泡花碱、香料、着色剂、荧光增白剂按配方比例加入调和缸,于 70 ~ 80 ℃调和 15 ~ 20 min,然后压进冷板车,用冷却水冷凝 45 ~ 50 min。取出大块皂片,送至切块机切块,再烘晾、打印和装箱。

真空压条工艺,在配料缸中依次加入皂基、返工皂、泡花碱及钛白粉等。如果用脂肪酸时,先与液碱进行皂化,再用泵把肥皂送进真空冷却室进行干燥和冷却,然后用双螺杆压条机压条,最后进行切块、烘晾、打印和装箱。

工艺流程

冷板车工艺

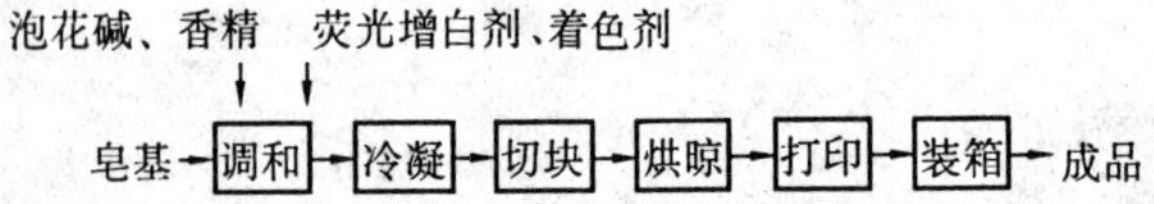

真空压条工艺

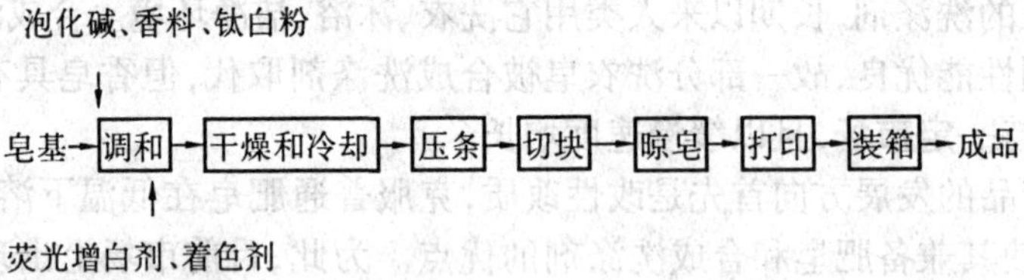

3.7.1.2　高级增白洗衣皂

英文名　brightened laundry soap

性质:精选优等动植物油脂,添加多种新型表面活性剂复配而成。具有抗硬水、去污力强、不损织物、省皂省力、气味芳香等优点。

用途:适于洗涤各种织物,洗后织物增白艳丽,特别对内衣、领口、袖口等油污的去污效果更为明显,是最佳的洗涤用品。

配方:同普通洗衣皂,但加入 $5w\%$ 的磺化牛脂酸甲酯钠;另外加荧光增白剂 CBS－X(均二苯乙烯联苯型衍生物)$0.05w\%$,荧光增白剂 GS(均二苯乙烯基萘三唑型,对棉纤维、粘胶及尼龙等具有较强的亲和力,对氯漂白剂稳定)$0.1w\%$,荧光增白剂 OM(3－苯基－5,6－苯并香豆素,主要对尼龙、羊皮增白)$0.1w\%$。

3.7.1.3　香皂

英文名　toilet soap

性质:块状硬皂,带有香味。采用牛油、羊油、椰子油、猪油和柏油为原料。皂中除脂肪酸钠外,还加入各种添加物。性能温和,有乳状泡沫,对皮肤无刺激。

用途:用于洗脸、洗手、沐浴,兼具清洁和护肤功能,用后感觉舒适,留香持久。

配　方	Ⅰ($w\%$)	Ⅱ($w\%$)	Ⅲ($w\%$)
漂白牛羊油	42	75	70
漂白猪油	35	10	15
漂白猪油硬化油	8	—	—
漂白椰子油	15	15	15

制法:将皂基用真空干燥法或常压法干燥,再按香皂的要求加入抗氧剂、香精、着色剂、富脂剂及钛白粉等进行拌料,经研磨,使其混合均匀,然后送入真空压条机进行真空压条,最后打印、冷却、包装,即得成品。

工艺流程

常压干燥法

真空干燥法

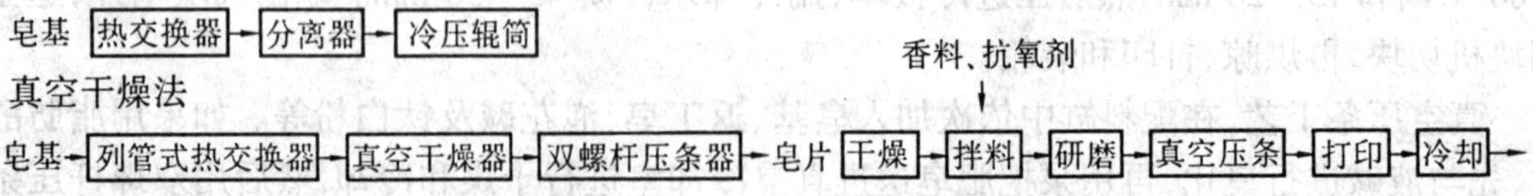

3.7.1.4 富脂皂

别名 润肤皂 过脂皂

英文名 superfatted soap

性质:块状硬皂。除一般脂肪酸钠组分外,还含有高级醇和羊毛脂及其衍生物,脂肪酸或脂肪醇衍生物、矿物油、貂油、海龟油等富脂剂。有细小而呈乳状的泡沫,对皮肤有滋润作用。

用途:供洗脸、沐浴用。特别适用于干性皮肤,有滋润、柔软皮肤、防止干裂的功能。

配　方	*w*%		*w*%
椰子油/牛脂制成的皂基(20/80)	77.8	羊毛脂	1.5
矿脂	5	焦亚硫酸钠	0.12
甘油	2.5	去离子水	13
十六醇	1.0		

制法:同香皂,所用富脂剂在拌料时加入。

3.7.1.5 美容皂

英文名 beauty soap

性质:固状硬皂。皂体细腻光滑,皂型别致。除普通香皂组分外,还加有蜂蜜、人参、花粉、磷脂等营养物质和护肤剂。配有高级化妆香精,有优雅清新的香味和稠密稳定的泡沫。

用途:供妇女洁肤、护肤和化妆之用。用后皮肤润滑舒适、留香持久。其次还能促进皮肤细胞新陈代谢,达到延缓皮肤衰老的目的,起到类似化妆品的功效。

配方:采用高级香皂皂基,并加用多种营养剂。

制法:同香皂工艺。皂基通过烘房,进行第一次拌料,然后进行机械研磨,再第二次拌料,加入珍珠粉等营养物质后压条、打印,经晾置之后包装,即为成品。

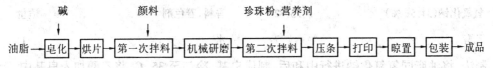

工艺流程

油脂 → 皂化(碱) → 烘片 → 第一次拌料(颜料) → 机械研磨 → 第二次拌料(珍珠粉、营养剂) → 压条 → 打印 → 晾置 → 包装 → 成品

3.7.1.6 香药皂

英文名 medicated soap

性质:固体硬皂。加有一种或多种杀菌剂、消毒剂。常用的药剂有:3,4,4′-三氯均二苯脲,商品名 TCC,对皮肤、眼、粘膜有刺激性,耐光性差,使用量在 0.3*w*%以内;3-三氟甲基 4,4′-二氯均二苯脲,商品名 IrgacanCF$_3$,使用量在 0.3*w*%以内;2,4,4′-三氯-2-羟基二苯醚,又名三氯新,商品名 Irgansan DP300。在肥皂中加 0.15*w*%;4-氯-3-二甲酚;对氯间甲酚等。香药皂除具有不同香皂的共性外,具有杀菌、消毒和祛臭效能。

用途:用做皮肤清洁剂,可洗去附在皮肤上的污垢和细菌,防止多种皮肤病,还能消除汗液分解导致的体臭和汗臭以及防止粉刺等。洗时将皂涂抹于患处,停留 10 min,然后用水洗干净。

配　　方	w%		w%
皂片	30	药剂	1
添加剂	9	色素	适量
特种添加剂	60	香精	适量

制法:将制好的皂基烘干,再在调和锅中加入添加剂、特种添加剂、药液、色素、香精等进行调和,再经研磨、压条、打印、包装,即为成品。

工艺流程

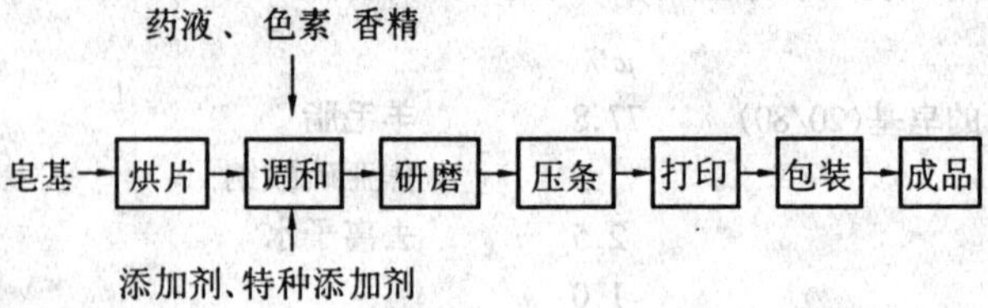

3.7.1.7 透明皂

英文名 transparent soap

性质:固状硬皂。皂体透明,晶莹如蜡。利用肥皂在乙醇溶液中析出透明微晶的原理,并加入乙醇、蔗糖、山梨醇及甘油等透明剂,以助长结晶倾向。皂分含量比普通肥皂少,气泡迅速,泡沫丰富。加有高级香精,香味优雅芬芳。

用途:供洗脸化妆用。含有保湿剂,感觉温和,对皮肤有保护作用。外观精美,对消费者有吸引力。但价格高,且不耐用。

配　　方	w%		w%
牛油	14.8	甘油	3.7
椰子油	14.8	蔗糖	11.8
蓖麻油	11.8	山梨醇	1.5
氢氧化钠(34.5w%)	23.82	香料、着色剂	适量
乙醇	7	水	11

制法:将油脂同氢氧化钠进行中和后,制成皂基,冷却至35 ℃,将乙醇加入皂基中,于胶体磨中加入甘油、砂糖等透明剂,而后加入香料、色料,均匀混合后移入木框中冷却固化。透明皂不经盐析处理,故苛性钠需使用纯品,以免游离碱存在。

3.7.1.8 中草药香皂

英文名 herbal soap

性质:固体硬皂。采用高级天然油脂为原料,并加有多种中草药,集护肤、健身、治疗三大功效于一身。皂质细腻,性能良好。

用途:除具有普通香皂洁肤、护肤等共性外,对老年性皮肤瘙痒、过敏性皮炎、痤疮、潜在性皮肤癣均有疗效。

配方:高级油脂原料,添加多种中草药。中草药配方如下:

地肤子 10 g、苦参 10 g、防风 10 g、荆芥 10 g、薄荷脑 1 g、冰片 1 g、蝉衣 10 g、刺蒺藜 10 g、白癣皮 10 g、全蝎 5 g。

制法:同普通香皂。加工中草药药剂一般采用有机溶剂提取法和水提取法两种。有机溶剂提取法工艺是

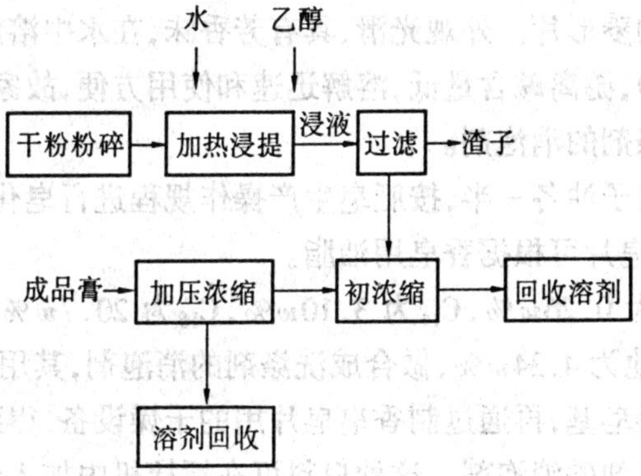

3.7.1.9 老人皂

英文名 soap for the aged

性质:根据清代宫廷处方,结合临床经验研制而成。皂型大方,皂色美观,气味幽香,无副作用。

用途:是以治疗老年皮肤瘙痒症为主的老年护肤保健香皂,尤其适用于老年人皮肤干燥、脱屑和瘙痒。

3.7.1.10 儿童香皂

英文名 baby soap

性质:主要成分是皂片,还含有少量精制羊毛脂、硼酸、中性泡花碱(模数3以上)等添加剂,以及儿童喜爱的香精。有的还加入有健肤作用的药剂。

用途:供儿童洗脸、沐浴用。能去污垢,增加皮肤柔软感,并有健肤、消毒功能,无碱性刺激。

配方(皂基加添加剂)	w%		w%
精制羊毛脂	1.5	钛白粉	0.2
硼酸	1.0	着色剂	0.015
中性泡花碱(模数3以上)	0.5	香精	0.5

制法:先将干燥后的皂片装入拌料缸中,按比例加入刚熔化的羊毛脂、中性泡花碱,搅拌2~3 min,再顺次加入硼酸、钛白粉,继续搅拌3~4 min,然后按普通香皂的制法进行研磨、压条、打印,即为成品。

工艺流程

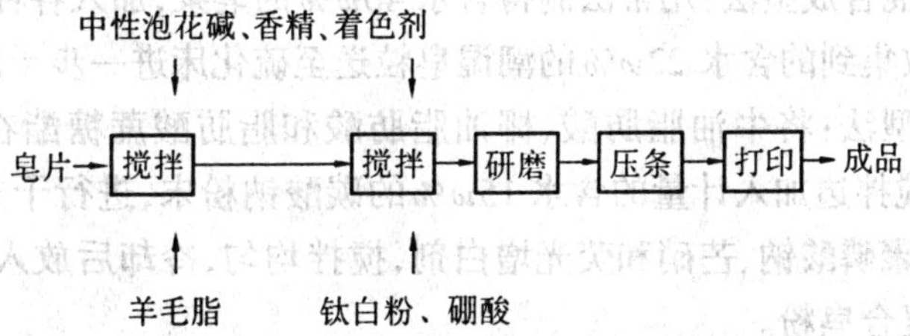

3.7.1.11　皂片

英文名　soap flakes

性质：白色或着色的菱形片。外观光滑，具有芳香味，在水中溶解度极好。

用途：由于皂质纯净，游离碱含量低，溶解迅速和使用方便，故家用及工业用均有一定市场，工业上用做合成洗涤剂的消泡剂。

配方：精制牛油和菜子油各一半，按肥皂生产操作规程进行皂化、盐析、碱析和整理制得肥皂。做消泡剂。家用皂片可根据香皂用油脂。

经分析要达到 C_{12} 为 0.26w%，C_{14} 为 3.10w%，C_{16} 为 20.7w%，C_{18} 为 39.20w%，C_{20} 为 12.4w%，C_{22} 20w%，其他为 4.34w%，做合成洗涤剂的消泡剂，其用量约 2w%～3w%。

制法：由煮沸法制得皂基，再通过制香皂皂片用的干燥设备，得到水分含量为 8w%左右的皂料，可作为合成洗涤剂的消泡剂。这种皂料可在搅拌机中加入各种添加剂进行拌料，再在特殊研磨机中研压成菱片状。根据需要，拌料时可加入一定量的香精、抗氧剂和荧光增白剂，也可加入着色剂，制成不同颜色的彩色皂片。

3.7.1.12　复合皂粉

英文名　compound soap powder

性质：粉状或颗粒状。粉体能自由流动，不结块，不扬尘。主要原料是纯皂，含一种或多种表面活性剂和洗涤助剂。生物降解性好，去污性能好，漂洗容易，衣服洗后柔软，手感好，不泛黄。更适合洗衣机使用。

配　方	w%		w%
皂基	5.5	荧光增白剂 DT	0.11
牛脂酸单乙醇酰胺(1:1)	4	荧光增白剂 OM	0.1
三聚磷酸钠	10	过碳酸钠或过硼酸钠	10
速溶二硅酸钠	9	四乙酰乙二胺(活化剂)	2
荧光增白剂 CBS－X	0.11	乙二胺四乙酸二钠	0.5
水	余量		

制法：

(1)自然冷却法。以常法制成皂浆后，将其铺展自然冷却，硬化后粉碎、过筛，即得成品。

(2)喷雾硫化床混合成型法：用常法制得含水 40w%的皂浆，加入各种辅料搅拌后，送去喷雾干燥。由塔底收集到的含水 22w%的潮湿皂粒送至硫化床进一步干燥。

(3)干式中和成型法：将牛油脂肪酸、椰油脂肪酸和脂肪酸蔗糖酯在混合机中加热到 80～100 ℃融化，边搅拌边加入计量的含水 15w%的碳酸钠粉末，进行干式中和反应。在反应物变干时，加入三聚磷酸钠、芒硝和荧光增白剂，搅拌均匀，冷却后放入粉碎机中粉碎，即得流动性好的优质复合皂粉。

工艺流程

(1) 自然冷却法

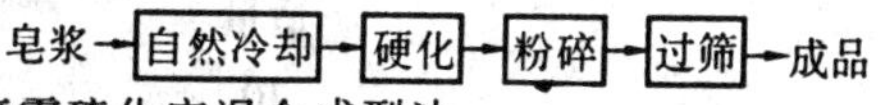

(2) 喷雾硫化床混合成型法

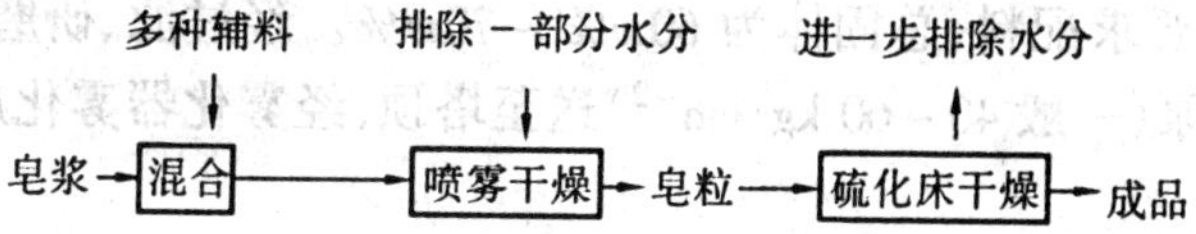

(3) 干式中和成型法

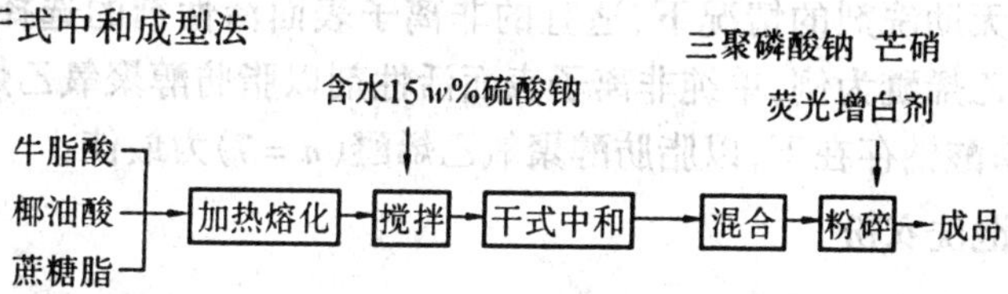

3.7.2 衣用合成洗涤剂

近年来,市场上出现了许多新型纺织品,除棉、麻、丝绸、呢绒织物外,还增添了各式各样的合成纤维以及各种混纺织物。由于色泽鲜艳、款式新颖、布料繁多,对衣物洗涤剂亦提出了更高的要求。为此衣物洗涤剂的品种日益增多,目前市场上琳琅满目,并逐渐由普通型向特殊用途和专用化发展。根据发泡力大小不同,有高泡、中泡、低泡和无泡洗衣粉。根据商品形态不同,有浓缩洗衣粉、超浓缩洗衣粉、膏状洗涤剂、液体洗涤剂、凝胶洗涤剂和块状洗涤剂。根据含磷量不同,有含磷、低磷和无磷洗衣粉,具有柔软和抗静电效应的柔软洗衣粉,以及消毒洗衣粉、洗衣机专用洗涤剂、干洗剂和涤领净等等。今后衣物洗涤剂将直接受能源、资源和社会结构变化的影响,品种趋向浓缩化、多功能化、专用化、加酶化、低温、低泡化和液体化。

3.7.2.1 高泡洗衣粉

英文名 high suds detergent power

性质:洁白空心颗粒。无粉尘,流动性好。不吸潮,不结块。有效物含量较多,适用于各种水质,去污力强,泡沫丰富。

用途:可洗各种织物。易溶于水,可手工洗或洗衣机洗涤。用量一般 30 g 洗衣粉加水 5 L,可洗单衣 4~5 件。但亦可根据织物污垢程度,酌情增减使用量。

配　方	Ⅰ(*w*%)	Ⅱ(*w*%)
直链烷基苯磺酸钠	20	16
脂肪醇聚氧乙烯醚($n=9$)	4	—
壬基酚聚氧乙烯醚($n=10$)	—	5
三聚磷酸钠	30	30
碳酸钠	4	5
硅酸钠(模数=2.4)	6	7
羧甲基纤维素钠	1	1
对甲苯磺酸钠	2	2

荧光增白剂	0.1	0.1
硫酸钠	22.9	23.9
香料	适量	适量
含水量	10	10

制法:根据配方要求配料,总固体为60w%~70w%。经过滤、研磨、脱气,制成质地均匀的料浆,再经高压泵(一般40~60 $kg\cdot cm^{-2}$)送至塔顶,经雾化器雾化成滴,对流干燥成空心颗粒。

在配方中,有无助洗剂的情况下,适宜的非离子表面活性剂的选择不同。实验数据表明:以脂肪醇聚氧乙烯醚为例,单纯非离子表面活性剂以脂肪醇聚氧乙烯醚($n=9$)为最佳;在有助洗剂三聚磷酸钠存在下,以脂肪醇聚氧乙烯醚($n=7$)为最佳。

3.7.2.2 低泡洗衣粉

英文名　low suds detergent power

性质:洁白空心颗粒。采用阴离子和非离子表面活性剂复配而成,并加有皂剂或消泡剂。泡沫少且稳定性差。去污性能好,且易于漂洗。

用途:供各种类型的洗衣机使用。泡沫少不易从洗衣机中溢出。手洗时亦容易漂洗,可收到省时、省力、省水的效果。用法和用量同普通洗衣粉,一般30 g洗衣粉加5 L水,即可用于洗涤。

配　方	Ⅰ(w%)	Ⅱ(w%)	Ⅲ(w%)
直链烷基苯磺酸钠	10	—	—
脂肪醇硫酸钠	—	—	8
酯肪醇聚氧乙烯醚($n=7$)	3	—	—
酯肪醇聚氧乙烯醚($n=9$)	—	5	2
壬基酚聚氧乙烯醚($n=10$)	2	5	3
脂肪醇醚硫酸钠(AM70w%)	2	3	—
聚醚L61和L62	2	2	2
皂基	2	2	2
二甲基硅油	—	—	1
羧甲基纤维素钠	1	0.5	1
碳酸钠	5	—	2
三聚磷酸钠	30	30	32
焦磷酸钠	5	5	8
二硅酸钠	5	7	5
荧光增白剂	0.1	0.1	0.1
对甲苯磺酸钠	2	2	—
香料、着色剂	0.1	0.1	0.1
硫酸钠	20.8	30.8	23.8
含水量(成品)	10	8	10

制法:把表面活性剂依次加入配料缸中,再加入皂基,搅拌均匀。加热到60~70 ℃,加硫酸钠后,加消泡剂聚醚或二甲基硅油,搅拌均匀。再加其他物料,喷粉、送风、冷却至室温

后加入香料。

3.7.2.3 加酶洗衣粉

英文名 enzymatic detergent powder

性质:含有蓝绿色的碱性蛋白酶,或含有其他复合酶制剂。它根据所加酶的品种,单一的催化蛋白质、脂肪和淀粉等,使其转化,进而使污垢易于洗掉,故特别适用于血、奶、汗渍、果汁、茶渍、淀粉等污斑的洗涤。酶在 pH 值为 9~11 和温度为 50 ℃左右时发挥最大作用。

用途:使用加酶洗衣粉时,应注意以下几点:

① 先把水温调到 50 ℃(稍感烫手即可),然后放入加酶洗衣粉进行溶解。

② 将衣服完全浸没于洗涤剂中 30 min,棉织物或特别脏的衣物,可浸泡过夜。

③ 一般精细织物浸泡 2~3 min。

④ 深色衣物或容易褪色的衣物,应同其他浅色或白色衣物分别浸泡,以免沾色。

洗衣粉用量基本上与一般洗衣粉相差不多。加酶洗衣粉不用沸水冲化,高温能使酶活力立刻丧失。最好不要洗涤精细丝毛贵重物品,因为丝毛织物也是蛋白纤维,碱性蛋白酶对蛋白纤维有同样的分解作用,以至影响织物的牢度和光泽。

配　方	Ⅰ(w%)	Ⅱ(w%)
直链烷基苯磺酸钠	25	25
三聚磷酸钠	28	22
硅酸钠(模数=2.4)	7	7
羧甲基纤维素钠	1	1
荧光增白剂	0.1	0.08
对甲苯磺酸钠	2	2
碳酸钠	4	5
硫酸钠	21.72	25.72
氯化钠	4	4
碱性蛋白酶	0.4	0.4
脂肪酶	0.2	0.2
淀粉酶	0.5	0.5
香料	0.1	0.1
含水量	6	7

注意酶制剂的规格,有国产的和进口的,品名一样,但其规格单位不一样,相容性、pH 值范围和使用温度均不一样。

例如

国产酶制剂	色泽	pH 范围	温度范围
碱性蛋白酶	蓝绿色	9.5~10.5	40~55 ℃
碱性脂肪酶	米黄色	8~11	30~60 ℃

进口酶制剂

Alcalase 蛋白酶	米白色	7~10.5	10~65 ℃
Durazym 蛋白酶	米白色	7.5~10.5	10~70 ℃
Esperase 强碱性蛋白酶	米白色	9~12	25~70 ℃
Sdvindse 强碱性蛋白酶	米白色	8~11	10~70 ℃
Termamy1 淀粉酶	米白色	7~11	10~100 ℃
BAN 淀粉酶	米白色	7~9.5	10~60 ℃
Celluzyme 纤维素酶	米白色	7~9.5	20~70 ℃
Lipolase 脂肪酶	米白色	7~12.0	10~60 ℃

以上是 Novo 公司的酶制剂。

制法:首先在大塔内喷出底粉,然后根据配方要求,采用后配料混合法加入酶颗粒和香精等,再利用计量的振动电子秤按比例进行混合。

3.7.2.3 浓缩洗衣粉

英文名 concentrated detergent powder

性质:堆密度大,可节省包装材料,产品堆体积小,可减少仓储面积,节能,降低产品成本。同样体积的粉量,去污力比普通洗衣粉高 3~4 倍,可含 100w%有效的洗涤组分,不加填充料。在冷水中能全部溶解,发挥最大的去污力。

用途:溶解性好,可溶于冷水或温水中。用量少。

配　　方	Ⅰ(w%)	Ⅱ(w%)	Ⅲ(w%)
烷基苯磺酸钠	3	5	10
脂肪醇聚氧乙烯醚($n=7$)	7	6	6
脂肪醇醚硫酸钠(AM70w%)	5	3	—
皂基(AM80w%~85w%)	3	2	2
重质碳酸钠(堆密度 0.9)	9	15	20
倍半碳酸钠	6.9	4.9	4.9
三聚磷酸钠	40	37	38
焦磷酸钠	8	7	7
羧甲基纤维素钠(AM70w%)	1	1	1
五水偏硅酸钠	12	14	5
碱性蛋白酶(2 万单位)	5	5	5
荧光增白剂	0.1	0.1	0.1
香料	适量	适量	适量
含水量	余量	余量	余量

制法:先将所有固体原料过筛,分去团块和粗粒。把加温的液体非离子表面活性剂喷雾附聚于上述固体原料上,就成均匀的粉体。若非离子表面活性剂增加时,粉子感觉发粘,可加 2w%的煅烧二氧化硅,并通过传送带进入振动筛筛出粗粒。粉粒按比例加入酶制剂,送至加香器进行加香。按定量进行包装。

3.7.2.4 无磷洗衣粉

英文名 phosphate-free laundry detergent powder

性质：以非离子表面活性剂或阴离子表面活性剂复配而成的活性物。不加三聚磷酸钠或其他磷酸盐，不会导致水域富营养化。加有碱性助剂、4A 沸石和其他络合剂。

用途：国外流行无磷洗衣粉，可供大量出口，亦适用于手洗或机洗。

配　方	Ⅰ(w%)	Ⅱ(w%)	Ⅲ(w%)	Ⅳ(w%)	Ⅴ(w%)
脂肪醇聚氧乙烯酯($n=9$)	10	10	12	10	
脂肪醇聚氧乙烯酯($n=7$)	—	—	—	—	5
脂肪醇硫醚酸钠(AM70w%)	5	—	—	—	—
碳酸钠	30	30	30	25	25
倍半碳酸钠	5	10	—	10	—
五水偏硅酸钠	5	10	—	10	—
二硅酸钠	4	—	—	—	—
羧甲基纤维素钠	1	1	2	2	2
硫酸钠	7.9	4.9	—	2.9	
4A 沸石	18	20	16	22	20
聚丙烯酸钠	4	3	4.5	3	5
氨三乙酸钠	5	4	6.4	0	2.9
荧光增白剂	0.1	0.1	0.1	0.1	0.1
烷基苯磺酸钠	—	—	—	5	15
柠檬酸钠	—	—	19	—	—
香料	适量	适量	适量	适量	适量

制法：一般用后配料混合附聚成型法。先将固体原料筛分出团块，固体原料混合均匀，喷入液体非离子表面活性剂，荧光增白剂因数量较小，可先同碳酸钠混合均匀后，再行加入，使其分布比较均匀，最后加入香料。

若应用喷雾干燥法，则 4A 沸石应在投料中间加入，防止 4A 沸石沉入反应罐底部，或在表面浮着，使其均匀分散于料浆中。

3.7.2.5 低磷洗衣粉

英文名 low-phosphate laundry detergent power

性质：加有少量的三聚磷酸钠和其他络合剂，或加离子交换剂如 4A 沸石等。它既能保证合成洗涤剂的质量，又有降低成本、改善环境污染的作用。一般碱度在 10 左右，去污力强。泡沫少，容易漂洗。

用途：适用于手洗和机洗的一种优良洗涤剂。使用方法和用量均与高效洗衣粉相同。

配　方	Ⅰ(w%)	Ⅱ(w%)	Ⅲ(w%)
烷基苯磺酸钠	30	20	20
脂肪醇聚氧乙烯醚($n=9$)	4	5	3
脂肪醇聚氧乙烯醚($n=7$)	3	2	2
椰油酸二乙醇酰胺(1:1)	1	—	—
三聚磷酸钠	8	8	8
4A 沸石	—	12	15
聚丙烯酸钠	—	3	3

五水偏硅酸钠	20	15	10
碳酸钠	11.5	20	25
羧甲基纤维素钠	2	1	1
倍半碳酸钠	15	10	10
荧光增白剂	0.1	0.1	0.1
香料	适量	适量	适量
硫酸钠	余量	余量	余量

制法:1号配方不加4A分子筛,可用混合附聚成型法。Ⅱ和Ⅲ号配方,可用高塔喷雾法。配制料浆时注意:4A沸石不溶于水,配料时必须提高料浆浓度,一般总固体最好在65*w*%~70*w*%,以免4A沸石沉至配料罐底部,导致料浆不均匀。其次,加4A沸石的速度不可太快,以免发生沉降。4A沸石宜在过程中间投加。加料过早,料浆粘度小,4A沸石容易下沉;加料过迟,会浮于料浆表面,易使其与料浆混合不匀。荧光增白剂应预先溶解于水,最后加入料浆内,搅拌均匀后,再进行高压雾化,制成空心颗粒状洗衣粉。

3.7.2.6 彩漂洗衣粉(漂白型洗衣粉)

英文名 bleaching laundry detergent power

性质:加有含氧漂白剂。对白底花布是由于使白度增加而衬托出花布更鲜艳,对非白底花布是由于对纤维上附着的污垢去除效率较高,而恢复色布原来的色彩,复显光亮、艳丽。亦可加入适量的酶制剂,使其具有更全面的洗涤性能。去污力较高,漂白性能强,不会损伤纤维,对花布不褪色。泡沫中等,易于漂洗。

用途:洗白色和花色衣服应注意使用方法:

① 先将水温调到45~50 ℃(稍感烫手),把彩漂洗衣粉溶于水中。

② 把衣服浸没水中约20~30 min。

③ 轻轻揉搓,污垢就会脱落。

④ 不要把干粉直接撒在衣服上,防止局部氧化褪色。

⑤ 不能洗涤纯丝、纯毛的织物。

配　方	Ⅰ(*w*%)	Ⅱ(*w*%)	Ⅲ(*w*%)
烷基苯磺酸钠	14	12	10
脂肪醇硫酸钠	2	—	2
脂肪醇醚硫酸钠(AM70*w*%)	2	2	—
脂肪醇聚氧乙烯醚($n=7$)	—	2	3
皂基	3	2	2
三聚磷酸钠	16	17	20
硅酸钠(模数=2.4)	7	8	6
碳酸钠	—	3	6
羧甲基纤维素钠	1	1	1
过硼酸钠	15	—	—
过碳酸钠	—	12	15
荧光增白剂	0.1	0.1	0.1
碱性蛋白酶(2万单位)	—	5	—
硫酸钠	28.9	25.9	24.9
香料	适量	适量	适量

四乙酰乙二胺(活化剂)	3	2	2
含水量	8	8	8

制法：按配方制成料浆(过碳酸钠、过硼酸钠、酶制剂、香精除外)，荧光增白剂先溶于水，最后加入料浆。用高塔喷雾法喷成空心颗粒状的白色底粉，再根据配方将含氧漂白剂和其他辅助剂按比例混合。混合前底粉要冷至 30 ℃以下，以免过氧化物、酶制剂失活，影响产品质量。一般产品含水量不宜超过 8*w*%，水分含量高，会影响产品中过氧化物的稳定性。

3.7.2.7 增白洗衣粉

英文名　brightened goods washing detergent

性质：加有一种或几种复合的荧光增白剂，可增白棉织物、合成纤维或羊毛织物。荧光增白剂在水溶液中能被织物吸附，而不能立即被洗掉。当荧光增白剂吸附在织物上后，能将光线中肉眼看不见的紫外线部分转变为可见光，从而达到增白效果。

用途：能增白各种纤维，对混纺织物效果尤好。白色织物洗后显得更白，微黄织物和花色织物洗后能更加鲜艳夺目。洗涤时浸泡 15 min，以充分达到去污和吸附荧光增白剂的目的。

配　方	Ⅰ(*w*%)	Ⅱ(*w*%)	Ⅲ(*w*%)
烷基苯磺酸钠	20	15	4
脂肪醇聚氧乙烯醚	1	2	8
醇醚硫酸钠	2	3	5
硅酸钠(模数 = 2.4)	7	5	8
碳酸钠	4	—	5
三聚磷酸钠	30	18	10
4A 沸石	—	12	10
羧甲基纤维素钠	2	1	1
聚乙二醇($M_W = 6\,000$)	—	—	1
荧光增白剂 33#	0.2	0.3	0.2
荧光增白剂 OM 或 AD	0.1	0.1	0.1
荧光增白剂 DT	0.1	0.1	0.3
香料、着色剂	适量	适量	适量
硫酸钠	25.6	33.5	37.4
含水量	8	8	8

制法：把活性剂投入配料罐内，加入各种荧光增白剂，搅拌均匀，再加纯碱，三聚磷酸钠、羧甲基纤维素钠，搅拌均匀，然后加入 4A 沸石、聚丙烯酸钠，充分搅拌均匀，再加入其他原料。有 4A 沸石的配方，总固体(浆料)应提高一些，防止 4A 沸石沉降。若加着色剂，应使浆料颜色搅拌均匀。香料在成型的颗粒冷却后加入。

3.7.2.8 中性丝毛洗衣粉

英文名　neutral silk-wool detergent powder

性质：白色或带色中心颗粒粉。pH 值为 7.2 ~ 8.2。衣物洗后色泽鲜艳，手感好。纤维不收缩，强度不下降。衣物干后柔软、滑爽、挺括。泡沫中等，易于漂洗。

用途:供洗涤丝、毛织物或精细织物之用。洗时不必浸泡,用手揉洗即可。揉洗时间不宜过长,防止羊毛纤维互相咬合产生缩绒。洗后用冷水漂洗干净,不能与其他洗涤剂共用。

配　方	Ⅰ(w%)	Ⅱ(w%)
烷基苯磺酸钠	4	6
烷基苯磺酸三乙醇胺盐	7	5
脂肪醇聚氧乙烯醚(n=7)	3.5	4.5
双硬酯基乙基硫酸甲酯咪唑啉	0.1	0.1
六偏磷酸钠	15	10
羧甲基纤维素钠	1	1
硅酸钠(模数3)	4	3
荧光增白剂 OM	0.1	0.1
硫酸钠	46.9	48.9
皂基	2	2
三聚磷酸钠	10	6
柠檬酸钠	—	5
含水量	6.4	8.4

制法:把活性物依次加入配料罐,加温,搅拌均匀,加硫酸钠、羧甲基纤维素钠、磷酸盐等固体原料,搅拌均匀。若粘度大,在加表面活性剂的同时加入配方计量的水,使总固体含量达60w%左右。荧光增白剂先溶于水,双硬脂基乙基硫酸甲酯咪唑啉溶于异丙醇后再加入浆料内。雾化前,控制浆料 pH 值,根据配方需要可用酸进行调整。

3.7.2.9　消毒洗衣粉

英文名　disinfectant detergent powder

性质:有含氧型和含氯型两种。含氯型的漂白和消毒作用较含氧型剧烈,要求先溶于水后,再进行洗涤。直接接触皮肤和织物有刺激和损伤作用,但使用方便,储藏稳定。含氯型稍带有氯气味。加有机氯化物的消毒洗涤剂,其配方中不能有铵盐、胺、有机氧化物,如萜稀、萜、长链醇、不饱和脂肪酸和醚类等。

用途　供织物清洗兼消毒、杀菌用。用时先溶于冷水或温水,将洗件浸泡 5~6 min,再进行洗涤。用于消毒时,先进行洗涤,再用消毒剂配成 250×10^{-6}有效氯的溶液,浸泡 5 min,一般在洗涤的同时进行消毒。

配　方	Ⅰ(w%)	Ⅱ(w%)	Ⅲ(w%)	Ⅳ(w%)
烷基苯磺酸钠	15	10	10	8
烷基磺酸钠	—	5	4	7
三聚磷酸钠	20	30	10	4
六偏磷酸钠	—	—	—	30
荧光增白剂 33#	0.1	0.05	0.1	0.1
二氯异氰尿酸钠	8	—	—	—
氯化磷酸三钠	—	—	15	—

三氯异氰尿酸	—	4	—	—
二氯异氰尿酸钠钾 *	—	—	—	4
碳酸钠	5	5	2	3
硅酸钠	6	4	3	5
硫酸钠	43.9	37.9	48.9	36.9
倍半碳酸钠	—	2	5	—
含水量	2	2	8	2

* 二氯异氰尿酸钠和二氯异氰尿酸钾的复合盐。

制法：除含氯化合物外，按配方配成料浆，再喷成颗粒粉，作为底粉。含氯化合物按比例和底粉混合，最终成品（除配有氯化磷酸三钠配方外）的含水量应小于 4*w*%。含水量大会影响含氯化合物的共结晶，使产品不稳定。

3.7.2.10 重垢液体洗涤剂

英文名 heavy duty liquid laundry detergent

性质：透明或不透明乳状液。有效物含量 > 25*w*%。1*w*%溶液的 pH 值为 10.5 ~ 10.9，呈碱性。泡沫丰富，去污力强，性能温和，不伤织物。

用途：能洗不同纤维的织物，去污力比一般洗衣粉强，污垢重的衣领和袖口可直接滴加揉洗。溶解性能好，在冷水或温水中均能洗涤，不影响衣物色彩。

配　方	Ⅰ(*w*%)	Ⅱ(*w*%)	Ⅲ(*w*%)	Ⅳ(*w*%)
焦磷酸钾	20	12	10	—
壬基酚聚氧乙烯醚（$n = 10$）	6	5	8	—
烷基磷酸酯 L－9	12	10	15	18
烷基苯磺酸钠	7	5	5	—
长链烷基醇酰胺 SFD	2	2	2	2
五水偏硅酸钠	1.7	—	—	—
二甲苯磺酸钠	2	3	2	2
柠檬酸钠	—	—	10	—
EDTA－2Na	—	0.5	0.2	—
碳酸钠	—	2	—	16
脂肪醇聚氧乙烯醚（$n = 7$）	2	6	7	4
硼砂	—	—	1.5	—
磷酸三钠	—	—	3	—
三乙醇胺	—	—	3	—
脂肪醇醚硫酸钠（70*w*%）	—	—	—	5
香料	适量	适量	适量	适量
去离子水	余量	余量	余量	余量

制法：按配方计算出去离子水量投入配料罐中，加各种表面活性剂，搅拌均匀，加二甲苯磺酸钠等，加温至 60 ℃，再加其他原料，搅拌均匀，冷却至 30 ℃，可加香料。必要时应进行压滤，然后包装为成品。

3.7.2.11　轻垢液体洗涤剂

英文名　light duty liquid laundry detergent

性质：中性或偏酸性透明液体，pH 值为 6.5～7.5（1*w*%溶液），耐硬水，粘度适中，储存时不变质，－5 ℃下不结冻，40 ℃不分层，是精细织物的理想洗涤用品。

用途：供洗涤精细织物之用。一般在室温下轻轻揉搓，即可达到洗涤效果。

配　　方	Ⅰ（*w*%）	Ⅱ（*w*%）
脂肪醇聚氧乙烯醚（$n=7$）	8	5.5
醇醚硫酸钠（70*w*%）	5	3
月桂醇硫酸钠	12	10
椰油酸二乙醇胺（1:1）	2	3
二甲苯磺酸钠	3	2
酒精	1.8	1.2
EDTA－4Na	0.5	0.5
甲醛（28*w*%）	0.1	0.1
氯化钠	1.0	1.5
香料、着色剂	适量	适量
去离子水	余量	余量

制法：将去离子水投入配料罐中，顺序加入表面活性剂、二甲苯磺酸钠、酒精，加热至 60 ℃，搅拌至溶液透明，然后缓慢地加入椰油酸二乙醇胺（1:1），搅拌均匀，再加其他原料。用 80*w*%的磷酸调整 pH 值至 7～7.5。然后加甲醛，温度冷却至约 30 ℃时，加香料和着色剂。

3.7.2.12　柔软漂白洗衣粉

英文名　bleach-softener laundry powder

性质：白色或彩色空心颗粒粉，流动性好，不吸潮。泡沫少，易漂洗，去污力强，并有抗静电和柔软效应。

用途：能洗各种衣物。衣服洗后色泽鲜艳，蓬松柔松，手感好，并能消除化纤织物和羊毛织物的静电。洗涤浓度以 0.5*w*%为最佳。使用方法同彩漂洗衣粉。

配　　方	Ⅰ（*w*%）		Ⅱ（*w*%）
双十八烷基二甲基氯化铵	10	过硫酸钠	2
C_{16-18}脂肪醇聚氧乙烯醚（$n=20$）	8	过碳酸钠	7
十八醇聚氧乙烯醚磷酸单酯钠 十八醇聚氧乙烯醚磷酸二酯钠	8	四乙酰乙二胺（TAED）	1
羧乙基纤维素	1		
荧光增白剂	0.2		
二硅酸钠	5		
硫酸钠	67.6		
香料	0.2		

制法：先按配方加计量的水于配料罐内，加入表面活性剂和其他原料，搅拌均匀。荧光增白剂溶于水，然后加入，使料浆总体积达到 60*w*%～65*w*%，在高塔内喷成空心颗粒粉。冷却后加入香料。这是组分Ⅰ。

过氧化物和活化物(TAED)按比例混合,这是组分Ⅱ。

再将组分Ⅰ和组分Ⅱ按 9:1 进行混合,即得成品。

3.7.2.13 浆状洗涤剂(洗衣膏)

英文名 paste-like detergent

性质:白色或浅蓝色膏体,膏体细腻均匀,总固体含量60*w*%以上,填充料为水,于 40 ℃下储存不分层,胶体稳定性好,分散性好,泡沫丰富,去污力强。

用途:供洗衣服和杂物之用。用法和用量与普通洗衣粉相同,可作洗手剂,使用方便,去污效果好。

配　方	*w*%		*w*%
烷基苯磺酸钠	18	碳酸氢钠	6
壬基酚聚氧乙烯醚($n=10$)	4	羧甲基纤维素钠(中粘度)	1
椰油酸二乙醇酰胺(1:1)	2	氯化钠	4
硅酸钠(模数=3)	5	三聚磷酸钠	8
非晶体无水硅酸	6	碳酸钙	13
碳酸钠	6	含水量	27

制法:先把烷基苯磺酸钠同氢氧化钠溶液(40*w*%)进行中和。加入配方所需的水量。再加入壬基酚聚氧乙烯醚、椰油酸二乙醇酰胺,搅拌均匀。加热至 50 ℃,加入其他原料,搅拌均匀。若需要加入香精时,料浆温度一定控制在 30 ℃以下。

3.7.2.14 洗衣机专用洗衣粉

英文名 laundry detergent powder special for washing machine

性质:白色或淡蓝色空心颗粒,加有几种消泡剂。泡沫低,易于漂洗,去污力强,具有芳香气味,供洗衣机洗涤时不致泡沫溢出。

用途:供洗衣机专用,泡沫少,易漂洗,去污强,可收到省时、省力、省水的效果。

配　方	Ⅰ(*w*%)	Ⅱ(*w*%)
烷基苯磺酸钠	10	8
壬基酚聚氧乙烯醚($n=10$)	3	3
仲醇聚氧乙烯醚($n=9$)	1	2
聚醚 L62 或 L61	1	1
皂基	2	2
羧甲基纤维素钠	1	1
碳酸钠	12	20
二硅酸钠(模数=2.4)	10	9
三聚磷酸钠	18	18
荧光增白剂 31#	0.1	0.7
硫酸钠	31.9	30
香料、着色剂	适量	适量
含水量	余量	余量

制法:把表面活性剂投入配料罐,加入计量的水,搅拌均匀,加热到 60 ℃,再投入聚醚和

皂基，搅拌均匀，并投入其他原料，使总固体达到60w%～65w%，加入着色剂，喷雾成空心颗粒洗衣粉，冷却至30℃以下，加入香料后包装。

3.7.2.15 干洗剂

英文名 dry cleaner; dry-wash cleaner

性质：透明液体或乳状液，具有芳香气味。去油污快，不损伤衣料。稍具有挥发性，洗涤后不用漂洗，不留下水痕和油迹。

用途：适用于呢绒、丝绸高级衣料的干洗。将干洗剂用清水稀释5～8倍，呢绒衣料可用软毛刷刷洗，较薄衣料可用泡沫塑料醮上稀释的清洗液轻擦，再用干净的湿毛巾或干布吸附残余泡沫，晾干后即可使用。

配方	w%		w%
仲醇聚氧乙烯醚($n=9$)	5	丙二醇丁醚	10
脂肪醇聚氧乙烯醚($n=7$)	2	低沸点溶剂	15
脂肪醇聚氧乙烯醚($n=4$)	3	三乙醇胺	0.5
乳化剂	1	去离子水	余量
氯化石蜡(含氯量1w%)	1		

制法：将表面活性剂依次加入，并搅拌均匀，加入溶剂和乳化剂，再加去离子水乳化，最后用三乙醇胺调整pH值至8.0。

3.7.2.16 洗领净

英文名 polyester-cotton collar detergent

性质：透明或带色的乳状液，具有乳化、增溶、润湿等性能。能有效地除去衣领、袖口上的斑迹和油性污垢，但不损伤衣物。

用途：供各种纤维织物衣领黄迹等干洗之用。使用时将涤领净擦在衣领、袖口或其他较脏的地方，稍等片刻，使其与污垢起润湿、增溶、降解、分散等作用后，用手搓或小刷子轻擦，使污垢分散，再进行机洗或手洗。

配方	Ⅰ(w%)	Ⅱ(w%)	Ⅲ(w%)
脂肪醇聚氧乙烯醚($n=9$)	8	10	3
脂肪醇聚氧乙烯醚($n=7$)	6	5	2
壬基酚聚氧乙烯醚($n=7$)	10	2	3
脂肪醇醚硫酸钠(70w%)	2	3	4
液体酶制剂(Savinase 16.0 L)	0.1	0.2	0.2
甲酸钠(酶稳定剂)	0.01	0.02	0.02
二缩丙二醇乙酸酯	5	5	7
丙二醇丁醚	5	5	4
低沸点烷烃	6	5	9
乳化剂	1	1	2
香料	适量	适量	适量
去离子水	适量	适量	适量

制法：先把脂肪醇聚氧乙烯醚、壬基酚聚氧乙烯醚混合，加计量的水，加热到50℃，然后

缓慢加入脂肪醇醚硫酸钠，充分搅拌均匀，除液体酶制剂以外，加其他原料，最后在室温下（一般在 50 ℃以下）加液体酶制剂。用三乙醇胺调整 pH 值为 9.0～9.5 之间，再加香料。

复习思考题

1. 试用接触角解释液状油垢卷离的过程和成因。
2. 家用洗涤用品选用表面活性剂的原则有哪些？为什么？
3. 家用洗涤用品主要包括哪几类？简述其发展趋势。
4. 简述家用洗涤用品配方设计筛选的方法。
5. 洗衣皂的生产工艺包括哪些步骤？
6. 举 5 例香皂的品种配方。
7. 简述香皂的主要成分。
8. 液体和浆状洗衣剂使用的表面活性剂主要有几种？助剂主要有哪些？
9. 洗衣粉的基本组成及每种成分的主要作用。
10. 举例说明洗衣粉有哪些种类（三种以上）？
11. 粉状和液体洗衣剂的配方设计的原则有什么差别？
12. 洗衣粉的成型工艺有几种？各有何特点？
13. 何谓“附聚成型法”？其工艺有何特色？

参考文献

1 顾良荧主编．日用化工产品及原料制造与应用大全．北京：化学工业出版社，1997
2 廖文胜，阳振乐编著．宾馆与家用洗涤剂配方设计．北京：中国轻工业出版社，2000
3 日用化工原料手册编写组编．日用化工原料手册．北京：中国轻工业出版社，1994
4 中国化工产品大全编写组编．中国化工产品大全．北京：化学工业出版社，1999
5 王福庚，郑林编．日化产品学．北京：中国纺织出版社，1998
6 章永年编．液体洗涤剂．北京：中国轻工业出版社，1993
7 夏纪鼎，倪永全主编．表面活性剂和洗涤剂化学与工艺学．北京：中国轻工业出版社，1997
8 陆用海，胡征宇．洗涤剂配方原理讲座．日用化学工业，1992.1～6
9 孙丕基．洗涤剂．北京：中国物质出版社，1998
10 梁梦兰，薛卫星．洗衣粉的发展趋势．日用化学品科学，2001，24(2)
11 计石祥．中国洗涤用品工业发展概况及展望，日用化学品科学，2001，24(2)

第四章 化 妆 品

4.1 概 述

4.1.1 化妆品的定义

化妆品是指“能使人体清洁、美化、增加魅力,修饰容貌,保持皮肤、毛发、口腔卫生健美而涂饰和清洁的日常生活用品”。

随着人民生活水平的不断提高,使用化妆品的人越来越多。不仅演员使用,青年男女、儿童,就连老年人也慢慢有了化妆的习惯。因此,化妆品的优质生产、严格规程和安全性都十分重要。很多国家对化妆品生产设备、场所、原辅材料、成品标准、卫生指标、安全性等都有严格的规定。

化妆品用在皮肤上,能长期柔和地发挥作用,具体是:

① 清除皮肤表面及毛发的脏污。

② 修饰美化人的皮肤表面和毛发。

③ 营养、保护皮肤和毛发。

④ 预防、抑制面部及口腔的疾病和脱发等。

为了达到上述目的,在化妆品中,特别是高级护肤霜中要求含有蛋白质、氨基酸、维生素、人参浸提液和各种植物萃取液等,为人体提供营养的成分,但霉菌、细菌等微生物易滋生、增殖,应注意卫生指标及安全性。为了保护使用者的健康,规定在每克产品中不允许检查出致病菌,如绿脓杆菌、金黄色葡萄球菌等。因而,对化妆品的生产应与食品、药品生产一样,严格选用合乎要求的各种原料、辅助原料,还应严格遵守操作规程。操作工人每年都要进行健康检查,患有传染病或能污染制品的病人,不允许从事直接接触化妆品的生产工作。对于所用的设备、工具、贮器、管道等都要定期清洗,消毒。严格控制化妆品中重金属的含量,对化妆品进行安全检查试验,试验的方法有:① 皮肤一次性刺激试验;② 亚急性试验;③ 眼刺激性试验;④ 过敏性试验;⑤ 急性口服毒性试验;⑥ 光敏性试验;⑦ 贴敷试验等。

在化妆品本身的稳定性方面,要求乳状胶体的化妆品要长期化学稳定。

4.1.2 化妆品的分类

化妆品的品种繁多,分类方法各异,一般有两种分类方法。

4.1.2.1 按剂型分类

① 乳剂类产品,有雪花膏、清洁霜、清洁蜜、润肤霜、粉底霜、香脂、坚乳霜、减肥霜、眼盖霜等。

② 香粉类产品,有香粉、粉饼、爽身粉、痱子粉、足粉等。

③ 香水、头水类产品，有香水、花露水、古龙水、奎宁头水、润发水、化妆水、须后水、痱子水等。

④ 香波类产品，有透明液体香波、珠光香波、膏状香波、调理香波、儿童香波、去头屑香波、粉状香波、护发素等。

⑤ 其他形状的有眉笔、唇膏、睫毛膏、眼线液、眼线笔、眼影粉、胭脂、指甲油、去光水、面膜、烫发浆、染发剂、发蜡等。

4.1.2.2 按用途分类

1. 皮肤用化妆品

清洁剂有：清洁霜、清洁露、液化膏霜。

化妆水有：碱性化妆水、收敛化妆水、防粉刺化妆水、须后化妆水、双层化妆水。

霜膏有：雪花膏、香脂、滋润霜、防水护肤霜、婴幼儿护肤霜、蚊虫驱避膏等。

乳露、面膜有：乳液、粉状面膜、剥离型面膜、膏状面膜、湿布型面膜等。

粉类有：香粉、粉饼、水粉、爽身粉、痱子粉、专用透明定妆粉等。

彩底粉有：粉底霜、粉底锭、粉底蜜、化妆油彩等。

胭脂有：胭脂块、胭脂膏、胭脂乳等。

唇部化妆品有：唇棒、亮唇油、润唇膏等。

眼部化妆品有：眉笔、睫毛膏、眼影膏等。

鼻部化妆品有：鼻油。

防晒化妆品有：防晒霜、防晒露、晒黑油、防晒蜜等。

指甲用化妆品有：指甲油、指甲油除去剂。

防臭化妆品有：祛臭粉等。

浴用化妆品有：清洁剂。

2. 毛发用化妆品

作为洗发用的有润丝膏，作为润发用的有发油、发乳、发蜡、发露等。作为整发用的有发胶。作为养发用的有头水、护发素。

作为染发用的有暂时性染发剂、半永久性染发剂和永久性染发剂等，卷发用的冷烫液。脱毛用的脱毛蜡、脱毛霜。剃须用的有泡沫剃须膏、剃须露等。

3. 口腔清洁用品

口腔清洁用品是一类使口腔和牙齿保持健康、美观的制品，包括牙粉、牙膏、漱口水及洁齿用具等。

4. 芳香类化妆品

芳香类化妆品有香水、花露水、科隆水等。

化妆品是通过涂敷、揉擦、喷洒等方法加于人体面部、皮肤、毛发等处来修饰人体，给人们以容貌整洁、讲究卫生的好感，并有益于身体健康。

4.2 化妆品与皮肤、毛发科学

化妆品直接与人的皮肤、毛发相接触，合适的、安全的化妆品对人的皮肤、毛发有保护作用和美化的效果。如若使用不当或其质量不好，就会引起过敏性皮炎、结膜炎及其他疾病。

4.2.1 皮肤的构造与作用

皮肤覆盖于人体的表面，起着保护人体、调节体温、吸收、分泌和排泄、感觉、代谢、免疫等作用。皮肤的正常作用对于身体的健康十分重要，同时机体的异常变化也常常从皮肤上反映出来。当皮肤接受外界的各种刺激时，通过神经的传导和调节，使机体更好地适应外界环境的各种变化。

皮肤的厚度在全身各处不同，眼皮和肘窝处较薄，约 0.4 mm，背部和掌部较厚，约 3～4 mm。成人约有 16 000 cm^2 皮肤，大约等于人体重量的 16%。

4.2.1.1 皮肤的构造

皮肤是由表皮、真皮、皮下组织（从外向内）三层组成，如图 4.1、4.2 所示。

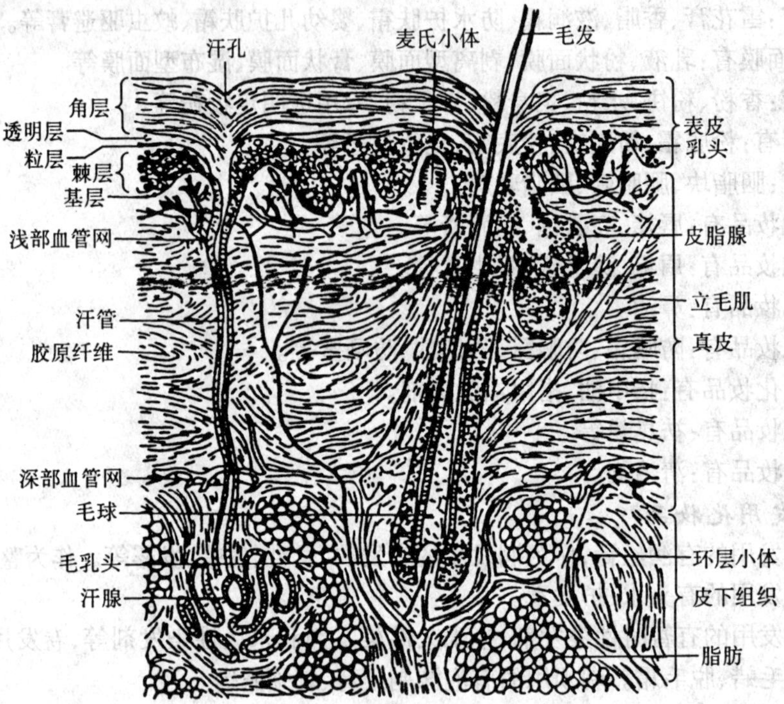

图 4.1 皮肤的解剖和组织

1. 表皮

表皮是皮肤的最外层，厚约 0.1～0.3 mm，由角质层、透明层、颗粒层、棘细胞层与基底层共五层重叠而成。角质层是表皮的最外层，细胞经常以鳞片状脱落，透明层一般只见于手掌和脚掌，颗粒细胞对形成角质层有重要作用，棘细胞之间彼此有通道，其中充满淋巴液以输送营养，基底层细胞有星形色素细胞，若受紫外线刺激，色素细胞生成黑色颗粒，使皮肤变黑，可阻止紫外线射入人体内。表皮坚固柔韧，是热、光、电的不良导体，受皮脂和汗液的滋润呈弱酸性（pH 值为 5.5），能抵御物理化学的刺激及某些微生物的侵袭，是保护身体的重要屏障。表皮与真皮呈波浪形相互连接，表皮向内伸入真皮部分称表皮突，真皮向上嵌入表皮突之间的部分称乳头体。

2. 真皮

真皮在表皮之下，由结缔组织和基质所组成。真皮内有毛发、肌肉、血管、淋巴管、神经、汗腺、皮脂腺、成汗液细胞、组织细胞与肥大细胞等。真皮坚韧而有弹性，因有丰富的神经末梢，能感受外界冷、热、痛、触等各种刺激，通过它的反射使机体产生相应的防御并调节血管、汗腺和体温。真皮含有水分和电解质、参与体内的各种物质代谢和免疫活动。皮脂腺排泄皮脂，形成脂膜来润滑皮肤和毛发，起到保护皮肤的作用。

3. 皮下组织

皮下组织在皮肤最里面，由大量的脂肪组织散布于疏松的结缔组织中，可缓冲外来的冲击，还能保持体温。

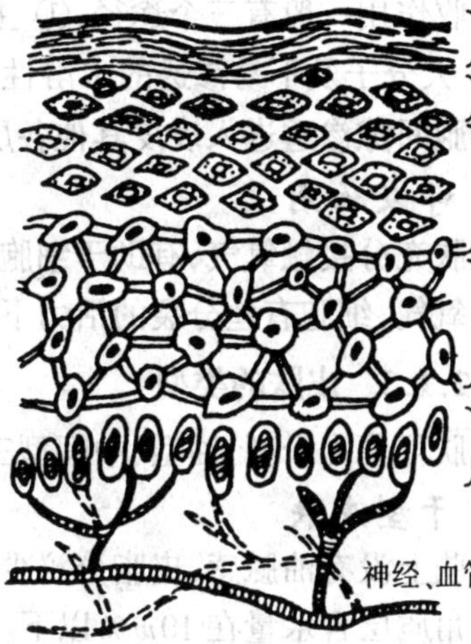

图 4.2　表皮的结构图

4. 皮肤的附属器官

(1) 汗腺。分布于全身，按分泌性质的不同，分为大小汗腺两种。小汗腺除口、唇外广泛分布于全身的表皮，由腺体、导管、汗孔三部分组成。汗液由腺体细胞分泌到导管送到汗孔排出。大汗腺分布在腋窝、乳头、脐窝、肛门等处。这种汗腺不能调节体温。

(2) 皮脂腺。分布几乎全身皮肤，分泌的皮脂成分主要是脂肪酸、胆固醇和其他物质，除润滑毛发和皮肤外，还有一定的保温和防水抑菌作用。

(3) 毛发。除唇和粘膜外，全身生长着毛发。在正常情况下，生长着的毛囊深埋在真皮网状网层及皮下组织中，约 85% 处在生长期，平均持续 2～3 年，随着年龄增长，再生期下降。

(4) 指(趾)甲。年龄小的比年老者指(趾)甲生长快，手指甲比脚趾甲生长快 3～4 倍，热天比冷天生长快，平均约生长 0.1 mm/d。

4.2.1.2　皮肤的生理功能

1. 保护作用

皮肤表面的角质层由角质蛋白组成，能吸水，能保护皮下组织和血管神经等不受损伤，还能分泌汗液、皮脂，调节体内水分散失。

2. 调节体温

血管的收缩、扩胀和汗腺的分泌起着调节体温的作用。

3. 排泄作用

体内有少量的代谢废物如二氧化碳、尿素、尿酸等也从皮肤排泄出去。

4. 感觉作用

外界的各种刺激如热、冷、触觉、痛觉都能通过皮肤的感觉传达给大脑的神经中枢。皮肤内分布着丰富的神经组织，因而有灵敏的感觉。

5. 吸收作用

皮肤是具有选择性渗透的组织。如外用性腺激素和皮质类胆固醇激素均可经过皮肤吸收，产生全身作用。一般物质不易透过皮肤，能否透过、吸收，取决于皮肤的状态、物质的性质及混合该物质的基剂，此外，透过皮肤的吸收量取决于物质量、接触时间、部位和涂敷面积。吸收作用一般有三个途径：① 主要是使角质层软化、渗透角质层细胞膜，再通过表皮各层。② 大分子及不易渗透的水溶性物质，少量可通过毛囊而被吸收。③ 还有少量通过角质层细胞间隙渗透进入表皮其他各层。

6. 呼吸作用

皮肤充分接触氧气，有助于细胞的有丝分裂。如果皮肤不清洁，有碍皮肤的呼吸作用，缺少了氧气，细胞有丝分裂的活力下降。因此，经常洗浴是保持健康的好方法。

4.2.1.3 皮肤的类型

皮肤可分为干型、油型、中间型三类。

1. 干型皮肤

皮肤上没有油腻感，皮脂分泌少而均，毛孔不明显，肤色洁白，白中透红，给人以细嫩舒适感。角质层含水量在 10*w*%以下。经不起风吹日晒，保护不好，容易早期衰老。

2. 油型皮肤

皮肤上像涂了油脂一样，皮肤毛孔明显，似桔皮，皮脂分泌特多，肤色较深，常为淡褐色，这种皮肤不易衰老。

3. 中间型皮肤

中间型皮肤介于前两种之间，是正常型，偏于干皮肤型较为理想。

4.2.1.4 皮肤的 pH 值

皮肤表面的 pH 值约为 4.5～6.5，平均为 5.75，随年龄、性别而异，是由皮脂和汗液的混合物所组成的皮脂膜所决定，一般为弱酸性，能防止细菌浸入。若使用碱性香皂或化妆品，皮肤表面呈碱性，然而皮肤有本能的生理保护作用，1～2 h 后，表面又呈弱酸性。这种缓冲作用是由于皮肤表面的乳酸和氨基酸的羧基群在起作用，还有皮肤表面呼出的 CO_2 也在起缓冲作用。

4.2.1.5 天然润湿因子

当角质层中保持 10*w*%～20*w*%水分时，使皮肤表现为丰满且富于弹性。若含水在 10*w*%以下，皮肤即呈干燥或甚至开裂。皮肤角质层中保持的水分，一方面是由于皮脂膜的存在防止了水分挥发，另一原因是角质层中存在天然润湿因子(NMF)。皮脂等油性成分与天然润湿因子相结合，包围着天然润湿因子，对水分挥发起到控制作用。天然润湿因子的组成为：氨基酸类 40*w*%，吡咯烷酮羧酸 12*w*%，乳酸盐 12*w*%，尿素 7.0*w*%，氨、尿酸、肌酸 1.5*w*%，钠 5.0*w*%，钙 1.5*w*%，钾 4.0*w*%，镁 1.5*w*%，磷酸盐 0.5*w*%，氯化物 6.0*w*%，柠檬酸盐0.5*w*%，糖、有机酸、肽、未确定物 8.5*w*%。

4.2.1.6 皮肤的老化

人到衰老阶段，皮肤也老化，表皮逐渐变薄、隆起，出现皱纹，这是由于皮脂减少、皮肤萎缩、弹性纤维断裂等因素造成的。

4.2.1.7 皮肤的保健

要防止皮肤的衰老，就必须加强皮肤功能的锻炼，进行空气浴、日光浴、按摩等使皮肤适应各种变化，增加抵抗力。并注意皮肤的清洁，保持良好的精神状态。还要正确使用化妆品，因为化妆品能清洁皮肤，美化容貌，营养皮肤。

4.2.2 毛皮的结构和性质及护理

4.2.2.1 毛发的结构

毛发由毛杆、毛根、毛乳头等组成,其结构如图 4.3 所示。毛发露在皮肤外面的部分称为毛杆;在皮肤下处于毛囊内的部分称为毛根;毛根下端膨大而成毛球;毛乳头位于毛球的向内凹入部分,它包含有结缔组织、神经末梢及毛细血管,可向毛发提供生长所需要的营养,并使毛发具有感觉作用。毛球由分裂活跃、代谢旺盛的上皮细胞组成,称为毛基质,是毛发及毛囊的生长区,相当于基底层及棘细胞层,并有黑素细胞。

将毛发沿横截面切开,如图 4.4 所示。可以看到,毛发常不是实心的,它的中心为髓质,周围覆盖有皮质,最外面一层为毛表皮,且横截面呈不规则圆形。

毛表皮:毛表皮为毛发的外层,又称护膜。此护膜虽然很薄,占整个毛发的很小比例,但它具有独特的结构和性能,可以保护毛发不受外界影响,保持毛发乌黑、光泽、柔韧的性能。

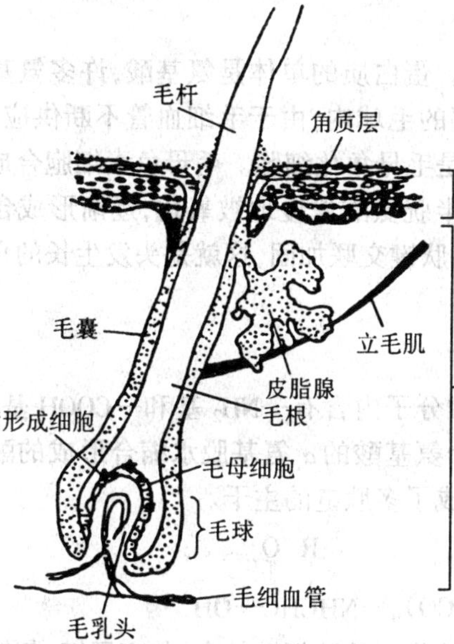

图 4.3 毛发的结构

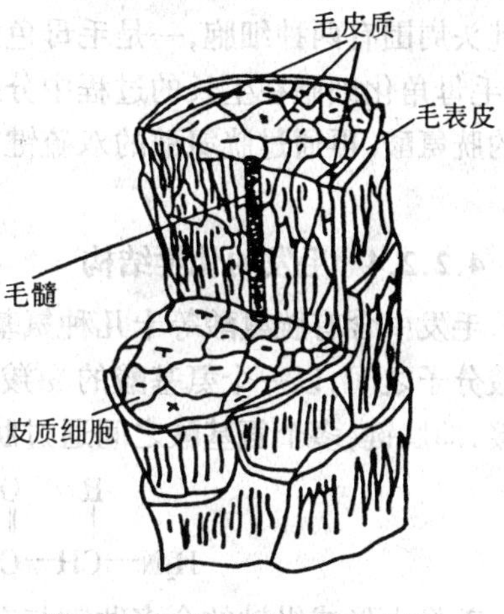

图 4.4 头发的纵横剖面、截面

皮质:皮质也称发质,完全被毛表皮所包围,是毛发的主要组成部分,几乎占毛发重量的 90%以上,毛发的粗细主要由皮质决定。皮质具有吸湿性,对化学药品有较强的耐受力,但不耐碱和巯基化物。

髓质:髓质位于皮质的中心,它赋于毛发结构强度和刚性。毛囊起源于表皮,其中有毛母细胞。

4.2.2.2 毛发的化学组成

毛发的成分是蛋白质,其中 95w%是角蛋白,含有 C、H、O、N 元素及少量的 S 元素。角质蛋白是具有阻抗性的不溶蛋白,这样的特性是由于蛋白质大分子中含胱氨酸高达 12w%以上,另外还含有其他多种氨基酸。在头发中各种氨基酸组成长链、螺旋、弹簧状结构相互缠绕交联,其中胱氨酸中因含有 S 元素可形成具有二硫键的氨基酸。由于二硫键的交联结合，增加了角质蛋白质的强度和阻抗性能，才使头发具有独特的刚韧特性。此外，在螺旋状蛋白质纤维间，还沉积着一串串的色素颗粒，使得头发呈现各种色泽，如黑色、棕色、金黄色等。

4.2.2.3 毛发的化学性质和生长

组成毛发的蛋白质与其他蛋白质比较，毛发的蛋白质是不活泼的。但毛发对沸水、酸、碱、氧化剂、还原剂是较灵敏的，如果控制不好会损伤毛发，但在一定条件下，利用这些变化改变毛发性质可达到美发护发目的。任何物质的水溶液都可以使某些氢键断裂，而且溶液温度越高，断裂的氢键越多。毛发浸在 0.1 $mol \cdot L^{-1}$的 HCl 溶液中，离子键断裂，且纤维易伸长，将酸洗掉，键又回复。键断裂的量依赖于溶液的 pH 值，在碱性溶液中，离子键参与反应，纤维更易伸长。头发在 100 ℃水中发生水解反应，如用 NaOH 溶液处理，失 S 很容易，温度越高，失 S 越多。H_2O_2 可以氧化—S—S—键，使头发漂白。—S—S—键对还原剂很灵敏，$NaHSO_3$、Na_2S、甲醛等都能起还原作用而破坏—S—S—键。头发用 6 $mol \cdot L^{-1}$HCl 溶液煮沸几小时，就可完全水解，破坏多肽键，生成氨基酸。

毛发的生长过程是蛋白质的“角质化过程”。蛋白质的单体是氨基酸，许多氨基酸缩聚成为多肽，长在毛囊底部的毛乳头突入毛根末端的毛球内，由于毛细血管不断供应营养，在毛乳头周围有两种细胞，一是毛母色素细胞，一是毛母角化细胞。毛母色素细胞合成色素颗粒，毛母角化细胞在生长的过程中分裂，开始由半胱氨酸慢慢地被氧化，逐渐形成含有二硫键的胱氨酸，再通过胱氨酸的双硫键把蛋白质多肽键交联加固，这就是头发生长的角质化过程。

4.2.2.4 毛发的化学结构

毛发中含有胱氨酸等十几种氨基酸，氨基酸分子内含有—NH_2 基和—COOH 基，两个氨基酸分子之间，以一个氨基酸的 α 羧基与另一个氨基酸的 α 氨基脱水缩合形成的酰胺键相连接，即肽键，多个氨基酸之间通过肽键连接组成了多肽链的主干。

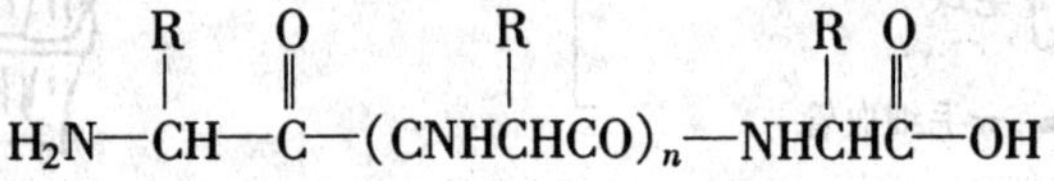

毛发由形成纵轴的众多肽键与在其中起连接作用的胱氨酸结合，与离子键、氢键等支链形成具有网状结构的天然高分子纤维。毛发的化学结构式如图 4.5 所示。

示意图中的二硫键是由两个半胱氨酸残基之间形成的一个化学键。

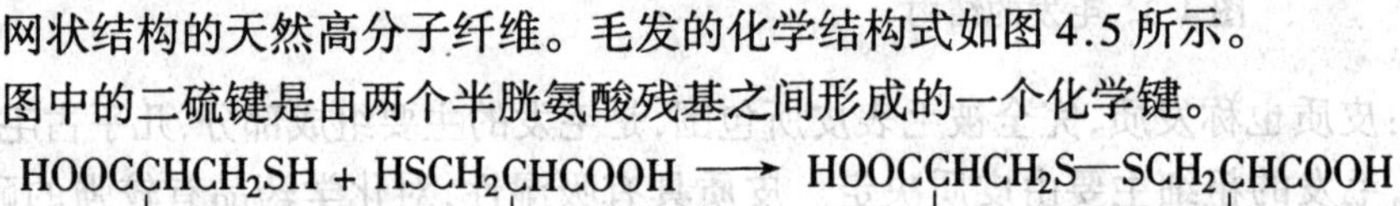

在两个半胱氨酸残基之间还可以夹进许多其他的氨基酸残基，所以在多肽链的结构上就会形成一些大小不等的肽环结构。这种结构对头发的变形起着很重要的作用。

在多肽链的侧链之间存在着许多氨基（带正电）和羧基（带负电），相互之间因静电吸引而成离子键。

由于肽键具有极性，所以在一个肽键上的羧基和另一个肽键上的酰胺基之间可能发生相互作用形成氢键。

4.2.2.5 毛发的护理

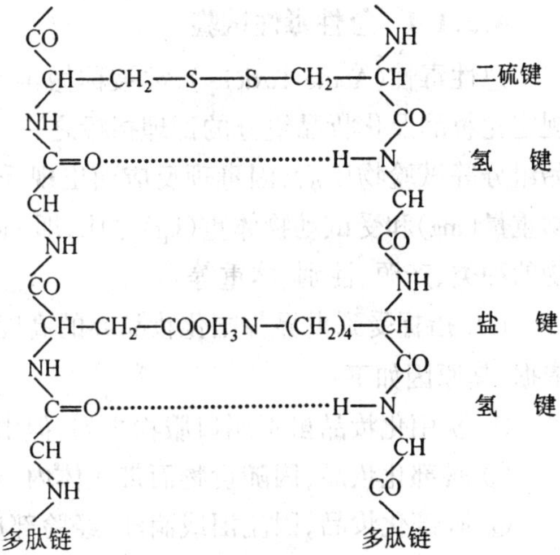

图 4.5　毛发角蛋白的结构示意图

头发不仅保护着头皮，而且影响着美观。清洁、健康的头发和美丽的发型，可增加人的俊美，使人精神焕发。但头发也是有寿命的，由于种种原因会出现白发、脱发等早期衰老现象。

经常洗头不仅可除去头上的污垢，减少头屑，保持头发的清洁、美观，有利于头皮的健康，而且可促进新陈代谢，增强脑力等，所以洗发后使人觉得格外精神焕发。洗发后再使用护发素或搽用护发用品，可赋予头发柔软、光泽，使其易梳理、不易断，从而延长头发的寿命。

理发也是保护和美化头发的重要措施之一。头发长到一定程度会出现开叉现象，影响头发继续生长，理发可以促进头发的生长。

4.3　化妆品的安全性与质量评价

使用化妆品的目的是为了保护皮肤、清洁卫生和美化容貌，但如果使用不当可能会带来副作用。化妆品是天天使用，甚至连续使用几年，甚至几十年，因此其安全性位居首位，不允许有影响健康的任何副作用。不同的产品，有不同的使用方法，也有不同的使用感受，好的产品应该使消费者能够长期安全使用，并能起到保护和美化皮肤的作用。

4.3.1　化妆品的安全性评价

化妆品的安全性可根据卫生部门的有关规定和各种有关的法规要求进行评价。由于消费者众多，需制定一系列确保安全的方法和法规。评价化妆品的安全性的方法涉及到卫生学、卫生化学、毒理学和物理学等学科领域，而人体接触化妆品的主要途径是皮肤，由于化妆品的性能或使用者的身体素质等原因，皮肤有时也会发生化妆品中毒现象。

化妆品中毒的具体表现有三种，即致病菌感染、一次刺激性和异状敏感性反应三种。

预防致病菌感染可通过对原材料、物料的消毒、产品的防腐和生产工艺上的灭菌而加以控制。一次刺激性是由于原料中的某种杂质引起发炎，可以采用高纯度的原料来解决。这种情况除少部分皮肤过敏者外，很少发生。由于长期使用同一产品，则其中的某一成分使皮肤产生抗体，异状过敏性反应就是这种抗体与化妆品中的抗原相反应而产生的，产生抗体的能力因人而异。

为了保证化妆品的安全性，防止化妆品对人体产生近期和可能潜在的危害，各国都制定了化妆品的法规，我国于 1987 年制定了“化妆品安全性评价程序和方法”国家标准(GB 7919—87)。标准中规定了化妆品安全性的评价程序。

4.3.1.1 急性毒性试验

急性毒性(Acute Toxicity),常被称做半致死量(Median Lethal Dose),记做“LD_{50}”,是 FDA 规定化妆品及化妆品组分的毒理指标之一。LD_{50}系指当受试动物经一次摄取化妆品或化妆品组分等试验物质后,因毒理反应而出现受试动物死亡的数目在 50%时的试物重量。用试物重量(mg)和受试动物体重(kg)之比,即 mg/kg 表示。同时注明试物液摄取的途径,受试动物的种类、产源、性别、体重等。

LD_{50}指标受到世界各国化妆品界的高度重视,美国 FDA 还将其列入评价化妆品组分的依据,其原因如下:

① 肤用化妆品虽不属口服物之列,但由于擦用后,可经皮肤渗透于体内而致中毒。

② 唇部化妆品,因随食物而带入体内,被组织吸收进入血液循环,可导致中毒。

③ 眼部化妆品,因流泪或淌汗,经脸部皮肤渗入体内,可产生毒理反应。

④ 婴幼儿误食化妆品,可导致中毒死亡。

⑤ 化妆品涉及面广,男女老少皆用;应用频率高,护肤、美容均不可少,尤其当今化妆品种类繁多,化妆品新原料亦层出不穷地升级换代,就更需要 LD_{50}的评价数据,以利配制前的正确选用,确保使用者的安全。

急性毒性试验(或经口服或经皮肤渗透)一般可分为急性口服毒性试验和急性皮肤毒性试验。

(1) 急性口服毒性试验(半致死量 LD_{50})。所谓急性口服毒性是指口服被试验物质后受试动物所引起的不良反应。

实验动物常用成年小鼠或大鼠。小鼠体重 18 ~ 22 g;大鼠 180 ~ 200 g。实验前,一般禁食 16 h 左右,不限制饮水。

取五个阶段的服用量,对 5 群(每群 5 ~ 10 只)实验动物,按体重口服或针服被试物质,试验物质溶液常用水或植物油为溶剂。观察一周,判断生死,找出致死量的范围、中毒表现和死亡情况,结果评价见表 4.1。

(2) 急性皮肤毒性试验。急性皮肤毒性试验指试验物质涂敷皮肤一次剂量后所产生的不良反应。选用两种不同性别的成年大鼠、豚鼠或家兔均可。建议试验起始动物体重范围为大鼠 200 ~ 300 g;豚鼠 350 ~ 450 g;家兔为 2.0 ~ 3.0 kg。实验动物应将动物背部脊柱两侧毛发剪掉或剃掉,不能擦伤皮肤,因损伤皮肤能改变皮肤的渗透性,试验物质搽抹面积,不得少于动物体表面积的 10%。

将两种性别的实验动物分别随机分成 5 ~ 6 组,每组 10 只动物为宜。最高剂量可达 $2\,000\ mg\cdot kg^{-1}$。

给药后观察动物的全身中毒表现和死亡情况,包括动物皮肤、毛发、眼睛和粘膜的变化,呼吸、循环、自主和中枢神经系统、四肢活动和行为方式等的变化,特别要观察震颤、惊厥、流涎、腹泻、嗜睡、昏迷等等现象。评价结果见表 4.1。

确定试验物质能否经皮肤渗透和短期作用产生毒性反应,并为确定亚慢性试验提供实验依据。

表 4.1　化学物质的急性毒性评价　　单位:$mg \cdot kg^{-1}$

级　别	大鼠经口 LD_{50}	兔涂敷皮肤 LD_{50}
极毒	<1	<5
剧毒	≥1~50	≥5~44
中等毒	≥50~500	≥44~350
低毒	≥500~5 000	≥350~2 180
实际无毒	≥5 000	≥2 180

4.3.1.2　皮肤刺激性试验(急性贴皮试验)

皮肤刺激是指皮肤接触试验物质后产生的可逆性炎性症状。

每种试验物质至少要用 4 只健康成年动物(家兔或豚鼠)。试验前 24 h,将实验动物背部脊柱两侧毛剪掉,不可损伤表皮,去毛范围为左、右各约 3 cm×6 cm。

试验物质通常为液态,采用原液或预计人的应用浓度;固态则采用水或合适赋形剂按 1:1浓度调制。取试验物质 0.1 ml(g) 涂在皮肤上,敷用时间为 24 h,亦可一次敷用 4 h。于除去受试物后的 1、24、48 h 观察涂抹部位皮肤反应,按表 4.2 来进行皮肤刺激反应评分及按表 4.3 来进行皮肤刺激强度的评价。

表 4.2　皮肤刺激反应评分

红　斑　形　成	积　　分
无红斑	0
勉强可见	1
明显红斑	2
中等~严重红斑	3
紫红色红斑并有焦痂形成	4
水　肿　形　成	
无 水 肿	0
勉强可见	1
皮肤隆起轮廓清楚	2
水肿隆起约 1 mm	3
水肿隆起超过 1 mm,范围扩大	4
总　　分	8

表 4.3　皮肤刺激强度评价

强　　度	分　　值
无刺激性	0~0.4
轻刺激性	0.5~1.9
中等刺激性	2.0~5.9
强刺激性	6.0~8.0

皮肤刺激试验可采用急性皮肤刺激试验（一次皮肤涂抹实验），亦可采用多次皮肤刺激试验（连续涂抹 14 天）。通常在许多情况下，家兔和豚鼠对刺激物质较人敏感，从动物试验结果外推到人可提供较重要的依据。

4.3.1.3 眼刺激试验

眼刺激试验是指眼表面接触试验物质后产生的可逆炎性变化。

受试动物为家兔，每组试验动物至少 4 只。试验物质使用浓度一般用原液或用适当无刺激性赋形剂配制的 50*w*%软膏或其他剂型。

试验方法：将已配制好的试验物质溶液（0.1 ml 或 100 mg）滴入实验动物一侧结膜囊内，另一侧眼作为对照。滴药后使眼被动闭合 5～10 s，记录滴药后 6、24、48、72 h 眼的局部反应，第 4、7 d 观察恢复情况。观察时应用荧光素钠检查角膜损害，最好用裂隙灯检查角膜透明度、虹膜纹理的改变。评价标准见表 4.4。

表 4.4 眼刺激性评价标准

急性眼刺激积分指数（1、A、0、1）（最高数）	眼刺激的平均指数（M、1、0、1）	眼刺激个体指数（1、1、0、1）	刺激强度
0～5	48 h 后为 0		无刺激性
5～15	48 h 后 <5		轻刺激性
15～30	48 h 后 <10		刺激性
30～60	7 天后 <20	7 天后（6/6 动物 <30）（4/6 动物 <10）	中度刺激性
60～80	7 天后 <40	7 天后（6/6 动物 <60）（4/6 动物 <30）	中度～重度刺激性
80～110			重度刺激性

按上述评价标准评定，如一次或多次接触试验物质，不引起角膜、虹膜和结膜的炎症变化，或虽引起轻度反应，但这种改变是可逆的，则认为该试验物质可以安全使用。

在许多情况下，其他哺乳动物眼的反应较人敏感，从动物试验结果外推到人，可提供较有价值的依据。

4.3.1.4 过敏性试验（皮肤变态反应试验）

过敏性试验是以诱发过敏为目的而进行的诱发性投药，以确认药物的诱发性效果和过敏性，实验多数是用豚鼠，每组受试动物数为 10～25 只。试样配成 0.1*w*%水溶液。从头部向尾部成对地做三次皮内注射。经一星期后，第 8 天用 2 cm×4 cm 滤纸涂以赋形剂配制的试验物质，将其贴于注射部位，持续 48 h 做封闭试验。

4.3.1.5 皮肤的光毒和光变态过敏试验

皮肤的光变态反应是指某些化学物质在光参与下所产生的抗原体皮肤反应。不通过肌体免疫机制，而由光能直接加强化学物质所致的原发皮肤反应，则称为光毒反应。

动物选用白色的豚鼠和家兔，每组动物 8～10 只。照射源一般采用治疗用的汞石英灯、水冷式石英灯作光源，波长在 280～320 nm 范围的中波紫外线或波长在 320～400 nm 范围内的长波紫外线，光源照射时间一般大于 30 min，以确保试验物质有足够时间存留在皮肤内穿透皮肤。

4.3.1.6 人体激发斑贴试验

激发斑贴试验是借用皮肤科临床检测接触性皮炎致敏源的方法。预测试验物质的潜在致敏源性。试验全过程应包括诱导期、中间休止期和激发期。受试人应无过敏史，试验人数不少于 25 人。

试验方法：将 5*w*% 十二烷基硫酸钠(K_{12})液 0.1 ml 滴在 2 cm×2 cm 大小的四层纱布上，然后敷贴在受试者上背部或前臂屈侧皮肤上。24 h 后将敷贴物去掉，皮肤应出现中度红斑反应。如无反应，调节(K_{12})浓度或再重复一次。

按上述方法将 0.2 mg 试验物质敷贴在同一部位，固定 48 h 后，去掉斑贴物，休息一日，重复上述步骤共四次。如试验中皮肤出现明显反应，诱导停止。

最后一次诱导试验，选择未做过斑贴的上背部或前臂屈侧皮肤两块，间距 3 cm，一块做对照，一块敷贴含上述试验物质 0.2 ml(g)的 1 cm×1 cm 纱布，封闭固定 48 h 后，去除斑贴物，立即观察皮肤反应，24、48、72 h，再观察皮肤反应的发展或消失情况。皮肤反应评定标准见表 4.5、4.6。

表 4.5 皮肤反应评级标准

皮 肤 反 应	分 级
无反应	0
红斑和轻度水肿、偶见丘疹	1
浸润红斑、丘疹隆起、偶而可见水疱	2
明显浸润红斑、大小水疱融合	3

表 4.6 致敏原强弱标准

致 敏 比 例	分 级	分 类
(0~2)/25	1	弱致敏原
(3~7)/25	2	轻度致敏原
(8~13)/25	3	中度致敏原
(14~20)/25	4	强致敏原
(21~25)/25	5	极强致敏原

如人体斑贴试验表明试验物质为轻度致敏源，可做出禁止生产和销售的评价。

4.3.1.7 致畸试验

致畸试验是鉴定化学物质是否具有致畸性的一种方法。通过致畸试验，一方面鉴定化学物质有无致畸性，为化学物质在化妆品中的安全使用提供依据。

定义：胚胎发育过程中，接触了某种有害物质影响器官的分化和发育，导致形态和机能的缺陷，出现胎儿畸形，这种现象称为致畸作用。引起胎儿畸形的物质称为致畸物。

4.3.1.8 致癌试验

确定经过一定途径长期给予试验动物不同剂量的试验物质的过程中，观察其大部分生命周期间肿瘤疾患产生情况。致癌试验系指动物长期接触化学物质后,所引起的肿瘤危害。

4.3.1.9 其他

近年来,焦油色素、防腐剂、亚硝基胺等使细胞突然变异致癌物质,引起了人们的重视和议论。对化妆品来说,用的人多,涉及面广,所以必须做一定的药理试验。特别是在应用新开发的原料时,须同时进行皮肤吸收性、代谢、累积、排泄等试验。

4.3.2 化妆品的质量评价

好的化妆品应该使消费者能够长期安全地连续使用,并有好的感观质量。当消费者对产品的内在质量缺乏必要的检验手段和知识时,感官质量就显得非常重要,外观新颖美观的包装和香气迷人的化妆品,消费者便乐于购买。外观好的化妆品,如果内在质量较差,消费者只能购买一次,而内在质量非常好的化妆品,虽然外包装差些,但消费者仍然乐于长期使用。化妆品的内在质量主要指产品的稳定性、使用性和有效性。

4.3.2.1 化妆品的稳定性评价

质量是化妆品稳定性最可信赖的依据,它包括设计质量和制造质量。

设计质量在研制时可通过对产品的稳定性试验,如耐热耐寒试验或日光贮存,观察其颜色、香气、形体的变化和强化试验来确定产品保质期内的稳定性。影响稳定性的因素主要是微生物污染。

制造质量是实际的商品质量,也是设计质量的验证。

4.3.2.2 化妆品使用性的评价

化妆品直接涂敷于皮肤、头发时会产生不同的感觉,这种感官的使用效果只能靠人的感觉器官进行测试。使用感的评价对消费者来说是对产品使用时的直接感受。不同类型的产品的使用性评价如下:

1. 洁肤类产品

(1) 洁面乳、洗面奶等乳液型产品。

① 产品必须具有一定的流动性,瓶装产品应易于倒出。且倒出的(或挤出的)乳液表面光滑、乳化均匀。用食指、中指和拇指拈取一些产品反复揉搓,应感觉细腻。

② 在手背皮肤上预先涂上一些彩妆化妆品,如粉底、粉饼或胭脂等,将乳液倒少许在手背上,按摩一会儿,用纸巾擦去乳液,应能有效卸妆。亦可水洗后观察。

③ 质量好的洁肤乳液使用后不应有紧绷感,且有一定的护肤作用。

(2) 洁面膏。

① 多为珠光和透明的凝胶产品。应易于从管中挤出,胶体均匀。

② 使用时可先用水湿润皮肤,然后将胶体涂抹在皮肤上按摩一会儿。用水过洗,应能有效地洁肤卸妆。

③ 由于此类产品的去污力较乳液型要强,故使用后多少有紧绷感,质量好的产品不应有明显的紧绷感,且皮肤的洗后感觉滑爽。

(3) 磨面膏、磨面霜。此类产品内多含固体微粒,其颗粒不能有明显棱角感。使用时先将皮肤湿润后,取适量产品轻轻按摩,时间不宜太长,然后用水洗,使用后皮肤应比用前柔软、光滑、细腻,质量好的产品使用后不应有明显紧绷感。

(4) 面膜(多数为管装产品)。

① 粘土型面膜。

a. 先从管中挤出一点于纸巾上,膏体外观应光洁,料体应细腻均匀。

b. 再取适量膏体涂布于手背上,料体要易于涂抹,在手背上形成一层敷层,敷 2~3 min,皮肤应有收敛感,也可有凉爽感。然后用纸巾抹去敷层,再用水洗,皮肤应光洁,有弹性,有滑爽感和清洁感。

② 剥离型面膜。

a. 先挤出少量产品于纸巾上,料体应均匀一致。

b. 取适量产品涂于手背上,形成一敷层,让其自然晾干,皮肤有明显的紧绷收敛感,待干燥成膜后,剥去膜,皮肤有明显的滑爽、弹性、清洁感,膜应有一定的撕片韧性。

(5) 眼部卸妆露。无香精,清晰透明,能有效去除眼部的彩妆,同时应对眼部无刺激性。

2. 护肤类产品

(1) 乳、密、奶液。膏体具有一定的流动性,较易被皮肤吸收,有滋润保湿作用,使用后无油腻感,皮肤滋润。

(2) 冷霜。膏体均匀细腻,能被皮肤吸收,在皮肤表面形成保护膜,使用后有油腻感。

(3) 防皱霜。膏体均匀细腻,使用时不起白条,应易被皮肤吸收,有较好的渗透性,使用后稍有油腻感。

(4) 营养霜。膏体应均匀细腻,使用时不起白条,应较易被皮肤吸收,有较好的渗透性,使用后皮肤应无明显的油腻感。

(5) 精华素。料体均匀细腻,极易被皮肤吸收,对皮肤应有较明显的功效作用。

(6) 化妆水。包括营养水、滋润露、柔肤露、护肤露、收敛水或紧肤水及均衡保湿露等,此类产品外观多为清晰透明液体,也有不透明的,但不可有分层现象。

洁肤后取少量化妆水倒于掌心,双手拍打至面部或手背(含酒精的即有凉爽感),待稍干后用纸巾吸去多余部分,用指肚接触皮肤,营养柔肤护肤类应使皮肤变得柔软细腻有弹性,收敛类使皮肤紧密滑爽,毛孔有所收缩。

3. 美容类产品

(1) 粉底。粉底有粉底液、粉底霜及粉条等。

① 进行使用性评价的皮肤最好与正常部位相同,为了便于观察,一般选择前臂内侧,此部位的皮肤与面部皮肤最为接近。

② 在使用前,可先在使用部位涂上一些滋润乳,用手指沾取少许粉底点于皮肤上,然后用手指将其均匀抹开成一薄层,与未抹妆部位进行对比,粉底应有良好的遮盖性和调整肤色的功效。

③ 在抹开时应易于涂布,且涂布层厚薄均匀,不应有明显的薄厚和差色,优质的粉底不应有明显的上妆痕迹,甚至可使皮肤有透明感。

(2) 粉饼。

① 观察粉块的外观,应色泽均匀一致,无明显色斑及杂质,粉面花纹清晰,无缺损。

② 用所附粉扑均匀地轻轻抹去粉饼表面的花纹,抹下的粉屑应均匀细小,用手指指肚轻轻擦粉面以确定粉块的软硬及粉块的均匀细腻度,应摸不到明显的硬块,将手指上的粉捻开抹开,应感觉粉质细腻滑爽。

③ 用粉扑抹粉并观察粉面,应无明显的油斑出现,手触无明显硬块。

④ 将粉扑上的粉拍去或换用新的粉扑,在粉面上一次性取粉,均匀涂抹于手臂内侧,粉应易于涂抹均匀。

(3) 唇膏。

① 唇膏管的旋转功能:将唇膏管上下旋转应感觉用力均匀流畅,有锁定功能并体现一定阻力。

② 唇膏外观:色泽均匀一致,不应有明显的色泽差异,珠光唇膏允许有珠光引起的条状或丝光状花纹。

表面应光洁平滑,不应有明显的划伤、裂纹和气孔。将唇膏完全旋出,唇膏与管子应基本成直线,无明显的倾斜。

③ 使用效果:将嘴唇上原有的唇膏用纸巾擦去,也可以加一些清洁乳或滋润乳辅助清洁,最好是在早晨未使用过唇部产品时进行此项评价。

将唇膏完全旋出,在上下唇上一次性涂满二层唇膏,观察和感觉唇膏的遮盖性、色泽均匀性、涂布性和软硬度。整体唇膏的色泽应均匀一致;无明显色斑;涂布时感觉流畅,应无明显的涩阻感,软硬适中。

将两唇上下开闭,应无明显的粘合和不适感,但不能太滑腻。可如此反复进行多次。

(4) 指甲油。外观:应色泽均匀,无明显分层;使用:将指甲油摇匀,用刷子蘸取指甲油,在指甲上均匀涂布一层,应从指甲根部刷到尖端,先涂中间再涂两边,观察指甲油的遮盖性、涂布性和流平性,此时指甲色泽应均匀一致,表面光洁平滑,无明显色斑和刷子痕迹。

(5) 睫毛膏。睫毛膏多数为管装,要求密封性良好。睫毛刷在拔出时应与管口有一定阻力,以保证密封性;其二是刷杆上不会沾有太多的睫毛膏,防止使用时造成脏污。睫毛刷要求能沾取适量的睫毛膏,使睫毛膏宜于均匀刷于睫毛上,同时能防止睫毛之间相互粘接。睫毛膏要求色泽均匀,能涂布于睫毛。视产品的不同功能,可有防水、增长、浓密等作用。

(6) 化妆笔。笔尖的外形应尖而不利。将笔在白纸上画出一线条,颜色应与笔芯颜色相同。所用木质应无异味,用卷笔器卷削时笔芯和笔杆应无缺损和断裂。然后在实际部位使用时,笔芯应软硬适度,易于上妆。

(7) 喷雾香水。

① 外观评价。色泽:可将其与标准样分别装入两个相同的无色透明玻璃瓶中,进行目测比较;清晰度:装入无色透明玻璃瓶中,摇动后香水中应无明显的杂质和纤维物、絮状物或其他异物,待静置后,香水应清晰透明。

② 喷雾功能。吸管长度:喷雾泵的吸管长度适中,管端尽量接近瓶底,以便能将所有香水用完。管子不宜过长,以免因顶住瓶底后打折或弯曲过度而影响外观和堵塞。

③ 雾点大小及喷雾量。向空中喷出香水,雾滴应均匀细腻,能较好地分散于空气中,距皮肤 5 ~ 10 cm,使用一次应均匀分布且无滴流。

4. 发用类产品

(1) 香波(包括洗发膏、各类香波)。使用香波前先将头发用温水淋湿,以便用香波洗发时减少对头发的局部损伤。

① 涂布性:正确的洗发应采用二次清洗法。

a. 取洗发产品约 3 ~ 5 g 于手心,用双手匀开并移至头上各部位并伴以按摩涂敷来清洗,手应明显感到涂布时产品容易均匀分散,无产品结团现象。

b. 第二次清洗是在上述操作后进行,用量为 1~2 g。因已完成清洗,此次涂布极易,泡沫明显增多,手指清洗操作应由原来抓洗调整为搽抹按摩。

② 漂洗性:配方以表面活性剂组成,故而清洗可完全保证。好的产品不但易清洗干净,更要求容易漂洗干净,过水漂洗 2~3 次应基本无泡,手感不粘。

③ 湿梳性:洗好的头发擦干后,用梳子进行梳理,手感应适顺,不应有明显打结、难梳通的感觉。

④ 干梳性:头发干燥状态时梳理,手感应顺利,无不易梳通的感觉。

⑤ 洗后发质感觉:洗后头发有光泽、飘逸,但不可太蓬松,手感滑爽、柔软,无枯燥感。

(2) 摩丝。

① 泡沫持续性:经摇动挤出产品的泡沫,不可消泡迅速,应能持续稳泡约 1 min 左右。

② 成膜速度:在涂布时,成膜干燥速度太快,会导致涂布不均匀;太慢,则成型性差。适中的挥发成膜能确保涂布均匀和成型较快。

③ 成型效果:涂膜干燥后,使发质定型。手感应软硬适中。成型后不可有发白感,更不可造成梳理时有头屑状的脱落物。

(3) 护发素。作用是使头发柔软、抗静电、易于梳理。评价产品的使用效果原则是,手感需柔软,干、湿梳理性好,发质柔软但决不可影响发质的成型效果,产品可有免洗型和可洗型之分。

(4) 发油(包括双色头油)。外观应透明无杂质,使用时光滑,无粘腻感。

(5) 发乳、发蜡类。

① 产品应具有一定的稳定性,至少在保质期内无分层、变色等现象。

② 用此类产品尤其是发蜡,油感较强,但应少粘腻,有定型感,且应易于清洗去除。

(6) 焗油类。本产品性能已由单一发展至复合,如染色焗油,焗油摩丝,免蒸焗油,香波焗油等。

产品主要针对浅发发质及其他损伤型发质,故而无论复合性能如何,用后发质需有明显修复感。

5. 防晒产品

防晒产品除具有同类产品的使用效果外,还可用标出的 SPF 值(表 4.7)与使用后在皮肤上的情况来进行效果考察。

表 4.7 防晒能力与 SPF 值范围

防晒能力	SPF 值	皮肤晒后情况
最小	<4	有晒红斑,允许晒黑
尚好	4~6	稍有红斑,允许有些晒黑
良好	6~8	基本无红斑,允许很少晒黑
优良	8~15	微许或不许晒黑
特优	>15	不许晒黑

4.3.2.3 化妆品的有效性评估

使用化妆品的最终目的,是为了达到一定的效果,譬如:皮肤的防皱、保湿、增白,头发的光滑、易梳理、去屑止痒等等,这些就是化妆品的有效性。对于消费者来说,通过使用化妆品,能使自己的身体(包括皮肤和头发)充满活力、恢复青春、保持魅力,在生活中心情舒畅、精神愉快。因此,生产厂家必须在产品的研制过程中,对产品的实际使用效果(即产品的有效性)进行试验,并在试验中不断改进产品的质量,提高产品的效果。

随着市场竞争的日益激烈,对于化妆品的有效性评估越来越重视。

1. 皮肤表面状况的测定

(1) 皮肤角质层功能的测定。皮肤表面有角质层存在,这是人体与外界进行生命活动所必须的组织。角质层由数层含有角蛋白和角质脂肪的无核角化细胞组成,其细胞部分相互吻合,部分重叠,组成比较坚韧而有弹性的板层结构,能够承受一定的外力侵害和化学物质的渗透,是良好的天然屏障,其结构可以通过光学显微镜或者电子显微镜观察。

正常皮肤中,表皮的基底细胞是角化了的角质层细胞,其最上面的一层会经常剥落或起皮屑,这种皮肤易受刺激而引起炎症。对它的正确测试,是通过提取表皮细胞中已角化了的角质层细胞,用放射性同位素进行检测。但这种检测有一定的困难。现在,较简单的方法是采用荧光强度仪来判断皮肤角质层的皮屑情况。

正常的角质层中,含有一定量的水分,它能保持皮肤的柔软、滑爽,这就是皮肤的保湿功能。倘若保湿功能较差,则会引起皮屑、龟裂乃至皮炎。对于皮肤角质层中水分含有量的测试(即皮肤的保湿功能的测试),可以采用红外吸收法和高频电导测试法进行,其中,高频电导测试法由于方法简单、测试快速,现已得到广泛应用。

高频电导测试法是通过电极直接与皮肤表面接触而进行测试的。对于正常皮肤及涂用水包油型膏体(包括水溶性保湿原料)的情况,是能够测出其保湿性的。而对于油包水型膏体(包括油溶性保湿原料),其油脂部分会部分或全部地隔断仪器电极与皮肤的接触,因此,不能正确测出其保湿性能。另外,对于有皮屑、龟裂等炎症的皮肤,由于电极与皮肤表面的接触面减小,也会使测试值变小。随着皮肤表皮水分蒸发测定仪(即 TEWL 仪)的问世,上述问题迎刃而解。它是通过测定一定面积下的皮肤表面中水分挥发的量,来进行保湿性能测试的。不仅能用于水包油型膏体(包括水溶性原料)的测试,亦可用于油包水型膏体(包括油溶性原料)的测试。此仪器还可用于测定皮屑对皮肤角质层屏障作用的影响。另外,在保湿性能的测试中,对精神性发汗的影响极为敏感,因此,此类测试必须置于恒温恒湿条件下进行。

(2) 皮肤表面皱纹状况的测定。皱纹,是皮肤衰老的体现。防止和延缓皱纹的加深,乃至减少皱纹,是人们梦寐以求的,因此,抗皱类护肤品倍受人们的欢迎。对皮肤表面皱纹状况的测定,是检验抗皱类护肤品实际效果的较好方法。第一步是将皮肤表面的皱纹状况,用硝基纤维素、硅橡胶或树脂等进行复制。这个工作是整个测试工作的基础。第二步是对复制模进行测定,可采用光学显微镜或电子显微镜进行观察,但这只能定性。

机械行业中用于测定金属表面光洁度的仪器,经改造后,可以借用测定复制模上皱纹的情况。仪器的指针在复制模上的皱纹中行走,通过测出皱纹的峰高和峰谷凹凸情况,可以求出皱纹的平均深度,再通过垂直方向的移动,构成三维测试体系,可以求出皱纹的平均粗糙度。

随着计算机的广泛应用,用于复制模上皱纹测定的图像分析系统业已问世。它是通过测定斜向照射光在复制模上的凹凸表面上所产生的阴影面积来反映皱纹的粗糙度情况,同时,它还能够对不同程度的皱纹情况(包括皱纹的深、浅、粗、细等),以及一定面积内皱纹的数量变化情况,加以分析处理。

(3) 皮肤表皮的弹性测定。皮肤表皮弹性的状况,是反映皮肤衰老状况的一个重要指标,富有良好弹性的皮肤,是健康和充满活力的。对于皮肤弹性的测试,可以采用 SRB 检测器。它是采用一个内外双层圆筒式传感器,外筒固定在皮肤表面上,内筒则以一定的频率进行回转振动,通过测出皮肤应力的变化,来求取皮肤的弹性。现在,又有了一种更先进的测试仪器(真空吸入法),它是采用一个空心圆筒,固定于皮肤表面,在圆筒中心的空心部位施以负压,使圆筒内的皮肤表皮被吸起,通过测定皮肤被吸起的过程和皮肤在失去负压后的恢复情况来求取皮肤的弹性。

(4) 皮肤皮脂量的测定。人的皮肤表面覆盖了一层分泌的汗和皮脂混合物膜。可以说,人的皮肤最理想的保护剂莫过于皮脂。皮脂覆盖于皮肤表面,它既能防止皮肤的干燥和抵御外来的刺激,又能赋予皮肤柔软的弹性。过少的皮脂,会引起皮肤的干燥、龟裂,过多的皮脂,则会引起皮症、痤疮等。对于皮肤皮脂量的测试,可以使用一种专用的滤纸,将它置于被测部位,使皮肤的皮脂被吸附于专用滤纸上,再通过测出该滤纸的透光度来求取皮肤的皮脂量。现在,一种能直接测出皮脂量的仪器也已得到应用。

(5) 皮肤色调的测定。皮肤的肤色,是由皮肤组织体中的黑色素和血色素为主体构成的,随人种的不同、个人差异、部位差异、年龄差异、季节差异及情绪变化等,都会引起肤色的变化。随着科学的发展,符合国际照明委员会(CIE)标准的色差计,可实现对皮肤色调的检测。

2. 防晒效果的测定

目前使用的防晒产品,一般采用紫外吸收剂的较多,它是依靠涂在皮肤表面的化学物质,吸收来自天空的紫外线,使之不能直接作用于皮肤。对于这种紫外吸收剂的防晒效果的测定,一种方法是通过光学方法来进行,即将紫外吸收剂用适当的溶剂溶解,放入石英槽中,通过测定其对紫外线的光透过率或吸光度来反映防晒的效果。但这种方法存在一些问题,如:用石英槽进行测定,与实际涂布于人体皮肤上而形成的薄膜之间,存在着较大的差异。现在,国外已有一种 SPF 测定仪投放市场,它是用一种与人体皮肤结构很相近的人造薄膜作为被测体,从而基本上解决了石英槽与人体皮肤有差异的问题。这种方法的优点是测试简便、快速、重复性好,因此,能用于实验室中配方的研制筛选。另一种方法是目前国际上公认的人体皮肤防晒因子 SPF 值测试法,美国 FDA、西欧、日本、澳大利亚均将此法作为标准的测试方法。

另外,随着粉处理技术的不断提高,现在,粉末状的紫外线散射剂开始得到广泛的应用。它具有安全性高、稳定性好等优点。对于这种靠反射和折射紫外线的防晒剂的防晒效果,只能采用人体皮肤防晒因子 SPF 值法来进行测定。

3. 头发用品的效果测试

(1) 头发损伤度的测试。头发经过一些处理后,会产生损伤,如化学处理(烫发、染发、漂白等)、物理处理(梳发、电吹风等)。对于头发的这种损伤程度的评价,一般采用对头发作拉伸时的应力应变进行测定。

对头发的应力应变测试,有以下几种方法:

① 通过测定屈服点处的应力来进行判断。

② 通过测定头发根部和头发梢部的屈服点应力并比较来进行判断。

③ 通过测定头发伸长原长度的 20%时的应力来进行判断。

④ 通过测定头发断裂点的应力进行判断。

(2) 烫发水对头发卷曲效果的测定。对烫发水卷曲效果的测试,可用头发卷曲保持率测试法测试。

(3) 头发梳理性能的测试。对头发梳理性能的测试可采用以下两种方法:

① 头发摩擦性能的测定。

② 头发梳理性能的测定。

化妆品的稳定性、使用性和有效性评价,是产品质量的最终体现。

4.4 化妆品的主要原料

4.4.1 基质原料

基质原料是调配各种化妆品的主体,即基础原料。

4.4.1.1 油脂类

甘油脂肪酸酯是组成动植物油脂的主要成分。在常温时呈液态的称为油,呈固态者称为脂。根据来源可分为植物性油脂和动物性油脂两类。适于作化妆品的植物性油脂有:椰子油、橄榄油、蓖麻油、杏仁油、花生油、大豆油、棉子油、棕榈油、芝麻油、扁桃油、麦胚牙油、鳄梨油等。动物油脂有:牛脂、猪油、貂油、海龟油等。这些动植物油脂加氢后的产物称为硬化油。在化妆品中较常用的硬化油有:硬化椰子油、硬化牛脂、硬化蓖麻油、硬化大豆油等。最常用的三种油性能如下:

(1) 椰子油,凝固点为 20～28 ℃,相对密度为 0.914～0.938(15 ℃),皂化值为 245～271,碘值为 $7w\%$～$16w\%$的淡黄色液体。主要成分是脂肪酸的甘油酯,这些脂肪酸有:月桂酸、肉豆蔻酸、辛酸 $7w\%$～$10w\%$、癸酸 $5w\%$～$7w\%$,椰子油和牛脂都是香皂的重要基质油料。

椰子油和棉子油混合,半硬化后用于乳膏类化妆品。

(2) 蓖麻油,凝固点为 -10～13 ℃,相对密度为 0.950～0.974(15 ℃),皂化值为 176～187,碘值为 81～91 是淡黄色粘稠液体。在蓖麻油的分子中含有羟基和双键两个官能团,使它易溶于低碳醇而难溶于石油醚,粘度受温度的影响较小,凝固点低,常作为整发化妆油和演员用化妆品的主要原料,特别适合制作口红,还可制做化妆皂、膏霜和润发油等。

(3) 橄榄油是淡色或黄绿色的液体油脂,有特征臭味,溶于醚、氯仿和二硫化碳。主要成分是油酸酯和棕榈酸酯。相对密度为 0.910～0.918,皂化值为 188～196,碘值为 77～88。用于化妆皂、膏霜和香油类化妆品。

4.4.1.2 蜡类

蜡是高碳脂肪酸和高碳脂肪醇所组成的酯。在化妆品中的主要做固化剂,增加化妆品的稳定性，调节其粘稠度，提高液体油的熔点，使用时对皮肤产生柔软的效果。依据来源的不同，蜡类也分为植物性蜡类和动物性蜡类。最常用的四种蜡性能如下：

(1) 巴西棕榈蜡，熔点为 82～66 ℃，相对密度为 0.996～0.998(25 ℃)，皂化值为 78～88，碘值为 7～14，不皂化物为 50*w*%～55*w*%，是淡黄色固体。巴西棕榈蜡与蓖麻油的互溶性很好。它主要由蜡酯、高碳醇、烃类和树脂状物质组成。常用做锭状化妆品的固化剂。

(2) 小烛树蜡是淡黄色的，常温下是固体，熔点为 66～71 ℃，皂化值为 47～64、碘值为 19～44，不皂化物为 47*w*%～50*w*%。在小蜡树蜡中烃类占 50*w*%～51*w*%，由高碳脂肪酸和高碳一元醇合成的蜡酯占 28*w*%～29*w*%，另外是游离脂肪酸和高碳醇。多用于锭状化妆品的固化剂，更适于做光亮剂。

(3) 羊毛脂是来自洗羊毛的废水。羊毛脂的熔点为 34～42 ℃，皂化值为 88～89，羟值为 27～39，碘值为 21～30。主要的成分是各种酯的混合物及少量游离醇，痕量游离脂肪酸和烃类。构成酯的醇以 $C_{18\sim26}$脂肪醇为主，还有少量的二醇及甾醇。具有良好的润湿、保湿和渗透性能，用做皮肤化妆品的调理剂及装饰化妆品的颜料分散剂，没有油腻感，能形成一层致密的润肤膜。还可用做肥皂、香波的脂剂，也常用于浴油、晒黑油和美容化妆品，在口红中部分和全部取代蓖麻油，用做指甲油的清除剂及气溶胶中的添加剂，可防止阀门堵塞。羊毛脂经加氢制成羊毛醇，广泛用于化妆品。羊毛醇的乳化性能比羊毛脂好得多。羊毛醇与环氧乙烷或环氧丙烷的缩合产物即羊毛醇醚，其铺展性和渗透性能好，用于护肤和护发用品，在皮肤和头发上形成的致密膜，给人以柔软、光滑之感。

(4) 蜂蜡，常温下是固体，呈淡黄色，熔点为 61～65 ℃，皂化值为 88～102，碘值为 8～11，不皂化物为 52*w*%～55*w*%，主要成分是蜡酯 70*w*%，游离脂肪酸 13*w*%～15*w*%，烃 10*w*%～14*w*%，蜂蜡含有大量游离脂肪酸，经皂化可作为乳化剂。蜂蜡是制造香脂的原料，也是口红等美容化妆品的原料。此外，蜂蜡还具有抗细菌、抗真菌、愈合创伤的功能，因而近年来用它制造香波、洗发剂、高效去头屑洗发剂(治疗真菌引起的多头皮屑症)。

(5) 霍霍巴蜡这种蜡透明、无臭，是浅黄色液体。它是由脂肪酸和脂肪醇构成的酯，不是甘油酯，在这点上与一般动植物油脂不同。它是鲸油的代用品。霍霍巴蜡的最大优点是，不易氧化和酸败、无毒、无刺激；易被皮肤吸收，有良好的保湿性，因而深受化妆品厂家的欢迎。在国外已把它用于润肤膏、面霜、香波、头发调理剂、口红、指甲油、婴儿护肤用品、清洁剂等。

4.4.1.3 高碳烃类

用于化妆品原料中的烃类主要包括烷烃和烯烃。烃类在化妆品中的主要作用是其溶剂作用，净化皮肤表面，还能在皮肤表面形成憎水性油膜，来抑制皮肤表面水分的蒸发，提高化妆品的功效。常用的几种烃类性能如下：

(1) 角鲨烷是无色、无臭的油状透明液体，是从鲨鱼肝中提取的角鲨烯烃加氢后制成的。主要成分是六甲基二十四烷(异三十烷)。皂化值 <0.5，碘值 <3.5，能润滑皮肤，价格较高，用做各种高级润肤乳剂。

(2) 液体石蜡的稳定性同角鲨烷，组成则是 16 个碳以上的直链、支链、环状饱和烃。它是烃类油性原料中用量最大的一种，是香脂类的主要原料，熔点为 $-7.5\sim-35$ ℃，相对密度为 0.84～0.88(15 ℃)，皂化值、碘值均为零，是无色、无臭的透明液体。

(3) 凡士林是多种石蜡的混合饱和烃，又常含微量不饱和烃，需要加氢精制成化学稳定的烃，与液体石蜡一起成为重要的油性原料，在香脂、乳液等基础化妆品中广泛应用，熔点为38～63 ℃，相对密度为(60 ℃)0.815～0.88，皂化值、碘值均为零，是无色、无臭的半固体。

(4) 固体石蜡，熔点为50～75 ℃，相对密度为0.89～0.90，皂化值、碘值均为零，是无色无臭的结晶形的固体，化学稳定性好，主要成分是含16个碳以上的直链饱和烃。价格低廉，与其他蜡类或合成脂类一起用于香脂、口红、发蜡等化妆品。除固体石蜡外，还有化妆品中常用的微晶蜡、纯地蜡等。

4.4.1.4 粉质类

香粉类制品是用于面部和全身的化妆品。粉质类是组成香粉、爽身粉、胭脂和牙膏、牙粉等的基质原料，一般不溶于水，为固体，磨细后在化妆品中发挥其遮盖、滑爽、吸收、吸附及摩擦等作用。主要的粉质性能如下：

(1) 滑石粉是天然的含水硅酸镁，性柔软，易粉碎成白色或灰白色细粉，主要成分是$3MgO \cdot 4SiO_2 \cdot H_2O$，是制造香粉的主要原料。

(2) 高岭土是天然的硅酸铝，主要成分是$2SiO_2$、$Al_2O_3 \cdot 2H_2O$，制成细粉，用于香粉中，有吸收汗液的性质，与滑石粉配合使用，能消除滑石粉的闪光性，用于制造香粉、粉饼、水粉、胭脂等。

(3) 钛白粉的主要成分是TiO_2，为白色、无臭、无味、非结晶粉末，不溶于水和稀酸，溶于热浓硫酸和碱。用于香粉中起遮盖作用。

(4) 氧化锌的主要成分是ZnO，为白色非晶形粉末，在空气中能吸收二氧化碳，能溶于水和醇。对皮肤有杀菌作用，遮盖力好，用于香粉类制品。

(5) 硬脂酸锌$Zn(C_{18}H_{35}O_2)_2$是白色质轻粘着的细粉，微臭，不溶于水、乙醇、乙醚，溶于苯，遇酸分解，熔点为120 ℃，有较好的粘附性，用于香粉类制品。

(6) 硬脂酸镁$Mg(C_{18}H_{35}O_2)_2$是柔软的轻粉，白色、无臭、无味。溶于热酒精，不溶于水，遇酸分解，有很好的粘附性，用于香粉类制品。

(7) 碳酸钙$CaCO_3$是白色细粉，无臭、无味，不溶于水，在酸中分解放出CO_2，在825 ℃下分解。化妆品中是用其沉淀碳酸钙的吸附和摩擦作用，如用于牙粉、牙膏和香粉中。

(8) 碳酸镁$MgCO_3$的性能和用途同碳酸钙。

4.4.1.5 溶剂类

溶剂是膏、浆、液状化妆品，如香脂、雪花膏、牙膏、发浆、发水、香水、花露水、指甲油等配方中不可缺少的主要成分。在配方中它与其他成分互相配合，使制品具有一定的物理化学特性，便于使用。固体化妆品在生产过程中也通常需要一些溶剂配合，如粉饼成块时就需要溶剂帮助胶粘；一些香料和颜料的加入，需要借助溶剂来溶解以达到分布均匀。在化妆品中除了利用溶剂的溶解性外，还利用它的挥发、润湿、润滑、增塑、保香、防冻及收敛等性能。

水是良好的溶剂，也是一些化妆品的基质原料，如清洁剂、化妆水、霜膏、乳液、水粉、卷发剂等都含大量的水。现在广泛使用在化妆品中的是去离子水和纯净水。

乙醇主要利用其溶解、挥发、芳香、防冻、灭菌、收敛等特性，应用在制造香水、花露水及发水等产品上。

丁醇、戊醇、异丙醇等也是化妆品中常用的溶剂。醇类是香料、油脂类的溶剂，也是化妆品的主要原料。醇分低碳醇、高碳醇、多元醇。低碳醇是香料、油脂的溶剂，能使化妆品具有清凉感，并且有杀菌作用。高碳醇除在化妆品中直接使用外，还可作为表面活性剂亲油基的原料。常用的醇还有四氢糠醇、月桂醇、十五醇（鲸蜡醇）、十八醇（硬脂醇）、油醇、羊毛脂醇。常用的多元醇还有乙二醇、聚乙二醇、丙二醇、甘油、山梨糖醇等。它们是化妆品的主要原料，可做香料的溶剂、定香剂、粘度调节剂、凝固点降低剂、保湿剂。

4.4.2 辅助原料

除基质原料外的所有原料都叫辅助原料，它们是为化妆品提供某些特定性能而加入的原料，如香料、颜料、防腐剂、抗氧化剂、保湿剂、水溶性高分子、乳化剂等。

4.4.2.1 香料香精

香料和香精将在第五章中详细介绍。

4.4.2.2 色料

在美容化妆品中，要适当地使用色料，使皮肤显现自然而健康的化妆效果。色料分有机合成色素（包括染料、色淀、颜料）、无机颜料和天然色素。

1. 有机合成色素

染料必须对被染的基质有亲和力，能被吸附或溶解于基质中，使被染物具有均匀的颜色。染料分为水溶性的和油溶性的两种。水溶性染料的分子中含有水溶性基团（磺酸基），而油溶性染料的分子中不含可溶于水的基团。按生色基团来分，可分成：①偶氮系染料，在化妆品中许可使用的染料中多属于偶氮系列。水溶性偶氮染料用于化妆水、乳液、香波等的着色。油溶性偶氮染料用于乳膏、头油等油性化妆品的着色。②呫吨系染料，用于口红、香水、香料等的着色。③氮萘系染料，用于肥皂、香波、化妆水的着色。④三苯甲烷系染料，非常易溶于水，呈现绿色、青色、紫色，用于化妆水和香波的着色，缺点是耐光性不好，对碱敏感，用时需经过试验。⑤蒽醌系染料，有青色、绿色、紫色，耐光性好，水溶性的用于化妆水、香波的着色，油溶性的用于头油等的着色。其他染料还有靛蓝系染料、亚硝基系染料等。

色淀是指不溶于水的染料和颜料。色淀分两种：一种是通过钙盐、钡盐、锶盐使难溶于水的染料形成不溶于水的色淀颜料；另一种是用硫酸铝、硫酸锆等沉淀剂使易溶性染料生成沉淀，并吸附在氧化铝上形成染料沉淀。用于口红、胭脂等。

2. 颜料

颜料是一种不溶于水、油、溶剂并能使他种物质着色的粉末。颜料比色淀有较好的着色力、遮盖力、抗溶性和耐久性，广泛用于口红、胭脂及演员用化妆品。常用的无机颜料称做矿物性颜料，对光稳定性好，不溶于有机溶剂，但其色泽的鲜艳程度和着色力不如有机颜料，主要用于演员化妆的底粉、香粉、眉黛等化妆品。化妆品用的主要无机颜料有：氧化锌（ZnO）、二氧化钛（TiO_2）都是白色；三氧化二铁（Fe_2O_3）为红色；氢氧化铬、群青为青色；紫群青为紫色；氢氧化亚铁（$Fe(OH)$）为黄色；氧化铬（Cr_2O_3）为绿色；碳黑、四氧化三铁［Fe_3O_4（FeO、Fe_2O_3）］为黑色。

能产生珍珠光泽效果的基础物质叫做珍珠颜料或珍珠光泽颜料，常用于口红、指甲油、固体香粉等系列产品。供化妆品用的珠光原料有鱼鳞片、氯氧化铋、氧化钛、云母等。

3. 天然色素

取自动植物的天然色素，由于着色力、耐光、色泽鲜艳度和供应数量等问题，已经大部分被有机合成色素所代替。一些普遍稳定的天然色素仍用于食品、医药品和化妆品。如胭脂红、红花苷、胡萝卜素、姜黄和叶绿素等。胭脂虫红是从寄生在仙人掌上的雌性胭脂虫干粉中提取出来的红色色素，其主要成分是胭脂红酸，作为唇膏色素的原料。红花苷是从红花花瓣中提取的红色素，它不溶于水，微溶于丙酮和醇，有鲜艳的红色。

叶绿素广泛存在于植物体中，常和胡萝卜素共存，是植物进行光合作用的重要因子。已发现共有5种叶绿素，分为a、b、c、d、e，其中以叶绿素a($C_{55}H_{72}MgN_4O_5$)含量最高，是用乙醇作为溶剂，从蚕粪中萃取制得。

胡萝卜素是绿叶植物中重要色素之一，常见于一切动植物组织中，它是胡萝卜、奶油、蛋黄的主要色素，是维生素A的前身，以数种异构体而存在，α－胡萝卜素熔点为175 ℃，β－胡萝卜素是棕色晶体，熔点为181～182 ℃，不溶于水，稍溶于乙醇和乙醚。

4.4.2.3 防腐剂

在化妆品中常加有蛋白质、维生素、油、蜡等，另外还有水分。为了防止化妆品变质，需要加入防腐剂。对用于化妆品的防腐剂要求较高，一般要求含量极少就能抑菌，颜色要淡、味轻、无毒、无刺激、贮存期长、配伍性能好、溶解度大，这样才能满足上述要求。适用于化妆品的防腐剂不多，特别是用于面部、眼部化妆品内的防腐剂选择更须慎重。有的国家规定了化妆品中防腐剂的用量，如在100 g化妆品中规定防腐剂安息香酸占0.2w%、安息香酸盐占1.0w%、水杨酸占0.2w%、水杨酸盐占1.0w%、酚占0.1w%、清凉茶醇及其盐占0.5w%、脱氢乙醇及其酯占0.5w%、对羟基苯甲酸占1.0w%、对氯间甲酚占0.5w%、硼酸占0.5w%。为了获得广谱的抑菌效果，经常把2～3种防腐剂混合后使用。防腐剂品种很多，按其结构可分成几类：酸类如安息香酸、水杨酸、脱氢乙酸、山梨酸；酚类如对氯间甲酚、对异丙基间甲酚、邻苯基苯酚、对羟基苯甲酸酯类（甲、乙、丙、丁酯）（其商品名是尼泊金）；酰胺类如2,4,4′－三氯代－N－碳酰苯胺；季铵盐类如烷基三甲基氯化铵、烷基溴化喹啉、十六烷基氯化吡啶；醇类如乙醇，有很好的防腐作用，在pH值为4～6的溶液中，乙醇浓度在15w%时已有效。在pH值为8～10的溶液中，乙醇浓度须在17.5w%以上。二元醇、三元醇的抑菌效果较差，浓度要在40w%以上才有效。异丙醇抑菌效力与乙醇基本相同，有些香料也有抑菌效果，如丁香酚和香兰素。另外还有柠檬醛、橙叶醇、香叶醇、玫瑰醇等。

使用防腐剂必须有所选择，有些化妆品如卷发剂、染发剂、收敛剂、爽身粉、香水、化妆水等，因产品本身不具备微生物生长的条件，配方中没有水分，不需要加防腐剂；pH值高于10低于2.5的产品，乙醇含量超过40w%的产品，甘油、山梨醇和丙二醛等在水相中的含量高于50w%及含有高浓度香精的产品都属于不需要加防腐剂的范围。由于很多防腐剂只能在很狭窄pH值范围内发挥较好的效果，因此，选用防腐剂时应注意其pH值。还必须考虑配方中各成分对防腐剂的影响，尤其是配方中用了非离子型表面活性剂的产品。通过抑菌试验确定选用何种防腐剂。如果是乳化体，对油相则加油溶性防腐剂，对水相则加水溶性防腐剂，两者配合使用能取得较好的效果。对易污染的产品，选用防腐剂，应考虑再污染的问题。对于中性高营养成分又含大量水分的产品，必须采用高效和较多量的防腐剂。

4.4.2.4 抗氧化剂

化妆品中多含有动植物油脂、矿物油，这些组分在空气中能自动发生氧化，而降低化妆品的质量，甚至产生有害于人体健康的物质，因而，必须加抗氧化剂防止化妆品自动氧化。

抗氧化剂大致分为苯酚系、醌系、胺系、有机酸、酯类以及硫黄、磷、硒等无机酸及其盐类。如丁基羟基茴香醚(BHA)、十丁基羟基甲苯(BHT)、五倍子酸丙酯、维生素E等。BHA在低浓度时,抑制氧化的能力大,对动物油脂的效果好,BHT对矿物油效果好,五倍子酸丙酯在低浓度时,对植物油的效果较好。如果使用上述抗氧化剂的混合物比单独使用某一种抗氧化剂的效果更好,这说明抗氧化剂的混合物起到增效作用。为了达到化妆品的安全性和质量要求,抗氧化剂必须满足以下条件:① 只加入极少量就有抗油脂氧化变质的作用。② 抗氧化剂本身或它在反应中生成的物质,必须是完全无毒性的。③ 不会带给化妆品异味。④ 价格较便宜。抗氧化剂在含油脂的化妆品中用量一般是0.02*w*%~0.1*w*%,常用于化妆品中的抗氧化剂有:

(1) 2,6-二叔丁基-4-甲基苯酚(BHT),相对分子质量220.19,是白色结晶状粉末,无臭,无味,不溶于水、氢氧化钾溶液和甘油。能溶于许多溶剂,在乙醇中溶解度为25*w*%(20 ℃),在豆油中溶解度为30*w*%(25 ℃)在猪油中溶解度为40*w*%(40 ℃),热稳定性好。

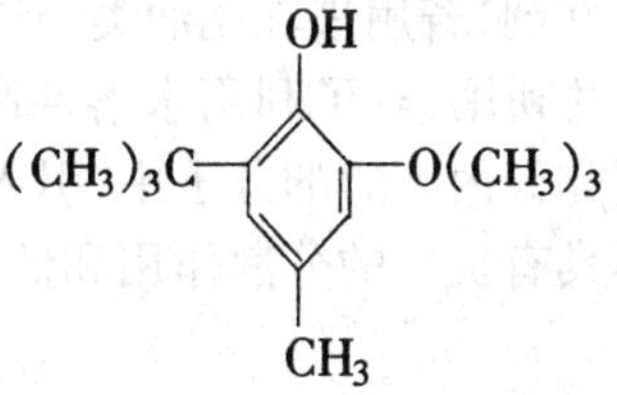

2,6-二叔丁基-4-甲基苯酚

(2)叔丁羟基茴香醚(BHA)。结构式为

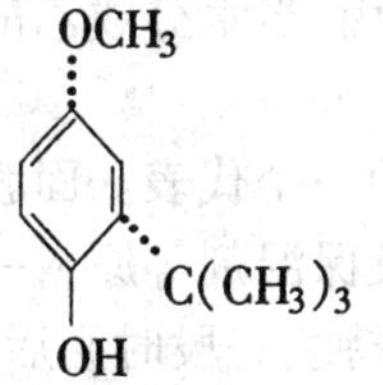

和

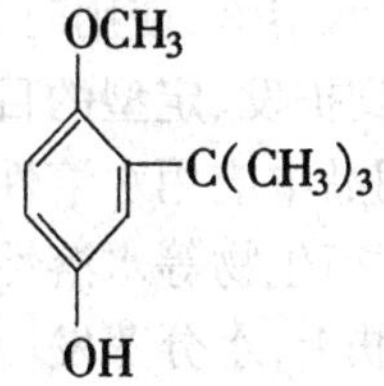

3-叔丁基-4-羟基茴香醚　　2-叔丁基-4-羟基茴香醚

相对分子质量180.25,它与没食子酸丙酯、柠檬酸、磷酸有很好的协同效果。

(3)没食子酸丙酯(也称五倍子酸丙酯)。结构式为

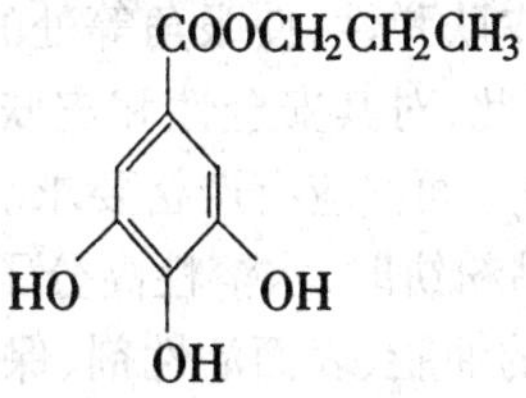

没食子酸丙酯

相对分子质量212.20,是白色或浅黄色粉末,能溶于醇和醚,含量98.5*w*%~102.5*w*%,熔点146~148 ℃,在水中溶解度约0.1*w*%,也是一种食用防腐剂,无毒性。其他抗氧化剂有维生素E,去甲二氢的创木酸(简称NDGA)、磷脂等。

4.4.2.5 水溶性高分子化合物

水溶性高分子化合物是化妆品中常用的添加剂之一,它的分子中大都含有羟基、羧基或氨基等亲水基,性能随结构不同而不同。当它与水发生水合作用时,呈球形或凝胶状态。人

们把这种粘性液体称为粘液质。水溶性高分子化合物在化妆品中主要作用是对分散体系起稳定作用(或称胶体保护作用),对乳液、蜜类半流体起增粘作用,对膏霜类半固体起增稠或凝胶化作用,还具有成膜性、粘合性、气泡稳定作用、保湿作用。

(1) 胶体保护作用。如黄蓍胶粉、羧甲基纤维素钠、聚乙烯醇、丙烯酸聚合物等常加到乳液类化妆品或含有无机粉末的化妆打底用的美容化妆品中,以提高乳液的稳定性。

(2) 对半流体的增粘、凝胶化作用。有些乳液型化妆品,当从瓶口倾出时,像水一样,这无论从稳定性角度,还是从产品外观和使用性能方面来看,都不能令人满意。若在化妆品中添加水溶性高分子化合物后,即可赋于化妆品适当粘度,既没有粘糊感,也不有拉丝现象。使用后给人以舒适的感觉。实际上,能满足这种要求的水溶性高分子化合物有榅桲提取物,呫吨胶、海藻酸钠、甲基纤维素、聚丙烯酸钠、聚乙二醇等,可用在乳液类化妆品和润手液中。

(3) 乳化和分散作用。一些水溶性高分子化合物(如聚乙烯醇、聚丙烯酸、聚乙二醇等)是表面活性物质,但不是表面活性剂,若用来乳化油类物质时,还需提供较多能量。近年来,随着高效率乳化机械设备的开发利用,有了利用水溶性高分子化合物作乳化剂的可能性。若在某些疏水性高分子化合物(如聚丙二醇的分子中)引入亲水基环氧乙烷而得到相对分子质量为几千的嵌段共聚物,使其具有良好的分散作用和低起泡性,同时对皮肤的刺激性和毒性都很低,比较适用于化妆品。

(4) 成膜作用。水溶性高分子化合物的水溶液,当水分蒸发后,便生成网状结构的薄膜。这是该化合物在化妆品中的重要作用之一。喷发剂、发型固定液、护发水、发膏等都含水溶性高分子化合物水溶液,使用时都发挥出成膜作用,当水分或乙醇蒸发后,形成高分子化合物的薄膜,而达到护发、定型的目的。

面膜是在护肤用品中应用水溶性高分子化合物的一个代表。面膜是用聚乙烯醇、聚丙烯酸衍生物或纤维素衍生物等水溶性高分子化合物及保湿剂等原料一起溶于水,而制成的均匀膏体,涂布在皮肤上,水分蒸发后形成一层薄膜,持续一段时间后可剥离掉。伴随水溶性高分子薄膜的形成过程,对皮肤会产生一定的刺激和绷紧作用,能促进血液循环,同时对皮肤表面和毛孔中存在的排泄物和污垢等具有溶解吸附作用,当薄膜剥离时一起被清除掉。

“去皱制品”中也使用水溶性高分子化合物,起着与面膜相同的作用,只是不能很快剥离,持续利用其收缩功能,可赋予皮肤弹性,使眼角等处的细小皱纹逐渐消失。显然,这类化妆品需长时间留在脸部皮肤上,因此,对其安全性和皮肤代谢功能的影响,以及与皮肤的亲合性,膜的弹性、柔软性、透明性等方面都应有严格要求。

(5) 粘合性。在制美容化妆品粉饼时,水溶性高分子化合物被用做胶粘剂,该胶粘剂的粘合强度要适当。一般是与少量的油脂、表面活性剂、保湿剂一起使用,常选用海藻酸钠、羧甲基纤维素、甲基纤维素、聚乙烯醇等配制成胶粘剂。用于粉饼和锭状化妆品。

(6) 保湿作用。水溶性高分子化合物具有一定的保湿功能,但比多元醇的保湿作用小得多。它只是通过其亲水基与水作用形成氢键而显示出一定的保湿作用。

(7) 泡沫稳定作用。水溶性高分子化合物常用于与泡沫有密切关系的化妆品中,如剃须膏、泡沫浴剂、洗发香波、体用气溶胶制品。

4.4.2.6 中草药和瓜果类原料

随着人民生活水平的提高和科学技术的发展,人们不仅要求化妆品具有美容的作用,而且还要有营养、预防、保健的效果。这就要求把中草药瓜果类原料更多地引入化妆品中。

(1) 化妆品中用的中草药种类及其作用。化妆品中所用的中草药是由中草药萃取液或浓缩物进行调配而成的。中国、日本及欧美各国目前常用于化妆品的中草药及其用途如表4.8。表中所列中草药都是配入化妆品中的外用药。但也有内服的美容中药,如治粉刺、雀斑、老年斑用的药有荆芥、杷子、薄荷、甘草、川芎、桃仁、柴胡、黄连、半夏等;对皮肤有白晰效果的有当归、芍药、白术、大黄等;防肥胖用的有防己、黄蓍、连翘、枳实、柴胡等;解毒美肤用的有蕺菜、枸杞叶等。

表 4.8　化妆品用中草药及其作用

植物名	主要成分	用途								
		防治雀斑、老年斑、皮肤粗糙	防治皱纹	防粉刺	消炎止痒	软化皮肤	防肥胖	抑汗防臭	洗发	保湿
山金车花(花)	山金车甙(苦味素)	+		+	+					
芦　荟	芦荟素			+	+	+	+	+	+	+
延命皮	延命素(苦味配糖物)			+					+	
黄　柏	小檗碱(生物碱)	+		+		+				
小连翘	黄酮类,金丝桃素(蒽醌衍生物)	+		+						+
宝盖草(花)	醋酸里哪酯(精油),丹宁			+					+	
荷兰芥子(叶)	芥子里(配糖物)			+					+	
海　藻	藻酸,碘怖氨酸					+			+	
鹤　虱	粳芯,蒽醌类物质						+		+	
西洋甘菊	甘菊环,萜烯醇,丹宁	+		+	+	+			+	
甘　草	甘草皂甙(三萜系化合物皂角甙)				+	+				+
杏　仁	脂油,扁桃甙		+			+				
桂　皮	肉桂醛	+		+						
柴　胡	柴胡皂甙等皂角甙	+								
鼠尾草(花)	蒎烯,(冰片)精油			+				+	+	
紫草根	紫振宁	+	+	+	+					
级木(花)	法呢醇	+			+					
生　姜	姜酚,姜油酮	+		+						
人　参	胡萝卜素,维生素 A、B									+
绣线菊(花)	法呢醇,粘液物质,番椒嗪		+	+			+	+		
问荆(叶、茎)	问荆甙(黄酮类化合物)									
千叶蓍	生物碱,倍半萜烯				+					
西洋菩提树	丹宁,黄酮类化合物,粘液物质		+						+	
钱葵(叶、茎)	液粘物质,丹宁			+					+	+
川　芎	芎劳内酯	+			+				+	
当　药	獐牙菜甙(苦味配糖物)			+						
大　黄	大黄酚(蒽醌衍生物	+		+						
朝鲜人参	人参皂甙(皂角甙配糖物)		+		+					+
桃　花	山奈酚配糖物		+		+					
当　归	藁本内酯(酞内酯类),香豆素	+	+	+	+					
金盏草(花)	金盏素(苦味素)类胡萝卜素	+		+	+		+		+	+

续表 4.8

植物名	主要成分	用途								
		防治雀斑、老年斑、皮肤粗糙	防治皱纹	防粉刺	消炎止痒	软化皮肤	防肥胖	抑汗防臭	洗发	保湿
常春藤(木)	常春藤皂甙(三萜系化合物皂角甙)	+		+						
菟丝子	树脂样配糖物	+		+						
接骨木	接骨木甙(氰酸配糖物)粘液物质				+				+	
薄　荷	薄荷醇(精油)	+		+						
金缕梅(叶)	丹宁,没食子酸	+		+						
牡丹皮	丹皮酚,配糖物	+		+				+		
蛇麻草(花)	葎草酮(精油),黄酮配糖物		+							
松树(花)	松香亭酸,萜烯(精油)		+						+	
七叶树	皂角配物,皂角甙类	+		+				+	+	
迷迭香(花、叶)	按树脑,冰片,萜烯(精油)		+						+	
益母草	芸香甙,益母草碱	+	+			+			+	+
杨梅皮	杨梅酮,丹宁	+		+						
薏苡仁	淀粉,蛋白,油脂,固醇,薏苡仁脂				+				+	
龙　胆	龙胆苦味配糖物			+						
连　翘	比林,连翘甙配糖物			+		+				
颠茄根	东莨菪甙(生物碱)			+						

① 皮肤化妆品用药。水芹科植物如当归、白芷、藁木、川芎等有扩张血管和消炎作用,治疗雀斑、老年斑效果很好。主要是由于水芹有抗酪氨酸酶的作用,能抑制黑色素的生长,所以对治疗雀斑、老年斑有效。

② 毛发化妆品用药。当药及其萃取物对脱发症患者治疗有效率为 80%。当药的成分是獐牙菜苷、龙胆苦苷等苦味配糖物,其挥发成分是当药素、异当药素等。当药的有效成分可使皮肤微血管扩张、血液循环旺盛、皮肤氧化还原能力亢进。

款冬、蒲公英,都属于菊科植物,有相同的药物,其萃取液能使末梢血管扩张,增强末梢血液循环,来促进毛根活性。适用于生发香水、乳液型、软膏类化妆品。

此外,其他药物如维生素也常用于化妆品,用来防止人体出现维生素缺乏症。其症状主要的表现:缺乏维生素 A,皮肤干燥、毛囊性角化;缺乏维生素 B_1,头屑多、脂漏症;缺乏维生素 B_2,出现湿疹、对日光过敏、脂漏症、口疹炎;缺乏维生素 C,出现毛囊角化、色素沉着;缺乏维生素 D,出现皮肤干燥、湿疹;缺乏维生素 E,出现更年期皮肤变化、粉刺、渗出性红斑。

(2) 在化妆品中用的瓜果类原料。瓜果类早已是化妆品的原料,因为瓜果中含有丰富的维生素、有机酸、蛋白质、矿物质等,都是化妆品的必要成分。主要用于化妆品的瓜果有:黄瓜、胡萝卜、莴苣、番茄、苹果、香蕉、杏、樱桃、葡萄、柠檬、草莓、木莓等。

黄瓜中的氨基酸用于收敛、粘蛋白用于水合、矿物质用于保湿,各种维生素、磷酸、硫黄、脂肪对皮肤的功效是治愈伤口。所以黄瓜常用于治疗皮肤病,做镇痛剂、减充血剂、清洁剂。后来用于化妆品,做成美容蜜、健肤霜、皮肤营养霜、清洁蜜、面膜、黄瓜霜。另外也可做保湿剂,用量一般为 $5w\% \sim 15w\%$,多则可达 $50w\%$以上。胡萝卜中含有胡萝卜素、糖、果胶、微量元素、维生素,能用来治疗各种疾病,用于皮肤营养霜、美容蜜、面膜中。莴苣含有水分、葡萄糖、蛋白质、矿物质、维生素、有机酸等，在化妆品中可代替黄瓜用，已用做保湿剂、保春霜、面部按摩霜、美容乳液、护肤调理霜、镇痛蜜。番茄中含有桔子酸、糖、番茄红素、黄酮类化合物、维生素C、维生素A以及氨基酸。番茄色素在化妆品中作为染色剂，番茄汁有杀菌作用，用于治疗伤口。苹果中含有水分、糖、有机酸、单宁、酚、果胶、蛋白质、维生素，有治愈伤口的功能。苹果的肉质做润肤剂、面膜的基料，用于健肤霜、婴儿霜、发油、香波、植物蜜、护肤乳剂、卸装油、晒黑剂、面用蜜、面用奶液、面膜等。香蕉含60*w*%的糖分和维生素A、维生素B、维生素C、维生素E以及矿物质、蛋白质等，用于治疗皮肤病，在化妆品中用于润肤膏、干性皮肤用蜜、清洁剂、雪花膏。杏中含有机酸、果胶、糖、维生素B、黄酮醇、胡萝卜素，用于治疗皮肤病，干燥皮肤的面膜、健肤蜜。葡萄含糖、蛋白质、有机酸、维生素，已用于美容，制成抗皱霜、面膜、牙膏、皮肤营养剂。樱桃中含糖、有机酸、单宁、果胶、蛋白质、维生素，有滋润皮肤、使皮肤光滑的作用，又有收敛性，用于皮肤营养霜、美容蜜、面膜。柠檬的成分有糖、柠檬酸、果胶、蛋白质、维生素C、维生素B_1。果质中含有香精油和胡萝卜素，有收敛和防腐的效果，用于防止皮肤毛细孔扩张和产生粉刺，防止指甲断裂、防皱、保持牙齿洁白，已用于许多化妆品，如油性皮肤蜜、面膜等。桔子中含有大量的维生素C、维生素B_1、维生素B_2、维生素D、泛酸、糖、有机酸等，有消炎作用，用于洗伤口，在化妆品中用做载色体用于染发乳、清洁霜、清洁蜜、镇痛蜜等中。

4.5 化妆品的增溶与乳化

几乎各种类型的化妆品都使用表面活性剂。利用表面活性剂的增溶作用增加一些不溶或难溶于水的有机物在水中的溶解度，使之混合成透明或半透明的产品，并广泛应用于化妆品生产中，如将香精和精油增溶于水中制成花露水、古龙水和化妆水，配制凝胶状(即啫喱型)透明的整发、护发、护肤和沐浴制品等。

4.5.1 增溶作用

表面活性剂在水溶液中形成胶团以后，使不溶于水或难溶于水的有机化合物的溶解度显著增加，这种作用称为增溶作用。增溶作用与表面活性剂在水溶液中形成胶团有关，在达到*cmc*以前并没有增溶作用，只有在达到*cmc*以后增溶作用才明显表现出来。而且表面活性剂浓度愈高，生成的胶团数愈多，增溶作用愈强。

影响增溶作用的因素很多，例如表面活性剂和被增溶物的结构、有机物添加剂、无机盐及温度等皆影响增溶能力。

从表面活性剂结构来讲，长的疏水基碳氢链要比短的增溶性强，疏水基有支链或不饱和结构，使增溶性降低。具有相同亲油基的各类表面活性剂，对烃类和极性有机物的增溶作用顺序是：非离子表面活性剂 > 阳离子表面活性剂 > 阴离子表面活性剂。

从被增溶物来讲，脂肪烃与烷基芳烃的增溶量随其碳数的增加而减少，随其不饱和程度及环化程度的增加而增加。对于多环芳烃，增溶量随分子大小的增加而减小。支链化合物与直链化合物的增溶程度相差不大。被增溶物的增溶量随极性增大而增高。例如，正庚烷的一个氢原子被—OH基取代而成正庚醇，增溶量就显著增加。

有机物添加剂如非极性化合物增溶于表面活性剂溶液中，可使极性有机物的增溶程度增加。反过来,当溶液中增溶了极性有机物后,非极性有机物的增溶程度同样会增加。但增溶了一种极性有机物时,会使另一种极性有机物的增溶程度降低,这是因为两种极性有机化合物争夺胶团栅栏位置的结果。极性有机物的碳链愈长,极性愈小,使非极性有机物增溶程度增加得愈多。带有不同官能团的有机物,因极性不同,使烃增加的增溶能力亦不同,它们使烃增加增溶能力的顺序为 $RSH > RNH_2 > ROH$。

中性电解质加入离子型表面活性剂水溶液中,可增加烃类等非极性有机物的增溶量,但却减小极性有机物的增溶量。中性电解质的加入,使离子型表面活性剂的 *cmc* 大为降低,并且使胶束聚集数增加,胶束变大,其结果是增加了碳氢化合物的增溶量。但中性无机电解质的加入,使胶束分子的电斥力减弱,排列得更加紧密,从而减少了极性有机化合物增溶的可能位置,使其增溶量降低。中性电解质加入含聚氧乙烯型非离子表面活性剂水溶液中时,会使胶束聚集数增加,从而增大烃类的增溶量。

温度对增溶作用的影响,因表面活性剂及被增溶物的不同而异。对于离子型表面活性剂,温度升高,对极性与非极性物的增溶量增加。对于聚氧乙烯型非离子表面活性剂,温度升高时,非极性的烃类、卤代烷、油溶性染料增溶程度有很大提高。极性物的增溶则有不同情况,增溶量往往随温度上升(到达浊点以前)而出现一最大值,再升高温度时,极性有机物的增溶降低。其原因是继续提高温度,加剧了聚氧乙烯基的脱水,聚氧乙烯基易卷缩得更紧,减少了极性有机物的增溶空间。对于短链极性有机物,在接近浊点时,此种增溶作用的降低更加显著。

当表面活性剂分子之间存在着强的相互作用时,会形成不溶的结晶或液晶。因为在硬的液晶结构中,供增溶作用可利用的空间较有弹性胶束为小,故形成的液晶会限制增溶作用。某些非表面活性物质的添加能阻止表面活性剂液晶相的生成,使有机物在水中的溶解度增加,这一作用被称为水溶助长作用,这类物质称为水溶助长剂。水溶助长剂的结构与表面活性剂有些相似,在分子内都含有亲水基和疏水基,但与表面活性剂不同,水溶助长剂的疏水基一般是短链、环状或带支链的,如苯磺酸钠、甲苯磺酸钠、二甲苯磺酸钠、异丙基苯磺酸钠、1-羟基-2-环烷酸盐、2-羟基-1-萘磺酸盐和2-乙基己基硫酸钠等。

水溶助长剂能与表面活性剂形成混合胶束,但由于其亲水基部分大,疏水基小,倾向形成球形胶束,而不倾向形成层状胶束或液晶结构,因而阻止液晶形成,从而增加表面活性剂在水中的溶解度及其胶束溶液对有机物的溶解能力。

4.5.2 乳状液及影响乳状液类型的因素

4.5.2.1 乳状液与乳化体

乳状液是一个多相分散体系,其中至少有一种液体以液珠的形式均匀地分散于另一个和它不相混合的液体之中。液珠的直径一般大于 0.1 μm。此种体系皆有一个最低的稳定度,这个稳定度可因表面活性剂或固体粉末的存在而大大增加。

乳化体是由两种不相混合的液体,如水和油所组成的两相体系,即由一种液体以球状微粒分散于另一种液体中所组成的体系,分散成小球状的液体称为分散相或内相;包围在外面的液体称为连续相或外相。当油是分散相、水是连续相时,称为水包油(O/W)型乳化体;反之,当水是分散相、油是连续相时,称为油包水(W/O)型乳化体。

不相混溶的油和水两相借机械力的震摇搅拌之后，由于剪切力的作用，使两相的界面积大大增加，从而使某一相呈小球状分散于另一相之中，形成暂时的乳化体。这种暂时的乳化体是不稳定的，因为两相之间的界面分子具有比内部分子更高的能量，它们有自动降低能量的倾向，所以小液珠会相互聚集，力图缩小界面积，降低界面能，这种乳化体经过一定时间的静置后，分散的小球会迅速合并，从而使油和水重新分开，成为两层液体。

乳化剂能显著降低分散物系的界面张力，在其微液珠的表面上形成薄膜或双电层等，来阻止这些微液珠相互凝结，增大乳状液的稳定性。

因此要制得均匀稳定的乳化体，除了必须加强机械搅拌作用以达到快速、均匀分散的目的之外，还必须加入合适的乳化剂，提高乳化体的稳定性。

4.5.2.2 影响乳状液类型的因素

乳状液是一种复杂的体系，影响其类型的因素很多，很难简单地归结为某一种，下面叙述一些可能影响乳状液类型的因素。

(1) 相体积。若分散相液滴是大小均匀的圆珠，则可计算出最密堆积时，液滴的体积占总体积的 74.02φ%，即其余 25.98φ%应为连续相。若分散相体积大于 74.02φ%，乳状液就会发生破乳或变型。若水相体积占总体积的 26φ% ~ 74φ%，O/W 型和 W/O 型乳状液均可形成；若小于 26φ%，则只能形成 W/O 型，若大于 74φ%，则只能形成 O/W 型乳状液。

(2) 乳化剂的分子构型。乳化剂分子在分散相液滴与分散介质间的界面形成定向的吸附层。经验表明，钠、钾等一价金属的脂肪酸盐作为乳化剂时，容易形成水包油型乳状液；而钙、镁二价金属皂作为乳化剂时，易形成油包水型乳状液。由此提出了乳状液类型的“定向楔”理论，即乳化剂分子在界面定向吸附时，极性头朝向水，碳氢链朝向油相。从液珠的曲面和乳化剂定向分子的空间构型考虑，有较大极性头的一价金属皂有利于形成 O/W 型乳状液，而有较大碳氢链的二价金属皂，则有利于形成 W/O 型乳状液。

(3) 乳化剂的亲水性。经验表明，易溶于水的乳化剂，易形成 O/W 型乳状液；易溶于油者，则易形成 W/O 型乳状液。这种对溶度的考虑推广到乳化剂的亲水性(即使都是水溶性的，也有不同的亲水性)，就是所谓 *HLB*(亲水－亲油平衡)值。*HLB* 值是人为的一种衡量乳化剂亲水性大小的相对数值，其值愈大，表示该乳化剂亲水性愈强。例如，油酸钠的 *HLB* 值为 18，甘油单硬脂酸酯的 *HLB* 值为 3.8，则前者的亲水性要大得多，是 O/W 型乳状液的乳化剂；后者是 W/O 型乳状液的乳化剂。

从动力学观点出发，在乳化剂存在下，将油和水一起搅拌时，生成的乳状液的类型，可归因于两个竞争过程的相对速度：① 油滴的聚结；② 水滴的聚结。可以想象，搅拌会使油相和水相同时分裂成为液滴，而乳化剂是吸附在围绕液滴的界面上的，成为连续相的一定是聚结速度较快的那一相，如果水滴聚结速度远大于油滴，则生成 O/W 型，反之则形成 W/O 型，当两相聚结速度相当时，则体积较大的相成为连续相。

通常界面膜中乳化剂的亲水基团形成对油滴聚结的阻挡层，而界面膜中乳化剂的疏水基团形成对水滴聚结的阻挡层。因此，界面膜乳化剂的亲水性强，则形成 O/W 型乳状液；若疏水性强，则形成 W/O 型乳状液。

(4) 乳化器材料性质。乳化过程中器壁的亲水性对形成乳状液的类型有一定影响。一般情况是，亲水性强的器壁易得到 O/W 型乳状液，而疏水性强的则易形成 W/O 型乳状液。有人自实验结果得出：乳状液的类型和液体对器壁的润湿情况有关。一般来说，润湿器壁的液体容易在器壁上附着，形成一连续层，搅拌时这种液体往往不会分散成为内相液珠。

4.5.3 乳状液的稳定性

化妆品所能储存的时间长短，是化妆品的一个重要质量指标，而这又是由化妆品乳状液的稳定性所决定的，前面讲到乳状液是一种液体分散于另一种和它不相混溶的液体中形成的多相分散体系，是不稳定体系。因此这里所说的稳定性，主要是指相对稳定性。

化妆品乳状液的稳定性可以分成两类：一类为力学稳定性；一类是微生物稳定性。这里只对力学稳定性进行介绍。

影响乳状液稳定性的因素非常复杂，但可以对其中最主要的方面，即界面膜的作用做更多的考虑，因为乳状液的稳定与否，与液滴间的聚结密切相关，而界面膜则是聚结的必由之路。本节主要联系界面性质，讨论影响乳状液稳定性的一些因素。

4.5.3.1 界面张力

为了得到乳状液，需将一种液体高度分散于另一种液体中，这就大大增加了体系的界面积，也就是要对体系做功，增加体系的总能量；这部分能量以界面能的形式保存于体系中，这是一种非自发过程。相反，液珠聚结，体系中界面减少（也就是说体系自由能降低）的过程才是自发过程，因此，乳状液是热力学不稳定体系。

为了尽量减少这种不稳定程度，就要降低油水界面张力，达到此目的的有效方法是加入乳化剂（表面活性剂）。由于表面活性剂具有亲水和亲油的双重性质，溶于水中的表面活性剂分子，其疏水基受到水的排斥而力图把整个分子拉至界面（油水界面）；亲水基则力图使整个分子溶于水中，这样就在界面上形成定向排列，使界面上的不饱和力场得到某种程度上的平衡，从而降低了界面张力。

4.5.3.2 界面膜的强度

在油－水体系中加入乳化剂，在降低界面张力的同时，根据 Gibbs 吸附定理，乳化剂（表面活性剂）必然在界面发生吸附，形成界面膜，此界面膜有一定强度，对分散相液珠有保护作用，使其在相互碰撞时不易聚结。研究表明，决定乳状液稳定性的最主要因素是界面膜的强度和它的紧密程度。影响膜强度的因素主要有：

(1) 表面活性剂（乳化剂）的浓度。与表面吸附膜的情形相似，当表面活性剂浓度较低时，界面上吸附分子较少，界面膜的强度较差，所形成的乳状液稳定性也较差。当表面活性剂浓度增高到一定程度后，界面膜即由比较紧密排列的定向吸附分子组成，膜的强度也较大，乳状液珠聚结时所受到的阻力比较大，故所形成的乳状液稳定性也较好，大量事实说明此种规律确实存在。用表面活性剂作为乳化剂时，需要加入足够量（即达到一定浓度），才能达到较佳乳化效果。不同的表面活性剂达到最佳乳化效果所需的量也不同，这与其形成的界面膜强度有关。一般讲，吸附分子间相互作用愈大，形成的界面膜的强度也愈大；相互作用愈小，其膜强度也愈小。

(2) 混合乳化剂的膜。在对表面活性剂水溶液的表面吸附膜的研究中发现，在表面膜中同时有脂肪醇、脂肪酸及脂肪胺等极性有机物存在时，则表面活性大大增加，膜强度大为提高（表现为表面粘度增大）。这种现象也存在于油溶性表面活性剂与水溶性表面活性剂构成的混合乳化剂所形成的乳液中。

(3)混合乳化剂的特点。

① 混合乳化剂组成中一部分是表面活性剂（水溶性），另一部分是极性有机物（油溶性），其分子中一般含有—OH、—NH_2、—COOH 等能与其他分子形成氢键的基团。

② 混合乳化剂中的两组分在界面上吸附后即形成定向排列较紧密的"复合物"，其界面膜为一混合膜，具有较高的强度。

上述情况表明，提高乳化效率，增加乳状液稳定性的有效方法之一是使用混合乳化剂。用混合乳化剂所得乳状液比用单一乳化剂所得乳状液稳定，混合表面活性剂的表面活性比单一表面活性剂的表面活性往往要优越得多。

4.5.3.3 界面电荷的影响

大部分稳定的乳状液液滴都带有电荷，界面电荷的来源有三个：即电离、吸附和摩擦接触。

1. 电离

界面上若有被吸附的分子，特别是对于 O/W 型的乳状液，界面电荷来源于界面上水溶性基团的电离是不难理解的。以离子型表面活性剂作为乳化剂，表面活性剂分子在界面上吸附时，碳氢链（或其他非极性基团）插入油相，极性端在水相中，其无机离子部分（如 Na^+、Br^-等）电离，形成扩散双电层，在用阴离子表面活性剂稳定的 O/W 型乳状液中，液珠为一层负电荷所包围。在用阳离子表面活性剂稳定的 O/W 型乳状液中，液珠被一层正电荷所包围。

2. 吸附

对于乳状液来说，电离和吸附的区别往往不很明显，已带电的表面常优先吸附符号相反的离子，尤其是高价离子，因此有时可能因吸附反离子较多，而使表面电荷的符号与原来的相反。对于以离子型表面活性剂为乳化剂的乳状液，表面电荷的密度与表面活性离子的吸附量成正比。

3. 摩擦接触

对于非离子型表面活性剂或其他非离子型乳化剂，特别是在 W/O 的乳状液中，液珠带电是由于液珠与介质摩擦而产生，带电符号可用柯恩规则来判断：即二物接触，介电常数较高的物质带正电荷。在乳状液中水的介电常数(78.6)远较其他液体高，故 O/W 型乳状液中的油珠多半带负电荷，而 W/O 型中的水珠则带正电荷。

乳状液珠表面由于上述原因而带有一定量的界面电荷，这些电荷的存在，一方面，由于液珠表面所带电荷符号相同，故当液珠相互接近时相互排斥，从而防止液珠聚结，提高了乳状液的稳定性；另一方面，界面电荷密度愈大，就表示界面膜分子排列得愈紧密，界面膜强度也将愈大，从而提高了液珠的稳定性。

4.5.3.4 粘度的影响

乳状液连续相的粘度愈大，则分散相液珠的运动速度愈慢，有利于乳状液的稳定，因此许多能溶于连续相的高分子物质常被用做增稠剂,以提高乳状液的稳定性。高分子物质的作用不仅限于此,往往还可以形成比较坚固的界面膜。

要得到比较稳定的乳状液,首先考虑的是乳化剂在界面上的吸附性质,吸附强者,界面浓度大,界面张力降低较多,界面分子排列紧密,相互作用强,因而界面膜强度大,形成的乳状液较稳定;反之,则形成的乳状液就不稳定。总之,提高乳状液的稳定性主要应考虑增加膜强度,其次再考虑其他影响因素。

4.5.4 乳化剂的选择

影响乳状液性能(粒径、稳定性、类型)的因素很多,如乳化方法、乳化剂的结构和种类,相体积、温度等。其中乳化剂的结构和种类的影响最大。选择适宜的乳化剂,不仅可以促进乳化体的形成,有利于形成细小的颗粒,提高乳化体的稳定性;而且可以控制乳化体的类型(即 O/W 型或 W/O 型)。

一般地,作为乳化剂必须满足下列条件:

(1) 在所应用的体系中具有良好的表面活性,产生低的界面张力。这就说明,此种表面活性剂有趋集于界面的倾向,而不易留存于界面两边的体相中,因此,要求表面活性剂的亲水、亲油部分有恰当的比例。在任一体相中有过大的溶解性,都不利于产生低界面张力。

(2) 在界面上形成相当结实的吸附膜。从分子结构的要求角度,希望界面上的吸附分子间有较大的侧向引力,这也和表面活性剂分子的亲水、亲油部分的大小、比例有关。因此当制备乳化体时,作为乳化剂使用的表面活性剂的亲水亲油平衡值——*HLB* 值是制取稳定乳化体的重要因素。

一些常用乳化剂的 *HLB* 值,见表 4.9。

表 4.9 常用乳化剂的 *HLB* 值

商品名	化学名	类型	*HLB* 值
Span 85	失水山梨醇三油酸酯	非离子型	1.8
Span 65	失水山梨醇三硬脂酸酯	非离子型	2.1
Atlas G-1704	聚氧乙烯山梨醇蜂蜡衍生物	非离子型	3
Span 80	失水山梨醇单油酸酯	非离子型	4.3
Span 60	失水山梨醇单硬脂酸酯	非离子型	4.7
Aldo 28	甘油单硬脂酸酯	非离子型	3.8~5.5
Span 40	失水山梨醇单棕榈酸酯	非离子型	6.7
Span 20	失水山梨醇单月桂酸酯	非离子型	8.6
Tween 61	聚氧乙烯失水山梨醇单硬脂酸酯	非离子型	9.6
Atlas G-1790	聚氧乙烯羊毛脂衍生物	非离子型	11
Atlas G-2133	聚氧乙烯月桂醚	非离子型	13.1
Tween 60	聚氧乙烯失水山梨醇单硬脂酸酯	非离子型	14.9
Atlas G-1441	醇羊毛酯衍生物	非离子型	14
Tween 60	聚氧乙烯失水山梨醇单硬脂酸酯	非离子型	14.9
Tween 80	聚氧乙烯失水山梨醇单油酸酯	非离子型	15.0
Myri 49	聚氧乙烯单硬脂酸酯	非离子型	15.0
Atlas G-3720	聚氧乙烯十八醇	非离子型	15.3

续表 4.9

商 品 名	化 学 名	类 型	*HLB* 值
Atlas G - 3920	聚氧乙烯油醇	非离子型	15.4
Tween 40	聚氧乙烯失水山梨醇单棕榈酸酯	非离子型	15.6
Atlas G - 2162	聚氧乙烯氧丙烯硬脂酸酯	非离子型	15.7
Myri 51	聚氧乙烯单硬脂酸酯	非离子型	16.0
Atlas G - 2129	聚氧乙烯单月桂酸酯	非离子型	16.3
Atlas G - 3930	聚氧乙烯醚	非离子型	16.6
Tween 20	聚氧乙烯失水山梨醇单月桂酸酯	非离子型	16.7
Brij 35	聚氧乙烯月桂醚	非离子型	16.9
Myri53	聚氧乙烯单硬脂酸酯	非离子型	17.9
	油酸钠(油酸的 *HLB* = 1)	阴离子型	18
Atlas G - 2159	聚氧乙烯单硬脂酸酯	非离子型	18.8
	油酸钾	阴离子型	20
K_{12}	月桂醇硫酸钠	阴离子型	40

当配方中的各种组成大致确定后，即可对乳化剂进行选择，通常可先计算油相所需要的 *HLB* 值，然后用一系列适合 *HLB* 值与化学类型的乳化剂来试验，以期获得理想的粘度、使用性能和稳定性等。

制备不同油相的乳化体对乳化剂的 *HLB* 值要求也不同，表 4.10 列出了一些乳化油、脂、蜡所需要的 *HLB* 值。

表 4.10　乳化各种油相所需 *HLB* 值

油 相 原 料	W/O 型	O/W 型	油 相 原 料	W/O 型	O/W 型
矿物油(轻质)	4	10	月桂酸、亚油酸	—	16
矿物油(重质)	4	10.5	硬脂酸、油酸	7 ~ 11	17
石蜡油(白油)	4	9 ~ 11	硅油	—	10.5
油相原料	W/O 型	O/W 型	棉籽油	—	7.5
凡士林	4	10.5	蓖麻油、牛油	—	7 ~ 9
煤油	6 ~ 9	12 ~ 14	羊毛脂(无水)	8	12
氢化石蜡	—	12 ~ 14	鲸蜡醇	—	13
十二醇、癸醇、十三醇	—	14	蜂蜡	5	10 ~ 16
十六醇、苯	—	15	巴西棕榈蜡(卡纳巴蜡)	—	12
十八醇	—	16	小烛树蜡	—	14 ~ 15

当油相为混合物时，其所需 *HLB* 值也像乳化剂的 *HLB* 值一样，具有加和性，在化妆品配方中，只有使乳化剂所能提供的 *HLB* 值与油相所需要的 *HLB* 值相吻合，才能得到性能良好且稳定的乳化体。

例如，若乳化体配方(O/W 型)为

蜂蜡	5*w*%	甘油	4*w*%
矿物油	26*w*%	乳化剂	10*w*%
植物油	18*w*%	水	36*w*%

计算需要的 *HLB* 值。

已知乳化油相所需要的 *HLB* 值分别为：

蜂蜡 $HLB=15$，矿物油 $HLB=10$，植物油 $HLB=9$，故混合油相所需 HLB 值为

$$HLB_{油}=\frac{5\times15+26\times10+18\times9}{5+26+18}=10.14$$

由此可知，可以选用 HLB 值约为10的乳化剂。如果采用两种以上的乳化剂配合，亦可用同样方法计算得其 HLB 值。

例如，以 45w%Span60 与 55w%Tween60 混合，即可符合上述要求，其计算如下：

查表知 Span60 的 HLB 为 4.7，Tween60 的 HLB 为 14.9，故

$$HLB_{混合}=\frac{4.7\times45+14.9\times55}{45+55}=10.3$$

选择乳化剂时应注意下面几个问题：

(1) 一个强亲水性与一个强亲油性的乳化剂相混合，乳状液的稳定性会有所降低。当选用两种乳化剂配成混合乳化剂时，HLB 值不要相差过大，一般不超过5为宜，否则所配乳化体的稳定性不好。当选用两种以上时，其 HLB 值最高最低值可以相差大一些。

(2) 选用多个 HLB 值呈等差变化(如 HLB 值分别为6、8、10、12、14、16)的乳化剂组成混合乳化剂，所配乳化体稳定。

(3) 混合乳化剂中各组分用量要主次有别，以保证乳化体的类型及其稳定性。制备 O/W 型乳化体以水溶性乳化剂为主，其余各乳化剂用量按 HLB 顺序，在主乳化剂两侧按一定比例递减。制备 W/O 型乳化体时以油溶性乳化剂为主，其余各乳化剂也按一定比例递减。

(4) 由于温度升高，或表面活性剂浓度增大等影响，乳化剂的实际 HLB 值会有所下降。因此，在选用乳化剂及确定配比时，通常应使乳化剂所提供的 HLB 值略高于乳化油相所需要的 HLB 值。

(5)除了选择合适的乳化剂配比，以使乳化剂的 HLB 值与油相所需 HLB 值相吻合外，乳化剂在化妆品中的用量一般考虑如下

$$\frac{乳化剂重量}{油相重量+乳化剂重量}=10w\%\sim20w\%$$

一般讲，制备稳定乳化体所要求的 HLB 值，与乳化剂浓度的关系并不大。但对某一乳化体，在保证稳定性前提下，乳化剂用量越少越好。油相的量与所需乳化剂量的比值称为该乳化剂的效率。数值愈大，效率愈高。不同的乳化剂，有不同的效率，应尽量选择效率较高的乳化剂。

在符合上述各项条件的基础上，经过调配试验，就容易得到令人满意的、稳定的乳化体。

多重乳状液是一种 O/W 型和 W/O 型乳液共存的复合体系。它可能是油滴里含有一个或多个水滴，这种含有水滴的油滴被悬浮在水相中形成乳状液，这样的体系称为水/油/水(W/O/W)型乳状液。含有油滴的水滴被悬浮于油相中所形成的乳状液，则构成油/水/油(O/W/O)型乳状液。

4.6 典型化妆品的配方结构和设计原则

4.6.1 膏霜类化妆品

在研究膏霜类化妆品的配方时，采用组成与皮脂膜相同的油分是较理想的，但各人的皮

肤差异较大，分泌出的皮脂组成和百分含量亦有差异。表 4.11 是皮脂的组成，它是通过测定 80 人的皮脂后提出的，发表在美国化妆品工业会志(TGA)上。

表 4.11 皮脂的组成

成 分	w%	平均 w%
游离脂肪酸	2.2~56.0	25.0
角鲨烯	1.3~17.3	5.0
其他烃类	0.5~10.0	2.0
蜡类(硬脂酸酯以外的)	12.3~25.0	20.0
硬脂酸酯	1.5~4.5	3.0
游离硬脂酸类	0.7~20.0	1.5
三甘油酯	5.5~37.5	25.0
单和二甘油酯	3.0~13.5	10.5
未确定成分和微量成分	5.0~12.0	8.5

根据皮脂的组成，选择认为对皮肤必需的成分配制产品。因此，膏霜类化妆品主要由油、脂、蜡和水、乳化剂等组成的一种乳化体，它的分类方法很多，按乳化形式和制品含油量分类见表 4.12。若从形态上看，呈半固体状态，不能流动的膏霜类一般称做固体膏霜，如雪花膏、润肤霜、冷霜等；呈液态，能流动的称为液态膏霜，如奶液、清洁奶液等。

表 4.12 膏霜类化妆品的分类

乳化形式	构成成分(w%)			典 型 例 子
	油相量	水相量	其 他	
无油性	0	100	粘液质粉末	冻胶状雪花膏、牙膏
水包油型	10~25 30~50 50~75	90~75 70~50 50~25	粉 末 各种药剂	雪花膏：粉底霜、雪花膏 中性乳膏：收敛性雪花膏、婴儿雪花膏 冷霜：营养霜、清洁霜、按摩霜、按摩膏
油包水型	50~85	50~15	营养药剂	
无水油性	100	0	药剂、粉末	防臭膏、特殊清洁膏、按摩膏

4.6.1.1 雪花膏类化妆品

雪花膏类化妆品属于弱油性膏霜，具有舒适而爽快的使用感，油腻感较少，其代表性的产品有雪花膏、粉底霜、剃须后用膏霜等。

1. 雪花膏

雪花膏是一种以硬脂酸为主要油分的膏霜，由于涂在皮肤上即似雪花状溶入皮肤而消失，故得名。雪花膏在皮肤表面形成一层薄膜，使皮肤与外界干燥空气隔离，能抑制表皮水分的蒸发，保护皮肤不致干燥、开裂或粗糙。

(1) 基础配方。

配 方	w%		w%
化合硬脂酸	3~7.5	不皂化物(如脂肪醇)	0~2.5
游离硬脂酸	10~20.0	精制水	60~80.0
多元醇(如甘油)	5~20.0	香精	适量
碱(按氢氧化钾计)	0.5~1.0	防腐剂	适量

在设计配方时，应掌握下列几点：a. 配方中硬脂酸的用量，一般为 15w%；b. 一般需把

15w% ~ 30w%的硬脂酸中和成皂，假定其中25w%的硬脂酸被中和成皂，其余75w%即为游离硬脂酸；c. 碱的种类较多，在选用不同碱时，用量会有差别。

虽然雪花膏组成比较简单，生产历史也较长，但原料的选择对制品影响较大。

① 硬脂酸。天然来源的硬脂酸是一种脂肪酸的混合物，其中含有硬脂酸45w% ~ 49w%，棕榈酸48w% ~ 55w%，油酸0.5w%。对于一压、二压硬脂酸，由于碘价高，其中含有的油酸较多，会影响制品的色泽，还会引起储存过程中的酸败，故不宜用做雪花膏的原料。一般选用三压硬脂酸作为雪花膏的油性成分。

② 碱类。用氢氧化钠、碳酸钠及硼砂等的制品稠度高，光泽性差；而用氢氧化钾、碳酸钾的制品呈软性乳膏，稠度和光泽较适中。采用氢氧化钾与氢氧化钠比为10∶1(质量比)的复合碱，制品的结构和骨架较好，且有适度光泽。

③ 多元醇。有甘油、山梨醇、丙二醇、二甘醇单乙醚、1,3 - 丁二醇等，其中1,3 - 丁二醇在空气湿度不同的情况下，均能保持皮肤相当的湿度。在雪花膏中分别加入同样量的丙二醇、85w%的山梨醇及甘油，制品的稠度依次增大。多元醇在制品中除了对皮肤有保湿作用外，还能消除制品起“面条”现象。

④ 水质。制造雪花膏用的水质与其他制品要求相同，即必须是经过紫外灯灭菌，培养检验微生物为阴性的去离子水。

⑤ 珍珠光泽。雪花膏常具有珠光，是由脂肪酸结晶的析出所致。用低粘度丙二醇时，极易生成珠光，但配用高碳醇和单硬脂酸甘油酯时，能抑制这种光泽的生成。

(2) 生产工艺。膏霜类化妆品生产工艺具有通用性，主要包括原料预热、混合乳化、搅拌冷却、静止冷却、包装等工艺过程。

① 原料加热。将油相原料甘油、三压硬脂酸等投入设有蒸汽夹套的不锈钢加热锅内，边混合边加热至90 ~ 95 ℃，维持30 min灭菌，加热温度不超过110 ℃，否则油脂色泽逐渐变黄。在另一不锈钢夹套锅内加入去离子水和防腐剂等，边搅拌边加热至90 ~ 95 ℃，维持20 ~ 30 min灭菌，再将碱液(浓度为8w% ~ 12w%)加入水中搅拌均匀。

② 混合乳化。测量油脂加热锅油温，并做好记录，开启加热锅底部放料阀，使升温到规定温度的油脂经过滤器流入乳化搅拌锅，然后启动水相加热锅，搅拌并开启放料阀，使水经过油脂过滤器流入乳化锅内，这样制备下批产品时，过滤器不致被固体硬脂酸所堵塞。

硬脂酸极易与碱起皂化反应，无论加料次序如何，均可以进行皂化反应。乳化锅有夹套蒸汽加热和温水循环回流系统，500 L乳化锅搅拌器转速约50 $r \cdot min^{-1}$较为适宜。密闭的乳化锅使用无菌压缩空气，用于压出雪花膏。

③ 搅拌冷却。在乳化过程中，因加水时冲击产生气泡，待乳液冷却至70 ~ 80 ℃时，气泡基本消失，这时进行温水循环冷却。初期夹套水温为60 ℃，并控制循环冷却水在1 ~ 1.5 h内由60 ℃下降至40 ℃，均相应可控制雪花膏停止搅拌的温度为55 ~ 57 ℃，整个冷却时间约2 h。

在冷却过程中，如果回流水与原料温差过大，骤然冷却，会使雪花膏变粗；温差过小，则会延长冷却时间，所以温水冷却，在每一阶段均须很好地控制。香精在58 ℃时加入。

④ 静止冷却。乳化锅停止搅拌后，用无菌压缩空气，将锅内成品压出，经取样检验合格后须静止冷却到30 ~ 40 ℃才可以进行瓶装。如装瓶时温度过高，冷却后体积会收缩，温度过低，则膏体会变稀薄。一般以隔一天包装为宜。

⑤ 包装。雪花膏是水包油型乳剂，且含水量在 70w%左右，水分很易挥发而发生干缩现象，因此包装密封很重要，也是延长保质期的主要因素之一。沿瓶口刮平后，盖以硬质塑料薄膜，内衬有弹性的厚塑片或纸塑片，将盖子旋紧，在盖子内衬垫塑片上应留有整圆形的瓶口凹纹。另外包装设备、容器必须注意卫生。

(3) 配方实例。

配方 1(反应乳化、非离子乳化并用型)	w%		w%
硬脂酸	10.0	氢氧化钾	0.2
十八醇	4.0	精制水	64.8
硬脂酸丁醇酯	8.0	香精	1.0
甘油单硬脂酸酯	2.0	防腐剂	适量
丙二醇	10.0		

配方 2(非离子乳化型)	w%		w%
硬脂酸	16.0	精制水	70.0
山梨糖醇酐 - 硬脂酸酯	2.0	香料	0.5
聚氧乙烯山梨糖醇酐 - 硬脂酸酯	1.5	防腐剂、抗氧剂	适量
丙二醇	10.0		

2. 粉霜

粉霜兼有雪花膏和香粉的使用效果，不仅有护肤作用，同时有较好的遮盖力，能掩盖面部皮肤表面的某些缺陷。粉霜大致有两种类型：一种是以雪花膏为基体的粉霜，适用于中性和油性皮肤；另一种是以润肤霜为基体的，含有较多油脂和其他护肤成分，适用于中性和干性皮肤。一般多是在雪花膏或润肤霜体中加入二氧化钛和氧化铁等颜料配制而成。

配方(粉底霜)	w%		w%
硬脂酸	12.0	丙二醇	10.0
十六醇	2.0	氢氧化钾	0.3
甘油单硬脂酸酯	2.0	精制水	71.7
香料	0.5	氧化铁(黄色)	0.4
二氧化钛	1.0	防腐剂、抗氧剂	适量
氧化铁(赤色)	0.1		

粉霜制备过程可参照雪花膏制备操作技术。将粉料先加入多元醇中搅拌混合，用小型搅拌机调和成糊状，经 200 目筛子过筛或胶体磨研磨均匀备用，当雪花膏或润肤霜在 70～80 ℃时，加入正在搅拌的乳液中，使之搅拌均匀。由于粉料是以第三相存在于乳剂中，加入粉料后乳剂有增稠现象，所以粉霜制造过程应延长搅拌时间和降低停止搅拌的温度。以雪花膏为基体制成粉霜，停止搅拌的温度是 50～53 ℃，能得到较为适宜稠度和光泽较好的制品。

4.6.1.2 润肤霜类化妆品

润肤霜类制品是介于弱油性和油性之间的膏霜。润肤霜的目的在于使润肤物质补充皮肤中天然存在的游离脂肪酸、胆固醇、油脂的不足，使皮肤中的水分保持平衡。经常使用润肤霜能使皮肤保持水分和健康，逐渐恢复柔软和光滑。能保持皮肤水分和健康的物质称为天然保湿因子(NMF)。使水分从外界补充到皮肤中去是比较困难的，最好的方法是防止表皮角质层水分过量损失，而天然保湿因子有此功效。但 NMF 组成复杂，至今存在着未知成分。因此润肤霜内要加入润肤剂、调湿剂和柔软剂，如羊毛脂衍生物、高碳醇、多元醇等。最近又提出吡咯烷酮羧酸用做NMF组分之一添加于制品中。润肤霜类化妆品有润肤霜、营养霜、夜霜、手霜、按摩霜、婴儿霜等多种。

1. 制造原理与配方设计

在设计润肤霜配方时，要根据人类表皮角质层脂肪的组成，选用有效的润肤剂和调湿剂；还要考虑到制品的乳化类型及皮肤的pH值等因素。

(1) 润肤剂。润肤剂能使表皮角质层水分减缓蒸发，免除皮肤干燥和刺激，可选用羊毛脂及其衍生物、高碳脂肪醇、多元醇、角鲨烷、植物油、乳酸等。

(2) 调湿剂。调湿剂是一种可以使水分传送到表皮角质层并产生结合作用的物质。皮肤水分的含量、润滑、柔鞣直接和调湿有关。天然保湿因子能避免皮肤干燥，所以在配方中加入的组成物质，应与天然保湿因子相类似。吡咯烷酮羧酸及其钠盐都是很好的调湿剂，乳酸和它的钠盐调湿作用仅次于吡咯烷酮羧酸钠，而且乳酸是皮肤的酸性覆盖物，能使干燥皮肤润湿和减少皮屑。

(3) 乳化剂。由于制品是水包油型乳剂，以亲水性乳化剂为主，即 $HLB > 7$，辅以少量亲油性乳化剂，即 $HLB < 7$，配成"乳化剂对"用于制造水包油型润肤霜。对于化妆品乳化剂，首先要考虑它的实用价值，能保护皮肤或毛发。乳化剂的 *HLB* 值愈高，对皮肤的脱脂作用愈强。如果过多的采用 *HLB* 值高的乳化剂，可能会使某些人的皮肤引起干燥或刺激，因此要尽可能减少乳化剂的用量。另外润肤霜pH值应控制在4.0~6.5，与皮肤的pH值相似。

2. 生产工艺过程

水包油型润肤霜的制造技术适用于润肤霜、清洁霜、晚霜等制品。虽然润肤霜所采用的原料品种较多，但其生产工艺、设备和环境等要求与雪花膏生产工艺基本类似，不再重复，主要介绍水包油型乳化剂的制备方法。

(1) 水包油型乳化剂的制备方法。某些乳化剂虽然采用同样配方，由于操作时加料方法和乳化搅拌机械设备不同，乳化剂的稳定性及其物理现象也会各异，因此，在实际生产时可根据产品要求和配方情况选择适宜的方法。

① 加料方法。乳化时根据不同的配方原料，加料方法会有所不同，下面几种方法是生产化妆品时常用的。

a. 初生皂法，即把脂肪酸溶于油脂中，碱溶于水中，然后两相搅拌乳化的方法。该法可得到稳定的乳液，如雪花膏的制造。

b. 水溶性乳化剂溶于水中，油溶性乳化剂溶于油中，然后两相混合乳化。此法水量少时为水/油型乳液，当加水量多时变为油/水型乳剂，这种方法所得内相油脂的颗粒较小。

c. 水溶和油溶性乳化剂都溶入油中，然后将水加入油中乳化，此法得到内相油脂颗粒也比较小。

d. 交替加入法，在乳化锅内先加入乳化剂，然后边搅拌边逐渐交替加入油和水的方法。

② 制备方法。制备油/水型乳化剂大致有四种方法：均质刮板搅拌机制备法；管型刮板搅拌机半连续法；锅组连续制备法；低能乳化法。目前大多采用均质刮板搅拌机制备法，适用于少批和中批量生产，管型刮板机半连续制备法，适用于大批量生产。

均质刮板搅拌机主要由两部分组成：a. 均质搅拌机。它由涡轮及涡轮外套固定的扩散环所组成。涡轮转速1 000~3 000 $r \cdot min^{-1}$，可无级调速，均质搅拌机使乳剂有湍流、撞击分散、剪切等作用。b. 刮板搅拌机。它是由另一只马达驱动的刮板搅拌机，转速0~150 r·

min^{-1},依靠锅壁的搅拌机框架上的数块刮板叶片,随时移去锅壁的乳剂,降低了锅壁的热传导阻力,夹套冷却水能较快地使乳剂冷却。均质刮板搅拌机适宜制造油/水型润肤霜、清洁霜、粉霜、晚霜和蜜类产品。

(2) 配方实例。

配方 1(润肤霜)	w%		w%
硬脂酸	10.0	羊毛脂衍生物	2.0
蜂蜡	3.0	丙二醇	10.0
十六醇	8.0	三乙醇胺	1.0
角鲨烷	10.0	香精	0.5
单硬脂酸甘油酯	3.0	防腐剂	适量
聚氧乙烯单月桂酸酯	3.0	精制水	49.5

配方 2(营养霜)	w%		w%
硬脂酸	14.0	氨基甲基丙二醇	2.0
羊毛脂油	4.0	甘油	5.0
肉豆蔻酸异丙酯	5.0	人体胎盘抽取液	适量
鲸蜡醇	1.0	精制水	68.7
对羟基苯甲酸丁酯	0.1		

营养霜通常是在润肤剂中加入蜂王浆、人参浸出液、维生素、胎盘提取液、水解珍珠等营养物质组成的,因此添加营养物质时,乳剂温度应低于 40 ℃。

配方 3(晚霜)	w%		w%
矿物油	23.5	鲸蜡醇	10.4
橄榄油	3.8	三乙醇胺	9.0
羊毛脂	10.4	防腐剂	0.8
硬脂酸	3.3	香料	适量
鲸蜡	5.4	精制水	33.4

4.6.1.3 冷霜类化妆品

公元 150 年左右希腊人 Galen 以橄榄油、蜂蜡、水为主要成分配制成的膏状产品,不仅能赋予皮肤以油分,还以水分滋润皮肤。这种膏霜和当时仅用油保养皮肤相比,由于其中含有水分,当水分挥发时会赋予冷却感,故称之为冷霜。它是油性膏霜的代表品种之一,从乳剂类型来看,可分为水/油和油/水型冷霜;从构成来看,油相多,水相少。目前使用的冷霜绝大多数都属于水/油型的油性膏霜。

冷霜是保护皮肤的用品,广泛用于按摩或化妆前调整皮肤,其中掺合营养药剂、油脂等。专用于干性皮肤的制品也较多。使用这种膏霜进行按摩,能提高按摩效果和增强冷霜的渗透性,所以逐渐用做按摩霜。

质量好的冷霜,乳化体应光亮、细腻,没有油水分离现象,不易收缩,稠度适中,便于使用。典型的冷霜是蜂蜡-硼砂体系制成的水/油膏霜。

1. 原理和配方

蜂蜡-硼砂制成的水/油型乳剂是典型的冷霜。蜂蜡游离脂肪酸的成分主要是蜡酸,又名二十六酸($C_{25}H_{51}COOH$),含量约 13w%,它与硼砂和水生成的氢氧化钠起皂化反应生成二十六酸钠,在制造冷霜过程中起乳化作用,使油相与水相乳化,形成膏体。反应方程式为

$$Na_2B_4O_7 + 7H_2O \rightleftharpoons 2NaOH + 4H_3BO_3$$

$$2C_{25}H_{51}COOH + Na_2B_4O_7 + 5H_2O \rightleftharpoons 2C_{25}H_{51}COONa + 4H_3BO_3$$

如果硼砂用量不足以中和蜂蜡游离脂肪酸，制品不但乳化稳定性差，而且没有光泽、外观粗糙；若硼砂过量，则会导致乳化不稳定，会有硼酸或硼砂结晶析出。若蜂蜡的酸值为24，它和硼砂质量之比为10:0.5~0.6，基本上可满足制品质量要求。蜂蜡-硼砂制成冷霜的稠度、光泽和润滑性，要依靠配方中的其他成分，使用后要求在皮肤上留下一层油性薄膜，水/油型冷霜的水分含量，一般可以从10w%~40w%，因此含油、脂、蜡的变化幅度也较大。下面介绍几个配方实例。

配方1(基础配方)

	w%		w%
蜂蜡	10.0	液体石蜡	50.0
硼砂	1.0	其他	余量
精制水	33.0		

配方2(羊毛酸异丙酯冷霜)

	w%		w%
乙氧基化羊毛脂	3.0	地蜡	5.0
羊毛酸异丙酯	2.0	硼砂	0.6
蜂蜡	10.0	精制水	33.4
矿物油	44.0	香精、防腐剂	适量
硬脂酸单甘油酯	2.0		

配方3(水包油型按摩冷霜)

	w%		w%
固体石蜡	5.0	皂粉	0.1
蜂蜡	10.0	硼砂	0.2
凡士林	15.0	精制水	32.7
液体石蜡	41.0	香精	1.0
甘油-硬脂酸酯	2.0	防腐剂、抗氧剂	适量
聚氧乙烯山梨糖醇酐-月桂酸酯	2.0		

2. 生产工艺过程

冷霜制品根据包装容器形式不同，配方和操作也有些差别，大致可分为瓶装冷霜和盒装冷霜。瓶装冷霜要求在38 ℃时不会有油水分离现象，乳剂的稠度较低，滋润性较好。盒装冷霜的稠度和熔点都较高，要求质地柔软，受冷不变硬，不渗水，耐温要求40 ℃不渗油，凡是盒装冷霜都是属于水/油型乳剂，装入铁盒或铝盒不会生锈或干缩。

冷霜的生产过程基本和雪花膏生产过程相似，仅存在一些细微差异。搅拌冷却时，冷却水温度维持在低于20 ℃，停止搅拌的温度约为25~28 ℃，静置过夜，次日再经过三辊机研磨，经过研磨剪切后的冷霜，混入了小空气泡，需要经过真空搅拌脱气，使冷霜表面有较好的光泽。

均质刮板搅拌机也适用于制造冷霜，刮板搅拌机对冷霜的热交换有利，待冷却至26~30 ℃时，同时开启均质搅拌机，使内相剪切成更小颗粒，稠度略有增加，其稠度可按需要加以控制，而且均质搅拌在真空条件下操作，可以省去目前一般工艺的三辊机研磨和真空脱气过程。优点是稠度可以控制，操作简单，可缩短制造过程和时间。另外，虽然冷霜的外相是油，没有腐蚀性，制造设备与冷霜接触的部件仍要采用不锈钢，因铁或铜离子易使冷霜中不饱和脂肪酸酸败和使冷霜变色、变味。

4.6.2 香水类化妆品

目前,具有香气的物质大约已近40万种。它们之中有单离产品,也有数种物质混合起来的调合香料,可供化妆品及其他产品使用。以香味为主的化妆品称芳香制品。香水类化妆品是芳香类化妆品中的一类,属于液状化妆品。一般按其用途分类:有皮肤用,如香水、古龙水、花露水、各种化妆水等;毛发用,如头水、奎宁水、营养性润发水等。这些香水类化妆品除了用途不同外,有时也可按赋香率不同而加以区分,如香水赋香率为15%~25%,有时达50%,而花露水为5%~10%,古龙水为3%~5%,头水为0.5%~1%,化妆水为0.05%~0.5%。

4.6.2.1 香水、花露水类制品

香水、花露水类制品大多是用酒精为溶剂的透明液体。酒精能溶解许多组分,制成各种带治疗性和艺术性的制品,给人以美的享受和起到保护皮肤的功能。由于它本身无色无臭,对皮肤无毒害,挥发后能引起凉爽感觉,既是温和的收敛剂和抗菌剂,又是较好的溶剂,几乎能溶解所有香料。

1. 香水

香水是香精的酒精溶液,或再辅加适量定香剂等。具有芬芳浓郁的香气,主要作用是喷洒于衣襟、手帕及发际等部位,散发怡人的香气,是重要的化妆品之一。

香水中香精用量较高,一般为15*w*%~25*w*%,乙醇浓度为75*w*%~85*w*%的,加入5*w*%的水能使香气透发。酒精对香水、花露水等制品的影响很大,不能带有异味。尤其是香水,杂质容易使香气产生严重的破坏作用。所以香水用酒精必须要经过精制,其方法为:① 乙醇中加入0.02*w*%~0.05*w*%的高锰酸钾,剧烈搅拌,同时通空气鼓泡,如有棕色的二氧化锰沉淀,静止过滤除去,再经蒸馏备用。②每升乙醇中加入1~2滴30*w*%浓度的过氧化氢,在25~30 ℃下储存数天。③ 乙醇中加入1*w*%活性炭,每天搅拌数次,放置数日后,过滤备用。④ 在乙醇中加入少量香料,如秘鲁香脂、安息香树脂等,放置30~60 d,消除和调和乙醇气味,使气味醇和。

香精是决定香水香型和质量的关键原料,在高级香水中一般都使用茉莉、玫瑰和麝香等天然香料,但天然香料供应有限,近年来合成了很多新品种,以补充天然香料的不足。香水根据香型可分为两种:一种为花香香水,一般分为一种花香的单香型和几种花香的多香型;另一种为幻想香水,用花以外的天然香料制造的香水或是凭调香师的艺术灵感创造出来的,使人联想到某种自然现象、景色、人物、音乐等,如"夜间飞行"、"巴黎之夜"、"美加净"等。

新鲜调制的香水,香气未完全调和,需要放置较长时间(数周~数月),这段时间称为陈化期。在陈化期中,香水的香气会渐渐由粗糙转为醇厚,此谓成熟或圆熟。

2. 花露水

花露水是一种用于沐浴后祛除一些汗臭,以及在公共场所解除一些秽气的夏令卫生用品。另外,花露水具有一定的消毒杀菌作用,涂在蚊叮、虫咬之处有止痒消肿的功效;涂抹在患痱子的皮肤上,亦能止痒而有凉爽舒适之感。要求香气易于发散,并且有一定持久留香的能力。

花露水以乙醇、香精、蒸馏水为主体，辅以少量螯合剂、抗氧剂和耐晒的水溶性颜料，颜色以淡湖蓝、绿、黄为宜。香精用量一般在 2*w*% ~ 5*w*%之间，酒精浓度为 70*w*% ~ 75*w*%。习惯上香精以清香的薰衣草油为主体，有的产品采用东方香水香型（如玫瑰麝香型），以加强保香能力，称为花露香水。

配方（花露水）	*w*%		*w*%
玫瑰麝香型香精	3.0	酒精（95*w*%）	75.0
豆蔻酸异丙酯	0.2	蒸馏水	22.0
麝香草酚	0.1	色素	适量

3. 古龙水

古龙水又称科隆水，是意大利人在德国的科隆市研制成功的，命名为科隆水，属男用花露香水，其香气清新、舒适，在男用化妆品中占有一席之地。其香精用量为 3*w*% ~ 5*w*%，乙醇浓度为 75*w*% ~ 80*w*%，香精中含有柠檬油、薰衣草油、橙花油等。

配　方	*w*%		*w*%
柠檬油	5.0	乙醇	72.5
甲基葡萄糖$(PO)_{20}$醚	1.5	精制水	20.0
甲基葡萄糖$(EO)_2$醚	1.0	色素	适量

4. 生产工艺

香水、古龙水、花露水的制造技术基本相似，主要包括生产前准备工作、配料混合、贮存、冷冻过滤、灌装等工段，香水、花露水的生产工艺为

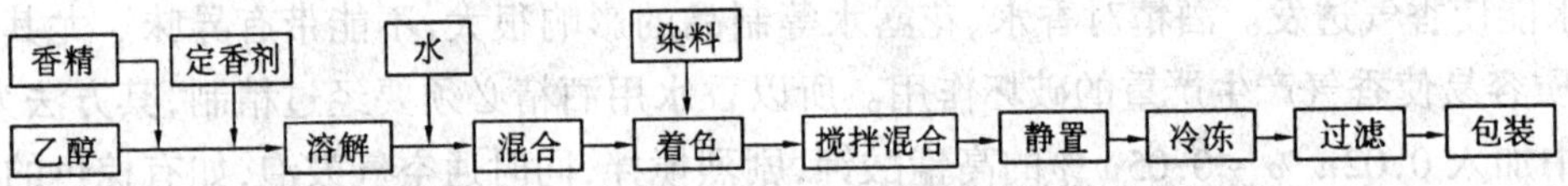

在生产过程中，先把乙醇放入配料混合罐中，同时加入香精、定香剂、染料，搅拌溶解，并加入精制水混合均匀，然后把配制好的香水或花露水输送到储存罐，进行静置储存。储存时间：一般花露水、古龙水需 24 h 以上，香水至少一个星期以上，高级香水时间更长。在陈化期有一些不溶性物质沉淀出来，应过滤除去，一般采取压滤的方法，并加入硅藻土或碳酸镁等助滤剂，在加入助滤剂后，应将香水冷却到 5 ℃以下，而花露水、古龙水在 10 ℃以下，并在过滤时保持这一温度，这样才能保证制品的清晰度指标要求。装瓶时，应先将空瓶用乙醇洗涤后再灌装，并应在瓶颈处空出 4*φ*% ~ 7.5*φ*%容积，预防储藏期间瓶内溶液受热膨胀而使瓶子破裂，装瓶宜在室温 20 ~ 25 ℃下操作。

4.6.2.2 化妆水类制品

1. 化妆水的成分

化妆水一般为透明液体，能除去皮肤上的污垢和油性分泌物，保持皮肤角质层有适度水分，具有促进皮肤的生理作用、柔软皮肤和防止皮肤粗糙等功能。化妆水种类较多，一般根据使用目的可分为润肤化妆水、收敛性化妆水、柔软性化妆水等。化妆水主要成分有以下几种：

(1) 溶剂：精制水和乙醇、异丙醇等。

(2) 保湿剂：甘油、聚乙二醇及其衍生物和糖类等。

(3) 柔软剂:高级醇及其酯等作为油分,还有作为角质软化剂的苛性钾和三乙醇胺等。

(4) 增粘剂:用天然或合成的粘液质,有滋润和保护皮肤的作用,如胶、黄蓍胶、纤维素衍生物等。

(5) 增溶剂:主要是非离子表面活性剂等。

(6) 药剂:如收敛剂、杀菌剂、缓冲剂、营养剂等。

(7) 其他:香料、染料、防腐剂等。

2. 化妆水的生产工艺

化妆水类制品生产工艺基本上与香水类制品一致,但由于配方组成不同,工艺上稍有差别,其生产工艺为

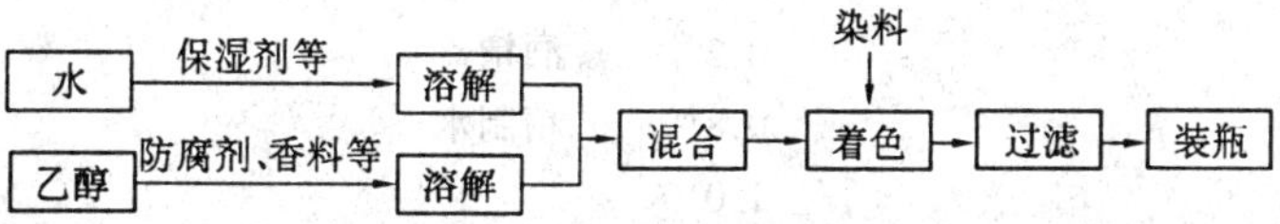

在生产过程中,先在精制水中溶解甘油、丙二醇等保湿剂及其他水溶性成分。另用乙醇溶解防腐剂、香料,作为增溶剂的表面活性剂以及其他醇溶性成分,上述溶解过程都在室温下进行。然后将两体系混合增溶,再加染料着色,经过滤除去不溶物质,即可装瓶。

3. 化妆水的典型配方

(1) 润肤化妆水。这是为除去附着于皮肤的污垢和皮肤分泌的脂肪,清洁皮肤而使用的化妆水,具有使皮肤柔软的效果。作为去垢剂的主要是非离子和两性离子表面活性剂及称为碱剂的苛性钾等,也添加甘油、丙二醇等保湿剂。

配方 1(润肤化妆水)	w%		w%
甘油	10.0	精制水	65.8
聚乙二醇 1500	2.0	香料	0.2
油醇聚氧乙烯(15)醚	20	染料、防腐剂	适量
乙醇	20.0		

配方 2(碱性润肤化妆水)	w%		w%
甘油	25.0	精制水	49.93
乙醇	25.0	香料	0.02
氢氧化钾	0.05		

(2) 柔软性化妆水。这是给予皮肤适度的水分和油分,使皮肤柔软,保持光滑湿润的透明化妆水。它的添加成分较多,除了保湿剂、去垢剂外,还添加柔软剂和粘液质等。

配　方	w%		w%
甘油	3.0	乙醇	15.0
丙二醇	4.0	精制水	71.8
缩水二丙二醇	4.0	香料	0.1
油醇	0.1	色素	适量
Tween－20	1.5	防腐剂、紫外线吸收剂	适量
月桂醇聚氧乙烯(20)醚	0.5		

(3) 收敛性化妆水。收敛性化妆水是对皮肤有收敛作用的化妆水。所谓使皮肤收敛,即是将皮肤蛋白质轻微凝固,使皮肤绷紧,抑制皮肤的过剩油分。它是保养脂性皮肤的专用化妆水。收敛剂按其活性离子种类可分为两种:阳离子型,如明矾、硫酸铝、氯化铝、硫酸锌、

对酚碘酸锌等;阴离子型,如柠檬酸、乳酸等。

配　方	w%		w%
柠檬酸	0.1	乙醇	20.0
对酚碘酸锌	0.2	精制水	73.5
甘油	5.0	香料	0.2
油醇聚氧乙烯(20)醚	1.0	防腐剂	适量

(4) 头水、须后水。头水是酒精溶液的美发用品,有杀菌、消毒、止痒及防止头屑的功效,具有幽雅清香的气味。它的主要成分有酒精、香精、精制水、止痒消毒剂,有时也加入保湿剂如甘油、丙二醇等,以防止头发干燥。

配方(奎宁头水)	w%		w%
盐酸奎宁	0.2	酒精	70.0
水杨酸	0.8	精制水	28.0
香精	1.0		

须后水是男用化妆水,用以消除剃须后面部绷紧及不舒服之感,并有提神清凉及减少刺痛、杀菌等功能。香气一般采用馥奇型、古龙香型等。适当的酒精用量能产生缓和的收敛作用及提神的凉爽感觉,加入少量薄荷脑则更为显著。

配方(须后水)	w%		w%
乙醇	50.0	杀菌剂	0.1
尿囊素氯化羟基铝	0.2	香料	适量
甘油	1.0	染料	适量
薄荷醇	0.1	精制水	48.6

4.6.3 美容类化妆品

美容化妆品是指用于眼部、唇、颊及指甲等部位,以达到掩盖缺陷、美化容貌及赋予被修饰部位各种鲜明色彩及芳香气味的一类产品。美容化妆品有面颊类(胭脂、面膜等)、唇膏类、指甲用类(指甲油等)、眼用类(眼影、睑墨、睫毛膏、眉笔、眼线液等)制品等。

4.6.3.1 胭脂

胭脂是搽在面肤上,使之呈现立体感和红润、健康气息的化妆品。

胭脂是由滑石粉、碳酸锌、碳酸钙、氧化锌、二氧化钛、云母、脂肪酸锌、色料、香料、粘合剂及防腐剂等原料组成。生产时根据具体情况可选取其中数种并适当调配,经混合后压制而成为一种粉饼,即为胭脂制品。

4.6.3.2 指甲化妆品

指甲化妆品是用于保护指甲、促进指甲生长、指甲抛光或接长指甲,以增加指甲美观、去除指甲油的化妆品。它的品种主要有指甲调理剂、指甲保护剂、指甲接长剂、指甲抛光剂、指甲油、指甲油去除剂等。

指甲化妆品中最重要的制品是指甲油,它是用于修饰和增进指甲美观的化妆品,它应具有易涂敷,快干形成光膏膜、粘附牢固、不易剥落、用指甲油除去剂易除去的特性。其主要成分为成膜剂、树脂、增塑剂、溶剂、色料和沉淀防止剂等。

4.6.3.3 唇膏

唇膏对人体须无害，对皮肤无刺激，不能有异味，在嘴上易溶解、涂敷，保留时间长，饮食时红色不易粘在容器上，在一般的温度和湿度下不变形、不出油、不干裂，在存放期间内色调无变化，不失去光泽。

1. 原料和配方

唇膏的原料有油脂、蜡、色料和表面活性剂。唇膏由于接触唇部，所以选用的原料要求非常严格，必须对皮肤无刺激性，对原料的杂菌含量、pH 值及重金属含量也应严格加以控制。

油脂和蜡是构成唇膏的基体物料，常用的油性原料有巴西棕榈蜡、蜂蜡、纯地蜡、鲸蜡、羊毛脂、可可脂、蓖麻油、含水植物油、固体石蜡、凡士林、液体石蜡、十六醇等高级醇、肉豆蔻酸异丙酯等。

唇膏外观颜色由颜料决定。颜料一般用易溶于蓖麻油的四溴四氯荧光红酸(绿红色)、曙红酸(红色)、二溴荧光素(橙黄色)等。在唇膏的色调渐趋鲜艳的过程中，从 60 年代到今天，加珠光颜料的唇膏极为流行，常用的是云母覆盖二氧化钛的珠光颜料，它的珠光色泽从银白色到金黄色不等。

表面活性剂在唇膏中起分散、润湿和渗透作用，常用的表面活性剂为非离子型的，如卵磷脂、甘油脂肪酸酯、蔗糖脂肪酸酯、Span 等。

配方 1(口红)	$w\%$		$w\%$
α－生育酚脂肪酸酯	3.0	硬脂酸丁酯	5.0
小烛树蜡	11.5	颜料	7.0
蜂蜡	9.0	玫瑰油	0.5
十六醇	5.0	蓖麻油	44.0
凡士林	15.0		

配方 2(颜料涂覆粉口红)	$w\%$		$w\%$
蜂蜡	2.0	角鲨烷	4.0
巴西棕榈蜡	2.0	红 226 号颜料涂覆的钛白/云母	6.0
地蜡	8.0	颜料浆	46.7
羊毛脂	5.0	香精	0.3
液体石蜡	26.0		

2. 生产工艺

利用蓖麻油等溶剂对颜料的溶解性，配合其他颜料，混合于油、脂、蜡中，经三辊机研磨后于真空脱泡锅中搅拌，脱除空气泡，充分混合制成细腻致密的膏体，再经浇模、冷却成型等过程，可制成表面光洁、细致的唇膏。其流程如下：

原料熔化、颜料混合──→真空脱泡──→保温搅拌──→浇铸成型──→冷却──→加工包装

(1) 颜料混合。在不锈钢或铝制颜料混合机内加入溴酸红等颜料，再加入部分蓖麻油或其他溶剂，加热至 70～80 ℃，充分搅匀后从底部放料口送至三辊机研磨。为尽量使聚集成团的颜料研碎，需反复研磨数次，然后放入真空脱泡锅。

(2) 原料熔化。将油、脂、蜡加入原料熔化锅，加热至 85 ℃左右，熔化后充分搅拌均匀，经过滤放入真空脱泡锅。

(3) 真空脱泡。在真空脱泡锅内，唇膏基质和色浆经搅拌充分混合，避免强烈搅拌。同

时也因真空条件能脱去经三辊机研磨后产生的气泡，否则浇成的唇膏表面会带有气孔，影响外观质量。均匀脱气后放入慢速充填机。

(4) 保温搅拌、浇铸。保温搅拌的目的在于使浇铸时颜料均匀分散，故搅拌浆应尽可能靠近锅底，一般采用锚式搅拌浆，以防止颜料下沉。同时搅拌速度软慢，以免混入空气。

浇模时将慢速充填机底部出料口放出的料直接浇模，待稍冷后，刮去模口多余的膏料，置冰箱冷却。也有将模子直接放在冷冻板上冷却，冷冻板底下由冷冻机直接制冷。

控制浇铸温度很重要，一般控制在高于唇膏熔点 10 ℃时浇铸。各种唇膏熔点差距很大，一般熔点为 52～75 ℃，但一些受欢迎的产品熔点约控制在 55～60 ℃。另外，为了使唇膏在保温浇铸时不致于因温度(70～80 ℃)过高导致香气变坏，每批料制造量以 5～10 kg 为宜。

(5) 加工包装。从冰箱中取出模子，开模取出已定型的唇膏，将其插入容器底座，注意插正、插牢。若外露部分不够光亮，可在酒精灯文火上将表面快速重熔，以使外观光亮圆整。然后插上套子，贴底贴，即可装盒入库。

4.6.3.4 面膜

面膜从形态上看，有液状(包括冻胶状、凝胶状)、糊状(膏)、粉末状等，而且搽到皮肤上干燥后有形成和不形成皮膜之分。面膜主要成分有皮膜形成剂、增粘剂、保温剂、柔软剂等。由于皮膜形成剂、增粘剂等属于高分子化合物，不容易被增溶溶解，另外当使用粉末时会与高分子相互作用或聚合，所以在考虑配方及生产过程中需十分注意。

1. 液状面膜

(1) 皮膜型面膜。皮膜形成型面膜，也称之为剥离型面膜，它利用皮膜形成时的收缩力绷紧皮肤，皮膜干燥后剥离，同时将附着在皮肤上的污垢吸附除去。构成成分中皮膜形成剂用聚乙烯醇、聚乙烯吡咯烷酮、羧甲基纤维素、各种树脂乳液；增粘剂主要是各种胶质，如果胶、明胶等；保湿剂多用甘油、丙二醇、聚乙烯醇类等。这些成分均匀溶解于精制水、乙醇中。

配　方	w%		w%
聚乙烯醇	15.0	香料	适量
羧甲基纤维素	5.0	防腐剂	适量
甘油	5.0	精制水	65.0
乙醇	10.0		

制法：先向加有防腐剂的精制水中加羧甲基纤维素和用一部分乙醇润湿的聚乙烯醇，加热至 70 ℃，同时搅拌，静置 24 h 后，加甘油。剩下的乙醇和香料混合均匀，搅拌冷却。

(2) 非皮膜型面膜。非皮膜形成型面膜采用皮膜形成力弱的高分子化合物。有直接擦去和以温水揉擦洗去两种。

配方(擦去型面膜)	w%		w%
甲基纤维素	3.0	乙醇	5.0
羧基乙烯聚合物	1.0	精制水	89.0
油醇聚氧乙烯(15)醚	1.0	香料	适量
三乙醇胺	1.0	防腐剂	适量

2. 糊状面膜

糊状面膜也有形成和不形成皮膜两种。前者是在润肤液中加吸附作用强的高岭土、滑石以及油分，具有特殊的干燥性、皮膜张力和使用感觉；后者是在皮膜性弱的粘液中加粉末使成糊状。

配方(剥离型面膜)	w%		w%
醋酸乙烯树脂乳浊液	15.0	高岭土	7.0
聚乙烯醇	10.0	乙醇	5.0
橄榄油	3.0	精制水	47.0
甘油	5.0	香料	适量
氧化锌	8.0	防腐剂	适量

制法：用一部分乙醇润湿聚乙烯醇，加入含有氧化锌和高岭土的精制水中，加热至70 ℃，同时搅拌，静置24 h后，加甘油、醋酸乙烯乳液，溶于剩余乙醇的香料、防腐剂、橄榄油中，搅拌成糊状。

3. 粉状面膜

粉状面膜生产较少，但制造、包装运输和使用都很方便。采用的粉末有高岭土、氧化锌、滑石粉、碳酸镁、胶态粘土、硅石等。制造时，在粉末中添加卵磷脂等增溶剂及加氢羊毛脂等油分，赋香后加入防霉剂等，再根据不同使用目的，选择配用合适的添加剂，如化妆水、乳液、果汁、蛋清等。

4.6.4 香粉类化妆品

香粉类制品是用于面部的化妆品，它能改变脸部颜色，遮掩褐斑，防止皮肤分泌油分，使皮肤表面光滑。其作用是使较细颗粒的粉质涂敷于面部，产生近乎于自然的肤色和良好的质感。它的香气应该芬芳而不浓郁。

香粉类产品可根据其形态来区分，一般分为香粉、粉饼、水粉、香粉膏等。

4.6.4.1 香粉

香粉制品是用于面部和身体的化妆品，除了必须具有优良的粘性、伸展性、覆盖力、润滑性及耐久性外，其选用的原料应符合皮肤的安全性。

1. 基础配方

香粉的配方主要由以下原料组成：

(1) 滑石粉是香粉中用量最多的基本原料。它铺展均匀，滑润性好，具有一定的光泽。适用于香粉的滑石粉必须洁白、无臭、有柔软光滑的感觉，其细度至少有98%以上能通过200目的筛孔，越细越好。

(2) 高岭土也是香粉的基本原料之一，有很好的吸收性、附着性，并能去除滑石粉的光泽。作为香粉用的高岭土应该色泽洁白、细腻均匀，不含水溶性的酸性或碱性物质。

(3) 碳酸钙有吸收汗液和皮脂的性质，也能除去滑石粉的光泽，缺点是在水中呈碱性，遇酸会分解，滑爽性差，吸收汗液后会在面部形成条纹，用量不宜过多。

(4) 碳酸镁是香粉中的主要吸收剂，尤其对香精吸收能力强，生产时往往先用碳酸镁与香精混和均匀后，再和其他原料混和。它能降低香粉的密度，即增加比容积，含5w%～10w%即成轻飘的香粉。因其吸收性强，用量过多会引起皮肤干燥，一般不宜超过15w%。

(5) 氧化锌和钛白粉在香粉中的作用主要是遮盖。氧化锌还有收敛性和抗菌作用，用量一般在15w%～20w%。钛白粉虽然遮盖能力约为氧化锌的3倍，但不易和其他粉料混和均匀,因此使用时最好和氧化锌混合使用,用量应小于 10w%。

(6) 金属皂主要是硬脂酸锌和硬脂酸镁,其作用主要是增进香粉的粘附性,要求色泽洁白,质地细腻,具有蜡脂的感觉,能均匀涂敷在皮肤上形成薄膜,用量一般在 5w% ~ 15w%。

香粉组成中还有香精、色素、淀粉、云母粉及珠光颜料等,在研究配方时应根据产品性能要求和原材料性能选用不同的原料和配比。

配　方	w%		w%
滑石粉	45.5	氧化锌	15.0
高岭土	8.0	硬脂酸锌	8.0
碳酸钙	8.0	香料和颜料	适量
碳酸镁	15.0		

一般香粉的 pH 值是 8 ~ 9,粉质较为干燥,为了克服此缺点,可在香粉中加入脂肪物,称之为加脂香粉,它不影响皮肤的 pH 值,而且香粉粘附于皮肤的性能好,容易敷施,粉质柔软。

2. 生产工艺

香粉的生产工艺过程为

混合──→磨细──→过筛──→加脂──→灭菌──→包装

(1) 混合。混合的目的是将各种原料用机械进行均匀地混合,混合香粉所用机器主要有四种型式:卧式混合机、球磨机、V 型混合机、高速混合机。目前使用比较广泛的是高速混合机,它是一种高效混合设备,该混合机是圆筒形夹壁容器,在容器底部安装转轴,轴上装有搅拌浆叶,转轴与电动机可用皮带连接,或直接与电动机连接,在容壁底部开有出料孔,容器上端有平板盖,盖上有档板插入容器内,并有测温孔用以测量容器内粉料在高速搅拌下的温度。当粉料按配比倒入容器后,须将密封盖盖好,在夹套内通入冷却水,整个香料搅拌混合时间约 5 min,搅拌转速达 1 000 ~ 1 500 r/min。由于粉料在高速搅拌下,极短的时间内温度直线上升,粉料受温度影响易变质、变色,故在运行时须时常观察温度的变化。另外,投入粉料的量只能是混合机容积的 60φ%左右,控制一定的投料量和搅拌时间 μs 就不致产生高热。

(2) 磨细。磨细的目的是将粉料再度粉碎,可使加入的颜料分布得更均匀,显出应有的光泽。不同的磨细程度,香粉的色泽也略有不同。磨细机主要有球磨机、气流磨、超微粉碎机三种。气流磨、超微粉碎机不论从生产效率,还是从生产周期,粉料磨细的程度都要比球磨机好得多,但是球磨机还是被经常采用,其原因是结构简单,操作可靠,产品质量稳定。

(3) 过筛。通过球磨机混合、磨细的粉料要通过卧式筛粉机,将粗颗粒分开。若采用气流磨或超微粉碎机,再经过旋风分离器得到的粉料,则不需过筛。

(4) 加脂。为了克服一般香粉的缺点,在其中常加入一定量的油分,操作方法是:通过混合、磨细的粉料中加入含有硬脂酸、蜂蜡、羊毛脂、白油、乳化剂和水的乳剂,充分搅拌均匀。100 份粉料加入 80 份乙醇搅拌均匀,过滤除去乙醇,在 60 ~ 80 ℃烘箱内烘干,使粉料颗粒表面均匀地涂布脂肪物,经过干燥的粉料含脂肪物 6w% ~ 15w%,通过筛子过筛就成为香粉制品。

(5) 灭菌。要求香粉、粉饼的杂菌数 < 100 个·g^{-1},尤其是眼部化妆品,如眼影粉,要求杂菌数等于零。粉料灭菌通常有两种方法:一种是采用环氧乙烷气体灭菌法;另一种是近年

来进行研究的钴－60放射性灭菌法。

⑥ 包装。香粉包装盒的质量也是重要的一环，除了包装盒的美观外，主要的是盒子不能有气味。另外不同包装方法对包装质量也有影响。

4.6.4.2 粉饼

香粉制成粉饼的形式，主要是便于携带，防止倾翻及飞扬，其使用效果和目的均与香粉相同。粉饼有两种形式：一种是用湿海绵敷面作粉底用的粉饼，其组成中含有较多油分和胶粘剂，有抗水作用；另一种是普通粉饼，其用法和香粉相同，即用粉扑敷于面部。

1. 基础配方

粉饼的组成几乎和香粉一样，为了易于结块，故含滑石、高岭土等较多。此外还要加入粘合剂以利于成型，所用的粘合剂有两种：一种是水溶性的，如天然的阿拉伯树胶、黄蓍胶等及合成的羧甲基纤维素、羧乙基纤维素等；另一种是油溶性的，即直接利用油分达到粘接目的。从目前发展趋势来看，使用油性粘合剂的产品增多，但通常是制成乳状液后使用。

配　方	*w*%		*w*%
滑石粉	72.0	山梨糖醇	4.0
高岭土	10.0	山梨糖醇酐倍半油酸酯	2.0
二氧化钛	5.0	丙二醇	2.0
液体石蜡	3.0	香料、颜料	适量

2. 生产工艺

粉饼、香粉等制造设备基本类似，要经过混合、磨细和过筛，为了使粉饼压制成型，必须加入胶质、油分等，生产工艺流程为

各种原料──→混合──→粉碎──→压制成饼

(1) 胶质溶解。把胶粉加入去离子水中搅拌均匀，加热至 90 ℃，加入保湿剂甘油或丙二醇以及防腐剂等，在 90 ℃灭菌 20 min，用沸水补充蒸发的水分后备用。另外，所用的石蜡、羊毛脂等油脂须先溶解，过滤后备用。

(2) 混合。按配方称取滑石粉、二氧化钛等粉质原料在球磨机中混合 2 h，加石蜡、羊毛脂等混合 2 h，再加香精继续混合 2 h，最后加入胶水混合 15 min。在球磨混合过程中，要经常取样检验颜料是否混合均匀，色泽是否与标准样相同。

(3) 粉碎。在球磨机中混合好的粉料，筛去石球后，粉料加入超微粉碎机中进行磨细，然后再在灭菌器内用环氧乙烷灭菌，将粉料装入清洁的桶内，用桶盖盖好，防止水分挥发，并检查粉料是否有未粉碎的颜料色点等杂质。

(4) 压制成型。压粉饼的机器型式有油压泵产生压力的手动粉末成型机，每次压饼 2～4 块；也有自动压制粉饼机，每分钟可压制粉饼 4～30 块。可根据不同生产情况选用。压制前，粉料先要经过 60 目的筛子，再按规定的重量加入模具内压制，压制要做到平、稳，防止漏粉、压碎，根据配方适当调节压力。压制好的粉饼经外观检查后即可包装。

4.6.5 毛发用化妆品

毛发具有保护皮肤、保持体温等功能。在毛发用化妆品中比较重要的一类是头发用化妆品。头发的作用不仅仅是保护头皮，而是保护整个头部，头部稠密地生长着头发，毛囊有皮脂腺，分泌大量皮脂，它们极易大量腐败，其残留物经一定时间后也会发生变质，再加上外

部带入的尘埃,易使头发沾污而散发不愉快气味,因此,需对头发进行保养护理。按用途,发用化妆品可分为清洁用、护发用、美发用和营养治疗用四大类。

4.6.5.1 洗发香波

香波的形态一般可分为液状、乳膏状、粉末状、块状及气溶胶型;按外观可分为透明型和乳浊型;按内容分为肥皂型、合成洗涤剂型及两者的混合型;依据功效可分为普通香波、药用香波、调理香波、专用香波(如婴儿香波)等。随着技术的进步,各种新原料的出现,各品种之间的差异变得很小,具有几种功效的产品已层出不穷,如3合1香波等,不但具有去污功能,还具有护发调理、去头屑等功能。

1. 基础配方

现代香波主要有三种成分:表面活性剂、辅助表面活性剂及添加剂。

表面活性剂是香波的主要成分,且以亲水性大的阴离子表面活性剂为主,它赋予香波以良好的去污力和丰富的泡沫,使香波具有极好的去污清洗能力。如烷基硫酸盐、脂肪基硫酸盐、脂肪醇聚氧乙烯硫酸盐、脂肪酸盐等。

辅助表面活性剂能增强表面活性剂的去污力和稳泡作用,改善香波的洗涤性能和调理功能,如烷基磺酸盐、脂肪酸醇酰胺、氧化胺、咪唑啉两性表面活性剂、水解蛋白质衍生物、季胺盐聚合物等。

添加剂赋予香波各种不同的功能,如增稠剂、稀释剂、螯合剂、防腐剂、滋润剂、调理剂等。另外某些特殊香波还加入药剂或天然添加剂,使之具有特定功能,如去头屑的药剂3-三氟甲基-4,4′-二氯代碳酰替苯胺等。另外,由于表面活性剂大都有较强的脱脂作用,能引起头发组织和物理性能发生不良变化,一般在配方中添加脂剂,如羊毛脂、鲸蜡和蛋白油等,以克服和防止过度脱脂的弊端。

在研究香波配方时,首先应考虑头发的类型,一般油性头发用的制品,含有较高表面活性剂比例,干性头发则含量相对少些,或通过增减调理剂来加以调节。通常香波的活性剂含量约为15*w*%~20*w*%,婴儿香波的含量可低一些。另外还要考虑制品的粘度、耐热耐寒性和pH稳定性等因素。

(1) 透明液体香波。透明香波的特点是使用方便、泡沫丰富、易于清洗,是最大众化的香波品种。它所用的原料浊点应较低,以使成品在低温下仍能保持澄清透明,如烷基硫酸钠、烷基醇酰胺、醇醚硫酸酯盐等。

配　方	*w*%		*w*%
十二烷基聚氧乙烯(3)硫酸酯	40.0	精制水	57.0
三乙醇胺盐(40*w*%)	32.0	香料、色素	适量
十二烷基聚氧乙烯(3)硫酸钠	6.0	防腐剂、金属离子螯合剂	适量
月桂酸二乙醇酰胺	4.0	柠檬酸(调节pH至6.5)	适量
聚乙二醇400	1.0		

(2) 膏状香波。膏状香波,亦称洗头膏,是国内开发较早的香波品种,它属于皂基型的香波,易于漂洗,活性物的含量一般比液体香波高,配方常含有羊毛脂等脂肪物,洗后头发更为光亮、柔顺。

配　方	w%		w%
十二烷基聚氧乙烯(3)硫酸钠	10.0	蛋白质衍生物	3.0
十二烷基硫酸钠	5.0	精制水	76.0
乙二醇单硬脂酸酯	3.0	香料	适量
月桂酸二乙醇酰胺	2.0	染料、防腐剂	适量
羊毛脂衍生物	1.0		

(3) 珠光香波。珠光香波的粘度比普通香波略大,配方中除了含普通香波的原料外,还加有遮光剂(如高级醇、酯类、羊毛酯等)。香波呈珠光是由于其中生成了许多微晶体,具有散射光的能力,同时香波中的乳液微粒又具有不透明的外观,于是显现出珠光。常用的珠光剂有硬脂酸镁、硬脂酸铅、聚乙二醇(400)二硬脂酸酯等。

配　方	w%		w%
十二基聚氧乙烯(3)硫酸钠	7.5	苄醇	0.2
十二烷基酰胺丙基甜菜碱	2.1	香精	0.35
Tween-20	1.4	染料	适量
椰油脂肪酰基羟乙基磺酸钠	3.0	防腐剂	适量
聚乙二醇二硬脂酸酯	0.25	精制水	余量

(4) 调理香波。调理香波除了具有清洁头发的功能外,主要特点是改善了头发的梳理性,防止静电产生,头发不粘接缠绕,易梳理和有光泽及柔软感。目前,市场上的产品绝大多数都是调理香波。

香波的调理性是基于它所用的调理剂,经洗发后吸附在头发的表面或渗入头发纤维内。头发调理剂可分为离子型,如阳离子型表面活性剂及阳离子聚合物;疏水型,如油脂等。调理效果的好坏与调理剂的吸附能力以及调理剂的类型有密切关系,因此试制时必须加以仔细选择,否则效果会适得其反。

配　方	w%		w%
N-椰子酰基-*N*-甲基牛磺酸钠	10.0	三甲基原多肽氯化铵	0.3
十二烷基甜菜碱	8.0	聚季胺化乙烯醇	0.2
月桂酸二乙醇酰胺	4.0	乙二胺四乙酸二钠	0.1
乙二醇硬脂酸酯	1.5	色素、香料、防腐剂	适量
丙二醇	2.0	精制水	余量

另外还有特殊功效的香波,这些香波往往是在上述香波配方中添加具有一些特殊功能的添加剂,如去头屑止痒香波、杀菌香波等。

2. 生产工艺

香波的生产技术与其他产品,如乳剂类制品相比,是比较简单的。它的生产过程以混合为主,一般设备仅需有加热和冷却用的夹套配有适当的搅拌反应锅即可。由于香波的主要原料大多是极易产生泡沫的表面活性剂,因此,加料的液面必须浸过搅拌桨叶片,以避免过多的空气被带入而产生大量的气泡。

香波的生产有两种方法:一种是冷混法,它适用于配方中原料具有良好的水溶性的制品;另一种是热混法。从目前来看,除了部分透明香波产品用冷混法生产外,其他产品的生产都用热混法。热混法的操作步骤是,水溶性较好的组分溶于精制水中,在搅拌下加热到70~90 ℃,然后加入要溶解的固体原料和脂性原料,继续搅拌,直至符合产品外观需求为止。当温度下降到40 ℃以下时,加色素、香料和防腐剂等。pH值的调节和粘度的调节一般在环境温度下进行。生产过程中应注意的是：

(1) 用热混法生产，温度最好不要超过 60～70 ℃，以免配方中的某些成分遭到破坏。

(2) 高浓度表面活性剂溶解时，须将其慢慢加入水中，否则会形成粘性极大的固状物，导致溶解困难。

(3) 生产珠光香波时，产品能否具有良好的珠光外观，不仅与珠光剂的用量有关，而且与搅拌速度和冷却时间快慢有关。快速冷却和迅速的搅拌，会使体系外观暗淡无光。而控制一定的冷却速度，可使珠光剂结晶增大，从而获得闪烁晶莹的光泽。

(4) 膏状香波是胶体分散体，生产时，若温度过高，或在高温下时间相对较长，会使制品稠度变小，膏体稳定性下降。

4.6.5.2 整发剂

整发剂是一类对头发具有整理、养护、定型作用的发用化妆品。从剂型上看，有水剂、油剂、乳剂等；从形态上看，有液状、膏状、喷雾状等。整发剂品种繁多，如发油、发乳、发蜡、喷雾发胶、定型摩丝等。

1. 护发整形剂

护发整形剂按油脂的含量可分为非油性、轻油性和重油性三种类型。

非油性产品由乙醇、水和甘油为溶剂制成，配入醇溶或水溶性树脂，制成喷雾发胶；若加入营养原料，即制成营养护发水等。它们具有各种不同用途，如定发型、养发、止痒等功效，主要品种有喷雾发胶、营养护发水、奎宁护发水等。

轻油性产品，主要指油/水型和水/油型发乳，大多数发乳含油和水各占 50w%左右，敷于头发，使其柔软、滑爽，并具有一定的定型作用。

重油性产品主要原料是动植物或矿物的油、脂、蜡，不含乙醇或水。主要品种有发油和发蜡。发油主要原料是植物油或动物油，二者都不会使头发蛋白质柔软，因此不能使头发变型，缺乏定型作用，加之容易粘附灰尘，因此发油产品较少。发蜡主要以动植物或矿物的油、脂、蜡为原料，适用于男性硬发者使用，在头发上有一定的光泽度，持久性良好，有一定的定型整理功能。

(1) 发乳。发乳有两种类型，即油/水型和水/油型。油/水型发乳能使头发变软，且具有可塑性，能帮助梳理成型。当部分水分被头发吸收后油脂覆盖于头发，减缓了头发水分的挥发，避免头发枯燥和断裂。油脂残留于头发，延长了头发定型时间，保持自然光泽，而且易于清洗。而水/油型发乳，在使用时，仅有少量的水被吸收，故其定型效果不如油/水型。本节将介绍油/水型发乳的生产方法。

① 基础配方。油/水型制品选用的油脂应能保持头发光亮而不油腻，选用量也应适当，如蜂蜡和十六醇用量多，梳理时的“白头”迟迟才能消失。在考虑产品配方时，要求原料质量稳定，并要求发乳具有耐热、耐寒性，色泽应洁白、pH 值为 5～7。此外，要求相应的使用效果，例如保持头发水分的效果、增加头发光泽、使用时梳理 3～5 次“白头”就消失。发乳以上的性能与选用的原料和配方有密切关系。

油/水型发乳的乳化剂，有的采用阴离子乳化剂，如硬脂酸－三乙醇胺、硬脂酸－氢氧化钾；也有采用非离子型乳化剂，如单硬脂酸甘油酯、单硬脂酸乙二醇酯、Span 及 Tween 系列等；也可阴、非离子型乳化剂混合使用。油、脂、蜡则以白油、白凡士林、鲸蜡、蜂蜡、十六～十八混合醇等为主。总之，采用的原料品种繁多，发乳的配方变化也很大。

配　方	w%		w%
液体石蜡	15.0	丙二醇	4.0
硬脂酸	5.0	抗氧剂	0.2
无水羊毛脂	2.0	防腐剂	0.5
三乙醇胺	1.8	香料	0.4
蓍树胶粉	0.7	精制水	70.4

② 生产工艺。油/水型发乳的生产工艺可参阅4.2节中润肤霜的生产方法,本节将简单介绍锅组连续法生产发乳。

锅组连续法生产发乳,至少要有500~2 000 L均质刮板乳化锅,两只为一组,或数只为一组,要按包装数量确定。首先在A锅内分别加入已预热至85~90 ℃的油相和水相,开动均质搅拌机5~10 min,启动刮壁搅拌机,并进行冷却水冷却,冷却至40~42 ℃时加入香精等原料。A锅生产完毕,在规定温度38 ℃时取出发乳样品10 g,经过10 min离心分析乳化稳定性,离心机转速为3 000 $r\cdot min^{-1}$,如果10 g试样在离心试管底部析出水分<0.3 ml,就可认为乳化已稳定。在乳化锅内加无菌压缩空气,由管道将发乳输送到包装工段进行热装灌,经过管道的发乳已降温至30~33 ℃。待A锅发乳包装完毕,已生产完毕的B锅等待包装,A、B两锅交替生产,可以进行连续热装灌包装工艺。

锅组连续法生产和包装优点很多,乳剂用管道输送,不需要盛料桶和运输,减少了被杂菌污染的机会,操作简单,劳动生产率高。热装灌工艺使乳剂不会因间隔时间稍长或包装时再搅动的剪切作用,而使乳剂稠度降低。

(2) 发蜡。发蜡主要有两种类型:一种是由植物油和蜡制成;另一种是由矿脂制成。发蜡大多以凡士林为原料,因此粘性较高,可以使头发梳理成型,头发光亮度也可保持数天。其缺点是粘稠、不易洗净。为了克服此缺点,在配方中可加入适量植物油或白油,以降低制品的粘度,增加滑爽的感觉。

发蜡用的主要原料有蓖麻油、日本蜡、白凡士林、松香等动植物油脂及矿脂,还有香精、色素、抗氧剂等。

配方1(植物性发蜡)	w%		w%
蓖麻油	88.0	香料	2.0
精制木蜡	10.0	染料、抗氧剂	适量

配方2(矿物性发蜡)	w%		w%
固体石蜡	6.0	液体石蜡	9.0
凡士林	52.0	香料	3.0
橄榄油	30.0	染料、抗氧剂	适量

两种类型的发蜡生产过程基本相同,但在具体操作条件上,两者略有差别。配制发蜡的容器一般采用装有搅拌器的不锈钢夹套加热锅。

① 原料熔化。植物性发蜡的生产一般把蓖麻油加热至40~50 ℃,若加热温度高,易被氧化,而日本蜡、木蜡可加热至60~70 ℃备用。对于以矿脂为主要原料的矿脂发蜡,一般熔化原料温度较高,凡士林一般需加热至80~100 ℃,并要抽真空,通入干燥氮气,吹去水分和矿物油气味后备用。

② 混合、加香。植物性发蜡的生产是把已熔化备用的油脂混合到一起,同时加入色素、香精、抗氧剂,开动搅拌器,使之搅拌均匀,并维持在60~65 ℃,通过过滤器即可浇瓶。对于

矿物发蜡，把熔化备用的凡士林等加入混合锅，并加入其他配料如石蜡、色素等，冷却至60～70 ℃加入香精，搅拌均匀，即可过滤浇瓶。

在发蜡配料时，一般每锅料控制在100～150 kg，以保证配料搅拌和浇瓶包装在1～2 h内完成。这样一方面避免油脂等长时间加热易被氧化；另一方面保证香气质量，因为香精在较长时间保持在60～70 ℃，不但头香易挥发，而且香气质量易变坏。

③ 浇瓶冷却。植物性发蜡浇瓶后，应放入－10 ℃的冰箱或放置在－10 ℃专用的工作台面上，因为它浇瓶后，要求冷却的速度应快一些，这样结晶较细，可增加透明度。而矿物发蜡浇瓶后，冷却速度则要求慢一些，以防发蜡与包装容器之间产生空隙，一般是把整盘浇瓶的发蜡放入30 ℃的恒温室内，使之慢慢冷却。

2. 固发剂

固发剂是固定头发形状的美发化妆品，其中含有成膜剂、少量的油脂和溶剂。溶剂一般是水和乙醇。成膜剂是固发剂的重要组成。作为一个好的成膜剂既要能固定发型，又能使头发柔软，这就要求成膜物质具有一定揉曲性，常用的有水溶性树脂，如聚乙烯吡咯烷酮、丙烯酸树脂等，这些树脂柔软性稍差，往往需加入增塑剂，如油脂等。目前较为新型的成蜡剂有聚二甲基硅氧烷等，与其他组分调配后，使头发光泽且有弹性，相互不粘，容易漂洗，不留残余固体物。

近年来，为了改善环境，倾向于要求固发剂少用酒精多用水，这样要求选择的原料水溶性要好。固发剂目前常用的品种有发胶、摩丝、喷发胶等。

配方(喷发胶)	$w\%$		$w\%$
聚二甲基硅氧烷	2.5	十八烷基苄基二甲基季铵盐	0.1
二氧化硅	0.5	乙烯吡咯烷酮/乙酸乙烯酯共聚物	2.0
环状聚二甲基硅氧烷	1.5	乙醇	23.3
香精	0.1	异丁烷喷射剂	70.0

在生产时，首先将成膜剂、油脂、表面活性剂、香料等溶于乙醇或水中，然后把溶解液与喷射剂按一定比例混合密闭于容器中，通过喷雾就可在头发上使用。

4.6.5.3 其他发用化妆品

1. 烫发剂

烫发主要是将直发处理成卷曲状，其实质是将 α－角朊的自然状态的直发改变为 β 角朊的卷发。由于头发角朊中存在二硫键、离子键、氢键，以及范德华力等多种作用力，所以限制了角朊的 α、β 类型间转变。要实现这种转变，必须施以外力克服上述诸作用力，使角朊的型变易于进行，采用这种方法达到卷发目的，就称之为烫发。烫发有两种方法：热烫法和冷烫法。

(1) 冷烫液。目前卷发多采用冷烫法。其原理是由冷烫液将角朊中的二硫键还原，头发在卷曲状态下重新生成新的二硫键，而达到永久形变。

冷烫液的主要成分是巯基乙酸铵，其他成分大体上与热烫液相仿。由于巯基乙酸铵极易被氧化，用料必须纯净，特别是防止铁离子的混入。制品中游离氨含量和pH值对冷烫效果影响很大，pH值一般应维持在8.5～9.5之间。

配方(冷烫液)	w%		w%
50w%巯基乙酸铵水溶液	10.0	丙二醇	5.0
28w%氨水	1.5	乙二胺四乙酸二钠	适量
液体石蜡	1.0	精制水	80.5
油醇聚氧乙烯(30)醚	2.0		

在生产时,先将石蜡、油醇聚氧乙烯醚溶于水中调匀,加入丙二醇及乙二胺四乙酸二钠溶解后,最后加入氨水及巯基乙酸铵,充分混合后即得成品,装瓶密封。

(2) 中和剂。经过烫发剂处理的头发,需用中和剂使头发的化学结构在卷曲成型后形成新的稳定结构,即生成新的二硫键。中和剂主要有移去头发上烫发剂的残余液和促进二硫键重新键合的作用。在作用机理上中和剂起的是氧化作用,主要由氧化物及有机酸构成。氧化物有双氧水和溴酸钠等。

配　方	w%		w%
溴酸钠	8.0	透明质酸钠	0.01
柠檬酸	0.05	精制水	余量

2. 染发剂

将灰白色、黄色、红褐色头发染成黑色,或将黑色头发染成棕色、红褐色以及漂成白色等过程称为染发。染发所需的发用化妆品称为染发剂。染发剂按使用的染料可分为植物性、矿物性和合成染发剂。根据染发原理又可分为漂白剂、暂时性染发剂、永久性染发剂三种。

暂时性染发剂的牢固度很差,不耐洗涤,一般只是暂时粘附在头发表面作为临时性修饰,经一次洗涤就全部除去。

永久性染发剂是染发制品中最重要的一类,它使用氧化性染料,又称为氧化染发剂。用这种染发剂染发,染料不仅遮盖头发表面,而且染料中间体能渗入头发内层,再被氧化成不溶性有色大分子,使头发染色。

目前,氧化染发剂所用的染料大多是对苯二胺及其衍生物,显色剂为过氧化氢。采用氧化染发剂染发时,必须在头发内发生氧化作用后才发色。对苯二胺及其衍生物在氧化剂如过氧化氢的作用下发生一系列缩合反应,形成大分子结构体,这种大分子聚合体具有共轭双键而显现颜色,根据分子的大小,颜色可由黄至黑。若染成其他颜色,可加多元醇、对氨基苯酚等中间体。

为了达到理想的效果,染发剂配方中还需加入表面活性剂,以提高渗透、匀染、湿润等作用,加入其他添加剂,以减小对苯二胺对人体的危害。

配方Ⅰ(黑色染剂)	w%		w%
对苯二胺	3.0	异丙醇	10.0
2,4-二氨基甲氧基苯	1.0	氨水(28w%)	10.0
间苯二酚	0.2	去离子水	41.8
油醇聚氧乙烯(10)醚	15.0	抗氧化剂	适量
油酸	20.0	金属离子螯合剂	适量

配方Ⅱ(黑色染剂)	w%		w%
过氧化氢(30w%)	20.0	稳定剂、增稠剂	适量
去离子水	80.0	pH调节剂(pH至3.0~4.0)	适量

在配制时应适当控制染料中间体的添加温度,一般控制在50~55 ℃左右,以防温度偏

高而发生中间体的自动氧化。染发剂是一个相当不稳定的产品,生产和贮藏条件的变化,都易促使产品发生变化,故在配制时,尽量避免与空气接触。氧化剂本身也是一个不稳定的产品,温度偏高时,极易分解失氧,需控制氧化剂的添加温度,一般制备时在室温下添加氧化剂。

3. 脱毛化妆品

脱毛化妆品,有利于剥离溶解涂敷后凝固的蜡来脱毛的蜡状制品及使用化学脱毛剂的糊状或膏状制品。脱毛剂的主剂是采用对角朊有溶解作用的硫化物,可分为有机和无机两大类。无机脱毛剂主要是碱金属或碱土金属的硫化物,如硫化锶、硫化钠及硫化钙等,它们的缺点是气味大,对皮肤刺激较大。目前脱毛剂产品主要以有机类为主,它们对皮肤刺激缓和,几乎无臭,赋香容易,如巯基乙酸盐等。巯基乙酸盐也是冷烫液的主剂,pH 值在 9.6 以下时可用于烫发,pH 值在 10~13 时能切断毛发,作为脱毛剂使用。在实际应用时,一般用两种以上的巯基乙酸盐,并加脱毛辅剂以加速脱毛。脱毛剂一般是制成碱性乳膏,制造时需要较高的技术,其脱毛效果除受脱毛剂用量的影响外,也受 pH 值支配,同时还需考虑对皮肤的刺激。

配　方	$w\%$		$w\%$
巯基乙酸钙	7.0	鲸蜡醇	3.0
十二烷醇聚氧乙烯(9)醚	5.0	凡士林	4.5
失水山梨醇单油酸酯	4.0	氢氧化钙	9.0
十八醇	3.0	精制水	加至 100
液体石蜡	4.0		

生产时,将表面活性剂溶于少量水中,加入已预热熔化的油性物质,搅拌冷却成乳剂,再加入巯基乙酸钙、氢氧化钙及剩余水混合而成的浆状液,搅拌 30 min 即可包装。

4.6.6 其他类化妆品

4.6.6.1 防晒类化妆品

防晒就是防止日光中波长为 $2.9\times10^{-7}\sim3.2\times10^{-7}$m 的紫外线对皮肤的侵害,因此防晒化妆品要对这部分紫外线有吸收或散射的能力。

防晒类化妆品,按使用目的的不同可分为三大类:防止因太阳光线引起的皮肤炎症或防止晒黑,即防日晒化妆品;晒黑化妆品,它要求防晒至最低限度,也称快黑制品;用于日晒后修整的皮肤类制品。若从防晒产品的效用出发,可分为全遮型、加强防护、正常晒黑、快晒黑四大类。从防晒制品的外观看,可以分出水状、油状、膏霜状、冻胶状等。

1. 防日晒制品

皮肤受日光中紫外线照射会被灼伤而造成细胞组织和细胞的新陈代谢发生障碍,使细胞老化、退化,使纤维细胞转变,斑马体增加,血管细胞受损,免疫系统转变等等。为防止这种伤害,应搽用防日晒制品。防日晒制品的主要成分为防晒剂、油、蜡及表面活性剂等,要求用于皮肤后,能在皮肤上留有一层连续扩展的防晒剂薄层以及发挥防晒作用。防晒制品有液状、膏霜状、棒状、油膏等形式。

配方Ⅰ(防晒液)	w%		w%
乙醇	70.0	季铵盐-26	0.6
聚乙二醇(8)	0.25	松香酰水解动物蛋白	5.0
苯甲酸高碳醇酯	20.0	二甲基对氨基苯甲酸辛酯	3.25
羧丙基纤维素	0.75	香料	0.15

操作:将乙醇与聚乙二醇混合,迅速搅拌加羟丙基纤维素,混合 45 min 后,加苯甲酸高碳醇酯,混合 5 min;加季铵盐-26,混合 5 min;再加松香酰水解动物蛋白,混合 5 min;最后加二甲基对氨基苯甲酸辛酯及香料,混匀后即可包装。本品具有润肤、防水、不剥离和美容的作用,使用后有清凉、润滑感。

配方Ⅱ(防晒膏)	w%		w%
2-乙基己基对甲氧基肉桂酸酯	3.0	肉桂酸异丙酯	4.0
4-叔丁基-4′-甲氧基二苯甲酰甲烷	7.5	甘油	6.0
硬脂酸	10.0	其他	适量
十六醇	5.0	精制水	53.5
油醇	1.0		

制法:将紫外线吸收剂及油分加热至 95 ℃,向水中加入甘油,并加热至 95 ℃,在搅拌下将水相加入油相,冷至 40 ℃,加其他原料。

2. 晒黑制品

使用晒黑制品,受太阳光照射而不发生炎症或红斑等,并赋予皮肤均匀自然的棕色和健美感。因此,晒黑剂中应采用能吸收波长 3.2×10^{-7}m 以下的紫外线、允许 3.2×10^{-7}m 以上紫外线透过的紫外线吸收剂。晒黑制品的剂型、配方与生产工艺基本与防晒制品相同。

配方(晒黑剂)	w%		w%
6-羟基-5-甲氧基吲哚	0.75	硅油	10.0
十六烷醇聚氧乙烯醚	7.0	丙二醇	5.0
硬脂醇	4.0	山梨醇(70w%水剂)	10.0
肉豆蔻酸异丙酯	4.0	香精、防腐剂	适量
凡士林	11.0	精制水	加至 100

3. 日晒后修整制品

由于日晒后的皮肤处于黑色素增加的状态,要恢复皮肤白皙,必须使生成的黑色素减色漂白,并抑制黑色素生成过程中的酶。例如美白清洁霜,可以促进皮肤恢复白皙,防止褐斑和色素沉着。

配　　方	w%		w%
硫黄	0.5	丙二醇	5.0
硬脂酸	12.0	氢氧化钾	6.7
软脂酸	8.0	香料	适量
肉豆蔻酸	10.0	杀菌剂、抗氧及防腐剂	适量
月桂酸	4.0	精制水	39.8
甘油	14.0		

4.6.6.2　抑汗、祛臭化妆品

抑汗、祛臭化妆品是去除或减轻汗分泌物的臭味,或防止这种臭味的生成的制品。由于每个人生理条件不同,汗臭情况也有所不同。对同一个人来说,汗臭情况也会随各种因素改

变而不同，一般防止汗臭有三种方法：① 收敛防臭：利用强收敛作用抑制出汗，间接地防止汗臭。铝、铁等金属的盐类有收敛作用，用得较广的是硫酸盐、氯化物、碱式氯化物及苯酚磺酸盐。近年来开发的是能溶于无水乙醇的一系列氯化铝氢氧化物的有机复合体，例如，它和丙二醇的复合体。② 杀菌防臭：汗臭是细菌的分解作用引起的，故可引入杀菌剂抑制细菌繁殖，直接防止汗的分解、变臭。常用的祛臭剂有氯化烃基二甲基代苯甲胺、对氯间二甲苯酚等。此外，含锌化合物不仅能抑汗，也能抑菌防臭，如硬脂酸锌、氧化锌等。③ 香料防臭：一般的汗臭能用香水、花露水等消除，可配合上述杀菌剂间接地增进防臭效果。

抑汗、祛臭制品大致可分为抑汗化妆品和祛臭化妆品两类。从制剂上可以是粉状、液状、膏霜状或其他形态。

1. 抑汗化妆品

抑汗化妆品的主要成分为收敛剂及具有良好乳化和祛臭作用的表面活性剂。它能使皮肤表面的蛋白质凝结，使汗腺口膨胀，阻塞汗液的流通，从而产生抑止或减少汗液分泌量的作用。

(1) 抑汗液。抑汗液制品的配方较为简单，大部分是含有一种收敛剂及少量润湿剂、香精、乳化分散剂的水或酒精溶液。

配　方	$w\%$		$w\%$
丙二醇	5.0	水	29.9
碱式氯化铝	15.0	酒精	50.0
双-3,5,6-三氯苯酚甲烷	0.1		

制法：将祛臭剂和香精溶于乙醇中，碱式氯化铝溶于水中。然后，缓慢将水液加于醇溶液中，静置 72 h 后过滤包装。

(2) 抑汗霜。抑汗霜是较受欢迎的一种抑汗制品，通常含收敛剂 15$w\%$～20$w\%$。由于收敛剂具有酸性，选用的乳化剂需能耐酸，如单硬脂酸甘油酯等。制品中的脂肪物含量一般在 15$w\%$～20$w\%$，另外还有缓冲剂、滋润剂等。

配　方	$w\%$		$w\%$
硫酸铝	18.0	丙二醇	5.0
单硬脂酸甘油酯	17.0	钛白粉	0.5
月桂醇硫酸钠	1.5	香精	0.2
鲸蜡	5.0	精制水	47.8
尿素	5.0		

制法：将油脂和非离子型乳化剂加热至 75～80 ℃，同时将阴离子型乳化剂及丙二醇、水一起加热至 75～80 ℃。然后将水相在均质搅拌下加入油相中，搅拌 10～20 min，直至形成乳剂，并加入钛白粉混合均匀。当温度达到 35～40 ℃时，在搅拌下缓缓加入硫酸铝使之溶解。最后，在 40 ℃以下温度，缓缓加入磨细的尿素，溶解后，再拌入香精，即可包装。

2. 祛臭化妆品

祛臭化妆品主要有用于祛狐臭、防体臭、防脚臭和抑口臭等种类，其作用主要在于祛臭剂，常用的有氯化苯酚衍生物、苯酚磺酸盐等，它们能抑制或杀灭细菌。

配方Ⅰ(祛狐臭霜)	$w\%$		
甘油单硬脂酸酯	10.0	鲸蜡醇	1.5
硬脂酸	5.0	肉豆蔻酸异丙酯	2.5
		六氯二苯酚基甲烷	0.5

氢氧化钾	1.0	香料	0.8
甘油	10.0	精制水	68.7

制法：将六氯二苯酚基甲烷、油、脂等组分混合加热熔化；将氢氧化钾、甘油溶于水，加热至75 ℃，在此温度下，在均质搅拌下将水相加于油相。当温度下降至40 ℃时加料，搅拌冷至室温，即可包装。

配方Ⅱ（祛臭喷雾剂）

原液配方	w%		w%
羟基氯化铝－丙二醇复合体	10.0	磷酸三油醇酯	3.0
3－三氟甲基－4,4′－二氯碳酰替苯胺	0.1	无水乙醇	84.9
异丙基肉豆蔻酸酯	2.0	香料	适量

填充配方	w%		w%
原液	35.0	氟利昂 11	22.0
氟利昂 12	43.0		

制法：将水合氟化铝溶于乙醇中，然后加入其他原料过滤。将原液按配比加入喷雾器中，装好喷嘴，然后压进氟利昂喷剂即成。

4.6.6.3 中草药化妆品

药物化妆品是指含药物的化妆品，更准确地说，是指以具有医疗作用的药物为其成分之一的化妆品。

目前，现代化妆品配方中增加中草药成分可使化妆品具有一些特殊功用，例如，富含鞣酸的草本植物具有收敛性、皂草苷具有清洗作用、粘蛋白具有保湿作用等。但是深入研究表明，有些原料具有更多特殊作用，如对缓解头发屑或治疗秃发症有疗效的某些中草药物。

目前已得到应用的中草药很多，可分为动物性与植物性两种。植物性的有：花粉、人参、首乌、灵芝、芦荟、杏仁、黄瓜、银耳等有效提取物。动物性的有：胎盘液、蜂王浆、珍珠、牛奶、蚕丝等的有效提取物。中草药在化妆品中的应用范围很广。

1. 人参系列化妆品

人参的化学成分除含有人参皂甙、人参醇外，还含有许多微量元素和维生素B复合物、维生素C以及雌性激素等。它在化妆品中的应用几乎是无限制的，人参化妆品能促进人体细胞生长、防止和延缓皮肤老化，被誉为外用滋补剂。主要制品有营养霜、营养蜜、防皱露，沐浴液等。、

配方（人参防皱霜）	w%		w%
柠檬酸	0.1	脂肪醇聚氧乙烯醚	1.0
柠檬酸钠	0.5	人参浸出液	1.0
减皱促进剂	0.1	精制水	80.3
甘油	5.0	香精	适量
乙醇	12.0	防腐剂	适量

制法：将香精溶于乙醇中，其他组分溶于水中，然后两者混合，充分搅拌后，静置、过滤后包装。

2. 芦荟系列化妆品

芦荟系百合科多年生肉质草本植物，其化学活性成分复杂，主要含有芦荟素、芦荟大黄

素、糖类、配糖物、氨基酸、生物酶等。它具有导泻、杀菌、解毒、消炎、保温、防晒和防癌功能，它添加于化妆品的提取物有三种：芦荟胶浓缩液、芦荟油、芦荟粉。

配方Ⅰ(芦荟防晒蜜)	w%		w%
硬脂酸	3.0	三乙醇胺	1.4
十八醇	0.3	芦荟胶浓缩液	20.0
羊毛脂	0.5	精制水	64.7
肉豆蔻酸异丙酯	5.0	香精	适量
乳化剂	0.1	防腐剂	适量
甘油	5.0		

制法：先把硬脂酸等油溶性物质加热至 75 ℃熔化，再把乳化剂等水溶性物质加热至 70～75 ℃，搅拌溶解于水中，然后在均质搅拌下将水相缓慢加入到油相中，使之乳化完全。搅拌冷却至 45 ℃，加入香精及防腐剂即可。

配方Ⅱ(芦荟香波)	w%		w%
羊毛脂	2.0	防腐剂	0.2
十二烷基硫酸钠	15.0	芦荟汁	25.0
两性表面活性剂	3.0	香精、色素	适量
椰子油烷醇酰胺	5.0	精制水	48.8
氯化钠	1.0		

3. 胎盘系列制品

胎盘提取物是由人或牛羊等胎盘中提取的，一般为其水解物，含有一系列生物活性物质，如碱性磷酸酯酶等酶类物质、核酸、多糖、蛋白质、氨基酸、维生素、激素等，具有促进皮肤细胞新陈代谢和赋活作用，有防止皮肤老化与防皱功效，还具有较好的减退面部色素斑和防晒效果。

配　　方	w%		w%
硬脂酸	18.0	胎盘提取液	1.0
甘油	5.0	精制水	73.0
羊毛脂	2.0	香精、防腐剂	适量
三乙醇胺	1.0		

制法：将硬脂酸、甘油、羊毛脂混合加热至 80 ℃待用。将三乙醇胺及水混合并加热至 80 ℃，在均质搅拌下将水相加入油相中，使之乳化完全，搅拌冷却至 40 ℃时加入胎盘提取物及香精等，充分混合均匀后包装。

复习思考题

1. 皮肤由几层组成？各起什么作用？
2. 皮肤具有哪些生理功能？
3. 试述毛发的组成和化学结构。
4. 化学品的安全评价包括哪些内容？
5. 试述化妆品的定义、作用和分类。
6. 简述 *cmc* 的意义及影响表面活性剂 *cmc* 的主要因素。
7. 简述影响增溶作用的因素。

8. 乳状液有几种类型？影响其类型的因素有哪些？

9. 什么是 *HLB* 值？如何选择乳化剂？

10. 雪花膏的组成及作用是什么？简述其生产工艺。

11. 香水类制品的组成与用途怎样？说明其生产过程，并画出工艺流程图。

12. 简述美容化妆品的类别和作用。

13. 简述香粉类制品的特性和制造技术。

14. 洗发香波必须具备哪些性质？按组分可分成哪几类，各有何功效？试述其生产工艺。

15. 化学卷发剂的主要组分有哪些？各有何功效？

16. 试述防晒、祛臭、抑汗制品的组成。

参 考 文 献

1 顾良荧．日用化工产品及原料制造与应用大全．北京：化学工业出版社，1997

2 李和平，葛虹．精细化工工艺学．北京：科学出版社，1998

3 王培义．化妆品——原理·配方·生产工艺．北京：化学工业出版社，1999

4 肖子英．中国药物化妆品．北京：中国医药科技出版社，1992

5 毛培坤．新机能化妆品和洗涤剂．北京：中国轻工业出版社，1993

6 孙绍曾．新编实用日用化学品制造技术．北京：化学工业出版社，1996

7 张丽卿．化妆品检验．北京：中国纺织出版社，1999

8 杨先麟等．精细化工产品配方与实用技术．武汉：湖北科学技术出版社，1995

9 程铸生．精细化学品化学．上海：华东理工大学出版社，1996

10 冯胜．精细化工手册．广州：广东科技出版社，1993

第五章 香料与香精

一般来讲，凡能被嗅觉和味觉感觉出芳香气息或滋味的物质都属于香料，但在香料工业中，香料通常特指用以配制香精的各种中间产品。所谓香精亦称调和香料，是由人工调配制成的香料混合物。

香精的用途非常广泛，且与人民生活息息相关。在食品、烟酒制品、医药制品、化妆品、洗涤剂、香皂、牙膏等各种行业中，香精都有广泛的应用；香水的生产更是直接依赖于香精、香料；此外，在塑料、橡胶、皮革、纸张、油墨以至饲料的生产中，都要使用香精。薰香、除臭剂更是广为人知的应用实例。近年来还出现了香疗保健用品，通过直接吸入飘逸的香气或香料与皮肤接触，使人产生有益的生理反应，从而达到防病、保健、振奋精神的作用。

香料行业是一个历史悠久的行业，但近年来随着科学技术的不断发展和人民生活水平的不断提高，香料、香精行业已成为世界上增长速度最快的产业之一。目前，国际上香料的品种已达 6 000 种以上，常用的有 500 种左右，我国目前已能生产 400 多种，但经常生产的只有 200 多种，其中有 50 多种出口国外，并在国际市场上享有较高声誉。但从总体看，我国的香精工业与发达国家相比还有较大差距。

5.1 香料、香精概述

在迄今发现的 200 多万种有机化合物中，能发出香气的物质就有 40 多万种，而目前在生产中使用的香料不过几千种。

5.1.1 香味与分子结构的关系

长期以来，人们一直对香味物质的分子结构很感兴趣。合成香料出现以后，尤其是某些在自然界尚未发现其天然存在的合成香料问世后，极大地丰富了调香师们进行艺术创造的素材，出现了许多充满幻想和抽象色彩的人造香型。这进一步激起化学家们对于有机化合物分子结构与香气之间的关系的研究兴趣，这种研究的最终目标是预测某种新化合物的香气特征，但是由于受到鉴定主观性以及香料分子构造复杂性的影响，研究一直未取得令人满意的结果。目前，还只能从碳链中碳原子的个数、不饱和性、官能团、取代基、同分异构等因素对香气的影响作一些经验性的解释，这对于香料化合物的合成具有一些指导作用。

各类香味分子的相对分子质量存在上限，该上限一般与官能基和嗅阈值有关，通常在 300 以内。所谓嗅阈值是指一种物质引起嗅感觉的必要刺激的最小量，通常用 10^{-6}和 10^{-9}表示。在有机化合物中，如果碳原子个数过小，则沸点过低，挥发过快；反之，碳原子个数太大，难以挥发，均不宜作香料使用。所以在脂肪族香料化合物中，C_8 和 C_9 的香强度最大，C_{16} 以上的脂肪族烃类属于无香物质。醇类化合物中，C_4 和 C_5 醇类化合物有杂醇油香气，C_8 醇香气最浓，而 C_{14}醇几乎无香。醛类化合物中，C_4 和 C_5 醛具有黄油型香气，C_{10}醛香气最强，

C_{16}醛无味,而低级脂肪族醛具有强烈的刺激性气味。酮类化合物中,C_{11}脂肪族酮香气较强,C_{16}酮是无臭的。

对于环酮,碳原子个数的改变不但影响香气的强度,而且还影响香气的性质。C_5 ~ C_8的环酮具有类似薄荷的香气,C_9 ~ C_{12}的酮具有樟脑香气,C_{13} ~ C_{14}的环酮具有柏木香气,碳数更大的大环酮则具有细腻而温和的麝香香气。

此外,脂肪族羧酸化合物中,C_4 和 C_5 酸有腐败的黄油香气,C_8 和 C_{10}酸有不快的汗臭气息,C_{14}羧酸无臭。酯类化合物的香强度介于醇和酸之间,但香气较佳,一般具有花、果、草香。

链状烃比环状烃的香气要强,随着不饱和性的增加,其香气相应变强。例如,乙烷是无臭的,乙烯具有醚的气味,乙炔则具有清香。醇类化合物中引入不饱和键,会令香气增强,而且不饱和键愈接近羟基,香气愈强。

羟基是强发香的官能团,但是—OH 数增加会令香气减弱,尤其是分子间及分子内形成氢键时。芳香族醛类及萜烯醛类中,大多具有草香、花香。其他如酮、酸、酯官能团都是香料化合物中常见的官能团。碳架结构相同而官能团不同的物质,其香气会有很大区别;同时,官能团相同,取代基不同,也会导致香气的很大差异,例如,紫罗兰酮和鸢尾酮的香气有很大区别,而它们的分子结构只是差了一个取代基

(α - 紫罗兰酮,紫罗兰花香)　　(α - 鸢尾酮,鸢尾根香)

香气也会因分子的立体异构而造成差异,例如反 - α - 紫罗兰酮与顺 - α - 紫罗兰酮、反 - 茉莉酮与顺 - 茉莉酮,以及 *l* - 薄荷醇与 *d* - 薄荷醇、*l* - 香芹酮与 *d* - 香芹酮都是这方面典型的例子。

5.1.2　香料的分类

通常香料按照其来源及加工方法分为天然香料和人造香料,进一步可细分为动物性天然香料、植物性天然香料、单离香料、合成香料及半合成香料,其关系参见图 4.1。

(1) 动物性天然香料。动物性天然香料是动物的分泌物或排泄物,实际经常应用的只有麝香、灵猫香、海狸香和龙涎香 4 种。

(2) 植物性天然香料。植物性天然香料是以芳香植物的采香部位(花、枝、叶、草、根、皮、茎、籽、果等)为原料,用水蒸气蒸馏、浸提、吸收、压榨等方法生产出来的精油、浸膏、酊剂、香脂等。

(3) 单离香料。单离香料是使用物理或化学方法从天然香料中分离提取的单体香料化合物,例如,用重结晶方法从薄荷油中分离出来的薄荷醇(俗称薄荷脑)。

(4) 合成香料。合成香料是指通过化学方法制取的香料化合物,特别指以石油化工基本原料及煤化工基本原料为起点经过多步合成反应而制取的香料产品。

(5) 半合成香料。半合成香料是指以单离香料或植物性天然香料为反应原料,通过制成衍生物而得到的香料化合物。近年来松节油已成为最重要的生产半合成香料的原料,其

产品在全部合成香料产品中占有相当大的比例。

上述合成香料和半合成香料一般统称为合成香料。在合成香料中，某些产品的分子结构与天然香料中发现的香料成分完全相同，因此，某些香料产品既可能是单离香料，也可能是合成香料。

5.1.3 香料化合物的命名

香料化合物的名称多数来源于最初发现的天然存在的植物或动物的名称，例如，桂醛是肉桂中的主要醛类成分，从灵猫的香腺中发现的大环酮类化合物被称为灵猫酮。还有一些香料化合物是根据与其香气相似的天然植物而命名的，例如，兔耳草醛是所谓"人造结构"的合成香料，在自然界中未曾发现其存在，由于它的香气有些像兔耳草，故而得名。

随着人工合成香料品种的不断增加，根据这些新品种分子结构与天然品种的相似性，派生出新的香料化合物名称，如二氢灵猫酮、乙基香兰素等。

5.1.4 香精的分类

香精可根据形态分类，也可以根据香型分类。

5.1.4.1 按照形态分类

1. 水溶性香精

水溶性香精常用 40w% ~ 60w% 的乙醇水溶液为溶剂，水溶性香精广泛用于汽水、冰淇淋、果汁、果冻等饮料及烟酒制品中，另外在香水等化妆品中也有应用。

2. 油溶性香精

油溶性香精有两类常用溶剂，其一是天然油脂，如花生油、菜籽油、芝麻油、橄榄油和茶油等；其二是有机溶剂，如苯甲醇、甘油三乙酸酯等。以天然植物油脂配制的油溶性香精主要用于食品工业中，如糕点、糖果的加工；而以有机溶剂配制的油溶性香精，一般用于化妆品中，如霜膏、发脂、发油等，许多香料本身就是醇、酯类化合物，不需要再添加有机溶剂。

3. 乳化香精

乳化类香精是大量的蒸馏水中添加少量香料，并加入表面活性剂和稳定剂，经加工制成乳液而成。乳化香精主要应用于糕点、巧克力、奶糖、奶制品、雪糕、冰淇淋等食品中，在发乳、发膏、粉蜜等化妆品中也经常使用。常用的表面活性剂有单硬脂酸甘油酯、大豆磷酯、山梨糖醇酐脂肪酸酯、聚氧乙烯木糖醇酐硬脂酸酯等。常用的稳定剂有酪朊酸钠、果胶、明胶、阿拉伯胶、琼胶、海藻酸钠等。

4. 粉末香精

粉末香精分为由固体香料磨碎混合制成的粉末香精，粉末状液体吸收调和香料制成的粉末香精和由赋形剂包覆香料而形成的微胶囊状粉末香精。这类香精广泛应用于香粉、香袋、固体饮料、固体汤料、工艺品、毛纺品中。

5.1.4.2 按香型分类

1. 花香型香精

以模仿天然花香为特点，如玫瑰、茉莉、铃兰、郁金香、紫罗兰、薰衣草等。

2. 非花香型香精

以模仿非花香的天然物质为特点，如檀香、松香、麝香、皮革香、蜜香、薄荷香等。

3. 果香型香精

以模仿各种果实的气味为特点,如桔子、柠檬、香蕉、苹果、梨、草莓等。

4. 酒用香型香精

酒用香型香精有柑桔酒香、杜松酒香、老姆酒香、白兰地酒香、威士忌酒香等。

5. 烟用香型香精

烟用香型香精如蜜香、薄荷香、可可香、马尼拉香型、哈瓦那香型、山茶花香型等。

6. 食用香型香精

食用香型香精如咖啡香、可可香、巧克力香、奶油香、奶酪香、杏仁香、胡桃香、坚果香、肉味香等。

7. 幻想型香精

幻想型是由调香师根据丰富的经验和美妙的幻想,巧妙地调和各种香料尤其是使用人工合成香料而创造的新香型。幻想型香精大多用于化妆品,往往冠以优雅抒情的称号,如素心兰、水仙、古龙、巴黎之夜、圣诞之夜等。

5.2 香精

香精的应用包括对香型和形态两方面的要求,香型的确定主要是通过配方的拟定来解决,而香精的形态则主要是通过批量生产中的特定工艺来实现。

香型体现的是香精的主体香气,而香韵则是指由于次要成分的加入而赋予香精浓郁丰润、富于魅力的独特感受。

香精配方的拟定是香精生产的基础,一般称为调香。调香是一种非常强调艺术性和经验性的专门技术,从事这种技术工作的人被称为调香师。由于嗅觉和味觉是带有主观性的化学感觉,香精品质的评价以及香原料种类和用量的选定均不能由仪器来完成,主要依靠调香师的嗅觉。在拟方→调配→修饰→加香的反复实践过程中,调香师应具备辨香、仿香和创香的能力。已有的香料品种如此之多,而且同一种香料由于原料或加工工艺的不同也会导致香气特征的不同,为了在调香过程中方便地进行辨香和交流,就需要对香气的类型进行分类。

5.2.1 香气的分类和强度

各种香料的香气不仅在类型上有区别,而且在强弱上也有不同。通常香味物质产生的香感觉在一定的浓度范围内随着香物质浓度的增加而增强。当我们将一定的香精或香料产品按照一定比例稀释后进行嗅辨,即可根据能否嗅辨来确定香气强度。这种香气强度反映了香味物质分子固有的性质。

5.2.2 香精的组成和作用

调香没有固定的绝对方法以供遵循,从一定意义上说,它是技术与艺术的结合,因而在很大程度上依赖于调香师的经验和艺术鉴赏力。对于调香来讲,要求调香师必须从香精的香型、香韵以及其中各种香料的挥发度对香感觉的影响等方面综合衡量所选用香料。香料对于香型、香韵的基本组成和作用如下:

1. 主香剂

主香剂是决定香精香型的基本原料,在多数情况下,一种香精含有多种主香剂。

2. 合香剂

合香剂亦称调节剂,其基本作用是调和香精中各种主香剂的香气,使主体香气更加浓郁。

3. 定香剂

定香剂亦称保香剂,是一些本身不易挥发的香料,它们能抑制其他易挥发组分的挥发,从而使各种香料挥发均匀,香味持久。

4. 修饰剂

修饰剂亦称变调剂,是一些香型与主香剂不同的香料,少量添加于香精之中,可使香精格调变化,别具风韵。

5. 稀释剂

稀释剂常用乙醇,此外还有苯甲醇、二丙基二醇、二辛基己二酸酯等。

根据香料在香精中的挥发性可以将香料分为头香、体香和基香,分述如下:

(1) 头香。头香是对香精嗅辨时最初片刻所感到的香气。常用的头香剂有辛醛、壬醛、癸醛、十一醛、十二醛等高级脂肪醛以及柑桔油、柠檬油、橙叶油等天然精油,它们的挥发度高,扩散力好。

(2) 基香。基香亦称尾香,是指在香精挥发过程中最后残留的香气,挥发度很低。

(3) 体香。体香是挥发度介于头香剂和定香剂之间的香料所散发的反映香精主体香型的香气。

5.2.3 香精的调配加工

香精配方的拟定大体上分为以下几个步骤:

① 明确调香的目标,即明确香精的香型和香韵。

② 根据所确定的香型,选择适宜的主香剂调配香精的主体部分——香基。

③ 如果香基的香型适宜,再进一步选择适宜的合香剂、修饰剂、定香剂等。

④ 加入富有魅力的顶香剂。

香精初步调配完成后,要经过小样评估和大样评估,考查通过后,香精配方的拟定才算完成。

在调香过程中,选择香料还应考虑到某些香料的变色以及毒性或刺激性等问题。常用的易变色的香料有吲哚、硝基麝香、醛、酚等;有毒性或刺激性的香料有山麝香、葵子麝香、香豆素等。

5.2.3.1 不加溶剂的液体香精

不加溶剂的液体香精生产工艺流程图如下,其中熟化是香精制造工艺中的重要环节,经过熟化之后的香精香气变得和谐、圆润和柔和。目前采用的方法一般是将调配好的香精放置一段时间,令其自然熟化。

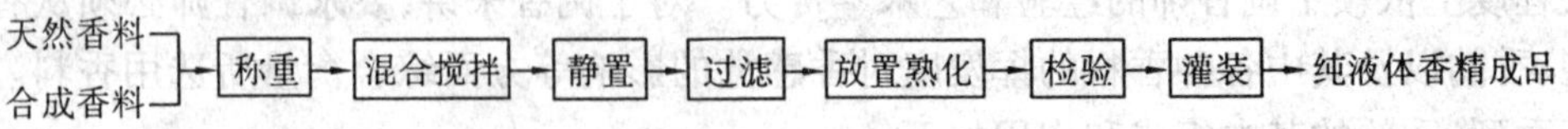

5.2.3.2 油溶性和水溶性香精

水溶性香精工艺流程图如下：水性溶剂常用 40*w*% ~ 60*w*% 的乙醇水溶液，一般占香精总量的 80*w*% ~ 90*w*%；其他的水性溶剂，如丙二醇、甘油溶液也有使用。

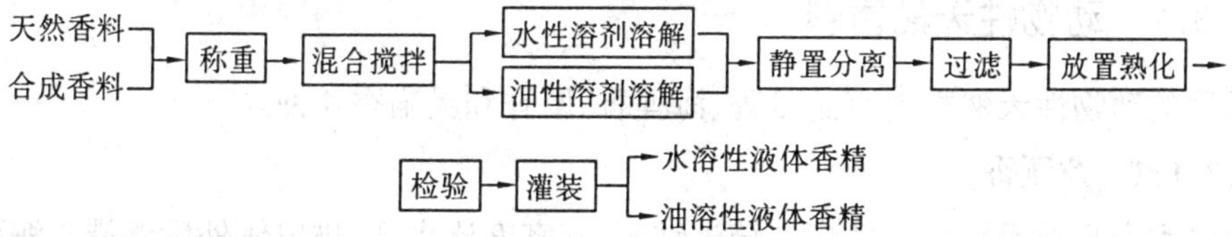

油性溶剂常用精制天然油脂，一般占香精总量的 80*w*% 左右；其他的油性溶剂有丙二醇、苯甲醇、甘油三乙酸酯等。

5.2.3.3 乳化香精

乳化香精工艺流程如下：配制外相液的乳化剂常用的有：单硬脂酸甘油酯、大豆磷酯、二乙酰蔗糖六异丁酸酯(SAIB)等；稳定剂常用阿拉伯胶、果胶、明胶、羧甲基纤维素钠等。乳化一般采用高压均浆器或胶体磨在加温条件下进行。

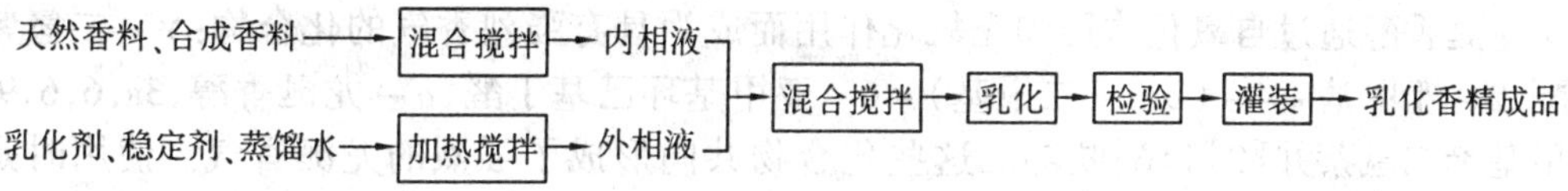

5.2.3.4 粉末香精

(1) 粉碎混合法。如香味原料均为固体，则粉碎混合法是生产粉末香精的最简便的方法，只需经过粉碎、混合、过筛、检验几步简单处理，即可制得粉末香精成品。

(2) 熔融体粉碎法。把蔗糖、山梨醇等糖质原料熬成糖浆，加入香精后冷却，将凝固所得硬糖粉碎、过筛以制得粉末香精。这种方法的缺点是在加热熔融的过程中，香料易挥发或变质，制得的粉末香精的吸湿性也较强。

(3) 载体吸附法。制造粉类化妆品所需要的粉末香精，可以用精制的碳酸镁或碳酸钙粉末与溶解了香精的乙醇浓溶液混合，使香精成分吸附于固态粉末之上，再经过筛即可用于粉类化妆品。

(4) 微粒型快速干燥法。在冰淇淋、果冻、口香糖、粉末汤料中广泛应用的粉末状食用香精，是采用薄膜干燥机或喷雾干燥法制成的。

(5) 微胶囊型喷雾干燥法。将香精与赋形剂混合乳化，再进行喷雾干燥，即可得到包裹在微型胶囊内的粉末香精。所谓赋形剂就是能够形成胶囊皮膜的材料，在微胶囊型食用香精的生产中使用的赋形剂多为明胶、阿拉伯胶、变性淀粉等天然高分子材料，在其他的微胶囊型的香精生产中也使用聚乙烯醇等合成高分子材料。以甜橙微胶囊型粉末香精的制备为例，介绍这种粉末香精的主要工艺步骤。

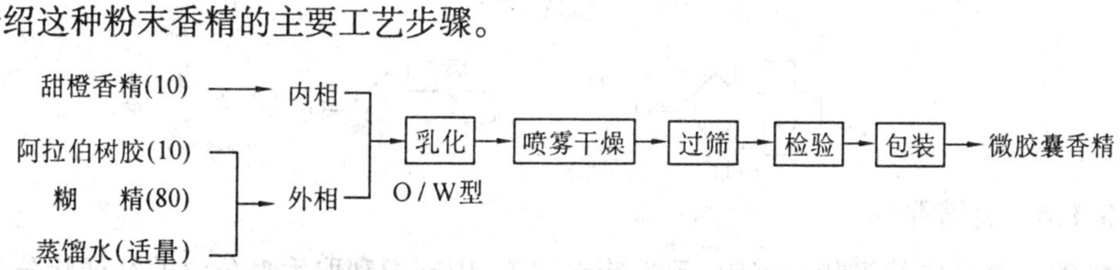

5.3 天然香料

5.3.1 动物性天然香料

常用的动物性天然香料有龙涎香、海狸香、麝香和灵猫香 4 种。

5.3.1.1 龙涎香

龙涎香产自抹香鲸肠内的病态分泌结石，其密度比水低，排出体外后浮漂于海面或冲至岸上而为人们所采集。龙涎香中主要的有效组分是无香气的龙涎香醇(分子式 $C_{30}H_{52}O$)，结构式为

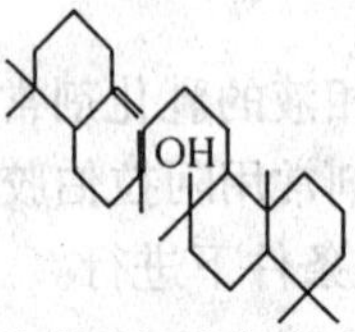

龙涎香醇通过自氧化作用和光氧化作用而成为具有强烈香气的化合物：γ-二氢紫罗兰酮、2-亚甲基-4-(2,2-二甲基)-6-亚甲基环己基丁醛、α-龙涎香醇，3a,6,6,9a-四甲基十二氢萘并[2:1:6]呋喃。这些化合物共同形成了强烈的龙涎香气。使用时是用 90w%的乙醇将龙涎香稀释成 30w%的酊剂，经放置一段时间后再用。

龙涎香是品质极高的香料佳品，具有微弱的温和乳香，常用于豪华香水。

5.3.1.2 海狸香

在海狸的生殖器附近有两个梨状腺囊，其内的白色乳状粘稠液即为海狸香，雄雌两性海狸均有分泌。腺囊经干燥取出的海狸香呈褐色树脂状。

海狸香的主要成分为对-乙基苯酚、苯甲醛、内脂及海狸香素等。

海狸香香气独特，留香持久，主要用作东方型香精的定香剂，以配制豪华香水。

5.3.1.3 麝香

麝鹿是生长在尼泊尔、西藏及我国西北高原的野生动物，雄性麝鹿从 2 岁开始分泌麝香，自阴囊分泌的淡黄色、油膏状的分泌液存积于位于麝鹿脐部的香囊，并可由中央小孔排泄于体外。腺囊干燥后，分泌液变硬，呈棕色，成为一种很脆的固态物质，呈粒状及少量结晶。固态时麝香发出恶臭，用水或酒精高度稀释后才散发独特的动物香气。

麝香本身属于高沸点难挥发物质，它不但留香能力甚强，而且可以赋予香精诱人的动物性香韵，常用于豪华香水香精之中。研究结果表明，天然麝香中主要的芳香成分是一种饱和大环酮——3-甲基环十五酮(1)，其次的香成分还有 5-环十五烯酮(2)、麝香吡啶、麝香吡喃等。

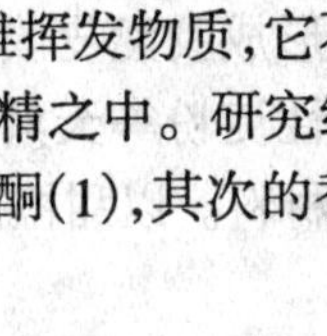

(1)

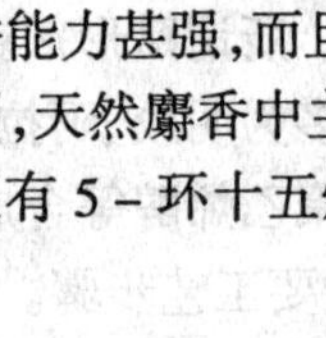

(2)

5.3.1.4 灵猫香

灵猫香来自灵猫的囊状分泌腺，无需特殊加工，用刮板刮取香囊分泌的粘稠状分泌物即为灵猫香。在天然灵猫香混合物中，主要的香成分是仅占 3w%左右的不饱和大环酮——灵

猫酮,其化学结构为9-环十七酮

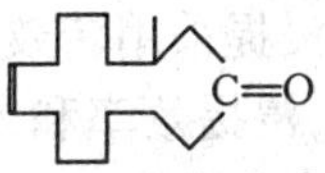

灵猫香香气与麝香相比更为优雅,曾长期作为豪华香水的通用成分。

5.3.2 植物性天然香料

植物性天然香料是从芳香植物的花、草、叶、枝、根、茎、皮、果实或树脂中提取出来的有机芳香物质的混合物。根据它们的形态(油状、膏状或树脂状)和制法,可分为精油(含压榨油)、浸膏、酊剂、净油、香脂和香树脂。由于植物性天然香料的主要成分都是具有挥发性和芳香气味的油状物,它们是芳香植物的精华,因此也把植物性天然香料统称为精油。

采集的芳香植物需经过一定的工艺处理来提取所需的植物天然香料。目前植物性天然香料的提取方法主要有五种:水蒸气蒸馏法、压榨法、浸提法、吸收法和超临界萃取法。用水蒸气蒸馏法和压榨法制取的天然香料,通常是芳香的挥发性油状物,统称精油,其中压榨法制取的产物也称压榨油;超临界萃取法制得的产物一般也属于精油。浸提法是利用挥发性溶剂浸提芳香植物,产品经过溶剂脱除(回收)处理后,通常成为半固态膏状物,故称为浸膏;某些芳香植物及动物分泌物经乙醇溶液浸提后,有效成分溶解于其中而成为澄清的溶液,这种溶液则称为酊液。用非挥发性溶剂吸收法制取的植物性天然香料混溶于脂类非挥发性溶剂之中,称香脂。将浸膏或香脂用高纯度的乙醇溶解。滤去植物蜡等固态杂质,将乙醇蒸除后所得到的浓缩物称为净油。

5.3.2.1 水蒸气蒸馏法

水蒸气蒸馏法是提取植物性天然香料的最常用的方法,产量较大的天然植物香料中,有很大一部分是用水蒸气蒸馏法生产的,例如,薄荷油、留兰香油、广藿香油、薰衣草油、玫瑰油、白兰叶油以及桂油、茴油、桉叶油、伊兰油等。作为很重要的半合成原料的香茅油也是利用水蒸气蒸馏法生产的,其工艺流程为

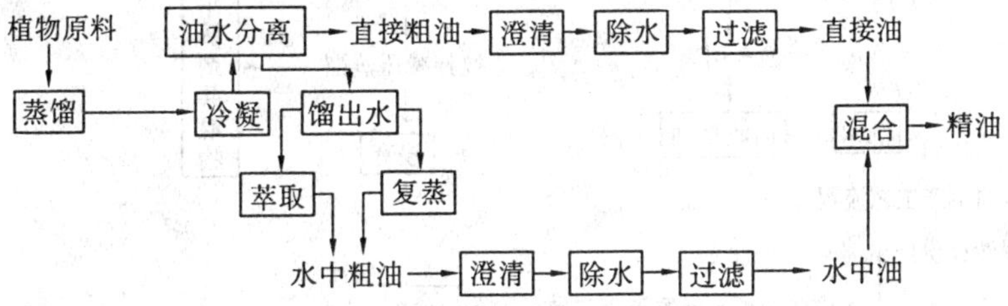

5.3.2.2 浸提法

浸提法也称液固萃取法,是用挥发性有机溶剂将原料中的某些成分转移到溶剂相中,然后通过蒸发、蒸馏等手段回收有机溶剂,而得到所需的较为纯净的萃取组分的方法。用浸提法从芳香植物中提取芳香成分,所得的浸提液中,尚含有植物蜡、色素、脂肪、纤维、淀粉、糖类等难溶物质或高熔点杂质。将溶剂蒸发浓缩后,得到膏状物质,称为浸膏。用乙醇溶解浸膏后滤去固体杂质,再通过减压蒸馏回收乙醇后,可以得到净油。直接使用乙醇浸提芳香物质,则所得产品即为酊剂。

一般将浸提操作分为固定浸提、搅拌浸提、转动浸提和逆流浸提4种方式,区分的依据主要是固体原料在浸提过程中的运动形态。在固定浸提操作中,浸泡在有机溶剂中的原料静止不动,溶剂则既可以是静止的,也可以处于回流循环状态。搅拌浸提是采用刮板式搅拌

器、溶剂和浸泡在其中的花层在缓慢转动中充分接触，浸提效率比固定浸提有所提高，特别适用于玫瑰、桂花等鲜花的加工。转动浸提采用转鼓式浸提机，将原料装入转鼓并注入溶剂后转动转鼓，使原料和溶剂作相对运动，浸提效率和处理能力较搅拌浸提又有所提高，特别适合于小花茉莉、白兰、墨红等鲜花的加工。

以上三种浸提方式均属于间歇式操作，而逆流浸提则属于连续式操作或半连续式操作。主要设备形式有泳浸桨叶式连续浸提器和平转式连续浸提器。它们的共同特点是借助一定的运动机构（螺旋推进器或平转扇形料斗）推动固体原料的运动，溶剂则以逆流或错流的方式一次性或循环地通过花层。相对其他三种浸提方式，这种浸提方式的处理能力及浸提效率均是高的，特别适用于需大批量加工的墨红、栀子等鲜花。

对浸提溶剂的选择，首先应遵循无毒或低毒、不易燃易爆、化学稳定性好和无色无味的原则，其次要兼顾其对于芳香成分和杂质的溶解选择性，并尽量选择沸点较低的溶剂，以利于蒸除回收。目前我国常用的浸提溶剂主要有石油醚、乙醇、苯、二氯乙烷等。

按照产品的形态，浸提操作的工艺流程分为浸膏、净油生产工艺流程和酊剂制备工艺流程。

浸膏生产流程

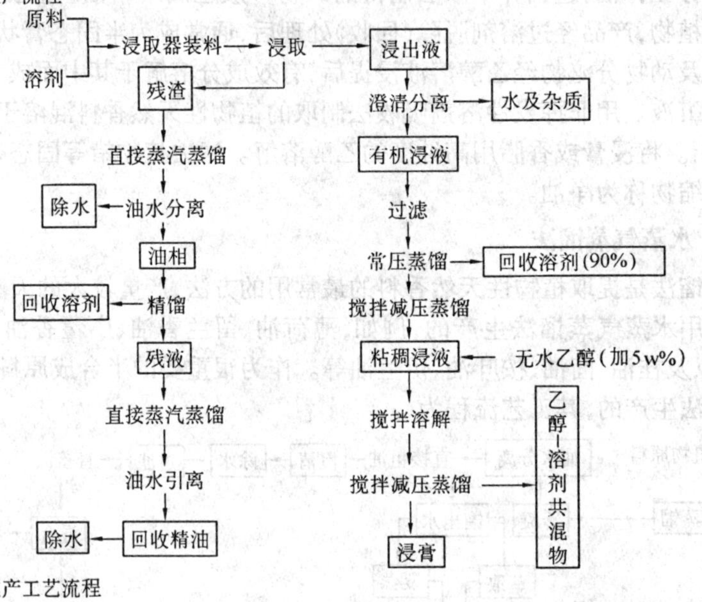

净油生产工艺流程

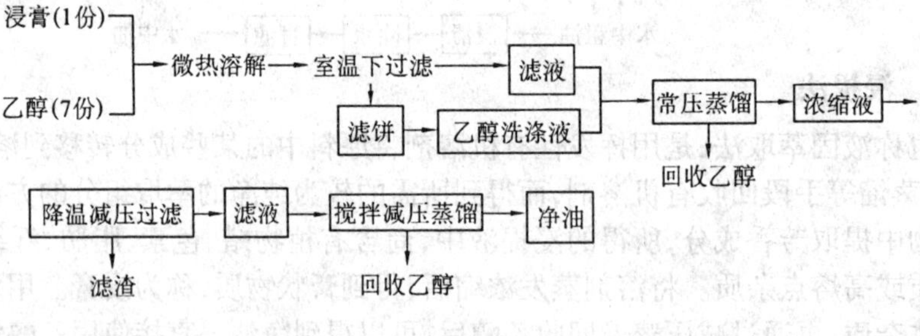

酊剂生产工艺流程

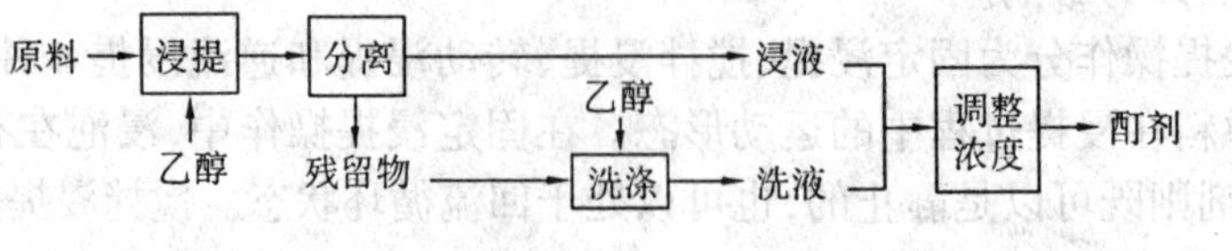

由于浸提法可以在低温下进行,能更好地保留芳香成分的原有香韵。正因如此,名贵鲜花类的浸提大多在室温下进行。

5.3.2.3 压榨法

压榨法主要用于柑桔类精油的生产。这些精油中的萜烯及其衍生物的含量高达 90w% 以上,这些萜烯类化合物在高温下容易发生氧化、聚合等反应,因此,如用水蒸气蒸馏法进行加工,会导致产品香气失真。压榨法最大的特点是,其过程在室温下进行,可使精油香气保真,保证质量。

目前压榨法制取精油的工艺技术已很成熟,依靠先进设备实现了绝大部分生产过程的自动化。主要的生产设备有螺旋压榨机和平板磨桔机或激振磨桔机两种。

螺旋压榨机依靠旋转的螺旋体在榨笼中的推进作用,使果皮不断被压缩,果皮细胞中的精油被压缩出来,再经淋洗和油水分离、去除杂质,即可得到桔类精油。在螺旋压榨法制取精油工艺中最为重要的是,如何避免果皮中所含的果胶在压榨粉碎的过程中大量析出,与水发生乳化作用而导致油水分离困难。为此,原料须预先进行浸泡处理。首先用清水浸泡,然后用过饱和石灰水浸泡。石灰水可以和果胶反应生成不溶于水的果胶酸钙,从而避免大量果胶乳胶体的生成。除了预先对果皮进行浸泡处理,在进行喷淋时,也常在喷淋中加入少量水溶性电解质如硫酸钠,同样也有着避免乳胶液生成的作用。螺旋压榨法的工艺流程为

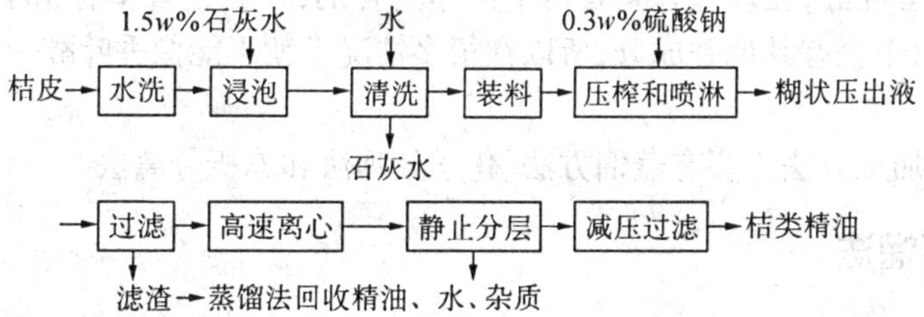

使用平板磨桔机或激振磨桔机生产桔类精油的方法称为整果磨桔法。虽然装入磨桔机的是整果,但实际磨破的仍是果皮。果皮细胞磨破后精油渗出,用水喷淋再经分离,即得精油。整果磨桔法的工艺流程为

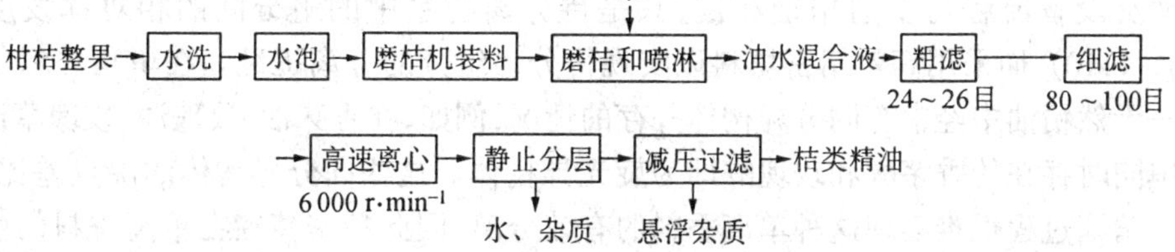

5.3.2.4 吸收法

吸收法生产天然香料主要有非挥发性溶剂吸收法和固体吸附剂吸收法两种要形式,常用于处理名贵鲜花。固体吸附剂吸收法是典型的吸附操作,所得产品也是精油;而非挥发性溶剂吸收法中所得的是香脂。

1. 非挥发性溶剂吸收法

根据操作温度的不同,这种吸收法又可分为温浸法和冷吸收法。温浸法的主要生产工艺与前述搅拌浸提法极其相似,只是浸提操作控制在 50～70 ℃下进行。所使用的溶剂是经过精制的非挥发性的橄榄油、麻油或动物油脂,在 50～70 ℃下这些油脂呈粘度较低的液态,

便于搅拌浸提。温浸法中的吸收油脂一般要反复使用,直至接近饱和,即可冷却而得所需的香脂。

冷吸收法是在特定尺寸的木制花框中放置的多层玻璃板的上下两面涂敷“脂肪基”,再在玻璃板上铺满鲜花。所谓的“脂肪基”是冷吸收法专用的膏状猪牛脂肪混合物,脂肪基吸收鲜花所释放的气体芳香成分,反复多次直至脂肪基被芳香成分所饱和,刮下玻璃板上的脂肪,即为冷吸收法的香脂产品。

2. 固体吸附剂吸收法

某些固体吸附剂如常见的活性炭、硅胶等,可以吸附香势较强的鲜花所释放的气体芳香成分,利用这一性质人们开发了固体吸附剂吸收法,以制取高品质的天然植物精油。

上述两种吸收法的加工温度不高,没有外加的化学作用和机械损伤,香气的保真效果佳,产品的杂质极少,所以产品多为天然香料中的名贵佳品。

5.4 单离香料

所谓单离香料是从天然香料(主要是植物性天然香料)中分离出比较纯净的某一种特定的香成分,以便更好地满足香精调配的需要。例如,可以从香茅油中分离出一种具有玫瑰花香的萜烯醇——香叶醇,在玫瑰香型香精中用作主香剂,在其他香型香精中也被广泛使用。而香茅油本身,由于含有其他香成分,所以在很多情况下就不能像香叶醇一样地在香精中直接使用。

单离香料的加工方法主要有蒸馏方法、化学处理法和冻析分离法。

5.4.1 蒸馏法

用于加工精制单离香料的蒸馏过程主要是精馏和减压蒸馏过程。

5.4.1.1 精馏及精密精馏

精馏是利用混合物中各组分挥发度不同而将各组分加以分离的一种分离过程;精密精馏的原理及设备流程与普通精馏相同,只是待分离物系中的组分间的相对挥发度较小($<1.05\sim1.10$),而采用高效精密填料以实现待分离组分的分离提纯。在单离香料的生产原料——天然精油中经常有同分异构体并存的情况,例如,在香味油、玫瑰油、玫瑰草油等天然精油中同时存在的香茅醇和玫瑰醇即为旋光异构体。这些同分异构体的沸点差比较小,用一般的精馏过程很难实现这种单离香料的有效分离,因此精密精馏在单离香料的生产中有着广泛的应用。

5.4.1.2 减压蒸馏

天然精油中常含有某些热敏性组分,如果在精馏过程中受热温度过高,便会发生分解、聚合或其他化学反应,破坏了香味成分或生成影响香料质量的物质。因此在单离香料生产过程中的精馏过程绝大部分采用的都是减压蒸馏。

直接采用减压蒸馏分离提纯的比较重要的单离香料有:从柑桔类精油中单离柠檬烯;从石荠(含 50w%左右的异丁香酚甲醚)中单离异丁香酚甲醚;从茴香油或小茴香油(含茴香脑分别为 80w%左右和 65w%左右)中单离茴香脑,从薄荷油等精油中单离薄荷酮;从留兰香油、薄荷油等多种天然精油中单离香芹酮;从薰衣草油或香柠檬油(乙酸芳樟酯的含量分别为 $30w\% \sim 60w\%$ 和 $30w\% \sim 40w\%$)中单离出广泛应用的乙酸芳樟酯。

5.4.2 冻析法

冻析是利用天然香料混合物中不同组分的凝固点的差异,通过降温的方法使高熔点的物质以固状化合物的形式析出,使析出的固状物与其他液态成分分离,以实现香料的单离提纯的方法。

在日化、医药、食品、烟酒工业有着广泛应用的薄荷脑(薄荷醇)就是从薄荷油中通过冻析的方法单离出来的。

在食用香精中应用广泛的芸香酮,可以通过冻析方法从芸香油中分离出来。用于合成洋茉莉醛和香兰素的重要原料黄樟油素则主要是使用冻析结合减压蒸馏的方法生产的。

5.4.3 重结晶法

某些在天然精油中含量较高的香料组分,在常温下呈固态,通过水蒸气蒸馏、减压蒸馏等方法初步加以分离后,可以通过重结晶的方法进行精制,最终得到合乎要求的单离香料。这样的单离香料包括樟脑、柏木醇、香紫苏醇等。

5.4.4 化学处理法

利用可逆化学反应将天然精油中带有特定官能团的化合物转化为某种易于分离的中间产物,以实现分离纯化,再利用化学反应的可逆性使中间产物复原而成原来的香料化合物,这就是化学处理法制备单离香料的原理。

5.4.4.1 亚硫酸氢钠加成物分离法

醛及某些酮可与亚硫酸氢钠发生加成反应,生成不溶于有机溶剂的磺酸盐晶体加成物。这一反应是可逆的,用碳酸钠或盐酸处理磺酸盐加成物,便可重新生成对应的醛或酮。但是在反应过程中如果有稳定的二磺酸盐加成物生成,则反应就变成不可逆反应。为了防止二磺酸盐加成物的生成,常用亚硫酸钠、碳酸氢钠的混合溶液而不用亚硫酸氢钠溶液,反应原理为

$$R\!-\!\overset{\displaystyle O}{\overset{\|}{C}}\!-\!H \ + Na_2SO_3 + H_2O \longrightarrow R\!-\!\overset{\displaystyle OH}{\underset{\displaystyle OSO_2Na}{\overset{|}{C}H}} \ + NaOH$$

$$R\!-\!\overset{\displaystyle OH}{\underset{\displaystyle OSO_2Na}{\overset{|}{C}H}} \ + HCl \longrightarrow R\!-\!\overset{\displaystyle O}{\overset{\|}{C}}\!-\!H \ + SO_3 + NaCl + H_2O$$

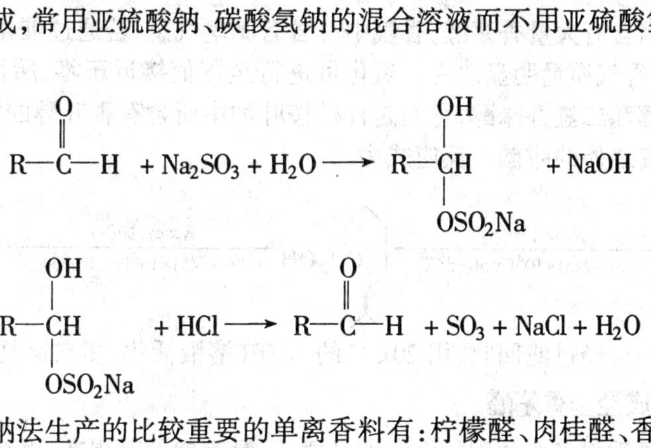

采用亚硫酸氢钠法生产的比较重要的单离香料有:柠檬醛、肉桂醛、香草醛和羟基香茅醛。此外还有枯茗醛、胡薄荷酮和葑酮等。

5.4.4.2 酚钠盐法

酚类化合物与碱作用生成的酚钠盐溶于水,可将天然精油中其他化合物组成的有机相

与水相分层分离,再用无机酸处理含有酚钠盐的水相,便可实现酚类香料化合物的单离。以丁香酚为例,酚钠盐法的反应原理为

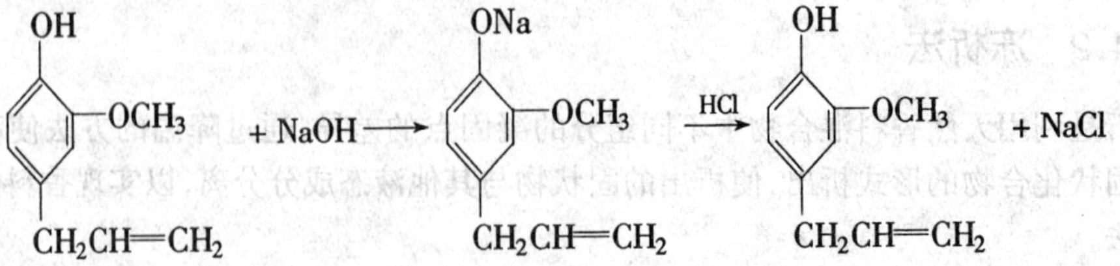

5.4.4.3 硼酸酯法

硼酸酯法是从天然香料中单离醇的主要方法之一。硼酸与精油中的醇可以生成高沸点的硼酸酯,经减压精馏与精油中的低沸点组分分离后,再经皂化反应,即可使醇游离出来。硼酸酯法的反应原理

$$3R—OH + B(OH)_3 \longrightarrow B(O—R)_3 + 3H_2O$$

$$B(O—R)_3 + 3NaOH \longrightarrow 3R—OH + Na_3BO_3$$

5.5 半合成香料

各种天然精油不仅可以精制单离香料或直接用于调配香精,还可以作为合成香料的原料。半合成香料是香料的重要组成部分,由于它独特的品种或品质以及工艺过程的经济性而独具优势,是以煤焦油或石油化工基本原料为原料的全合成香料所无法替代的。

5.5.1 以香茅油和柠檬桉叶油合成香料

香茅油和柠檬桉叶油都是天然香料中的大宗商品,在我国的产量和出口创汇量都很大。它们都含有香茅醛、香茅醇、香叶醇等重要的有香成分,将这些成分单离,然后再进行合成反应较为常见,但也有不需单离,直接处理精油而制得香精(香料混合物)的情况。

5.5.1.1 柠檬桉叶油催化氢化制备香茅醇

柠檬桉叶油因含有大量香茅醛,香气中总含有肥皂气息,若通过催化氢化使香茅醛还原为香茅醇,则可使香气质量明显改观。氢化可进行至羰值接近于零,所得产物除香茅醇外,还含有四氢香味醇和二氢香味醇,它们是柠檬桉叶油中所含有香叶醇的氢化还原产物,使得产品含有玫瑰香气之外的甜韵。反应式为

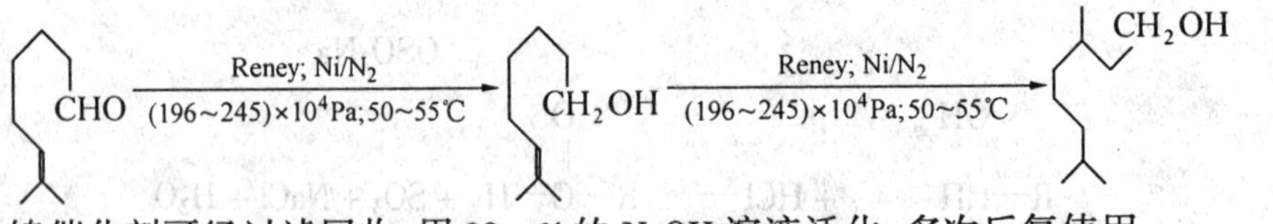

产物中的镍催化剂可经过滤回收,用 $20w\%$ 的 NaOH 溶液活化,多次反复使用。

5.5.1.2 合成羟基香茅醛

羟基香茅醛是香料工业常用的大宗商品之一,具有铃兰菩提花、百合花香气,清甜有力,质量好的还可以用于食用香精。目前主要的生产方法均属于半合成法,即以单离的香茅醛为原料,先保护其羰基,然后以稀酸催化水合,中和后在碱的作用下分解得到羟基香茅醛。文献报道的有 5 条反应路线,其中主要的反应路线为

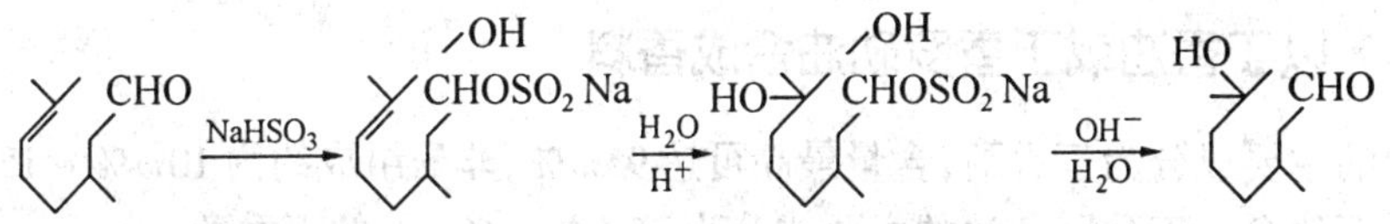

5.5.2 以山苍子油合成香料

山苍子产于我国东南部及东南亚一带，原为野生植物，现在我国已有大面积种植，精油产量超过 2 000t。山苍子油的主要成分为柠檬醛（含量为 66w% ~ 80w%），是合成紫罗兰酮系列及 α(β)突厥(烯)酮香料的主要原料，此外，在维生素合成、医疗应用等许多方面也有着广泛的应用。

5.5.3 以八角茴香油合成香料

八角茴香油的主要成分为大茴香脑，主要用于牙膏和酒用香精，也是重要的合成香料的原料。

5.5.3.1 大茴香脑的异构化

顺式大茴香脑有刺激性、辛辣等不良气味，而且毒性比反式大茴香脑高 10 ~ 20 倍，因此需要通过异构化反应使顺式大茴香脑转变为反式大茴香脑。

异构化的条件为：在硫酸氢盐作用下 180 ~ 185 ℃加热 1 ~ 1.5 h，达到热力学平衡，此时顺式大茴香脑仅有 10w% ~ 15w%，经高效精馏，可将其与反式大茴香脑分离。

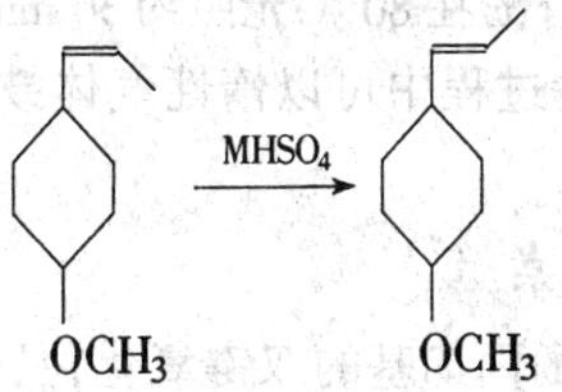

5.5.3.2 大茴香醛的合成

大茴香醛具有特殊的类似山楂的气味，主要用于日用香精。通过臭氧化法，转化率可达 55w%以上；电解氧化法则可得到 52w%的大茴香醛及 25w%的大茴香酸；如以 1:3.5:2 的质量比将大茴香脑与 11w%硝酸和冰醋酸相作用，可得理论量为 70w%的大茴香醛；若用 15w% ~ 20w% 的重铬酸钠和对氨基苯磺酸在 70 ~ 80 ℃下氧化，转化率可达 50w% ~ 60w%。反应式为

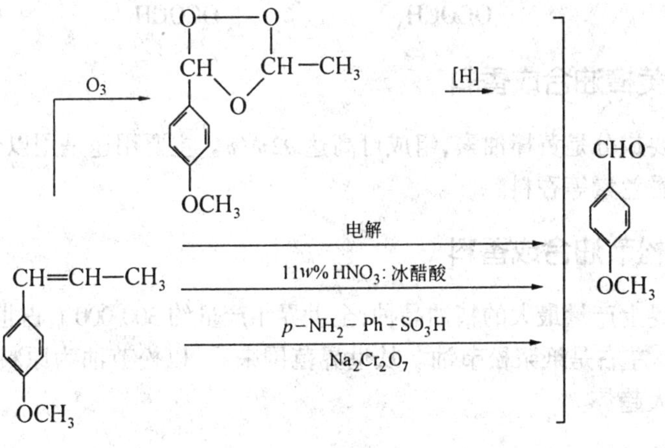

5.5.4 以丁香油或丁香罗勒油合成香料

丁香油的主要成分为丁香酚,含量最高可达95w%,非酚组成约为10w%~15w%,其中主要成分为石竹烯。丁香罗勒油的主要成分为30w%~60w%的丁香酚。

5.5.4.1 异丁香酚的制取

异丁香酚是合成重要的香料化合物香兰素的中间原料,可通过丁香酚的异构化来制取。

1. 浓碱高温法

用40w%~45w%的KOH溶液1份加入到约1份的丁香油中,加热至130 ℃,再迅速加热到220 ℃左右,分析丁香酚的残留量,以决定反应的终点。然后采用水蒸气蒸馏法除去非酚油成分,之后酸解,水洗至中性,蒸馏分离,以得到异丁香酚。

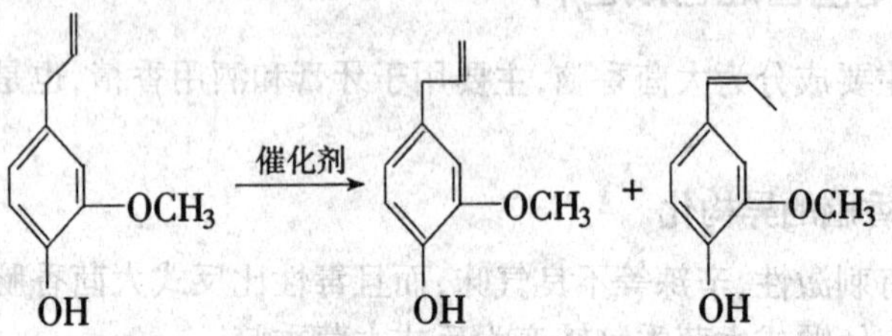

2. 羰基铁催化异构法

首先通过光照使五羰基铁产生金黄色的九羰基二铁,重结晶、过滤、醚洗涤后备用。将含有0.15w%的九羰基二铁的丁香酚在80 ℃光照约30 min,停止光照后在80 ℃加热5 h,丁香酚转化率可达90w%以上,实验过程中可以惰性气体鼓泡搅拌,以提高异丁香酚的转化率。

5.5.4.2 异丁香酚合成香兰素

香兰素的合成原理是异丁香酚丙烯基的双键氧化,具体方法包括:硝基苯一步氧化法;先以酸酐保护羟基,再进行氧化,最后通过水解使羟基复原的方法;还可用臭氧氧化,然后再进行还原反应,以制取香兰素。第二种方法的合成反应路线为

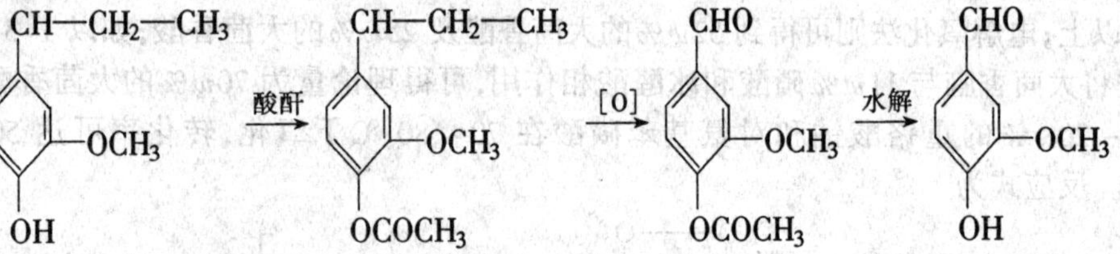

5.5.5 以黄樟油合成香料

黄樟油的主要成分是黄樟油素,组成可高达92w%。主要用途是用以合成洋茉莉醛、浓馥香兰素和乙基香兰素等香料。

5.5.6 以松节油合成香料

松节油是世界上产量最大的精油品种,全世界年产量约300 000 t,占世界天然精油产量的80%,其中50%左右是纸浆松节油。从世界范围来看,以松节油为原料合成半合成香料是香料工业的一大趋势。

松节油的综合利用范围非常广阔,涉及选矿、卫生设备、印染助剂、杀虫剂、合成树脂、合成香料等,其中合成香料的种类非常多。下面仅介绍一下英国 BBA 公司利用松节油合成萜类香料的工艺路线。

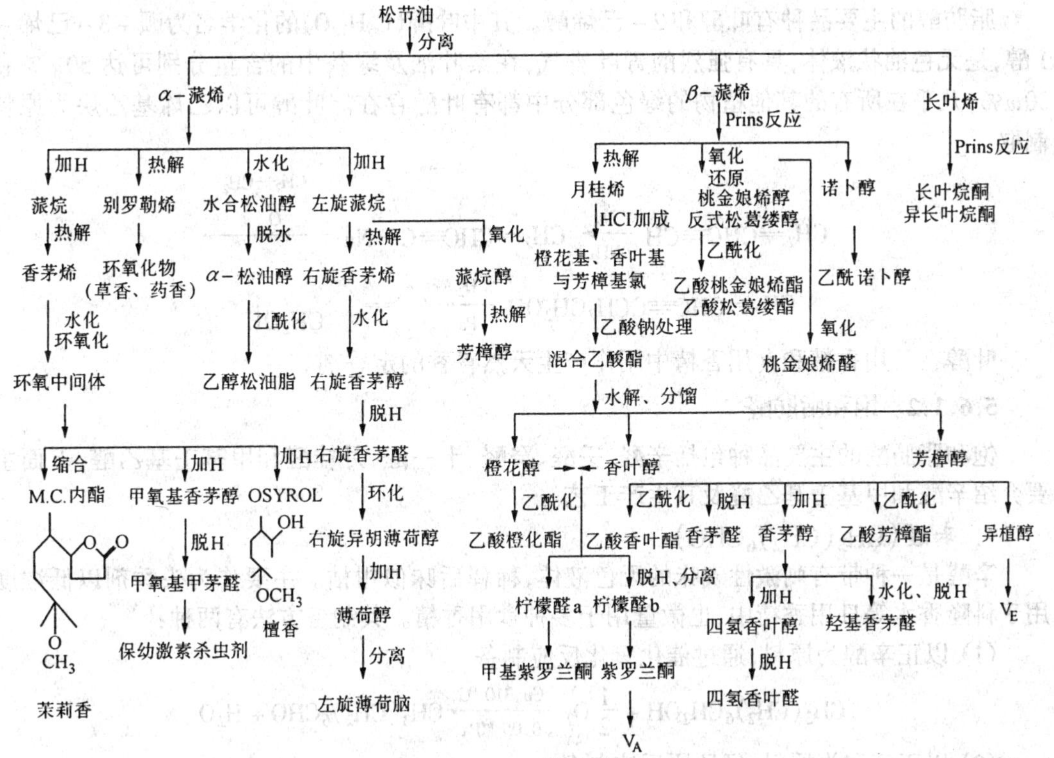

5.6 合成香料

合成香料可以被分为半合成香料和全合成香料,但一般特指全合成香料。全合成香料是从一般的石油化工及煤化工基本原料出发,通过多步合成而制成。由于天然原料受到自然条件的限制和影响,因此存在品种或产量不能满足需要、质量不稳以及成本较高等问题。随着近代科学技术的发展,尤其是化学分析和有机合成技术的发展,大多数天然香料都已经进行了成分剖析,主要的发香成分也都实现了化学方法的合成,而且有很多自然界并未发现的发香物质被合成出来并应用于香精调配之中。合成香料由于能够弥补天然香料的诸多不足,发展十分迅速,至今已在香精香料领域内占据主导地位。香料新品种的全合成开发以及合成新工艺的研究,是目前合成香料研究中的热点。

按照分子结构将合成香料加以分类的方法主要有两种:一种是按官能团分类;另一种是按碳原子骨架分类。合成香料分子结构的这两个方面对发香与否以及香气的性质都有影响,无疑这两个方面对合成路线也都有影响,鉴于此,可以将合成香料划分为:① 无环脂肪族香料;② 无环萜类香料;③ 环萜类香料;④ 非萜脂环族香料;⑤ 芳香族香料;⑥ 酚及其衍生物香料;⑦ 含氧杂环香料;⑧ 含 N、S 杂环香料。每类合成香料中又可以根据官能团的情况,划分为饱和烃、不饱和烃、醇、醛、酮、醚、酸、酯、内脂等。

5.6.1 无环脂肪族香料

5.6.1.1 脂肪醇

脂肪醇的主要品种有叶醇和 2－己烯醇。其中叶醇($C_6H_{12}O$)的化学名为顺－3－己烯－1醇,是无色油状液体,具有强烈的青叶香气,在桑叶油及绿茶中的含量分别可达 $50w\%$ 和 $30w\%$,几乎在所有的其他植物的绿色部分中都有叶醇存在。叶醇可以乙烯基乙炔为原料制取

$$CH_2=CHC\equiv CH \xrightarrow[NH_3]{Na} CH_2=CHC\equiv C-Na \xrightarrow{\underset{O}{CH_2-CH_2}}$$

$$CH_2=CHC\equiv CCH_2CH_2OH \xrightarrow[Pa]{H_2} \underset{CH_2OH}{\diagdown\diagup\diagdown} $$

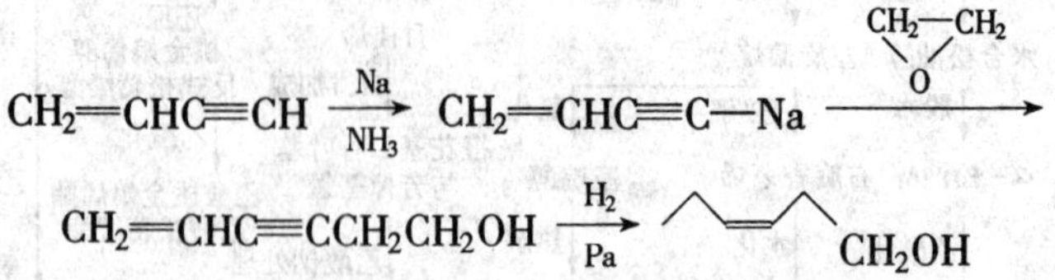

叶醇在日用香精和食用香精中用作产生天然青香的定香剂。

5.6.1.2 饱和脂肪醛

饱和脂肪醛的主要品种包括辛醛、壬醛、癸醛、十一醛、月桂醛和甲基壬基乙醛,下面主要介绍辛醛和甲基壬基乙醛及其生产工艺。

1. 辛醛($CH_3(CH_2)_6CHO$)

辛醛是一种带有刺激性气味的无色液体,稀释后味似柑桔。主要作为头香剂以低浓度用于科隆香水等日用香精中,也微量用于多种食用香精。其制备方法有两种:

(1) 以正辛醇为原料,通过催化氧化反应制备

$$CH_3(CH_2)_6CH_2OH + \frac{1}{2}O_2 \xrightarrow[0.05\ MPa]{Cu、310\ ℃} CH_3(CH_2)_6CHO + H_2O$$

(2) 以正辛酸为原料,经还原反应制备

$$CH_3(CH_2)_6\overset{O}{\overset{\|}{C}}-OH + H-\overset{O}{\overset{\|}{C}}-OH \xrightarrow[300\ ℃]{TiO_2} CH_3-(CH_2)_6-CHO + CO_2 + H_2O$$

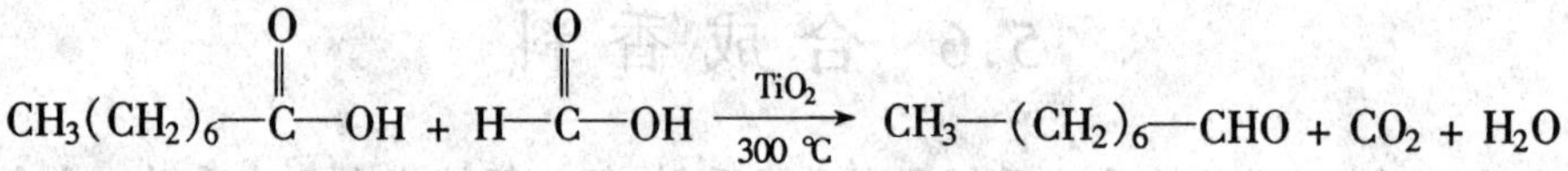

2. 甲基壬基乙醛($CH_3(CH_2)_8CH(CH_3)CHO$)

甲基壬基乙醛即 2－甲基十一醛,是一种常有薰香及淡淡的龙涎香香韵的无色或淡黄色的液体,不溶于水。制备方法主要有两种:

(1) 将甲基壬基酮与烷基氯化醋酸酯(如氯代乙酸酯)在乙醇钠溶液中反应,生成缩水甘油酯,再经皂化和脱羧等反应制取

$$CH_3(CH_2)_8-\overset{O}{\overset{\|}{C}}-CH_3 + Cl-CH_2COOC_2H_5 \xrightarrow{CH_3CH_2ONa} CH_3(CH_2)_8-\overset{CH_3}{\underset{\underset{O}{\diagdown\diagup}}{C}}-\overset{}{CH}-COOC_2H_5$$

$$\xrightarrow[皂化]{NaOH} CH_3(CH_2)_8-\overset{CH_3}{\underset{\underset{O}{\diagdown\diagup}}{C}}-CHCOONa \xrightarrow[酸化]{H^+} CH_3(CH_2)_8-\overset{CH_3}{\underset{\underset{O}{\diagdown\diagup}}{C}}-CH-COOH$$

$$\xrightarrow[\triangle]{脱羧} CH_3(CH_2)_8\underset{\underset{CH_3}{|}}{CHCHO} + CO_2$$

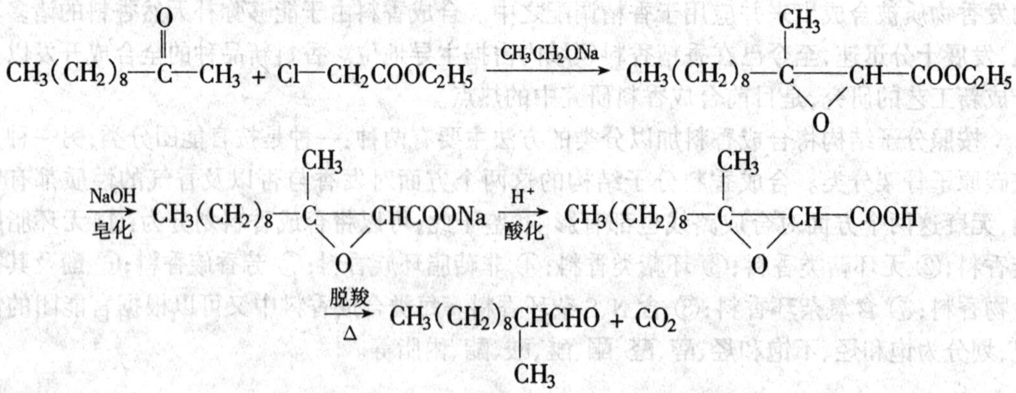

(2) 利用正十一醛在胺类催化剂存在下与甲醛反应生成 2 – 亚甲基十一醛,再加氢生成 2 – 甲基十一醛

$$CH_3(CH_2)_9CHO \xrightarrow{HCHO} CH_3(CH_2)_8 \overset{\overset{CH_2}{\|}}{C}CHO \xrightarrow{H_2} CH_3(CH_2)_8 \overset{\overset{CH_3}{|}}{C}HCHO$$

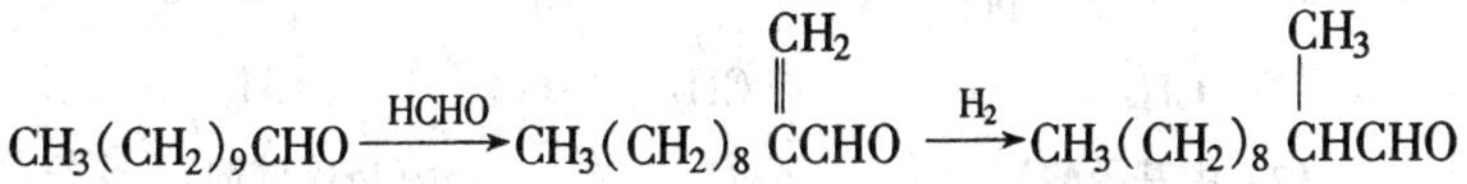

甲基壬基醛作为头香剂,在各种化妆品、香水香精中的使用量相当大,而且经常被用做幻想型香精的香料组分。

5.6.1.3 不饱和脂肪醛

不饱和脂肪醛主要包括链二烯醛类和链烯醛类两大类,主要品种是黄瓜醛和甜瓜醛。其中,黄瓜醛即 2 – 反 – 6 – 顺壬二烯醛,也叫紫罗兰叶醛,是无色至浅黄色液体,具有强烈的黄瓜或紫罗兰叶的青香,几乎不溶于水。制备方法有两种:

1. 2,6 – 壬烯醇经三氧化铬氧化制取

$$CH_3CH_2CH =\!\!=CHCH_2CH_2CH =\!\!=CHCH_2OH \xrightarrow{CrO_3} CH_3CH_2CH =\!\!=CHCH_2CH_2CH =\!\!=CHCHO$$

2. 格氏试剂与 1,4 – 二溴 – 2 – 丁烯反应制取

$$CH_3CH_2CH =\!\!=CHCH_2 -\!\!MgBr + Br -\!\!CH_2CH =\!\!=CHCH_2 -\!\!Br \longrightarrow$$

$$CH_3CH_2CH =\!\!=CHCH_2CH_2CH =\!\!=CHCH_2 -\!\!Br \xrightarrow[\text{②} CrO_3]{\text{①} H_2O} CH_3CH_2CH =\!\!=CHCH_2CH_2CH =\!\!=CHCHO$$

5.6.1.4 脂肪酮

脂肪酮的主要品种有甲基壬基酮和 2,3 – 丁二酮。其中 2,3 – 丁二酮也称二乙酰。主要用做黄油及烤香食用香精组分,大量用于人造黄油的加香,在日用香精中也有一定数量的应用。制备方法如下:

(1) 甲基乙基酮发生亚硝化反应

$$CH_3 -\!\!\overset{\overset{O}{\|}}{C} -\!\!CH_2CH_3 \xrightarrow[-H_2O]{HONO} CH_3 -\!\!\overset{\overset{O}{\|}}{C} -\!\!\underset{\underset{N \cdot OH}{\|}}{C} -\!\!CH_3 \xrightarrow{HONO} CH_3 -\!\!\overset{\overset{O}{\|}}{C} -\!\!\overset{\overset{O}{\|}}{C} -\!\!CH_3 + NO + H_2O$$

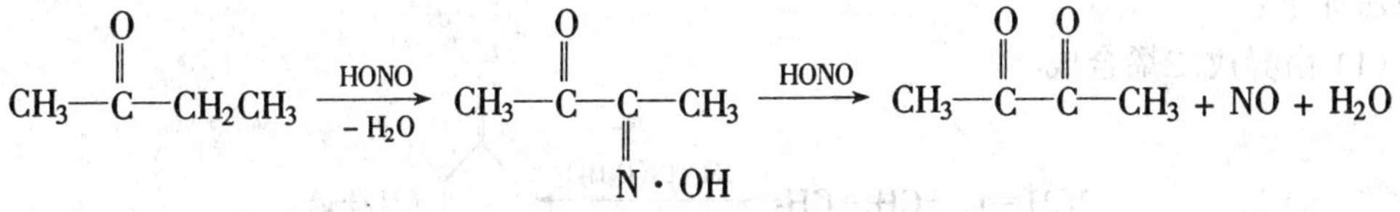

(2) 2,3 – 丁二醇在铜 – 铬催化剂作用下脱氢

$$CH_3 -\!\!\underset{\underset{OH}{|}}{C}H -\!\!\underset{\underset{OH}{|}}{C}H -\!\!CH_3 \xrightarrow[-H_2]{Cu - Cr} CH_3 -\!\!\overset{\overset{O}{\|}}{C} -\!\!\overset{\overset{O}{\|}}{C} -\!\!CH_3$$

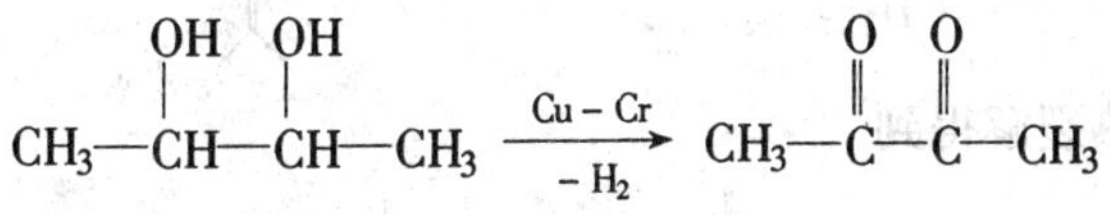

5.6.1.5 脂肪酸及酯

脂肪酸及酯类合成香料主要包括 $C_3 \sim C_{12}$ 酸、2 – 甲基丁酸、甲酸戊酯、乙酸乙酯、乙酸异戊酯、庚炔羧酸甲酯和辛炔羧酸甲酯等众多品种,下面主要介绍其中两种产品的生产原理和工艺方法。

1. 2 – 甲基丁酸

2 – 甲基丁酸是无色液体,有刺鼻辛辣的羊乳干酪气味,稀释后有愉快果香,微溶于水。可应用于软饮料、冰淇淋、糖果等食用香精及烟草香精。合成反应路线为

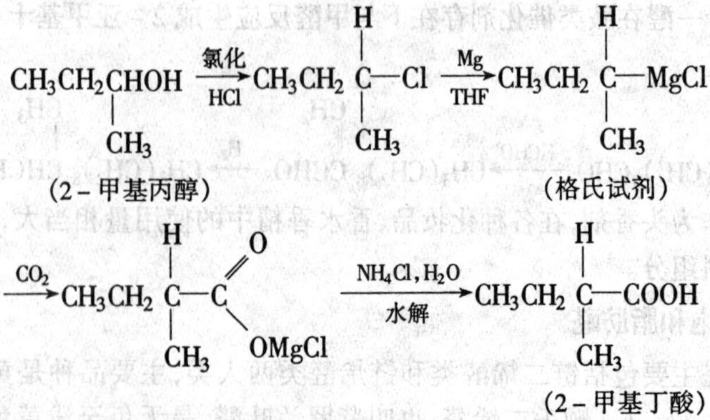

2. 乙酸乙酯($CH_3COOC_2H_5$)

乙酸乙酯(醋酸乙酯)是带有白兰地香韵的果香味液体,水中溶解度约为 10*w*%,通常由乙酸和乙醇在硫酸存在下直接酯化而得

$$CH_3COOH + CH_3CH_2—OH \xrightarrow{H_2SO_4} CH_3—\overset{\overset{O}{\|}}{C}HC_2H_5 + H_2O$$

乙酸乙酯在樱桃、桃子、杏子、葡萄、草莓、香蕉等食用香精和白兰地、威士忌、朗姆、黄酒、白酒等酒用香精中大量使用,也可作为头香剂少量应用于玉兰、依兰等香型的香水香精中。

5.6.2 无环萜类香料

5.6.2.1 无环萜烯

无环萜烯的主要品种是月桂烯,一般系指 β－月桂烯,即 2－甲基－6－亚甲基－2,7－辛二烯,亦称香味烯,为无色或淡黄色液体,有较淡的脂香气,不溶于水。减压分馏常用的制备方法如下:

(1) 由异戊二烯合成

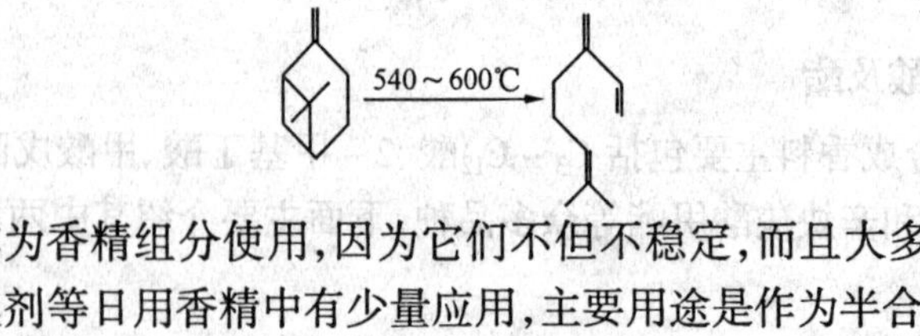

(2) 由 β－蒎烯热裂解得到

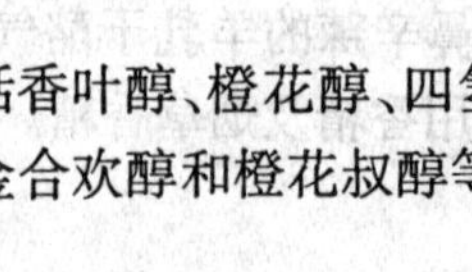

无环萜烯很少作为香精组分使用,因为它们不但不稳定,而且大多带有过于轻微的气味。月桂烯只在除臭剂等日用香精中有少量应用,主要用途是作为半合成香料的原料。

5.6.2.2 无环萜醇

无环萜醇的品种较多,主要包括香叶醇、橙花醇、四氢香叶醇、芳樟醇、玫瑰醇、香茅醇、月桂烯、二氢月桂烯醇、薰衣草醇、金合欢醇和橙花叔醇等,下面择其主要品种介绍如下:

1. 香叶醇和橙花醇

香叶醇即反－3,7－二甲基－2,6－辛二烯－1－醇,是具有类似玫瑰花香的无色液体,几乎存在于所有的含萜精油中(常以酯的形式存在),以玫瑰草油、香叶油和玫瑰油中的含量最高。

以合成的方法制备香叶醇的反应路线是用月桂烯在氯化亚铜存在下,与 HCl 作用生成香叶基氯。除去氯化亚铜,在三乙胺存在下与乙酸钠作用生成乙酸香叶酯,再经皂化、分馏,便可得到工业级的香叶醇。反应式为

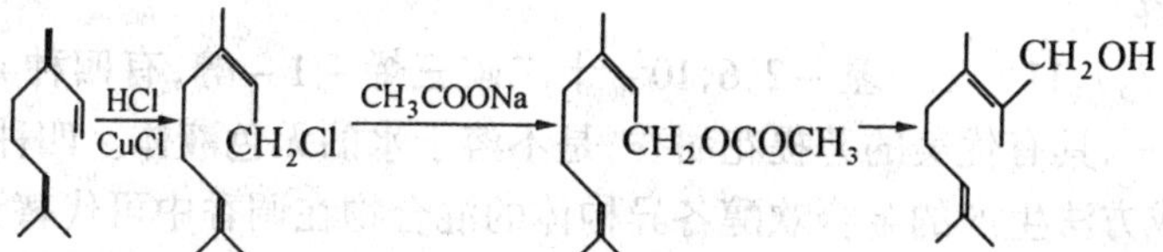

香叶醇是日用香料中使用量最多的萜类化合物之一,可以用在所有的玫瑰型香精中。在食品香精中也有微量使用,以加强柑桔香韵。此外,还可以香叶醇为中间体生产香叶酯、香茅醇及柠檬醛。

橙花醇为香叶醇的同分异构体,即顺－3,7－二甲基－2,6－辛二烯－1－醇,是具有柔和的玫瑰花香的无色液体,上述合成香叶醇的反应路线实质上是同时生产香叶醇、橙花醇和芳樟醇的过程,通过该过程也同时制得了橙花醇。

2. 芳樟醇

芳樟醇即3,7－二甲基－1,6－辛二烯－3－醇,是具有铃兰花香的无色液体,不溶于水,其左旋体、右旋体及消旋体分别存在于多种精油中。合成路线如下:

(1) 由松节油中的 α－蒎烯经选择性加氢得到顺式蒎烷,后者在游离基引发剂的存在下与氧作用生成顺式和反式蒎烷的过氧化氢物,再催化还原成相应的蒎醇,进一步热解即得到右旋和左旋芳樟醇。

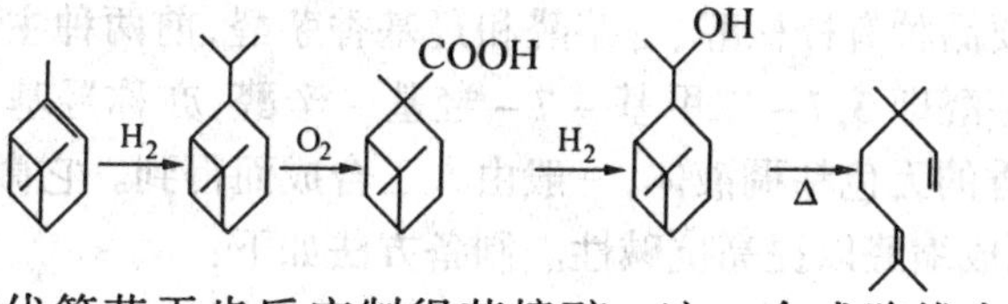

(2) 由月桂烯经氯代等若干步反应制得芳樟醇。这一合成路线实质上同时制得香叶醇、橙花醇。

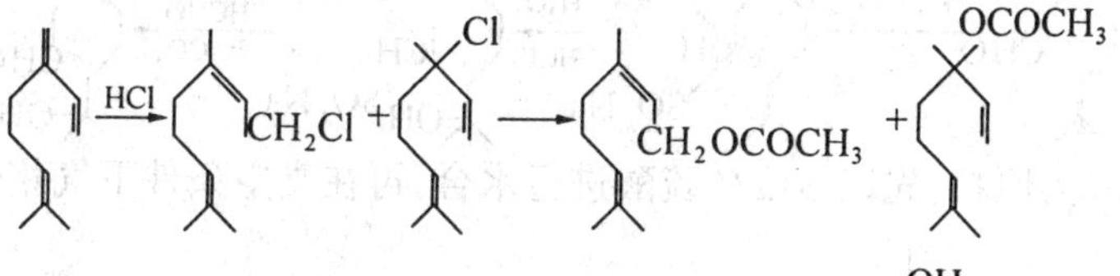

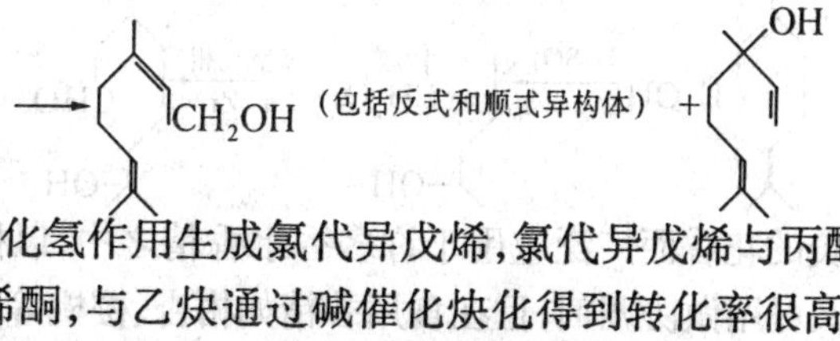

(3) 异戊二烯与氯化氢作用生成氯代异戊烯,氯代异戊烯与丙酮在有机碱等催化剂作用下反应生成甲基庚烯酮,与乙炔通过碱催化炔化得到转化率很高的脱氢芳樟醇,接着在钯/碳催化剂存在下进行选择性加氢,将三键转变成双键。

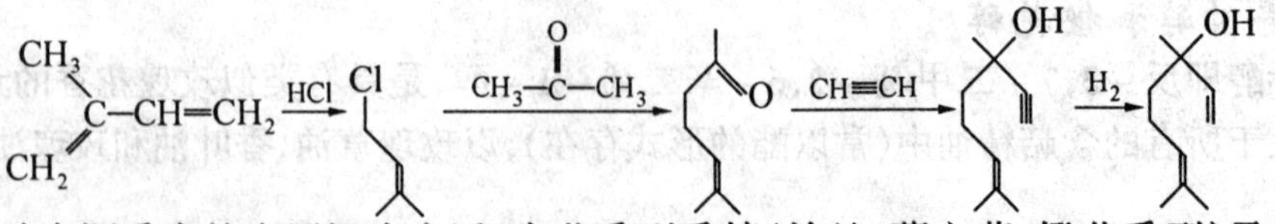

芳樟醇在调香中的应用极为广泛，在花香型香精（铃兰、薰衣草、橙花香型）及果香型与木香型香精中均有应用。由于它挥发性较高，故多用做定香剂；又因为其对碱稳定，故可应用于肥皂及洗涤剂的加香。

3．金合欢醇

金合欢醇即3,7,11－三甲基－2,6,10－十二碳三烯－1－醇，有四种异构体，是许多天然精油的成分之一，具有优美的菩提花甜香，是不溶于水的无色液体。四种异构体的香气略有不同，故由合成方法生产的金合欢醇各异构体的混合物在调香中可代替天然金合欢醇，用于协调剂和定香剂。制备方法如下：

(1) 以橙花叔醇为原料，以无水乙酸加热异构化，再经皂化

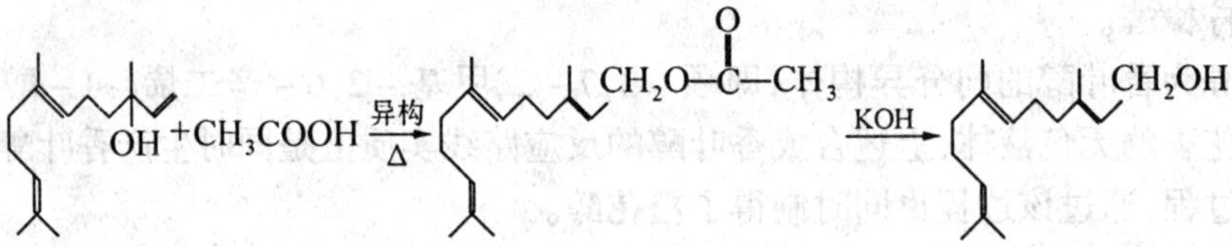

(2) 以香叶基丙酮为原料

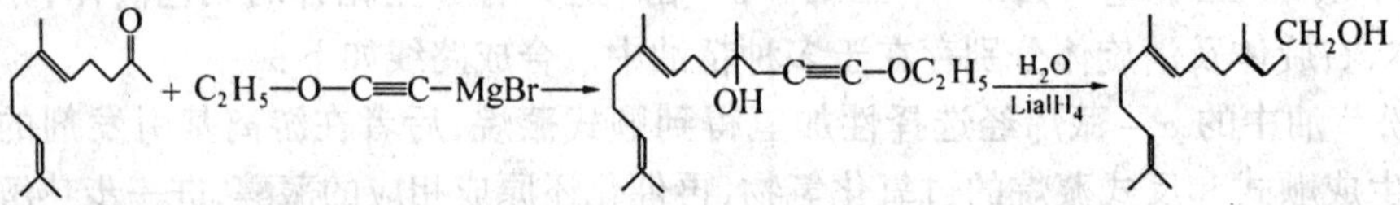

5.6.2.3　无环萜醛

无环萜醛的主要品种有柠檬醛、香茅醛和羟基香茅醛，前两种主要从精油中单离，也可化学合成。羟基香茅醛即3,7－二甲基－7－羟基－辛醛，亦称羟基二氢香茅醛，是具有浓郁的菩提－百合花香的无色粘稠液体，一般由人工合成而得到。它微溶于水，在碱性介质中不稳定，因此有时制成缩醛以提高抗碱性。制备方法如下：

(1) 以香茅醛为原料

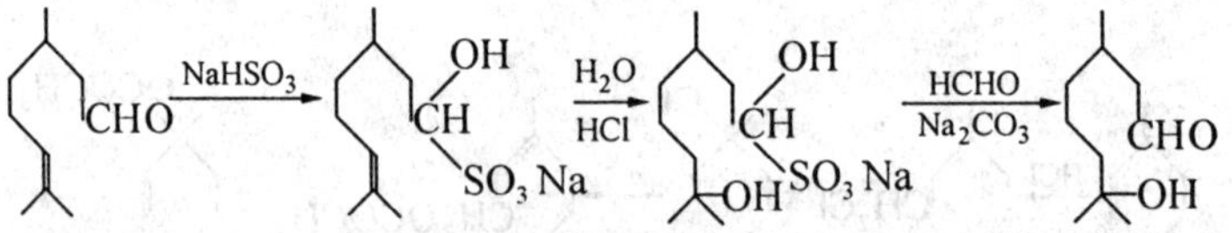

(2) 以香茅醇为原料，先以60w%硫酸进行水合，再在真空条件下气相催化脱氢

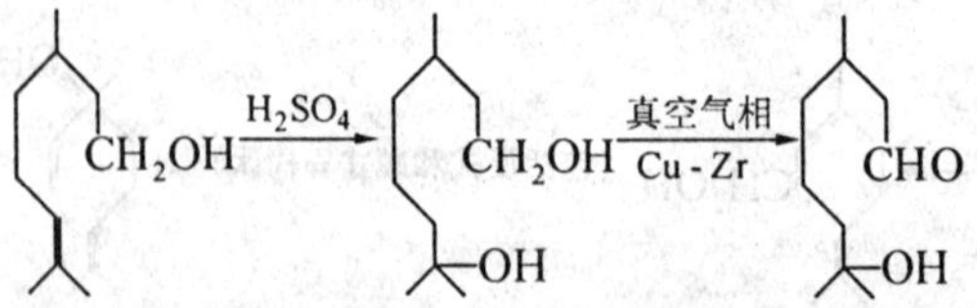

羟基香茅醛因其优美的花香而广泛应用于许多香水香精之中，以模拟菩提花及铃兰花的香韵，既可用做主香剂，又可用做协调剂，且在食用香精如柑杏、樱桃等食用香精中也有应用。

5.6.2.4 无环萜酯

无环萜酯的主要品种是乙酸芳樟酯，即3,7－二甲基－1,6－辛二烯－3－醇乙酸酯，其左旋异构体是薰衣草油、香柠檬油的主要成分，含量分别可达30w%～60w%（视天然精油原料的来源）与30w%～45w%。乙醇芳樟酯是具有独特的香柠檬和薰衣草香气的无色液体，微溶于水。

有机合成的工艺路线主要是芳樟醇的酯化。由于芳樟醇系不饱和叔醇，有脱水或环化的趋势，因此，其酯化必须小心地选择和控制条件

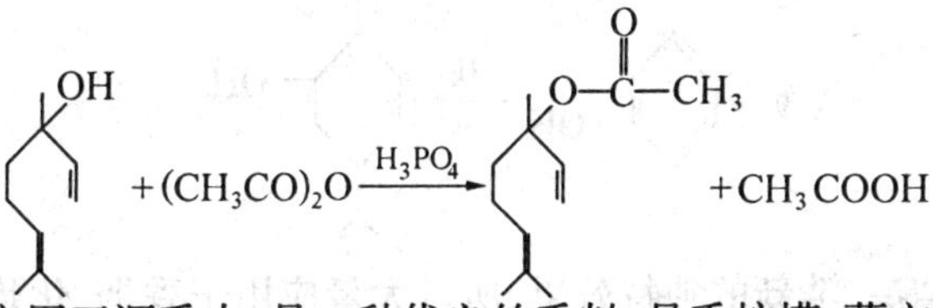

乙酸芳樟酯广泛应用于调香中，是一种优良的香料，是香柠檬、薰衣草、橙花等香精的主香剂，丁香、菩提、依兰及素心兰型香精的修饰剂，且可用于柑桔等型的食用香精。由于遇碱相当稳定，所以加香产品包括香皂、洗涤剂以及香水、化妆品等。

5.6.3 环萜类香料

5.6.3.1 环萜烃

1. 柠檬烯

柠檬烯即1－甲基－4－异丙烯基－1－环己烯，亦即1,8－对蓋二烯，是具有令人愉快的柠檬样香气的无色至淡黄色液体，不溶于水。

合成路线为

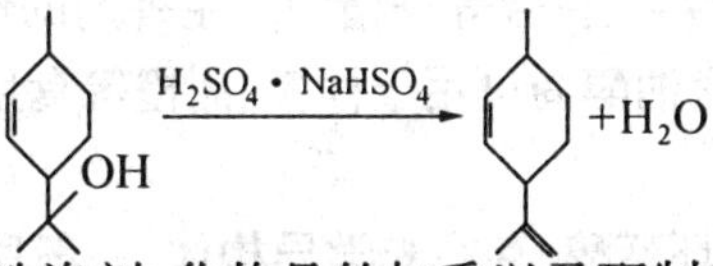

柠檬烯可用于家庭用品如洗涤剂、化妆品的加香以及配制食用的人造柑桔油。

2. 蒎烯

蒎烯 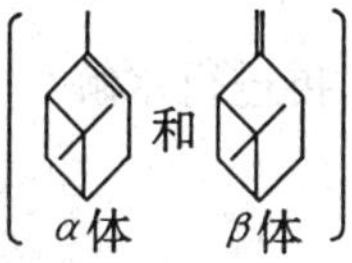

包括两种异构体：α－蒎烯，即2,6,6－三甲基二环(3,1,1)－2－庚烯；β－蒎烯，即2－亚甲基－6,6－二甲基二环(3,1,1)－庚烷。松节油中，α－蒎烯的含量为60w%～70w%，β－蒎烯含量为20w%～30w%。

α－蒎烯为无色油状液体，具有独特的松木香气；β－蒎烯也是无色油状液体，有松节油或树脂香气，二者均不溶于水。采用真空蒸馏的方法从松节油中同时分离出α－和β－蒎烯是大规模工业生产中可实现的实际过程。它是许多重要的半合成香料的最基本的起始原料之一。

蒎烯作为香料只微量应用于日用香精及食用香精中，以改善香气。

5.6.3.2 环萜醇

1. 薄荷脑

薄荷脑即 1-甲基-4-异丙基-环己-3-醇，亦称薄荷醇，有四对光学异构体，左旋薄荷脑是自然界中存在的较为广泛的异构体。正是左旋异构体使得薄荷脑具有典型的清凉效果。一般的薄荷脑是无色针状晶体，具有薄荷香气，在薄荷油中的含量高达 80*w*%，在留兰香等精油中也有存在。

在薄荷脑的生产中，合成法是以百里香酚为原料，用镍作催化剂加氢制备

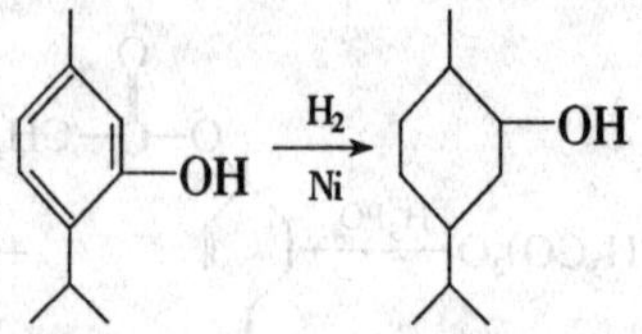

薄荷脑由于具有清凉、清新的独特效果，所以大量应用于香烟、化妆品、牙膏、口香糖及药品的加香。

2. 松油醇

松油醇即 α-松油醇，化学名称为 1-甲基-4-异丙基-1-环己烯-8-醇，松油醇是一种无色结晶固体，具有丁香香气，几乎不溶于水。

以松节油中的蒎烯为原料与稀酸作用生成易于结晶分离的顺-1,8-水合萜二醇，然后脱水（以弱酸或经过酸活化的氧化硅胶为催化剂）。合成反应为

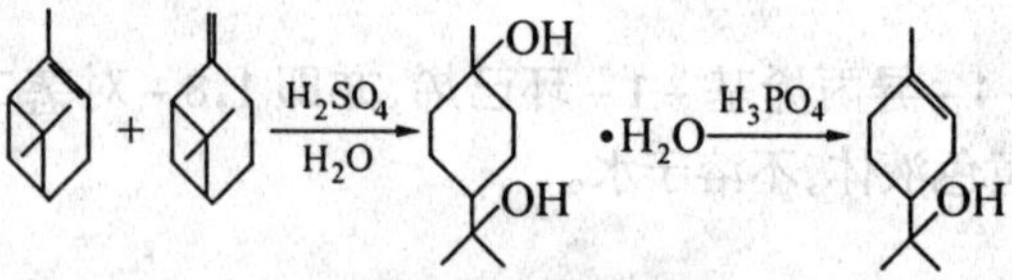

松油醇在紫丁香、金合欢、铃兰、百合等香精中起主香剂的作用，在松林、玉兰、栀子等香精中起协调剂作用。较纯的 α-松油醇尚可用于柠檬、甜橙等食用香精。

3. 龙脑

龙脑即 2-莰醇，是一种双环萜醇，存在光学异构体，一般所谓的龙脑指左旋龙脑，而右旋龙脑则称为异龙脑。龙脑是无色片状晶体，具有清凉的樟脑气味，不溶于水；主要制备方法有两种：

① 使左旋蒎烯在稀酸作用下通过 Wanger-Meerwein 重排反应，再进行水解

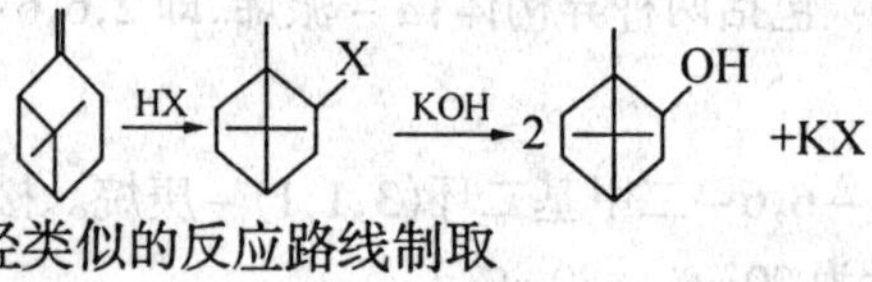

② 以松节油为原料，经类似的反应路线制取

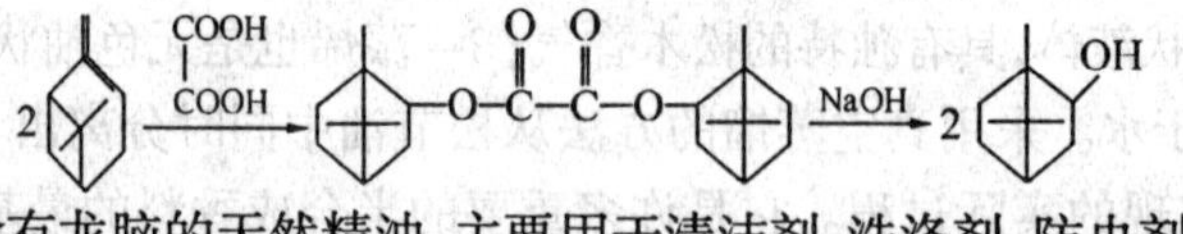

龙脑可仿制含有龙脑的天然精油，主要用于清洁剂、洗涤剂、防虫剂、油墨等香精中。

5.6.3.3 环萜酮

环萜酮的主要品种有香芹酮、紫罗兰酮、α-甲基紫罗兰酮和 β-突厥烃酮，其制备方法分

述如下：

1. 香芹酮(葛缕酮)

香芹酮即 1－甲基－4－异丙烯基－6－环己烯－2－酮，合成法常用的原料是右旋柠檬烯。

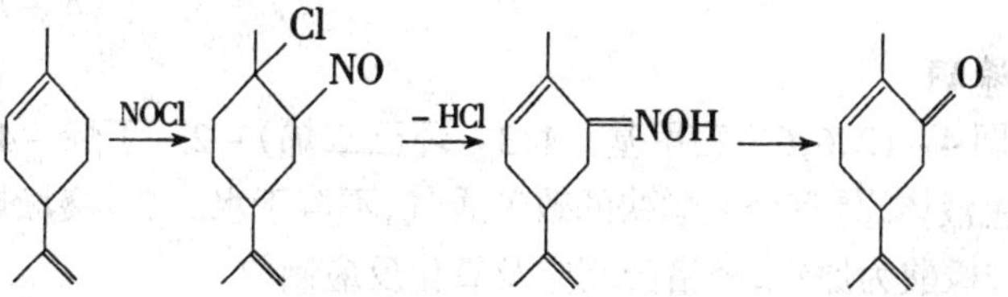

2. 紫罗兰酮

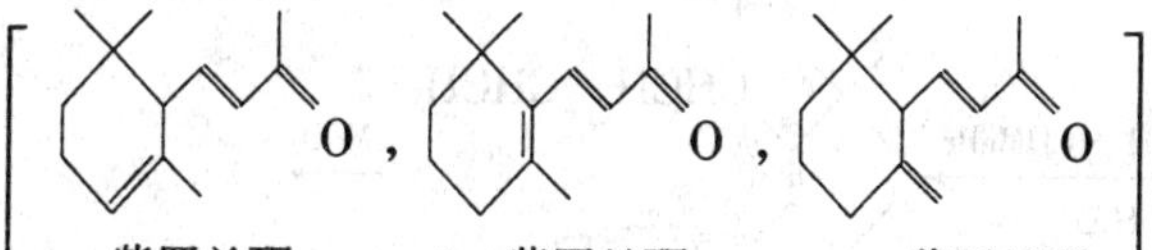

α－紫罗兰酮　β－紫罗兰酮　γ－紫罗兰酮

，紫罗兰酮有三种异构体，γ－紫罗兰酮尚未发现天然存在，而 α－和 β－紫罗兰酮存在于多种天然植物中，二者均是无色至浅黄色液体，具有优雅的紫罗兰香气，微溶于水，制备方法如下：

(1) 以柠檬醛(山苍子油的主要成分)和丙酮为原料，首先在碱催化下进行缩合反应生成假性紫罗兰酮，再用不同浓度的硫酸进行环化，分别可得到 α－紫罗兰酮和 β－紫罗兰酮。

反应式为

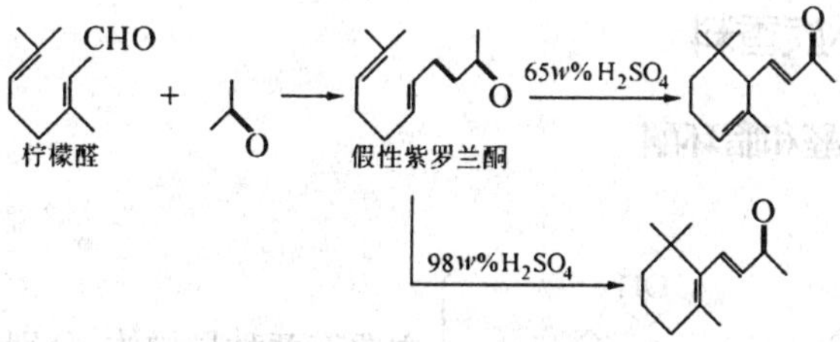

(2) 以脱氢芳樟醇为原料。脱氢芳樟醇与乙酰乙酸乙酯反应生成乙酰乙酸脱氢芳樟醇，经脱羧和分子重排，即得假性紫罗兰酮

紫罗兰酮是最常用的合成香料之一，是配制紫罗兰、金合欢、晚香玉、素心兰等花香型及幻想型香精的常用组分。α－紫罗兰酮具有修饰、圆熟、增甜、增花香的作用，是非常宝贵的香料；β－紫罗兰酮可作为上述各种香精的主香剂。

3. α－甲基紫罗兰酮

α－甲基紫罗兰酮即 1－(2,6,6－三甲基－2－环己烯)－1－戊烯－3－酮，为浅黄色油状液体，具有令人愉快的紫罗兰水果香，不溶于水，主要用于紫罗兰、金合欢、素心兰、东方型等日用香精。

制备方法：与合成紫罗兰酮的柠檬醛路线相似，以甲乙酮代替丙酮，经缩合反应可得假性紫罗兰酮，再经环化得到 α－和 β－甲基紫罗兰酮混合物

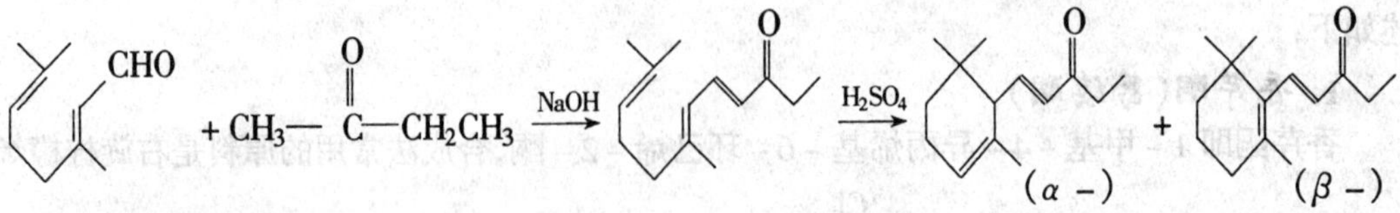

4. β－突厥烯酮

β－突厥烯酮即4－(2,6,6－三甲基－1,3－环己二烯)－2－丁烯－4－酮,亦称β－大马酮,是无色至淡黄色液体,具有令人愉快的玫瑰香气,不溶于水。β－突厥烯酮是紫罗兰酮的异构体,可以β－环柠檬酸为原料,经格氏反应及氧化反应制取

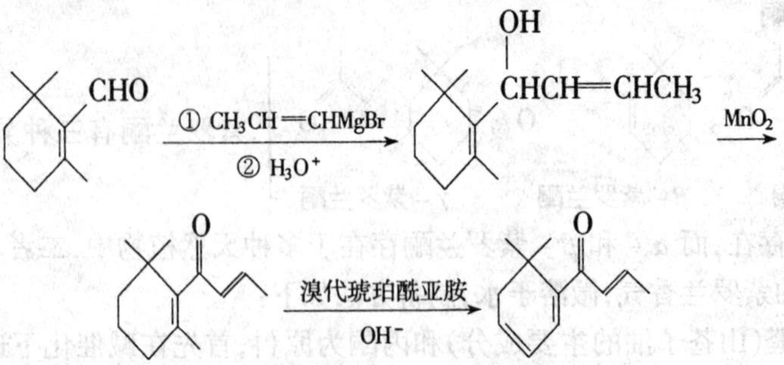

β－突厥烯酮是一种品质较高的新型香料,可用于香水香精,在玫瑰型及其他花香型香精中可起主香剂的作用,其应用日益受到重视。

5.6.4 非萜脂环族香料

5.6.4.1 非萜脂环醛和脂环酮

1. 新铃兰醛

(1)新铃兰醛 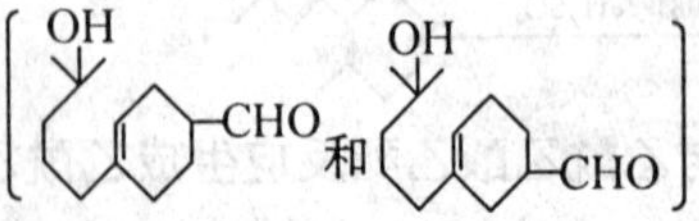 主要有两种异构体,分别是4－(4－羟基－4－甲基戊基)－3－环己烯醛和3－(4－羟基－4－甲基戊基)－3－环己烯醛,市售品为两种异构体的混合物。它为无色粘稠液体,具有类似仙客来的花香,不溶于水,久露空气易聚合,应密闭贮存。在紫丁香、风信子、铃兰等香型香精中用做改进香气质量的修饰剂,其制备方法如下:

(1) 以月桂烯醇和丙烯醛为原料制取

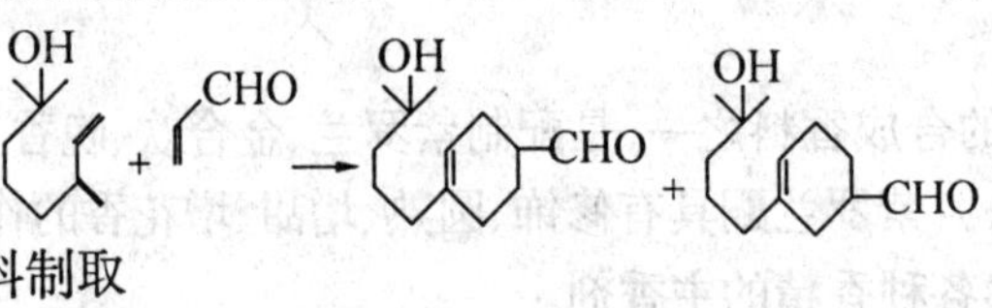

(2) 以月桂烯为原料制取

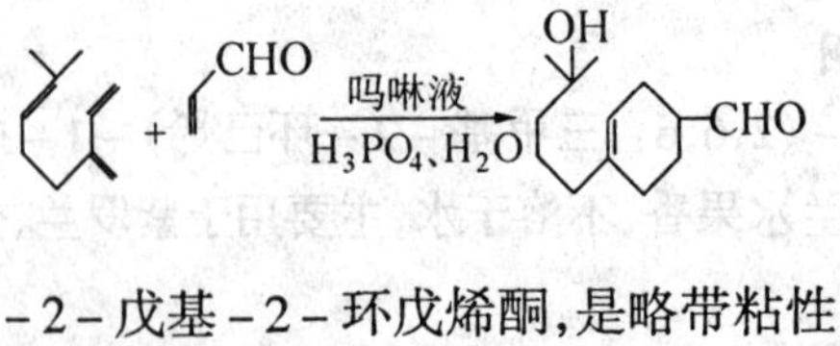

2. 二氢茉莉酮

二氢茉莉酮即3－甲基－2－戊基－2－环戊烯酮,是略带粘性的无色液体,具有典型的茉莉花香,与天然茉莉油中存在的顺式－茉莉酮香气相近,但更为强烈。二氢茉莉酮有多种合成

路线,其中一种较有实用价值的合成反应为

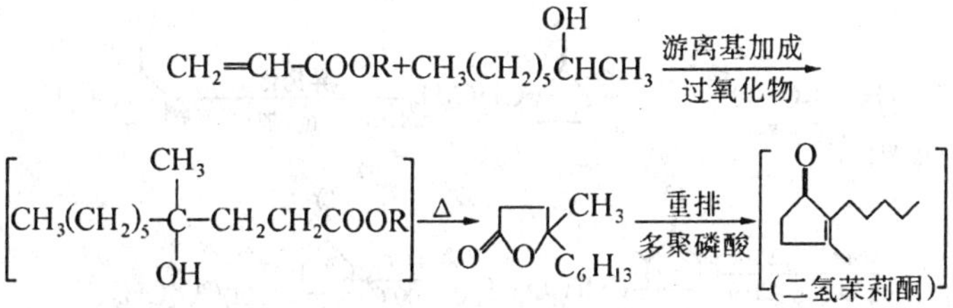

二氢茉莉酮合成较茉莉酮容易,因此可以在很多情况下代替昂贵的茉莉酮而用于水果型和花香型的日用香精中。

5.6.4.2 非萜酯环酯

非萜脂环酯包括菠萝酯、茉莉酮酸甲酯、二氢茉莉酮酸甲酯和乙酸4-叔丁基环己酯等品种,下面介绍其中两种酯的合成原理与工艺方法。

1. 菠萝酯

菠萝酯是一种带有浓郁的菠萝香气和香味的食用香料,广泛用于食用果香香精中,其制备原理为

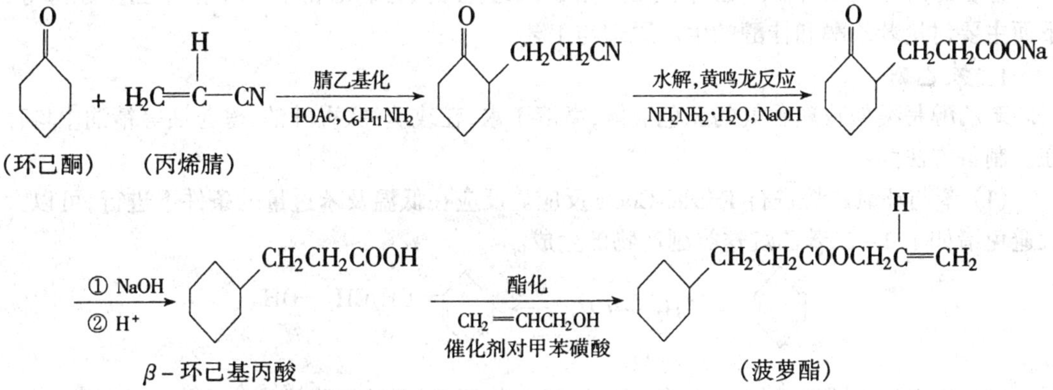

2. 二氢茉莉酮酸甲酯

二氢茉莉酮酸甲酯,即2-戊基环戊酮-3-乙酸甲酯,为浅黄色油状液体,具有浓郁的茉莉鲜花香气,挥发缓慢持久,不及茉莉酮酸甲酯优雅,是最为重要的合成香料之一,其制备方法如下:

(1) 以丁二烯为原料

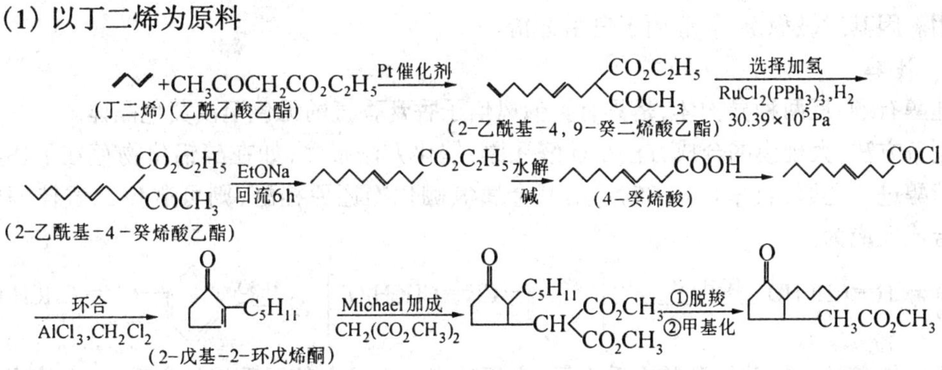

(2) 以环戊酮为原料

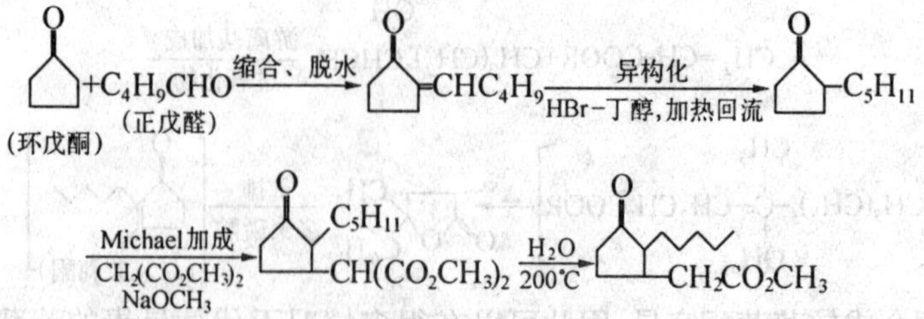

应用范围从高级香水扩展到日用化妆品和洗涤剂，不但香气清新优雅，而且用于调香不会引起变色，作为茉莉系列香精的主香剂，在香精配方中的用量可高达 20*w*%；也可用做其他花香型香精的协调剂。

5.6.5 芳香族香料

芳香族香料主要包括芳香醇、芳香醛、芳香酮、芳香酯、芳香族羧酸和芳香烃等。

5.6.5.1 芳香醇

芳香醇的主要品种有苯乙醇、苄醇、桂醇、二氢桂醇、苏合香醇和二甲基苯乙基原醇等，下面主要讨论苯乙醇和桂醇的生产原理与工艺。

1. 苯乙醇

苯乙醇是类似玫瑰香气的无色液体，微溶于水，在玫瑰油、香叶油、橙花油等精油中均存在。制备方法为：

(1) 苯与环氧乙烷进行 Friedel-Crafts 反应。反应在低温及苯过量的条件下进行，可以大大避免诸如 1,2 - 二苯乙烷这类副产物的生成。

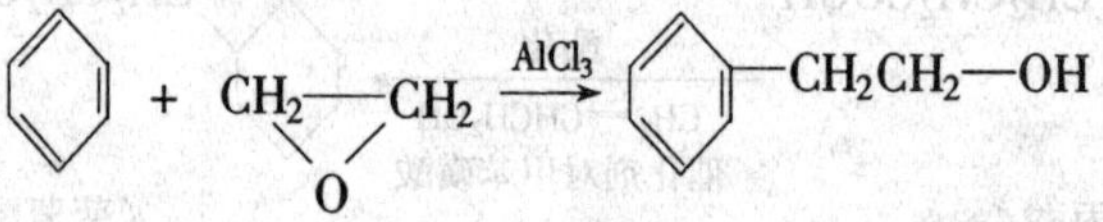

(2) 氧化苯乙烯加氢的方法，如起始原料为苯乙烯，则反应路线为

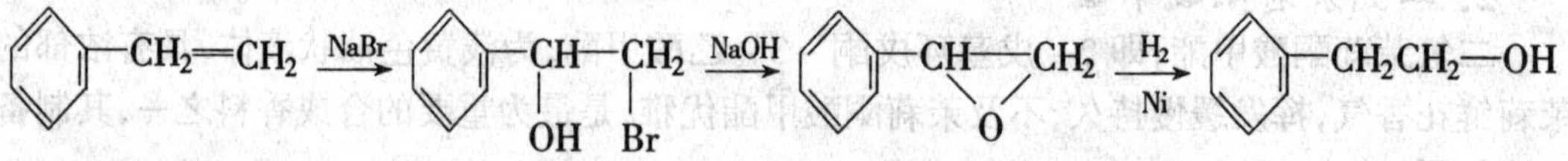

苯乙醇是用量较大的一种香料。它是玫瑰香精的通用组分，在许多花香型香精中也大量使用。因其对碱稳定，故适用于皂用香精。

2. 桂醇

桂醇有顺、反两种异构体，是具有类似风信子香膏香气的无色至浅黄色晶体。

制备方法：大规模的合成方法是桂醛还原，催化方法很多，如在醇铝化物存在下用异丙醇或苄醇进行还原，收率可达 85%，用碱金属氢硼化物还原桂醛，则可避免二氢桂醇的形成。合成反应为

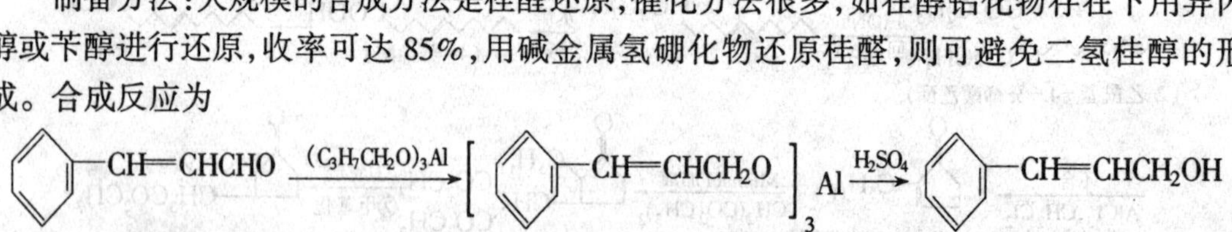

由于桂醇的独特香气及其定香作用，应用较多。它是风信子香精的主香剂，在许多花香型(如丁香、铃兰等)香精中也经常使用。由于其具有肉桂香味及果香香味，因此，在食品香

精中也有很多应用。

5.6.5.2 芳香醛

芳香醛的主要品种有苯甲醛、苯乙醛、仙客来醛、铃兰醛、桂醛及其衍生物等品种。

1. 仙客来醛

仙客来醛也称为兔耳草醛，即对－异丙基－2－甲基苯丙醛，为无色至浅黄色液体，具有强烈的仙客来花香。制备方法如下：

(1) 枯茗醛与丙醛在碱性条件下缩合、脱水，再选择性加氢

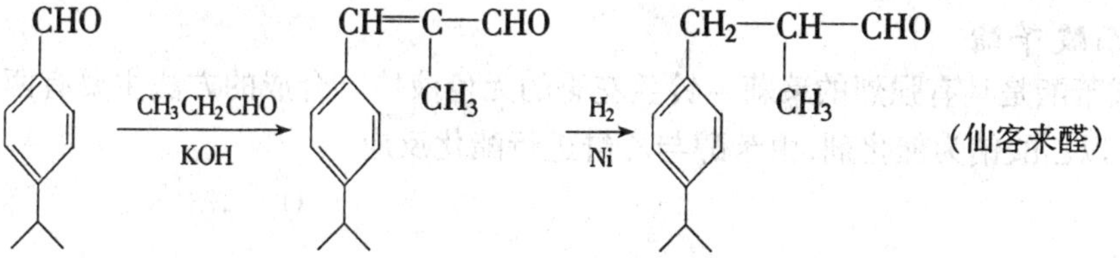

(2) 以枯茗基氯为原料合成

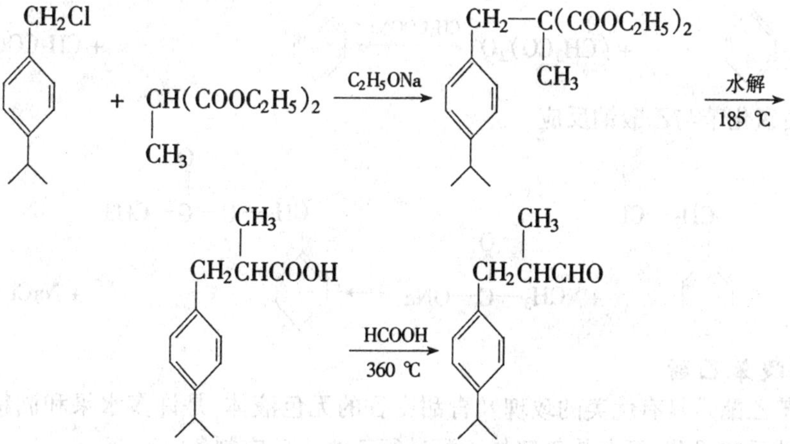

仙客来醛是仙客来香精的重要组分，作为增加新鲜花香的头香剂，广泛应用于铃兰、紫丁香、紫罗兰等日用香精中。

2. 桂醛

桂醛是具有强烈的似肉桂的辛香的淡黄色液体，不溶于水。久露空气中易氧化变质，宜密闭存于阴凉处。合成生产桂醛几乎都是通过苯甲醛和乙醛的碱性缩合，反应过程中采用过量的苯甲醛，并缓慢滴加乙醛，以避免乙醛的自缩合

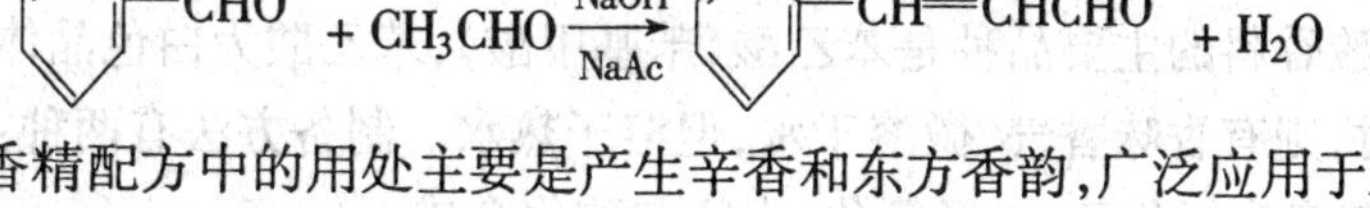

桂醛在各种香精配方中的用处主要是产生辛香和东方香韵，广泛应用于牙膏、洗涤剂香精以及辛香型、可乐型的食用香精中。

5.6.5.3 芳香酮

芳香酮香料主要包括苯乙酮、对甲基苯乙酮和二苯酮。其中，对甲基苯乙酮在室温较低时为无色针状晶体，熔化时为无色至淡黄色液体。具有比苯乙酮温和的苦杏仁香气，不溶于水和甘油。该香料可由甲苯与乙酰氯或甲苯与乙酐发生付－克反应而制备

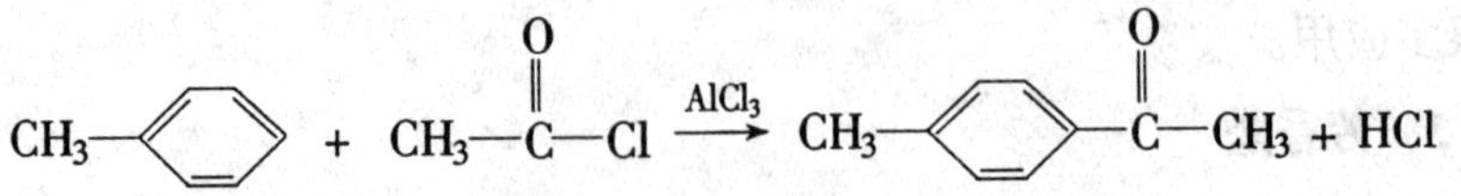

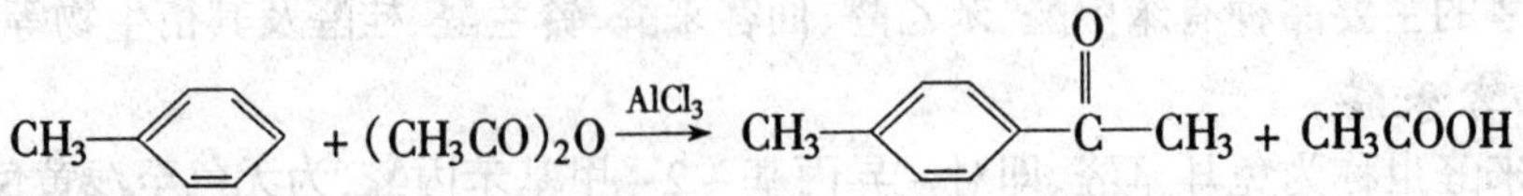

对甲基苯乙酮用于调配金合欢、山楂花、素心兰、薰衣草等香精，可用于皂类加香。

5.6.5.4 芳香醇与脂肪酸形成的酯

1. 乙酸苄酯

乙酸苄酯是具有强烈的茉莉－铃兰花香的无色液体。合成的方法主要有两种：

(1) 以乙酸钠为催化剂，由苄醇与乙酐进行酯化反应

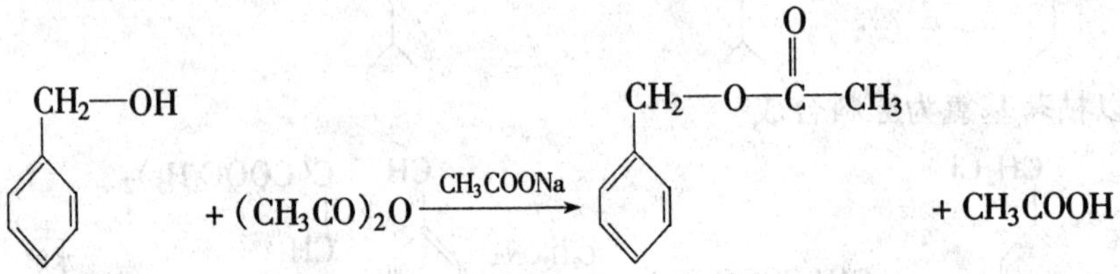

(2) 由氯化苄与乙酸钠反应

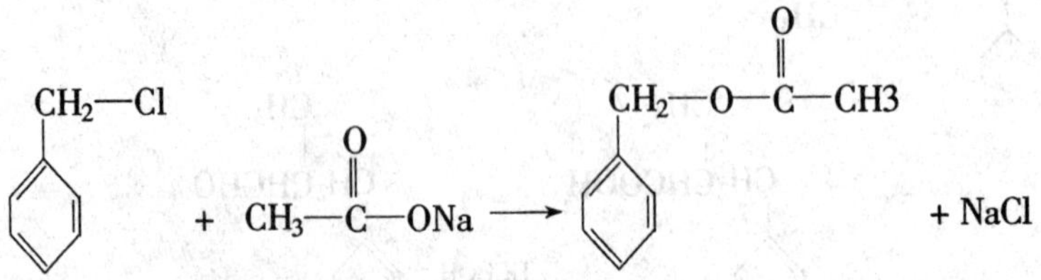

2. 乙酸苯乙酯

乙酸苯乙酯是具有优美的玫瑰及青甜密香的无色液体，是许多水果和酒精饮料中的微量的挥发性香味成分，可由苯乙醇与乙酐进行乙酰化反应制备。

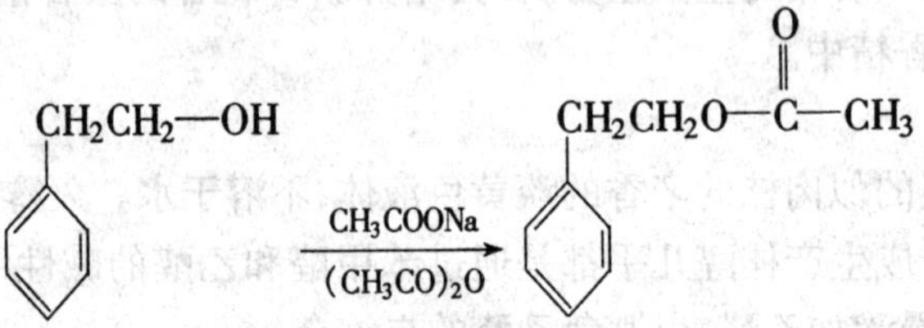

5.6.5.5 芳香族羧酸

芳香族羧酸香料的主要品种是苯乙酸(苄基甲酸)，苯乙酸为白色晶体，高浓度时有甜蜜香气，低浓度时，则有香味香气，微溶于水，但溶于热水。制备方法有两种：

(1) 甲苯转变为氯化苄，再经氰化、水解和酸化合成

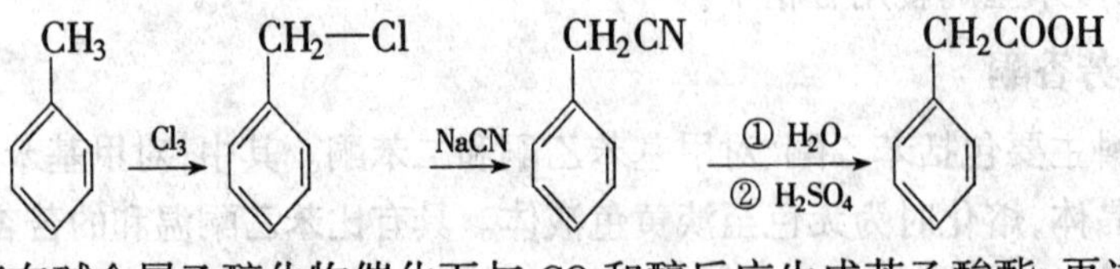

(2) 氯化苄在碱金属乙醇化物催化下与 CO 和醇反应生成苯乙酸酯，再进行水解

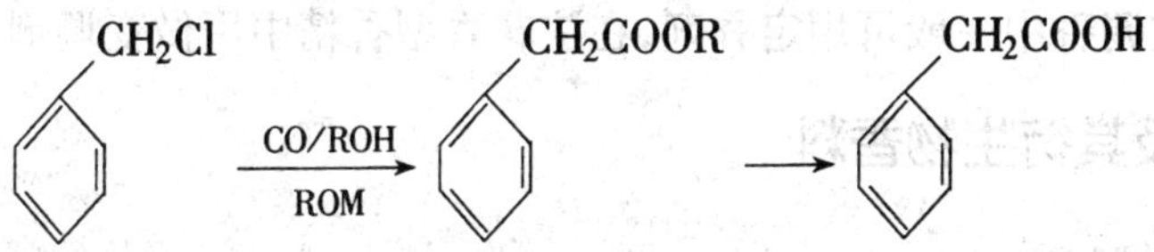

苯乙酸香气强烈，在香精中加入少量即可圆和花香香气，是玫瑰、桂花、金合欢、蜂花等香精中使用的定香剂。微量用于食品香精，可赋予甜蜜香韵。

5.6.5.6 芳香族酸的酯

芳香族酸的酯主要包括苯甲酸甲酯、苯甲酸苄酯、苯乙酸乙酯、苯乙酸苯乙酯和桂酸苄酯等品种。

1. 苯甲酸甲酯

苯甲酸甲酯是具有强烈的干果香气并稍带酚的气息的无色液体，不溶于水，其合成方法有两种：

(1) 苯甲酸与甲醇直接酯化

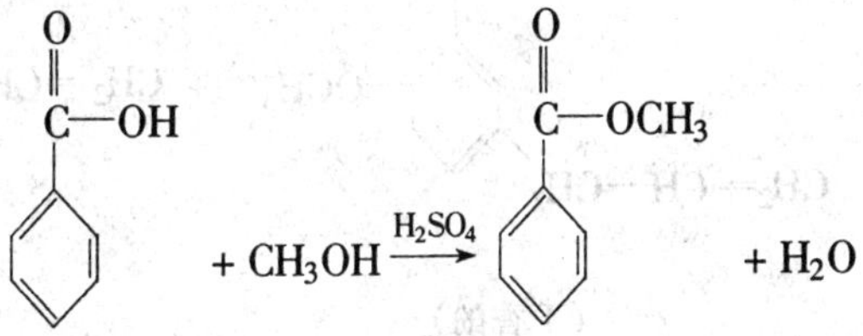

(2) 苯甲酸的衍生物(如苯甲酸乙酯)与甲醇进行酯交换反应

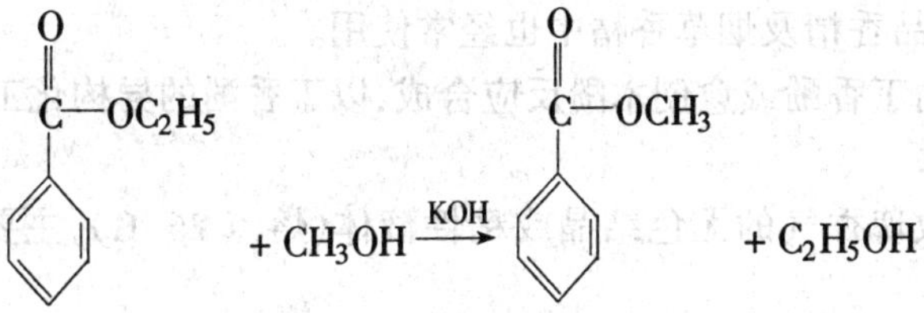

2. 苯甲酸苄酯

苯甲酸苄酯具有微弱而甜的香脂香气，因其熔点在 21 ~ 22 ℃，故常见形态或为无色粘性液体或无色片状晶体。主要合成方法有两种：

(1) 苯甲醛在苯甲酸钠或苯甲醇铝存在下进行自缩合反应(季申科反应)

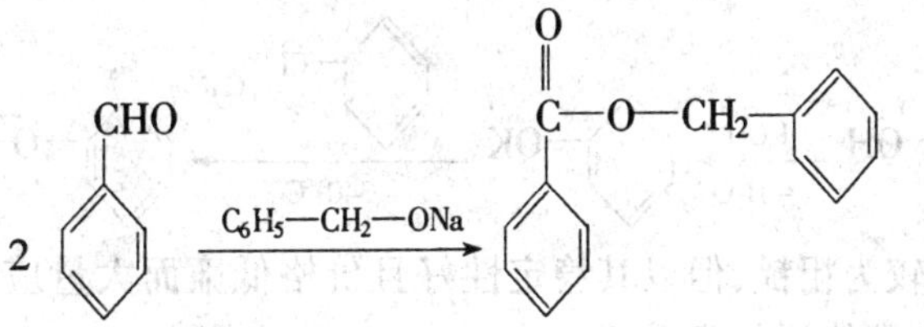

(2) 苯甲酸乙酯与苄醇进行酯交换

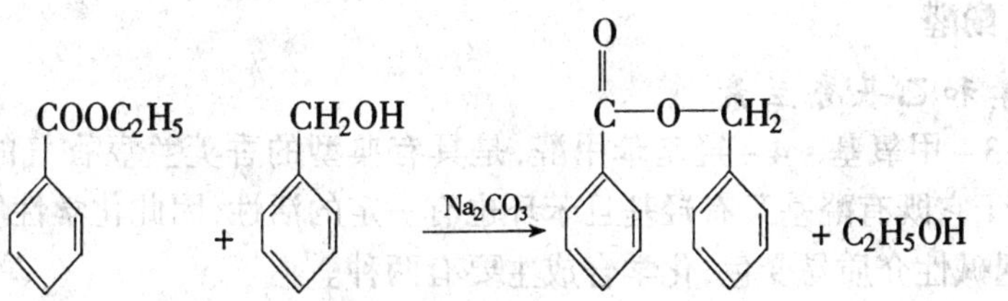

苯甲酸苄酯在调香中一般可用定香剂，在浓花香型香精中用做变调剂。

5.6.6 酚及其衍生物香料

5.6.6.1 酚及酚醚

1. 丁香酚和异丁香酚

丁香酚即 1－羟基－2－甲氧基－4－烯丙基苯，是具有强烈丁香辛香的无色至淡黄色液体，几乎不溶于水。合成方法是以邻甲氧基苯酚和烯丙基氯做原料，在铜催化和 100 ℃左右的加热条件下，一步合成丁香酚。合成反应式为

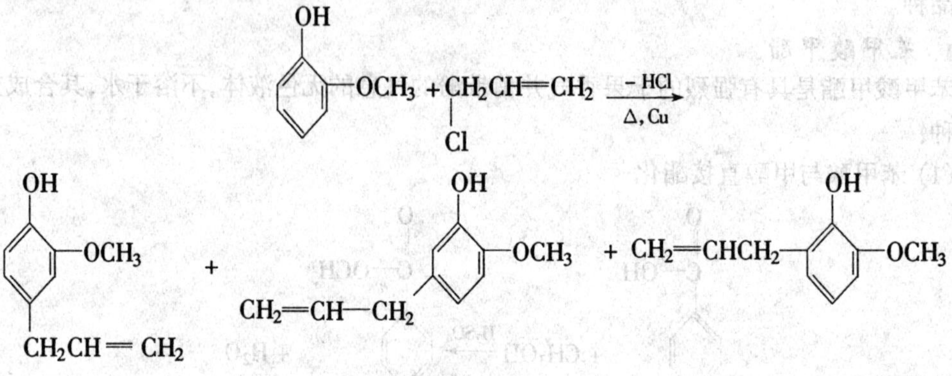

（丁香酚）

丁香酚用做丁香、香石竹、康乃馨等香精的主香剂，还作为木香型和东方香型香精的定香剂或修饰剂，在食品香精及烟草香精中也经常使用。

异丁香酚可以由丁香酚或愈创木酚反应合成，以丁香酚的异构化工艺较为成熟。

2. 二苯醚

二苯醚是类似玫瑰香气的无色结晶或粘性液体（熔点 26 ℃），主要制备方法有以下两种：

(1) 苯酚脱水

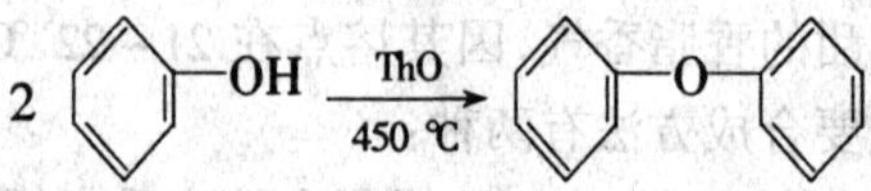

(2) 苯酚与氯苯反应

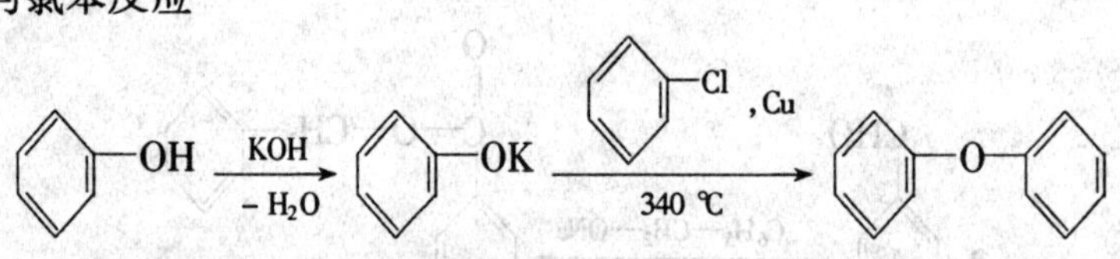

二苯醚虽然香气较为粗糙，但以其稳定性好且价格低廉而大量应用于中、低档香皂、洗涤剂香精中，少量加入即能增加青香感。

5.6.6.2 酚醛

1. 香兰素和乙基香兰素

香兰素即 3－甲氧基－4－羟基苯甲醛，是具有典型的香荚兰豆香气的无色针状晶体，微溶于水。由于它既有醛基又有羟基且苯环也有一定的活性，因此化学性质不太稳定，在空气中易氧化，遇碱性介质易变色，化学合成主要有两种。

(1) 以亚硫酸盐废液中的木质素制备香兰素，纤维素工业（主要是造纸工业）产生的亚硫酸盐废液中含有木质素，将废母液浓缩后在碱和氧化剂存在下升温、加压处理，可使木质素转化为香兰素及一些副产物，再通过萃取、分馏、结晶、重结晶等操作使香兰素与副产物相分离，合成反应为

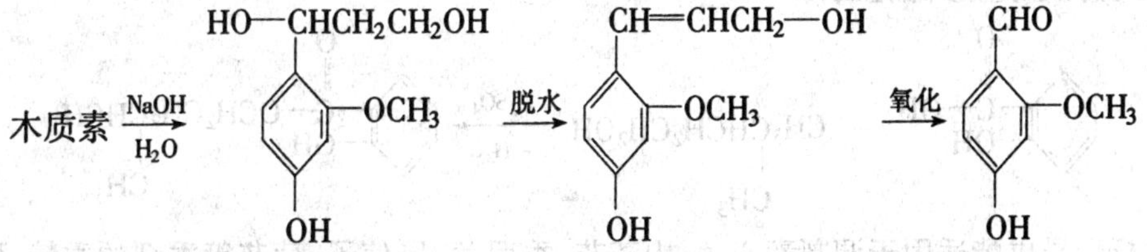

(2) 从愈创木酚制取香兰素

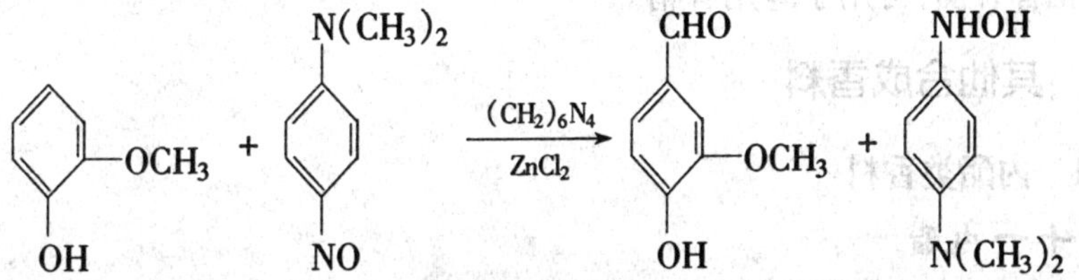

香兰素主要的应用范围是食品加香，是香子兰、巧克力、太妃香型的食用香精中必不可少的香料，加香产品涉及冰淇淋、糖果巧克力和烘烤食品。在日用香精调香中可对甜香的日用香精起到调和香气及定香的作用。作为粉底香料，几乎用于所有香型，但因其易变色，故在白色加香产品中使用时需注意。

乙基香兰素即 3－乙氧基－4－羟基苯甲醛，是白色至微黄色针状晶体，类似香兰素的香气，但香气约为香兰素的 3 倍。与香兰素相似，例如，用邻乙氧基苯酚代替愈创木酚合成。

2. 洋茉莉醛

洋茉莉醛 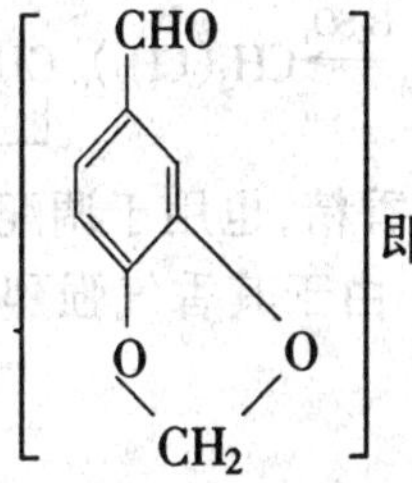 即 3,4－亚甲二氧基苯甲醛，也称做胡椒醛，是具有甜花香并略带辛香的白色结晶，微溶于水，有致变色因素，与吲哚同时使用会产生粉红色。传统的工业生产洋茉莉醛的生产工艺为：黄樟油至少与 KOH 共热异构化为异黄樟油素，再进行氧化，反应式为

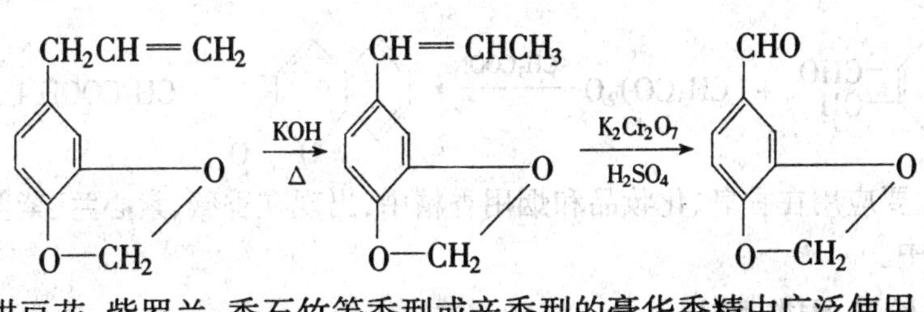

在葵花、甜豆花、紫罗兰、香石竹等香型或辛香型的豪华香精中广泛使用，也是食用香精的一种重要配料。

5.6.6.3 羧酸苯酚酯

羧酸苯酚酯类香料主要包括水杨酸甲酯、水杨酸异戊酯和水杨酸苄酯三种。

水杨酸异戊酯即羟基苯甲酸异戊酯，是具有三叶草香气的无色液体，微溶于水。通常由水杨酸与并戊醇直接酯化制得

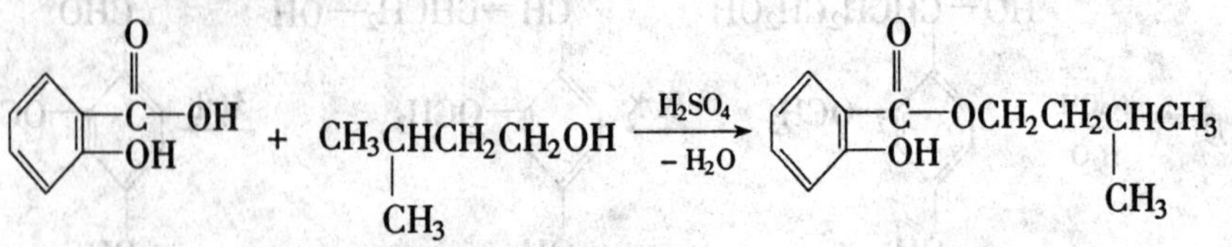

水杨酸异戊酯适用于调制素心兰、山茶花、香罗兰、风信子、菊花等香型的香精，可给予香精药草和花香香韵，可用于皂用香精。

5.6.7 其他合成香料

5.6.7.1 内酯类香料

1. γ－十一内酯

γ－十一内酯（$CH_3(CH_2)_6$—$CHCH_2CH_2C$=O，其中 C=O 与 CH 经 —O— 成环），亦称为桃醛，是具有强烈桃子香气的无色至浅黄色粘稠液体，不溶于水，其合成是通过热解蓖麻油得到 ω－十一烯酸甲酯，经皂化、酸化而得游离的 ω－十一烯酸。再经内酯化即制得 γ－十一内酯。反应式为

$$CH_2{=}CH(CH_2)_8COOCH_3 + NaOH \xrightarrow{\text{皂化}} CH_2{=}CH(CH_2)_8COONa + CH_3OH$$

十一烯酸甲酯

$$2CH_2{=}CH(CH_2)_8COONa + H_2SO_4 \xrightarrow{\text{酸化}} 2CH_2{=}CH(CH_2)_8COOH + Na_2SO_4$$

$$CH_2{=}CH(CH_2)_8COOH \xrightarrow{H_2SO_4} CH_3(CH_2)_6CH{=}CHCH_2COOH \xrightarrow{H_2SO_4} CH_3(CH_2)_6\,CHCH_2CH_2C{=}O$$

（产物中 CH 与 C=O 经 —O— 成环）

桃醛是最常用的内酯香料之一，主要用于桃香型食用香精，也用于调配甜瓜、杏子等食品香精。此外在紫丁香、茉莉等日用香精中均经常使用。由于其香气强烈，故用量不宜过多。

2. 香豆素

香豆素亦称 1,2－苯并吡喃酮，是香气颇似香兰素的白色结晶，微溶于水，带有强烈的干草香气。工业上合成香豆素是采用水杨醛与乙酐在乙酸钾或无水乙酸钠存在下缩合的 Perkin 反应

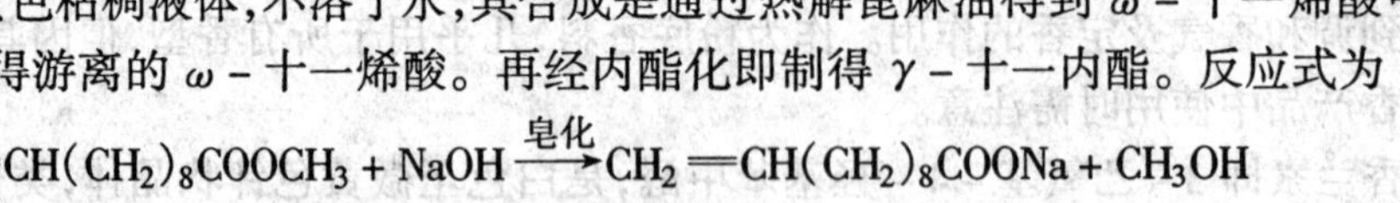

香豆素，主要应用在香皂、化妆品和烟用香精中，出现在香薇、素心兰、紫罗兰、葵花等多种香型的配方中。

5.6.7.2 缩醛、酮类香料

1. 二乙缩柠檬醛

二乙缩柠檬醛（柠檬醛二乙缩醛）是具有柑桔清香的无色液体，几乎不溶于水。这种缩

醛的香气类似于柠檬醛，但更为和润，更为重要的是比柠檬醛的化学性质要稳定得多，而且若香调不变，则香气更为柔和，若香调改变，则留香持久且别具风格。可由柠檬醛和原甲酸三乙酯在无水乙醇溶剂中，以对甲基苯磺酸催化制取

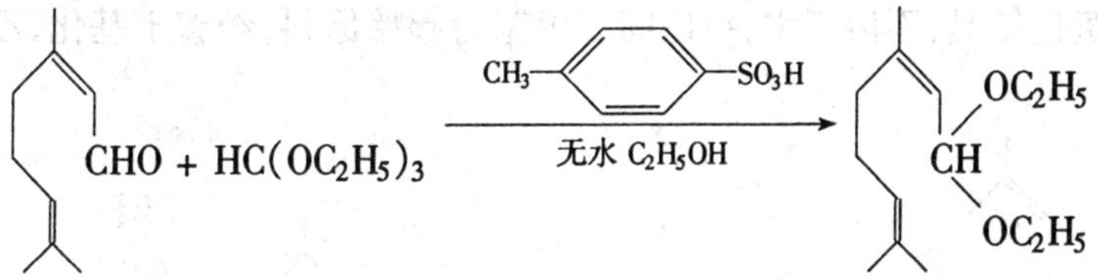

2. 苹果酯

苹果酯即2－甲基－2－乙酸乙酯基－1,3－二氧杂环戊烷，或称乙酰乙酸乙酯环乙二缩酮，有时也称之为苹果酯A，以区别于苹果酯B(2,4－二甲基－2－乙酸乙酯基－1,3－二氧杂环戊烷)。苹果酯是具有新鲜青苹果香气的无色液体，不溶于水。苹果酯可由乙酰乙酸乙酯和乙二醇为原料，以苯为溶剂在柠檬酸的催化下进行缩合而得

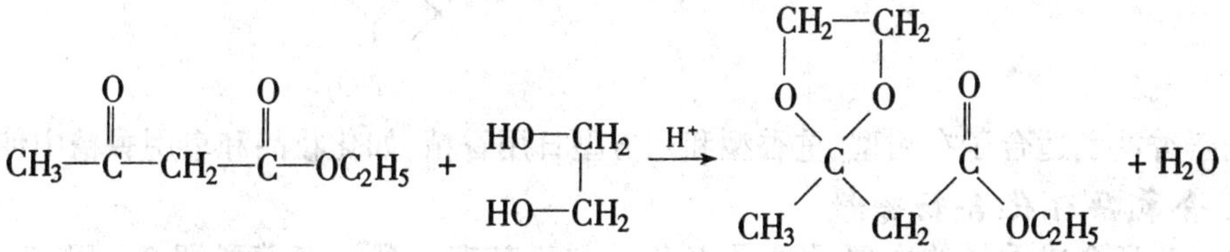

苹果酯是一种新型香料，现已在洗涤剂、香波、盥洗用品等香精中得到广泛应用，既可用于果香型，又可用于花香型。还可微量用于食用香精。

5.6.7.3 合成麝香

麝香类化合物分为大环麝香化合物(包括酮类、内酯类、氧杂内酯类、双内酯类等)、硝基麝香化合物(包括苯环类、茚满类和萘满类等)、多环麝香化合物(包括四氢萘类、茚满类和异色满类等)和其他类麝香化合物(如16－雄烯－3－α－醇、吐纳麝香等)四大类。

1. 葵子麝香

葵子麝香即2,6－二硝基－3－甲氧基－4－叔丁基甲苯，是淡黄色至淡绿色的结晶体，不溶于水。具有优美的麝香香气，葵子麝香由间甲酚为原料，经甲基化、叔丁基化和硝化等步反应制得

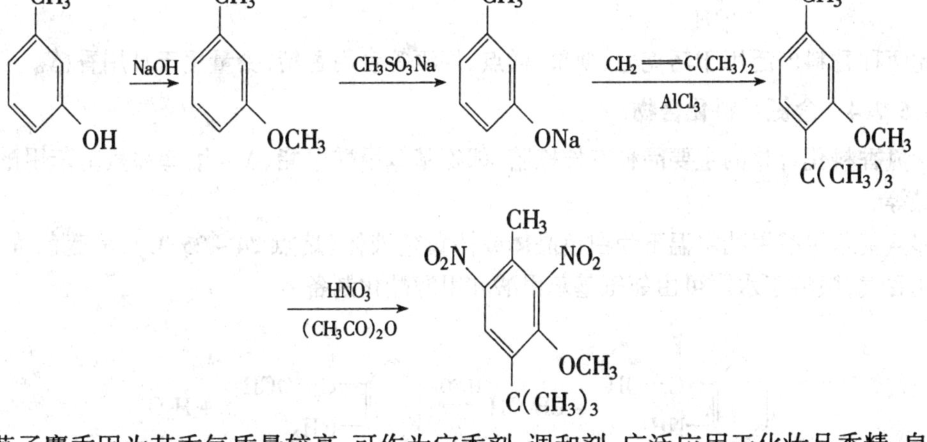

葵子麝香因为其香气质量较高，可作为定香剂、调和剂，广泛应用于化妆品香精、皂用香

精中，尤其是在高级香水香精中作定香剂，用量较大。

2. 酮麝香

酮麝香的化学名称为 3,5 – 二硝基 – 2,6 – 二甲基 – 4 – 叔丁基苯乙酮，是香气接近于天然麝香的浅黄色结晶，不溶于水，可以间二甲苯为起始原料，经叔丁基化、乙酰化、硝化等步骤制取

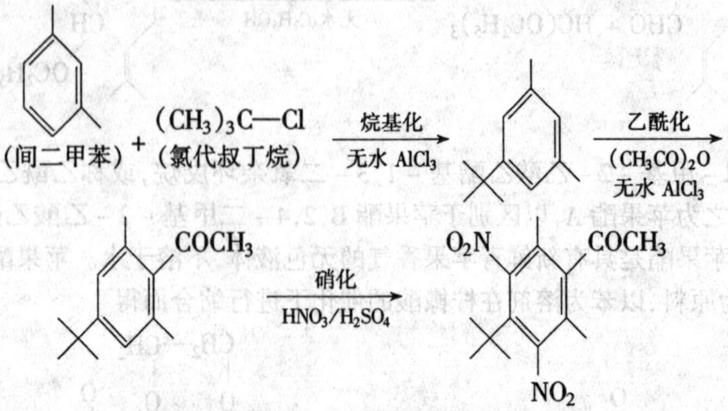

酮麝香特别适合于在甜型、重香型和东方型日用香精，如化妆品和皂用香精中使用。

4. 含氧杂环化合物香料

含氧杂环合成香料的主要品种是麦芽酚和乙基麦牙酚。麦芽酚即 2 – 甲基 – 3 – 羟基 – γ – 吡喃酮，是具有愉快的焦甜香味的白色结晶。以糠醇为原料的合成路线为

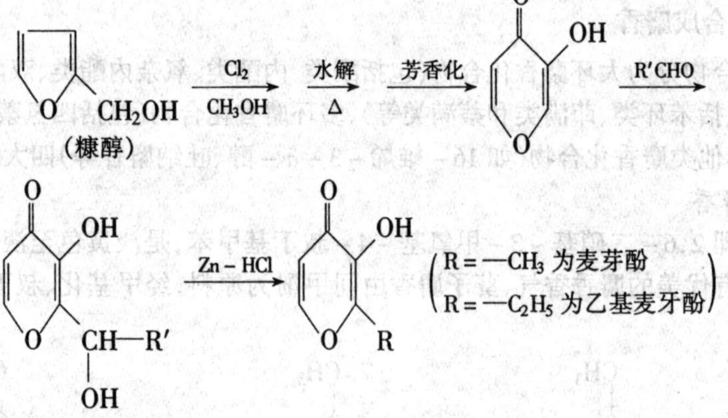

此两种香料广泛用于巧克力、糖果、糕点、烟酒等食用香精，少量用于日用香精。

5.6.7.4 含氮香料化合物

含氮香料化合物的主要品种有柠檬腈、邻氨基苯甲酸甲酯、*N* – 甲基邻氨基苯甲酸甲酯和吲哚等。

邻氨基苯甲酸甲酯室温下为白色晶体或淡黄色液体（熔点 24 ~ 25 ℃），呈蓝色萤光，具有橙花香气，微溶于水。可由邻氨基苯甲酸和甲醇酯化制备

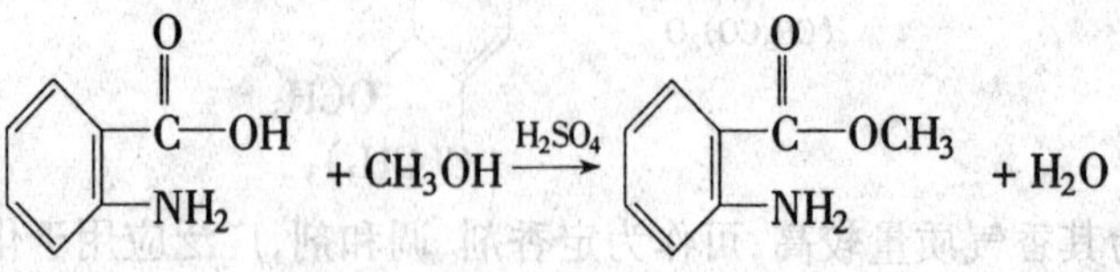

邻氨基苯甲酸甲酯主要用于茉莉、橙花、水仙、白兰等花香型香精,但是邻氨基苯甲酸甲酯有变色的倾向,故在皂用及化妆品香精的应用中受到限制。

5.7 洗涤用品用香精

洗涤用品是用于清洗织物、头发、皮肤、炊具、餐具、工具、器皿上的污垢的制品,有肥皂、香皂、合成洗涤剂、餐具洗涤剂、浴剂、洗发剂以及其他各种专用洗涤剂等品种,其中有许多产品需要加香。洗涤用品加香的目的主要有两个:一是为了掩饰或遮盖这些制品中某些组分所带的不良气息或令人不愉快的气味;二是使消费者在接触或使用这些制品的过程中,能嗅感到一种舒适愉快的香气,从而对产品产生好感,乐于使用这些制品。

洗涤用品在色彩、组成和性质及使用方法上,各自都有特定的要求和条件,因此,在加香时,除要选择适当的香型和香料品种外,还应考虑下列各种因素:① 香精要与加香介质的物理性质和化学性质相适应,与介质的配伍性和相容性等;② 香精对人的皮肤、头发、眼睛的安全性;③ 对被洗物不产生不良影响;④ 能与加香工艺条件相适应等。

5.7.1 透明皂用香精

洗衣皂的原料一般都使用低档或中档油脂,成皂后往往带有一定的油腻气息;另外,肥皂产品中容许有少量游离碱存在,尤其是洗衣皂中含有较多量泡花碱,碱性较高,在选用香料时应选用耐碱性好、能掩饰不良气息的香气较强的香料品种。洗衣皂中常用的香料品种有:香茅油、柠檬桉油、苯甲醛、2-萘甲醚、2-萘乙醚、二苯醚、松油醇等,因洗衣皂售价较低,所以一般不加中高档香精。透明皂中有时使用一些配制的香精,常用的有下面三种。

5.7.1.1 合成熏衣草油

配　方	w%		w%
乙基,戊基甲酮	1	香茅醛	4
拢牛儿醇乙酸酯	5	亚苄基丙酮	1
香豆素	4	沉香醇乙酸酯	29
沉香醇	19	沉香醇异丁酯	5
乙醇萜品酯	10	迷迭香油	5
三氯苯羰甲基乙酸酯	2	穗油	10
安息香	2	肉桂酸苄酯	2
香猫香	1		

5.7.1.2 合成老鹳草油

配　方	w%		w%
香茅醇	15	拢牛儿醇	27
苯乙醇	15	二苯醚	5
拢牛儿醇异丁酸酯	5	玫红醇	15
苯酮	2	拢牛儿醇丙酸酯	5
拢牛儿醇甲酸酯	5	C_9 醛	1
掌玫油	5		

5.7.1.3 合成佛手油

配　方	w%		w%
沉香醇乙酸酯	40	乙酸萜品酯	15
沉香醇	10	异丁酸萜品酯	4
拢牛儿醇甲醚	4	氨茴香甲酯	10
香茅醇乙酸酯	10	苧烯	4
C_8醛	1	C_{12}醛	2

5.7.2 香皂用香精

香皂主要是用于清洁人体皮肤,所以在选择香料品种和用量时,不能对皮肤产生刺激或引起过敏,尤其是婴幼儿用的香皂。香皂产品一般都比较注意色泽感观,所以加入的香精应避免引起赋色的变化,尤其是白色或浅色的香皂。在选择香皂用香精时,适用于香水用的香型都可在香皂中使用,但其中香料的品种和用量应作适当调整,因为:① 有些品种成本较高,香皂使用不合算;② 有的品种在香水和香皂中的稳定性与香气效果有差别;③ 香皂用香精需要具有一定的掩盖皂体中带有的不良气息的能力;④ 香皂用香精要求水溶性小而又有一定的在皮肤上留香的能力。香皂用香精的香型有一些是属于传统性的,如檀香型、茉莉型和馥奇型等;有一些则属于时新兴的,如草香型、青香型、果香型等。

5.7.2.1 传统配方

1. 檀香型

配　方	w%		w%
檀香油(东印度)	18	香叶醇	11.5
柏木油(赤柏)	5	乙酸香叶酯	0.75
藿香油	5	二苯醚	2
桂醇	6	香草醇	5
甜橙油	3	香叶油	4
1-戊基桂醛	1	苯乙酸	2
乙酸芳樟酯	2	水剑草油	1
香堇酮脚	3	柠檬醛	0.5
香豆素	3	乙酸苄酯	3
人造麝香	4	羟基香草醛	2
秘鲁香膏	1	洋茉莉醛	2
大茴香醛	2	香兰素	1
柏木油(阿脱拉司)	5	人造灵猫香	0.75
岩兰草油	0.5	赖百当香膏	2
香附油	1	芸香香膏	3

2. 棕榄式型

配　方	w%		w%
穗熏草油	1	熏衣草油	3
橡苔精膏	1	乙酸芳樟酯	6
甜橙油	4	乙酸松油酯	5
芳樟醇	10	大茴香醛	3

2－萘甲醚	1	玫瑰醇脚	5
乙酸香叶酯	2	甲酸香叶酯	2
二苯醚	5	桂醛	8
柏木油	9	桂酸乙酯	1
柠檬醛	1	柳酸戊酯	3
柳酸丁酯	2	人造麝香	3
松油醇	6	花椒油	3
苍术硬酯	4	白菊浸膏	5
藿香油	3	姜黄油	3
水剑草油	1		

3. 茉莉型

配　方	w%		w%
乙酸苄酯	10	2－萘乙醚	3
香豆素	2	乙酸戊酯	0.5
乙酸对蓋酯	0.25	倍半香草菼醇	4
水剑草油	0.75	乙酸香叶酯	1.5
苍术硬酯	2	人造灵猫香	0.25
C_{12}(混合)酸乙酯	0.75	1－戊基桂醛	5
甜橙油	3	香兰素	0.75
邻氨基苯甲酸甲酯	2	依兰油	0.25
柏木油	3	珠兰油	0.25
乙酸芳樟酯	6	藿香油	1
芳樟醇	9	花椒油	1.25
柳酸戊酯	2	桃醛	0.125
二苯醚	3	辛酮	0.125
桂酸甲酯	0.5	乙酸芳樟酯	9.25
乙酸松油酯	6	柠檬醛	1
香堇酮	0.75	羟基香草醛	6
柳酸丁酯	3	甲酸香叶酯	0.5
桂醇	3	苯乙酸	0.75
大茴香醛	3	松油醇	4.5

5.7.2.2　流行型配方

1. 素心兰型

配　方	w%		w%
香柠檬油	7	乙酸芳樟酯	5
白兰叶油	3	乙酸苄酯	3
芳樟醇	5	黄樟素	2
乙酸桂酯	2	橡苔浸膏	6
松油醇	6	岩兰草油	2
合成檀香 208	5	柏木油	5
广藿香油	5	1－紫罗兰酮	3
2－紫罗兰酮	5	肉桂油	2
香叶油	6	四氢香叶醇	5

1－戊基桂醛泄馥基	3	麝香 105	2
人造龙涎香香精	5	香豆素	4
水杨酸异戊酯	5	秘鲁香树脂	2
卡南加油	2		

2. 檀香玫瑰型

配　方	w%		w%
檀香油	40	柏木油	5
岩兰草油	5	广藿香油	4
香附子油	3	香叶油	7
二苯醚	1	丁香罗勒油	1
桂醇	1	紫罗兰酮	5
桂酸苯乙酯	2.5	白兰叶油	2
香柠檬油	3	树兰油	1
香紫苏油	1	白兰浸膏	0.5
香兰素	0.5	洋茉莉醛	2
二甲基对苯二酚	0.5	秘鲁香树脂	2.3
苏合香香树脂	2	树苔浸膏	1.8
酮麝香	4	麝香 105	3
灵猫香香精	0.3	龙涎香香精	1.4
苯乙酸对甲酚酯	0.2		

此方属高档香精，适用于较深色泽香皂。

3. 龙涎香琥珀香型

配　方	w%		w%
香柠檬油	8	紫罗兰酮	10
白兰叶油	4	苯乙醇	6
岩蔷薇浸膏	10	桂醇	5
香兰素	2	苏合香香树脂	3
洋茉莉醛	5	熏衣草油	2
合成檀香 208	10	桂酸甲酯	3
岩兰草油	5	香紫苏油	3
香豆素	3	香叶油	7
1－柏木醚	3	卡南加油	3
人造檀香	5	树苔浸膏	1
广藿香油	2		

4. 白兰海狸香型

配　方	w%		w%
芳樟醇	10	1－戊基桂醛泄馥基	15
乙酸芳樟酯	9	乙酸苄酯	6.5
苄醇	5	白兰浸膏	2
己酸烯丙酯	0.5	依兰香精	7
1－己基桂醛	0.1	树兰油	0.15
苯乙醇	3	新铃兰醛	9
香紫苏油	0.1	乙酸对甲酚酯	0.025

水杨酸苄酯	0.25	萨利麝香	3.75
麝香 105	3	麝香酮	0.8
岩蔷薇浸膏	1.25	香豆素	0.25
洋茉莉醛	0.5	乙基香兰素	0.15
灵猫香香精	0.025	玳玳叶油	1.5
紫罗兰酮	7	甲基紫罗兰酮	0.25
岩兰草油	0.25	扁柏木油	5
人造檀香	2.15	广藿香油	0.01
桂醇	3	山萩油	3.05
树苔浸膏	0.01	苏合香香树脂	0.25

5. 力士型

配　方	w%		w%
乙酸苄酯	16	芳樟醇	7
1-戊基桂醛泄馥基	3	松油醇	6
大茄香腈	7.5	铃兰素	11
洋茉莉醛	3	香茅醇	3
香叶油	4	苯乙酮	0.5
铃兰醛	1.9	水杨酸异戊酯	3
乙酸苯乙酯	2	紫罗兰酮	3
乙酸对甲酚酯	1	乙酸甲基苯基原酯	1
溴代苯乙烯	1	苯乙酸对甲酚酯	1
十一烯醛	0.1	苯二醛二桂缩醛	5
麝香 105	2	卡南加油	3
1-己基桂醛	4	合成檀香 208	3
1-戊基桂醛二苯乙缩醛	6	酮麝香	2

5.7.3 洗涤用品用香精

洗涤用品种类繁多,使用场合各异,所以洗涤用品选用的香型应随产品用途、形态和使用者爱好而异;配制洗涤用品香精时需要注意:① 加香洗涤用品,使用香精量较少,一般为 0.05w% ~ 0.2w%,所以调制香精时要多选用一些香气气势较强的香料;② 洗涤用品的酸碱度各不相同,碱性强的合成洗衣粉的 pH 值为 10 ~ 12,而清洗浴缸、厕所用的洗涤剂则呈较强的酸性,pH 值为 2 ~ 3,所以合成洗衣粉用的香精应另选一些耐碱的香精;③ 用于洗涤水果、蔬菜和餐具的洗涤用品要求在清洗后的被洗物品上不留有香物质,同时应选用可作食用的香料品种。

5.7.3.1 茉莉型

配　方	w%		w%
乙酸苄酯	30	癸醛	1
芳樟醇	6	卡南加油	5
乙酸芳樟醇	10	麝香 105	5
二氢茉莉酮酸甲酯	5	二氢茉莉酮	0.5
白兰叶油	3	1-戊基桂醛	4
苯乙醇	6	1-戊基醛泄馥基	8

乙酸桂酯	2.5	1-戊基桂醛二苯乙缩醛	5
乙酸对甲酚酯	0.2	紫罗兰酮	3
松油醇	5	灵猫香香精	0.3
丁香酚	0.5		

5.7.3.2 玫瑰型

配　方	w%		w%
香叶醇	18	香茅醇	15
苯乙醇	10	香叶油	6
芳樟醇	3	结晶玫瑰	1
乙酸香叶酯	10	果酸香叶酯	3
柠檬醛	2	桂醇	1
紫罗兰酮	7	乙酸苯乙酯	2
新铃兰醛	2	山萩油	1
苯乙酸	1	桂酸苯乙酯	3
苯乙二甲缩醛	1	丁香罗勒油	1
异丁香酚	1	岩兰草油	0.5
乙酸对叔丁基环己酯	1	壬酸乙酯	1
红玫瑰香精	2	壬醛二苯乙缩醛	1
铃兰素	5	麝香 105	1.5

5.7.3.3 铃兰型

配　方	w%		w%
铃兰素	25	松油醇	10
铃兰醛	10	新铃兰醛	5.5
芳樟醇	8	苯甲醇	5
苯丙醇	2	兔耳草醛	2
紫罗兰酮	4	二甲基苄基原醇	1
香茅醇	5	1-己基桂醛	5
大茴香腈	3	香叶油	1.5
乙酸苄酯	5	玳玳叶油	0.5
卡南加油	5	香豆素	0.5
麝香 105	2		

5.7.3.4 紫丁香型

配　方	w%		w%
松油醇	6	苯乙醇	3
芳樟醇	2	大茴香腈	3.5
铃兰素	8	苯乙醛二甲缩醛	3
紫丁香和合基 5959	45	乙酸苄酯	5
香叶油	2	1-戊基桂醛	3
洋茉莉醛	2	苯丙醇	3
紫罗兰酮	9	苯乙酮	0.5
异丁香酚	1	庚炔羟酸甲酯	0.5
兔耳草醛	1	3-十一内酯	0.5

卡南加油	2

5.7.3.5 檀香玫瑰型

配　　方	w%		w%
檀香油	20	合成檀香 208	3
檀香醚	2	柏木油	5
岩兰草油	1	广藿香油	3.5
甘松油	1.5	香叶油	5
香叶醇	8	二苯醚	2
香茅醇	2	乙酸香叶酯	0.5
苯乙醇	4	结晶玫瑰	0.5
丁香罗勒油	0.5	桂醇	3
紫罗兰酮	3	芳樟醇	2
松油醇	2.5	乙酸芳樟酯	2
甜橙油	5	玳玳叶油	2
香柠檬油	2	杂薰衣草油	0.5
乙酸苄酯	2	大茴香腈	1.25
柠檬油	0.25	1－己基桂醛	1
香豆素	3.5	乙基香兰素	0.75
二甲基对苯二酚	0.5	秘鲁香树脂	1.5
吲哚(10w%)	0.5	铃兰醛	1
麝香 105	4	灵猫香香精	0.75
岩蔷薇浸膏	2.5		

5.7.4 洗衣粉用香精

普通洗衣粉中一般不加香精，高档洗衣粉加香用的香精要求耐碱性较强，且价格较为低廉，以下两个配方可供参考使用。

5.7.4.1 香木复方型

配　　方	w%		w%
柏木油	22	广藿香油	4
合成檀香 208	7	香附子油	0.5
紫罗兰酮	16	香叶醇	16
二苯醚	4	松油醇	4
芳樟醇	2	香茅腈	3
香柠檬醛	5	肉桂腈	5
香豆素	1.5	苯乙酮	0.5
乙酸三环癸烯酯	4	对甲酚甲醚	0.5
二甲苯麝香	3	苄醇	2

5.7.4.2 果香型

配　　方	w%		w%
苄基丙酮	15	松油醇	10
香柠檬醛	3	香茅腈	8

柠檬腈	5	芳樟醇	5
二氢月桂烯醇	5	乙酸松油酯	7
2-萘乙醚	3	乙酸苯乙酯	3
乙酸对叔丁基环己酯	5	乙酸三环癸烯酯	7
异长叶烷酮	5	1-戊基桂醛泄馥基	3
新铃兰醛	3	女贞醛	2
四甲基乙酰基八氢萘	4	香豆素	2
素凝香	5		

5.8 化妆品用香精

各类化妆品都需要添加香精,化妆品的加香除了必须选择合适的香型外,还要考虑所用香精对化妆品质量的影响及其使用效果,针对各类化妆品的特点,在选择香精时要注意以下几个方面的问题。

1. 香气的协调

有些化妆品往往不是单独使用,需要注意香气协调。雪花膏的香气往往需与香粉的香气和谐协调,故香气不宜强烈;胭脂的加香也有类似的要求,又如香水使用的香精,要突出“香”,使其散发的香气圆润幽雅,能引起人们的好感和喜爱,尽可能有一定的创新格调。

2. 赋香率

一些以香味为主体的化妆品,如香水、香粉等,赋香率要求高一些。在通常情况下,各类化妆品的赋香率为:香水2%~25%,花露水1%~5%,雪花膏0.5%~1%,冷霜0.5%~1%,奶液0.5%~1%,香粉2%~5%,胭脂1%~3%,唇膏1%~3%,眉笔1%~3%,发油、发蜡<0.5%,爽身粉1%左右,香波<0.5%。

3. 溶解度

香水和花露水一类产品基本上是香精的酒精溶液,花露水使用的溶剂——酒精的浓度仅为70w%,所以选用香精时必须十分注意它们在所用溶剂中的溶解度。发油、发蜡均以植物油和矿物油为基质,而醇溶性的香精一般在油中溶解度都很小,须谨慎选用,必要时可增加适当表面活性剂,使其增溶而得透明产品。奶液是含水分较多的化妆品,冷霜是含油脂较多的化妆品,为了得到不分层、不干裂、不混浊、不变形的稳定产品,要尽量减少香精用量,还要设法使香精易于溶入。

4. 变香变色

香精是几十种具有各种官能团的有机化合物调制而成的产物,在贮存过程中,受空气、阳光、温湿度和介质酸碱度等因素的影响,自身或相互间会渐渐进行氧化、聚合、缩合和分解等反应,从而改变了原来的香味和颜色。

香精的变香性能在人们制造香水时常被用来改善香气,配制好的香水在阴暗处放置一段时间,任其发生一些酯化反应、酯基转移、酯的醇解、乙缩醛基的生成和转移等化学反应,结果该香水的香气可由粗糙变为圆润、细腻、甜美。

香精的变香变色性能对于制造化妆品来说是一个需要十分注意的问题,尤其是膏霜类和香粉类化妆品,膏霜类产品含有较多的油类、蜡类和高碳脂肪醇等物质,常带有一些脂蜡气息,所以除因香型的要求外,应尽量少用脂蜡香的香料。

5. 安全性

化妆品用的香精都应对皮肤不产生刺激作用。

5.8.1 香水类化妆品用香精配方

5.8.1.1 玫瑰香型

配　　方	w%		w%
玫瑰油	20	小花茉莉净油	5
橙花油	5	山萩油	3
苯乙醇	7	玫瑰醇	10
甲基紫罗兰酮	5	茑尾凝脂	1
檀香油	2	麝香 105	2.5
十五内酯	0.5	灵猫香膏	0.5
麝香酊(10w%)	29.5		

5.8.1.2 茉莉香型

配　　方	w%		w%
大花茉莉净油	8	乙酸苄酯	13
苄醇	9	吲哚(10%)	2
乙酸对甲酚酯(20%)	1	1－戊基桂醛泚馥基	2
白兰叶油	3	橙花油	4.5
依兰油	3	晚香玉香精	1
树兰油	1	橙汁油	4.5
玫瑰油	1	二甲基苄基原醇	1
羟基香茅醛	7	甲基紫罗兰酮	5
苯乙醇	4	除萜香柠檬油	4.5
灵猫香膏(10w%)	1	海狸香浸膏	1
麝香 105	4.5	环十五酮	2
十五内酯	3	麝香酊(10w%)	8.5
水杨酸苄酯	4.5	甲基壬基乙醛(10w%)	1

5.8.1.3 风信子香型

配　　方	w%		w%
风信子香精	70	岩蔷薇浸膏	1.5
水杨酸苄酯	6	灵猫香膏	0.5
海狸香浸膏	1	麝香 105	5
环十六酮	3	十五内酯	2
麝香酊(10w%)	10	甲基壬基乙醛(10w%)	1

5.8.1.4 紫丁香香型

配　　方	w%		w%
紫丁香香精	60	玫瑰油	1
鸢尾凝脂	0.5	紫罗兰酮	4.5
大花茉莉净油	2	金合欢净油	1
晚香玉香精	0.5	水仙香精	0.5

香兰素	0.5
岩蔷薇浸膏	0.5
灵猫香膏	0.5
麝香 105	5
十五内酯	2
麝香酊(10*w*%)	10
岩兰草油	0.5
水杨酸苄酯	7
海狸香浸膏	1
佳乐麝香	1
环十五烷酮	2

5.8.1.5 紫罗兰香型

配　　方	*w*%	
紫罗兰叶浸膏	1.8	2
甲基紫罗兰酮	18	20
玫瑰油	1.8	2
香叶醇	1.8	2
香石竹香精	2.7	3
洋甘菊浸膏	0.5	0.5
树苔净油	1.8	2
白兰花油	0.5	0.5
松油醇	1	1
小花茉莉净油		4.5
乙酸苄酯		3.5
香兰素		1.8
洋茉莉醛		1.8
岩兰草油		1
愈创木油		2.2
岩蔷薇浸膏		0.5
十五内酯		4.5
佳乐麝香		1.8
香柠檬油		3.5
鸢尾凝脂	1.5	1.7
1-紫罗兰酮	9	10
除萜香叶油	1.8	2
苯乙醇	3.6	4
异丁香酚	1	1
辛炔羧酸甲酯	0.3	0.3
树兰油	1	1
依兰油	2.7	3
苯乙醛(50*w*%)	1	1
赛茉莉酮		1
苄醇		1
香豆素		1
大茴香醛		3.5
檀香油		1
水杨酸异丁酯		1.4
海狸香浸膏		1.4
麝香 105		3.7
麝香酊(10*w*%)		9
甲基壬基乙醛	0.1	0.1

5.8.1.6 水仙花香型

配　　方	*w*%
乙酸苄酯	6.4
乙酸对甲酚酯	0.1
桂酸苯乙酯	7
苯乙醇	7
桂醇	7
苯丙醇	3.0
兔耳草醛	1
二氢茉莉酮	0.2
树兰油	2
橙叶油	2
松油醇	4
岩蔷薇浸膏	2
3-壬内酯	0.2
环十五酮	2
乙酸苯乙酯	2
苯乙酸对甲酚酯	0.5
芳樟醇	2
苯乙醛(50*w*%)	7
乙酸甲基苯基原酯	0.5
苯丙醛(10*w*%)	1.3
羟基香茅醛	3
大花茉莉净油	4.5
依兰油	3
甲基紫罗兰酮	2
橙花素	5.3
水杨酸苄酯	6
异丁香酚	1.5
十五内酯	2

佳乐麝香	1	麝香105	4.5
麝香酊(10w%)	9	海狸香浸膏	0.5
灵猫香膏(10w%)	0.5		

5.8.1.7 古龙香型

配　方	w%		w%
香柠檬油	8	甜橙油	8
桔子油	25	熏衣草油	6
苦橙叶油	8	橙花油	3
香叶醇	5	芳樟醇	8
依兰油	3	羟基香茅醛	10
乙酸苄酯	2	二氢茉莉酮酸甲酯	4
香茅醇	2	苯乙醇	2
迷迭香油	6		

5.8.1.8 幻想型

配　方	w%		w%
甲基柏木醚	10	壬醛(10w%)	1.5
乙酸香根酯	2	洋茉莉醛	2
异甲基紫罗兰酮	9.3	α－己基桂醛	1
香叶醇	3	檀香油	6
苯乙醇	4	广藿香油	3.5
二氢月桂烯醇	0.5	鸢尾浸膏	1
大茴香醛	3.5	茉莉浸油	1.5
十一醛	1	香茅醇	4
苄基异丁香酚	1	铃兰醛	6
香柠檬油	6	二氢茉莉酮酸甲酯	10
橡苔浸膏	1	苯乙酸对甲酚酯	0.5
叶青素	1.5	麦龙	3.5
酮麝香	4	柑青醛	2
东京麝香	2	叶醇	1.5
格蓬酯	1.5	赖百当浸膏	2
辛炔羧酸甲酯	0.5	香豆素	1.5
麝香－T	1.2	异戊基苯乙基醚	0.5

5.8.2 膏霜类化妆品用香精

5.8.2.1 三花香型

配　方	w%		w%
酮麝香	3	洋茉莉醛	8
乙酸苄酯	10	1－己基桂醛	14
1－戊基桂醛	3	β－甲基紫罗兰酮	12
乙酸芳樟酯	2	芳樟醇	10
乙酸香叶酯	7	松油醇	6

甲基异丁香酚	2	香叶醇	6
苯乙醇	6	乙酸苏合香酯	3
乙酸若兰草酯	4	癸醛	1
新铃兰醛	1		

5.8.2.2 铃兰花香型

配　　方	*w*%		*w*%
羟基香茅醛	12	铃兰醛	17
新铃兰醛	16	芳樟醇	6
西瓜醛	4	松油醇	5
女贞醛	2	二氢茉莉酮酸甲酯	6
金合欢浸膏	2.4	小花茉莉浸膏	2
墨红浸膏	0.4	吲哚(10*w*%)	1
苯乙醇	6	玫瑰醇	3
二氢月桂烯醇	2	甲基辛基乙醛(10*w*%)	0.2
白兰叶油	0.8	甲基紫罗兰酮	1.2
洋茉莉醛	3	依兰依兰油	3
苯甲醛	0.4	水杨酸甲酯	0.6
乙酸桂酯	0.6	苯乙二甲缩醛	0.6
桃醛(10*w*%)	0.4	乙酸香味酯	0.8
领氨基苯甲酸甲酯	1	甲氧基香茅醛	0.1
1-戊基桂醛	2.2	庚炔乙酸甲酯	0.4

5.8.2.3 红玫瑰香型

配　　方	*w*%		*w*%
苯乙醇	15	玫瑰醇	30
香叶醇	20	香茅醇	15
玫瑰醚	2	香叶油	2.4
山萩油	3	壬醛(10*w*%)	0.1
庚酸乙酯	1.4	墨红浸膏	1
芳樟醇	1.5	丁香罗勒油	2.6
白兰叶油	1	甲基紫罗兰酮	2
铃兰醛	2	乙酸芳樟酯	0.5
楠叶油	0.5		

5.8.2.4 茉莉香型

配　　方	*w*%		*w*%
乙酸苄酯	25	丙酸苄酯	4.4
乙酸芳樟酯	5	芳樟醇	5
二氢茉莉酮酸甲酯	3	茉莉酯	1.8
二氢茉莉酮	2	茉莉素	4.8
吲哚(10*w*%)	3	丁香酚	0.6
芳樟醇	10	香叶醇	0.8
依半依兰油	4	小花茉莉浸膏	3
树兰油	0.4	白兰花浸膏	0.4

羟基香茅醛	3	新铃兰醛	3
苯乙醇	6	1－戊基桂醛	3
1－己基桂醛	7	乙酸叶醇酯(10*w*%)	1.8
叶醇	1	二氢月桂烯醇	1
新洋茉莉醛			

5.8.2.5 百花香型

配　方	*w*%		*w*%
铃兰醛	12	麝香 T	6
酮麝香	4	岩兰草油	4
玫瑰醇	2	γ－甲基紫罗兰酮	3
依兰依兰油	3	茉莉净油	2
檀香油	3	香叶醇	4
野香橼油	6	桃醛(10*w*%)	2.8
苯乙醇	8.7	龙涎香酊	4
二氢茉莉酮酸甲酯	6	1－己基桂醛	6
香叶油	6	橡苔浸膏	3
乙酸岩兰草酯	2	苯乙基二甲基原醇	2.5
香豆素	3	月下香净油	1
白兰叶油	2	十一醛	2
十二醛	1	壬醛	1

5.8.3 粉类化妆品用香精

5.8.3.1 玫瑰香型

配　方	*w*%		*w*%
玫瑰油	1	墨红净油	5
香叶油	20	苯乙醇	20
香叶醇	15	玫瑰醇	2.9
芳樟醇	2	丁香酚	1
鸢尾凝脂	0.5	甲基紫罗兰酮	3
人造檀香	6.5	依兰油	5
羟基香茅醛	4	香兰素	0.3
香豆素	0.7	麝香 105	2.8
十五内酯	0.2	酮麝香	5
佳乐麝香	2	岩蔷薇净油	1
灵猫香香精	0.1	麝香香精	2

5.8.3.2 金合欢香型

配　方	*w*%		*w*%
金合欢净油	2	甲基紫罗兰酮	10
大茴香醛	2.5	1－紫罗兰酮	5
苯乙醇	5	香叶醇	5
对甲基苯乙酮	1	莳萝醛	0.3

1-戊基桂醛二十茄香缩醛	3	1-戊基桂醛泄馥基	3
铃兰醛	8	松油醇	5
芳樟醇	5	香叶油	1.5
树兰油	1	依兰油	6
小花茉莉净油	2	岩兰草油	1
鸢尾浸膏	3	岩蔷薇净油	2.5
橡苔净油	3	3-十一内酯	0.5
异丁香粉	2	乙酸苄酯	5
水杨酸甲酯	0.5	香兰素	2
香豆素	3	酮麝香	4
麝香105	5	十五内酯	1
灵猫香香精	0.1	灵猫香膏	0.1
龙涎香香精	1.8	二氢茉莉酮	0.2

5.8.3.3 桂花香型

配　　方	*w*%		*w*%
甲基紫罗兰酮	35	3-十一内酯	4
1-己基桂醛	5	1-戊基桂醛泄馥基	2
芳樟醇	10	香叶醇	3
辛炔羧酸甲酯	1	紫罗兰叶净油	0.2
乙酸辛酯	0.2	苯乙醇	3
乙酸苯乙酯	2.5	乙酸苄酯	8
丙酸苄酯	1	乙酸对甲酚酮(10*w*%)	0.5
苯乙酸对甲酚酯	0.3	松油醇	3
羟基香茅醛	2	大茴香醛	1.5
甜罗勒油	0.5	铃兰醛	1
洋茉莉醛	1	水杨酸异丁酯	2
吲哚(10*w*%)	0.3	香紫苏油	1
依兰油	3	香柠檬油	5
树兰油	1	玳玳叶油	3

5.8.3.4 檀香香型

配　　方	*w*%		*w*%
合成檀香208	20	橡苔净油	0.5
檀香醚	12	岩蔷薇净油	1
乙酸柏木醚	5	酮麝香	3
四氢香叶醇	1.5	灵猫香香精	0.5
香叶油	5	人造檀香	18
二甲基对苯二酚	1	乙酸岩兰草酯	9
香石竹香精	2	2-紫罗兰酮	5
白兰花油	0.3	二苯醚	0.2
玳玳叶油	2	甜罗勒油	0.5
香紫苏油	1	桂酸苯乙酯	3
卡南加油	3	麝香105	3
白兰叶油	2	香兰素	1

大花茉莉净油	0.5

5.8.4 唇膏用香精

5.8.4.1 玫瑰果香型

配　方	*w*%		*w*%
苯乙醇	30	香茅醇	16
香叶醇	20	乙酸苯乙酯	6
甲基紫罗兰酮	15	异丁香酚	2
墨红浸膏	2	3-十一内酯	3
柠檬油	2	洋茉莉醛	2
香兰素	2		

5.8.4.2 玫瑰橙花桂花香型

配　方	*w*%		*w*%
紫红玫瑰香精	2	香叶油	5
香茅醇	4	橙花素	4
甲基紫罗兰酮	6	苦橙花香精	5
鸢尾凝脂	1.5	玳玳叶油	17
大茴香醇	4	1-紫罗兰酮	6
3-十一内酯	1	桂花浸膏	1
香兰素	3.5	丁香酚	2
苯乙醇	16	柠檬油	3
香叶醇	8	洋茉莉醛	1

5.8.5 发油发蜡用香精

5.8.5.1 玫瑰香型

配　方	*w*%		*w*%
玫瑰油	1.2	苏合香油	2
橙花醇	10	苯丙醇	1
四氢香叶醇	11	鸢尾浸膏	1
玫瑰醇	8	墨红净油	1
乙酸苯乙酯	8	香叶醇	7
苯乙醛二甲缩醛	2	香茅醇	12
铃兰醛	1	香叶油	2
愈创木油	5	二甲基苄基原醇	2
丁香酚	1	桂醇	3
十一烯醛	0.8	甲基紫罗兰酮	5
岩兰草油	1	苯乙酸	1
苯乙酸苯乙酯	4	柠檬醛	1
玳玳叶油	3.5	斯里兰卡桂皮油	0.5

5.8.5.2 桅子香型

配　方	w%		w%
异丁香酚	31.5	乙酰基异丁香酚	2.7
丁香酚	1	丙位壬内酯	20
3-十一内酯	5	内酰胺晚香玉和合基	2.7
乙酸苯乙酯	6.4	乙酸苯丙酯	0.45
乙酸苄酯	2.7	桂酸苯乙酯	2.7
白兰叶油	3.6	丙酸甲基苯基原酯	2.7
甲基紫罗兰酮	4.5	鸢尾浸膏	0.9
羟基香茅醛	2.7	卡南加油	2.7
大茴香醇	2.7	香豆素	3.7
树兰油	2.25	乙基香兰素	1.1

5.8.5.3 熏衣草复方香型

配　方	w%		w%
熏衣草油	16	杂熏衣草油	9
乙酸芳樟酯	8	芳樟醇	7
甲酸香叶酯	1.5	乙酸香叶酯	3
乙酸龙脑酯	2	玳玳叶油	5
香紫苏油	2	香豆素	5
香叶醇	4	苯乙醇	5
香柠檬醛	6	癸醛(10w%)	1
乙酸苄酯	5	羟基香茅醛	5
人造檀香	3	岩兰草油	1
大花茉莉浸膏	1	1-己基桂南	2.5
甲基紫罗兰酮	3	卡南加油	3
酮麝香	2		

5.9 牙膏用香精

5.9.1 配制要点

牙膏是口腔卫生用品,其配方结构与洗涤用品和化妆品有很大差别,所以牙膏中使用的香精有其独特的要求,配制牙膏用香精要掌握以下几个要点:

(1) 牙膏香精使用于口腔洁齿,是属于食品香精的一部分,香精配方中所选用的香料必须全部符合食品规格。

(2) 牙膏香精的香型选择类似于食用香精,不仅要求有良好的嗅觉,更重要的是使用之后口腔中要留有清凉、爽口和新鲜的味感。牙膏中适用的香型也就是薄荷、留兰香、果香、冬青、肉桂和茴香这6个类型。

(3) 用牙膏刷牙,前后仅用几分钟,而且最后还用大量清水漱清,使用者并不要求口腔内长期留香,所以在设主配方时毋需强调尾香,一般也不用考虑采用定香剂的问题。

(4) 牙膏的颜色大多数为白色,故配制香精时应避免选用深色香料,同时要通过应用试验来确证不发生变色现象。

(5) 牙膏的组分中含有大量不溶于水的摩擦剂、表面活性剂、增稠剂、甜味剂,还有一些功能性药物。这些物质与选用的香精是否可能发生导致变香变色的反应,应在应用试验中仔细考察。

5.9.2 牙膏用8个香型的香精配方

5.9.2.1 留兰香香型

配　方	w%		w%
大叶留兰香油	50	椒样薄荷油	15
薄荷脑	21.65	茴香脑	10
柠檬醛	1	丁香酚	0.5
水杨酸甲酯	0.5	甜橙醛	0.05
桉叶醇	1	橙叶油	0.2
玫瑰醇	0.1		

5.9.2.2 薄荷香型

配　方	w%		w%
椒样薄荷油	50	薄荷脑	25
茴香脑	10	桂皮油	1
桂醛	0.2	留兰香油	10
丁香油	3.5	乙酸香叶酯	0.2
乙基香兰素	0.1		

5.9.2.3 冬青香型

配　方	w%		w%
滇白珠油	20	薄荷脑	61.5
茴香脑	15	丁香油	3
桂醛	0.5	桉叶醇	1

5.9.2.4 甜橙香型

配　方	w%		w%
甜橙油	50	柠檬油	5
辛醛	0.2	癸醛	0.2
十六醛	0.2	茴香脑	3
薄荷脑	41	甜橙醛(10w%)	0.2
桂花浸膏(10w%)	0.2		

5.9.2.5 菠萝香型

配　方	w%		w%
环己基丙酸烯丙酯	1	乙酸烯丙酯	2.5
乙酸戊酯	10	丁酸乙酯	10
丁酸丁酯	10	己酸乙酯	5

庚酸乙酯	3	茴香脑	5
柑桔油	10	辛醛	0.1
癸醛	0.2	十四醛	0.2
冬青油	1	薄荷脑	42

5.9.2.6 草莓香型

配　方	w%		w%
草莓醛	5	乙酸乙酯	15
苯甲酸乙酯	1.5	丁酸乙酯	10
亚硝酸乙酯	5	壬酸乙酯	2.5
甲酸乙酯	5	甲基萘酮	0.5
苄基丙酮	1.5	肉桂油	0.5
香兰素	0.3	水杨酸甲酯	1
乙酸戊酯	2	薄荷脑	50.2

5.10 食用香精

在食品加工过程中,有些食品需要添加一定的香精,以通过赋香增进人们的食欲和购买欲。用于糖果、饮料、糕点、烟、酒、调味品、小食品以及牙膏等须入口制品的香精都归类称为食用香精。大多数食用香精均由香料调制而成,少数香料也可直接使用。食品中直接使用的天然香料主要有柑桔油类和柠檬油类,其他如留兰香油和薄荷素油等也可直接使用;合成香料一般不单独使用,均需调配成香精再用。

食用香精的主要特点是安全性高。

常用的食用香精分为食用水溶性香精和食用油溶性香精两大类;其他还有乳化香精、粉末香精、吸附香精等品种,但用量很少。

食用水溶性香精是以香精溶入蒸馏水,精制乙醇、丙二醇或甘油,再经必要的加工工序而制成。

使用天然精油制取水溶性香精时,一般先经过除去萜类的处理。下部的主要香基物质的乙醇溶液即可继续加入其他香料和其余的稀释剂,全部物料加完后,充分搅匀,放置一段时间,滤去或倾析去沉淀物或粘稠物,即制成食用水溶性香精。

食用水溶性香精在汽水和冰棍中的用量一般为 0.02w% ~0.1w%,在果味露中为 0.3w% ~0.6w%,在配制酒中为 0.1w% ~0.2w%。使用食用香精时要注意添加顺序。香精都有较高的挥发度,对加工过程有加热工序的食品,应尽量在冷却阶段加香精。食品中都有甜味剂,使用时必须先将香精与糖浆混溶均匀,经过滤后再在混合罐中与其他物料相混合,如食品含有碱性物质,则更宜慎用。

食用油溶性香精是用植物油、甘油或丙二醇等作稀释剂调制而成的香精,是透明的油状液体,精制植物油和甘油沸点较高,耐热性比水溶性香精好,其冻点亦较高,故在低温时会呈现凝冻状态,加热后恢复原状。油溶性香精比较适用于饼干、糖果及其他烘烤食品的赋香,一般用量为 0.05w% ~0.15w%。

5.10.1 饮料用香精

5.10.1.1 苹果香型

配　　方	w%		w%
乙酸戊酯	1	戊酸戊酯	1
乙酸乙酯	1	丁酸乙酯	0.9
十四醛	0.25	戊酸乙酯	0.7
其他	0.15	乙醇(96w%)	60
水	35		

5.10.1.2 香蕉香型

配　　方	w%		w%
乙酸戊酯	2.85	丁酸戊酯	0.25
戊酸戊酯	0.50	丁酸乙酯	0.25
无萜甜橙油	0.50	其他	0.15
乙醇(96w%)	80	水	15

5.10.1.3 柠檬香型

配　　方	w%		w%
柠檬油	4.2	甜橙油	0.5
无萜柠檬油	0.1	其他	0.2
乙醇 96w%	60	水	35

5.10.1.4 桔子香型

配　　方	w%		w%
无萜甜橙油	2	癸醛(10w%)	0.01
乙醇(96w%)	60	水	37.99

5.10.1.5 西瓜香型

配　　方	w%		w%
乙酸戊酯	0.9	丁酸戊酯	0.5
戊酸戊酯	1.5	乙酸乙酯	1
戊酸乙酯	0.25	香兰素	0.1
香豆素	0.1	无萜柠檬油	0.1
其他	0.55	乙醇(96w%)	80
水	15		

5.10.1.6 梨子香型

配　　方	w%		w%
乙酸戊酯	40	乙酸乙酯	40
丁酸乙酯	7	甜桔油	7
香柑油	3	丁香醇	0.5
香草精	2	水杨酸甲酯	0.5

5.10.1.7 草莓香型

配　　方	w%		w%
甲基苯基[2,3]-环氧丙酸乙酯	10	乙酸乙酯	30
苯甲酸乙酯	3	丁酸乙酯	20
甲硝酸乙酯	10	壬酸乙酯	5
甲酸乙酯	10	乙酸戊酯	4
苯甲基丙酮	3	甲基萘酮	1
水杨酸甲酯	2	肉桂油	1
薰草素	1		

5.10.2 酒用香精

5.10.2.1 白兰地香型

配　　方	w%		w%
白兰地油	1.5	亚硝酸乙酯液(5w%)	0.6
亚硝酸戊酯液(5w%)	0.5	玫瑰水	0.4
乙酸乙酯	4	庚酸乙酯	3.2
其他	4.8	乙醇(96w%)	70
水	15		

5.10.2.2 威士忌香型

配　　方	w%		w%
乙酸乙酯	2.8	亚硝酸戊酯溶液(5w%)	1.5
亚硝酸乙酯溶液(5w%)	0.5	小茴香香精	0.3
葛缕子油	0.1	戊醇	0.6
乙酸戊酯	1	庚酸乙酯	0.2
其他	5	乙醇(96w%)	60
水	28		

5.10.3 口香糖用香精

5.10.3.1 薄荷香型

配　　方	w%		w%
薄荷油	1	甜桔油	1
柠檬油	1	橙花油	1.5
香柑油	0.5	肉桂皮油	5
丁香油	5	香草豆	10
鸢尾油	15	沙糖	20
甘草	40		

5.10.3.2 康乃馨香型

配　　方	w%		w%
异丁香醇	20	丁香油	20
依兰油	5	橙花油	3

玫瑰花油	2	安息香酊剂	30
麝香酊剂	15	向日葵花香醇	4
香草精	1		

5.10.3.3 山楂香型

配　方	w%		w%
茴香醛	30	苦杏仁油(S.A.P)	5
橙花油	5	香叶油	10
安息香酊剂	30	麝香酊剂	14
鸢尾油	1	薰草素	3
香草精	2		

5.10.3.4 茉莉香型

配　方	w%		w%
茉莉香精油	2	玫瑰香精油	3
乙酸苄酯	5	甜桔油	10
橙花油	5	霸杜玫瑰油	5
香草精香精油	70		

复 习 思 考 题

1. 什么是香料？香料一般如何分类？各类香料之间有什么关系？

2. 试解释下列概念：天然香料、合成香料、半合成香料；调和香料、单离香料、单体香料。

3. 举例说明什么是主香剂、头香剂、和香剂、定香剂、修饰剂和稀释剂。请解释体香、基香、头香以及香基的概念。

4. 常用的动物性天然香料有哪些？它们的共同特点是什么？

5. 试述水蒸气蒸馏法提取植物精油的一般工艺流程以及三种操作方式和特点。有哪些重要的天然植物香料是用水蒸气蒸馏法生产的？试举3～5例说明。

6. 在螺旋压榨法生产柑桔精油的过程中，为避免果胶大量析出与水发生乳化，应采取什么工艺处理步骤？原理是什么？

7. 以亚硫酸氢钠加成法和硼酸酯法制备单离香料的反应原理分别是什么？哪些单离香料是分别以上述两种方法生产的？试各举数例说明。

8. 试述黄瓜醛和甲基壬基乙醛的制备反应原理、工艺流程及主要用途。

9. 试述芳樟醇与金合欢醇的主要用途及其一条合成反应路线。

10. 试述紫罗兰酮的合成反应。

11. 试述二氢茉莉酮酸甲酯主要特点及合成反应。

12. 试述仙客来醛和桂醛的合成原理及其工艺特点。

13. 试述乙酸苄酯的合成原理、工艺及用途。

14. 试述香兰素和香豆素在特性和用途方面的异同，并阐述从纤维素工业的亚硫酸盐废液生产香兰素的工艺路线和特点。

15. 简述缩醛类香料和麝香类香料的一般特点和合成原理。

16．洗涤、化妆品、牙膏和食品用香精各有哪些特点？

参考文献

1 李和平，葛虹．精细化工工艺学．北京：科学出版社，1998
2 何坚，孙宝国．香料化学与工艺学．北京：化学工业出版社，1995
3 孙宝国．香精概论．北京：化学工业出版社，1996
4 顾良荧．日用化工产品及原料制造与应用大全．北京：化学工业出版社，1997
5 夏铮南，王文君．香料与香精．北京：中国物资出版社，1998

第六章　日用卫生用品

6.1　概　述

日用卫生用品包括:口腔卫生用品,皮肤卫生用品(含毛发卫生用品,化妆品编中已介绍,此不赘述),居室、厨房用卫生用品及驱虫、杀菌、消毒、防霉、除臭等卫生用品共四大类。

随着人民生活水平的日益提高,人类对自已的生存环境提出了越来越高的要求,特别要求自己生活的空间空气清新、环境优雅、舒适,给人以美的享受。为改善环境质量,近年来推出了许多高质量新颖的日用卫生用品。

口腔卫生用品主要包括:牙膏、牙粉、牙片、漱口水和爽口液等。其中以洁齿为主要目的牙膏,深受广大消费者的欢迎,许多高档次、多功能的牙膏不断推出,使牙膏的品种日益增多,成为深受广大消费者喜受的产品。

牙膏分为洁齿型(即普通型)和疗效型(即加药型)两大类。普通型牙膏按配方结构可分为碳酸钙型、磷酸钙型、氢氧化铝型、二氧化硅型牙膏;按牙膏的形态又分为白色牙膏、加色牙膏、彩条牙膏、透明牙膏和非透明牙膏等;按其功能分为防龋牙膏、脱敏牙膏、消炎止血牙膏、抗结石牙膏、除烟渍牙膏、保健养生牙膏等。

就浴剂而言,其品种十分繁多,按形式分有透明浴剂、珠光浴剂、泡沫浴剂、浴油、浴盐、淋浴凝胶等;按主洗涤成分分为表面活性剂型和皂基型;按功能分有清凉浴剂、止痒浴剂、营养保健浴剂等。这些浴剂由于加入了多种护肤剂和药剂,不仅有清洁作用,还能促进血液循环、滋润皮肤,并具有杀菌、消毒和治疗皮肤病等作用。

厨房洗涤剂主要包括餐具洗涤剂、炉灶清洗剂两大类,随着人民需求提高,许多新的品种不断出现,机用和手洗餐具洗涤剂及炉灶、排油烟机清洗剂的种类很多,居室用的各类洗涤剂也品种繁多。

为改善生活和工作环境的各种除臭消毒剂产品的品种近年来发展也很快。

6.2　口腔卫生用品

6.2.1　口腔生理卫生

口腔的表面被一层粘膜所覆盖,在口腔的周围有腮腺、颌下腺、舌下腺三大涎腺。在唇部、颊部、软腭内的粘膜下层,还生长着许多小腺,它们都分泌腺液,并在口腔内形成唾液。唾液中水分占 99.5*w*%,各种固体占 0.5*w*%,相对密度为 1.002～1.008,pH 值平均为 6.7。唾液的主要功能为:① 保护作用,可起到机械清洁牙面和口腔粘膜的作用;② 消化和吞咽食物、水;③ 口腔中唾液分泌量反映了机体内水分的代谢状况;④ 排泄作用,有些代谢产物或毒物(如汞、铅)可通过唾液排泄而来。

牙齿是整个消化系统的一个重要组成部分,它的主要功能是咀嚼食物。牙齿咀嚼食物时,产生压力和触觉,这种触觉的反射,可以传达至胃和肠,引起消化腺的分泌,帮助促进胃肠蠕动,以完成消化的任务。牙齿的疾病,除了影响消化系统外,牙病的细菌及其产生的毒素,还可通过血液到达身体的其他部分,引起其他器官的疾病。除此之外,牙齿还有帮助发音和端正面形等功能。如果缺乏前牙,会导致发音不清晰。咀嚼运动能促进颌骨的发育和牙周组织的健康,单侧咀嚼会造成废用侧颌骨发育不足,面部不对称;牙齿全部缺失,会使面部凹陷,皱纹增加,显得苍老。

6.2.1.1 牙齿及其周围组织的结构

牙齿是钙化了的硬固性物质,所有牙齿都牢牢地固定在上下牙槽骨中。露在口腔里的部分叫牙冠;嵌入牙槽中看不见的部分称为牙根;中间部分称为牙颈;牙根的尖端叫根尖;牙冠咀嚼食物的一面叫咬殆面。如图 6.1 所示。

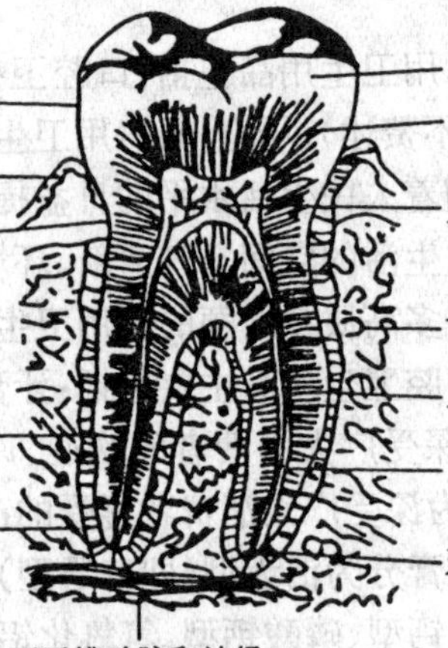

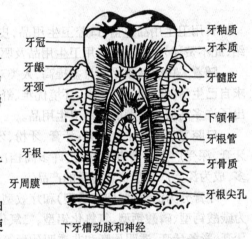

图 6.1 牙齿及其周围组织剖面图

1. 牙体组织

牙齿的本身叫作牙体。牙体包括牙釉质、牙本质、牙骨质和牙髓四个部分。

(1) 牙釉质。牙冠表面覆盖着牙釉质,牙釉质是人体中最硬的组织,成熟的牙釉质的莫氏硬度为 6~7,差不多与水晶及石英同样硬,在接近牙釉和牙本质交界处(特别是牙颈),硬度较小。釉质的平均密度为 $3.0\ g\cdot ml^{-1}$,抗压强度为 75.9 MPa。牙釉质的高强硬度,使它可以承受数十年的咀嚼压力和磨擦,将食物磨碎研细,而不致被压碎。

牙釉质为乳白色,有一定的透明度。薄而透明度高的釉质,能透出下方牙本质的浅黄色,使牙冠呈黄白色;厚而透明度低的釉质则使牙冠呈灰白色;牙髓已死的牙齿透明度和色泽都有改变。

牙釉质是高度钙的组织,无机物占总质量的 96w% ~ 97w%,其中主要是羟基磷灰石 $[Ca_3(PO_4)_2\cdot Ca(OH)_2]$ 的结晶,约占 90w%,其他如碳酸钙、磷酸镁和氟化钙,另有少量的钠、钾、铁、铅、锰、锶、锑、铬、铝、银等元素。牙釉质中的有机物和水分约占 4w%,其中所含的有机物仅占 0.4w% ~ 0.8w%,有机物主要是一种类似角质的糖蛋白复合体,称为角蛋白。牙釉质内没有血管和神经,能保护牙齿不受外界的冷、热、酸、甜及各种机械性刺激。

(2) 牙本质。牙本质是一种高度矿化的特殊组织,是构成牙齿的主体,呈淡黄色。冠部牙本质外盖有牙釉质,根部盖有牙骨质。牙本质的硬度不如牙釉,莫氏硬度为 5~6,由 70w%左右的无机物和 30w%左右的有机物和水组成。无机物中主要为羟基磷灰石微晶。有机物含量约为 19w% ~ 21w%,主要是胶原蛋白,另有少量不溶性蛋白和脂类等。牙本质内有很多小管,是牙齿营养的通道,其中有不少极微细的神经末梢。所以牙本质是有感觉的,一旦釉质被破坏,牙本质暴露时,外界的机械、温度和化学性刺激就会引起牙齿疼痛,这就是牙本质过敏症。

(3) 牙骨质。覆盖在牙根表面的一种很薄的钙化组织，呈浅黄色。硬度不如牙本质，而和骨相似，含无机物约 45w% ~ 50w%，有机物和水约 50w% ~ 55w%。无机物中主要是羟基磷灰石，有机物主要为胶原蛋白。由于其硬度不高且较薄，当牙骨质暴露时，容易受到机械性的损伤，引起过敏性疼痛。

(4) 牙髓。位于髓腔内的一种特殊的疏松结缔组织。牙髓可以不断地形成牙本质，提供抗感染防御机制，并维持牙体的营养代谢。如果牙髓坏死，则釉质和牙本质因失去主要营养来源而变得脆弱，釉质失去光泽且容易折裂。牙髓被牙本质所包围，牙本质受牙髓的营养支持和神经支配，同时也保护牙髓免受外界刺激。

牙髓的血管来自颌骨中的齿槽动脉分支，它们经过根尖孔进入牙髓，称为牙髓动脉。牙髓神经来自牙槽神经，伴同血管自根尖孔进入牙髓，然后分成很多细的分支，神经末梢最后进入牙本质细胞层和牙本质中。

老年人的牙髓组织，也和机体其他器官一样，发生衰老性变化，如钙盐沉积、纤维增多、牙髓内的血管脆性增加、牙髓腔变窄等，这些都会影响牙髓对外界刺激的反应力。

2. 牙周组织

牙齿周围的组织称为牙周组织，包括牙周膜、牙槽骨和牙根。

(1) 牙周膜。位于牙根与牙槽骨之间的结缔组织。主要是连接牙齿与牙槽骨，使牙齿得以固定在牙槽骨中，并可调节牙齿所承受的咀嚼压力以及缓冲外来压力，使其不直接作用于牙槽骨，即使用力咀嚼，脑也不致受震荡。牙周膜具有韧带作用，又称为牙周韧带。

牙周膜是纤维性结缔组织，由细胞、纤维和基质所组成。在牙周膜内分布着血管、淋巴管及神经等。不仅可提供牙骨质和牙槽骨所需的营养，而且在病理情况下，牙周膜中的造牙骨质细胞和造骨细胞，能重建牙槽骨和牙骨质。

牙周膜的厚度和它的功能大小有密切关系。在近牙槽嵴顶处最厚，在近牙根端 1/3 处最薄。未萌出牙齿的牙周膜薄，萌出后担当咀嚼功能，牙周膜才增厚，老人的牙周膜又稍变薄。

牙周膜一旦受到损害，无论牙体如何完整，也无法维持正常功能。

(2) 牙槽骨。颌骨包围牙根的突起部分，又称为牙槽突。容纳牙齿的凹窝称为牙槽窝，游离端称为牙槽嵴顶。牙槽骨随着牙齿的发育而增长，而牙齿失缺时，牙槽骨也就随之萎缩。牙槽骨是骨骼中变化最活跃的部分，它的变化与牙齿的发育和萌出、乳牙的脱换、恒牙移动和咀嚼功能等均有关系。在牙齿萌出和移动的过程中，受压力侧的牙槽骨骨质发生吸收，而牵引侧的牙槽骨质新生。临床上即利用这一原理进行牙齿错殆畸形的矫正治疗。

(3) 牙龈。围绕牙颈和覆盖在牙槽骨上的那一部分牙周组织，俗称肉牙。牙龈是口腔粘膜的一部分，由上皮层和固有层组成。其作用是保护基础组织，牢固地附着在牙齿上，对细菌感染构成一个重要屏障。

6.2.1.2 常见牙病及预防

常见牙病主要包括龋病、牙周病和牙本质敏感症等。牙病发病的原因有全身和局部的因素：全身因素包括营养缺乏，内分泌和代谢障碍等；局部因素主要是附着在牙面上的沉积物对牙齿、牙龈和牙周组织的作用。

1. 龋病

龋病是牙齿在多种因素影响下，硬组织发生慢性破坏性的一种疾病。龋病一般是从牙釉质或牙骨质表面开始，逐渐向深层发展，破坏牙本质。

预防的方法主要是需经常保持口腔的清洁卫生，减少致龋物在口腔内的滞留时间，防止牙菌斑的形成；提高宿主的抵抗力，提高牙齿的抗酸能力；减少糖类等易致龋的食物等。

2. 牙周病

牙周病是指牙齿支持组织发生的疾病，其类型有牙龈病、牙周炎以及咬合外伤和牙周萎缩等。减少和防止牙菌斑、软垢和牙结石的形成，避免细菌感染是防治牙周病的关键。

3. 牙本质敏感症

牙本质敏感症是指牙齿遇到冷、热、酸、甜和机械等刺激时，感到酸痛的一种牙病。避免龋病的发生，堵塞牙本质小管降低牙体硬组织的渗透性，提高牙体组织的缓冲作用等，均可有效地防止牙本质敏感症的发生。

6.2.1.3 牙病的预防

牙病的预防应从小养成良好的口腔卫生习惯，保护好牙齿。

① 在饮用水源中加入适量的氟化物或使用含氟化物药物牙膏。

② 建立常规的和正确的刷牙、漱口习惯，维护牙齿和牙周组织的健康。

③ 注意饮食和营养，多吃含氟多的食物和纤维性食物。

6.2.2 牙膏及组成

口腔卫生用品包括牙膏、牙粉、漱口水和假牙清洗剂等。其中最主要的也是用量最大的是牙膏。

6.2.2.1 牙膏的组成物

牙膏主要由摩擦剂、保湿剂、发泡剂、增稠剂、甜味剂、芳香剂、赋色剂和具有特定功能的活性物组成。

1. 摩擦剂

摩擦剂是提供牙膏洁齿能力的主要原料，其主要功能是加强对牙菌斑的机械性移除。一般来说，牙釉质的莫氏硬度为5~6，因此要求莫擦剂的莫氏硬度应小于5。一般认为摩擦剂的莫氏硬度在小于4时是比较适宜的。摩擦剂是组成牙膏的主要原料，市场上销售的大多数牙膏中，磨擦剂约占膏体总量的20w%~50w%。

牙膏用摩擦剂可分为碳酸钙类、磷酸钙类、α－氢氧化铝、沉淀二氧化硅、硅铝酸盐类等。

碳酸钙类摩擦剂包括方解石、结晶碳酸钙等。这类牙膏摩擦剂的主要优点是资源丰富，价格低廉，因此碳酸钙类摩擦剂是我国牙膏生产中用量最大的品种，全国牙膏行业年用量在2万 t左右。但钙质摩擦剂不太稳定，特别是和氟离子生成不溶性氟化钙，从而降低了药物的抗龋齿活性，只能用于一般牙膏的生产。

磷酸钙类摩擦剂包括磷酸氢钙、沉淀磷酸氢钙、无水磷酸钙、高纯度磷酸氢钙等品种。国外牙膏多采用这类摩擦剂。国内牙膏行业也开始应用，但由于价格较碳酸钙类高，因而某种程度上限制了应用的广泛性。

与碳酸钙比，氢氧化铝具有溶解性小、性能稳定、洁齿去污力强、不伤牙釉，有较好的缓蚀性能等优点，能改善牙膏膏体的分水现象，因而是高档次的药物牙膏的配方组份。随着药物牙膏的迅猛发展，这类牙膏摩擦剂是一种很有前途的摩擦剂。

沉淀二氧化硅和硅铝酸钠主要用于生产透明牙膏。

2. 保湿剂

保湿剂的作用在于防止膏体水分的蒸发甚至能吸附空气中的水分，以防止膏体干燥变硬，降低牙膏的冻点，使牙膏在寒冷的地区亦能保持正常的膏体状态，以方便使用。

甘油是应用得较早，也是目前通用的牙膏保湿剂。

二元醇类的保湿剂有1,2－丙二醇、1,3－丙二醇、二甘醇和聚乙二醇，其分子结构都有两个羟基，与甘油的各种性能比较接近，但口感都不如甘油。

多元糖醇类保湿剂以山梨醇为代表，此外还有甘露醇和木糖醇等，都可由相应的单糖经高压氢化而制得，吸湿性较甘油差，但保湿性能良好，口感甚佳。

有机酸的盐类如乳酸钠和吡咯烷酮羧酸钠等，也有很好的吸湿和抗冻性能，但有一定的离析作用和不适的口感，只在特种配方中应用。

3. 发泡剂

随着表面活性剂工业的发展，牙膏中作为洗涤、发泡剂的物质——脂肪酸钠已基本被合成的洗涤剂、发泡剂所替代。牙膏中使用的表面活性剂均有较好的发泡能力，其中使用最为广泛的是十二醇硫酸钠(K_{12})，其用量一般为$1w\%\sim3w\%$。其次为十二酰甲胺乙酸钠，此种表面活性剂的水溶性远远超过十二醇硫酸钠，析出结晶温度也较低，$10w\%$的溶液在0～5 ℃时仍能保持液状，故在有粘结条件的膏体中用做稳定剂，可减轻凝聚结粒，保证牙膏膏体细腻。另外它所产生的丰富泡沫极易漱清，并且有一定的防龋能力，是一种比较理想的牙膏用发泡剂。

用于牙膏的表面活性剂还有椰子酸单甘油酯磺酸钠、2－醋酸基十二烷基磺酸钠、鲸蜡基三甲基氯化铵等。

4. 增稠剂

增稠剂在牙膏中所占比例不大，一般在$1w\%\sim2w\%$之间，但它能使牙膏具有一定的稠度，构成牙膏骨架，使牙膏具有能变性，膏体细腻光亮。因此，也有人把这类物质称为赋形剂。在牙膏组成中，要求增稠剂与牙膏的其他组分及药物添加剂有良好的配伍性，以制得稠度适中、使用方便、不影响泡沫性能和香气散发的稳定膏体。现代牙膏中使用的增稠剂是羧甲基纤维素钠(俗称CMC)、羟乙基纤维素鹿角菜胶、海藻酸钠、二氧化硅凝胶等。其中羧甲基纤维素纳盐是用得最多的增稠剂，用于生产牙膏的CMC，要求取代度为0.7～1.2，水溶液的粘度为0.5～3 Pa·s。生产CMC的原料应选用食用级CMC作牙膏生产的增稠剂。CMC的取代度越高越好。但取代基团的分布也十分重要，即分布的越均匀，CMC的溶化度也愈好。CMC在水中并非溶解而是解聚(即聚合物的分子散开)，牙膏中所用的CMC取代度低或取代基团分布不均匀的产品，比取代度高及取代基团分布均匀的产品的粘度高。解聚度低的产品，制得的膏体则不平滑、不光亮。解聚度提高了，CMC的凝胶化性能就较差。这就需要和其他胶凝剂如鹿角菜胶、海藻酸钠、凝胶型二氧化硅及胶体硅酸铝镁复配使用。

可溶性盐类或非极性溶剂对CMC的粘度和解聚有明显的影响。特别是配方中钠盐使解聚度降低，导致牙膏在贮存过程中容易变硬，若先将CMC解聚后再加入这些盐类，则这一影响就不明显了。

鹿角菜胶也是一种有效的增稠剂，能形成热可逆性凝胶。鹿角菜胶又可分为K－鹿角菜胶、I－鹿角菜胶和A－鹿角菜胶三种形式。前两者能在水中形成弱凝胶而制得膏体稳定的牙膏，但A－鹿角菜胶并不形成凝胶，不能用于牙膏生产。I－鹿角菜胶在牙膏中的熔化温度为80~90 ℃，即使牙膏在50~60 ℃贮存，凝胶并不熔化。即用I－鹿角菜胶制成的牙膏贮存在较高的温度下，并不会增加凝胶的强度而使牙膏变硬。

5. 甜味剂

甜味剂包括糖精、木糖醇、甘油、桔皮油等，其中以糖精为主。它是由甲苯等化工原料合成的，甜味大于蔗糖500倍，在口腔中不会变酸，是现代牙膏生产中使用的主要甜味剂。其用量一般在0.25*w*%~0.35*w*%，不宜过量。在配方中应根据甘油用量及甜味香料的有无和多少合理配用。

6. 香精

牙膏的香味是消费者评定其质量优劣的一个重要标志。牙膏用香料的调配，既是一种学问，又是一种艺术。习惯上人们认为牙膏口味要求"清凉"。在牙膏中常用的香精香型一般为：薄荷香型、果香香型、留兰香型、茴香香型等等。

7. 防腐剂

一般食用防腐剂，根据需要都能作为牙膏防腐剂。苯甲酸钠是最常用的食品防腐剂，也是牙膏的常用防腐剂。牙膏中的用量在0.5*w*%~0.9*w*%。

8. 除渍剂

除渍剂仅用于除牙渍的牙膏之中。用作除渍剂的化学品有许多，效果较好的是植酸。

植酸是一种淡黄色、清亮、粘稠液体，呈强酸性，易溶于水的天然无毒物质。它是所有植物种子的重要组成部分。许多谷物和油料种子中含有1*w*%~3*w*%的植酸。

6.2.2.2 特殊添加剂

牙膏特殊添加剂是指在牙膏膏基的基础上添加一些具有特殊效应的物质，如药剂等，使牙膏在洁齿与清洁口腔的基本功能上，对口腔与牙科常见病起预防和辅助疗效作用，属第三代加药牙膏。

1. 氟化物防龋剂

氟化物防龋剂的效果是当今国际公认的，因此，在牙膏应用中很普遍。它的防龋机理一般认为有两点：一是氟化物与牙釉质作用在牙釉质表面形成氟磷酸钙，提高了牙釉质的硬度，从而提高了抗酸蚀能力；二是抑制口腔细菌的繁殖，减少牙菌斑的形成。牙膏中常用的氟化物品种有：

① 氟化钠(NaF)。

② 单氟磷酸钠(Na_2PO_3F)。

③ 氟化亚锡(SnF_2)。

2. 脱敏镇痛药剂

脱敏剂可减少牙本质过敏。牙齿在受冷、热、酸、甜刺激或刷牙、咬物等刺激时产生酸痛感觉，大都是由于牙齿磨蚀、牙龈萎缩、牙根暴露等情况使牙本质暴露所致；也可由牙髓血循环的改变，如有创伤牙䝔的牙齿，牙根尖部长期充血等影响而出现敏感症状；龋齿发展到牙本质时，也常有这种敏感症状。

牙膏中常用的脱敏镇痛药剂有：

① 氯化锶($SrCl_2 \cdot 6H_2O$)。氯化锶能提高牙本质抗酸能力而起脱敏镇痛作用。

② 羟基磷酸锶[$Ca_3(PO_4)_2Sr(OH)_2$]。脱敏效果比氯化锶显著。

③ 尿素[$CO(NH_2)_2$]。尿素能抑制乳酸杆菌的滋生,能溶解牙面斑膜而起抗酸脱敏镇痛作用。

3. 消炎止血药剂

牙周组织的炎症(如牙龈炎和龈缘炎)是常见病多发病。牙龈出血症与口臭是病症的初期,发病后严重者发生肿胀、瘀脓、牙齿松动,导致牙齿脱落或被迫拔除。

近年来开发了许多消炎止血药剂,它们有:醋酸洗必泰[$C_{22}H_{30}Cl_2N_{10} \cdot 2C_2H_4O_2$]和由洗必泰与碘合成的新型消毒杀菌剂洗必泰碘、甲硝唑[$C_8H_{15}O_2N$]、季铵盐[$R_4N^+Cl^-$]阳离子表面活性剂、叶绿素[$(C_{34}H_{31}O_6N_4 \cdot CuNa_3)+(C_{34}H_{31}O_6N_4CuNa_2)$]、冰片[$C_{10}H_{18}O$]、百里香酚[$C_{10}H_{20}O$]、超氧化物歧化酶 SOD 及中草药浸膏等。

4. 抗结石除渍剂

人的口腔中都有细菌,它易与唾液中蛋白类粉液形成菌斑,使钙化了的菌斑变成结石。烟、茶、咖啡和食品色素易与口中的粉液形成色渍。牙膏中添加药剂可溶解结石或消除色渍,达到防病美容的目的。主要品种有:

柠檬酸锌、植酸钠及其衍生物、EDTA 络合剂[$C_{10}H_{14}O_8N_2Na_2$]和复合酶制剂等。

6. 保健调理剂

随着科学技术的不断进步和人民生活水平的不断提高,对牙膏的营养保健和养生调理提出了更高的要求,许多牙膏新产品应运而生。许多天然动植物营养保健品被应用到牙膏中,主要有:灵芝、人参、西洋参、维生素与氨基酸、动物水解蛋白及表面生长因子 EGF 等。

6.2.2.3 其他助剂

牙膏中使用的助剂还有缓冲剂、缓蚀剂和防腐剂等。

pH 值是牙膏膏基的重要指标之一,它关系到牙膏的口腔卫生、膏基的稳定性及对铝管的缓蚀性能,常用的缓冲剂主要有:磷酸氢钙、磷酸氢二钠及焦磷酸钠。

缓蚀剂的作用是减小膏基对铝管的腐蚀作用,常用的缓蚀剂主要有:硅酸钠、硝酸钾等。

牙膏常用的防腐剂主要有:苯甲酸钠、尼泊金甲酯、尼泊金乙酯、尼泊金丁酯及卡松等。

6.2.2.4 净化水

水对各种矿物质都有很好的溶解性,自来水中含有多种离子,主要含 Ca^{2+}、Mg^{2+}、Fe^{2+}、Na^+、K^+、HCO_3^-、SO_4^{2-}、Cl^-、SiO_3^{2-} 等离子及细菌和机械杂质,用于制备牙膏的水必须经过净化除去有害离子,目前多采用离子交换法制成去离子水,达到净化的目的。反应式为

$$R^-H^+ + A^+ \rightleftharpoons R^-A^+ + H^+$$

$$R^+OH^- + B^- \rightleftharpoons R^+B^- + OH^-$$

$$H^+ + OH^- \rightleftharpoons H_2O$$

6.2.3 牙膏配方结构及复配技术

牙膏主要由膏基、容器(软管)和包装组成,主要使用膏基,故一般称牙膏是指其膏基。膏基是复杂的混合物,根据各组分在膏基中的作用,膏基应由润湿赋形剂、胶粘剂、摩擦剂、洗涤发泡剂、香味剂与甜味剂、特殊添加剂与其他助剂及净水组成。

牙膏按其形态可分为固相和液相,液相中又分油相与水相,因此,研究牙膏的配方必须

熟练掌握其结构中的相关因素，每一种原料的特性、理化性能，它涉及到胶态分散体中有关的表面化学和胶体化学的基本理论。在设计配方时，还须综合考虑到牙膏的包装容器、生产成本和销售市场等因素，尤其是质量，所以研究配方主要掌握下列几种结构因素：

① 固相与液相的物理平衡。牙膏膏基中的固相主要是摩擦剂等粉末原料，一般约占50*w*%左右，其液相主要是甘油、山梨醇、净水和CMC等原料，实际上是溶胶溶液，是网状结构的胶稠液，约占50*w*%左右，还有不溶于水的香料以油相存在，约占1*w*%。当固相粉末分散在液相介质中，其物理性质与固－液相的界面大小及特性有关，首先是固体被液体润湿，牙膏膏质的粉末应完全被润湿，它通常用摩擦剂吸水量指数来衡量固－液两相的平衡。其次是胶粘剂分散于液体中，形成溶胶粘稠液体，呈网状结构，此外，那些可溶性盐类被均质地分散在胶液中，稳定在这个网状结构里，而显示出一定的粘度，这两个因素构成膏体的物理平衡常数，当达到平衡时即配方比例恰当，使膏质不稠厚、不稀薄，光滑柔软，久藏不变质。

② 甘油溶液比例平衡。甘油（或山梨醇、丙二醇）与水构成液相溶质，是牙膏配方中不可缺少的组分，称为润湿赋形剂。甘油或山梨醇或丙二醇共同的特性是，有抗冻性、保湿性及共溶性，它与水的配比恰当时，膏体能发挥其耐寒、耐热与流频触变效应，反之，效果不佳甚至会产生副作用。甘油溶液浓度35*w*%左右时，膏体的触变性与流频性较好，冰点－12.2 ℃，共沸点102 ℃，使膏基在－10～50 ℃保持稳定。甘油溶液浓度大于66*w*%时，冰点反而上升，而且失去甘油在膏体中保湿与吸湿的表面吸附物理平衡，往往会造成膏体出现渗水现象（软管出口与尾部接触空气处），尤其是铝管牙膏更为明显。所以，甘油与水的比例恰当，使润湿赋形剂充分发挥效应，是使配方结构达到物理平衡的关键。

③ 油相与水相的乳化平衡。牙膏所用的香料多数是不溶于水的油状物，是牙膏膏基中的油相。牙膏中的洗涤发泡是一种表面活性剂，常用的是月桂醇硫酸钠，它是阴离子型表面活性剂，溶于水后即分成水相与油相（香精），在搅拌接触下形成乳化液，为O/W型，使水相成为乳化胶液。它是一种优良的乳化剂，在分散相液滴周围形成坚固的薄膜，阻止液滴聚结，形成稳定的乳化态，这就是亲水－亲油平衡，用*HLB*值来表示。

月桂醇硫酸钠的*HLB*值为40，根据*HLB*值可以设计出有效的乳化条件。在牙膏中包复在乳状液界面膜上的结构是复杂的，除了香精外，还有粉料与胶料存在，整个膏体呈粉末分散在乳化液的悬浮体中，由于颗粒之间发生相互粘附作用呈絮凝状态，使组成物呈一种稳定的网状结构。

从商品的使用需要，牙膏分为普通牙膏、高档高级牙膏、药物牙膏、营养保健牙膏、儿童牙膏等类型，这就要从选择原料着手，往往要经过多次的小样试制、大样复制，并进行理化指标测定对比，得出鉴定性结论后才能定型，所以，牙膏的配方要通过实践检验，往往要通过3个月以上的架试方可初步得出结论。

6.2.3.1 普通类牙膏

1. 碳酸钙型牙膏

(1) 配方举例。

配　方	Ⅰ(*w*%)	Ⅱ(*w*%)		Ⅰ(*w*%)	Ⅱ(*w*%)
碳酸钙（方解石粉）	48.00～52.00	48.00～52.00	月桂醇硫酸钠	2.00～3.00	2.00～3.00
羧甲基纤维素钠(CMC)	1.00～1.60	1.00～1.60	糖精	0.25～0.35	0.25～0.35

甘油	12.00～15.00	5.00～8.00	水玻璃或硝酸钾	0.05～0.30	0.05～0.30
山梨醇(70w%)		10.00～15.00	磷酸氢钙	0.30～0.50	0.30～0.50
香精	1.00～1.50	1.00～1.50	净水	余量	余量

(2) 配方分析。配方的特点是甘油用量少,水多,并添加了水玻璃和磷酸氢钙等缓蚀剂。

配方中的碳酸钙是天然方解石粉,它来源广泛,成本低,这类牙膏往往配以低用量的甘油(或山梨醇)。一般来说,使润湿剂浓度达到牙膏液体部分的35w%是适宜的。甘油的这种低用量,虽然不能完全阻止管口干结,以及影响牙膏的耐寒性,但在一定的时间内,仍能保证牙膏膏体的柔软或成型。为保证膏体的稳定性,需适当增加羧甲基纤维素钠的用量,其用量应不低于1w%。

香精、月桂醇硫酸钠用量的选择根据销售对象、配方结构和生产工艺有所不同,香精与月桂醇硫酸钠的用量比以1:2为宜。

2. 磷酸氢钙型牙膏

(1) 配方举例。

配　方	Ⅰ(w%)	Ⅱ(w%)		Ⅰ(w%)	Ⅱ(w%)
磷酸氢钙	45.00～50.00	45.00～50.00	焦磷酸钠	0.50～1.00	0.50～1.00
羧甲基纤维素钠	0.80±0.15	0.06±0.15	月桂醇硫酸钠	2.00～2.80	2.00～2.80
硅酸铝镁		0.40～0.80	糖精	0.20～0.30	0.20～0.30
甘油	20.00～27.00	10.00～12.00	香精	1.00～1.30	0.90～1.10
山梨醇(70w%)		13.00～15.00	净水	余量	余量

(2) 配方分析。配方的特点是甘油量较多,水少,并添加了稳定剂焦磷酸钠。

配方中磷酸氢钙是含两个结晶水的磷酸氢钙($CaHPO_4 \cdot 2H_2O$),作为牙膏摩擦剂,必须含有稳定剂,因为不含稳定剂的二水磷酸氢钙在水溶液中易水解生成磷灰石和磷酸,使牙膏稠度显著增大,最终导致牙膏完全硬化。水解过程可用下式表示

$$CaHPO_4 \cdot 2H_2O \longrightarrow CaHPO_4 + 2H_2O$$

$$5CaHPO_4 + H_2O \longrightarrow Ca_5(PO_4)_3OH + 2H_3PO_4$$

上述反应在有水存在时,加速进行,为减缓或防止这些化学变化,添加焦磷酸钠和增加甘油的用量十分必要,这是因为焦磷酸钠有抑制二水合磷酸氢钙的脱水作用,同时焦磷酸根($P_2O_7^{4-}$)与钙离子(Ca^{2+})络合,从而抑制磷灰石的生成。焦磷酸钠作为稳定剂在牙膏中加入量以0.8w%为宜,少则膏体偏软,多则膏体增稠。无水磷酸钙能增强洁齿率。

甘油用量的确定,还应考虑到甘油对膏体的润湿作用及稳定膏体香味作用。按40:60或50:50的甘油:水比率是适合于磷酸氢钙牙膏的。

由于磷酸氢钙牙膏需甘油量高,磷酸氢钙牙膏的质量高于碳酸钙型牙膏。磷酸氢钙牙膏由于甘油用量大,吸水量较高,因此,CMC的用量少,一般在0.7w%左右,不超过1w%,香精与月桂醇硫酸钠的用量可参照前述关系确定。

3. 氢氧化铝型牙膏

(1) 配方举例。

配　方	Ⅰ(w%)	Ⅱ(w%)		Ⅰ(w%)	Ⅱ(w%)
氢氧化铝	50.00	47.00	香精	1.00	1.00
羧甲基纤维素钠	1.10	1.20	磷酸二氢钠	0.20~0.50	
甘油		15.00	磷酸氢钙		0.50~1.00
山梨醇(70w%)	27.0	5.00	其他添加剂	1.80	3.60
月桂醇硫酸钠	1.50	2.50	水	余量	余量
糖精	0.30	0.30			

(2) 配方分析。配方特点是甘油用量小,且适宜于制全山梨醇牙膏,同时添加磷酸二氢钠或磷酸氢钙作稳定剂。

氢氧化铝的水悬浮液 pH 值为 8.5~9.0,牙膏稍偏碱性,导致铝管受碱性腐蚀,因此,加入适量的磷酸氢钙或磷酸二氢钠,以起中和、缓冲作用。

氢氧化铝的吸水量不高,羧甲基纤维素钠用量通常不能低于 1w%。

氢氧化铝具有特殊的涩味,因此在香精选型上要注意协调性,一般选香味浓重的薄荷香型或冬青留兰香香型,以掩盖部分不良口味。

4. 透明型牙膏(二氧化硅牙膏)

(1) 配方举例。

配　方	Ⅰ(w%)	Ⅱ(w%)		Ⅰ(w%)	Ⅱ(w%)
甘油	55.00~63.00		月桂醇硫酸钠	1.00~2.00	1.00~1.80
山梨醇(70w%)		65.00~75.00	香精	1.00~1.20	0.80~1.00
二氧化硅	20.00~25.00	18.00~23.00	糖精	0.10~0.20	0.10~0.15
羧甲基纤维素钠	0.40~0.70	0.40~0.70	其他添加剂	1.00~4.00	1.00~2.00
			水	余量	余量

(2) 配方分析。要使膏体透明,必须使构成膏体的液相和固相的折射率一致,固相部分主要是无定形二氧化硅,它的折射率主要是由生产制造时的工艺决定,一般在 1.450~1.460 之间,一旦成为成品,就无法更改。液体折射率按二氧二硅的折射率来调节,使之与固相部分的折射率一致。液相部分主要是甘油和山梨醇,甘油浓度从 0w%~100w%,其折射率为 1.333~1.470,山梨醇浓度从 0w%~70w%,其折射率为 1.333~1.457,它们的折射率变化范围刚好包函二氧化硅的折射率范围 1.450~1.460,因此通过调节液相中甘油、山梨醇浓度,改变膏体液相的折射率,使之和固相一致是可能的。

透明牙膏用的二氧化硅有两种规格:一种是摩擦剂,另一种是增稠剂,两种规格的二氧化硅总量在 18w%~25w%之间,摩擦剂与增稠剂的比例为 1:1 或 1:0.5。

6.2.3.2 药物类牙膏

药物牙膏的基本组成与普通牙膏无明显区别,但加入药物必须与其他组分有良好的配伍性,以确保膏体的稳定和牙膏的治疗效果。

1. 防龋型牙膏

防龋型牙膏主要有含氟化物牙膏(牙膏中加氟化钠、单氟磷酸钠和/或氟化亚锡)、含硅牙膏(加硅酮或其他有机硅)、含胺或胺盐牙膏(加尿素或其他铵盐)、加酶牙膏(加葡聚糖酶或蛋白酶),还有加厚叶吩的中药牙膏。

(1) 配方举例。

配方	Ⅰ(w%)	Ⅱ(w%)	配方	Ⅰ(w%)	Ⅱ(w%)
单氟磷酸钠	0.76~0.80		月桂醇硫酸钠	2.00~2.50	2.00~2.50
氟化钠		0.22~0.24	焦磷酸钠	0.50~0.80	
磷酸氢钙	42.00~44.00		磷酸二氢钠		0.20~0.40
氢氧化铝	3.00~5.00	47.00~50.00	糖精	0.20~0.30	0.20~0.30
甘油	24.00~27.00	15.00~20.00	香精	1.00~1.20	1.00~1.30
羧甲基纤维素纳	0.60~0.80	1.00~1.50	水	余量	余量

(2) 配方分析。含氟化物牙膏的防龋作用主要是通过水溶性的氟离子来实现的,因此,保持稳定的有效氟离子浓度是制备含氟化物牙膏的关键,实现稳定性的主要途径有三条。

① 选用对氟化物相容度高的氢氧化铝、焦磷酸钙和(或)二氧化硅为氟化物牙膏的摩擦剂。

② 选用对钙离子亲和能力低的单氟磷酸钠为防龋剂,由其与碳酸钙或磷酸氢钙配伍制造含氟牙膏。

③ 采用复合摩擦剂与单一氟化物或双氟化物制备含氟化物牙膏。

④ 氟离子含量在1 000 $mg\cdot kg^{-1}$左右,符合卫生标准,但它低于6 000 $mg\cdot kg^{-1}$时,防龋效果差。

2. 脱敏镇痛型牙膏

脱敏镇痛型牙膏主要有锶盐牙膏(加氯化锶)、含醛牙膏(加甲醛)、含硝酸盐牙膏(加硝酸钾)和中草药牙膏(含丹皮酚、丁香油)。

(1) 配方举例。

配方	Ⅰ(w%)	Ⅱ(w%)	Ⅲ(w%)
氯化锶	10.00	0.30	0.30
丹皮酚			0.05
甲醛		0.20	
硅藻土	23.0		
氢氧化铝		50.00	
碳酸钙			50.00
甘油	24.00	15.00	18.00
羧甲基纤维素钠	1.80	1.50	2.50
十二烷醇硫酸钠	1.70	1.50	1.30

香精	1.10	1.20	1.20
糖精	0.25	0.30	0.30
稳定剂、缓蚀剂	适量	适量	适量
水	余量	余量	余量

(2) 配方分析。锶盐牙膏的脱敏作用主要是通过水溶性的锶离子来实现的。氯化锶具有高度的水溶性,其锶离子容易与碳酸钙生成不溶于水的碳酸锶,呈白色絮凝状沉淀,从而影响水溶性锶离子的保存,而降低脱敏效果。

$$Sr^{2+} + CO_3^{2-} \longrightarrow SrCO_3 \downarrow$$

前列配方 1 和 2 是比较理想的锶盐牙膏,采用硅藻土和氢氧化铝作摩擦剂,使水溶性的锶离子得以保存。配方 1 采用高剂量的氯化锶,可以大大提高牙膏的脱敏镇痛效果,但采取这项措施的前提是要保证膏体稳定性,为了兼顾膏体的稳定、脱敏效果和产品成本,可以采取配方 2 和 3,即在牙膏中加入氯化锶的同时,添加适量的甲醛、丹皮酚等其他脱敏镇痛药物。

3. 防牙结石型牙膏

防牙结石型牙膏主要有锌盐牙膏(加柠檬酸锌)、含磷酸盐牙膏(加六偏磷酸钠和羟基亚乙基磷酸钠)、加酶牙膏(加蛋白酶和葡聚糖酶、淀粉酶)、含 EDTAS 牙膏(加乙二胺四乙酸二钠或乙二胺四乙酸二镁)。

(1) 含锌盐牙膏配方。

配　　方	Ⅰ(w%)	Ⅱ(w%)		Ⅰ(w%)	Ⅱ(w%)
柠檬酸锌	0.3～1.50	0.30～1.50	羧甲基纤维素钠	1.00～1.50	1.00～1.50
氟化钠	0.10～0.50		十二烷醇硫酸钠	2.00～2.50	2.00～2.50
聚磷酸盐		1.00～2.00	香精	1.00～1.30	1.00～1.30
氢氧化铝	40.00～50.00	40.00～50.00	其他辅助物	3.00～5.00	3.00～5.00
甘油	15.00～20.00	15.00～20.00	水	余量	余量

(2) 配方分析。每个人口腔中都有细菌,它易同唾液中的糖、蛋白、食物中的碳水化合物凝聚在一起形成菌斑,菌斑形成后,不及时清除就逐步钙化形成牙结石,因此,阻止菌斑的形成和阻止它进一步钙化是防牙结石的有效途径。

由于牙结石的化学成分与牙釉质极相似,因此,能溶解和消除牙结石的药物,往往也能侵害牙组织,所以,理想的清除牙结石的药物是能溶解牙结石而不损害牙组织。配方 1 和配方 2 所列的柠檬酸盐和羟基亚乙基磷酸钠是两种有效药物,特别是柠檬酸锌,它的溶解度很小,能在刷牙后滞留在龈沟、菌斑、牙结石中及牙刷触及不到的地方,在唾液中缓慢溶解,逐渐释放出锌离子,持久地发挥作用,制止牙结石的形成。

氟化钠能增加牙组织硬度,且有良好的抗菌斑作用,因此,氟化钠和柠檬酸锌合用能发挥良好的溶解牙结石、抑制菌斑钙化,不损害牙组织的协同作用。

此类牙膏不宜选用钙质摩擦剂,而应选用摩擦作用较强的氢氧化铝,易于菌斑和结石消除。

4. 消炎止血型牙膏

消炎止血型牙膏主要有中草药牙膏(如含有草珊瑚,两面针等)、阳离子牙膏(加洗必泰、季胺盐等)、硼酸牙膏(加硼酸钠)、叶绿素牙膏(加叶绿素铜钠盐)和添加止血环酸、冰片、百里香酚等的牙膏。

(1) 含中草药牙膏配方。

配　方	Ⅰ(w%)		Ⅱ(w%)
草珊瑚浸膏	0.05	冰片	0.05
止血环酸	0.05	丁香油	0.05
叶绿素铜钠盐	0.05	百里香酚	0.016
碳酸钙	50.00	尿素	3.00
甘油	15.00	氢氧化铝	50.00
羧甲基纤维素钠	1.40	甘油	15.00
十二烷醇硫酸钠	2.50	羧甲基纤维素钠	1.50
香精	1.20	十二烷醇硫酸钠	1.50
其他辅助物	1.00	香精	1.15
水	余量	其他辅助物	3.5
		水	余量

(2) 配方分析。目前,我国开发的含有各种中草药的消炎止血牙膏占各类药物牙膏的首位,由于中草药具有性温合、刺激性小、安全无毒以及抑菌、消炎和止痛作用的特点,用于牙膏成为我国所独有的一种防治牙病的药物牙膏。

中药用单一药物的剂量一般较高,往往造成膏体稳定性差,或由于刺激味和药味重,影响其使用性,因此,一般采用两种或多种药物的复方牙膏,以提高牙膏的疗效。

① 摩擦剂一般可以就地取材,但含有多酚羟基、5 - OH 或 4 - 酮基结构的中草药,易与铝、镁、钙等金属离子络合,生成的络合物会改变原药的性质和作用,而目前我国牙膏中所采用的中草药,其有效成分的分子结构,多数是含有多酚羟基、羟基和酮基的苯环、大环和杂环类化合物。

② 作为药物牙膏,其香味需与药物的配伍恰当,产生特殊的销售效果,调理不当,则适得其反。

③ 不少中草药牙膏添加的药物是用水或酒精的提取液和浸膏,色泽较深,不易为消费者所接受。因此,在牙膏中加入适量的色素是必要的,但加入的色素应是以天然植物色素为宜。

6.2.3.3 复方牙膏

复方牙膏新技术主要是研究提高牙膏功能,克服单一配方存在的这样或那样的缺点或副作用,使牙膏在洁齿与养生保健上起更好的作用的方法。

这类牙膏的品种亦很多。

(1) 磷钙含氟牙膏是采用磷酸氢钙作摩擦剂、氟磷酸钠和氟化钠复配作防龋剂、甘油和山梨醇复配作润湿剂、羧甲基纤维素和硅酸铝镁复配作胶粘剂的新型高档牙膏。

(2) 复方脱敏牙膏是采用 α - 氢氧化铝作软磨料与二氧化硅复配作摩擦剂、氯化锶和羟基磷酸锶复配的新型牙膏。

(3) 消炎止痛复方中草药牙膏,如细辛和草珊瑚复配后制成的牙膏消炎止血功效显著。

(4) 复方生物制剂养生保健牙膏是采用从生物中提取的活性歧化酶"SOD"作特效抗炎止血剂的牙膏。

6.2.4 牙膏制造工艺

配方是产品的基础,工艺则是产品的根本,因此,在研究产品配方时必须研究工艺条件,才能达到产品设计的质量、产量及技术经济指标的预期效果。

6.2.4.1 间歇制膏

间歇制膏是我国"合成洗涤型牙膏"冷法制膏工艺中普遍采用或曾经采用的老式工艺。它有两种制造方法:一种是预发胶水法;一种是直接拌料法。

第一种工艺是先将胶粘剂等均匀分散于润湿剂中,另将水溶性助剂等溶解于水中,在搅拌下将胶液加至水溶液中膨胀成胶水静置备用;然后将摩擦剂等粉料和香料等依次投入胶水中,充分拌匀,再经研磨均质,真空脱气成型。

第二种工艺是将配方中各种组分依次投入拌膏机中,靠强力搅拌和捏和成膏,再经研磨均质,真空脱气成型。

间歇制膏工艺主要特点是投资少,而它的不足之处是卫生难于达标,故已逐渐被真空制膏工艺取代。

6.2.4.2 真空制膏

真空制膏是在负压下进行加工制膏,是当今国内、外牙膏制造工业普遍采用的先进工艺与设备,它也是一种间歇制膏,只是在真空(负压)下操作,其主要特点是:工艺卫生达标;香料逸耗减少(新工艺比老工艺可减少香料逸损 $10w\%$左右),因香料是牙膏膏料中最贵重的原料之一,因此可大大降低制造成本;可为程控操作打好基础,为企业实现电脑控制生产奠定基础。

真空制膏工艺目前在国内也有两种方法:一种是分步法制膏,它保留了老工艺中的发胶工序,然后把胶液与粉料、香料在真空制膏机中完成制膏,它的特点是产量高,真空制膏机利用率高;另一种是一步法制膏,它从投料到出料一步完成制膏,其特点是工艺简化,工艺卫生高,制造面积小,便于现代化管理,是中小牙膏企业技术改造的必经之路。

1. 真空制膏工艺流程

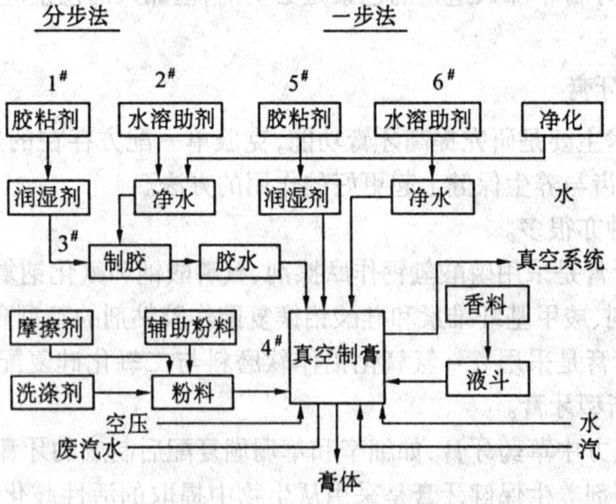

2. 真空制膏工艺操作要点

(1) 分步法制膏。

① 制胶，根据配方投料量，按“间歇制膏操作要点”规定完成制胶，并取样化验，胶液静置数小时备用。

② 根据配方称取胶液用泵送入制膏机中，然后依次投入预先称量的摩擦剂及其他粉料与洗涤剂进行拌料，粉料由真空吸入，流量不宜过快，以避免粉料吸入真空系统内，还应注意膏料溢泡，必要时要采取破真空加以控制，直至膏面平稳为止，开启胶体磨数分钟再停止。

③ 在达到真空后(-0.094 MPa)，投入预先称量的香精，投毕再进行脱气，数分钟制膏完毕。

④ 将膏料通过膏料输送泵送至贮膏釜中备用，同时取样化验。

(2) 一步法制膏。

① 预混制备分油相、水相、固相等。

油相——根据配方投料量，把胶粘剂预混于润湿剂中。

水相——根据配方投料量，把水溶性助剂预溶于水中，然后投入定量的山梨醇。

固相——根据配方投料量，把摩擦剂及其他粉料计量后，预混于粉料罐中备用。

② 制膏。真空制膏机开机前先开启电源并试启刮刀，无异常后才能开机。启动真空泵，注意水流(无水关泵)，待真空到达-0.085 MPa时开始进料。先进水相液料，开启刮刀，再进油相胶液，开始搅拌，注意胶液进料速度不宜过快，以免结粒起泡。进料完毕待真空到位后开启胶体磨数分钟。磨毕停磨数分钟再第二次开启均质数分钟后停磨，制胶完毕停机取样化验，胶水静置片刻。

拌膏开机前先开启刮刀，再开启搅拌及真空泵，待真空到达-0.085 MPa时开始进粉料，进料完毕待真空度到位，釜内膏面平稳后开动胶体磨数分钟，停磨数分钟后再开胶体磨数分钟均质，停数分钟后二次均质，再投入预先称量的香精，用适量食用酒精洗涤香料液斗，进料完毕待真空到位后均质数分钟，再脱气数分钟后停机，则制膏完毕。

将膏料通过膏料输送泵送至贮膏釜中备用，同时取样化验。

③ 进、出料要点。进料时要先开制膏釜球阀，再开料阀，进料完毕先关料阀，再关球阀；出膏时先出膏料输送泵，再开制膏釜球阀，出料完毕先关球阀，再关泵。

④ 工艺参数。

真空到位/MPa	-0.094 以上	膏料 pH 值	A:7.5~8.5; B:8~9;C:8.5~9.5
胶水粘度(30 ℃)MPa·s	2 500~3 500		
膏料相对密度	A>1.48;B>1.52;C>1.58	膏料稠度/mm	9~12
		制膏温度/℃	25~45

注：A—磷钙型；B—氢氧化铝型；C—碳酸钙型。

6.2.5 漱口水

在许多发达国家，各种漱口水的产销量仅次于牙膏，在口腔卫生用品中占第二位。其中含氟化物漱口水居多数，约占60*w*%以上。我国这类产品的开发和生产尚处于初期阶段。

就使用的目的而言，漱口水与牙膏、牙粉在本质上是一样的，都是清除口腔内污物的日用化学品。最早的漱口水是含有氯化钠的盐开水。饭后人们喝几口不太烫的盐开水漱口，口腔中的食物碎屑就被除去。而后发展成商品的漱口水,早期的有低浓度的碳酸水,现在漱口水的商品已具有复杂的配方组成。由于漱口水是液体,在漱口时无需牙刷,因此,使用漱口水,既不存在摩擦剂对牙周的伤害,也不存在牙刷对牙周的伤害,尤其是少年儿童,处在发育时期,应尽量使用漱口水为好。

对漱口水的质量要求是应具有舒适的香味、甜味和低泡沫,在各种贮存条件下完全透明、稳定。一般除能控制牙渍、牙斑和口臭的专用制剂外,几乎所有的漱口水都含有五种基本组分——醇、润湿剂、表面活性剂、甜味剂和香味剂。

市售漱口水中的醇含量波动很大,其使用范围在 $7.0w\% \sim 25w\%$,大多数产品含乙醇量在 $10w\% \sim 20w\%$,儿童作漱口液的含醇量低,为 $7w\%$。醇用量较低时,为了得到澄清的溶液,需加增溶剂。如吐温-20、吐温-80等,由于这些原料可引起许多泡沫,并带有肥皂气味,常加入香味剂和甜味剂。

漱口水对香味剂的要求是:口感舒适,香味鲜美,清凉爽口。柠檬、薄荷、苹果及留兰香型香精是较好的香味剂。

由于香精的成分多有苦味,加入甜味剂是一种矫正异味的方法。常用的甜味剂有糖精、甘油、山梨醇等。

漱口水根据它的效用可分为以下几类:

(1) 化妆用漱口水。主要含酒精、水、香精、色素等,也可含少量表面活性剂,以帮助芳香油的溶解,增加对口腔牙齿的渗透和清洁作用。

(2) 杀菌用漱口水。目的是清除和杀灭口腔内的细菌,以往用硼砂、安息香酸、苯酚、间苯二酚等,现多被季铵盐类阳离子表面活性剂所代替。

(3) 收敛用漱口水。不但对口腔粘膜有收敛作用,而且便于使残留在口腔内的蛋白质类物质凝结沉淀后清除。

(4) 缓冲用漱口水。调整口腔液的 pH 值。

(5) 除臭漱口水。杀灭细菌掩盖臭味。

(6) 治疗用漱口水。有预防龋齿、防治感染和缓和口、齿和喉的病理情况。

6.2.5.1 漱口水

漱口水配方如下

配　方	杀菌类,$w\%$	脱臭类,$w\%$	化妆类,$w\%$
乙　醇	31.0	17.0	50.0
山梨醇	10.0	—	—
乙酸钠	—	2.0	—
聚氧乙烯单月桂酸缩水山梨醇酯	—	2.0	—
月桂酰甲胺乙酸钠	—	1.0	—
甘　油	15.0	13.0	10.0
安息香酸	1.0	—	—
硼　酸	2.0	—	—
薄荷油	0.1	0.3	0.5
药物①酒精提取液($5w\%$)	—	—	5.0
药物②酒精提取液($5w\%$)	—	—	5.0
叶绿素铜钠盐	0.1	—	—

糖　精	0.1	—	0.1
香　精	0.5	0.8	1.0
色　素	适量	适量	适量
去离子水	42.2	64.9	28.4

6.2.5.2 矿化漱口水*

配　　方	w%		w%
尿素	1~60	酒精	10~20
氯化钙	1~20	糖精	0.05~0.2
磷酸二氢钠	0.5~2.0	香精	0.1~0.5
单氟磷酸钠	0.1~4.0	甘氨酸	适量
氟化钠	0.006~1.0	矿化水	加至100

生产工艺:漱口水的生产工艺比较简单,一般配料后经陈化、过滤就可以灌装了。

在生产操作时,应注意陈化时间,以不再有不溶物继续沉降为限。陈化温度一般控制在5 ℃以下。此外,在过滤陈化液时不得搅动陈化罐底部的沉淀物。

6.2.5.3 美容漱口水

美容漱口水的特点是,能除去习惯性抽烟留下的黑褐色牙齿烟渍,起到美容作用。

在配方组成上与一般漱口水不同的是,加有植酸作为除烟渍物质。

配　　方	w%		w%
蒸馏水	余量	香精	0.1
植酸	9.4~18	吐温	0.1
协效剂	4.0~6	糖精	0.1
氢氧化钠	0.5		

由于植酸是热敏性物质,因此配制温度须小于 50 ℃,氢氧化钠预先溶解成浓度为20w%的水溶液。

6.3 皮肤清洁剂

皮肤清洁剂根据用途不同又分为沐浴液、洗面奶、剃须液和洗手剂四种,有溶剂型的,也有乳液型的。

皮肤清洁剂因用途不同而对清洗剂的去污力有不同的要求。一般的清洁剂清洗的污垢不多,只需要一般的去污容量,机械工人工作沾污的手,就要求使用去油污能力强一些的洗手剂。皮肤清洁剂大多是轻垢型的洗涤剂,而且洗后对皮肤有一定的柔润作用。柔润作用是使皮肤角质层中的水分含量达到柔软性和弹性所需要的水平的作用。保持皮肤水分,不使皮肤发生粗糙、片层分裂、失去弹性和皲裂等症状,可以在皮肤清洗剂中添加两类物质:一类是亲水性物质,起增湿作用;另一类是吸着性脂肪物质,起保湿作用。

6.3.1 配方设计的原则

(1) 产品应具有适当的洗净力和柔和的脱脂作用,一般去污力与脱脂性成正比,优越的

---

* 该配方中加有甘氨酸,具有掩盖糖精、香精和药物用后的苦味,并能提供甜醇和凉爽的味觉作用。

去污力伴随着强烈的脱脂作用，这对毛发和皮肤都无益处。因此，高档的洗发香波和皮肤清洁剂应选择低刺激和性能温和的表面活性剂。

(2) 应具有丰富而持久的泡沫，泡沫易冲洗，泡沫作为产品质量指标，在配方设计时应重点考虑产品的发泡和稳泡性能。

(3) 应对头发、头皮、皮肤和眼睑有高度的安全性和无(低)刺激，残留物对人体不产生病变，没有遗传病理作用等。

(4) 易洗涤、耐硬水，可适应不同的水质，在常温和低温下洗涤效果最佳。

(5) 要求产品具有与毛发和皮肤相近的 pH 值，中性或微酸性，避免和减少对毛发和皮肤的刺激性。

(6) 产品要求有适当的粘度、稳定性好，具有令人愉快和和谐的香味及赏心悦目的色泽，使用后香气怡人。

还要添加一些具有疗效、柔润、营养性添加剂，可使产品增加功能，提高档次和附加值。

6.3.2 配方设计思路

(1) 主表面活性剂要选择起泡性、去污力和浊点均比较好的月桂醇醚硫酸钠和 α - 烯基磺酸钠。辅助表面活性剂可选用易溶解，在硬水中稳定，具有良好的发泡和稳泡作用，对皮肤和眼睛刺激小，易生物降解的表面活性剂。如：烷醇酰胺、月桂基磺化琥珀酸单乙醇胺、咪唑啉和甜菜碱两性表面活性剂等。

(2) 外加剂。增湿剂吸着在皮肤表面后，在一定的温度和湿度条件下，从空气中吸附水分提供给皮肤，使角质层水合而柔软。增湿剂均系水性物质，如甘油、山梨醇、丙二醇、尿素、无机盐和吡咯烷酮羧酸钠等。

保湿剂是能吸着在皮肤表面，并在表面形成连续膜的油性物质，它使皮肤柔软、滑爽并富有弹性。这类油性物质有：天然动植物油脂、脂肪酸、脂肪酸异丙酯、聚乙二醇酯、脂肪醇、二甲基硅油类、羊毛脂及其衍生物、烃油、蜡类、蜡酯以及磷脂等。

6.3.3 主要产品配方

6.3.3.1 浴液

浴液大多是轻垢型洗涤剂。

1. 通用浴剂

配方 1	w%		w%
C_{14} ~ C_{16}烯基磺酸盐	20	乙二胺四乙酸钠	0.5
脂肪酸钾皂	67	水	9.5
椰油酸二乙醇酰胺	3		

配方 2	w%		w%
脂肪醇聚氧乙烯(3)醚硫酸钠	6 ~ 8	乙二胺四乙酸钠	0.2
椰子油钾皂	6 ~ 8	柠檬酸	调 pH 值至 7
月桂酸二乙醇酰胺	2	香精、色素、防腐剂	适量
吐温 - 80	0.5	去离子水	至 100

2. 泡泡浴剂

泡泡浴剂放在浴盆中使用,加在水阀下水流入口附近,借水流冲击而形成大量泡沫,覆盖于浴盆液面。泡沫层对洗澡者有一定的玩赏性,又有减轻液层对心脏的静压作用。

配　方	w%		w%
月桂醇聚氧乙烯醚硫酸钠(28w%)	25	香精	1
聚氧乙烯油酸酯	2	色素、防腐剂	适量
椰子酰胺丙基二甲基氧化胺	3	去离子水	至100
月桂酰胺丙基甜菜碱	14		

3. 浴油

浴油加入浴盆中,能在皮肤上吸附,形成一层极薄的油性物质,起到滑爽、保湿的作用。

配　方	Ⅰ(w%)		w%
A:二甲苯磺酸钠	21.00	十二烷基酰胺	5.60
十二烷基硫酸三乙醇胺盐	7.00		
B:丙二醇	1.40	乙氧基化羊毛脂	0.35
氯化钠	0.35	对羟基苯甲酸丙酯	0.10
乙醇	0.35	对羟基苯甲酸甲酯	0.20
去离子水	33.65		
C:羊毛脂－异丙酯	3.00	桃仁油	19.47
醇溶性羊毛脂	6.00	香精	1.50
丙二醇－棓酸丙酯－柠檬酸	0.03		

制法:将 A 加热溶匀后加入 B 中,用乳酸溶液把 pH 值调节至6.3。将 C 混合,搅拌至溶匀,呈透明后,加入 A 和 B 中。

配　方	Ⅱ(w%)	Ⅲ(w%)	Ⅳ(w%)
矿物油(70#)	85.00		60.00
豆蔻酸异丙脂	5.00	4.00	20.00
乙酰化羊毛酯	5.00		10.00
聚乙二醇羊毛酯醚	5.00		
矿物油(轻质)		40.00	
聚氧乙烯(2)油酸醚		4.00	
推进制 12/114(40:60)		40.00	
浴油		12.00	
油醇聚氧乙烯醚－2,			10.00

配方Ⅳ为喷雾型浴油,配方Ⅲ为气溶胶型浴油。配制时可酌情添加少量香精和色素。

4. 皮肤洗消剂

用非离子、阳离子和两性表面活性剂配制的洗消剂,既能消毒,又对皮肤有柔润作用。

配方1	w%		w%
二甲基月桂基氧化胺(30w%)	35	羟乙基纤维素	0.5
二甲基硬脂基氧化胺	9	羊毛脂乙酰化物	0.5
烷基苄基二甲基氯化铵	0.5	水	至100

配方 2	$w\%$		$w\%$
N－椰子基－*N*－二甲基甘氨酸	40	羊毛脂聚氧丙烯(12)聚氧乙烯(50)衍生物	2
二癸基二甲基氯化胺	1	水解动物蛋白	5
癸基二甲基氧化胺	10	羟乙基纤维素与三甲基胺环氧化物的聚季铵盐	0.3
椰子油脂肪酸二乙醇酰胺	2		
椰子油脂肪酸聚乙二醇(12)胺	2	磷酸($85w\%$)	0.4
		水	至 100

6.3.3.2 洗面奶

洗面奶是一种乳化型的洗面液，似奶状，故俗称洗面奶。

配方 1	$w\%$		$w\%$
A：硬脂酸	8.0	液体石蜡	12.0
鲸蜡醇	2.0		
B：花粉素	0.2	丙二醇	6.0
三乙醇胺	2.0	去离子水	至 100
C：香精、防腐剂	适量		

制法：将 A 和 B 分别加热到 80 ℃，完全溶匀后，将 B 徐徐加入 A 中，使成乳液。乳化完全之后，冷却至 45 ℃，加入 C，搅匀即可。

配方 2	$w\%$	名　　称	$w\%$
月桂基磷酸三乙醇胺	27	甘油	8
月桂酸三乙醇胺	5	山梨醇	2
月桂基二甲基氧化胺	4	水	至 100
羧乙烯聚合物	0.2		

制法：油相、水相分别加热后，油相加入水相成乳液。

6.3.3.3 剃须液

1. 剃须前乳液

配　　方	Ⅰ($w\%$)		$w\%$
乙氧基丙氧基化羊毛脂	2.50	十四酸异丙酯	5.00
对羟基苯甲酸丙酯	0.10	二丙(撑)二醇	4.00
油醇	2.50	无水乙醇	85.90

制法：将所有物料在搅拌下依次加入混匀。

配　　方	Ⅱ($w\%$)	Ⅲ($w\%$)	Ⅳ($w\%$)
十四酸异丙酯	10.00	—	—
异硬脂酸异丙酯	—	10.00	—
二壬酸丙二酯	—	—	89.00
乙醇($95w\%$)	89.90	89.90	89.90
薄荷醇	0.10	0.10	0.10

2. 发泡气溶胶剃须剂

配　方	$w\%$		$w\%$
硬脂酸	6.7	甘油	2.0
三乙醇胺	3.6	丙二醇单硬脂酸酯	1.0
聚丙二醇(27)甘油醚	0.5	椰子油二羟基氧化胺	81.7
月桂酸醇酰胺	0.5	香精	0.3
聚丙二醚6000硬脂酸盐	0.2	推进剂	3.5

制法:将三乙醇胺加入硬脂酸和聚丙二醇(27)甘油醚中,升温至80 ℃,搅拌20 min后,降温至27 ℃,加入其他组分,搅拌均匀后,装罐,压入推进剂。

3. 剃须后用品

剃须时,面部的皮肤和须毛被去除,往往在面部形成一种刺激感和不适感。剃须后用品使皮肤产生一种清新、凉爽的感觉,同时还有抗菌、防感染的作用。

配方1	$w\%$		$w\%$
氯代氢氧化铝(50$w\%$)	3.0	薄荷醇	0.01
乙醇	50.0	水	至100
甘油	3.0		

制法:按上列物料排列顺序,依次加入并混和在一起即可。

配方2	$w\%$		$w\%$
A:聚乙二醇辛酸-癸酸甘油酯	5.0	薄荷醇	0.2
甘油	1.5		
B:去离子水	34.8	硼酸	0.3
柠檬酸	0.2		
C:乙醇(96$w\%$)	58.0	香精	适量

制法:将B溶解于去离子水中,加入A混和后再加入C,搅匀即得成品。

6.3.3.4 洗手剂

1. 普通洗手剂

配方1	$w\%$		$w\%$
烷基苯磺酸钠(40$w\%$)	26	细砂	40
皂土	30	碳酸钠	4

制法:将四种物料混和成膏状物即可。

配方2	$w\%$		$w\%$
C_{14}~C_{16}烯基磺酸盐	25	乙二醇单硬脂酸酯	2
脂肪醇聚氧乙烯醚硫酸钠	5	食盐	1.8
椰油脂肪酸二乙醇酰胺	1	水	至100

制法:上述物料顺序溶于水中即成。

2. 无水洗手剂

汽车驾驶员在公路上修理汽车没有水源洗手时,可用这种洗手剂来清除手上油污。在其他水源不方便的地方均可使用。

配方1	$w\%$		$w\%$
硬脂酸和(或)100$w\%$烷基苯磺酸	5	三乙醇胺	5
羊毛脂和(或)卵磷脂	3	水	17
脱臭煤油	70		

制法：先将前两种酸和酯加入煤油中，升温至 70 ℃，再将三乙醇胺和水加入其中，保持 70 ℃，搅拌 0.5 h。冷却至室温。

配方 2	w%		w%
白油	40.5	三乙醇胺	2.6
油酸	10.5	吗啉(1,4－氧氮杂环己烷)	1.0
脂肪醇聚氧乙烯醚	6.0	水	34.4
丙二醇	5.0		

制法：同上配方。

3. 无水一搓净

无水一搓净是在无水洗手剂基础上发展起来的一种产品。先将此种洗手剂涂布于欲洗部位，然后用手搓擦，片刻之后，污垢和洗涤剂即形成橡胶状小颗粒而脱落。适合于汽车驾驶员、野外作业的工人和地质人员使用。

配方 1	w%		w%
A：硬脂酸	4.0	硬脂酸钾	4.0
鲸蜡醇	0.5	甲基苯基聚硅氧烷	1.0
鲸蜡	8.0	液体石蜡	10.0
失水山梨醇单月桂酸酯	2.0	凡士林	1.0
B：聚乙烯醇	6.74	1,3－丁二醇	3.0
精制水	63.76		
C：香精	0.1		

制法：将 A 加热至 70～75 ℃，溶匀后加入已加热至 70～75 ℃的 B 中，制成乳液后冷却到40 ℃，加入 C，冷却至室温。

配方 2	w%		w%
A：固体石蜡	6.5	二甲基硅油	0.5
胆固醇	1.3	液体石蜡	10.0
十六烷基硫酸钠	1.0	凡士林	0.5
B：羧甲基纤维素	7.5	对羟基苯甲酸甲酯	0.2
蔗糖脂肪酸酯	3.7	甘油	1.0
精制水	69.5		
C：香精	0.14		

制法：同上配方。

配方 3：液体无水净手凝胶	w%		w%
CMC	1.00	低分子烃类	35.00
KOH(45w%)	4.00	液体石蜡	10.00
油酸	9.00	去离子水	41.00

制法：先将水加热溶解 CMC，再另将 KOH 及其余成分混合均匀后加入 CMC 溶液中，搅拌均匀。

6.4 厨房洗涤剂

厨房洗涤剂主要有餐具洗涤剂和炉灶(包括排油烟机)洗涤剂两类。其商品形态主要是液体型，也有粉末状和气溶胶型的。

6.4.1 餐具洗涤剂

6.4.1.1 配方设计原则

(1) 产品外观良好,无不愉快气味,无沉淀,粘度适中,便于灌装,又易于倒出,常温下粘度以 0.5~1.5 Pa·s 为宜。

(2) 产品发泡性能良好,起始泡沫丰富、稳定,消泡缓慢。起泡力以 > 150 mm 为宜。

(3) 对油脂的乳化和分散性能好,去油污能力强,对粘附牢固的油污能方便迅速地除去。

(4) 手感温和,不刺激皮肤,脱脂力低。产品为中性。

(5) 低毒或无毒,对人体使用绝对安全。

(6) 不损伤所洗餐具表面,洗涤蔬菜、水果时,不损伤外观,残留少,残留物不影响其气味和色彩。

(7) 消毒洗涤剂能有效杀灭细菌,不危害人体安全。

(8) 长期贮存稳定性好,不发霉变酸、变臭,不沉淀或分层。

(9) 生物降解性好,不污染环境。

6.4.1.2 配方设计

手洗餐具洗涤剂属轻垢型液体洗涤剂,清洗能力主要靠表面活性剂。其组成有:表面活性剂、粘度调节剂、碱剂和 pH 调节剂、增溶剂、防腐剂、香精、水等。

(1) 表面活性剂。餐具洗涤剂主要是洗涤油性污垢,因此配方中多含对油脂类污垢有较强的增溶和去污能力的表面活性剂。非离子表面活性剂虽然去污力强,但泡沫力较低,且对皮肤有过度脱脂作用,故很少用来配制餐具洗涤剂。当餐具洗涤剂要求具有对皮肤温和以及杀菌性能时,配方中才加入一些两性表面活性剂和阳离子表面活性剂,绝大多数的配方只使用阴离子表面活性剂;为了提高餐具洗涤剂的起泡力和泡沫稳定性,有不少配方中,加入有适量的脂肪酸烷醇酰胺和(或)脂肪族氧化胺。

很难找到一种表面活性剂具备全面的洗涤餐具的性能,因此餐具洗涤剂的活性物一般是几种表面活性剂的复配物。表 6.1 所列常用表面活性剂在餐具洗涤剂中的性能,可供拟定配方时参考。

表 6.1 餐具洗涤剂用表面活性剂的性能

表面活性剂	去污力	溶解性	耐硬水性	起泡力	防皮肤干裂粗糙
脂肪酸钠	△或×	△	×	△或×	◎
烷基苯磺酸钠	○	○	○	○	○
脂肪醇硫酸钠	○	△	○	○	○或△
烯基磺酸钠	△	◎	◎	△	○或◎
醇醚硫酸钠	△	◎	◎	△	◎
烷基磺酸钠	○	◎	○	○	○
脂肪酸甲酯磺酸钠	○	◎	○	○	○
脂肪醇聚氧乙烯醚	△	◎	◎	×	◎
两性表面活性剂	△或×	○	◎	△或×	◎

注:◎—优;○—良;△—中;×—差。

(2) 添加剂。

① 增稠剂。羧甲基纤维素、甲基纤维素、硫酸钠和氯化钠是常用的增稠剂,其中氯化钠最为常用,其用量一般在 1*w*%左右,具体用量与表面活性剂种类、含量,特别是 LAS、AES、6501 的用量及其原料中杂质盐的含量有关。

② pH 调节剂。要满足手感温和、不伤皮肤的要求,手洗餐具洗涤剂必须呈中性或弱碱性。以 LAS、AES、6501 及 AEO-9 等洗涤剂原料配制成的手洗餐具洗涤剂的 pH 值一般均大于 9。可用 pH 调节剂如柠檬酸、酒石酸、乳酸、磷酸、硫酸和盐酸等进行调节。

③ 增溶剂。为了降低液体餐具洗涤剂的冻点和浊点,提高其低温稳定性,使之在低温时仍保持透明,应在配方中加入适量增溶剂(水溶助长剂)。增溶剂有乙醇、二甲苯磺酸钠、异丙苯磺酸钠、尿素、聚乙二醇(相对分子质量 200~1 000)及异丙醇等。

④ 防腐剂应有广谱的抑菌能力,并在低浓度时仍有效。常用的防腐剂有甲醛、戊二醛、尼泊金酯、乙醇、苯甲酸盐。可单独使用或用它们的组合物进行防腐。

⑤ 香精给餐具洗涤剂以赏心的气味,并可遮盖某些原料原有的气味。在使用时,还可消除食品残留物的不愉快气味,但洗过的物料不应留有香味。香精用量一般为 0.1*w*%~0.2*w*%,多为食用香精。

在配方中加适量 EDTA 钠盐,不仅能有效地阻止少量金属杂质与香料等组分的作用,而且能提高泡沫稳定性,有助于保持产品的透明度。

(3) 参考配方。

配方(液体餐具洗涤剂)	Ⅰ(*w*%)	Ⅱ(*w*%)	Ⅲ(*w*%)	Ⅳ(*w*%)	Ⅴ(*w*%)	Ⅵ(*w*%)
十二烷基苯磺酸钠	5.0	14.0	21.0	14.3	18.0	—
醇醚硫酸钠	2.5	3.3	3.0	7.0	7.0	16.0
非离子和(或)两性表面活性剂	—	—	—	—	—	3.0
月桂酸二乙醇酰胺	—	2.0	—	—	—	—
椰子油单乙醇酰胺	—	—	—	4.5	—	—
乙二胺四乙酸钠	0.1	0.1	0.1	0.1	—	—
吐温-60	1.0	—	3.0	4.0	—	—
二甲苯磺酸钠	—	3.0	—	—	—	—
尿素	—	—	—	—	6.0	—
乙醇	—	—	—	—	6.0	6.0
甲醛(40*w*%)	0.2	0.2	0.2	0.2	—	—
香精、色素	适量	适量	适量	适量	适量	适量
去离子水	余量	余量	余量	余量	余量	余量

为了减轻对皮肤的刺激,可不加烷基苯磺酸钠。

配　方	*w*%		*w*%
醇醚硫酸钠	15	乙醇	2~5
α-烯基磺酸钠	3~7	香精、色素、防腐剂	适量
脂肪酸烷基二乙醇酰胺	3~5	吐温-20	1
氧化胺	2~5	去离子水	至 100

6.4.2 炉灶洗涤剂

厨房用炉灶或排气扇、抽油烟机上沾染油污比较严重。溶剂－洗涤剂可以有效地洗去这些污垢。这类洗涤剂主要是使油垢被溶剂溶解除去或用乳化剂乳化后与碱剂发生皂化反应生成脂类经漂洗除掉油垢。

配方 1(液体)	*w*%		*w*%
壬基酚聚氧乙烯(10)醚	4.5	乙二胺四乙酸二钠	0.1
脂肪醇聚氧乙烯醚(3)硫酸钠	4.0	单乙醇胺	1.0
烷基醇酰胺	0.5	香精、色素、防腐剂	适量
异丙醇	1.0	水	至 100
乙二醇	12.0		

配方 2(液体)	*w*%		*w*%
烷基苯磺酸钠	4	乙二醇单丁基醚	6
磷酸(85*w*%)	4.5	异丙醇	2
氢氧化钾或单乙醇胺	9	硅酸钠(100*w*%计,模数＝2)	2
焦磷酸四钾	4.5	水	68

配方 3(液体)	*w*%		*w*%
聚氧乙烯高碳醇醚	2.0	单乙醇胺	4.0
乙二醇二丁醚	5.0	去离子水	89.0

制法:先加水溶解其他原料搅拌均匀即可。

6.4.3 抽排油烟机油垢清除剂

配　方	*w*%		*w*%
AEO－9	4.0	STPP	5.0
TX－10	5.0	Na_2CO_3	4.0
净洗剂 6501	3.0	色素	适量
三乙醇胺	1.0	香精	0.5
乙二醇单丁醚	2.0	去离子水	余量
二乙二醇单乙醚	1.5		

制法:将 AEO－9、TX－10、6501、三乙醇胺和水加入不锈钢或搪瓷釜中,搅拌混合,使其完全溶解,加入乙二醇单丁醚和二乙二醇单乙醚,再将无机盐溶解后加入色素、香精,搅拌均匀即可。

6.5 住宅洗涤剂

除了厨房外,住宅还有浴室、厕所、家具、玻璃、地毯等都需要清洗。因为各个部位沾染的污垢种类不同,所以需要专门的清洗剂来进行有效的清洗。

居室、走廊、地板、地毯、墙等部位的污垢主要是尘埃、食物残渣和人体带入物,清洗这些部位的洗涤剂的必要组分是表面活性剂、金属离子螯合剂和溶剂。玻璃和家具上的污垢主要是尘埃和手垢,清洗剂中除含表面活性剂外,还应包含适量的碱性助剂和溶剂。为使家具和玻璃洗后透亮,配方中还可加入一些硅酮或硅酮和蜡的混合物。浴室的污垢主要是皂垢、水垢和人体污垢，配方的主组分除表面活性剂、螯合剂和溶剂外，要加入一部分无机酸或有机酸。厕所的污垢为磷酸钙、尿、氧化铁和有机物，清洗剂主要由表面活性剂和无机酸组成。有些沾染污垢较重或洗后需要擦亮的金属器皿，则配方中可加入适量的石英砂、硅砂和漂白剂。

6.5.1 通用型住宅洗涤剂

配　　方	w%		w%
烷基苯磺酸钠	4	乙醇	5
非离子表面活性剂	4	碳酸钠	2
对甲苯磺酸钠	5	香精和其他添加剂	适量
焦磷酸钾	9	水	至 100

6.5.2 玻璃清洗剂

配方 1	w%		w%
C_{12}～C_{15}脂肪醇聚氧乙烯醚硫酸铵	0.05	异丙醇	5
脂肪醇硫酸钠	0.02	二甘醇丁基醚	2
氨水	0.15	水	余量

配方 2	w%		w%
壬基酚聚氧乙烯醚	0.2	乙二醇	3
醇醚硫酸钠	2.2	单乙醇胺	1
烷基醇酰胺	0.3	水	至 100
异丙醇	25		

配方 3(研磨型)	w%		w%
胶性镁铝硅酸盐	2.2	脱臭煤油	4.5
吐温－60	8.9	硅藻土	4.5
一缩二乙二醇	8.9	水	68.8
氨水(27w%)	2.2		

6.5.3 地面清洗剂

下面介绍的地面清洗剂适用于水磨石或瓷砖地面。

液体清洗剂配方	w%		w%
壬基酚聚氧乙烯醚	4	松油	1
异丙醇	10	水	85

6.5.4 地毯清洗剂

配方 1	w%		w%
壬基酚聚氧乙烯醚	3.5	磷酸(85w%)	7.0
氨基磺酸	2.5	氨水(25w%)	2.0
三乙醇胺	9.0	水	至 100
磷酸氢二铵	5.0		

配方 2	w%		w%
烷基苯磺酸钠	8.0	甲醛(40w%)	0.2
月桂酰肌氨酸钠	2.0	水	至 100
异丙醇	3.0		

6.5.5 浴缸清洗剂

配　方	w%		w%
烷基苯磺酸三乙醇胺	5.7	乙二胺四乙酸二钠	0.1
焦磷酸钾	5.0	脂肪醇聚氧乙烯醚	10.0
柠檬酸钠	2.0	色素、防腐剂	适量
乙二醇	7.0	水	至 100

6.5.6 厕所清洗剂

配方 1	w%		w%
氨基磺酸	50	对二氯苯	50

制法：混和后压成片剂。

配方 2	w%		w%
盐酸(36w%)	18	壬基酚聚氧乙烯醚	1
硫酸(98w%)	2	硫酸铜	0.5
草酸	3	尿素	3
硫酸氢钠($NaHSO_4$)	6	色素	适量
脂肪醇聚氧乙烯醚	1	水	至 100

6.5.7 瓷砖硬表面清洗剂

配　方	w%		w%
吗啉	0.05～0.2	LAS(或 AES)	0.1～2.5
一元醇	1.0～10.0	去离子水	余量
苯甲醇	1.0～10.0		

制法：先将两种醇加入水中，中速搅拌下加入吗啉和 LAS(或 AES)，使其全部溶解混匀。

6.5.8 油墨清洗剂

配　方	w%		w%
脂肪醇硫酸铵	3	单乙醇胺	2
异丙醇	10	水	80
丙二醇	5		

6.5.9 羽毛制品清洗剂

羽毛是羽绒制品的原料，常带有蜡、油脂、粘土及血污等脏物。壬基酚聚氧乙烯醚对羽毛有良好的洗净脱脂效果，它同皂基复配后能增加去污能力，并赋予羽毛柔软的手感。

配方 1	w%		w%
烷基酚聚氧乙烯(10)醚	20	单乙醇胺	2
脂肪酸钠	2	水	76

配方 2	w%		w%
十二烷基磺酸钠	1	水	98.4
氧化胺	0.6		

6.5.10 羊毛衫柔软洗涤剂

羊毛衫的纤维来自羊毛或主要是羊毛,用一般洗涤剂洗涤后,易出现沾粘、变形、手感差、光泽不好等缺点。用下列配方制成的羊毛衫洗涤剂,将羊毛衫浸泡其中,轻压数次,然后换清水压洗数次,即可达到清洗目的,洗后羊毛衫不变形、手感好。

配方 1	w%		w%
N-脂肪酰肌氨酸钠	5	乙二醇	3
脂肪醇聚氧乙烯醚	4	异丙醇	3
壬基酚聚氧乙烯醚	4	乙二胺四乙酸二钠	0.2
脂肪酸钠	1	香精、色素、防腐剂	适量
单乙醇胺	2	水	至 100

配方 2	w%		w%
AEO-9	5.5	食盐	2.0
6501	4.0	甘油	5.0
1831	2.0	色素、香精	适
羊毛脂	2.0	荧光增白剂(VBL)	0.5
柠檬酸钠(或 EDTA)	2.0	去离子水	余量

6.5.11 皮革清洗光亮剂

皮革光亮剂亦称皮夹克油。它由成膜物质、光泽剂、色料、润湿剂和防腐剂等配制而成。成膜物质有干酪素等天然高分子化合物和丙烯酸树脂等合成高分子材料。光泽剂有虫胶片(又称紫草茸)、蜡、硝化纤维乳液等。皮革光亮剂要求使用后使皮革具有艳亮的光泽外,还要求不影响皮革的柔软性、悬垂性、透气性等性能,所以在光亮剂中往往加入适量的增塑剂和加脂剂。

配方(皮革光亮剂)	w%		w%
天然高分子化合物	2~5	直接染料(黑色或棕色)	0.1~0.5
合成高分子材料	30~50	防霉剂(对苯二酚或其他)	0.1
助剂(苯酚、甘油、硼砂、氨水、土耳其红油等)	0.5~6	香精	0.1
		水	至 100

制法:

(1) 颜料膏的制备。先将色料与土耳其红油混和,再在研磨机上研磨均匀。另将干酪素、硼砂和氨水溶解于水中,经过滤后,与色料研磨液混合备用。

(2) 光亮剂的制造。将水和天然高分子化合物投入乳化罐,开动搅拌器,再将氨水加入,待全部溶解后,加入苯酚,搅匀后将已制好的颜料膏投入,再放入虫胶片与硼砂,搅匀后降温至 40~50 ℃,加入丙烯酸树脂,溶匀后将防腐剂和香精加入其中,即得成品。

在皮衣涂饰光亮剂之前,最好先用皮衣清洗剂将皮衣清洗干净,以便尽量发挥光亮剂的效果。皮衣清洗剂一般由 5w% ~ 10w% 非离子表面活性剂、30w% ~ 50w% 有机溶剂和 50w% ~ 70w% 的水配制而成。

皮革清洗和上光亦可合成一剂,但效果不如分开使用的好。合成一剂的皮衣清洁上光剂的配方如下。

配　　方	含量/ml		含量/ml
三氯乙烷	350	异丙醇	20～50
液体烃类	20～30	抗氧剂	微量
牛蹄油	28～120		

6.6 其他清洗剂

6.6.1 去污粉

去污粉也称去垢粉。由于配料中含有能起摩擦作用的组分，所以用以除去瓷质器皿、珐琅质器皿、玻璃器皿及塑胶盆等的积垢时，较普通肥皂和洗涤剂有效。

配方 1	组成/份		组成/份
硅藻土	1	碳酸钠	1

将上述两种原料混合并磨细至 80～100 目即可包装。

配方 2	组成/份		组成/份
皂粉	1	碳酸钠	1
硼砂	1		

将上述三种原料混匀，磨细至 80～100 目即可包装。

去污粉不宜用石英砂配制。含石英砂的去污粉易使器皿表面摩擦起毛，影响外观。

6.6.2 皮手套去污粉

冬天戴用的皮手套用清水洗涤，不仅污迹不易脱除，而且易致手套变形并失去表面光泽。若用下列配方的去污粉置于用湿布润湿的手套上，擦洗后晾干，刷去粉末，手套的污迹即可除尽，光洁如新。

配方 1	组成/份		组成/份
粘土(即白陶土)	60	硼砂	15
鸢尾根粉	30	氯化铵	2.5
皂粉	7.5		

将上述物质混匀，磨细即成。

配方 2	组成/份		组成/份
粘土	32	柠檬油	1
皂粉	32		

将上述物料放入球磨机或研钵中研磨即成。用时用少量水调成糊状擦在手套上。

6.6.3 硬表面擦亮膏

配　　方	组成/份		组成/份
磨细白垩粉	1	磨碎粘土	1
石灰	1	氧化铁	1
木灰粉	1	肥皂粉	1

制法：将上列各种物料共置于混合机中，加入适量酒精，搅拌成软膏状即成。膏的稠度可根据需要用酒精调节。用时用棉花蘸此软膏擦在玻璃或金属的硬表面上，擦后用干净的

棉布再擦一遍。

6.6.4 擦铜水

配方 1	组成/份		组成/份
水	100	松节油	5
草酸	3	细砂土	5
乙醇	10		

制法：将上列各种物料混合均匀即成。

配方 2	组成/份		组成/份
硫酸	30	水	52
硫酸铝	8		

制法：先将硫酸徐徐注入水中(不可过急，更不可将水注入硫酸中，以防发热过甚而引起暴溅，甚至爆炸)，混匀后再加入硫酸铝，混溶均匀即成。

6.6.5 擦银粉

配方 1	组成/份		组成/份
水磨白垩	1	浓氨水	2
松节油	2	水	5

制法：先将松节油与浓氨水混合，加白垩，一面搅拌，一面加入清水，拌匀即成。

配方 2	组成/份		组成/份
酒石酸粉末	3	明矾粉	1
白垩	3		

制法：将上列三种物料充分混合即成。

6.6.6 擦铝水

配　　方	$w\%$		$w\%$
乙二醇单丁醚	4	柠檬酸	4
壬基酚聚氧乙烯(10～11)醚	3	水	86
85$w\%$的磷酸	3		

制法：将上述四种物料相继溶入水中即得成品，用于擦亮铝制品。

6.6.7 去斑剂

(1) 除去糖色、红墨水、鞋油、芥末、蕃茄汁和青草的斑点。

配　　方	$w\%$		$w\%$
乙酸	6.2	乳酸	12.5
甲醇	12.5	乙酸戊酯	12.5
草酸	6.2	水	50.1

制法：将前面五种物料相继溶入水中，即得成品。以下各种去斑剂制法类同。

(2) 除去血、肉汁、蛋白的污点。

配　　方	$w\%$		$w\%$
蛋白分解酶	1	水(使用时加温至 38 ℃)	99

(3) 除去芥末、尿素、葡萄酒、巧克力、咖啡、水果的斑点。

配　　方	w%		w%
过氧化氢	30	水	70

(4) 除去汗、水果、葡萄酒、墨水斑点。

配　　方	w%		w%
三氯异氰尿酸	20	水	80

(5) 除去碘、核桃、显像剂斑点。

配　　方	w%		w%
偏亚硫酸氢钠	3	水	97

(6) 除去油、指甲油、口红、圆珠笔、打印油墨、印刷油墨、油漆、虫胶清漆、橡胶乳液斑点。

配　　方	w%		w%
苯	14	油酸	7
四氯化碳	14	甲苯	51
乙酸戊酯	14		

(7) 除去原油、色拉油、口红、口香糖、牛油、柏油的斑点。

配　　方	w%		w%
二氧化硅	8	四氯化碳	92

(8) 除去铁锈、墨水、单宁、茶、咖啡、大黄的斑点。

配　　方	w%		w%
草酸	10	水	90

(9) 除去指甲油、油漆污斑。

配方　乙酸戊酯

(10) 除去油脂、着色剂、炭黑、煤的污斑。

配　　方	w%		w%
钾皂	55	丙酮	9
乙醇	9	甲醇	9
氯仿	9	水	9

(11) 除去轻微斑点并漂白。

配　　方	w%		w%
山梨醇酐单油酸乙氧基(5)化物	4.5	水	86.5
过氧化氢	9		

(12) 除去墨迹。

配　　方	w%		w%
三乙醇胺	10~20	壬基酚聚氧乙烯(10)醚	0.1~0.5
单乙醇胺	5~10	乙二胺四乙酸二钠	0.1~0.5
乙二醇或丙二醇	10~15	乙醇	余量
乙基溶纤剂	10~15		

以上各种去斑剂最好用于衣服干洗前的预洗处理,用这些去斑剂进行局部除斑后再干洗,效果更好。如果斑迹污染程度大或斑迹组分特殊,可以几种去斑剂加合使用。

6.7 驱虫、消毒、杀菌、除臭等卫生用品

6.7.1 驱虫剂

驱虫剂是防护人体和牲畜不受传染疾病的昆虫叮咬的药剂。常用的活性药剂有邻苯二甲酸二甲酯、2-乙基-1,3-己二醇、丁基-3,5-二氢-2,2-二甲基-4-氧-2*H*-吡喃-6-羧酸酯、二乙基甲苯甲酰胺以及除虫菊酯类化合物(如氯菊酯、似虫菊酯、氯氰菊酯、苯醚菊酯、丙烯除虫菊酯等)。氯菊酯和氯氰菊酯的 LD_{50}分别为 430~4 000 $mg \cdot kg^{-1}$和 251~4 123 $mg \cdot kg^{-1}$,似虫菊酯则在5 000 $mg \cdot kg^{-1}$以上。

驱虫剂可以制成多种商品形式,如制成液剂、油剂、乳剂、粉剂或块剂以及喷雾剂。目前市场上比较受欢迎的是泵式喷雾型的商品。也就是将液剂或乳剂灌装在耐压容器中,以丁烷溶剂为推进剂,揿压顶部小活塞后,药剂即以雾状定向喷出。

驱虫剂中除了含有活性药剂外,一般都加有增效剂、增溶剂或乳化剂、挥发剂以及少量的抗氧剂和香精等助剂。最常使用的增效剂是八氯二丙醚。

增溶剂或乳化剂都是非离子表面活性剂和阴离子表面活性剂,通常使用的是两种或两种以上的表面活性剂的复配物。一般要求复配的增溶剂或乳化剂的 HLB 值能达到 12~19。可用作增溶剂或乳化剂的物质有烷基酚聚氧乙烯醚、脂肪醇聚氧乙烯醚、蓖麻油聚氧乙烯酯、脂肪酸聚氧乙烯酯、脂肪酸聚甘油酯以及烷基苯磺酸盐等。

下面是几种商品形式的驱虫剂配方。

1. 液剂

配方 1	*w*%		*w*%
邻苯二甲酸二甲酯	33	95*w*%乙醇	67

配方 2	*w*%		*w*%
驱虫活性药剂	20	异丙醇	65
辛基十二醇	15		

配方 3	*w*%		*w*%
氯菊酯	0.15	挥发剂(乙醇、异丙醇等)	15.0
似虫菊酯	0.20	抗氧剂(BHT)	0.02
增效醚	1.0	香精	适量
增溶剂	1.0	精制水	至 100

制法:水剂驱虫剂的制法,一般都是将增溶剂溶入一部分水中,其余物料溶入另一部分水中。待两部分溶液都溶匀后,再将它们放在一起混合均匀即可。

2. 油剂

配　方	*w*%		*w*%
轻质白油	40	十六酸异丙酯	20
植物油	30	驱虫活性药剂	10

3. 乳剂

配方 1	*w*%		*w*%
邻苯二甲酸二甲酯	67	硬脂酸锌	23
硬脂酸镁	10		

制法:将三种物料放在一起,边搅拌边加热,直至形成冻胶。

配方 2

	w%		w%
2-乙基-1,3-己二醇	30	聚乙二醇(4000)	30
硬脂酸锌	20	精制水	20

制法:把物料放在一起加热溶匀成胶冻。

配方 3

	w%		w%
硅酸铝镁	1	失水山梨醇单硬脂酸酯	4
精制水	64	聚氧乙烯失水山梨醇单硬脂酸酯	2
邻苯二甲酸二甲酯	25	防腐剂	适量
硬脂酸	4		

制法:在一个容器中将硅酸铝镁慢慢加入水中,边搅拌边升温至 70 ℃,呈均匀浆状物备用。将其余物料放在另一容器中,边搅拌边升温至 75 ℃,待混合均匀后,加入硅酸铝镁浆液中,充分混和后放冷即可。

4. 块剂

配　方	w%		w%
羊毛脂	25	粘性白油	15
石蜡(熔点 68~72 ℃)	20	驱虫活性药剂	20
鲸蜡醇	20	色素、香精	适量

制法:将前面四种物料放在一起,升温至 75 ℃,待熔匀后将驱虫药剂加入其中,熔匀后冷却至 55~60 ℃,加入色素和香精,搅匀后冷却至 39~40 ℃,浇模成型。

6.7.2 防蛀剂

对二氯苯为白色结晶固体,熔点 53 ℃,沸点 173.7 ℃,闪点 66 ℃,能升华挥发。其毒性为人口服 TDL_0:300 mg·kg^{-1},小鼠皮下注射 $TDL_0$142 mg·kg^{-1},大鼠口服 LD_{50}500 mg·kg^{-1}。由于对二氯苯在室温下的挥发度较樟脑和精萘都高,故商品都用赛璐珞纸或其他材料包装,使用时打开包装或钻几个小孔即可放逸。

1. 衣料防蛀剂

配　方	w%		w%
无水硫酸镁	25~50	其他卫生用杀虫剂	0.2~0.5
精萘	50~70	熏衣草油	0.02~0.05
对二氯苯	5~10		

制法:混和后压片或压块。

2. 防潮型防蛀剂

配　方	w%		w%
对二氯苯	20	百里酚	4.5
吸水性硅胶	75	长效粉末香精	0.5

制法:四种物料依次加入拌和后压片。

3. 抗霉型防蛀剂

配　方	w%		w%
对二氯苯	98	95w%乙醇	1
对氯间甲酚	0.8	异丙醇	0.2

制法：将前两种物料混合后，把溶剂喷洒混入其中，再压片或压块。

6.7.3 驱蚊剂

配方 1	w%		w%
N,N－二乙基间甲苯甲酰胺	30	95w%乙醇	70

制法：将两种物料混合并溶匀即可。

配方 2	组成/份		组成/份
樟脑	2	雪松油	3
乙醇	10	香茅油	6

制法：先将樟脑溶入酒精中，然后再加入两种物料，混匀即成。用时涂抹于皮肤上即能驱走蚊虫。

6.7.4 捕蝇纸

配　方	组成/份		组成/份
松香	8	蓖麻油	2
松香油	5		

制法：将上述三种物料加入铝质或搪瓷锅内，边加热边搅拌使之混合焙化。将牛皮纸裁成约 3 寸宽 3 尺长的条子，用肥皂水把牛皮纸条扫一遍，涂上熔融状的上述混合物，用钝刮刀或木刮刀刮去多余的物料，使涂料薄而平滑。涂好后摊开平放，任其自然晾干，不要放在日光下曝晒。如涂层偏厚，可将配方中的松香用量适当减少。

6.7.5 除臭消毒剂

除臭剂种类繁多。人们日益要求生活环境和工作环境舒适卫生，各种各样的除臭消毒剂随之投放市场。除臭剂大体上可分为四大类：一类是感官除臭。利用芳香族化合物、樟脑、桉油等植物精油的香气掩盖或抵消臭气。第二类是化学除臭。利用药剂与臭气起化学反应而除去臭气，如用高锰酸钾、臭氧、二氧化氯与臭气发生氧化反应；用氢、硼氢化钠、亚硫酸钠等与臭气发生还原反应；用酸性制剂或碱性制剂发生中和反应；用铁盐与硫化氢等臭气发生分解反应；用马来酸酯、乙二醛等与臭气发生加成或缩合反应；用阳离子和/或阴离子交换树脂与臭气发生置换反应等。第三类为物理除臭。利用活性炭、碳纤维、沸石、活性白土等吸附剂吸附臭气；用水、乙醇、低分子有机化合物和表面活性剂吸收臭气。第四类是生物除臭。利用酶或细菌将致臭物质分解，或用杀菌剂、消毒剂、防腐剂和紫外线抑制臭生物的繁殖和生长。

用以制造除臭剂的无机化合物大多是铁、钠、钙、铝、镁的硫酸盐、氯化物、氧化物以及氢氧化物和硝酸盐等。有机化合物有醛类化合物（主要消除氨类、胺类和含硫臭气），如乙二醛；酸类化合物（主要用于消除动物粪便和鱼腥臭气），如烟酸、苹果酸、柠檬酸、酒石酸等；酯类化合物，是一种长效、缓效、安全性高的家庭除臭剂，如甲基丙烯酸酯、马来酸酯等；两性或阳离子表面活性剂、环氧化合物、环糊精、酞菁衍生物以及天然植物提取物等都属于有机除臭物质。在实际除臭剂制品中，大多是多种有效成分复合的除臭剂。许多除臭剂中还配制其他功能物质，使其成为兼具芳香、防霉、消毒等效能。

下面介绍一些类型不同的消毒除臭剂的配方。

1. 便池马桶消毒去味剂

配方 1

组分	w%	组分	w%
三氯异氰尿酸	60	对二氯苯	40

此混合物的物品可直接投入便池使用。

配方 2

组分	w%	组分	w%
二氯异氰尿酸	3.5	硫酸钠	76
烷基苯磺酸钠	4	纯碱	16.5

配方 3

组分	w%	组分	w%
氨基磺酸	50	对二氯苯	50

混匀后压块。

2. 浴用水杀菌脱臭剂

配　方

组分	w%	组分	w%
羧甲基纤维素	0.05	硼砂	30
二氯异氰尿酸钾	9.95	三聚磷酸钠	25
硼酸	30	甲苯磺酸钠	5

3. 消毒洗净除臭剂

配　方

组分	w%	组分	w%
对二氯苯	42	月桂酸二乙醇酰胺	0.5~1
六氯环己烷	42	香精和色素	3
十二醇硫酸钠	12		

4. 持续释放型空气清新剂

配方 1

组分	w%	组分	w%
对二氯苯	20	芳香剂	20
聚乙二醇	60		

配方 2

组分	w%	组分	w%
对二氯苯	80	蒸馏水	13
含氨基的聚酯型凝胶化剂	2	香精	5

5. 消毒清洁剂

配　方

组分	w%	组分	w%
二癸基二甲基氯化铵	9.0	碳酸钠	1.0
乙二胺四乙酸	5.0	硅酸钠	0.5
非离子表面活性剂	6.0	水	78.5

6. 厕所除臭剂

配　方

组分	组成/份	组分	组成/份
松针油	1	丙酮	3
甲醛	1	异丙醇	10

制法:将上列各成分混合搅匀即成。用时将此液以16倍清水冲稀,喷洒于室内或厕所。

7. 气溶胶空气清新剂

配　方

组分	组成/份	组分	组成/份
香精油	2	异丙醇	10
丙二醇	3	氟里昂 12	40
三甘醇	3	氟里昂 11	40
甘油	2		

制法:将上列各成分充分混匀即成。此配方制成的除臭剂主要用于清洁空气。将此液喷洒在污浊的空气中,空气便变得清新并带有一种芬芳气味。此配方属气溶胶型。

8. 电冰箱除湿除臭剂

配　方	组成/份		组成/份
活性炭粉	75	聚醋酸乙烯酯胶乳(55*w*%)	27.3
硅胶粉	75	水	77.7

制法:将前三种物料加入水中,在混合机中搅拌混匀,倒入模具中加压成型,然后在200℃下烘干包装。用时放入冰箱中,箱中的湿气和臭味即被吸收除去。

6.7.6 鲜花保鲜剂

多数鲜花剪下来后,插在瓶中,数日即枯萎。但用下列配方的保鲜剂浸渍后,可久存保鲜。

配方1	组成/份		组成/份
水杨酸	2~3	乙醇	115
甲醛	1	蒸馏水	2000

制法:将全部物料混合均匀,制成溶液即成。将摘下的鲜花投入此液中,浸渍后取出沥干,即可较长久地使鲜花保持新鲜。

配方2	组成/份		组成/份
硬脂酸	3	乙醇	100
石蜡	3	细白砂	100
水杨酸	3		

制法:将硬脂酸和石蜡加入乙醇中,温热使溶解,加入水杨酸混匀,细砂预先洗涤干燥过筛后加入溶液中,搅拌均匀后铺于板上晾干即成。使用时将此细砂铺于箱底,将花放入,再将砂撒布其上,把空隙填满,然后将箱盖密闭,并在30~40 ℃温室或烘房内放置2~3天,再打开箱盖,倾出细砂,取出鲜花置于适当的容器内。鲜花经过这样处理后就可保持较长时间不会枯萎。

复习思考题

1.常见牙病有哪几种?如何预防?
2.简述牙膏的主要组成物。
3.牙膏有几种类型?简述其主要特点。
4.简述牙膏的制造工艺。
5.浴液有几种?各有什么作用?配方设计的原则?
6.餐具洗涤剂配方设计的原则有哪些?
7.驱虫剂有几种类型?主要剂型有几种?主要组成物有哪些?
8.去污粉中起去污作用的主要包括哪些物质?

参 考 文 献

1 王培义.化妆品——原理·配方·生产工艺.北京:化学工业出版社,1999

2 杨先麟,吴壁跃,邝生鲁.精细化工产品配方与实用技术.武汉:湖北科学技术出版社,1995

3 顾良荧.日用化工产品及原料制造与应用大全.北京:化学工业出版社,1997

4 童莉莉,冯兰宾.化妆品工艺学.北京:中国轻工业出版社,1999

5 牙膏生产工艺编写组.牙膏生产工艺.北京:轻工业出版社,1989

6 日用化工产品手册编写组编.日用化工产品手册.北京:中国轻工业出版社,1999

7 廖文胜,阳振乐.宾馆与家用洗涤剂配方设计.北京:中国轻工业出版社,2000

第七章　日用化学杂品

人类的日常用品，种类繁多，本编仅就一些日用化学工业中零杂产品的配方和制法向读者作简要的介绍，供参考。对于各种产品所涉及的制造原理、化学反应与产品的分子结构以及产品的理化性能都予从略。这些日用化学杂品目前大部分没有国家规定的质量标准。

7.1　文化用品

7.1.1　蓝黑墨水

7.1.1.1　蓝黑墨水

蓝黑墨水中，除含有酸性墨水蓝染料外，还含有鞣酸铁。鞣酸铁是单宁酸、没食子酸与铁盐反应而生成的，具有由蓝变黑、持久不褪的特点，所以蓝黑墨水又称鞣酸铁黑子，是目前书写墨水中应用最普遍的一个品种。

为了使墨水成品能满足色度、稳定性、阻蚀性、流利性、耐水性、胶笔性以及快干、防霉、防渗等各方面的要求，在墨水的配方中包含着起各种作用的组分，见表7.1。

表7.1　蓝黑墨水配方（$w\%$）

原　料	主　要　规　格	配方1	配方2	主要作用
墨水蓝	色力100% ±2%	0.48	0.50	着色
硫酸亚铁	含量96$w\%$ ±3$w\%$	0.65	0.60	变黑
单宁酸	0℃澄清含量75$w\%$ ±3$w\%$	0.36	0.54	变黑
没食子酸	含量95$w\%$ ±5$w\%$	0.36	0.18	变黑
硫　酸	含量95$w\%$ ±3$w\%$	0.24	0.25	稳定
甘　油	密度1.25 $g\cdot cm^{-3}$以上	0.32	0.35	润湿
福尔马林	甲醛含量37$w\%$以上	0.07	0.05	稳定、防霉
石炭酸	含量95$w\%$ ±5$w\%$	0.10	0.10	防霉
亚砷酸酐	含量95$w\%$ ±5$w\%$	—	0.04	阻蚀
树胶	琥珀色块粒	0.08	—	防蚀
水	净化的软水	加至100	加至100	溶剂

墨水配制所用水质与墨水质量关系十分密切。一般自来水中含有钙、镁离子，会与染料和单宁酸产生沉淀物质，水中含有的氯离子，对染料有消色作用，故不宜直接使用自来水，更不能使用硬度高的泉水、井水和海水。制造墨水用的水应经过去硬净化处理，最好使用蒸馏水，也可使用磺化煤处理的水，还可应用阴离子和阳离子交换树脂进行水处理。

配制步骤：

① 容器中放入少量清水，加硫酸和硫酸亚铁，搅拌至完全溶解。将没食子酸先溶于热水中并混入上述水溶液，充分搅拌。依次加单宁酸固体及已溶入温水的石炭酸，分别搅拌至

溶解完全。再加水并充分搅拌混合。“药水”配合后静置 7 d,然后用虹吸法吸取上层清液,过滤后备用。

② 取一定量“药水”置于容器中。取墨水蓝染料先溶于冷水或温水中,再加到“药水”里。将硫酸加入水中稀释,加入溶液中,并搅拌均匀。

③ 将甘油和亚砷酸酐放入水中,加热搅拌使之完全溶解,加到上述溶液中。

④ 称取树胶细粉,加入热水,搅拌使之溶解,冷却后加石炭酸,静置数小时后,用细铜丝布过滤备用。

⑤ 其他原料均先溶于适量温水中,再加入上述溶液中。

⑥ 加水至全量,充分搅拌混和,即得粗制蓝黑墨水。

⑦ 粗制蓝黑墨水静置 14 d 以上,用虹吸法吸取上部清液,再经过滤后即为成品墨水。

配　方	组成/份		组成/份
鞣酸	50	纯盐酸	5
没食子酸	16	石炭酸	2
硫酸亚铁	60	酸性铬黑 T 染料	10
阿拉伯树胶	20	水	加至 2 000

制法:先将鞣酸(即单宁酸)与没食子酸溶入 500 份水中,再加硫酸亚铁和盐酸,同时加热,然后将阿拉伯胶溶入,直至成为胶液;染料则另用热水溶解,注入胶液中搅匀,最后加石炭酸。停止加热,继续搅拌至混合均匀,过滤除去溶液中生成的沉淀,加其余的清水,搅拌混匀即得成品。

7.1.1.2　红墨水

配　方	组成/份		组成/份
曙红 A	20	百里香酚	0.5
树胶	10	水	加至 1 000

制法:将前三种物料分别用沸水溶解,然后与水一起混合,静置,过滤即得成品。使用部分酸性大红 G($30w\% \sim 70w\%$)以代替部分曙红 A,则色光更红,耐光性也有改善。百里香酚溶解度很小,可用石炭酸或福尔马林代替。加少量甘油,可减少红墨水的结粉问题。

7.1.1.3　纯蓝墨水

配　方	组成/份		组成/份
墨水蓝	7.5	石炭酸	1.0
硫酸	1.5	亚砷酸酐	0.2
甘油	2.5	水	加至 1 000

制法:将墨水蓝溶入水中,将硫酸徐徐加入部分水中,搅匀,然后与墨水蓝水溶液混和。用另一容器将亚砷酸酐加入甘油中,加热使溶解完全。石炭酸预先溶入水中。然后将上述各种溶液与水一起混合均匀、静置、过滤,即得成品。

7.1.1.4　印台墨水

配方 1	$w\%$		$w\%$
苯胺紫	2.9	乙醇	14.6
水	14.6	甘油	67.9

制法:宜用瓷制容器进行配制。先将染料放入瓷钵中,注入甘油,再加乙醇和水,边搅

拌、边加热至近沸,直至染料完全溶解为止。停止加热和搅拌,冷却后即得成品。如冷却后出现砂粒状物质,可补加适量甘油,重新加热使溶解;如使用时印章边缘有黑水扩散的痕迹,则为甘油过多的缘故,可补加适量染料,再加热使其溶解。如制蓝色印台墨水,则加入普鲁士蓝,不可用靛蓝。如制黑色印台墨水,则用苯胺黑色素为宜。

配方 2	w%		w%
亚麻仁油	98.84	普鲁士蓝	1.16

制法:先将亚麻仁油加热,而后加入普鲁士蓝,充分搅拌使溶解,冷后即得成品。

7.1.1.5 墨汁

配方 1	w%		w%
灯黑	32.20	樟脑	0.18
阿拉伯树胶	32.20	水	32.20
重碳酸钠	3.22		

制法:先将重碳酸钠(即小苏打)溶入水中,加树胶,徐徐加热用文火使之熔化,再加灯黑,放入研钵中研磨至胶液与灯黑彻底混和,再加樟脑研磨,直至成均匀胶汁即成。

配方 2	w%		w%
虫胶	20.3	水	74.2
硼砂	4.1	酸性黑染料	1.4

制法:先将硼砂溶于部分水中,加虫胶,使之溶解。另取部分水煮沸,将染料溶入,冷却后注入虫胶液中,搅拌均匀即成。

配方 3	组成/份		组成/份
胶	3	环六亚甲基四胺	1
尿素	1	炭黑	6
硝酸钾	6	水	100

制法:将胶用水浸泡后加入加热器中,在(19.613 3~29.419 95)$\times 10^4$Pa 和 130 ℃下处理 3 h,使之变为流动性的胶。然后加尿素、硝酸钾和环六亚甲基四胺,充分混和,再慢慢加炭黑,研磨成浆状物,加温水冲稀即成。

配方 4	组成/份		组成/份
虫胶	10	水	110
硼砂	5	松烟	20
土耳其红油	1	樟脑油	适量
水玻璃	1		

制法:将虫胶溶于水玻璃及硼砂的热水溶液中,滴入土耳其红油,搅拌加热至将沸时,使之稍冷,加松烟用水炼成的浆状物,每次加少量,混和后再加,直至加完。过滤,加樟脑油,搅匀后静置数日即成。

配方 5	w%		w%
黑色直接染料(纯黑)	50 g	黄蘗汁	100 ml
苛性钠(10w%溶液)	50 ml	非结晶性炭黑	10 g
虫胶	10 g	乙醇	适量
硼砂	5g	温水	1 800 ml

制法:黄蘗汁是用 1 800 ml 水浸没 100 g 黄蘗,加热煎煮所得;汁中加有 10 ml 石炭酸。

墨汁的制法是将黑色染料溶解于苛性钠溶液中，再加虫胶的硼砂溶液，继而注入黄蘗汁；将炭黑用酒精湿润后加入之。研磨均匀后将温水加入，搅匀后即为成品。

7.1.1.6 圆珠笔油墨

配方	w% 蓝色	w% 红色		w% 蓝色	w% 红色
树脂	33.1	37	7 800 蓝	29.5	—
醇类化合物	35.4	42	7 911 红	—	10
胺类化合物	2.0	3	543 红	—	8

制法：先将树脂溶于醇中，溶匀后加入色料，搅拌均匀后，将胺类化合物加入，边搅拌、边加热至 60～80 ℃，在此温度下搅拌至全部熔匀，冷却灌装。

配方中所用树脂有许多种，配方中的醇类化合物随所选树脂品种而异，加入醇的目的是加速树脂溶解并形成稳定的溶液。胺类物质的加入主要是调节产品的 pH 值，使之达到 7～8.5。配方中亦可加入一些蓖麻油、甘油和聚乙烯醇，以调节流变性，加入一些脂肪酸金属盐，以调节产品的易干性。

采用下列配方制成的圆珠笔墨水，在书写后几小时内可以用普通橡皮擦掉。

配方	w%		w%
高分子聚合物(聚异丁烯等)	3～20	低于 180℃沸点的有机溶剂(二甲苯、戊烷或己烷等)	10～50
色料	7～10		
脂肪酸金属皂	<15	高于 300℃沸点的有机溶剂(液体石蜡、苯二甲酸和己二酸的酯)	15～30

7.1.1.7 签字笔墨水

目前，一种适用于签名、财会记账、制图等用途的签字笔，在市场上比较流行。签字笔用的墨水要求耐酸、耐碱、耐溶剂、耐染料，书写时在纸上流畅而不渗化，色泽鲜明而无味。签字笔墨水主要由染料、溶剂、表面活性剂和其他助剂配制而成。

签字笔墨水用的染料，要求水溶性好，色力高，耐光性强，加入墨水中经久置而不导致混浊，对多孔的纤维笔头渗透力强。采用酸性染料较易达到这些要求。

溶剂应尽量使用无毒溶剂。溶剂在墨水中的作用是助溶染料，同时提高墨水的流利性、抗冻性、挥发性和快干性。常用的有乙醚乙二醇，亦称二甘醇－乙醚，分子式为 $HOCH_2CH_2OCH_2CH_3$；甲醚乙二醇，分子式为 $HOCH_2CH_2OCH_3$；乙醚醋酸酯，亦称二甘醇－乙醚醋酸酯，分子式为 $CH_3COOCH_2CH_2OCH_2CH_3$。

表面活性剂的作用是降低墨水的表面张力，增强墨水的润湿力和渗透力，使墨水流畅，书写时不会中断。一般使用非离子表面活性剂。此外还加入一些无机酸作稳定剂，三氧化二砷作阻蚀剂，以阻滞墨水的酸性对笔尖周围的合金环产生腐蚀。

签字笔墨水的配方举例如下。

1. 蓝色墨水

配方	含量/($g\cdot l^{-1}$)		含量/($g\cdot l^{-1}$)
蓝染料	45	石炭酸	2
红染料	1	乙二醇	320

硫酸	1.5	甘油	50
溶剂	50	表面活性剂	0.6
三氧化二砷	0.4		

2. 红色墨水

配　方	含量/$g \cdot l^{-1}$		含量/$g \cdot l^{-1}$
红染料	28	甘油	50
黄染料	5	溶剂	30
石炭酸	2	表面活性剂	0.6
乙二醇	320		

3. 黑色墨水

配　方	含量/$g \cdot l^{-1}$		含量/$g \cdot l^{-1}$
橙染料	19	乙二醇	240
绿染料	15	溶剂	100
紫染料	16	甘油	100
石炭酸	1	表面活性剂	0.8

配制签字墨水需要注意如下几个问题：

① 配方所用染料水溶性都比较好，不必加热溶解，只需适当搅拌即可；加热反而会破坏染料的结构。

② 三氧化二砷的加入，应取配方量中的一部分甘油与其共热，溶匀后备用。

③ 加硫酸时应先配成 5w%溶液，再加入其他物料中。配 5w%溶液时应先加水，再将浓酸倒入水中。

7.1.2　浆糊与胶粘剂

7.1.2.1　冷制浆糊

配　方	w%		w%
白糊清	52.6	液体石炭酸	2.6
冷水	39.5	甘油	5.3

制法：液体石炭酸是以 9 份石炭酸在搪瓷容器中加热熔融后，加蒸馏水 1 份，随加随搅拌，使其完全混合即成。制造浆糊是先将白糊精置于容器中，加冷水，调制浆状，然后加液体石炭酸和甘油，继续研磨至均匀即为成品。

7.1.2.2　热制浆糊

配　方	组成/份		组成/份
糊精	48	水	100
葡萄糖	5	硼砂粉	6

制法：先将硼砂粉溶于 42 份热水中，然后加糊精和葡萄糖，继续加热制成糊状，最后加其余的热水，搅匀后过滤即成。在调成糊状时加热速度不能过快，也不可热至沸点，否则制成的浆糊干燥后易脆裂。

7.1.2.3　信封胶

信封胶涂于纸制信封的封口、邮票或其他纸表面，使用时用水湿润后即起浆糊粘封之作用。

配　　方	组成/份		组成/份
阿拉伯树胶	1	糖	4
淀粉	1	水	适量

制法：先将树胶溶入少量水中，然后加淀粉和糖，煮沸数分钟，等淀粉溶解后再行搅拌，至淀粉和树胶完全溶合均匀，随即以水稀释并调成胶水状，冷后即可涂于信封口上。

7.1.2.4　固体文具胶

配方 1	组成/份		组成/份
乳白胶	4.2～23.0	香料	适量
聚乙烯醇	4.0～7.0	凝胶剂	3.5～5.0
乙二醇	0～10.0	水	加至 100

制法：先将白乳胶和乙二醇分散均匀，PVA 加水加热至 90 ℃以上搅拌溶解，降温至 75 ℃后加入的乳白胶和乙二醇混和均匀，加入凝胶剂和香料混匀，浇注，冷却。凝胶剂可用甜菜碱类两性表面活性剂。

7.1.2.5　纸簿用胶

配　　方	组成/份		组成/份
明胶	5	氯化钙	1
水	1		

制法：将氯化钙溶入水中，加明胶，浸至完全软化后，加热使之溶解，混匀即成。

7.1.2.6　纸盒用胶

配　　方	组成/份		组成/份
水合三氯乙醛	5	阿拉伯树胶	2
白明胶	8	沸水	30

制法：将四种物质全部置于瓷质容器中，静置一天，其间经常施以剧烈搅拌，等其溶合即成。如气温较低，则应放在水浴上静置。

7.1.2.7　裱糊纸用胶

配　　方	组成/份		组成/份
鱼胶	2	面粉	8
冷水	12	沸水	32
威尼斯松节油	1		

制法：先取冷水 4 份，将鱼胶浸于其中，大约经 4 h 后，移入煮胶锅内，在水浴上加热使之溶解，趁热搅入威尼斯松节油。将面粉与其余的 8 份冷水调成糊状，也可加少许明矾，将全部沸水倾入面粉糊中，急速搅拌至面糊完全变熟。冷却后，加入上述煮好的鱼胶溶液，搅拌至匀滑即成。

7.1.2.8　封瓶口用胶

配　　方	w%		w%
明胶	5.25	淀粉	5.25
阿拉伯树胶	5.25	水	84.01

硼酸	0.24

制法:先将前三种物料加入约 74w%的水中,加热煮沸,除去已溶解的胶液上面的结皮,过滤。以其余 10w%的水将淀粉调成浆状,徐徐加入已过滤的胶液中,同时急速搅拌,待物料均匀即成。必要时在搅拌过程中可加入需要的染料。

7.1.2.9 水族箱粘合剂

养鱼用水族箱要求玻璃与金属粘接后不漏水,下列配方对于木、石、金属、玻璃都能粘牢。

配　方	组成/份		组成/份
密陀僧	10	干白砂	10
烧石膏	10	熟亚麻仁油	足量
松香粉	1		

制法:将前四种物料烘干后混合,调入足量的熟亚麻仁油使成油灰状即可。熟亚麻仁油最好分装,而在使用前调入。玻璃与金属粘合之后,要放置三四天再盛水养鱼。

7.1.2.10 铁－铁粘合剂

配方 1	组成/份		组成/份
铅丹	1	甘油	1
密陀僧	1		

制法:用甘油将铅丹和密陀僧一起调成油灰状的软膏即成。

7.1.2.11 铁－皮革粘合剂

配　方	组成/份		组成/份
鱼胶	1	乙醇	适量
动物胶	0.5	水	适量

制法:将乙醇和水混合,加鱼胶和动物胶,加热使其完全溶解即成。如果此胶用于粘合铸铁轮与皮革,可用乙酸先刷润铁轮,放置片刻,轮面即生锈变成糙面,干爽之后再将此粘合剂涂于轮面,粘上皮革,压紧。

7.1.2.12 皮革－皮革粘合剂

配　方	含量/ml		含量/ml
甲基纤维素(粘度 3 800～4 200 mPa·s	75 g	2－乙氧化乙基乙酸酯	410
		乙酸二丁酯	260
聚醋酸乙烯酯	2 000	水	1 200

制法:先将甲基纤维素浸入 500 ml 水中,加热至 85 ℃,使之熔解,再加入其余的水,搅拌至完全熔融,然后将其他物质加入,继续搅拌至完全混合即得成品。

7.1.2.13 耐水粘合剂

配　方	w%		w%
重铬酸钾	40	明矾	5
骨胶	55		

制法:先将骨胶放在水中浸泡 4 h,胶即膨胀变软,置水浴上加热使之熔融,一边搅拌一边加重铬酸钾和明矾,搅匀后冷却即成。

7.1.2.14　瓷器粘合剂

配　方	组成/份		组成/份
石棉	2	硅酸钠	2
硫酸钡	3		

制法:将全部物料用水调和,拌成膏状即可应用,物体用此膏料拌合后,需经数小时才能硬固。

7.1.2.15　模塑造形胶

模塑造形胶用于装饰品的造形。经蒸汽软化之后富有挠性,可弯曲成任何形状,并在木板表面粘牢。干固粘着在木板上后,其粘着部分不需再用钉加固。此胶着色后可在木板表面制成美丽的图案。

配　方	w%		w%
白胶	20.6	甘油	3.2
松香	20.6	钙白	30.2
亚麻仁油	25.4		

制法:先将白胶加热熔融。另将松香和亚麻仁油混合加热熔化,然后与甘油一起加入熔融的白胶中,再搅入钙白,不停搅拌,直至成为胶泥状,趁热成型,在脱模后数小时即可应用。

7.1.2.16　纸箱封口胶卷纸

配　方	组成/份		组成/份
苍白皱橡胶	100	羊毛脂	25
氧化锌	50	白防老胺(棉胶防老剂)	1
酯树胶	175	苯	400

制法:将磨碎的皱胶和氧化锌一起浸泡于苯中,使之膨胀,加酯树胶,混合后再加羊毛脂,混和后用苯调成胶糊,涂于切成 7 ~ 8 cm 宽的牛皮纸条上即成。配方中的苍白皱橡胶,简称白皱胶,亦称白皱片,酯树胶简称酯胶,即甘油松香酯,防老胺是防止橡胶老化的萘胺化合物。

7.2　头发、皮肤整饰用品

7.2.1　皮肤整饰用品

7.2.1.1　治疗晒黑皮肤剂

皮肤被太阳晒黑,本是对健康有利的。如果觉得黑皮肤不好看,可试用下列方剂,使之转色。

配方 1	组成/份		组成/份
巴旦杏仁(苦杏仁)	2	玫瑰水	40
甘油膏	1	杏仁油	适量

制法:先将杏仁打碎,搅烂成糊,随后加甘油膏和杏仁油,施以充分的搅拌,玫瑰水则在搅拌时分次加入,拌匀后过滤即成。将此剂涂在皮肤上,早晚各一次,晒黑的皮肤可渐渐恢复本色。

配方 2	组成/份		组成/份
碳酸氢钠	2	甘油	16
硼砂粉	1	玫瑰水	64
复方熏衣草酊	1.5		

制法:将碳酸钠和硼砂粉溶于甘油和玫瑰水的混合溶液中,再加薰衣草酊,搅拌均匀即成。每天用海绵蘸此剂擦在晒黑的皮肤上,一天 2~3 次,擦后用软毛巾轻轻吸干。

7.2.1.2 爽身粉

配方 1	组成/份		组成/份
水杨酸	1	氧化锌	16
滑石粉	96	香料	适量
淀粉	48		

制法:将前四种物料混合,磨细后过筛,再加适量香料拌匀即成。此配方中的水杨酸也可用结晶硼酸粉代替。

配方 2	组成/份		组成/份
甲基二鞣酸(亦名鞣仿)	18	石松粉	20
滑石粉	35	玫瑰水	适量

制法:将前三种物料混匀,然后加入适量玫瑰水,再混匀即成。

7.2.1.3 婴儿爽身粉

配　　方	组成/份		组成/份
滑石粉	67	硬脂酸镁	6
硬脂酸单甘酯	2	高岭土	18
鲸蜡醇	2	硼酸	5

制法:将上述各成分充分混匀即成。

7.2.1.4 痱子粉

配　　方	组成/份		组成/份
碳酸镁	45	滑石粉	50
氧化锌	100	玫瑰香油	数滴
淀粉	6		

制法:先将前四种成分混合拌匀,滴入玫瑰油,再搅拌均匀即成。

7.2.1.5 除脚汗剂

除脚汗剂可制成粉剂扑入脚趾间,或制成水剂涂刷于脚趾缝中,可消除汗臭,也有止痒的作用。

配方 1(粉剂)	组成/份		组成/份
过硼酸钠	3	滑石粉	15
氧化锌	2		

制法:将三种物料混匀磨细即可。

配方 2(水剂)	组成/份		组成/份
硼酸	1	甘油	42.5
硼酸钠	10.6	乙醇	适量

水杨酸	10.6	水	适量

制法：先将硼酸及硼酸钠用少量水溶解，将全部物料混拌均匀即成，总份数为 85 份。

7.2.1.6 去狐臭粉膏

有些人的腋下经常发出一种恶臭气味，酷热的夏天尤为严重，这种气味，俗称狐臭。去除狐臭的根本方法是切除腋下分泌臭的腺体。其治标的方法，就是撒一些去臭的香粉在腋下，可得暂时去臭的效果。

配　方	组成/份		组成/份
明矾	1.5	滑石粉	8.0
水杨酸	2.0	硬脂酸锌	1.0
硼酸	1.0	香柠檬油	0.5

制法：先将水杨酸和硬脂酸锌置研钵中研成细末，使之混合，另以明矾和水，加热使其溶解，然后趁热注入水杨酸与硬脂酸锌的混合物中。急速研磨均匀，加入硼酸和滑石粉，搅拌至混合完全后，滴入香柠檬油，混匀后再用细筛过筛即成。本品系药性化妆香粉，每日将此粉撒于腋下数次即可奏效。

7.2.1.7 脱毛膏

脱除皮上毛发一般用硫化钡、硫化锶和氧化锌之类的化合物，加上滑石粉用水调成膏状，涂于毛发上 4 ~ 5 min，毛发即可用海绵洗去，但这些配方大多有腐蚀性，用后需用雪花膏润肤。下面是一种硫醇化合物为主的配方。此种配方制造脱毛膏分二步进行，第一步制造膏底，第二步是制造药料。

配方(膏底)	组成/份		组成/份
蒸馏水	42.05	鲸蜡醇	4.31
聚氧乙烯月桂醇	1.22	碳酸钙	22.42

制法：将蒸馏水加热至 90 ℃，加入聚氧乙烯月桂醇和碳酸钙，徐徐搅拌，再加入已熔融的鲸蜡醇，继续搅拌，搅拌速度不可太快，以防进入空气产生气泡，至 65 ℃后停止搅拌，任其冷却后物料总重应为 70 份，如不足，可酌量补水并搅拌均匀。

配方(药料)	组成/份		组成/份
硫代乙(二)醇酸钙	5.40	氢氧化锶(含 8 个结晶水)	3.40
蒸馏水	15.00	膏底(即上面配制的)	70.00
氢氧化钙	6.80	玫瑰香精	0.40

制法：将硫代乙(二)醇酸钙与蒸馏水混合，徐徐搅拌，加氢氧化钙和氢氧化锶，继续搅拌均匀后，放入胶体磨中研磨，最后加膏底和香精，徐徐搅拌至完全均匀即为成品。

7.2.1.8 龙胆紫药水

配　方	含量/ml		含量/ml
甲基紫	lg	水	90
乙醇(95w%)	10		

制法：将甲基紫溶于乙醇中，再以水稀释即成。此品俗称紫药水。

7.2.1.9 舒筋松节油

配　方	组成/份		组成/份

精馏松节油	65	钾肥皂	7.5
樟脑	5	水	22.5

制法:将樟脑溶入松节油中,另将钾皂溶入水中,加热使完全熔匀后,把樟脑松节油溶液倒入,搅拌后冷至室温即成。

7.2.1.10 碘酒

配　方	组成/份		组成/份
碘片	2	乙醇	80
碘化钾	1.5	蒸馏水	适量

制法:先将碘化钾溶于乙醇中,再加碘片,使其完全溶解后加蒸馏水,使至 100 ml,轻轻摇匀即成。碘酒应贮在深色瓶中,用橡皮塞密闭,不可用木塞,应存放在阴暗地方保存。

7.2.1.11 抗汗剂

抗汗剂的作用是抑制汗水流淌时细菌生长和分解汗液的臭味。

1. 乳露状抗汗剂

配　方	$w\%$		$w\%$
单硬脂酸甘油酯	3.5	乙氧基化脂肪胺	1.0
矿油	1.5	水	53.6
十六烷基二甲基胺	0.3	碱式氯化铝($50w\%$)	40.0
乳酸($80w\%$,食用级)	0.1		

制法:将前五种物料放在一起混合加热至完全溶解,然后与后两种物料混合,搅拌至呈光滑白色、有流动性的乳露。配方中使用阳离子体系的乳化剂,有助于降低附着膜的粘度。

2. 粉状抗汗剂

配　方	组成/份		组成/份
碱式氯化铝	8	滑石粉	18
硼酸	1	胶态高岭土	13

制法:将上述物料加在一些,混合均匀后过筛即成。

7.2.2 头发整饰用品

7.2.2.1 染发剂

在当今时代,染发已成为人们美容的一种重要手段。外国人喜欢将头发漂白后,再染成黄色、棕色、红色、紫罗兰色或蔷薇色等;中国人目前都是将已经花白的头发染成黑色。所以头发漂白在国外也列为染发的一部分。

头发漂白时,发色有一个渐变的过程:黑色或棕色头发先变成成棕色,进一步变成茶褐色、灰红色、金灰色,直至浅灰色。漂白液与头发接触时间不同,可以得到不同颜色。戏剧化妆时,往往用此法来取得不同的发色。使用时,取 100 ml 浓度为 $3w\% \sim 4w\%$ 的过氧化氢溶液,加入 10 ~ 20 滴氨水。氨水多,能使红的色调进一步漂白。将头发先用香波洗净,再浸入过氧化氢溶液中不断揉搓,过氧化氢与氨水比例不同以及头发与漂白水液接触时间不同,可以漂成不同色调的头发。漂白将使头发变得干枯。

配方	$w\%$		$w\%$
过氧化氢($35w\%$)	15.0	磷酸($10w\%$)	调节 pH 至 4
非那西丁(对乙酰乙氧替苯胺)	0.03	去离子水	至 100

染色用的染发剂有无机染料和有机染料两类。无机染料借助与头发中的角朊发生氧化还原反应而染色,由醋酸铅、氧化铁、硫酸银、硝酸钴、柠檬酸铋等组成。因为这类染色剂中的金属离子与角朊中的硫发生一系列反应而产生黑色,配方中加入适量粉状硫,可增强染发效果。但因铅、铜、钴等金属均具有一定毒性,在国外,已有许多国家禁用这类染发剂。

有机染发剂含有芳胺类化合物、氧化剂和多元酚类偶合剂。它们渗透到头发内部后,芳胺化合物被氧化成吲哚胺类化合物,这是一种活性中间体,能与多元酚反应形成染料复合物。不同的芳胺化合物与相应的偶合剂反应,得到的染料颜色也不相同。因为在显色过程中,需要氧化剂,所以这类染发剂也称氧化染发剂。

有机染发剂由两部分药剂组成。使用前将两部分充分混合后涂抹于头发上。一部分为染色剂,由芳胺化合物、表面活性剂和酚类化合物等配成;另一部分为氧化剂,由氧化剂、稳定剂等组成。为了使染色剂尽快渗入头发中,在第一部分染色剂中可加入适量的乙醇胺、脂肪胺、油酸铵等碱性助剂,其 pH 值一般在 9.5~10.5 之间。

黑色染发剂的芳胺类化合物主要是对苯二胺、2,5-二氨基甲苯或对甲基苯二胺等,偶合剂大多是间苯二酚、儿茶酚或联苯二酚等。染红色头发用 2,5-二氨基甲苯、对羟基苯胺等与邻氨基苯酚偶合。染棕色头发用对苯二胺与对氨基苯酚。染蓝紫色头发用对苯二胺与间苯二酚。染蓝色头发用对苯二胺与间苯二酚及其他助剂。但是毒理研究结果表明,苯胺类化合物为毒性物质,其近期效果有致敏、致毒作用,远期效果则有致突、致畸和致癌作用,故在一些欧美发达国家,已限制使用此类染发剂。

染发剂的商品形式有双液型、粉状和膏状等。

1. 双液型

配方	$w\%$					$w\%$			
	黑色	棕黑色	棕色	琥珀色		黑色	棕黑色	棕色	琥珀色
对苯二胺	2.7	0.8	0.1	0.08	聚氧乙烯(5)羊毛醇醚	3.0	3.0	—	3.0
间苯二酚	0.5	1.6	1.2	0.1	丙二醇	12.0	12.0	10.0	12.0
对氨基酚	—	0.2	0.2	—	异丙醇	10.0	10.0	—	10.0
邻氨基酚	0.2	1.0	0.1	0.04	乙二胺四乙酸钠	0.5	0.5	—	0.5
2,4-二氨基茴香醚	0.4	—	—	—	亚硫酸钠	0.5	0.5	—	0.5
硝基对苯二胺	—	—	—	0.4	氨水($28w\%$)	3.0	3.0	10.0	3.0
油酸	20.0	20.0	20.0	20.0	羧甲基纤维素钠	1.0	1.0	—	1.0
油醇	15.0	15.0	15.0	15.0	去离子水	31.2	31.4	43.4	34.38

上述各色配方中均没有包括氧化剂。氧化剂的配方可供各色染色剂共同使用。

配方	$w\%$		$w\%$
双氧水($30w\%H_2O_2$)	20.0	去离子水	80.0
双氧水稳定剂(如非那西丁等)	适量		

制法:染料溶于热的丙二醇中,搅拌溶匀后,加入油酸和聚氧乙烯羊毛醇醚。另将油醇溶于异丙醇中,再加入染料溶液中。充分搅拌后,将预先配好的氨水、乙二胺四乙酸钠、亚硫酸钠和羧甲基纤维素钠水溶液加入。全部混合均匀后,即得染色剂成品。氧化剂的制造只

需将全部组分混合均匀即可。

染发时，将头发洗净，然后将染色剂和氧化剂等量混合，染于洗净干燥的头发上，梳匀后保持 30 min，冬天适当延长时间，用温水冲洗，再用香波清洗，即完成染发。

2. 膏状染发剂

配　方	组成/份		组成/份
氧化剂	1.2	粘结剂	0.5
对苯二胺盐酸盐	1.2	无水碳酸钠	0.5
液体石蜡	6	无水硅酸钠	0.1
凡士林	2	卤化物	1
表面活性剂	2		

制法：将液体石蜡、凡士林、表面活性剂混在一些，加热至 80 ℃熔融，除脱水分后，冷至室温，再将其他预先干燥好的成分加入，混合均匀后，注入软管，密封保存。

使用时，将染发软膏挤在发梳上，像梳头一样梳匀软膏，使头发均匀地涂上软膏，30 min 后，冲净染发剂，即得光亮的黑发。

对苯二胺盐酸盐事先制备好再配入配方中。制备方法是：将 1 mol 对苯二胺溶于水中，加 2 mol 盐酸，搅拌 0.5 h，蒸去 1/2 水，冷却，放置过夜，待结晶析出后过滤，真空干燥后磨成粉末备用。

3. 粉状染发剂

配　方	组成/份		组成/份
氧化剂	120	卤化物	40
对苯二胺	40	粘结剂	50
酒石酸	20	无水硅酸钠	6
酒石酸钾钠	20	石膏	37

制法：先将氧化剂在 60 ℃下真空干燥后备用。取水玻璃蒸去水分烘干磨细。其他药品也需干燥磨细后备用。将全部粉末在室温下(不得超过 40 ℃)避光进行混合，得到的灰白色粉末即为成品。成品应贮于避光容器中。

使用时，用 5 ~ 10 倍量的水将染发粉溶解，染发后，发呈黑褐色。

7.2.2.2　发乳

发乳是一种代替头油和头蜡的护发用品。其特点是使用方便，用后头发松软滑爽，无粘腻感觉。发乳有水包油型和油包水型两类。

1. 水包油型

配　方	Ⅰ(w%)	Ⅱ(w%)		Ⅰ(w%)	Ⅱ(w%)
A:聚氧乙烯硬脂酸山梨醇酯	2.0	—	凡士林	—	10.0
聚氧乙烯(16)羊毛醇醚	—	3.0	乳酸十六醇酯	3.0	—
单硬脂酸山梨醇酯	2.0	—	B:十二醇硫酸钠	—	0.8
乙酰化羊毛脂	—	2.0	香精、色素、防腐剂	适量	适量
单硬脂酸甘油酯	—	5.0	去离子水	51.0	49.2
18 号白油	42.0	30.0			

制法：将 B 部分(除香精外)加热至 90 ℃，另将 A 部分油相也加热至 80 ~ 90 ℃，徐徐加入水溶液中，使成乳液；冷至 45 ℃，将香精加入，搅匀后，送至均质机制成发乳。

2. 油包水型

配方 1

	Ⅰ(w%)	Ⅱ(w%)		Ⅰ(w%)	Ⅱ(w%)
A:羊毛酸异丙酯	2.0	3.0	地蜡	2.0	2.0
蜂　蜡	5.0	5.0	B:硼砂	0.6	0.6
白　油	56.4	53.4	去离子水	34.0	34.0
豆蔻酸异丙酯	—	2.0	香精、防腐剂	适量	适量

配方 2

	Ⅰ(w%)	Ⅱ(w%)		Ⅰ(w%)	Ⅱ(w%)
A:蜂蜡	2.0	2.75	B:氢氧化钙	0.1	0.1
油酸山梨醇酯	1.0	—	硼砂	0.5	—
24号白油	37.5	45.0	去离子水	51.4	52.15
凡士林	7.5	—	香精、防腐剂	适量	适量

制法:上列四个油包水型发乳的配方组成略有差别,但制法是一样的。将B部分加热至75~80℃,加入到已混匀并加热至75~80℃的A部分,制成乳液后冷至45℃加香精,至40℃后停止搅拌,过夜,化验乳化性合格后包装。

7.2.2.3 喷发胶

发胶是气溶胶喷发剂的一种简称,它是一种固发剂,用于临时使发型固定。乙烯吡咯烷酮基聚合物自1956年以来,一直是发胶使用的主要聚合物。

气溶胶喷发剂的主要成分是聚合物、溶剂和推进剂。

溶剂有烷烃,如丙烷、正丁烷异、丁烷和正戊烷;二甲醚。推进剂有压缩气体,如二氧化碳、氧化二氮和氧气、氮气等。

推进剂中的前两种是目前使用得比较多的,第三种是压缩气体,一方面在乙醇或异丙醇中溶解度小,另一方面使用时降压太快,要求罐内始压是高,安全性差,因此尚未大量使用。现在有一种完全不用推进剂的泵式喷发胶,近几年来已呈上升的趋势。泵式喷发胶中一般含聚合物、乙醇和香精,也含硅油和水。但水量不宜超过10w%,否则喷发后干燥时间过长。

含各类推进剂配方举例如下:

1. 正丁烷为推进剂

配方 1

	w%		w%
丙烯酸酯-丙烯酰胺共聚物	5.00	柠檬酸三乙酯	1.00
氨基甲基丙醇	0.38	无水乙醇	43.52
香　精	0.10	丁烷	55.00

配方 2

	w%		w%
乙烯吡咯烷酮-丙烯酸酯共聚物	10.0	香精	0.1
		乙醇	34.4
氨基甲基丙醇	0.5	丁烷	55.0

2. 二甲醚为推进剂

配　方

	w%		w%
乙烯吡咯烷酮-丙烯酸酯共聚物	6.00	无水乙醇	23.63
		戊　醇	30.00
氨基甲基丙醇	0.27	二甲醚	40.00
香精	0.10		

3. 泵式喷发胶

配方	w%		w%
乙烯吡咯烷酮－醋酸乙烯酯共聚物	14.0	香精	0.1
		乙醇	85.9

7.2.2.4 生发液

生发液用于毛发再生或防治脱发。一般都配成溶液使用。为了促进皮肤对有效成分的吸收,配方中常加入一些弱极性有机溶剂,如丙二醇、丁二醇、三元醇和脂肪酸酯等吸收促进剂。生发液的有效成分有嘧啶类衍生物,其基本结构是6－(1－哌啶)－3－氧－2,4－二氨基嘧啶、雌性激素和脱氧胆酸等。

配方1	w%		w%
嘧啶类生发剂	2.0	香精	0.3
醋酸盐(Cyproterone acetate)	0.5	乙醇	87.2
丙二醇	10.0		

配方2	w%		w%
薄荷脑	0.40	樟脑	0.10
辣椒酊	1.00	食用香精	1.50
间苯二酚	0.50	色素	适量
柳酸	0.30	滑石粉	适量
盐酸奎宁	0.30	乙醇(95w%)	78.399
乙烯雌酚	0.001	去离子水	16.90
丙三醇	0.50		

7.2.2.5 卷发剂

卷发剂可以作为冷烫剂的有巯基乙酸铵、亚硫酸铵、半胱氨酸盐酸盐、硫代碳酸乙醇酯、二羧基乙硫醇和硫代氨基甲酸乙醇酯等。目前使用比较普遍的是巯基乙酸铵。

巯基乙酸铵是用碳酸铵或氢氧化铵中和巯基乙酸所得产物,这样可以在碱性条件下,更有效地发挥巯基乙酸的作用。巯基乙酸铵的分子式为 $HSCH_2COONH_4$,溶于水,为无色透明液体,放置在空气中则被氧化而呈玫瑰红色;在有铁、铜、锰离子存在时,氧化反应进行得更快,所以不宜与这些金属离子接触。

卷发剂借还原作用,使胱氨酸的二硫化键断开而形成半胱氨酸。头发几乎全部由一种叫做角朊的蛋白质构成的。角朊蛋白质的特征是含胱氨酸的量高。胱氨酸是一种含有二硫化键的氨基酸,当分子中的二硫化键被断开后,即生成半胱氨酸

$$\text{胱氨酸} + \text{巯基乙酸铵} \longrightarrow \text{半胱氨酸} + \text{二硫代二乙醇酸}$$

胱氨酸转变成半胱氨酸后,头发变得很柔软,可以被卷曲成任何形式。这时如果使用氧化剂,重整胱氨酸键,则可导致胱氨酸基重新排列、重新构形。经过氧化重排之后,头发已恢复了原来的不易变形的特性,从而使卷曲形成的发形得到了固定。所以卷发剂都包括两种溶液:一是以巯基乙酸铵为主要成分的冷烫液;二是含氧化剂的固定液。

氧化剂可以使用过氧化氢、溴酸钾、过硼酸钠、过硫酸钾或过硫酸钠等。

下面列出的配方在我国使用比较普遍,适合于家庭自用或理发店自制。

1. 冷烫液

配　方	$w\%$		$w\%$
巯基乙酸铵	9	氢氧化铵	3
三乙醇胺	1	水	至100

2. 固定液

配　方	$w\%$		$w\%$
过硫酸钾	3	水	97

在家庭中烫发时,为了避免二硫化键被过度破环而损伤头发,可以从两方面采取措施:一是在制造冷烫液时,在配方中加入一些二硫代二乙醇酸酯,防止过度处理;二是烫发要采用适当方法,即用低浓度硫代乙醇酸铵与头发发生作用 10~20 min,用水洗去烫发液,但头发仍需保持在卷轴上,并用毛巾包盖头发,保持湿状 30 min 后,再用氧化剂固定。这样使药剂与头发的实际接触时间最短,头发损伤最小。

7.3 蜡的乳化制品

7.3.1 地板上光蜡

地板上光蜡是由乳化石蜡和虫胶溶液配制而成。乳化石蜡中加入少量虫胶可使上光蜡具有抗水性,有弹性,易于重新擦亮,虫胶量多则膜硬,不滑,但抗水性差且不能重擦。

配方(乳化石蜡部分)	组成/份		组成/份
巴西棕榈蜡	100	硼砂	4
油酸	20	水	363
吗啉(1,4-氧氮杂环己烷)	13		

配方(虫胶溶液部分)	组成/份		组成/份
脱色虫胶	25	水	171.4
氨水(20$w\%$)	3.6		

制法:将蜡放在带有搅拌和蒸汽夹套的锅内,加热至 95 ℃,蜡将全部熔化完时,加入油酸,熔合均匀后,把对氧氮杂环己烷徐徐加入其中。对氧氮环己烷的沸点是 128 ℃,为了防止其蒸发,锅内物料温度应严格控制在 95 ℃以下。加完吗啉后,搅拌 3 min,再将 4 份硼砂溶于 40 份的开水中,将此硼砂溶液分成数小份,徐徐加入,继续搅拌,蜡液变成很稠的浆状透明体,继续加入大量沸水,溶液转稀,加完全部水后,搅匀并使溶液慢慢地冷至室温,补入制备过程中蒸发掉的水分,然后过滤。全过程需 30 min。在加入硼砂溶液之前,亦可在蜡、油酸和吗啉混合物中加入 0.5$w\%$的环氧乙烷(20)与油醇的缩合物作为乳化剂。

在制备乳化石蜡的同时,在另一个锅中制备虫胶溶液。其方法是:将 2/3 所需的水与氨水共热至 55 ℃,在搅拌下将虫胶徐徐加入,同时将温度慢慢地升至 90 ℃,待虫胶完全溶解后,将所余之水加入并补加蒸发掉的水,然后冷至室温,在冷却过程中持续搅拌,过滤,与乳化石蜡混合。

取上述乳化石蜡 100 份及虫胶溶液 10~20 份,混合均匀即为地板擦亮剂。

制备此型擦亮剂时,吗啉是最好的乳化剂,也可用乙醇胺或 2-氨基-2-甲基-1-丙醇等作为乳化剂。

下面是一个用非离子表面活性剂作乳化剂的地板擦亮剂的简单配方。

配　方	$w\%$		$w\%$
巴西棕榈蜡	10	水	87
吐温-80	3		

制法:将吐温-80(聚氧乙烯失水山梨醇单油酸酯)溶于巴西棕榈蜡中,然后在 80 ℃激烈搅拌下,徐徐加沸水,待蜡液由稠变稀后,将水全部加完,逐渐冷却即成。

用做地板擦亮剂的原料除巴西棕榈蜡外,蜂蜡、小烛树蜡、地蜡、石蜡及褐煤蜡等都可以使用。胺、皂、硫酸化的油、甘油酯、二元醇酯、二醇醚及磺酸盐和磺化烃类等都可做乳化石蜡的乳化剂。

7.3.2 皮革润饰剂

除了鞋底皮和仿鹿皮翻毛羊皮外,所有鞣制过的兽皮或牲畜皮都需涂上一层无色或有色的润饰混合物,这种润饰剂是一种乳化石蜡,有人称作皮革加脂剂。

配方 1	组成/份		组成/份
巴西棕榈蜡	11.2	吗啉	2.2
油酸	2.4	水	67.0

制法:将蜡和油酸一起加热至 90 ℃,加吗啉并搅拌至熔合均匀,然后在急剧搅拌下将煮沸的水徐徐加入,待混合物由稠转稀后将全部水加入其中,搅匀即成。

配方 2	组成/份		组成/份
巴西棕榈蜡	60	乳化剂	14
精馏亚麻仁油脂肪酸	16	水	285

制法同上,即剂在油中法。

配方 3	组成/份		组成/份
巴西棕榈蜡	120	苛性钠(50$w\%$)	8
油酸	20	水	832
三乙醇胺	18		

制法:将蜡溶于油酸中,加三乙醇胺并加热至 90 ℃,熔合均匀后再升温至 95 ℃,并加苛性钠和 32 份水,搅拌至形成凝胶,再加其余的 800 份水,水必须于正在沸腾时加入,搅拌至冷却即成。

皮革润饰用的制品有很多品种,配方亦因用途不同而异。如为了润滑纤维并改善柔软、伸长、弹性等性质,可按下列配方制成。

配　方	组成/份		组成/份
石蜡油	60	硼砂	2
磺化鳖鱼油	40	水	160

又如为了使皮革增亮,可按下列配方制成光亮剂。

配　方	组成/份		组成/份
石蜡	1.5 或 2	水	18.5 或 18
平平加	0.3 或 0.4		

所有这些润饰用的助剂,都是制成乳状液使用。

7.3.3 皮鞋油

皮鞋油是保护和美化皮鞋的用品。主要有溶剂型皮鞋油和乳化型皮鞋油两种产品。乳化型皮鞋油因不含溶剂,能耗低,对环境无污染,所以发展速度很快。

皮鞋油生产的主要原料是蜡、染料、溶剂、表面活性剂和水,还有一些防霉剂等助剂。

皮鞋油对蜡、染料、溶剂和乳化剂都有一定的要求。它要求蜡:① 有好的硬度和擦拭光亮度;② 有较大的吸油量;③ 对溶剂要有较好的亲和性和保持性。单一的石蜡难以满足上述要求,所以皮鞋油中的蜡是几种蜡的复合物。皮鞋油中的溶剂要求对蜡和染料必须有较好的溶解性和适度的挥发性,不应有难闻的气味。乳化型皮鞋油用的乳化剂一般是几种表面活性剂复合使用,要求其加和的 HLB 值大体上与蜡和溶剂混合油相的 HLB 值相近,一般为 10~15。乳化剂的用量尽可能低,不要超过 10$w\%$。还要为提高其耐寒性和防霉变性加入一些助剂。

下面分别介绍几个乳化型皮鞋油和溶剂型皮鞋油的配方和制造方法。

配方 1

配方 1	$w\%$		$w\%$
A:蒙旦蜡制的 OP 蜡	5.0	B:直接或酸性染料水溶液(5$w\%$)	5.0
乙氧基化微晶石蜡	2.0	硅消泡剂	0.1
石蜡(58~60℃)	2.0	香精	0.5
松香改性马来酸树脂	1.0	水	44.4
乙氧基化(15)十六烷醇	2.0		
油溶性染料	0.5		
防腐剂	0.2		
水	37.3		

制法:先将蜡和树脂加热熔解,加入油溶性染料和乳化剂,升温至 100~105 ℃,把 A 组分中的水相加热到 95~100 ℃后,在搅拌条件下徐徐加到油相中。这样,A 组分便成为水包油型的蜡乳状液。降温至室温,然后在搅拌下加入预先准备好的 B 组分水液,充分搅拌使之混合,过滤,滤液即为成品。

配　　方	2($w\%$)	3($w\%$)		2($w\%$)	3($w\%$)
褐煤蜡	5.1	5.3	油溶黑	2.9	3.0
天然地蜡	3.1	3.2	酸性元青	0	0.53
蜂蜡	2.7	2.8	200# 溶剂汽油	22.0	20.0
石蜡	6.0	4.0	松节油	20.5	15.9
硬脂酸	0	4.7	三乙醇胺	1.3	2.1
聚氧乙烯硬脂酸酯(SE-10)	2.2	3.2	水	33.0	34.0
平平加	1.2	1.27			

配方 4	$w\%$		$w\%$
褐煤蜡	2.83	硬脂酸	3.31
川蜡	2.60	油溶黑	4.72
甘蔗蜡	1.90	油溶黄	0.09
川蜡钙皂	1.18	200# 溶剂汽油	66.13
米糠蜡钙皂	2.13	氨水	1.89

甘蔗蜡钙皂	0.94	水	12.28

以上各个乳化型皮鞋油的配方中,虽然使用了不同的蜡,但它们的制造方法基本上与配方 1 中介绍的制法类同。下面是一些溶剂型皮鞋油的配方和制法。

配方 5	组成/份		组成/份
巴西棕榈蜡	5.5	油溶苯胺黑	1.0
蒙旦蜡	5.5	地蜡	15.0
硬脂酸	2.0	松节油	90.0

制法:先将苯胺黑溶入硬脂酸中,溶匀备用。将两种蜡混合后加热熔化,加入苯胺黑的硬脂酸溶液,再将地蜡加入,停止加热,使地蜡慢慢地熔化其中,加入松节油,边搅拌、边冷却到 40 ℃,即得成品。

配方 6	w%		w%
褐煤蜡	8.1	油化黑	1.2
地蜡	2.3	松节油	34.9
蜂蜡	1.2	200# 溶剂汽油	43.0
石蜡	9.3		

配方 7	w%(质量)		w%
褐煤蜡	5.0	聚乙烯蜡	2.0
OP 蜡	3.5	油溶苯胺黑水解产物	1.0
石蜡	16.5	200# 溶剂汽油和松节油	70.0
天然地蜡	2.0		

配方 6 和 7 的制法与配方 5 类同。

参 考 文 献

1 顾良荧.日用化工产品及原料制造与应用大全.北京:化学工业出版社,1997
2 冯培基.日用化工产品.北京:化学工业出版社,1994
3 邹宗柏.1000 个实用精细化工产品制造技术及应用.南京:江苏科技出版社,1996
4 日用化工产品手册编写组编.日用化工产品手册.北京:中国轻工业出版社,1999
5 孙绍曾.新编实用日用化学品制造技术.北京:化学工业出版社,1996

第八章　日用化学品主要生产设备

本章简单介绍日用化学品主要生产设备的结构、原理、特点和应用。

8.1　液体和乳液产品主要生产设备

8.1.1　搅拌

液态非均匀介质的混合与乳化设备主要是搅拌釜。搅拌釜由搅拌机构和搅拌釜壳所组成。搅拌机构包括传动机构、轴和搅拌器。通常，搅拌机构安装在釜盖上，也可装在独立组装的构件上，或是可移动的。搅拌釜的壳体多数是圆筒形的，如果在搅拌釜内还要完成换热过程，通常应设换热器。如果换热器置于外面，则做成夹套式，如果换热器放在釜内，则可用蛇管。此外，搅拌釜内还可装设内件、反射挡板、压料管、鼓泡器等。

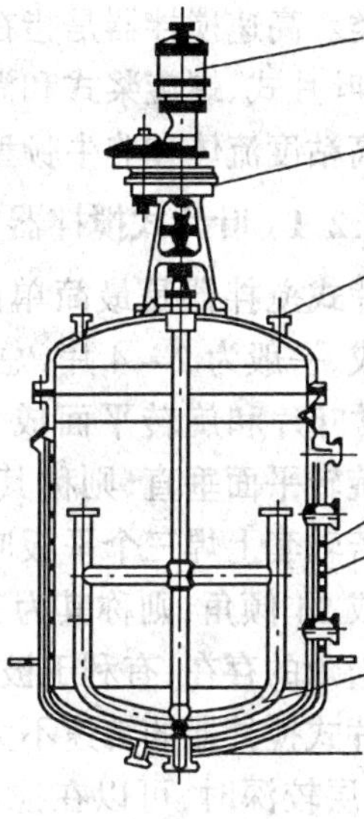

图 8.1　搅拌釜

8.1.1.1　立式搅拌釜

立式搅拌釜是应用最广泛的搅拌釜，如图 8.1 所示，其特征是电动机变速器轴的中心线和搅拌轴的中心线相重合。通常，搅拌釜壳体材料用钢制成，但是如果搅拌釜用于酸、碱或酸碱交替的介质，则可用搪瓷或不锈钢制作。搪瓷搅拌釜壳体内表面涂搪瓷，该搪瓷层具有耐酸碱(高浓度碱除外)或其他腐蚀性介质的作用。

8.1.1.2　卧式搅拌釜

壳体中心线呈水平方向的搅拌釜称卧式搅拌釜。采用卧式搅拌釜的目的在于降低搅拌釜的总高度，提高搅拌机构轴的振动稳定性，改善悬浮条件。

8.1.1.3　轻便型搅拌机构

轻便型搅拌器是一种特殊机构，如图 8.2 所示，它装在各种开式容器上构成搅拌液态介质的搅拌釜，适用于小批量生产使用。

8.1.1.4　减压乳化搅拌装置

如果被搅拌的液态介质要求减压操作，则可采用 8.3 所示的减压乳化搅拌装置。该装置特点是使立式搅拌釜接真空泵，这样就可使操作过程在减压状态下进行，特别适合于膏霜、乳液、发乳等产品的生产。但由于整个装置抽真空，因此即使搅拌速度较快，产品中也不会出现汽泡，可使乳化过程快速而完全地完成，同时由于负压，产品不含气泡，也便于产品的灌装、计量和长期保存。

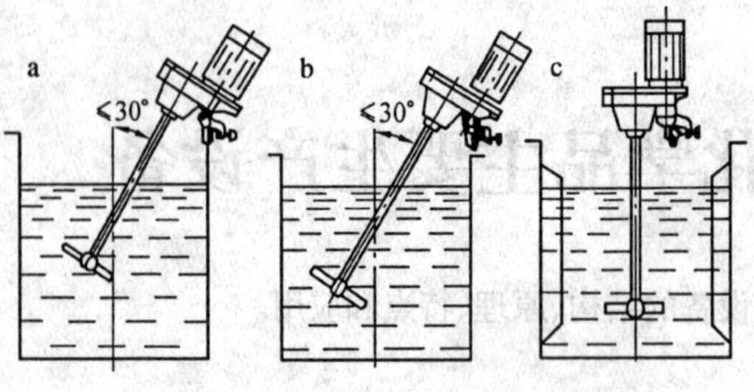

图 8.2　轻便型搅拌器的固定示意图

a—倾斜地固定在搅拌罐的壳体上；b—倾斜地固定在辅助结构上；c—垂直的固定在辅助结构上

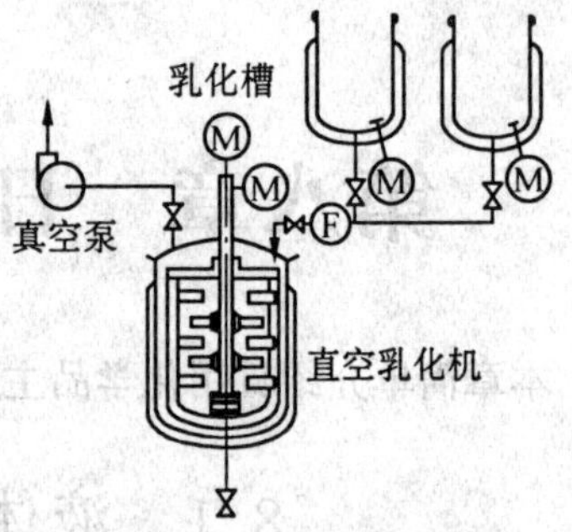

图 8.3　真空乳化搅拌装置

8.1.2　搅拌器

对于搅拌液态介质的搅拌釜来讲，搅拌器是其主要元件之一。搅拌器可分为高速和低速两大类。高速搅拌器是指在湍流状态下搅拌液态介质的搅拌器，适宜于低粘度液体的搅拌，比如叶片式、螺旋桨式和涡轮式搅拌器。低速搅拌器是指在滞流状态下工作的搅拌器，适宜于高粘度流体和非牛顿型流体的搅拌，比如锚式、框式和螺旋式搅拌器。

8.1.2.1　叶片式搅拌器

叶片式搅拌器是最简单的一种搅拌器。叶片由金属平板制成，一般为 2～4 片，总长约为搅拌釜内径的 1/3～2/3，通常叶片和旋转平面成 45°倾角称桨叶式搅拌器，若叶片和旋转平面垂直，则称其为直叶片式搅拌器，如图8.4所示。若轴套上焊三个平板叶片，且每个叶片和搅拌器旋转平面成 24°倾角，则称其为三叶片式搅拌器，如图 8.5 所示。倾斜角的存在，有利于被搅拌液体的轴向流动。

叶片式搅拌器的转速不太高，对流体的搅动程度不激烈，若液层较深时，可以在搅拌轴上安装数排叶片。由于叶片式搅拌器结构简单，制造方便，故应用广泛。

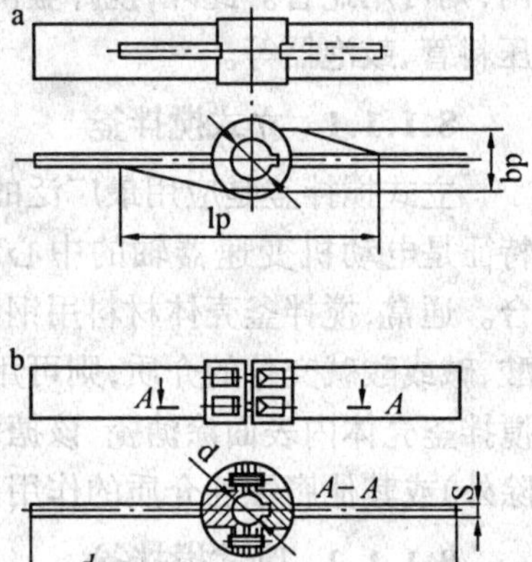

图 8.4　叶片搅拌器

a—不可拆的结构；b—可拆的结构

8.1.2.2　螺旋桨式搅拌器

螺旋桨式搅拌器与飞机和轮船用的螺旋桨式推进器的形状相同，如图 8.6 所示，其特征是在直径 d_{BT}上叶片倾斜角 β 大于直径 d_M 上的叶片倾斜角 α。叶片也可以做成机翼形状，如图 8.7。由于叶片和旋转平面构成倾斜角，故当桨叶高速转动时(最高可达 300 $r \cdot min^{-1}$)，由于螺旋桨的推进作用，使液体在搅拌罐中心附近向下流动，而在靠近壁面处向上流动，形成一个上、下间激烈的流体循环运动，如图 8.8 所示，所以搅拌效果较好，被广泛用于要求剧烈搅拌的场合。

8.1.2.3　涡轮式搅拌器

涡轮式搅拌器有多种形式，最简单的一种形式是在一水平圆盘上，沿圆周均匀固定六块平板叶片，这种形式称为开启叶片式涡轮搅拌器，也可用轮盘盖上叶片，做成闭式结构，称闭叶片涡轮式搅拌器，如图 8.9(a)和(b)所示。

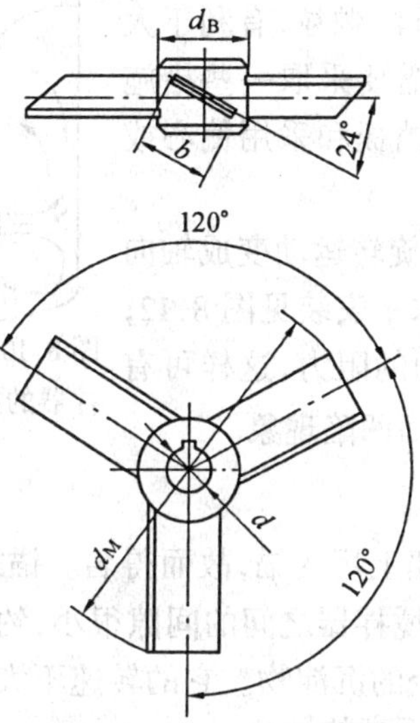

图 8.5　三叶片式搅拌器

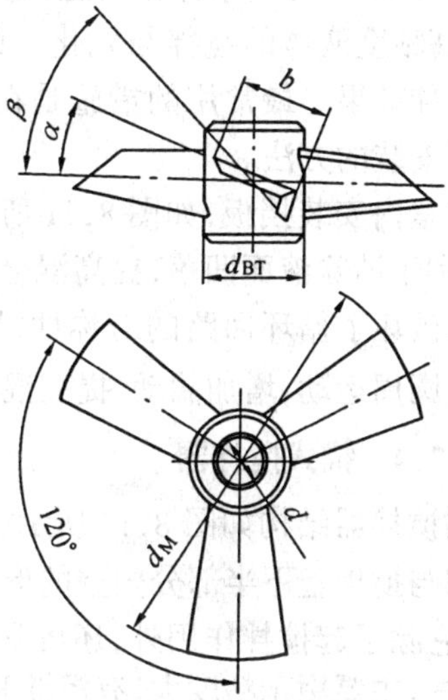

图 8.6　螺旋桨式搅拌器

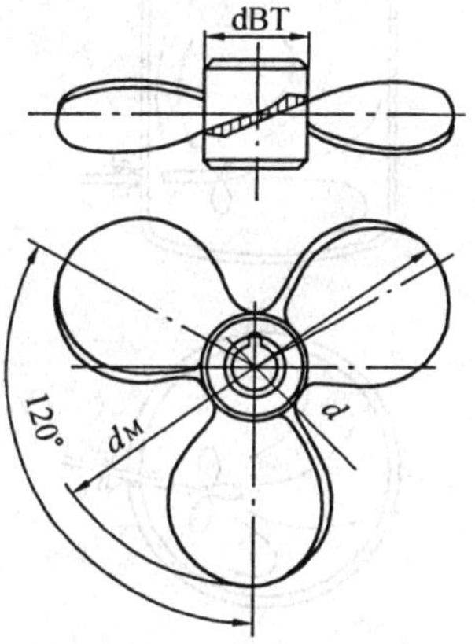

图 8.7　具有机翼形叶片的螺旋桨式搅拌器

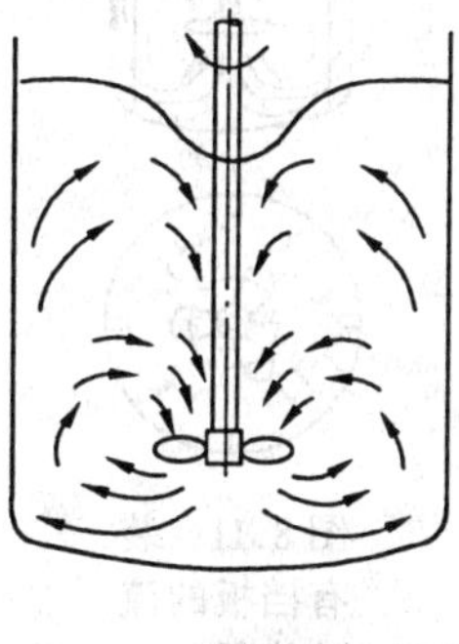

图 8.8　螺旋桨式搅拌器的搅拌状态

(a) 开启叶片涡轮式　　(b) 闭叶片涡轮式

图 8.9　涡轮式搅拌器

涡轮式搅拌器的作用和结构类似于离心泵。当轮叶以高速旋转时，液体由轮心吸入，同时借离心作用由轮叶间通道沿切线方向抛出，从而造成液体的激烈搅拌，如图 8.10 所示。它适宜于处理大量液体的搅拌，能搅动 4 ~ 6 m^3 的液体，还能将含固体达 60w% 的沉淀物搅拌起来。与螺旋桨式相比，涡轮式搅拌器所造成的总体流动回路较为曲折，出口的绝对速度很大，桨叶外缘附近造成激烈的旋涡运动和较大的剪切力，可将液体微团分散得更细。但涡轮搅拌器在搅拌釜内有两个回路,对易于分层的物料不太适合。一般可将它装于底部,使径向液体折向上,卷起沉于底部的沉淀颗粒,有利于大容量、较高粘度液体的搅拌与乳化。此外,也可根据需要采取一些措施来改善搅拌效果。最常用的措施是在搅拌釜内安装挡板和采用偏心或偏心倾斜安装的方法。

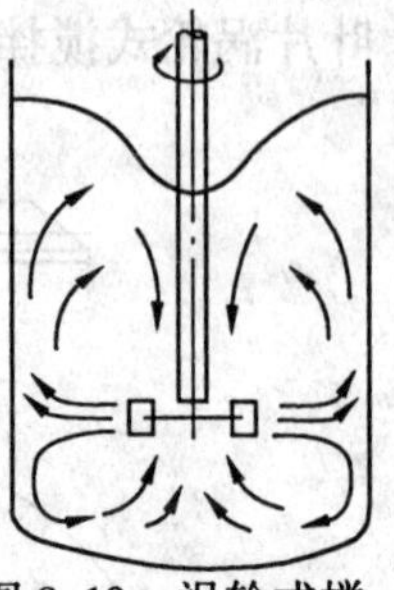

图 8.10　涡轮式搅拌器的搅拌状态

搅拌釜内安装挡板,如图 8.11 所示,可将液体的旋转运动变成轴向运动,有利于消除液面凹落,提高混合效果。而偏心水平安装见图 8.12,其作用是破坏了循环回路的对称性,增加了旋转运动的阻力,这样可有效地阻止圆周运动,增加湍动,提高混和效果,清除液面凹陷现象。

8.1.2.4　锚式搅拌器

锚式搅拌器结构如图 8.13 所示,其外形很像轮船上用的锚,故而得名。锚式搅拌器的总体轮郭与搅拌釜下半部分内壁的形状一样,内壁与搅拌器之间的间隙很小,约为 5 mm 左右,所以它除了起搅拌作用外,还可刮去搅拌釜器壁上的沉淀物。它的转速不大,约为 15～80 $r \cdot min^{-1}$,主要用于粘度大、有沉淀和搅动程度要求不高的场合。

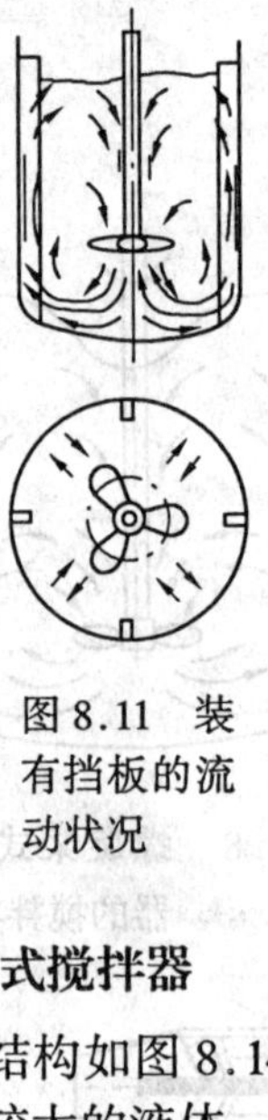

图 8.11　装有挡板的流动状况

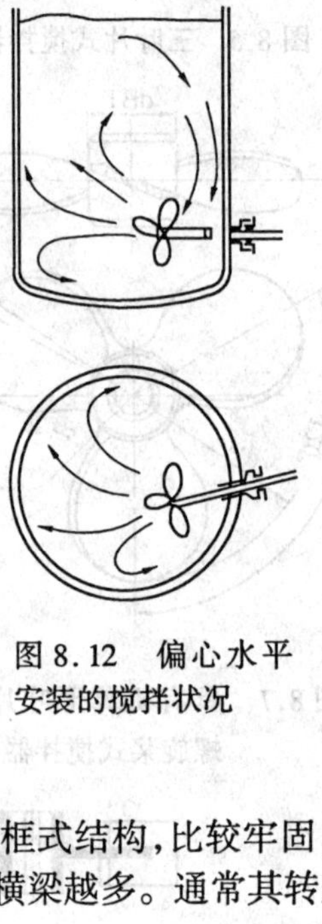

图 8.12　偏心水平安装的搅拌状况

8.1.2.5　框式搅拌器

框式搅拌器结构如图 8.14 所示。由于搅拌器为刚性框式结构,比较牢固,可搅动较大量的物料和粘度较大的液体。液体的粘度越高,则中间的横梁越多。通常其转速较低,大体上与锚式搅拌器转速相同。

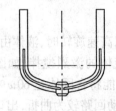

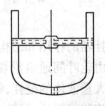

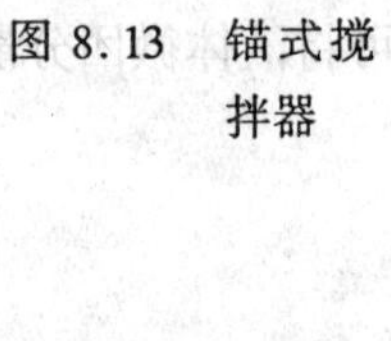

图 8.13　锚式搅拌器

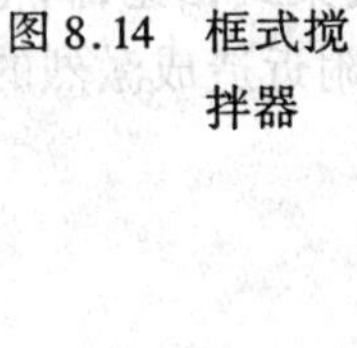

图 8.14　框式搅拌器

8.1.2.6 螺旋式搅拌器

螺旋式搅拌器是在轴上焊上螺旋形平板叶片而构成，如图 8.15 所示，它适用于高粘度流体的搅拌，转速较低。

此外，还有一种慢速搅拌器是螺带式搅拌器，如图 8.16 所示，它是在一根垂直轴上等距地装设一些圆柱形轮毂，然后在每一个轮毂上焊接两个圆柱形径向支撑杆，在径向支撑杆外端接两条螺带叶片而构成。由于螺带叶片使物料上下翻动、混合，因此它适宜于搅拌粘度很大的流体及带有较多固体粉料的混合物。

上述六种搅拌器，如果按叶片形状来分，实际上只有三种，其中叶片式、锚式和框式应统称为浆式均质搅拌器，螺旋浆、螺旋式和螺带式应称为螺旋式均质搅拌器和涡轮型均质搅拌器。

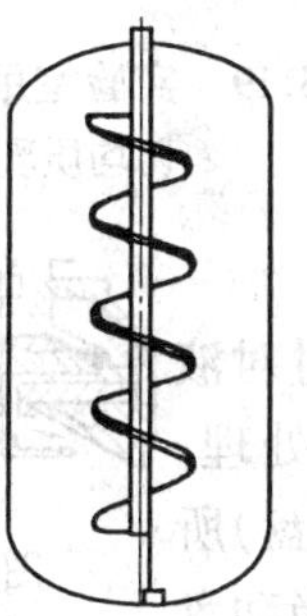

图 8.15　螺旋式搅拌器

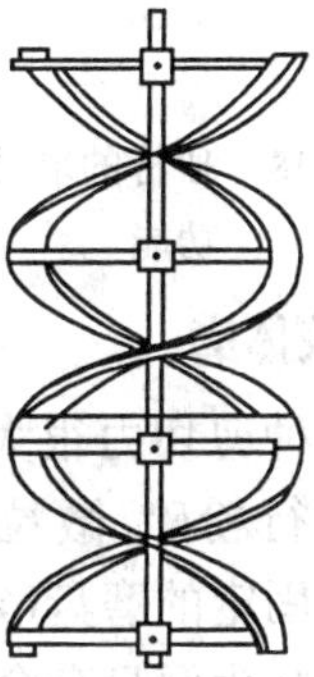

图 8.16　螺带式搅拌器

8.1.3 均质乳化搅拌设备

8.1.3.1 高剪切均质机

高剪切均质机是一种具有较强剪切、压缩和冲击等作用的高效搅拌机械，主要应用于液体的乳化、固、液二相物料的粉碎、均质分散，混合，如图 8.17 所示。其结构为一对精密配合的定子、转子及相应的特殊结构，转轴与转子之间通过三根筋条相连接。当转子以 1 000～10 000 $r \cdot min^{-1}$的速度做高速旋转时，由于在转子的上、下两边产生压力差而使物料被吸入到筋条与转子之间形成的空间，随转子的高速转动，物料受离心力作用而被迫从转子的小孔内进入到转子与定子之间的高剪切区。由于受到由高速旋转的转子通过定子所产生的强力剪切、压缩、混合和冲击等的共同作用，物料可在极短的时间内被均匀地混合、乳化与分散，然后从定子中甩出。图 8.18 为高剪切均质机的搅拌状态，图 8.19 为实验室用的高剪切均质机。

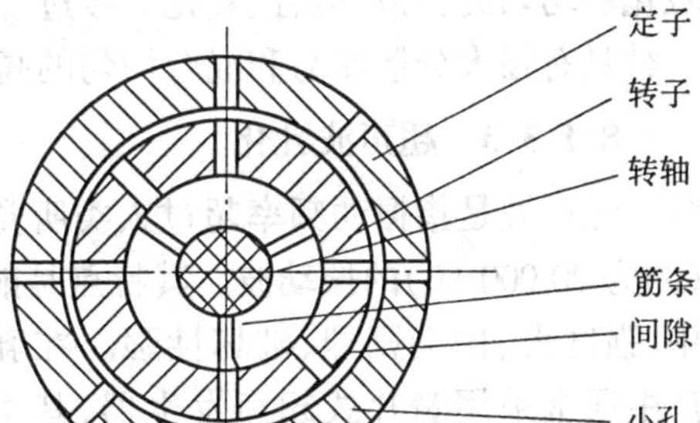

图 8.17　高剪切均质机工作原理结构图

图 8.18　独特的乳化均质功能

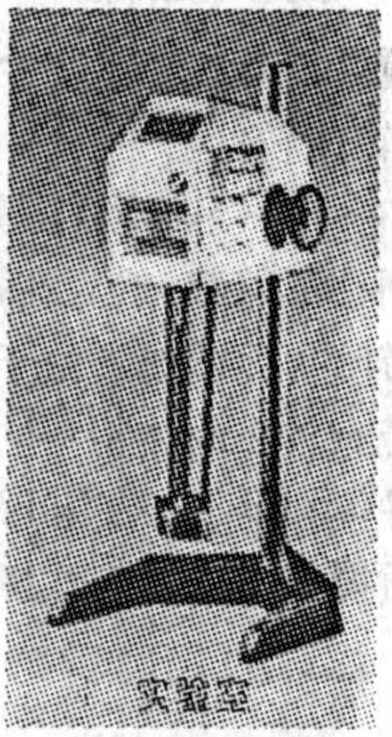

图 8.19　实验室用高剪切均质乳化机

8.1.3.2　胶体磨

图 8.20　胶体磨

胶体磨是一种剪切力很大的乳化设备，可以迅速地同时对液体、固体、胶体进行粉碎、微粒化及均匀混合、分散、乳化等处理。其主要部件为一固定的磨盘(定盘)和一高速旋动的磨盘(动盘)所组成。磨盘的形状为两只套合的截锥体，如图 8.20 所示。当动盘以 1 000 ~ 10 000 $r \cdot min^{-1}$的转速高速旋转时，物料被迫通过定盘和动盘之间大约 0.025 mm 的间隙，此间隙大小可以调节。由于动盘高速旋转，因此动盘通过定盘对经过动盘和定盘间隙的物料在极短的时间内进行强力的剪切、研磨、混和、冲击，从而使物料被迅速地粉碎、微粒化和均匀的分散、混合、乳化。经过处理的物质细度可以达到 0.01 ~ 5 μm，所以胶体磨是一种具有强大分散能力和混合均匀的高效乳化设备，可以制得相当稳定的乳液。

8.1.3.3　超声波乳化

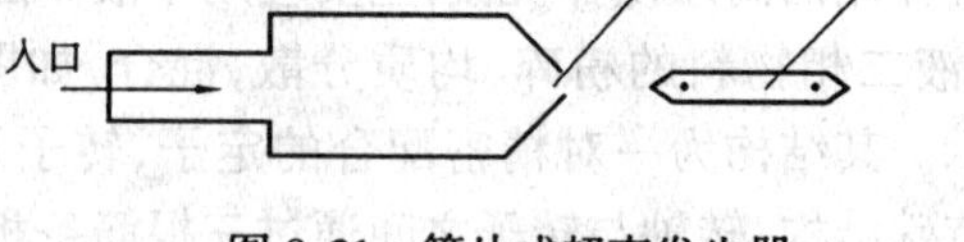

图 8.21　簧片式超声发生器

超声波是指振动频率超过人类听觉上限(约为 20 000 Hz)的振动波。其特点是能量集中、强度大、振动剧烈、破坏性强。在乳剂生产中通常采用簧片式超声发生器，其主要部件为较狭的矩形喷嘴缝隙和与之相对的两端呈尖劈形状的平板(或单面刀片)振动元件，如图 8.21 所示。当油水混和液以一定的压力冲击尖劈刃口时，在尖劈刃口附近就产生强大的振动，其强度足以使油水两相在短时间内进行强烈的混和、分散和乳化。粗制的乳液经过数次循环，可以得到相当稳定的乳液。即使在无乳化剂存在的情况下，油水两相经过超声波乳化处理后也可达到数十天不分离。此外，由于超声波在液体内产生空穴作用，使液体内的微生物细胞受到破环，故也具有一定的杀菌消毒作用。

图 8.22 为簧片式液体超声乳化装置。油和水分别通过流量计按一定的比例流经齿轮泵，并以较高的压力从喷嘴喷出进行连续乳化，打开两容器中间的连通阀可进行多次循环乳化。

8.1.3.4 连续喷射式混合乳化机

连续喷射式混合乳化机由可旋转的锥形转体和固定的斗形筒体组成,如图8.23所示。这种混合乳化机可制成油包水型或水包油型的乳液,适用于制造乳状化妆品。

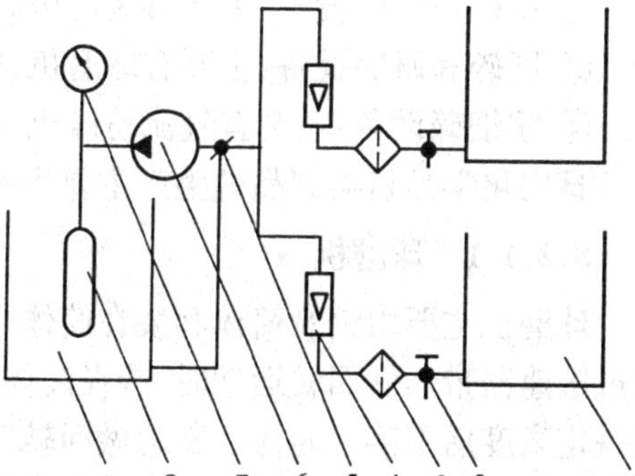

图8.22 超声乳化装置

1—油水加热器;2—阀;3—过滤器;4—转子流量计;5—三通阀;6—泵;7—压力表;8—超声波发生器;9—乳化锅

8.1.3.5 真空乳化机及其安装流程

真空乳化机在密闭的容器中装有搅拌叶片,在真空状态下进行搅拌和乳化,如图8.24所示。它配有两个带有加热和保温夹套的原料溶解罐,一个是溶解水相,另一个是溶解油相,都备有搅拌桨叶。这种设备适用于制造乳液化妆品。特别适用于制造高级化妆品时采取无菌配料操作使用的设备。

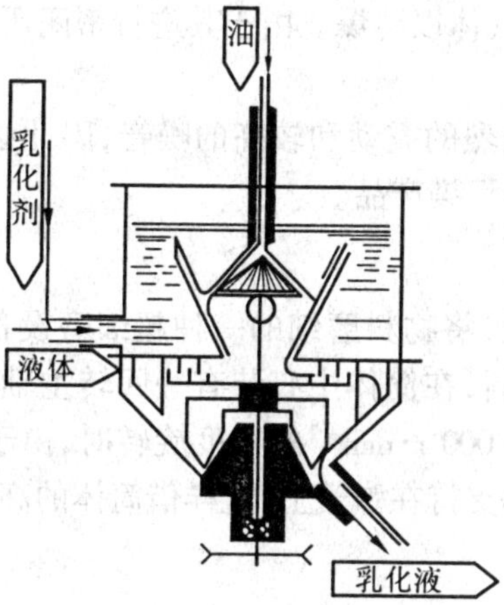

图8.23 连续喷射式混合乳化机

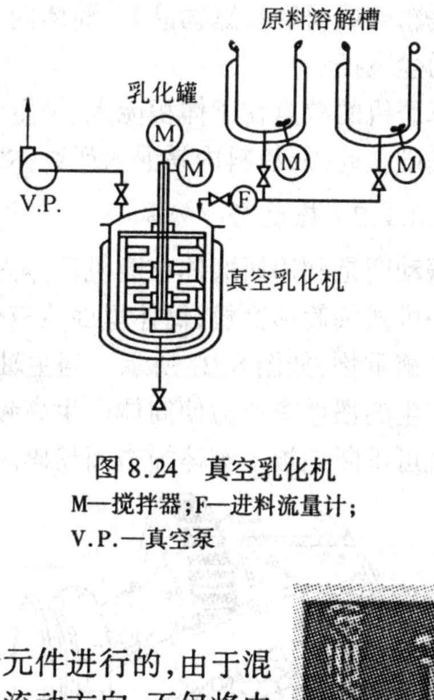

图8.24 真空乳化机

M—搅拌器;F—进料流量计;V.P.—真空泵

8.1.3.6 静态混合器

静态混合器的混合过程是靠固定在管内的混合元件进行的,由于混合元件的作用,使流体时而左旋时而右旋,不断改变流动方向,不仅将中心液流推向周边,而且将周边流体推向中心,从而造成良好的径向混合效果。同时流体自身的旋转作用在相邻元件连接处的界面上也会发生,从而达到乳化的目的。该设备无需动力,如图8.25所示。

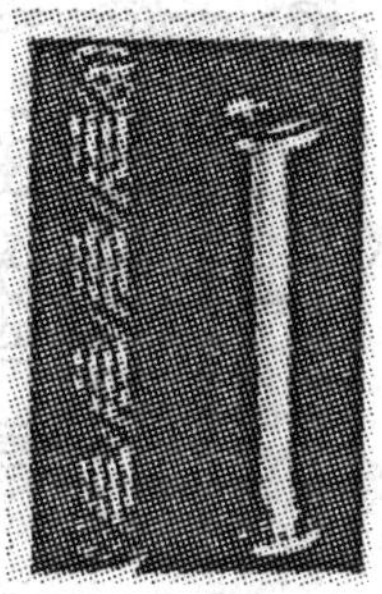

图8.25 静态混合器

8.2 粉类制品主要生产设备

8.2.1 粉碎设备

粉碎设备有很多种,一般可按被粉碎物料在粉碎前后的大小分为四类:

① 粗碎设备:典型的有颚式破碎机和锥形破碎机。

② 中碎与细碎设备:主要有滚筒破碎机和锤击式粉碎机。

③ 磨碎和研磨设备:主要有球磨机、棒磨机等。

④ 超细碎设备:主要有气流粉碎机、冲击式超细粉碎机等。

日用化学品粉类制品的生产主要用到研磨和超细粉碎设备。

8.2.1.1 球磨机

球磨机主要由钢制筒体和装在筒体内的研磨体组成,如图 8.26 所示。当筒体由电动机通过减速器带动做回转运动时,装在筒体内的研磨体由于和筒体的磨擦作用而被带着升高到一定高度后下落。筒体不断地做回转运动,则研磨体就被不断地升高和回落,结果使物料不断地在下落的研磨体的撞击力及研磨体与筒体内壁的研磨作用下而被粉碎。

球磨机的筒体有圆筒形、长筒形和圆锥形三种,均为卧式,分别称为圆筒球磨机、管形球磨机和锥形球磨机。而研磨体可以是球形,也可以是棒形或其他形状,前者称为球磨机,后者称为棒磨机。

球磨机的优点是可以进行干磨,也可以进行湿磨,其粉碎程度较高,可得到较细的颗粒,特别是粉碎或研磨易爆物品时,筒体内可以充惰性气体以防爆。由于其进行密闭研磨,故减少了粉尘飞扬。

球磨机的缺点在于体积庞大、笨重,运转时有强烈的震动和较高的噪音,因此必须有牢固的基础。此外,粉料内易混入研磨体的磨损物,会污染产品。

8.2.1.2 振动磨

振动磨是利用研磨体在磨机筒体内做高频振动,将物料磨细的一种超细磨设备。其结构为一卧式圆筒形磨机,筒体里面装有研磨球和物料,在筒体中心装有一回转主轴,轴上装有不平衡重物,如图 8.27 所示。当主轴以 1 500 ~ 3 000 $r \cdot min^{-1}$的速度旋转时,由于不平衡物所产生的惯性离心力使筒体产生高频振动。筒体支持在弹簧上,这样借筒体的高频振动,物料就可不断地被研磨体撞击而粉碎。

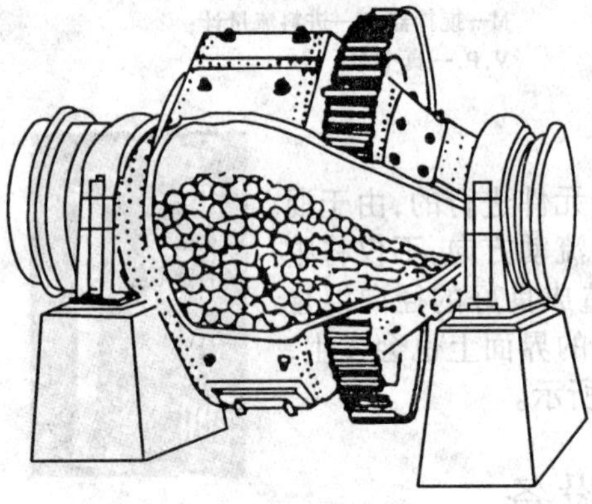

图 8.26 锥形球磨机

图 8.27 双筒式振动磨

8.2.1.3 微细粉碎机

微细粉碎机主要用来生产 200 ~ 300 目的超细粉末。当粉料通过送粉机械进入粉碎室后,由于室内装有特殊的齿形衬板,因此,在高速回转的大小叶轮带动下,粉料就可不断地受特殊齿形衬板的影响而发生相互撞击,产生微细的粉末。粉粒的细度一般可达到 5 ~

10 μm。

8.2.1.4 气流粉碎机

气流粉碎机结构如图 8.28 所示，它是利用高压气体从喷嘴射出形成高速流，从斜的方向向粉碎室内壁喷射，使粉碎室内的物料作高速旋转，造成物料粒子互相撞击，从而达到粉碎的目的。粉碎后的粉料通过旋风分离器，将粗粉送入粉碎室继续粉碎，细粉则进入收集器。通常气流粉碎机可以使物料粉碎到几个微米。

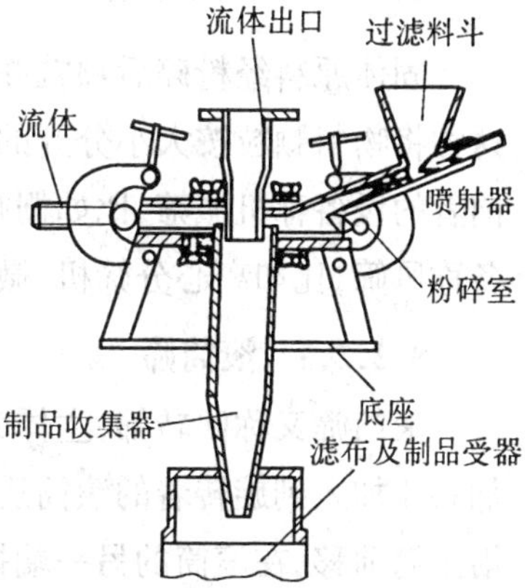

图 8.28 气流粉碎机

8.2.1.5 立式气流磨

立式气流磨也是利用高速气流，促使固体物料自行相互击碎的超细粉碎设备，如图 8.29 所示。物料自料斗 6 经过喷嘴喷射后进入粉碎管 2、3、4，高压气体从管道 10 进入喷嘴 5 射入粉碎管，由于高压气体在粉碎管内带动物料做高速旋转，因此物料就可在粉碎管内通过撞击、剪切而被粉碎。已粉碎的细粉在上弯管 2 排出进入旋风分离器 8 进行收集。立式气流磨可以制得粒度微细而均匀的成品，成品的纯度较高，且可以在无菌条件下操作，适宜于热敏性及易燃、易爆物料的粉碎。

8.2.1.6 冲击式超细粉碎机

冲击式超细粉碎机结构如图 8.30 所示，主要由叶轮、粗碎叶片、分级机构、定子和自身循环回路所组成。当物料进入粉碎机后，即受到高速旋转叶片的撞击及叶轮和安装在周围的定子之间的强力剪切而被粉碎。粉碎后的物料在充分分散的状态下通过分级机构进行分级，细粉被取出机外而粗粉则通过与供料口相通的自身循环回路进行再次粉碎。

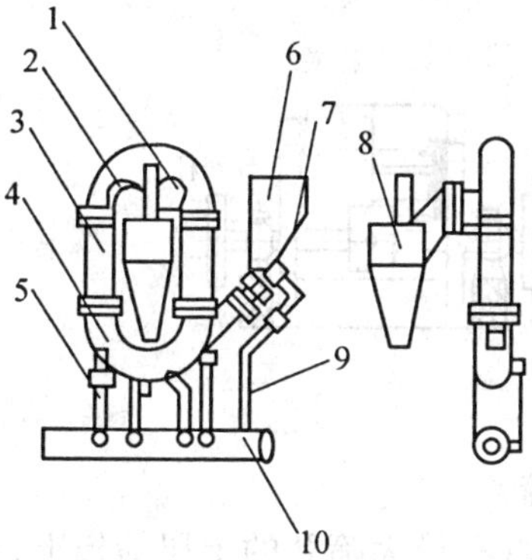

图 8.29 立式气流磨

1—粉粒出口；2—上弯管；3—直管；4—下弯管；5—喷嘴；6—料斗；7—加料喷嘴；8—旋风分离器；9—喷嘴气管；10—压力气体总管

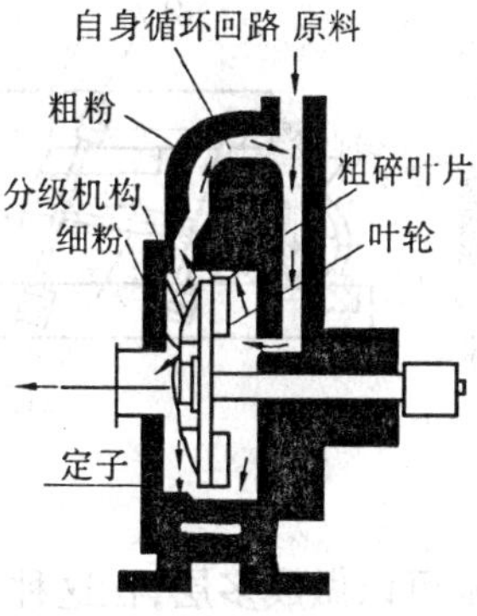

图 8.30 冲击式超细粉碎机

8.2.2 筛分设备

固体原料经粉碎后颗粒并非完全均匀,故需要将颗粒按大小分开才能满足不同的需要。这种将物料颗粒按大小分开的操作称为筛分。筛分可能用机械离析法,也可用空气离析法,前者的设备称机械筛,比如栅筛、圆盘筛、滚筒筛、摇动筛、簸动筛、刷筛及叶片筛;后者的设备称风筛,比如离心分筛机、微粉分离器。

8.2.2.1 滚筒筛

滚筒筛又称回转筛,主体为稍作倾斜的滚筒,筒面上为筛网,如图 8.31 所示。当物料经加料斗加入到旋转着的滚筒后,其中的细料即可穿过筛孔排出作为成品落入料仓,而粗料则沿滚筒前移,在滚筒的另一端排出,重新进粉碎机粉碎。

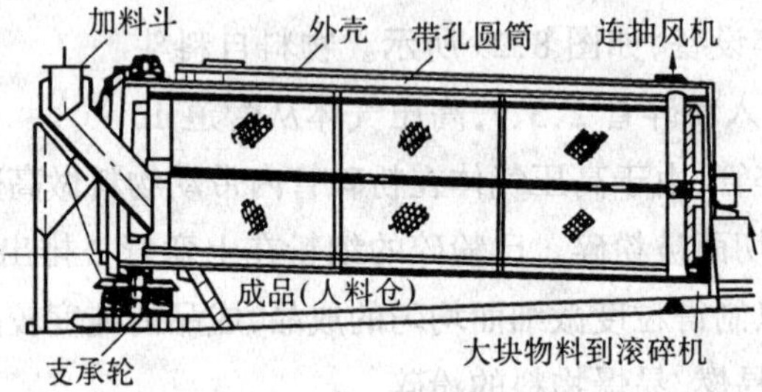

图 8.31 圆筒形的滚筒筛

8.2.2.2 摇动筛

摇动筛如图 8.32 所示,筛子水平或倾斜放置,通过连杆和偏心轮相连接。当电动机带动偏心轮转动时,偏心轮即通过连杆摇动筛子,使筛子做往复运动。筛上的物料中,可筛过物经筛孔落到下方,而未筛过物则顺筛移动,落到粉碎机中。

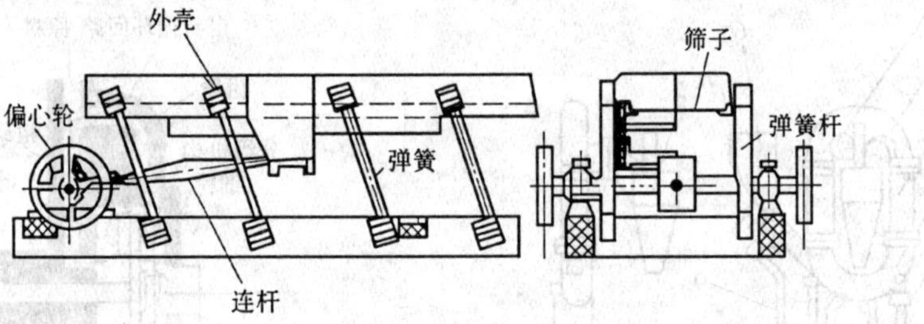

图 8.32 摇动筛

摇动筛可以做成多层,在这种筛中,物料先加入具有最大筛孔的上层筛板上,未筛过的大块物料由此筛层分出,筛过物料则落到下层筛板上。下层筛板上的筛孔较小,这层的筛过物又落到下层更细筛孔的筛板上。依次类推,即可同时筛分出颗粒大小不同的若干种产品。因此摇动筛是一种效率很高的筛分设备,广泛应用于细物料的筛分。

8.2.2.3 簸动筛

簸动筛由外壳、筛子和振动机构组成。外壳的支承为弹性支承,筛网略呈倾斜。由于振动机构引起筛子上下簸动,使进入到筛子上的物料也做上下颠簸的运动,这样就可以使细料通过筛子下落而未筛过物则逐渐沿着筛面向前移动到筛的另一端,重新进入粉碎机粉碎。由于振动物料颗粒不易堵塞筛孔,故其筛分效率较高。

8.2.2.4 刷筛

刷筛结构如图 8.33 所示,是一个 U 字形容器,在容器的底部装一固定的半圆形金属筛网,容器两端侧面的圆心上有两个轴承座,其上安装一支转轴,轴上安装有交叉的毛刷,毛刷紧贴金属筛网,容器盖上有一加料斗。当毛刷以 30 ~ 100 $r \cdot min^{-1}$的速度旋转时,渐渐将粉料从加料斗加入到容器内,由于毛刷紧贴着筛网做回转运动,因此,筛网上的物料就可按粗细不同被筛分,筛过物即为产品,未筛过物重新去粉碎。

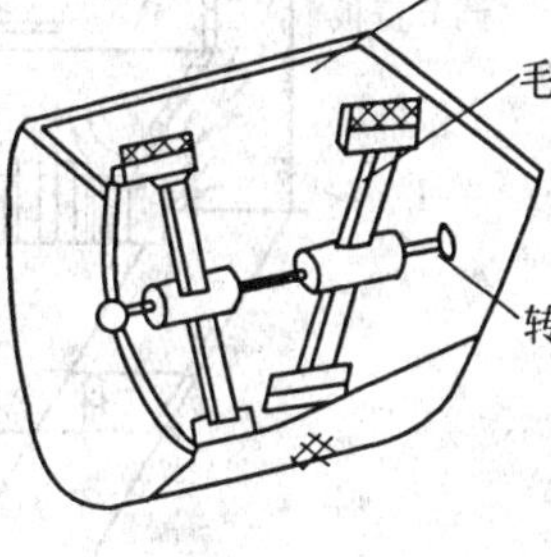

图 8.33 刷筛

8.2.2.5 叶片筛

刷筛的生产效率较低,为提高效率,可将安装在轴上的毛刷改为叶片,而轴的转速提高到 500 ~ 1 500 $r \cdot min^{-1}$,此即为叶片筛。操作时粉料在叶片离心力的作用下通过金属筛网,故生产效率较高。但由于叶片筛有大量的风排出,故易造成环境污染。

8.2.2.6 离心风筛机

离心风筛机主要由两个同心圆的锥体组成,内锥体中心轴上装有圆盘、离心翼片及风扇,如图 8.34 所示。被粉碎物料从上部加料口进入,落到迅速旋转的圆盘上,借离心力将粉状物料甩向四周。圆盘四周有上升气流将粉状物料吹起来,使细粉浮动,而粗颗粒因离心力大而碰到内锥筒壁落下,中等颗粒的物料浮起不高,遇到旋转着的离心翼片,被带着向内锥筒壁运动,撞到内锥筒壁而下落,从粗料出口管流回粉碎机或其他容器内。能够浮动到离心翼片以上的细料,则随气流被风扇吹送到内外锥筒的夹层中,在这里空气速度骤减,从下端的细料出口处排出。与细料分离的空气经倾斜装置的折风叶重新进入内锥筒内。

通常在内锥筒的上端周围装有调节盖板,通过伸缩盖板、增减离心翼片数目及倾斜度或变更主轴的转速等都可调节物料被分离的粗细程度。一般分离细料时,离心翼片可多至 48 个,最少为 6 个;而分离粗料时,有时可以不用离心翼片。

8.2.2.7 微粉分离器

微粉分离器也是利用空气流使物料的颗粒能够粗细分离的设备,其结构如图 8.35 所示。含有粉尘的气流从底部进料管 1 送入分离室 5,室内装有一具有电动机驱动的转子,转子支承于转轴 12 上,并以高速旋转。当含粉气流穿过转子时,悬浮的粉料受到转子的离心力作用而改变运动方向,沿筒壁 5 下降至出口 7 的锥面上时,被进风管 8 的旋转气流再次提升夹带下细粉,从而提高了分离效果,不符合细度的粉末则通过集粉管 4 从排粉口 13 排出。

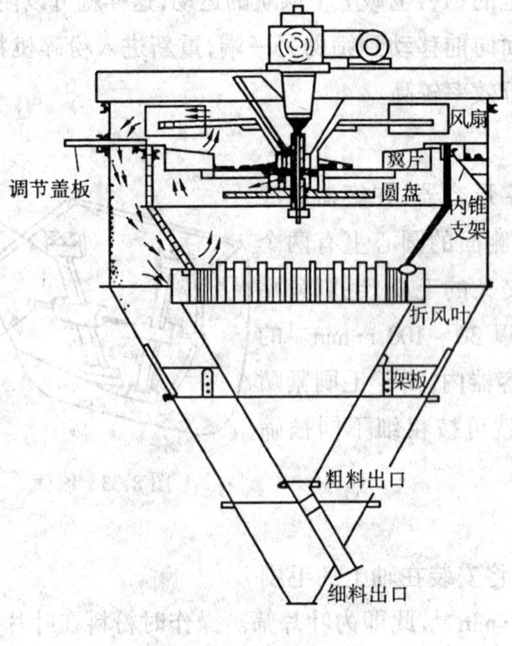

图 8.34　离心风筛机

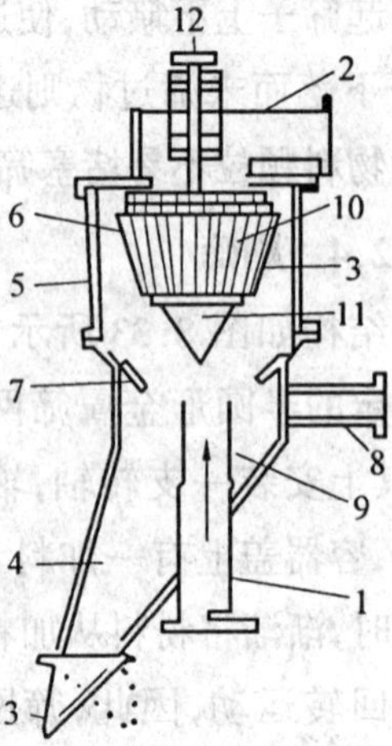

图 8.35　微粉分离器

1—进料管；2—排风管；3—转子；4—集粉管；5—分离室；6—转子上的空气通道；7—节流环；8—二次风管；9—喂料位置调节环；10—扇片；11—转子锥底，12—转轴；13—活络排粉口

8.2.3　混合设备

混合设备主要用于固体与固体的混合操作。

8.2.3.1　滚筒型混合机

滚筒型混合机是通过滚筒的转动而将筒内的物料进行混合的设备。这种设备结构简单，适宜于干粉的混合，如图 8.36 所示。

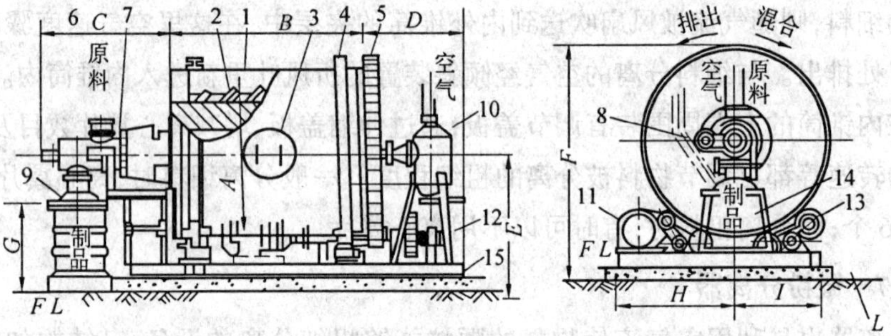

图 8.36　滚筒型混合机结构

1—滚筒；2—搅拌叶；3—人孔；4—轮箍；5—滚筒齿轮；6—螺旋送料器；7—螺旋送料器用齿轮；8—离合器；9—集尘盖；10—分离器；11—齿轮传动马达；12—传动轴；13—支撑滚轮；14—推力轮；15—机座

8.2.3.2 V型混合机

V型混合机是由两个圆形筒组成的V形混合筒,如图8.36所示。由于V型混合筒不断回转,发生重力和离心力的作用,故筒内被混合的物料沿着交叉的两个圆筒移动,从而在V型筒的尖端地方重复冲撞、混合。这种设备适用于干粉的混合。

与V型混合机混合原理相似的另一种混合机为双圆锥形混合机,如图8.37所示,同样它也适宜于干粉的混合。

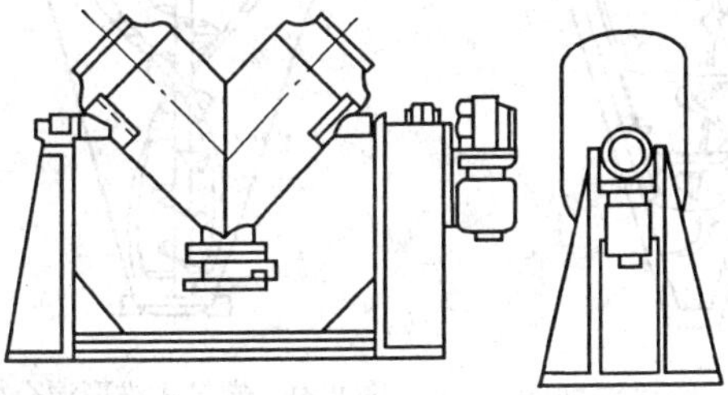

图8.36 V型混合机

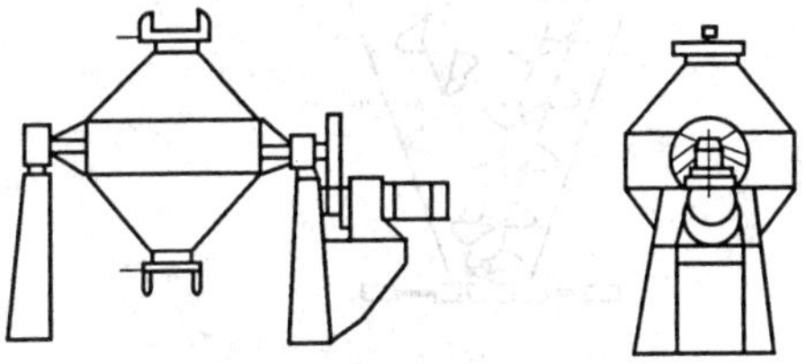

图8.37 双圆锥形混合机

8.2.3.3 带式混合机

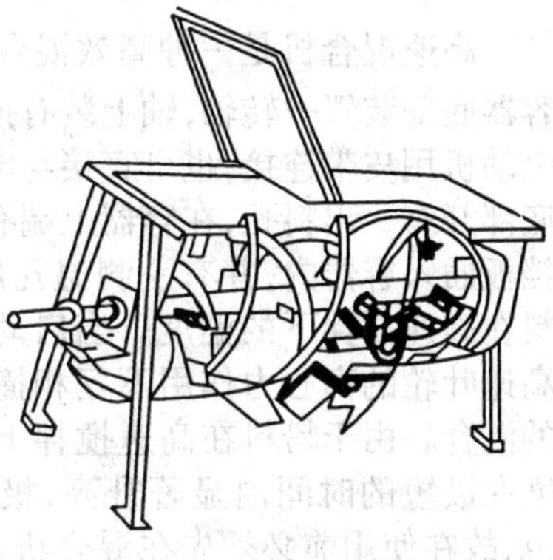

图8.38 带式混合机

带式混合机结构如图8.38所示,其主体是一个金属制成的U形水平容器,中心装置是回转轴,在轴上固定两条带状螺旋型的搅拌装置,两螺旋带的螺旋方向相反。当中心轴旋转时,由于反向螺旋的作用,粉料向左右移动、上下翻动进行充分混合,在U形容器的底部开有出料口,粉料可以在搅拌后放出。在某些特殊需要的场合,U形容器可以做成夹套,进行加热或冷却。容器也可抽真空,进行真空拌粉等操作。通常混合器的装载量为U形容器体积的$40\varphi\%\sim70\varphi\%$,拌粉轴的转速为$20\sim300\ \mathrm{r\cdot min^{-1}}$。

8.2.3.4 双螺旋锥形混合机

双螺旋锥形混合机结构如图8.39所示,其外形为一圆锥筒,筒内装有两支不等长的螺旋搅拌器,搅拌器依锥体做公转和自转运动。公转速度为$2\sim3\ \mathrm{r\cdot min^{-1}}$,自转速度为$60\sim70\ \mathrm{r\cdot min^{-1}}$。粉料在搅拌器的公转和自转作用下,做上下循环运动和涡流运动,如图8.40所示。因此可以在较短的时间内得到高度混合的粉料,其功效为滚筒式混合机的10倍左右,是目前混合功效较好的一种混合设备。

8.2.3.5 螺带式锥形混合机

螺带式锥形混合机的结构如图8.41所示,其搅拌器采用螺旋搅拌器和外部螺带式锥形搅拌器相组合的形式。搅拌时,可以造成粉料的剪切、错位、扩散、对流等全方位的运动,从而获得均匀混合物。它也是目前混合效果较好的混合机之一。

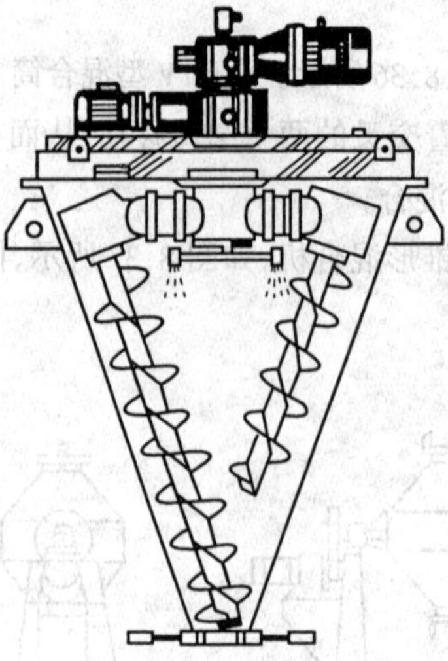

图 8.39　双螺旋锥形混合机

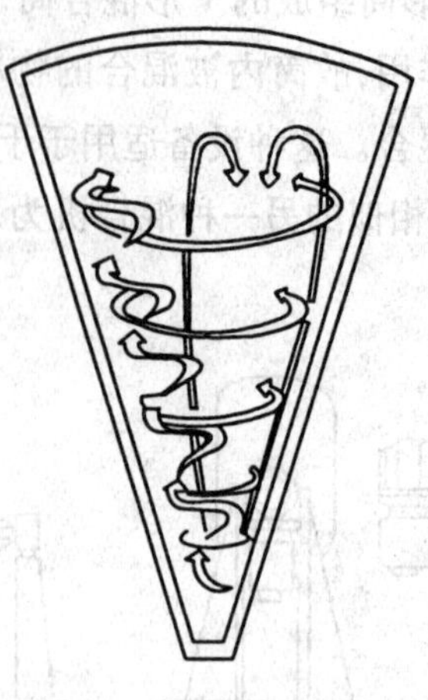

图 8.40　粉料运动图

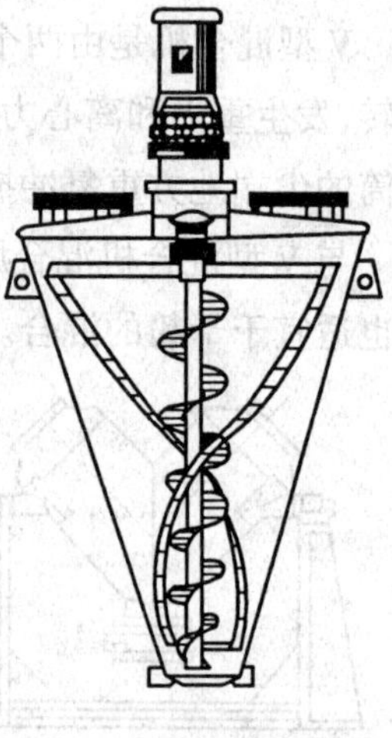

图 8.41　螺带式锥形混合机

8.2.3.6　高速混合机

高速混合机是一种高效混合设备,结构如图 8.42 所示。它具有一圆筒形夹壁容器,在容器底部装置一转轴,轴上装有搅拌桨叶,转轴可与电动机用皮带连接,也可直接与电动机连接,在容器底部开有一出料孔,在容器上端有平板盖,盖上有一挡板插入容器内,并有一测温孔用以测量容器内粉料在高速搅拌下的温度。当启动电动机后,粉料在高速叶轮的离心力作用下互相撞击粉碎,进行充分的混合。由于粉料在高速搅拌下运动,因此粉料温度在极短的时间内显著升高,极易使粉料变质、变色,故在使用前必须先在混合机夹层内通入冷却水进行冷却,同时在运动时也须经常观察温度的变化。该混合机可在真空下操作,也可在小于 245.5 kPa 的压力下操作,一般其适宜的装载量为容器容积的 60%~70%,叶轮的转速控制在 500~1 500 $r \cdot min^{-1}$ 之间。

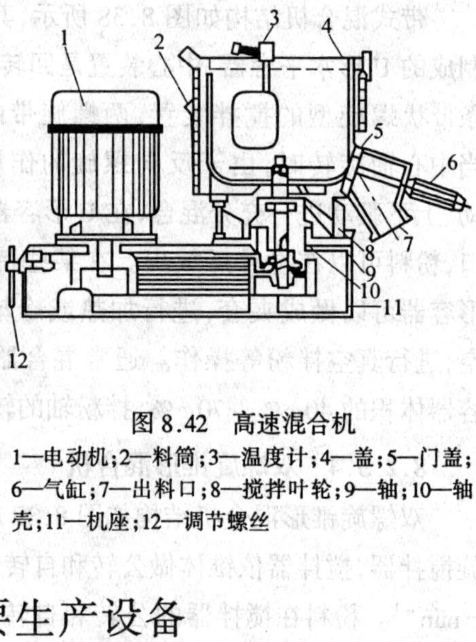

图 8.42　高速混合机

1—电动机;2—料筒;3—温度计;4—盖;5—门盖;6—气缸;7—出料口;8—搅拌叶轮;9—轴;10—轴壳;11—机座;12—调节螺丝

8.3　膏霜类制品主要生产设备

8.3.1　捏和设备

固体物料和少量液体物料的混合或固体物料与粘稠液体物料的混合操作称为捏和。由于所处理的物料基本上都是非牛顿型流体,所以需要通过强有力的捏和作用,才能使物料不断地被剪切、压延、折合,产生连续变形,从而达到较好的混合效果。

8.3.1.1　双腕式捏和机

双腕式捏和机的结构主要由两个腕形叶片组成。当捏和机操作时,两个腕形叶片以相反的方向旋转，从而使物料进行充分的捏和。腕形叶片的形状有很多，典型的两种形式如图8.43所示，它们适用于半干燥、半塑性的物料和膏状物料的混合。

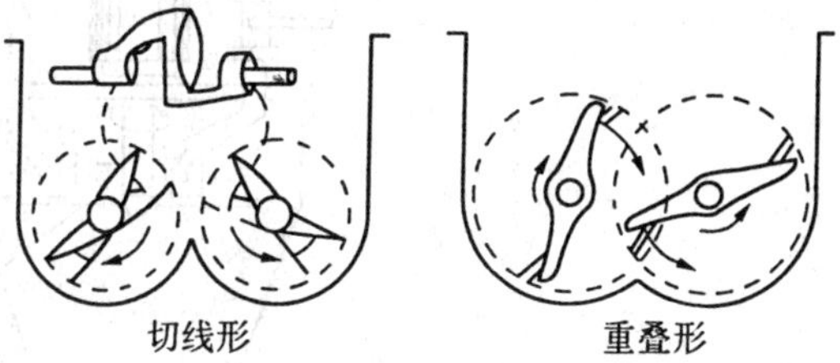

图8.43 双腕式捏和机的叶片形状

8.3.1.2 密闭式捏和机

密闭式捏和机是由混合箱和重量锤构成，如图8.44所示。在混合箱内装有两个特殊形状的叶轮，互相向相反的方向旋转，对物料进行捏和。混合箱的外部夹层通蒸汽加热或通冷却水冷却，在上部装有用压缩空气驱动的重量锤，将物料压入叶轮中间进行定时捏和，成品从底部的活动放料口排出。叶轮是空心的，可通蒸汽或冷却水以调节温度。它适用于高粘度物料的捏和。

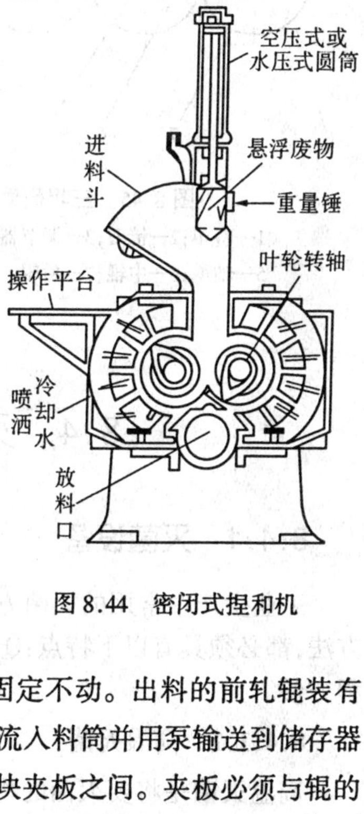

图8.44 密闭式捏和机

8.3.2 三辊研磨机

三辊研磨机主要用于牙膏、霜类产品的生产，其结构如图8.45所示。在铸铁的机架上装有三只不同转速的用花岗石制成的轧辊(也可用冷铸硬质合金钢的金属轧辊)。在辊轴的两端有大小变速齿轮，前后两轧辊在手轮的调节下可以前后移动以调整间隙，中间轧辊磨好的膏料沿着轧辊的位置固定不动。出料的前轧辊装有刮料刀片，可将研磨好的膏料沿着轧辊的表面刮除到料斗内，流入料筒并用泵输送到储存器内。需要研磨的膏料可以采用泵或人工送入后辊和中辊的两块夹板之间。夹板必须与辊的表面密合，以防止膏料向两端泄漏。膏料通过紧贴而旋转方向相反的轧辊以及两辊的速度差所产生的剪切力和研磨作用而获得细腻的膏料。

8.3.3 真空脱气设备

很多膏霜类产品在生产过程中不可避免地会混入很多空气，影响了产品的质量，为此需用真空脱气设备脱除此类产品中的气体。常用的真空脱气装置如图8.46所示，它是由一只圆锥形筒身和高速旋转的甩料盘组成。操作时，用抽气管(接真空泵5)排出筒内空气，以使筒内保持一定的真空度。物料从进料口1送入，在高速旋转的甩料盘的离心力作用下，呈薄膜料体被甩至筒壁，并沿着筒壁滑下，在此过程中料体内的空气被排除。经过脱气后的物料通过泵3从料口4排出。

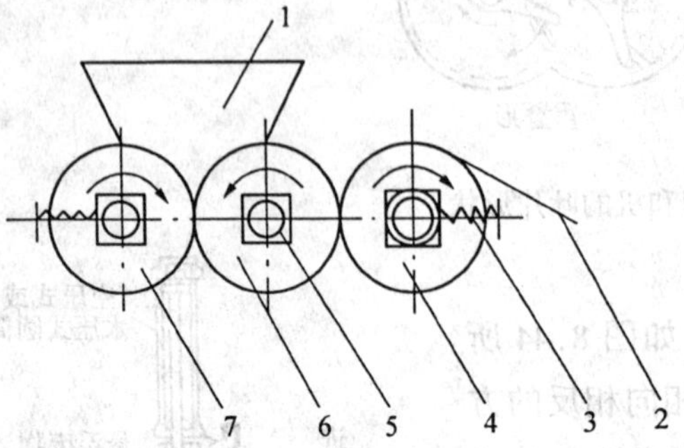

图 8.45　三辊研磨机

1—料斗；2—铲刀；3—调节器；4—前辊；5—轴承；6—中辊；7—后辊

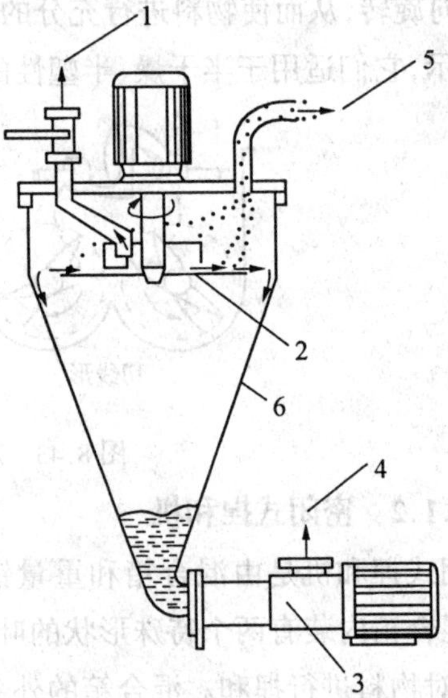

图 8.46　真空脱气装置

1—产品入口处；2—甩料盘；3—泵；4—产品出口处；5—真空泵；6—筒身

8.4　灭菌和灌装用主要生产设备

8.4.1　灭菌设备

工业生产中常用的灭菌方法有高温灭菌、紫外线灭菌及放射线灭菌。无论哪一种灭菌方法，都必须具有以下特点：① 高效有力的杀菌能力；② 低毒或无毒，安全可靠；③ 操作过程方便。

8.4.1.1　高温灭菌

高温灭菌是将要灭菌的物品装入密封性能较好的贮器(柜或烘箱)内，关闭好贮器，然后开蒸汽(或电源)以加热散热器，并用风机将贮器内的空气循环吹经散热器后使空气温度加热到 120℃左右，时间 60 min，也可达到灭菌效果。

8.4.1.2　紫外线灭菌

波长为 2 500 ~ 3 900 的紫外线具有很强的杀菌作用，如果我们把物料放入一封闭箱内用紫外线照射一定时间，就可达到灭菌的效果。生产上的紫外线灭菌也可采用连续式方法，即在移动的输送带上安装罩壳，罩壳进出口上用软性物质作垫子，由于臭氧几乎能吸收全部 2.9×10^{-7}m 的紫外线，故罩壳顶上用引风机将紫外线灯产生的臭氧排出。这样，紫外灯产生的紫外线就可对输送带上的物料进行灭菌操作。

8.4.1.3　气体灭菌

常用的灭菌气体主要有甲醛和环氧乙烷。由于两者都是易燃易爆气体，爆炸极限分别为 7% ~ 73%和 3.6% ~ 78%，故使用前须用二氧化碳气体稀释，以降低它们的易燃易爆性。

气体灭菌设备如图 8.47 所示。当物料送进灭菌器以后，关闭容器盖子，使其密封。然后开动真空泵，对灭菌器进行抽真空。当灭菌器达到完全真空后，通入灭菌气体环氧乙烷或甲醛，保持一定的压力（表压约为 19.64 ~ 98.2 kPa），并维持 1 ~ 2 h，即可达到灭菌效果。然后再用真空泵将灭菌器内的灭菌气体抽出并排入水槽内（环氧乙烷和甲醛均能溶于水），待抽尽后方可通入经过灭菌处理的空气，从而完成对物料的灭菌操作。

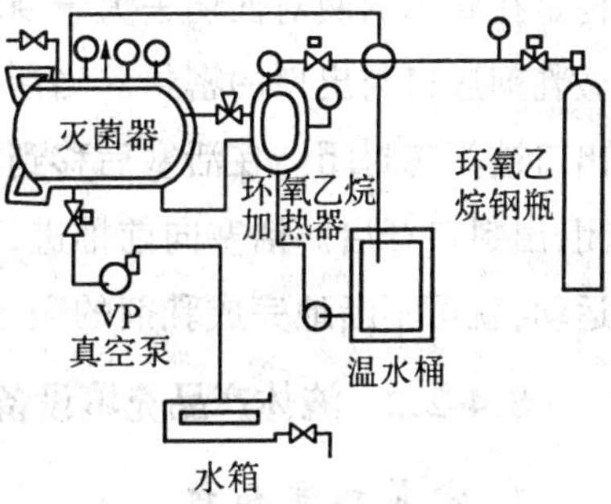

图 8.47　气体灭菌设备

8.4.1.4　放射线灭菌

放射线灭菌是将放射性物质（一般用钴 60）安装在特殊结构的容器内，灭菌时，只须将要进行灭菌的物品通过其照射即可达到灭菌的效果。

8.4.2　灌装设备

8.4.2.1　膏霜类产品充填设备

经常使用的有立式活塞式充填机和卧式活塞式充填机，它们主要是利用活塞在缸内产生的压差将乳剂吸入，产生的推力将乳剂送出，同时利用活塞的行程来控制容积的大小，达到对出料量的调节。

1. 立式活塞式充填机

立式活塞式充填机由缸体、活塞、颈圈、三角形阀与活塞杆相连成一体，如图 8.48 所示。当活塞杆向上移动时，三角形阀门同步地向上移动，此时三角形阀门与活塞之间的密封面开始分离，待阀门全部开启后，在活塞杆上固定的颈圈与活塞下端面接触，活塞开始被颈圈向上推进，乳剂通过阀门间隙流入缸体内。当活塞杆向下移动时，三角形阀门同步地向下移动，阀门与活塞接触密闭，活塞杆继续向下移动，则活塞被三角形阀门迫使下行，乳剂被压缩，迫使向外排出。活塞杆往复一次，即完成一次乳剂吸入与排出的工作循环。

2. 卧式活塞式充填机

卧式活塞充填机由一卧式缸体、活塞及旋转阀门组成，如图 8.49 所示。旋转阀门的结

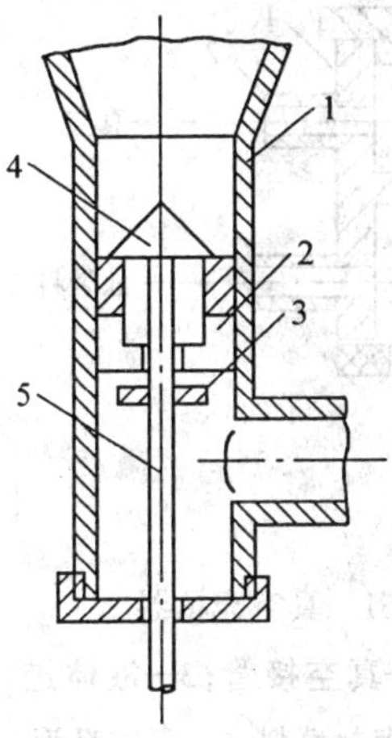

图 8.48　活塞式充填机

1—缸体；2—活塞；3—颈圈；
4—三角形阀；5—活塞杆

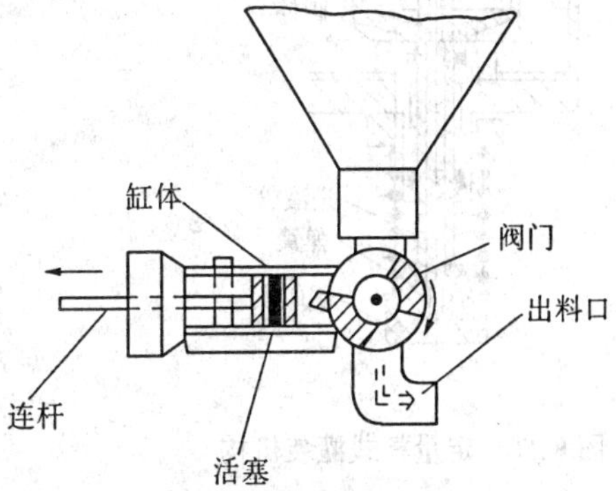

图 8.49　卧式活塞式充填机

构是在阀芯的两对面切去大于90°的槽面，用做乳剂的进出通道。而未被切去的部分，则用做乳剂进口与出口的密封。当活塞向后移动时，乳剂通过阀芯的槽被吸入到缸体内，此时排出口被阀芯封闭。在活塞后移到将近终点位置时，阀芯迅速地转动90°，则进料口被阀芯封闭，出料口开启。活塞向前推进，乳剂被压缩，并通过阀芯槽向出口排出。如此不断地往复运动，就可不断地完成乳剂的吸入和排出，使充填工作连续进行。

8.4.2.2 液体产品充填设备

1. 定量杯充填机

定量杯充填机结构如图 8.50 所示。在充填器下面设有灌装瓶时，定量杯由于弹簧的作用而下降，浸没在贮液柜中，此时定量杯内充满液体。当瓶子进入充填器下面后，瓶子向上升起，上升机构用凸轮或压缩气缸均可，此时瓶口被送喇叭口内，压缩弹簧，使定量杯上升超出液面。这时杯内的液体通过容量调节管进入到阀体的环形槽内，由于进液管的上下两段是隔开的，因此在下段管子上的小孔进入阀体的环形槽内后，液体方可进入进液管的下段流入瓶内，瓶内空气则由喇叭口上的排气孔中逸出。定量杯中的容量增减，是通过调节容量调节管的高低以调节容量杯内液体的容量。

2. 真空充填器

真空充填器结构如图 8.51 所示，主要由壳体、真空接管、液体进入管接口、密封填料和真空吸管组成。当瓶口与密封填料接触密封后，瓶内的空气通过真空吸管从真空接管抽出，瓶内减压，这样就使液体在大气压力的作用下，液体进入管并送入瓶内。瓶内液面的灌装高度，可由真空吸入管的长度调节控制。多余的液体可通过真空吸管流入中间容器内回收。

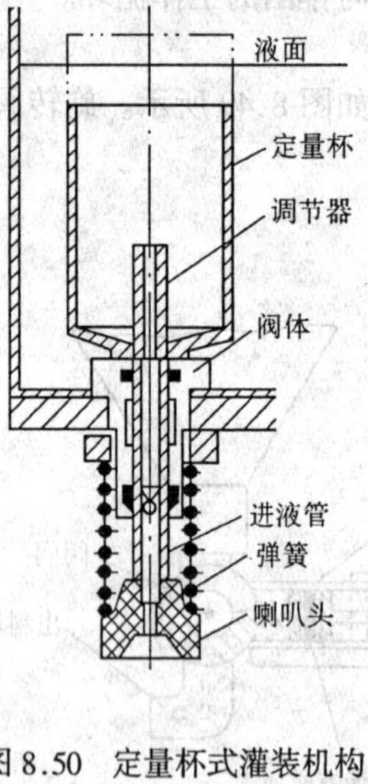

图 8.50 定量杯式灌装机构

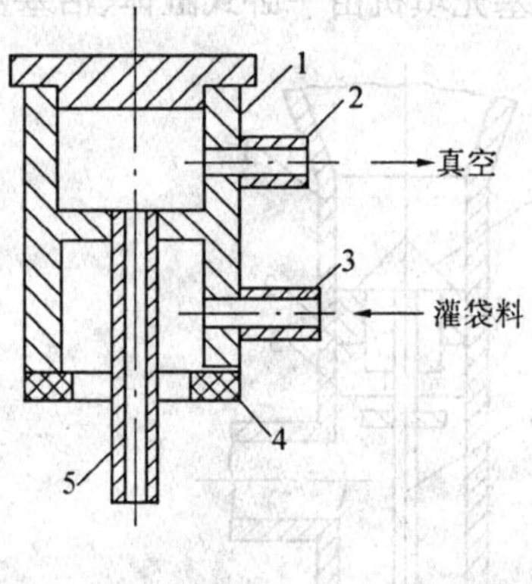

图 8.51 真空充填器

1—壳体；2—真空接管；3—液体进入管口；4—密封填料；5—真空吸管

日用化学品的生产设备较多，还有许多辅助生产设备，图 8.52 给出了一些乳化和灌装设备照片，供参考。

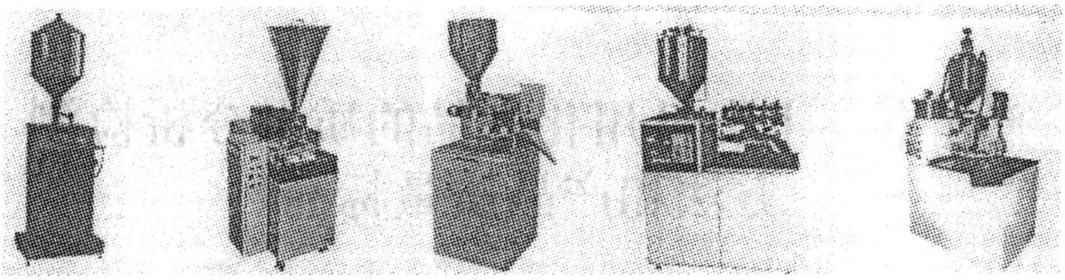

GS－1型膏液体两用灌装机　GJ－125型容器旋转膏体灌装机　JGF－25B型金属软管灌封机　JGFX－3^{A}_{B}型双四折金属软管灌封机　GSJ－500型自动液体灌装旋盖机

PZS－5B真空均质乳化机(5L－10L)　PZS－100A真空均质乳化机(50L－150L)　PZS－100B真空均质乳化机(50L－150L)　自动口红灌装机组

图8.52　不同型号的乳化、灌装设备照片

参　考　文　献

1 孙绍曾.新编实用日用化学品制造技术.北京:化学工业出版社,1996

2 王福赓,郑林.日化产品学.北京:中国纺织出版社,1998

3 杨先麟等.精细化工产品配方与实用技术.武汉:湖北科学技术出版社,1995

第九章　主要日用化学品的质量分析检测方法和产品质量标准

本章对日用化学品中的主要产品,肥皂、洗涤剂和化妆品的产品质量的分析检测方法及主要日用化学品产品质量标准作以介绍。

9.1　主要日用化学品产品质量分析检测方法

9.1.1　肥皂的质量检测

肥皂的质量检测主要是成分分析和性能检测。

9.1.1.1　成分分析

1. 总脂肪物

抽提(滴定法)法。

(1) 试剂。1 $mol\cdot L^{-1}$硫酸溶液,95w%乙醇(中和到酚酞终点),0.5 $mol\cdot L^{-1}$氢氧化钠标准溶液,1w%酚酞指示剂(95w%乙醇溶液),乙醚(化学纯),0.5w%溴甲酚绿指示剂(95w%乙醇溶液)。

(2) 测定方法。取2 g肥皂样品置于500 ml烧杯中,加入无氯蒸馏水100 ml,置于沸水浴上加热溶解。在溴甲酚绿指示剂存在下,用滴定管向热皂液中加入过量(大约2 ml)的0.5 $mol\cdot L^{-1}$硫酸溶液,稍加冷却,并用乙醚萃取。乙醚萃取物用无氯化物的蒸馏水洗除无机酸。

乙醚萃取物与等体积乙醇混合,并用0.5 $mol\cdot L^{-1}$氢氧化钠标准溶液滴定到酚酞终点,记录消耗氢氧化钠标准溶液的体积数,用以计算总脂肪物含量。

乙醚萃取后的水抽提物,可用来测定肥皂样品的硅酸盐和氯化物含量。

(3) 计算

$$总脂肪物(w\%) = \frac{c \times V \times M}{W \times 1\,000} \times 100$$

式中　V——滴定所耗氢氧化钠标准溶液体积数,ml;

c——氢氧化钠标准溶液之物质的量浓度,$mol\cdot L^{-1}$;

M——脂肪物的相对分子质量,如果用油酸表示,即为282。

W——样品质量,g。

2. 石油醚抽提法未皂化物和不皂化物总量的测定

(1) 仪器和试剂。分液漏斗(500 ml,锥形);石油醚(试剂二级,沸程30~60 ℃),60w%乙醇溶液。

(2) 测定方法。

① 精确称取样品约 10 g 于烧杯中，加入预先溶有 1 g 碳酸氢钠的 50 m l 95*w*%的乙醇和 50 ml 水的混合溶液，加热使之溶解后移入分液漏斗中，冷却到室温。

② 加入石油醚 50 ml，塞紧玻塞，以手按紧此塞将分液漏斗倒置，缓缓打开旋塞放气后，剧烈振荡约 1 min，静置，待分成明显两层时，放出下层至另一只分液漏斗中，再用 50 ml 石油醚抽提 2 ~ 3 次，而后弃去下层皂液，抽出液合并于第一只分液漏斗内。

③ 用 60*w*%乙醇溶液洗涤抽出物，每次用量为 50 ml，洗涤不少于 3 次，至洗涤液用水稀释后滴加酚酞指示剂不显示红色为止。

④ 放尽洗涤液，用盛有约 5 g 无水硫酸钠的滤纸过滤石油醚抽出液，滤入已知质量的锥形瓶中，滤后用 30 ~ 50 ml 石油醚洗涤分液漏斗和滤纸内滤渣。

⑤ 在水浴上加热回收石油醚，放于 75 ~ 80 ℃的减压烘箱内烘干 1 h，冷却称重。再烘干 30 min，冷却称重。这样反复操作，直至恒重为止。如果在普通烘箱中烘干，则维持 105(±2)℃，亦按此操作烘至恒重。

(3) 计算

$$\text{未皂化物和不皂化物总量}(w\%) = \frac{\text{抽出物的质量}}{\text{样品质量}} \times 100$$

如需计算全部脂肪酸的未皂化物和不皂化物总量时，则除以样品脂肪酸含量。

(4) 注意事项。

① 碳酸氢钠能中和肥皂中的游离碱，以避免测定过程中游离碱与未皂化油脂起皂化作用。为此碳酸氢钠必须先溶入乙醇和水的混合液中，然后再溶解肥皂。

② 肥皂中含有大量不溶性填充物时，抽提前需作保温过滤。

③ 如出现石油醚抽出层与皂液分不清时，可加入少量乙醇破乳。

3. 未皂化物的测定——溶剂抽出法

溶剂抽出法是继未皂化物和不皂化物总量测定之后的干燥的抽出物，用氢氧化钾乙醇溶液回流未皂化的油脂，再用溶剂抽去不皂化物。皂液加酸分解成脂肪酸，以乙醚(或石油醚)萃取而得未皂化物。

(1) 试剂。0.2 mol·L^{-1}氢氧化钾乙醇溶液，60*w*%乙醇溶液，6 mol·L^{-1}硫酸或盐酸溶液，乙醚或石油醚(试剂二级，沸程 30 ~ 60 ℃)。

(2) 测定方法。取测定未皂化物和不皂化物总量的抽提物，加入 0.2 mol·L^{-1}氢氧化钾乙醇溶液 25 ml，接上冷凝管，于水浴上加热回流半小时，冷却后取下。加入 30 ml60*w*%乙醇溶液和 15 ml 水，摇匀后移入分液漏斗内，用 30 ~ 50 ml 溶剂抽提 2 ~ 3 次，抽出液用少量 60*w*%乙醇溶液洗涤数次，直至洗涤液用水稀释后滴入酚酞指示剂不显红色为止。洗液与提抽后的皂液合并于 400 ml 烧杯中，抽出液可留作不皂化物的测定。

将烧杯置于水浴上或电热板上加热，蒸去皂液内的乙醇，蒸后如杯内容量少于 100 ml，则加少量水补足之，然后移入分液漏斗，用 6 mol·L^{-1}酸溶液分解皂液，按溶剂抽出法测定总脂肪物的操作，抽提出脂肪酸。

(3) 计算

$$\text{未皂化物}(w\%) = \frac{\text{脂肪酸的质量}}{\text{样品质量} \times 0.95} \times 100$$

式中 0.95——油脂含脂肪酸的比率。

如需计算成100w%脂肪酸的未皂化物含量,则未皂化物百分含量除以样品的脂肪酸百分含量。

(4) 不皂化物的测定。不皂化物的含量,可在测得未皂化物和不皂化物总量与未皂化物含量后,两数相减而得,也可取溶剂抽出法测定未皂化时的抽出液,过滤后蒸去溶剂,烘干称重而得。

4. 聚氧乙烯类非离子表面活性剂

肥皂制品中非离子表面活性剂的测定方法

(1) 仪器和试剂。

① 仪器。分光光度计。

② 试剂。

硫氰酸钴盐试剂溶液:用蒸馏水溶解 30 g 硝酸钴〔$Co(NO_3)_2·6H_2O$〕、143 g 氯化铵、256 g 硫氰酸钾;或者 30 g 硝酸钴、200 g 硫氰酸铵、200 g 氯化钾配成 1 L 溶液。

二氯甲烷、异丙醇(均为化学纯试剂),AEO-9,AEO-7,AE0-15,TX-10。

(2) 测定方法。

① 标准曲线的绘制。称取 1.000 g 非离子活性剂溶于蒸馏水中,可适当加热,转移到250 ml 容量瓶中,用冷水定容。此操作要尽量避免产生泡沫,同时应注意活性剂的完全溶解和分散,否则校正曲线是不准确的。用移液管吸取 50 ml 此液于 100 ml 容量瓶中,再用水定容,摇匀(溶液 B)。此溶液的浓度为 2 $mg·ml^{-1}$。

在 5 只 200 ml 分液漏斗中分别加入 20 ml 二氯甲烷和 20 ml 硫氰酸钴试剂溶液,并依次加入 2、4、6、8、10 ml 溶液 B 和 18、16、14、12、10 ml 水。每只分液漏斗都振荡1 min。打开塞子释放瓶中的压力,并使之分层,下层二氯甲烷层呈澄清蓝色。

弃去最底层的二氯甲烷萃取液 1 ml,然后分别用此二氯甲烷萃取液定容已盛有 10 ml 异丙醇的 25 ml 容量瓶,摇匀后,用蒸馏水作参比(与二氯甲烷-异丙醇参比的差别可以忽略不计),用 1 cm 比色池,在 640 nm 处测定各试液的吸收值。

绘制非离子表面活性剂吸收值曲线图,应得直线。

② 试样测定。准确称取 2 g 试样(含 2w%~5w%非离子活性剂)溶于水中,转移至100 ml容量瓶中,用蒸馏水定容(避免泡沫产生),即为试样溶液。然后在 200 ml 分液漏斗中加入 20 ml 二氯甲烷、20 ml 硫氰酸钴铵盐试剂溶液,以下操作同标准曲线的绘制。

(3) 计算。根据试样溶液的吸收值,从标准曲线上查出试样溶液中非离子表面活性剂质量数,计算出试样中非离子表面活性剂的含量。

5. 阴离子表面活性剂

肥皂制品中阴离子表面活性剂的快速测定方法

(1) 试剂。氯仿(分析纯),1 $mol·L^{-1}$硫酸,1 $mol·L^{-1}$氢氧化钠标准溶液,1w%酚酞指示剂溶液。

亚甲基蓝溶液:溶解 0.1 g 亚甲基蓝染料于 50 ml 蒸馏水中,稀释至 100 ml,然后吸取30 ml,加入 6.8 ml 浓硫酸和 50 g 无水硫酸钠,溶解后,用蒸馏水稀释至 1 L。

0.003 $mol·L^{-1}$月桂醇硫酸钠标准溶液:称取 0.86~0.88 g 月桂醇硫酸钠(准确至0.1 mg)于 200 ml 蒸馏水中,溶解后转移至 1 L 容量瓶中,用蒸馏水稀释至刻度,按下式计算浓度 c_1。

$$c_1 = \frac{W_1 \times P}{288.4 \times 100}$$

式中　P——试样(月桂醇硫酸钠)纯度,$w\%$

c_1——月桂醇硫酸钠标准溶液的浓度,$mol \cdot L^{-1}$;

W_1——试样质量,g。

月桂醇硫酸钠纯度的检定方法:称取(5±0.2) g月桂醇硫酸钠(准确至1 mg)于250 ml圆底烧瓶中,准确加入1 $mol \cdot L^{-1}$硫酸25 ml,装上回流冷凝装置,加热。在最初10 min内溶液变稠并易形成泡沫,可通过振摇或除去热源来调整。待泡沫消失后再回流90 min。烧瓶冷却后,先用30 ml 95$w\%$乙醇,再用30 ml蒸馏水洗冷凝管内壁,加2~3滴酚酞指示剂,用1 $mol \cdot L^{-1}$氢氧化钠标准溶液滴定。同时做空白试验。按下式计算月桂醇硫酸钠纯度(P)。

$$P = \frac{(V_0 - V) \times c \times 28.84}{W}$$

式中　V_0——空白试验耗用氢氧化钠标准溶液体积数,ml;

V——试样耗用氢氧化钠标准溶液体积数,ml;

c——氢氧化钠标准溶液之物质的量浓度,$mol \cdot L^{-1}$;

w——试样质量,g。

0.003 $mol \cdot L^{-1}$阳离子表面活性剂标准溶液:称取1.3 g新洁尔灭,加水稀释至1 000 ml。

标定:准确吸取25 ml 0.003 $mol \cdot L^{-1}$月桂醇硫酸钠于100 ml具塞量筒中,加入10 ml水、25 ml亚甲基蓝溶液和15 ml氯仿,充分振摇后,用待标阳离子表面活性剂溶液滴定,先加2 ml,充分振摇后,放置2 min待两相分层,继续加入滴定剂,每次加入2 ml,在每次加入后振摇并静置,直到蓝色开始稳定地出现在水层中,降低滴加速度,最后降到每次1滴,以白色瓷板为背景,两层颜色相同为终点。按下式计算阳离子表面活性剂的物质的量浓度 c_2。

$$c_2 = \frac{25 \times c_1}{V_2}$$

式中　c_1——月桂醇硫酸钠标准溶液的浓度,$mol \cdot L^{-1}$;

V_2——耗用阳离子表面活性剂溶液的体积数,ml。

(2) 测定方法。称取含10$w\%$~20$w\%$阴离子表面活性剂试样0.8~1.0 g于烧杯中,加水,稍加热溶解,转移至250 ml容量瓶中,用蒸馏水稀释至刻度。

准确吸取25 ml试样溶液于100 ml具塞量筒中,加入10 ml蒸馏水、25 ml亚甲基蓝溶液,振摇后,再加入15 ml氯仿。以下操作同阳离子表面活性剂溶液标定。

(3) 计算

$$x = \frac{V_3 \times c_2 \times \overline{M}}{W_3 \times 1\,000 \times \frac{25}{250}} \times 100$$

式中　x——试样中阳离子表面活性剂含量,$w\%$;

V_3——滴定所耗用阳离子表面活性剂标准溶液的体积数,ml;

c_2——阳离子表面活性剂标准溶液的物质的量浓度,$mol \cdot L^{-1}$;

$\overline{M}$——阴离子表面活性剂的平均相对分子质量;

W_3——试样质量,g。

(4) 注意事项。本测定方法要求振摇、静置分层操作反复进行三次,以使肥皂充分水解,否则测定结果偏高。

6. 游离碱

肥皂中的总游离碱是游离氢氧化物和游离碳酸盐的总和,测定方法如下。

(1) 试剂。中性乙醇(95w%,三级试剂),取乙醇若干,加数滴酚酞指示剂,用 0.5 $mol \cdot L^{-1}$氢氧化钠滴定至显红色,再以 0.1 $mol \cdot L^{-1}$酸标准溶液滴定至红色刚褪除。

1 $mol \cdot L^{-1}$硫酸标准溶液,1 $mol \cdot L^{-1}$氢氧化钠标准溶液。

(2) 测定方法。称取样品 10 g(准确至 0.01 g),置于 250 ml 锥形瓶中,加入 100 ml 中性乙醇,接上冷凝器或空气回流管,在水浴上加热溶解,精确加入 1 $mol \cdot L^{-1}$硫酸标准溶液 3 ml,连续煮沸 10 min 以上,确认二氧化碳已安全排除后,冷却至 70 ℃左右,加入 2~3 滴 0.5w%酚酞乙醇溶液,用 1 $mol \cdot L^{-1}$氢氧化钠标准溶液滴定至粉红色,即为终点。

若用硫酸处理时,桃红色回复,则应进一步加入硫酸标准溶液,并重复煮沸,最后滴定的过量硫酸应不少于 1 ml。

(3) 计算

$$\text{总游离碱量(以氧化钠计,}w\%\text{)} = \frac{(V_1 C_1 - V_2 c_2) \times 0.031}{W} \times 100$$

式中 V_1——加入硫酸标准溶液的体积数,ml;

V_2——滴定样品耗用氢氧化钠标准溶液的体积数,ml;

C_1——硫酸标准溶液的浓度,$mol \cdot L^{-1}$;

c_2——氢氧化钠标准溶液的浓度,$mol \cdot L^{-1}$;

W——样品质量,g;

0.031——1 $mol \cdot L^{-1}$ Na_2O 的克数,g。

(4) 注意事项。样品色泽使酚酞指示剂终点难以观察时,可用 0.1w%麝香草酚蓝指示剂代替,用量适量增加。

7. 过滤法测游离氢氧化物

过滤法是利用肥皂和氢氧化物能溶解于乙醇,碳酸钠和硅酸钠不溶于乙醇的方法使之过滤分离。滤液以酸标准溶液滴定,求得游离氢氧化物的含量。

(1) 试剂。中性乙醇(见氯化钡法),0.1 $mol \cdot L^{-1}$酸标准溶液(见氯化钡法)。

(2) 测定方法。准确称取样品(5±0.01) g,置于 150 ml 烧杯中,加中性乙醇 100 ml,盖上表面皿,迅速加热溶解,用过滤器过滤(铜制夹层热滤漏斗或古氏坩埚)。过滤时烧杯和漏斗随时盖上表面皿,以防止空气中的二氧化碳与溶液中的氢氧化物作用生成碳酸盐。滤毕,立即用热中性乙醇洗涤滤渣和滤纸,直至遇酚酞不显红色为止。合并滤液和洗液,用 0.1 $mol \cdot L^{-1}$酸标准溶液滴定至酚酞的红色刚刚褪去为止。

(3) 计算

$$\text{游离氢氧化物(以 NaOH 计,}w\%\text{)} = \frac{c \times V \times 0.04}{W} \times 100$$

式中 c——酸标准溶液的浓度,$mol \cdot L^{-1}$;

V——滴定样品耗用酸标准溶液的体积数,ml;

W——样品质量,g;

0.04——1 mol·L^{-1}氢氧化钠的克数,g。

(4) 注意事项。

① 操作要迅速,最好采取减压吸滤,以减少游离氢氧化物与二氧化碳的作用,缩小测定误差。

② 乙醇浓度不得低于 94w%,以避免碳酸钠和硅酸钠的溶解。

8. 游离碳酸钠

肥皂中的游离碳酸钠含量一般不作测定,只有在了解肥皂详细组成时才作测定。本方法是利用溶解在 60w%乙醇溶液中的碳酸钠,能水解产生一个分子的游离氢氧化钠和一个分子的碳酸氢钠,当用酚酞作指示剂,用酸标准溶液滴定至溶液由红色恰变无色时,只是中和了样品的游离氢氧化钠和碳酸钠水解产生的游离氢氧化钠(相当于碳酸钠碱量的一半),然后,通过计算求得碳酸钠的含量。

(1) 试剂。60w%中性乙醇溶液,0.1 mol·L^{-1}盐酸标准溶液。

(2) 测定方法。准确称取样品(10 ± 0.01) g,置于烧杯中,加 60w%中性乙醇溶液 100 ml,迅速加热溶解后冷却,加酚酞指示剂数滴,用 0.1 mol·L^{-1}盐酸标准溶液滴定,直至溶液由粉红色变为无色为止,得耗用盐酸标准溶液的体积,记为 V_1。

同时,按照过滤法或氯化钡法测定样品中的游离氢氧化物,求得耗用盐酸标准溶液的体积,记为 V_2。

(3) 计算

$$\text{游离碳酸钠}(w\%) = \frac{c(V_1 - V_2) \times 2 \times 0.053}{W} \times 100$$

式中 c——盐酸标准溶液的浓度,mol·L^{-1};

W——样品质量,g;

0.053——1 mol·L^{-1}碳酸钠的克数,g。

(4) 注意事项。

① 本法不适用于含有硅酸钠和硼酸钠的样品。

② 碳酸钠含量较多的样品,滴定时耗酸量大,会降低乙醇浓度,为防止因此而产生的肥皂水解生成游离氢氧化物,滴定时每耗 5 ml 酸标准溶液,必须加入 3 ml 95w%中性乙醇。

9. 硅酸钠

(1) 试剂。氯化钾、氟化钠(均为试剂二级),精白蜡,中性乙醇,0.5 mol·L^{-1}盐酸标准溶液,0.5 mol·L^{-1}氢氧化钾标准溶液,6 mol·L^{-1}盐酸溶液。

(2) 测定方法。精确称取样品 3 g 左右,置于 250 ml 烧杯中,用新煮沸过的蒸馏水 50 ml,加热溶解,然后加 6 mol·L^{-1}盐酸溶液 4 ml,析出脂肪酸,待上层脂肪酸层透明,再加精白蜡 4~5 g,使所有脂肪酸凝于上层,不致使冷却后产生颗粒,然后将下层溶液倒入塑料杯(容量 500 ml)中,并用少量新煮沸放冷的蒸馏水清洗杯壁及脂肪酸蜡块,洗涤液全部倒入塑料杯中。

加入氯化钾 5 g,3~5 滴 1w%酚酞指示剂,用 0.5 mol·L^{-1}氢氧化钠标准溶液滴定至溶液恰显红色。精确加入 0.5 mol·L^{-1}盐酸标准溶液 40 ml,氟化钠 3 g,用塑料棒搅拌溶解后,放置 10 min;再加与水溶液相等体积的中性乙醇,搅拌均匀,放置 5 min,加酚酞指示剂 2~3 滴,用 0.5 mol·L^{-1}氢氧化钠标准溶液滴定过量的盐酸,保持红色 0.5 min 不消失即为终点。

同时作空白试验。

(3) 计算。肥皂中的硅酸钠含量,通常以二氧化硅表示。

$$二氧化硅(w\%) = \frac{(V_2 - V_1)c \times 0.015}{W} \times 100$$

式中 V_1——滴定样品所耗氢氧化钠标准溶液的体积数,ml;

V_2——滴定空白试验所耗氢氧化钾标准溶液的体积数,ml;

c——氢氧化钠标准溶液的浓度,$mol \cdot L^{-1}$;

W——样品质量,g;

0.015——1 $mol \cdot L^{-1}$二氧化硅的克数,g。

(4) 注意事项。

① 如溶液中含有较多固体杂质,宜用滤纸过滤,并洗涤滤纸。

② 深色的样品,可在脂肪酸析出时加相对密度 1.42 的浓硝酸数滴,使色素破环,避免干扰终点。

10. 氯化物

成品肥皂一般不测氯化物,主要是测定皂基中的氯化物含量。氯化物含量过高,对香皂的影响较大,如组织粗松,开裂度增大等。

(1) 硝酸钙法测氯化物。

① 试剂。10w%硝酸钙溶液。

铬酸钾溶液:称取铬酸钾 10 g,加水 100 ml,溶解后加硝酸银溶液数滴,令其生成少量红色沉淀,滤去沉淀物而得。

0.025 $mol \cdot L^{-1}$硝酸银标准溶液:取试剂一级硝酸银,准确称取 4.247 0 g,通过漏斗倒入 1 000 ml 容量瓶中,漏斗和称量硝酸银的器皿用蒸馏水冲洗,洗液并入容量瓶中,加蒸馏水至刻度,充分摇匀后移入棕色的试剂瓶中,暗处保存。

(2) 测定方法。精确称取样品 5 g 左右,置于 250 ml 烧杯中,加蒸馏水 100 mg,水浴上加热,以玻璃棒搅拌,待样品完全溶解后,加入 10w%硝酸钙溶液 20 ml,继续搅拌,使成团的钙皂搅散。然后过滤,用蒸馏水 20 ml 洗涤滤纸及滤渣,滤液及洗涤液并入 250 ml 锥形瓶中。加铬酸钾溶液 2 ml,在剧烈摇动下,以 0.025 $mol \cdot L^{-1}$硝酸银标准溶液滴定至溶液出现砖红色为终点。此时,表示溶液中的氯化物全部与硝酸银作用,生成了白色氯化银沉淀,稍微过量的硝酸银即与铬酸钾反应,生成砖红色的铬酸银沉淀。

若是生产中的分析控制,可以考虑免去过滤。

(3) 计算

$$氯化物(以\ NaCl\ 计, w\%) = \frac{c \times V \times 0.0585}{W} \times 100$$

式中 c——硝酸银标准溶液的物质的量浓度,$mol \cdot L^{-1}$;

V——滴定所耗用的硝酸银标准溶液体积数,ml;

0.058 5——1 $mol \cdot L^{-1}$氯化钠的克数,若以氯根(Cl^-)计,则以 0.035 5 代替 0.058 5;

W——样品质量,g。

(4) 注意事项。硝酸钙中如含有氯化物,必须做空白试验。

9.1.1.2 性能指标

1. 抗硬水性能

以标准氯化钙溶液滴定一定体积的皂液,在剧烈摇动以后,静置一定时间,泡沫消失。再滴定、摇动、静置,泡沫又消失。如此反复进行,直至泡沫在 10 s 内消失,作为试验终点,此时,所消耗的标准氯化钙体积,即为复合皂抗硬水度。

(1) 试剂。1:1 盐酸溶液,1:10 氢氧化铵溶液。

标准氯化钙溶液的配制:将 1.25 g 纯的干燥碳酸钙放入 250 ml 锥形瓶中。用 10 ml 移液管吸取 1:1 盐酸溶液 7.5 ml 加入锥形瓶中,不断摇动,静置,直到碳酸钙全部溶解。加 50 ml 蒸馏水,用小火加热,慢慢沸腾,赶出二氧化碳。溶液冷却后,逐滴加 1:10 氢氧化铵溶液(约 2 滴管左右),至石蕊试纸呈中性。将溶液移至 1 000 ml 容量瓶中,用无二氧化碳的蒸馏水稀释至刻度,混合均匀,保存过夜。

(2) 测定方法。取 100 ml 无二氧化碳的蒸馏水于 150 ml 烧杯中,置于水浴上加热。将准确称取的(1.7 ± 0.000 2) g 试样加入上述烧杯中,使之溶解。然后将溶液移入 250 ml 容量瓶中,用无二氧化碳的蒸馏水稀释至刻度,摇匀。待皂液冷却到 35 ~ 40℃时,吸取 50 ml 皂液于 500 ml 具塞三角瓶中,盖好盖,剧烈摇动,用氯化钙溶液滴定。起始时,每次加 0.2 ml,每次加后,须将三角瓶剧烈摇动,放置 30 s(泡沫在水的整个表面上形成后,要继续保持 30 s 以上),如此滴定、摇动、静置,反复用标准氯化钙溶液滴定。当接近终点时,泡沫等物不沾附瓶壁,泡沫持续时间很短,约在 10 s 泡沫消失,或靠三角瓶壁处有一圈细小泡沫,即认为是滴定终点。整个试验至少要做三次,取平均值。

(3) 计算。标准氯化钙溶液所消耗的体积(ml)即是肥皂的抗硬水度的实际结果,也可以用 $mg \cdot L^{-1}$表示,计算公式为

$$复合皂抗硬水度(mg \cdot L^{-1}) = 1250 \times \frac{V}{V + 50}$$

式中 V——消耗标准氯化钙溶液的体积数,ml。

2. 变味

取 5 g 粗碎的皂粉或细皂条,放入 250 ml 具有玻璃塞的三角烧瓶中,把 7 cm 的定性滤纸剪成细长条,用 1 ml 蒸馏水润湿后放入瓶中,盖紧塞子,充分摇动。然后将三角烧瓶放入(50 ± 1)℃的烘箱内,保持 1 周至 3 个月。开始每天打开塞子检查气味,1 周后可改为每 2 ~ 3 天检查一次气味。加入滤纸条是为了增加表面积。

3. 褪色

① 在做变味试验的同时,以完全相同的条件另做一份试样,充分摇动后,不要置入烘箱,而是将其瓶口封好放置冷藏。定期与烘箱内的样品进行对比观察。

② 取 20 g 肥皂加 5 g 水,混匀并压成皂块,放在培养皿中,将培养皿(最好是一批样品同时观测)放入玻璃箱中,玻璃箱斜对着阳光放置,以受阳光的照射。隔一定时间观察褪色情况。

4. 开裂

(1) 仪器。广口保温瓶:容量约 2 300 ml,瓶塞上按有 2 ~ 3 根尖头的金属丝针;温、湿度控制箱。

(2) 测定方法。取表面无任何伤痕的同一批香皂两块作试样,分别用保温瓶塞上细金属丝针插入其一端(插入不要太深,能插牢香皂即可)。然后放入盛有 1 800 ml 的(20 ± 1)℃

蒸馏水的广口保温瓶中,皂块不应与瓶壁接触,也不要与另一块试样接触。皂块的2/3浸入水中,1 h(这时水温不低于18℃),取出悬挂在温度为(20±1)℃,相对湿度为(70±2)%控制箱中,24 h后取出。

(3) 测定结果。将试样的开裂情况与香皂开裂标准照片比较,确定其开裂等级。

① 若顶端开裂情况和四侧开裂情况不是同一级,例如,顶端开裂情况为2级,四侧开裂情况为4级,则取其平均值,等级为3级。

② 若试样开裂情况在两等级之间,例如,在2级与3级之间,则定为2~3级。

③ 若两块试样的级数不一致时,其中一块为3级,另一块为3~4级时,则取其多数,定为3级。

④ 若四侧开裂也不是同一级时,则按开裂情况最严重的一侧定级。

香皂开裂的标准照片有两组,每组8张,分为0~7级,7级的开裂度最严重。这两组标准开裂度照片是根据浸泡的水温和晾干的温度影响肥皂的开裂度,而在规定的温、湿度条件下试验制成的。

(4) 注意事项。如没有温、湿度控制箱时,可在室温(15~35℃)下悬挂24 h,并每隔2 h记录相对湿度一次(由湿度表测得),取其平均相对湿度,与开裂标准照片比较。

5. 糊烂

(1) 测定方法。测定方法与香皂开裂前半部的测定方法相同,此处不再重复。但浸泡时间是在5 h时取出,晾置10 min,将试样取下侧立于光滑平整的板面上,用两端装柄的薄刀片从垂直于板面的方向剖开试样。被浸的3个完整的剖面出现明显的糊烂白色镶边。

(2) 测定结果。用钢板尺量出每块肥皂的3个剖面的糊烂层的厚度(mm),取其平均数,并以两块香皂试验的平均数为最后结果。

(3) 注意事项。夏天如果没有条件将水温降低至(20±1)℃时,可采用(30±1)℃的温度,但应与(20±1)℃做多次对照试验,取得的差值在测定结果中减除。

6. 泡沫力

(1) 测定方法。准确称取肥皂试样2 g,用蒸馏水加热溶解,然后用蒸馏水定容到1 000 ml容量瓶中,摇匀。用移液管吸取0.2w%皂液试样20 ml于100 ml具塞量筒中,盖紧瓶塞,在1 min内,用力上下摇动100次,停止后将量筒置于台面,立即读取泡沫的体积数(含溶液体积一并读取),同时打开秒表,5 min后再读取一次泡沫的体积数。

每一个样品需测定三次,取三次的平均值,即为该样品的泡沫力。

(2) 计算

$$\text{泡沫稳定度}(w\%)=\frac{5\text{ min 后的泡沫体积数}}{\text{即时读取的泡沫体积}}\times 100$$

(3) 注意事项。如果要测定在硬水中使用的泡沫力,则上述方法溶解肥皂和稀释样品溶液用的蒸馏水,均应改用150 $mg\cdot L^{-1}$或250 $mg\cdot L^{-1}$的硬水。在测定结果中亦应注明所用水的硬度。

7. 去污力

(1) 仪器和试剂。

瓶式去污试验机:QW-2型去污试验机。

白度计:QBDJ-1或QBDJ-2型数字式白度计,并附稳压器。

油酸钠:由试剂二级油酸制成的油酸钠。

白布:漂白布(经纬度 32×32 工业漂白布)。

标准污布:见 GB/T 13 174—91(按洗涤剂去污力的测定中规定的方法制作)。

(2) 测定方法。

① 白度值的测定。白布处理后和污布洗涤前后均需用白度计测定白度值。测定时先将每块 27 cm×44 cm 的布剪成直径为 60 mm 的圆片 24 块,放在定位盒中间,把传感器依次地放在布样中间和 4 个角上,测得 5 个白度值;布样翻过来也测得 5 个白度值,10 个平均数即为这块布样的白度值。处理后的白布和洗前洗后的污布,每块都作同样测定。并按顺序记录白度值。

② 洗涤试验。接通去污机电源,加热工作槽中的水,使其水温稳定在 50 ℃。然后量取 0.24w%肥皂硬水溶液[水硬度为 200 $ml \cdot L^{-1}$]和 0.26w%油酸钠硬水溶液,每次 300 ml,分别按顺序倒入 8 只洗瓶,洗瓶中装入 20 粒橡皮弹子。在预热槽中加热,待最后倒入洗瓶的皂液温度升至 49 ℃时,即可将测过白度值的污布按顺序沿垂直液面放入洗瓶中,将洗瓶转入工作槽中,塞紧橡皮塞,自控洗涤 40 min,取出洗瓶,按顺序用镊子取出污布,先在一盆流动的水中漂洗,再用蒸馏水漂洗,然后放在搪瓷盘中自然晾干,干后按顺序收起污布,并测定白度值。

(3) 计算

$$去污值(w\%)=\frac{洗后白度值-洗前白度值}{白布白度值-洗前白度值}\times 100\%$$

$$去污指数(与标准样之比)=\frac{肥皂去污值}{油酸钠去污值}$$

(4) 注意事项。

① 油酸钠需放在低温干燥密闭的容器中。

② 染好的污染布需放入冰箱中保存。

③ 配好的皂液不宜久放,应在半小时内使用。

④ 肥皂硬水溶液,每取一次均需摇匀。

9.1.2 洗涤剂的质量检测方法

洗涤剂的种类繁多,其质量检测主要指衣用洗涤剂。

洗衣剂的质量检测主要包括成分分析和性能检测两部分内容。

9.1.2.1 洗衣剂的成分分析方法

1. 阴离子表面活性剂含量

(1) 次甲基蓝滴定法。见本书肥皂检测方法中,阴离子表面活性剂含量测定法。

(2) 电位滴定位。

① 仪器。电位滴定仪和电位记录仪。

参比电极:AgCl 浸入饱和的 KCl 溶液中,液体接界处是一根套管或者是一个大的熔融玻璃。

指示电极:电极插入一个硬质的聚氯乙烯管中,管的下端用增塑聚氯乙烯薄膜粘结,管内放入一根 Ag-AgCl 电极。管内注入含 1 m $mol \cdot L^{-1}$ SDS 和 1 m $mol \cdot L^{-1}$ NaCl 水溶液。用海明(Hyamine)1622 滴定 SDS,使其适应滴定操作环境。

滴定容器:150 ml 烧杯。

② 试剂。

0.004 mol·L^{-1}海明 1622 溶液:称取约 1.8 g 置于 1 000 ml 容量瓶内,加 50w%氢氧化钠溶液 0.4 ml,加蒸馏水稀释至刻度。

0.004 mol·L^{-1}十二烷基硫酸钠(SDS)溶液:精确称取 1.14~1.16 gSDS,置于 1 000 ml 容量瓶内,加蒸馏水稀释至刻度。

SDS 的 mol·L^{-1}浓度用下式计算

$$c=\frac{W\times P}{228.4\times 100}$$

式中 P——SDS 的百分含量,w%;

W——SDS 的质量,g。

(3) 测定方法。

① 标定海明 1622 溶液。用移液管吸取 0.004 mol·L^{-1} SDS 溶液 5 ml,置于 150 ml 烧杯中,加 100 ml 蒸馏水释释,用 0.004 mol·L^{-1}海明 1622 溶液滴定。

海明 1622 的 mol·L^{-1}浓度用下式计算

$$c=\frac{E\times S}{V}$$

式中 E——SDS 溶液的物质的量浓度,mol·L^{-1};

c——海明 1622 溶液的物质的量浓度,mol·L^{-1};

V——电位滴定耗用海明 1622 溶液的体积数,ml;

S——SDS 溶液的体积,ml。

② 测定阴离子表面活性剂。精确称取 4 g 样品,置于 1 000 ml 容量瓶内,加蒸馏水稀释至刻度,用移液管吸取 5 ml 该溶液,置于 150 ml 烧杯内,加 100 ml 蒸馏水稀释,用 0.004 mol·L^{-1}海明 1622 溶液滴定,至电位突变时,记录消耗海明溶液的体积数。

(4) 计算

$$\text{阴离子活性物}(w\%)=\frac{V\times c\times M\times 20}{W}$$

式中 V——电位滴定中耗用海明 1 622 的体积数,ml;

c——海明 1622 溶液的物质的量浓度,mol·L^{-1};

M——阴离子表面活性剂的平均相对分子质量;

W——样品质量,g。

(5) 注意事项。

① 本测定方法适用于脂肪醇硫酸钠(SAS)、脂肪醇乙氧基硫酸钠或铵盐(SAES)以及市售复配洗涤剂等的阳离子活性物。对其他类型的阴离子表面活性剂,如烷基苯磺酸钠(SABS)不适用。

② 样品中的无机盐、缓冲剂和增溶剂皆不影响测定结果。

2. 非离子表面活性剂含量

柱上抽提-离子交换法。

(1) 仪器。$\phi 1\times 50$ cm 离子交换柱,100 ml、400 ml 烧杯,250 ml 分液漏斗,脱脂棉。

(2) 试剂。乙醇(95w%,试剂二级)。

#732 阳离子交换树脂预先处理成 H 式,浸泡于 95w%乙醇中,备用。

#717 阴离子交换树脂预先处理成 OH 式,浸泡于 95w%乙醇中,备用。

(3) 测定方法。

① 装柱。在柱底部垫一层脱脂棉,然后装入阴离子交换树脂,高约 10 cm;再垫一层脱脂棉,再装阳离子交换树脂,高约为 10 cm;在阳离子交换树脂上面,也垫一层脱脂棉。装柱过程中一定要避免柱中产生气泡。

② 准确称取 2 ~ 3 g(准确至 1 mg)洗衣粉样品,放于 100 ml 烧杯中,加 20 ml 95w%的乙醇,置于电热板上,在不断搅拌下加热近沸,取下后冷却至室温。

③ 将乙醇溶液连同不溶物一起转移到交换柱上,烧杯用少量 95w%乙醇溶液洗净,洗涤液并入柱中。

④ 在进行(3)操作的同时,打开柱下部活塞,调节流速为 2 ~ 3 ml·min^{-1},用 400 ml 烧杯收集流出液。

⑤ 在交换柱上装上分液漏斗,加 95w%乙醇 80 ~ 100 ml,以 2 ~ 3 ml·min^{-1}的流速冲洗柱,直至洗涤液全部从柱中流出。

⑥ 将收集流出液的烧杯置于电热板上加热,蒸去乙醇,至溶液体积约为 40 ~ 50 ml 时,将溶液转移至已洗净并烘至恒重的 100 ml 烧杯中,在沸水浴上蒸干。

⑦ 将蒸去乙醇和水的烧杯放入 105 ℃烘箱中烘 1 h,称量。

(4) 计算

$$\text{非离子活性物含量}(w\%) = \frac{A - B}{W} \times 100$$

式中 A——烧杯 + 非离子活性物质量,g;

B——烧杯质量,g;

W——洗衣粉样品质量,g。

(5) 注意事项。本方法中非离子活性物含量均未减去不皂化物含量。

3. 活性物含量

(1) 仪器和试剂。配有回流冷凝器的磨口烧瓶,水浴锅,G_4 玻璃滤器;95w%乙醇(试剂二级),100 ml 锥形瓶。

(2) 测定方法。精确称取试样 3 g,加入 95w%乙醇 100 ml,接回流冷凝器,在水浴上加热回流 1.5 h,不断振动使其微沸。静置,使不溶物完全下沉。先将上层清液用玻璃滤器进行过滤,不溶物加入 50 ml 热乙醇,混合后加热,过滤上层清液。重复此项操作,最后将不溶物移入过滤器,用少量热乙醇洗涤,合并全部乙醇,蒸去乙醇至残存量约 50 mg 左右时,移入 100 ml 三角瓶中,这时将乙醇完全蒸去,在 10.5 ℃烘箱中干燥,冷却后称量,直至恒重。

(3) 计算

$$\text{活性物}(\text{乙醇溶解物}, w\%) = \frac{A}{W} \times 100$$

式中 A——乙醇溶解物质量,g;

W——试样质量,g。

4. 三聚磷酸钠含量

采用络合滴定法。

(1) 仪器。pH 计(甘汞电极、玻璃电极),电磁搅拌器。

(2) 试剂。EDTA 标准溶液($0.02\ mol \cdot L^{-1}$)(配制及标定按 GB 601—77),$0.03\ mol \cdot L^{-1}$镁溶液。

pH 值为 10 ± 0.1 氨水-氧化铵缓冲溶液:称取 64 g 氯化铵,加少量水溶解,加 370 ml 浓氨水,稀释至 3 L 左右,用 pH 计测量,调至 pH 为 10 ± 0.1。

铬黑 T 指示剂:将铬黑 T 与食盐以 1:100 的比例研磨混匀,备用。

(3) 测定方法。准确称取样品 1~3 g,于 250 ml 烧杯中,称样应准确至 0.000 1 g,加入少量水润湿后加入 10 ml 浓硝酸,然后再加 20 ml 蒸馏水,加热溶解,微沸 1~2 min,移入 500 ml容量瓶中,用水稀释至刻度,摇匀。

准确吸取上述试液 10 ml 于 100 ml 高型烧杯中,并用移液管准确加入 10 ml 镁溶液,将烧杯放在预先开启的电磁搅拌器上,插入甘汞电极、玻璃电极,一边搅拌一边滴加 1:1 的氨水至 pH 计(预先开启 15 min,并用标准缓冲溶液校正)显示 pH 值为 9.5,再加入 40 ml 95*w*% 乙醇,搅拌数分钟后,加入 10 ml 缓冲溶液,少许铬黑 T 指示剂,用 EDTA 标准溶液滴定至溶液从红色变为纯蓝色,继续搅拌 3 min,如有返紫现象,则继续滴至纯蓝色,同时作空白。

(4) 计算

$$\text{三聚磷酸钠含量}(w\%) = \frac{M(V_{\text{空白}} - V) \times \dfrac{141.9}{2\,000} \times 1.728}{W \times \dfrac{10}{500}} \times 100$$

式中 M——EDTA 标准溶液的物质的量浓度,$mol \cdot L^{-1}$;

$V_{\text{空白}}$——10 ml 含镁溶液所消耗的 EDTA 标准溶液体积数,ml;

W——样品质量,g;

141.9——五氧化二磷相对分子质量;

1.728——五氧化二磷换算成三聚磷酸钠的系数。

(5) 注意事项。

① 洗衣粉中三聚磷酸钠的含量从 10*w*%~50*w*%不等,因此样品的称量数与三聚磷酸钠在洗衣粉中的含量有很大关系。根据实验结果推荐下列称量克数,见表 9.1。

表 9.1 不同三聚磷酸钠含量所需称取样品质量

三聚磷酸钠含量/*w*%	称量数/g	三聚磷酸钠含量/*w*%	称量数/g
10	2.5~3	30	1.8~2
20	2~2.5	>40	2

② 本方法中,为防止 $MgNH_4PO_4$ 沉淀分解而加入一定量的乙醇。而醇-水溶液中,铬黑 T 的变色不如在单一水溶液系统中灵敏;再加上本系统中 $MgNH_4PO_4$ 白色沉淀对颜色的干扰,易造成终点提前,从而引起结果偏高。因此在测定方法中指出终点为纯蓝色,只要掌握终点的颜色是不带紫色的纯蓝色,并且没有返回紫色的现象,结果则为准确。

5. 硅酸盐含量

(1) 仪器和试剂。白金皿,电炉,水浴锅,电热板;70*w*%过氯酸,氢氟酸,硫酸,99.5*w*%(*V/V*)乙醇。

(2) 测定方法。在白金皿中称取适量试样(SiO_2 在 0.2 g 以下),在电炉上加热至 350~

450℃,至大部分炭化。冷却至室温,加水溶解,并用滤纸过滤。用水将器皿上和滤纸上的残留物洗净合并,将滤液与洗涤液合并保存。

再将炭化残物自滤纸上移入白金器皿中,于 850～900 ℃强热,使其全部炭化。将残留物的滤液及洗涤液合并,以盐酸溶液小心中和,加入过氯酸 5～10 ml,然后先在水浴上,后在电热板上蒸干。冷至室温,残留物用约 20 ml 1∶1 盐酸溶液浸泡 10 min。用玻璃棒将残留物压碎。加热水 25 ml,并加热数分钟过滤,用热水洗至洗涤液中不含氯离子。合并滤液与洗涤液,加入 5～10 ml 过氯酸,再在沸水浴或电热板上蒸干,其他操作同前。这样得到两个滤纸,移入已知质量的白金器皿中,最初滤纸先在低温炭化,后以 850～950 ℃强热。在干燥器中冷却,称重为 W_1。然后内容物加水润湿,加入氢氟酸 10 ml,硫酸 4 滴混匀,低温蒸干后,在 800～900 ℃强热,在干燥器中冷却,称量为 W_2。

(3) 计算

$$二氧化硅(SiO_2, w\%) = \frac{W_1 - W_2}{G} \times 100$$

式中 W_1——挥发前的质量,g;

W_2——挥发后的质量,g;

G——试样质量,g。

6. 硫酸钠含量

(1) 仪器和试剂。250 ml 分液漏斗,烧杯,坩埚;氯化钠(试剂二级),正丙醇(试剂二级),盐酸(试剂二级),0.1w%甲基橙指示剂。

10w%氯化钡溶液:称取 11.7 g 氯化钡($BaCl_2 \cdot 2H_2O$)溶解于 100 ml 水中。

(2) 测定方法。在烧杯内准确称取适量试样(含硫酸钠 0.1～0.3 g),全量不得超过 5 g。加水 50 ml,使之溶解,必要时可以加热,但不能超过 50 ℃。加氯化钠 15 g 并搅拌至溶,将此溶液移入 250 ml 分液漏斗中,用正丙醇 30 ml,抽提三次。水层移入烧杯中,在前面溶解过试样的烧杯中加入氯化钠 5 g,用少量水溶解,用以洗涤正丙醇抽提液。洗涤液与烧杯中的水层放在一起。水层加甲基橙指示剂数滴,加盐酸酸化,并加入过量盐酸 10～20 ml,必要时再过滤,加水 300 ml,加热近沸,滴加 10w%热氯化钡溶液 10 ml,在水浴上加热约 2 h,冷却至室温并放置 1 h。用滤纸过滤,用温水洗涤至洗涤液中没有氯离子为止。

将滤纸干燥,移入已知质量的坩埚中,强热至完全炭化,在干燥器中冷却,称量。

(3) 计算

$$硫酸钠含量(w\%) = \frac{A \times 0.609}{W} \times 100$$

式中 A——残留物质,g;

W——试样质量,g。

7. 碳酸钠含量

(1) 仪器和试剂。

① 仪器。由碳酸钠发生二氧化碳的反应器、四通控制阀、二氧化碳分离柱、脱水脱氯化氢柱及气相色谱仪的热导池鉴定器和记录仪连接组成。

反应器:类似三口烧瓶,要求用硬质玻璃能耐一定压力。中间口为进样口,由硅橡胶塞密封,两边的两个口为连接口,与四通控制阀相通。反应时用电磁搅拌器搅拌。

四通控制阀：聚四氟乙烯制。

分离柱：长 1 m、内径 3 mm 的不锈钢柱。内装 60 ~ 80 目硅胶，装前在 200 ℃烘 5 h 后使用。

脱水脱氯化氢柱：长 10 cm、内径 1 cm 的玻璃柱，其内填充过氯酸镁 3 cm，活性碳 3 cm。

微量注射器。

② 试剂。3 mol·L^{-1}盐酸，过氯酸镁，碳酸钠，活性炭（40 ~ 60 目）。

(2) 测定方法。将载气管路直接与分离柱连接，调节流量待仪器稳定为止。精称试样（以碳酸钠计为 5 ~ 15 mg）放入反应器中，插入电磁搅拌棒，塞住硅橡胶塞。用注射器将 3 mol·L^{-1}盐酸 5 ml，通过硅橡胶塞向反应器内慢慢滴加，加完后将注射器拔出，用电磁搅拌器搅拌 0.5 min，而后转换四通阀，反应器内的气体进入分离柱。通过阀体 2.5 min 后四通阀门回到原来位置，气体导入完毕，卸下反应器。由色谱峰面积和标准曲线便可求出碳酸钠的含量。

(3) 计算

$$\text{碳酸钠含量}(w\%) = \frac{G}{W} \times 100$$

式中　G——由标准曲线上得到碳酸钠的量，mg；

W——试样质量，mg。

9.1.2.2　洗衣剂产品性能的测试方法

下面介绍去污力和发泡力的测定方法。

1. 洗衣剂去污力的测定

(1) 试剂及材料。95w%乙醇（分析纯），阿拉伯树胶粉，炭黑，蓖麻油，液体石蜡，羊毛脂，磷脂（含油量为 35w% ~ 37w%，丙酮不溶物 63w% ~ 65w%），氯化钙（$CaCl_2$），硫酸镁（$MgSO_4 \cdot 7H_2O$）（分析纯），氢氧化钠（分析纯），中性皂基；漂白布。

(2) 仪器。

瓶式去污试验机：转轴转速 42 r·min^{-1}，瓶托轴半径 44 mm。

去污用玻璃瓶：直径 7 cm，高 12 cm，容积 400 ml。

橡皮弹子：直径约 14 mm，20 粒质量 38 ~ 40 g。

白度计：符合 ZBN33 012《白度计》JJG 512《白度计检定规程》。

搅拌器直流马达：220 V，150 W，3 000 r·min^{-1}。

双叶片搅拌浆（图 9.1）：用不锈钢制，叶片宽 30 mm，高 15 mm，厚 1 mm，内片距离 25 mm，互相垂直。

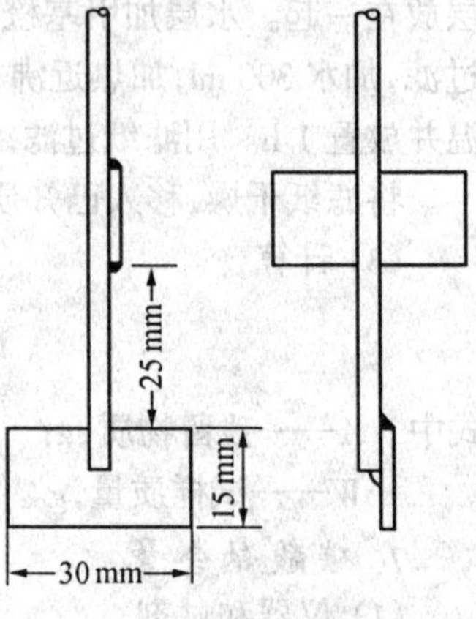

图 9.1　双叶片搅拌浆

电炉：500 W，可调温。

瓷研钵：内径 12 cm。

大搪瓷盘：长 46 cm，宽 36 cm。

搪瓷杯：容量 1 000 ml，内径 12 cm，高 12 cm。

烧杯：400 ml。

(3) 试验程序。

① 白布处理。将漂白布沿经纬线裁成 27 cm × 44 cm 的长方形布块，共裁 24 块。用

7 000 ml 0.8w%氢氧化钠溶液，煮沸 1 h 后，倾去溶液，用自来水漂洗数次，直至洗液对 pH 试纸呈中性，再用蒸馏水漂洗数次，然后用 7 000 ml 0.13w%中性皂基溶液煮沸 30 min，再用清水漂洗(漂洗至肥皂全部洗清为止)，最后用蒸馏水漂洗数次，将此布烫平备用。

② 炭黑污液制备。炭黑污液是阿拉伯树胶与炭黑在乙醇中的悬浮液，制备方法如下：称取 3.2 g 阿拉伯树胶于 50 ml 烧杯中，加 15 ml 蒸馏水加热溶解，然后称 2.3 g 炭黑于瓷研钵中，加入 10 ml 95w%乙醇润湿，再加 25 ml 水，稍混匀后，即开始研磨，共研 30 min。研磨完毕，将溶解好的阿拉伯树胶移入研钵中，研磨 2 min，然后用少量蒸馏水将烧杯中剩余物洗入研钵中，一并转入 400 ml 烧杯中，再用蒸馏水将研钵中的炭黑全部洗入 400 ml 烧杯中，总溶液量约 150 ml，在室温下搅拌 30 min(搅拌器转速约 1 200 $r \cdot min^{-1}$)。搅拌完毕用蒸馏水稀释到 750 ml，再加 95w%乙醇 750 ml，共 1 500 ml，摇匀，即制成炭黑污液。

③ 油污液制备。油污液即为染布用的污液，是采用蓖麻油、液体石蜡和羊毛脂等质量比的混合物，用磷脂作为乳化剂，磷脂与混合油之比为 2:1。乳化好坏直接影响污液的质量，也直接影响染布的深浅，将磷脂与混合油加入炭黑污液中，搅拌制成染布所需的油污液。制备方法如下：

称取 10 g 磷脂于 100 ml 烧杯中，加入 25 ml 50w%乙醇，在水浴中加热溶解，待全部溶化后，加入 5 g 混合油，用玻璃棒混匀备用；另取制备的炭黑污液 500 ml(用前摇匀)于 1 000 ml 搪瓷杯中，将搅拌叶安装在搪瓷杯正中，使浆叶下缘离杯底 10 mm，搪瓷杯外用水浴加热保温，开启搅拌器，控制转速 1 200 $r \cdot min^{-1}$，待搪瓷杯中的炭黑污液升温到 55 ℃，开始慢慢滴入已溶解好的磷脂与混合油，加完后再用 25 ml 50%乙醇洗下烧杯中剩余物。滴加磷脂与混合油；滴加时间为 10 min，然后继续搅拌 30 min(保持温度在 55 ℃)。此油污液即可供染布用。

④ 油污布的染制。将上述油污液冷却到 46℃，用两层纱布滤去上层泡沫，倒入略微倾斜的搪瓷盘中，轻轻吹去少量泡沫，即开始染布。染布时将白布短边浸入油污液中很快拖过，垂直拉起静止 1 min，将布调头，用图钉钉在木条上晾干，将搪瓷盘中油污液倒入搪瓷杯中，置于阴暗处供第二次染污用。待经第一次染污的布干后，将搪瓷杯中的油污液加热到 46 ℃，再倒入搪瓷盘中进行第二次染污，操作同第一次，但布面要翻转和调向。500 ml 液最多只能染三块布片(每片 27 cm × 44 cm)。若需要平行开四车染四块布时，可将炭黑污液增加到 600 ml，相应增加混合油量至 6 g，磷脂至 12 g，搅拌时间增加到 40 min，此设备最多只能制备 600 ml 油污液。

⑤ 白度的测量。处理好的白布折叠成八层，以用白度实物标准(GSBA 67010)校准过的白度计逐层测量白度(每层测量均保持八层叠合)，取平均值作为白布的白度。将每块染好的污布裁成 24 个直径为 6 cm 的圆布片，将染污圆布片组配成平均黑度相近的六组，每组四片，用于一个样品的去污试验。每组四片相叠逐一从上向下转移，测量洗前白度，经去污试验洗涤后，再以同样方法测量洗后白度。

如使用的白度计光照面积小，应对布片正反两面的五个不同部位测量白度值；如白度计光照面积大，则可只对正反两面的中心测量白度值。

白度值以波长 457 nm 的反射率表示。

⑥ 硬水配制。洗涤试验中配制洗涤剂溶液采用 2.5×10^{-4}(250 ppm)硬水，其钙与镁离子比 6:4，配制方法如下：称取 16.7 g 氯化钙，24.7 g 硫酸镁，配制成 10 L 溶液，即为 2.5 ×

10^{-3}硬水。使用时取 1 L,冲至 10 L,即为 2.5×10^{-4}硬水。

⑦ 洗涤试验。洗涤试验在瓶式去污机内进行,每个试样至少要用 4 只去污瓶作平行试验(瓶中放有直径 14 mm 的橡皮弹子 20 粒)。

试验时先向去污瓶内分别倒入 300 ml 配好的试样与标样洗涤剂溶液(用 2.5×10^{-4}硬水配制的浓度 $0.2w\%$的溶液),在预热槽中预热到 43 ℃,各放入 1 片测定过白度的染污圆布片。再将去污瓶装入转轴托架中,在 45 ℃下转动 1 h,取出布片用自来水冲洗。按次序排放在搪瓷盘中,晾干后,按⑤测定白度。

为了对试样与标准洗衣粉作去污力比较,需将标准洗衣粉与试样在相同条件或按产品标准规定分别配成洗涤液,各用 4 片染污圆布片作同机去污试验,取得各自平均去污值 R(%),计算去污力比值。

(4) 去污试验结果的计算。

① 去污值(R)按式(1)计算

$$R(\%)=\frac{F_2-F_1}{F_0-F_1}\times100 \tag{1}$$

式中 F_0——未染污白布光谱反射率,%;

F_1——染污试片洗前光谱反射率,%;

F_2——染污试片洗后光谱反射率,%。

结果保留到小数点后一位。

② 相对标准粉的去污比值(P)按式(2)计算

$$P=\frac{R}{R_0} \tag{2}$$

式中 R_0——标准洗衣粉的去污值,%;

R——试样的去污值,%。

结果保留到小数点后一位。

(5) 标准洗衣粉。

① 标准洗衣粉配方。烷基苯磺酸钠 15 份,三聚磷酸钠 17 份,硅酸钠 10 份,碳酸钠 3 份,羧甲基纤维素钠(CMC)1 份,硫酸钠 58 份。

标样洗衣粉原料规格:烷基苯磺酸钠为烷基苯(溴指数 < 20,色泽 < 10 Hazen,脱氢工艺烷基苯),经三氧化硫磺化,碱中和的单体(不皂化物以 $100w\%$活性物计,不超过 $2w\%$)。三聚磷酸钠符合 GB 9 983—88《工业三聚磷酸钠》中的一级品,硫酸钠符合 GB 6009—85 中的一级品,CMC 符合 GB 12 028《洗涤剂用羧甲基纤素钠》,碳酸钠符合 GB 210 中的一级品;硅酸钠符合 GB 4209—84 中的四类。

② 标准洗衣粉的配制。标准洗衣粉由轻工业部委托某厂用统一原料生产,如需自配时,试验室配制方法如下:将烷基苯磺酸钠及硅酸钠准确称入瓷蒸发皿中,再将所有称量好的干物料混匀,研细加到瓷蒸发皿中,在室温下充分搅拌混匀。将配好的样品于(105 ± 2)℃烘箱烘干。研细至全部通过 0.8 mm 筛,装入瓶中备用。

2. 洗涤剂发泡力的测定(Ross – Miles 法)

(1) 试剂。氯化钙($CaCl_2$)、硫酸镁($MgSO_4 \cdot 7H_2O$),均为分析纯试剂。

(2) 仪器。泡沫仪。

滴液管(图 9.2):由壁厚均匀耐化学腐蚀的玻璃管制成,管外径(45 ± 1.5) mm,两端为半球形封头,焊接梗管。上梗管外径 8 mm,带有直孔标准锥形玻璃旋塞,塞孔直径 2 mm。下梗管外径(7 ± 0.5) mm,从球部接点起,包括其端点焊接的注流孔管长度为(60 ± 2) mm;注流孔管内径(2.9 ± 0.02) mm,外径与下梗管一致,是从精密孔管切下一段,研磨使两端面与轴线垂直,并使长度为(10 ± 0.05) mm,然后用喷灯狭窄火焰牢固地焊接至下梗管端,校准滴液管,使其 20 ℃时的容积为(200 ± 0.2) ml,校准标记应在上梗管旋塞体下至少 15 mm,且环绕梗管一整周。

刻度量管(见图 9.3):由壁厚均匀耐化学腐蚀的玻璃管制成,管内径(50 ± 0.8) mm,下端收缩成半球形,并焊接一梗管直径为 12 mm 的直孔标准锥形旋塞,塞孔直径 6 mm。量管上刻三个环线刻度:第一个刻度在 50 ml(关闭旋塞测量的容积)处,但应避开收缩的曲线部位;第二个刻度在 250 ml 处。第一个刻度在 50 ml(关闭旋塞测量的容积)处,但应不在收缩的曲线部位;第二个刻度在 250 ml 处;第三个刻度在距离 50 ml 刻度上面(90 ± 0.5) cm 处。在此 90 cm 内,以 250 ml 刻度为零点向上下刻 1 mm 标尺。刻度量管安装在一壁厚均匀的玻璃水夹套管内,水夹套管的外径不小于 70 mm,带有进水管和出水管。水夹套管与刻度量管在顶和底可用橡皮塞连接或焊接,但底部的密封应尽量接近旋塞。

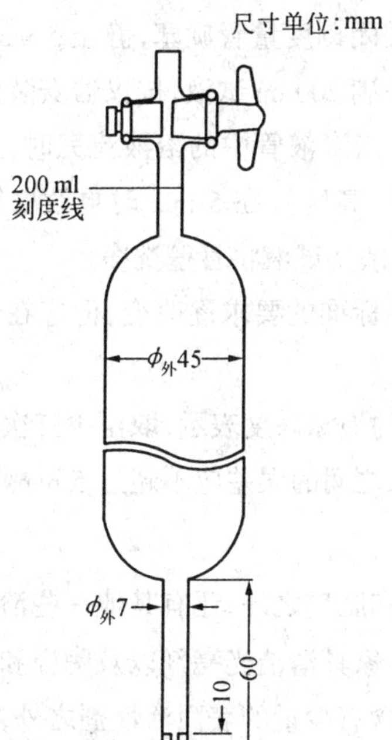

图 9.2 滴液管

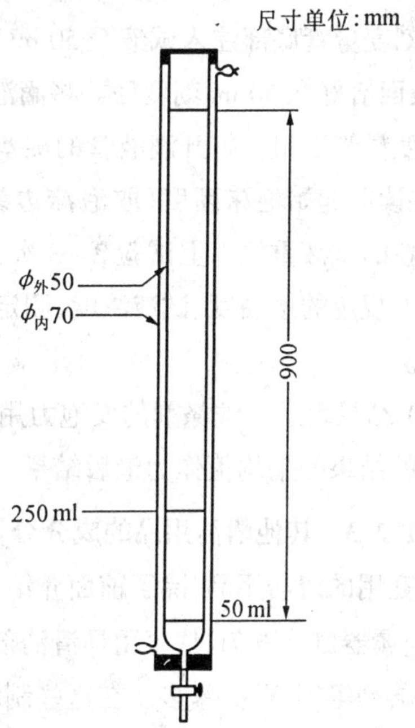

图 9.3 刻度量管

仪器的安装：将组装好的刻度量管和夹套管牢固安装于支架上，使刻度量管呈垂直状态。将夹套管的进出水管用橡皮管连接至超级恒器的出水管和回水管。用可调式活动夹或用与滴液管及刻度量管管口相配的木质或塑料塞座将滴液管固定在刻度量管管口，使滴液管梗管下端与刻度量管上部(90 cm)刻度齐平，并严格对准刻度量管的中心(即滴液管流出的溶液正好落到刻度量管的中心)。

② 超级恒温器：可控制水温在(40 ± 0.5)℃。

③ 温度计：分度小于或等于 0.5 ℃，量程 0～100 ℃。

④ 容量瓶：1 000 ml。

(3) 程序。

① 1.5×10^{-4}硬水的配制：称取 0.099 9 g 氯化钙、0.148 g 硫酸镁(3.2)，用蒸馏水溶解于 1 000 ml 容量瓶中，并稀释至刻度，摇匀。

② 试验溶液的配制。称取洗涤剂样品 2.5 g，用 1.5×10^{-4}硬水溶解，转移至 1 000 ml 容量瓶中，并稀释至刻度，摇匀。再将溶液置于(40 ± 0.5)℃恒温水浴中陈化，从加水溶解试样开始总时间为 30 min。

③ 发泡力的测定。在试液陈化时，即启动水泵使循环水通过刻度管夹套，使水温稳定在(40 ± 0.5)℃。刻度管内壁预先用铬酸 - 硫酸洗液浸泡过夜，用蒸馏水冲洗至无酸。试验时先用蒸馏水冲洗刻度量管内壁，然后用试液冲洗刻度量管内壁，冲洗完全，且在内壁不留有泡沫。

自刻度量管底部注入试液至 50 ml 刻度线以上，关闭刻度量管旋塞，静止 5 min，调节旋塞，使液面恰好在 50 ml 刻度处。将滴液管用抽吸法注满 200 ml 试液，按仪器安装的要求安放到刻度量管上口。打开滴液管的旋塞，使溶液流下，当滴液管中的溶液流完时，立即开启秒表，并读取起始泡沫高度(取泡沫边缘与顶点的平均高度)，在 5 min 时再读取第二次读数。用新的试液重复以上试验 2～3 次，每次试验前必须用试液将管壁洗净。

以上规定的水硬度、试液浓度、测定温度可按产品标准的要求逐改变，但应在试验报告中说明。

(4) 结果表示。洗涤剂的发泡力用起始或 5 min 的泡沫高度表示，取至少三次误差在允许范围的结果的平均值作为最后结果。多次试验结果之间的误差应不超过 5 mm。

9.1.2.3　其他清洁用品的成分分析

家庭用的清洁用品，除了前面介绍的合成洗涤剂和肥皂之外，还有其他一些清洁用的制品，如金属器皿清洗剂、炊事用具清洁剂、餐具清洗剂、家具清洁光亮剂以及陶瓷和玻璃等硬表面清洁剂等等，种类繁多。在这些制品中有的除了含有少量的表面活性剂之外，往往还含有蜡和光亮剂，如天然蜡、合成蜡以及聚苯乙烯乳液、聚丙烯酸乳液和溶于碱的树脂等。还有添加增塑剂和挥发性溶剂以及作为均涂剂的含氟化合物等，其组成成分也是非常复杂的。

下面介绍几种常用的测定方法。

1. 丙酮不溶物的测定

准确称取约 10 g 试样，放入 250 ml 烧杯中，加 100 ml 丙酮，稍许加热，使可溶的组分溶解，并使不溶的部分集聚。冷却至室温，放置 30 min。将冷溶液通过 3 号砂芯玻璃漏斗滤入抽半真空的过滤瓶中，用 100 ml 冷的无水丙酮洗涤不溶物两次。将漏斗和烧杯在 100 ℃烘箱中干燥 30 min，置于干燥器内冷却 15 min 后称重。继续加热 15 min，如前所述再冷却直到恒重。保留丙酮溶液。

2. 丙酮不溶物、石油醚不溶物的测定

用 50 ml 热石油醚(40～60 ℃)处理烧瓶中含有丙酮不溶物的残留物，充分搅拌以使聚乙烯蜡溶解，趁热倒入含丙酮不溶部分的砂芯玻璃坩埚中，稍抽真空，滤入过滤瓶内。重复过滤 4 次，每次用 25 ml 新鲜的石油醚，同时将每份石油醚收集于过滤瓶中。把烧杯和砂芯玻璃漏斗放入 100 ℃烘箱内烘 10 min，通入冷空气驱出蒸汽，然后置于干燥器内冷却后称重。重复干燥操作，直至恒重。保留石油醚溶液，不溶部分为聚苯乙烯。

3. 丙酮不溶物、已烷溶解物的测定

将上面(2 项)的石油醚溶解物移至已称重的 200 ml 广口烧瓶中，蒸除溶剂，然后与 10 ml 无水丙酮一起加热进行干燥。再用一股冷空气驱出残留的痕量溶剂，放入 100 ℃烘箱中烘 10 min，如前冷却后再称量。重复这一操作，直至连续两次称量的差值等于或小于 2 mg 为止。计算残留物质的质量，这样所得到的是聚乙烯蜡部分。

4. 丙酮溶解物、乙醇不溶物的测定

将上面(1 项)保留的丙酮溶解部分移到已称重的 250 ml 广口烧瓶中，然后在蒸汽浴上蒸除溶剂。加 100 ml 无水乙醇，再置于蒸汽浴上加热至沸腾后，冷却至室温。倾出上层清液，通过已称重的 3 号砂芯玻璃漏斗，滤入稍抽真空的过滤瓶中。用 50 ml 冷的无水乙醇洗涤烧瓶两次，并过滤，保留全部滤液。将烧瓶和砂芯玻璃漏斗在 100 ℃烘箱中干燥10 min，再按上面(1 项)所述的步骤完成操作。这样得到的是聚丙烯酸部分。

5. 用石油醚萃取乙醇溶解物的方法

将上面(4 项)保留的乙醇溶液用等体积的水洗并移至 1 L 分液漏斗中，用 100 ml 石油醚(40～60 ℃)萃取。放出乙醇水溶液至第 2 个 1 L 分液漏斗中，再用 100 ml 石油醚萃取。重复用 100 ml 石油醚萃取第 3 个分液漏斗。合并 3 次萃取液，用 50 ml 水洗涤 4 次。保存乙醇水溶液和洗涤剂备用。

将石油醚萃取液移到已恒重的 250 ml 广口烧瓶中，在蒸汽浴上蒸除溶剂，然后与 10 ml 无水丙酮一起加热进行干燥，再用冷空气驱出残留的痕量溶剂，置于干燥器中冷却 15 s 以上，称量。在 100 ℃烘箱中烘 10 min，如前冷却后再称量。重复这一操作，直至连续两次称量的差值等于或小于 2 mg。这一部分是含有增塑剂的物质。

6. 用乙醚分离乙醇溶解物

将乙醇水溶液和洗涤液合并于 1 L 分液漏斗中，用硫酸溶液酸化至可使甲基橙变色。先用 150 ml 乙醚萃取，然后再分别用 100 ml 乙醚萃取 2 次。合并 3 次萃取液，再将乙醇水溶液移到一个大的蒸发皿中。用水洗涤合并的乙醚萃取液 5 次，每次用 50 ml，将每次洗涤液依次加入蒸发皿内。将乙醚萃取液倒入已恒重的 250 ml 广口烧瓶中，蒸除溶剂，按上面(5 项)所述的操作干燥并称重。这部是可溶于碱的树脂。

7. 用氯仿从乙醇水溶液萃取残留物

将下面(6 项)中已经中和的溶液放在蒸汽浴上蒸干,用 25 ml 热氯仿处理残留物,然后通过 4 号砂芯漏斗过滤到稍抽真空的过滤瓶中。再用氯仿重复萃取 2 次,每次用 25 ml。将氯仿溶液倒入已恒重的 250 ml 广口烧瓶中,蒸除溶剂,按上面(5 项)所述的操作进行干燥并称量。这部分含有表面活性剂。由于表面活性剂不能完全溶于氯仿,因此可用乙醇重复这步萃取操作。

8. 不挥发物含量的测定

准确称取试样 2~5 g,放入已称重的 150 ml 广口烧瓶中,加约 15 ml 丙酮后,放在蒸气浴上蒸发,再用 10 ml 丙酮重复操作两次。用空气慢慢驱出残留的痕量溶剂,然后将烧瓶放入 100℃烘箱内烘 10 min,通入冷空气驱除蒸汽后,置于干燥器中冷却后称重。重复这一操作,直至连续两次称重的差值小于 2 mg 为止。

9.1.2.4 其他洗涤剂的性能检测方法

1. 餐具洗涤剂去污力

将一定量的人工污垢涂在盘子上,在规定浓度的餐具洗涤剂溶液中洗涤,以表面泡沫层消失一半作为洗涤的终点,洗涤盘碟的个数作为洗涤效能的评价。具体检测方法介绍如下。

(1) 仪器和试剂。直径 8.5 cm 玻璃研钵,白色搪瓷盆(上口直径 45 cm,容积 8 L),白色瓷盘(大、中、小 3 种,大盘外径约 250 mm,盘底涂污部分直径约为 190 mm,中盘外径约 200 mm,盘底涂污部分直径约为 140 mm,小盘外径约 160 mm,盘底涂污部分直径约为 100 mm),38 mm 和 102 mm 猪鬃漆刷,5 000 ml 下口瓶,秒表;250 mg·L^{-1}硬水(Ca:Mg 为 6:4),无水乙醇、尿素(均为试剂二级),盐酸(1:6)水溶液,5w%氢氧化钠水溶液。

(2) 检测方法

① 人工污垢的配制。

ⅰ 人工污垢的配方。

配　　方	w%		w%
炼熟猪油	15	全脂乳粉	7.5
小麦粉	15	蒸馏水	55
全蛋粉	7.5		

ⅱ 人工污垢的配制方法。根据需涂污瓷盘的个数,确定配制污垢的量。污垢量按上述配方比例称取需要量的猪油、小麦粉、全蛋粉、全脂乳粉和蒸馏水。先将蛋粉、乳粉和小麦粉在研钵中研磨混匀,再将猪油于烧杯中加热熔化,然后将研钵中已混匀物全部转入溶化猪油的烧杯中搅拌,最后加水稀释搅匀,即可作涂污用。

② 涂污。将配制好的污垢放在 150 ml 的小烧杯内,与涂污用的 38 mm 猪鬃漆刷放在天平上称量后,采用减量法控制涂污量,逐只涂于盘子上。大盘涂污量 3 g,中盘涂污量 1.5 g,小盘涂污量 0.6 g。若以大盘为单位,则一只中盘相当 0.5 只大盘,一只小盘相当于 0.2 只大盘。涂污时,用猪鬃油漆刷沾上污垢,均匀地涂于盘子内凹下的中心面上。涂污后于室温放置过夜备用。

③ 餐具用指标洗涤剂的配制。称取烷基苯磺酸钠(南京产脱氢法烷基苯经三氧化硫磺化之单体)15 份,无水乙醇 5 份,尿素 5 份,加水至 100 份,再用 1:6 盐酸水溶液或 5w%氢氧化钠水溶液调节 pH 值至 7~8。

④ 洗涤。用感量 0.1 g 台天平称取餐具洗涤剂样品 3 g，用 1 000 ml 250 $mg\cdot L^{-1}$硬水溶解洗入搪瓷盆中，另将 1 000 ml 硬水倒入下口瓶中(下口瓶的出口管下部预先用同样的硬水充填，并放出多余的水至放不出为止)。然后将盆中洗涤剂溶液加热至一定温度，使二者混合后的温度刚好为 25 ℃(例如，原来水温为 15 ℃，则需加热到 35 ℃)。将搪瓷盆置于下口瓶距出口弹簧夹 500 mm 处，使出口管流出水恰能对准盆的中央。打开出口弹簧夹，使 1 000 ml硬水流入盆中冲击起泡。1 000 ml 硬水下落的时间为 45 s 左右，将盘子逐个浸入洗涤溶液中，用 102 mm 猪鬃油漆刷洗，先按顺时针刷 5 次，再反时针刷 5 次，如此重复一次后，涂于盘子上的污垢大部被洗下，最后再将未洗下部分刷洗掉。洗完后取出盘子沥干几秒钟，每只盘子总的洗刷时间约为 30 s。随即刷洗第二只，第三只……，直至液面泡沫层覆盖面积刚少于一半为止。快到终点时，用中盘和小盘来洗。记下总的洗盘数，并折算为大盘数。

⑤ 用同样程序测定指标洗涤剂的人工洗盘数。

(3) 去污力结果判断。若被测餐具洗涤剂样品洗盘数大于或等于指标洗涤剂洗盘数，则该餐具洗涤剂的去污力应判为合格。否则判为不合格。

2. 干洗剂的 *KB* 值

干洗剂的效能以 *KB* 表示，测定方法如下：称取贝克松脂 100 g 与 50 g 丁醇配成溶液。每次测定时均用锥形瓶称取 20 g 上述溶液，将干洗剂试样通过滴定管滴入锥形瓶中，边滴边摇动，当溶液刚出现混浊时，读取所消耗干洗剂的体积数，即为所测干洗剂的 *KB* 值。*KB* 值大，则表示对油性污垢及树脂的溶解能力强。

3. 硬表面清洗剂的洗净率

(1) 仪器和试剂。

洗净率试验装置：直径 110 mm、高 100 mm、厚 2.5 mm 的玻璃洗涤槽，内装带叶轮及金属框架的搅拌器和试片固定夹。除洗涤槽外，其他部件均为不锈钢或黄铜所制。

试片：75 mm × 26 mm × 2 mm 的 45 号钢片三块，光洁度为 $\nabla 6$。

试液：4w%清洗剂的蒸馏水溶液 800 ml，置于 1 000 ml 烧杯内。

油污：20 号机械油。

(2) 测定方法。

① 准备。将三块试片先用 180 号砂纸打磨，光亮后依次用汽油、乙醇洗净，热风吹干，置于干燥器中待用。

② 测定。

ⅰ 将待用试片在天平上称重，准确到 0.1 mg。

ⅱ 将称量过的试片涂上 20 号机械油，在干燥器内放置 30 min 后称重。

ⅲ 将涂油称重后的三块试片固定在洗净率试验器卡槽内，然后将试液升温，待温度达 70℃时，将试验器放入试液的烧杯内，开动搅拌(25 r/s)，在(70 ± 2)℃的试液中清洗 5 min 后取出，再将试片在 400 ml 常温蒸馏水中摆洗 10 次，取出后立即用吹风机的热风吹干，置于干燥器中 30 min 后称重。

(3) 计算

$$洗净率 = \frac{B - C}{B - A} \times 100$$

式中　A——待用试片质量，g；

B——带机械油试片质量,g;

C——清洗后试片质量,g。

4. 玻璃清洗剂去污力

(1) 仪器和试剂。白度仪,喷雾器,5 mm 厚平板玻璃。

配制污染物用的各种试剂和材料详见下述污染物配方。

(2) 测定方法。

① 配制污染物。

配方	w%	配方	w%
棕榈酸	4.0	鲸蜡	6.0
硬脂酸	2.0	胆甾醇	2.0
油酸	4.0	润滑脂	2.0
亚油酸	2.0	炭黑	0.05
椰子油	6.0	糖浆	1.0
橄榄油	8.0	1,1,1-三氯乙烷	余量
石蜡	4.0		

配制方法:按照配方比例称取棕榈酸、硬脂酸、油酸、亚油酸、椰子油、橄缆油、石蜡、鲸蜡、胆甾醇和润滑脂于烧杯中,在水浴上加热搅拌,使之融化混匀,温度不超过 70 ℃为宜。待融化混匀后加入炭黑和糖浆,继续搅拌至均匀,冷却至室温后,再加入三氯乙烷,搅拌均匀,备用。

② 平板玻璃的测定。取 5 mm 厚,20 cm × 20 cm 平板玻璃,洗净晾干后,用白度仪测其白度值($F_{净}$)。

③ 涂污玻璃的测定。用配制的污染物均匀地喷涂在上述洗净测量过白度值的平板玻璃表面,于 85 ℃烘干 40 min,再老化 48 min 后,用白度仪测其白度值($F_{污}$)。

④ 清洗后玻璃的测定。将涂污玻璃固定在底部有水槽的木架上,把被测玻璃清洗剂灌入喷雾器中,用喷雾器在距玻璃 0.5 m 处,向玻璃板中间区域自左至右喷淋,往复 5 次,晾干后测其白度值($F_{洗}$)。

(3) 计算

$$玻璃清洗剂的去污力(\%)=\frac{F_{洗}-F_{污}}{F_{净}-F_{污}}\times 100$$

9.1.3 化妆品的质量检测

化妆品的品种繁多,难能一一介绍。本节只对主要化妆品中重金属含量和微生物含量的测定方法加以介绍,并对香波、卷发剂等头发整饰用品和防晒品、抗衰老品等皮肤保护用品的功效进行介绍,文中的检测方法,仅供业内人士和教学单位参考。

9.1.3.1 化妆品中重金属含量的检测

1. 砷的检测方法

砷和砷化合物是有毒物质,对人体有害。测定化妆品中含砷量的方法有仲裁法和砷斑法两种,以下介绍将仲裁(银盐)法。

(1) 试剂。所用试剂,特别是锌粒应无砷或含砷量极低。除指明的以外,全部试剂应为分析纯。试验中使用蒸馏水或纯度相当的水。

砷标准溶液：含砷 0.100 0 g·L^{-1}。

称取在硫酸干燥器中干燥过的三氧化二砷 0.132 g(准确至 0.001 g)，20w%氢氧化钠溶液 5 ml，溶解后用适量硫酸(1∶5)中和，再加入 10 ml 硫酸(1∶15)，用煮沸冷却后的水稀释至 1 000 ml，混匀，此溶液含砷为 0.1 000 g·L^{-1}，贮于棕色玻璃瓶中。

砷标准溶液：含砷 1 μg·mL^{-1}。

移取 1.0 ml 砷标准溶液于 100 ml 容量瓶中加 1 ml 硫酸(1∶15)，用水稀释至刻度，混匀，此溶液含砷为 1 μg·mL^{-1}。

二乙基二硫代氨基甲酸银(AgDDC)－三氯甲烷－三乙醇胺溶液。

称取 0.5 g 研细的 AgDDC，加入 3w%三乙醇胺三氯甲烷溶液 100 ml，使之溶解，放置过夜，过滤于棕色瓶中，0～4 ℃保存。

硝酸(GB 626)，硫酸(GB 625)，盐酸(GB 622)，氧化镁(HG3－1 294)，硝酸镁(HG3－1 077)，碘化钾(GB 1272)(16.5w%溶液，贮于棕色瓶中)，氯化亚锡(GB 638)(酸性溶液)。

乙醇铅饱和吸收棉：溶解 50 g 三水合乙酸铅〔$Pb(C_2H_3O_2)_2 \cdot 3H_2O$〕于 250 ml 水中。将脱脂棉以此溶液浸透后，压去多余溶液，使其疏松，然后在室温下真空干燥，或在 30 ℃以下的烘箱内干燥，贮于玻璃瓶中。

氯化亚铜(HG3－1287)饱和吸收棉：将脱脂棉浸在氯化亚铜饱和溶液中，浸透后压去多余的溶液，使其疏松，于室温下真空干燥或在 60℃以下的烘箱内干燥，贮存于玻璃瓶中。

无砷锌粒(GB 2304)，粒度 0.8～1.8 mm；

硫酸(GB 625)，硫酸(1∶15 溶液)，盐酸(GB 622)(6 mol·L^{-1}溶液)。

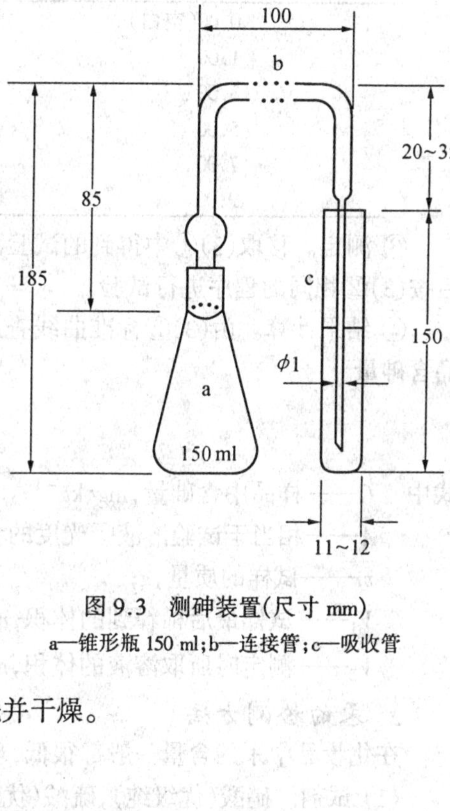

图 9.3　测砷装置(尺寸 mm)
a—锥形瓶 150 ml；b—连接管；c—吸收管

(2) 仪器。测砷所用玻璃仪器都应小心用稀盐酸浸泡过夜，或用热浓硫酸洗涤，再用水充分淋洗并干燥。

测砷装置如图 9.3 所示。

分光光度计，波长范围 350～800 nm。

(3) 测定程序。

① 试验溶液的配制。称取样品 5 g(准确至 0.1 g)于 50 ml 瓷坩埚中，加硝酸镁 10 g，再在上面覆盖氧化镁 2 g，将坩埚在电炉上加热，直至炭化，移至 550℃高温炉中灼烧至炭化完全。冷却后取出，加水 5 ml，再缓慢加入盐酸 15 ml，继而将溶液移入 50 ml 容量瓶中，用盐酸洗涤坩埚，洗液并入容量瓶中，再以盐酸稀释至刻度，混匀。此溶液每 10 ml 相当于原样品 1 g。

② 校准曲线的制作。每用一批新的锌粒，每制备一新的 AgDDC 溶液时，都应重新制作校准曲线。

按表9.2中数据分别移取砷标准溶液至5个锥形瓶中，向每个锥型瓶中加水至总体积达50 ml。加入8 ml硫酸，3 ml碘化钾，混匀。于室温下放置5 min，再加入氯化亚锡酸性溶液摇匀后静置15 min。

在管球连接部放入少许氯化亚铜和乙酸铅棉，移入5 mlAgDDC溶液于吸收管中。静置15 min后，向每个锥形瓶中放入4 g锌粒，迅速按图9.3所示装配好仪器。反应发生1 h后取下吸收管，用三氯甲烷补足因挥发而减少的容积至5 ml，混匀，转入1 cm比色皿中，以试剂空白调节分光光度计的零点，在波长515 nm测定各吸收液的吸光度。

溶液的颜色在无直射光照射条件下约可稳定2 h。

以含砷量(μg)为横坐标，相应的吸光度为纵坐标，绘制出标准曲线。

表9.2　砷标准溶液体积与砷含量对照表

砷标准溶液体积/ml	相当于含砷量/μg
0.00(空白)	0
1.00	1
3.00	3
5.00	5
7.00	7
9.00	9

③ 测定。移取(3)①中得到的试验溶液25.0 ml置锥型瓶中，加入8 ml硫酸(1:1)。然后按(3)②相同的程序进行试验。

④ 结果计算。由(3)②标准曲线查出相当于试样溶液吸光度的砷含量，按下式计算样品含砷量

$$C = \frac{A \cdot V_1}{m \cdot V_2}$$

式中　C——样品中含砷量，$mg \cdot kg^{-1}$；

A——相当于试验溶液吸光度的含砷量，μg；

m——试样的质量，g；

V_1——试样最后稀释到的体积，ml；

V_2——测定时所取溶液的体积，ml。

2. 汞的检测方法

在化妆品中汞的含量一般都很低，现在常用的检测方法为测汞仪法。

(1) 试剂。硝酸(优级纯)，硫酸(优级纯或分析纯)。

30w%氯化亚锡溶液：称取分析纯氯化亚锡30 g，加少量水，再加硫酸2 ml使之溶解后，加水至100 ml。

5 $mol \cdot L^{-1}$混合酸：取硫酸10 ml、硝酸10 ml，慢慢倒入50 ml水中，冷却后加水至100 ml。

汞标准溶液：精确称取经过105℃干燥的二氯化汞0.135 4 g，加5 $mol \cdot L^{-1}$混合酸，使之溶解后移入100 ml容量瓶中，并稀释至刻度，混合均匀。临用时精确吸取此液1 ml，移入100 ml容量瓶中，加5 $mol \cdot L^{-1}$混合酸至刻度，混合均匀。此溶液每毫升相当于汞0.1 μg。

(2) 仪器。测汞仪。

(3) 操作方法。

① 样品消化。称取样品 1.00~5.00 g,放入 250 ml 圆底烧瓶中,加 25 ml 硝酸、5 ml 硫酸和微粒玻璃珠,摇动以防局部炭化。然后接上标准磨口球形冷液管,小火加热,在不使反应过于剧烈的情况下可加大热源,回流消解 2 h。在消解过程中,如溶液变棕色甚至变黑时,可补加硝酸,使其反复消解至溶液无色或呈微黄色。从冷凝管上注水 10 ml,继续加热回流 10 min,放置冷却。消解液经玻璃棉滤除固形物(必要时可冷却使蜡质析出),样液加水 100 ml。同时作空白试验。

② 样品测定。精确吸取样品消化液 10 ml 于汞发生器内,连接抽气装置,沿发生器内壁迅速加 30*w*%氯化亚锡 2 ml,并立即通入流速为 1.5 $L \cdot m^{-1}$的氮气或经活性炭处理的空气,使汞蒸气经干燥进入测汞仪中,读取测汞仪上最大读数。

另外,精确吸取汞标准液 0、0.1、0.2、0.4 ml(相当于汞 0、0.01、0.02、0.03、0.04 μg),分别置于试管中,各加 5 $mol \cdot L^{-1}$混合酸至 10 ml,然后倒入汞蒸发器内,进行样品测定,根据读数绘出标准曲线。

(4) 标准曲线的绘制。根据标准液在测汞仪上测得的表头读数和与其对应的汞含量绘制成曲线,如图 9.4 所示。

(5) 计算

$$汞(\mu g \cdot kg) = \frac{(A_1 - A_2) \times 1\,000}{W \times \frac{V_2}{V_1} \times 1\,000}$$

式中 A_1——被测样品消化液中汞含量,μg;

A_2——试剂空白液中汞含量,μg;

V_1——样品消化液总体积,ml;

V_2——测定用样品消化液总体积,ml;

W——样品的质量,g。

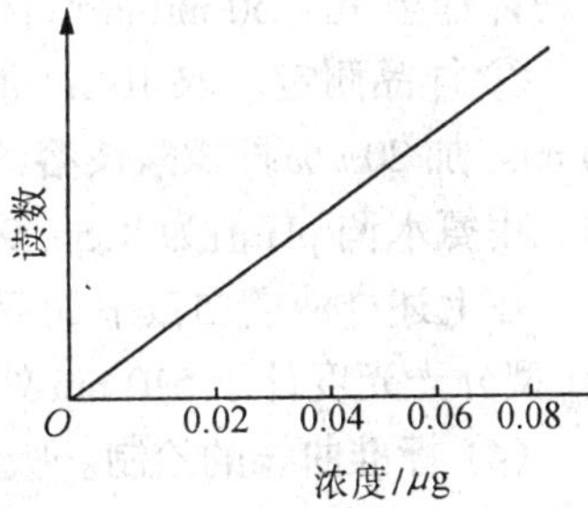

图 9.4 含汞量的标准曲线

(6) 操作方法精度。平均回收率为 92.9%,变异系数为 2.4%。

(7)注意事项。

① 分离痕量汞时,试剂(尤其是盐酸)含有的汞以及滤纸和橡皮管上可能含有的少量的汞,均会影响结果。玻璃器皿吸附汞很严重,石英器皿的吸附作用较小,瓷及硬质玻璃也较小,因此可使用硬质玻璃器皿。测汞前,玻璃器皿须彻底洗净,先用 10*w*%硝酸浸泡,然后冲洗干净。

② 汞是极易挥发的金属,因此在样品消化过程中必须保持氧化状态,即要加入过量硝酸,以免汞的损失。

③ 硝酸用量和消化时间应视不同样品而适当增减,直到消化液呈透明的浅黄色为止。

3. 铅的检测方法(双硫腙法)

(1) 试剂。氯仿,0.1*w*%酚酞指示剂,氨水,10*w*%氰化钾溶液。

20*w*%柠檬酸铵溶液:将分析纯柠檬酸 100 g 溶解于 200 ml 重蒸馏水中,加酚酞指示剂 2 滴,用氨水调节 pH 值为 8.5~9.0(溶液呈粉红色)。然后加入 0.01*w*%双硫腙溶液 5 ml,振摇分出三氯甲烷层,重复此操作直到加入双硫腙溶液不变色为止。再用三氯甲烷(每次 5 ml)萃取残存在水溶液中的双硫腙,直到最后一次加入三氯甲烷不变色为止。最后用蒸馏水稀释至 500 ml。

10w%盐酸羟胺溶液：将分析纯盐酸羟胺 20 g 溶于 200 ml 蒸馏水中。

双硫腙精制：取 1 g 双硫腙，溶解于 200 ml 氯仿中，将溶液移入分液漏斗中，加 200 ml 氨水，摇动（此时双硫腙转入氨液）至不再变橙色为止。滴加盐酸（1∶1）于氨水和双硫腙的混合液中，直至双硫腙完全析出为止。将析出的双硫腙用 20 ml 三氯甲烷萃取 3 次。收集萃取液于另一分液漏斗中，放于通风橱中蒸去三氯甲烷，置于干燥器中备用。

0.01w%双硫腙溶液：精确称取 10 μg 已提纯的双硫腙，溶解于 100 ml 三氯甲烷中。装入棕色瓶，0~4 ℃下保存，备用。

0.001w%双硫腙工作液：将 0.01w%双硫腙溶液用三氯甲烷释释 10 倍，临用时配制。

铅标准溶液（1 $\mu g \cdot ml^{-1}$）：将干燥的硝酸铅（分析纯）0.159 8 g 溶解于 20 ml 硝酸（1∶1）溶液中，用蒸馏水稀释到 1 000 ml，再精确吸取 10 ml，稀释到 1 000 ml。

（2）仪器。721 型分光光度计。

（3）测定方法。

① 样品处理。雪花膏、护肤霜类：称取样品 5 g，放入坩埚中，加入 10 ml 浓硝酸，在电炉上炭化至无烟，移入温度为 500 ℃的高温炉中，灰化至白色，取出冷却后加硝酸（0.1 $mol \cdot L^{-1}$）稀释至 10~50 ml（视铅含量而定）。

② 样品测定。取 10 ml 消化好的样液，放入 125 ml 分液漏斗中，用重蒸馏水稀释至 20 ml。加 20w%柠檬酸铵溶液 2 ml 和 10w%盐酸羟胺溶液 1 ml。摇匀后再加 1 滴酚酞指示剂。用氨水调 pH 值为 8.5~9.0，加 10w%氰化钾溶液 1 ml，摇匀。同时做空白试验。

在上述样液空白液中加双硫腙工作液 5 ml，萃取 1 min，将氯仿层滤入 1 cm 比色皿中，用 721 型分光光度计于 510 nm 处，以空白调节零点，比色测定其吸光度。

（4）标准曲线的绘制。吸取铅标准溶液（1 $\mu g \cdot ml^{-1}$）0、1.0、2.0、3.0、4.0 和 5.0 ml，分别放入 125 ml 分液漏斗中，用蒸馏水稀释至 10 ml，加柠檬酸铵溶液 2 ml，以下操作与样品测定相同。以吸光度为纵坐标、铅含量为横坐标绘制含铅量的标准曲线，如图 9.5 所示。

（5）计算

$$铅(\mu g \cdot kg^{-1}) = \frac{C}{W \times \frac{V_1}{V}}$$

式中 C——从标准曲线上查得的含铅量，μg；

W——样品质量，g；

V——样品稀释体积，ml；

V_1——测定时吸取样液体积，ml。

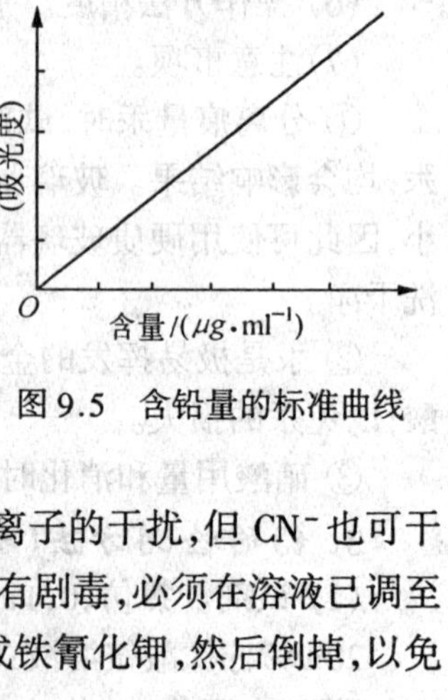

图 9.5 含铅量的标准曲线

（6）注意事项。

① 双硫腙比色法中氰化钾用以掩蔽 Ag^+、Cu^{2+}、Zn^{2+} 等金属离子的干扰，但 CN^- 也可干扰双硫腙对铅的提取，因此不要任意增加其用量和浓度。氰化钾有剧毒，必须在溶液已调至碱性时方可添加。废氰化钾液应加氢氧化钠和硫酸亚铁使其变成铁氰化钾，然后倒掉，以免造成危害。

② 柠檬酸盐可阻止一些金属离子在碱溶液中生成氧化物沉淀。但溶液中如含有过量的钙、镁磷酸盐时，由于这些金属磷酸盐在柠檬酸的氨溶液中溶解度较小，所以在析出沉淀时可带走铅，使结果偏低。

③ 双硫腙的氯仿(或四氯化碳)溶液在光的作用下或高温下很快生成黄色的氧化物,日光直接照射时双硫腙的颜色很快消失,因此须在 4~5 ℃的暗处保存。

④ 样品消化过程中加硝酸的量要适当。未转黑就补加硝酸则不起作用;如变黑过久再加硝酸,则析出的碳被烧结成块,不易氧化。对含有营养物质的化妆品,应先加硝酸,慢慢加热,等剧烈反应停止后,稍冷,再加硫酸继续消化,以防泡沫外溢。

⑤ 测铅时用的玻璃器皿最好以 1*w*% ~ 10*w*%硝酸浸泡,再冲洗干净。

9.1.3.2 化妆品中微生物的检测

化妆品中,特别是一些高级的护肤膏、霜等蛋白质、氨基酸、维生素以及各种植物的萃取液等营养成分含量较高的物质,为霉菌、细菌等微生物的滋生、繁殖提供了良好的生长条件,影响化妆品的质量和人体的卫生安全。许多国家对化妆品的微生物控制标准相当严格。欧美一些国家要求化妆品的杂菌数每克(或每毫升)控制在 100 ~ 1 000 个,不允许有致病菌。我国药品微生物检验法规定,乳剂及外用液体每克(或每毫升)含杂菌数按品种不同应在 500 ~ 1 000 个。

1. 微生物的检测方法

在化妆品中存在和生长着的微生物都是多种细菌及其他微生物混杂在一起的,因此在进行检测时,必须将混杂的微生物类群分开,然后再进行测定。测定化妆品的含菌数量,一般常用的方法是平板菌落计数法。

2. 操作过程

① 称取或用吸管注射器取 10 g 或 10 ml 试样,加到已灭菌的 90 ml 生理盐水中,混合均匀,使之成为 1:10 的稀释液。

② 用 1 ml 灭菌吸管或注射器吸取 1:10 稀释液 1 ml,注入 9 ml 已灭菌的生理盐水中,混合均匀,使之成为 1:100 的稀释液。

③ 另换用灭菌吸管或注射器吸取 1:100 稀释液 1 ml,注入 9 ml 已灭菌的生理盐水中,混合均匀,使之成为 1:1 000 的稀释液。

④ 用 1 ml 灭菌吸管或注射器吸取不同稀释度的 1 ml 稀释液于空白灭菌培养皿内,每个稀释度作 4 个培养皿。吸取每个稀释度的稀释液时要换用灭菌吸管或注射器。

⑤ 稀释液移入培养皿后,即将冷却至 45 ~ 50 ℃的营养琼脂培养基和霉菌用虎红培养基,分别倾入两个培养皿内,并转动培养皿,使之混合均匀。

⑥ 待琼脂凝固,翻转培养皿,分别置于 37 ℃和 28 ℃培养箱内,经 48 h 和 72 h 培养。

⑦ 菌落计数,一般选取菌落数在 30 ~ 300 之间。计算培养皿内菌落数,乘以稀释倍数,即得每克样品所含菌落数。

霉菌菌落数计算,应选取平板上 5 ~ 50 个范围内的菌落数乘以稀释倍数作为霉菌总数。

9.1.4 化妆品的功效检测

9.1.4.1 香波

1. 去污力

香波的去污作用主要是肤发的清洗,故采用人发直接测定。

(1) 污垢的配制。按比例称量后,温热,搅匀,待用(表 9.3)。

表 9.3 污垢配制用原料及其用量

成　分	白油	十六醇	凡士林	炭黑	水
质量/$w\%$	20	20	8	1	15

(2) 染污方法。将配制的污垢加热至 40 ℃,搅拌 20 min,把称量后的头发在 40 ℃浸泡 2 次,每次 30 s,取出后放置阴凉处,自然风干一昼夜,称重,计算洗涤前油污量。

(3) 洗涤液的配制。用钙离子浓度为 150 $mg \cdot L^{-1}$的硬水将香波配成 0.2$w\%$的溶液。

(4) 洗涤。将洗涤液加热至(40±2)℃,20 min 后把经染污的头发浸入,搅拌 5 min,取出后在 40 ℃热水中漂洗 2 次,冷水中漂洗 1 次,取出后置于阴凉处自然风干一昼夜,称重,计算洗涤后的油污量。

(5) 计算

$$香波的去污力 = \frac{W_1 - W_2}{W_1 - W_3} \times 100\%$$

式中 W_1——洗涤前油污头发质量,g;

W_2——洗涤后油污头发质量,g;

W_3——头发质量,g。

2. 泡沫力

(1) 首先根据人体皮肤污垢的组分配制模拟的皮脂污垢,其组成如下:

成　分	$w\%$	成　分	$w\%$
棕榈酸	15.0	胆甾醇硬脂酸酯	8.1
十四碳酸	5.0	胆甾醇	8.9
油酸	18.4	甘油三硬脂酸酯	16.7
三十碳六烯	8.1	甘油三油酸酯	16.7
石蜡(熔点 52~54℃)	8.1		

然后,在直径为 11 cm、高为 15 cm 的玻璃烧杯中,预先放入 5 mg 的皮脂污垢,加 25 mg 香波、16 mg 碳酸钠及相当于 52 $mg \cdot L^{-1}$氯化钙的碳酸钙溶液 500 ml。将该溶液用 5 cm 的搅拌叶在 1000 $r \cdot min^{-1}$的搅拌速度下搅拌 1 min,放置 30 s 后测定泡沫量。

(2) 将香波配成 60$w\%$的水溶液,取 20 ml 放入 100 ml 的具塞量筒中,加入人为弄污的脱水羊毛脂液体 0.2 g,在 10 s 内摇动 20 次,1 min 后测定泡沫容量(ml)。

3. 皮肤刺激性

(1) 用含香波 1$w\%$的水溶液(35℃)对 20 名受试者进行手浸试验。即浸渍-干燥,每次 1 min,需进行 15 次,2 4 h 后观察皮肤,判断皮肤皲裂程度,评价标准分为以下三种:

① O:几乎不皲裂;

② △:角质表层有局部干燥脱屑变化;

③ ×:30%以上有干燥脱屑变化。

(2) 以牛血清白蛋白的分子椭圆率(BSA 分子椭圆率)变化状况评价皮肤刺激性大小,测定方法为:将牛血清白蛋白(100 $mg \cdot L^{-1}$)(100×10^{-6})和各试样溶液混合,加 0.05 $mol \cdot L^{-1}$磷酸钠缓冲液,在 25 ℃下使用 JASCOCD 光谱仪测定圆偏光二色性,求出分子椭圆率(θ),未变化的牛血清白蛋白分子椭圆率为 $-11.3 \times 10^7\ cm^2 \cdot mol^{-1}$。分子的椭圆率和牛血清白蛋白相等,可认为对皮肤几乎无刺激性。

4. 调理性

通过对静摩擦系数、毛发的光滑性综合评价决定。

(1) 静摩擦系数。用香波试样 1.0 g,揉洗毛束(5 g,20 cm 长)试样 1 min,然后放入 25 ℃、相对湿度 65%的恒温恒湿干燥箱中干燥 24 h,取出后,用摩擦系数仪测定毛发的静摩擦系数。摩擦系数小于 0.17 时,表明毛发的光滑性好。

(2) 毛发的光滑性。以十二烷基硫酸钠(SDS)为对照,将毛束试样(5 g,20 cm 长)两份分别用香波和 SDS 洗涤、干燥。取出后,由 20 人进行比较评价。

评价标准:+——比 SDS 好;

±——比 SDS 稍好;

-——与 SDS 相同。

9.1.4.2 卷发剂(冷烫液)

1. 卷发效果

取长度为 10 cm,未经处理过的头发,洗净、晾干后,卷绕在直径 6.5 mm 的玻璃棒上,用卷发剂甲剂(俗称冷烫液、烫发水)浸渍 10 min,水洗后再用卷发剂乙剂(俗称固定剂)浸渍 15 min,然后用清水洗净。经上述处理的毛发束呈卷状,测定发卷的直径,以确定卷发效果。

2. 复原强度

将上述测量过发卷直径的毛发束(卷状)风干 30 min,然后,测定其发卷长度(l 值)并将其作为原强度指标。根据这一发卷长度(l 值)来表示弹性,其值愈低,说明发卷的弹性愈好。

3. 对头发的损伤

用铜吸收法测试,以头发的铜吸收量(mg)来表示损害程度的轻重。

取经卷发剂卷曲后的头发样品 500 mg,浸于 50 ml(32 ℃)0.1 $mol \cdot L^{-1}$四氨硫酸铜络合物溶液中,15 min 后,用蒸馏水洗涤头发,洗涤后的溶液用 0.1 $mol \cdot L^{-1}$硫代硫酸钠滴定,测出头发的铜吸收量,吸收量小,则损害程度轻。未经卷发剂处理的头发吸收铜量一般为 7.5 mg。

4. 卷曲保持力

将一束重 2 g 的头发卷于 0.635 cm 塑料卷发棍上,每次用 4 ml 卷发剂,15 min 后用温水冲洗,毛巾擦干,用中和剂保持 5 min,冲洗后从卷发棍上移下,然后卷于 1.27 cm 塑料卷发棍上,用电热风吹干后,置于恒湿箱内,测定 30 ~ 120 min 内卷曲程度的保持力,以保持卷曲头发圆周的平均直径计算百分率。

5. 碱度

(1) 试剂。0.5 $mol \cdot L^{-1}$盐酸溶液,0.1w%甲基红指示剂(60w%乙醇溶液)。

(2) 测定方法。用移液管精确吸取试样 2 ml,加水 48 ml,加甲基红指示剂 4 滴,用 0.5 $mol \cdot L^{-1}$盐酸滴定,至淡红色出现为止,记下消耗的体积数。

(3) 计算

$$成品碱度(mol \cdot L^{-1}) = \frac{c_1 \times V_1}{V}$$

式中 c_1——盐酸溶液的浓度 $mol \cdot L^{-1}$;

V_1——滴定消耗盐酸的体积数,ml;

V——试样体积,ml。

6. 巯基乙酸的含量

(1) 试剂。0.1 mol·L^{-1}碘溶液,10w%淀粉指示剂。

(2)测定方法。用移液管精确吸取试样 2 ml,加水 48 ml,不加甲基红指示剂,直接加入与上面碱度测定时消耗相同的盐酸体积数,然后,加入 1 ml 淀粉指示剂,用 0.1 mol·L^{-1}碘溶液滴定至淡蓝色出现,并保持 1 min 内不消失为止。记下消耗的体积。

(3)计算

$$X = \frac{C_2 \times V_2 \times 0.092\,12}{V} \times 1\,000$$

式中 x——巯基乙酸含量,g·L^{-1};

C_2——碘溶液的浓度,mol·L^{-1};

V_2——滴定消耗碘溶液的体积数,ml;

V——试样体积,ml

0.092 12——为 1 mol·L^{-1} $HSCH_2COOH$ 的克数,g。

9.1.4.3 化妆品

1. 刺激性

(1) 皮肤一次刺激性试验。化妆品与人体皮肤是较长期、连续、直接地接触,须对皮肤毫无害处。因此,在人的皮肤上作贴敷试验前,一般要在两种或两种以上动物身上先进行试验。

一次接触中损伤程度的试验方法:将 0.5 g 或 0.5 ml 试样放在 2.5 cm×2.5 cm 的纱布上,贴于健康洗净的皮肤上,用油纸覆盖固定。24 h 后将纱布取下,观察评定皮肤的红斑、浮肿、坏死等反应程度。同样在 48 h、72 h 再进行评定。

(2) 眼刺激性试验。在兔眼中滴入 0.1 g 或 0.1 ml 试验样,经 1 h、6 h、24 h、48 h,观察其刺激的严重程度,记录试验物对膜、角膜、虹膜的影响。同一兔子的左眼或右眼滴样品,另一眼作为空白对照。

2. 保湿性

将各种化妆品产品半开盖置于 40 ℃、相对湿度为 60%的恒温恒湿干燥箱中,12 h 后取出称重,计算失水率。

3. 吸湿性

将称量瓶置于 105 ℃干燥箱中烘至恒重后,分别加入样品及对照样,于装有五氧化二磷的干燥器中放置 24 h,再分别置于 40 ℃、相对湿度为 80%的恒温恒湿干燥箱中,12 h 后,分别测出放置后的吸水百分率。

4. 水合(滋润)作用

每种膏霜用 5 只雌鼠试验,在敷用膏霜前一天,在它的背部 6 cm^2 处小心剃毛和拔毛。每天早晚擦 50 mg 膏霜并轻轻按摩 1 min,连接 30 d,在最后一次敷用后 24 h,在上述敷用过膏霜的皮肤上,用圆刀切取 10 mm 圆形表皮,称量后干燥至恒重,用下式计算增加的水分(x)。

同时另取 5 只雌鼠,不敷膏霜,其他操作与上述相同,作为空白对照。

$$x(w\%)=\frac{\text{敷用过的试样水分}(w\%)-\text{空白试样水分}(w\%)}{\text{空白试样水分}(w\%)}\times 100$$

5. 愈合作用

外科手术的愈合过程是评定皮肤营养的合适指标，愈合时间的长短，关系到敷料对皮肤增殖所起的作用，在上述（水合作用）敷过膏霜的皮肤上，划开 2 cm 长的一条线，立即缝两针，到第五次测定伤痕减短的长度，与空白对比，这样可计算愈合百分比，进一步计算增加的愈合率。

$$\text{增加的愈合率}=\frac{\text{涂敷料的愈合}(\%)-\text{空白愈合}(\%)}{\text{空白愈合}(\%)}\times 100$$

6. 弹性增长率

上述（愈合作用）用过的鼠，在第七天拆线后，测试伤痕的拉力，拉破伤疤的力用 g 表示，即得弹性增长率。

$$\text{弹性增长率}=\frac{\text{敷料处拉破的力}-\text{空白处拉破的力}}{\text{空白处拉破的力}}\times 100$$

7. 护肤滋养性能

对涂敷膏霜 30 天后的鼠，每天用 5$w\%$二甲苯乙醇溶液搽擦，观察红斑落屑、产生粗糙的日期，记录从开始用二甲苯至发生症状的天数。

$$\text{护肤滋养性能增长}(w\%)=\frac{(\text{敷膏霜鼠}-\text{空白})\text{出现症状的时间}}{\text{空白出现症状的时间}}\times 100$$

8. 减少皮脂作用

减少皮脂分泌活性的评定是在末次敷用膏霜 24 h 后测试，用卷烟纸吸收皮脂，连续 30 h，吸收处理过的皮脂与空白对比。

$$\text{皮脂分泌量变化}(w\%)=\frac{\text{处理过皮肤上的皮脂}-\text{空白皮肤上的皮脂}}{\text{空白皮肤上的皮脂}}\times 100$$

9. 皮肤粗糙程度

用立体显微镜观察皮肤表皮进行测定。干燥皮肤的表皮细胞有上翘起的边缘。这种表皮细胞与正常皮肤的反射或折光不同。

选择 5 名干性皮肤的试验者，每天早晨用不加香料的牛油、椰子油制的肥皂洗手，隔 1 h 洗 1 次，每天洗 5 次，共洗 4 天。两只手背都洗，每次 30 s，冲洗后在空气中自然干燥。每天前 4 次洗涤中，每次洗后在 1 只手背上涂试验物，另 1 只手背作为对照。第 5 次把试验物冲去后不再涂，过 1 h，待皮肤含水量达到平衡后用立体显微镜读出数字。每个试验者得到的最大读数为 100。

用未处理时的数值，减去处理后的数值，差值愈大，试验物的效果愈好，4 天后高于 40 的为优良，30 ~ 40 的为好。

9.1.4.4 防晒品

1. 防晒因子法

组织足够数量的人，把防晒护肤化妆品涂抹在暴露部位，在盛夏的海滨经受日晒。然后测定 *SPF* 值来表示防晒效力。*SPF* 为防晒因子的简称，它是涂抹防晒产品后，在阳光下暴晒起红斑所需时间与无涂抹护肤品时的倍数。

2. 紫外吸收法

日光中的紫外线对皮肤有伤害作用。如果大量接受波长为 290 ~ 320 nm 的紫外线,就会引起皮肤损害,即日光性皮炎。而波长大于 320 nm 的紫外线,则会使皮肤色素沉着,产生"黝黑"现象。如果防晒剂在光波的"皮炎区"及"晒黑区"有最大紫外吸收峰,就可起到良好的保护皮肤作用。

测定时,称取防晒样品 0.1 ~ 0.5 g(视防晒效力而定),用无水乙醇为溶剂,将其溶解后定容至 100 ml 容量瓶中,在 7520 型分光光度计上,在上述二区分别测定吸收值。

测定时使用氢灯、紫敏管、1 cm 石英比色皿。

3. 紫外吸收法测防晒膏体的吸收值

将 0.5 $mg\cdot cm^{-2}$的膏体均匀涂在三醋酸纤维胶片上,用紫外分光光度计测定 280 ~ 400 nm的吸收曲线。由于片基的厚度和片表面的光洁度差异,以及涂抹的均匀度的误差,要求测定分两步进行。

(1) 选片。剪若干个 0.9 cm × 5 cm 的三醋酸纤维胶片,放入紫外分光光度计的暗盒中,将波长调到 320 nm,调节狭缝使第一个胶片的透过率为 100%(T = 100),然后检验第二、第三……,选择相对误差小于 2%的胶片为一组,并在片子的上端做记号。然后在 1/10 000 分析天平上称片基重,按规定量均匀涂上膏体。

(2) 测定。将涂好膏体的胶片按记号放入暗盒中,测定吸收曲线。每一涂好膏体的胶片均测 3 ~ 5 组数据。在 280 ~ 400 nm 测定第一组数据 A_1 后,将片子左右稍动或将胶片底部稍剪,测出 A_2、A_3、A_4、A_5,其平均值为防晒膏体的实际吸收值。

4. 光毒反应的防治作用

小鼠皮下注射氯丙嗪和腹腔注射卟啉衍生物(HPD)后,黑光灯(长波紫外线灯)照射 24 h均可引起光毒反应,表现为鼠耳红肿、局部组织坏死甚至脱落。若鼠耳局部涂擦防晒护肤剂,则对由氯丙嗪和 HPD 所引起的光毒反应会有防治作用。试验方法为:

(1) 选试验用动物。体重 25 ~ 30 g 小鼠,雌雄不限,先在恒温(22 ± 1)℃人工光照实验室中适应 3 天。实验前仔细检查两耳,剔除有明显或可疑红斑或水肿现象的小鼠。

(2) 分组。

中毒组——皮下注射 30 $mg\cdot kg^{-1}$氯丙嗪或腹腔注射 HPD 5 ~ 20 $mg\cdot kg^{-1}$。

防治组——氯丙嗪或 HPD 加欲测防晒护肤剂。

空白对照组——以生理盐水代替氯丙嗪或 HPD。

(3) 实验条件。

光源:黑光灯,220 V、40 W。

波长:320 ~ 450 nm,峰值:360 nm,加窗玻璃(3 mm)以滤去致红斑的波长部分(290 ~ 340 nm)。

(4) 操作。实验在(22 ± 1)℃室中进行。每支黑光灯管下排列 15 个小鼠笼(6 cm × 6 cm × 6 cm),每笼放 1 只小鼠。注射光毒剂后,立即用防晒护肤剂局部涂擦鼠耳(中毒组和空白对照组不涂),放入笼中,盖上窗玻璃,灯管调节至距小鼠耳部约 12 cm 处,小鼠耳部从黑光灯照射接受的紫外线强度约为 10 ~ 22 $\mu W\cdot cm^{-2}$,连续照射 24 h。

笼内放干饲料块供自由食用,禁水,只给少许含水苹果。照射后观察一周,每天检查一次,要特别注意耳部,按光毒测定标准记录变化情况。

(5) 光毒测定标准。

阴性(-):双侧耳与正常鼠耳无差别;

轻度(+):单侧或双侧耳出现红斑或水肿;

中度(++):单侧或双侧耳出现组织坏死;

重度(+++):单侧或双侧耳出现溃烂并脱落。

9.1.4.5 抗衰老品

1. 化学法定量显示抗皮肤衰老作用

(1) 试验动物。体重 30 g,4 月龄小白鼠,雌雄兼用。

(2) 仪器和试剂。

721 分光光度计;羟脯氨酸标准品(中科院上海生化所,分析纯),0.05 mol·L^{-1}氯胺-T液,8w%对二甲氨基苯甲醛液(p-DMAB),3.15 mol·L^{-1}过氯酸液,柠檬酸缓冲液(pH5~7)。

(3) 测定方法。

① 动物处理。小鼠 20 只,随机分成两组,每组 10 只。剃去背部毛发,暴露约 1 cm^2 皮肤。用温水洗净暴露的皮肤,均匀涂上护肤试样,一天两次,涂前先用温水洗净皮肤,及时剃去新长出的毛发。对照组不涂护肤试样,其余与实验组同样处理。两组动物处于相同环境,喂同样饲料。涂 37 天后处死,立即取暴露部位皮肤,刮去皮下脂肪,吸干、剪成碎块,精确称取约 20 mg 作试样。

② 试样处理。取上述精确称重的皮肤样品置 10 ml 具塞刻度试管中,加 6 mol·L^{-1}盐酸 2.0 ml,混匀,密封,置恒温干燥箱中于 125 ℃放置 2.5 h,取出放至室温后,加 10 mol·L^{-1}氢氧化钠 2.0 ml(pH5~7),过滤,滤液加水稀释至 5.0 ml,即为样品测试液。

③ 标准曲线制备。精确称取干燥至恒重的羟脯氨酸标准品 50.0 mg,用 0.01 mol/L 盐酸溶解并稀释至 100 ml(1 ml 相当于 500 μg),此为标准储备液。取上述标准储备液 2.0 ml,加水稀释至 100 ml(1 ml 相当于 10 μg 羟脯氨酸),即为标准液。

取上述标准液 0、0.2、0.4、0.6、0.8、1.0 ml,分别置 10 ml 具塞刻度试管中,用水将各管体积调整至 1.0 ml,再各加入柠檬酸缓冲液 1.0 ml 和氯胺-T 液 1.0 ml,混匀,放置 6 min,再向各管内加入过氯酸液 1.0 ml,混匀,放置 5 min,各管加入 p-DMAB 液 1.0 ml,混匀,75 ℃水浴放置 10 min,迅速冷却至室温,并用水调整总体积为 5.0 ml。以第一管作空白对照,于 562 nm 波长处测定吸光度,以羟脯氨酸含量(μg)为横坐标,吸收度为纵坐标绘制标准曲线。

④ 样品测定。精确量取样品试液 200 μg,置具塞刻度试管内,加水至 1.0 ml 后,按上述标准曲线制备步骤,同样操作,由测得的吸收度从标准曲线计算样品羟脯氨酸含量。由此可得到实验组和对照组动物皮肤中羟脯氨酸和胶原蛋白的质量分数(以胶原蛋白中羟脯氨酸含量为 13w%计)。

如果实验组的皮肤中羟脯氨酸含量比对照组的含量明显增高,则定量地证实受试样品可增加皮肤中胶朊蛋白的含量,显示它有确切的抗皮肤衰老和改善细皱纹的功效。

2. 通过动物皮肤试验观察四个指标

(1) 实验方法。

① 取健康家兔雌雄各半,体重 2.5~3 kg,无任何皮肤病,剃去背部及耳部的毛,然后随机分为实验组和对照组。

② 实验组。家兔 4 只雌雄各半,用玻璃棒棉头沾取皮肤营养液试样,涂抹于兔背和耳

部，用量大约 4 ml，上下各涂抹一次，间隔 5～6 h。

③ 对照组。家兔数量，雌雄比例同实验组，但此组用等量生理盐水涂抹，次数、部位和间隔时间均与实验组相同。

④ 连续涂沫 20 天后，在两组兔子的背及耳的涂沫区各一处，取材制成石蜡切片观察，另一处连续涂抹 30 天后，进行同样处理。

(2)观察指标。

① 表皮角化层厚度；②表皮层细胞形态、层数、直径；③ 直皮层胶原纤维变化；④炎细胞浸润及血管网状况。

以上四项指标可由医学研究机构进行测定和评议。

3. 修饰 SOD 活性测定法

修饰 SOD 是将动物血液来源的 Cu、Zn－SOD 用酶工程方法在其分子水平上进行改造，以提高其稳定性、体内半衰期和抗蛋白酶水解能力。其活性的测定方法介绍如下。

(1) 仪器和试剂。53WB 紫外分光光度计，pH 酸度计；邻苯三酚（出厂 3 年以上的邻苯三酚须作升华或重结晶处理），乙二胺四乙酸二钠（EDTA），修饰 SOD（研究室制备的），牛血清白蛋白；其余试剂均为分析纯。

(2) 测定方法。

① 邻苯三酚自氧化速率的测定。在试管中加入 pH 值为 8.2、浓度为 2.5 $mmol\cdot L^{-1}$的邻苯三酚－盐酸（内含 1 $mmol\cdot L^{-1}$ EDTA）缓冲液 3 ml，25 ℃保温，再加入 25 ℃预热过的 10 $mmol\cdot L^{-1}$盐酸配制的 45 $mmol\cdot L^{-1}$邻苯三酚溶液 6～10 μL（对照管用 10 $mmol\cdot L^{-1}$盐酸代替），迅速倒入直径为 1 cm 的石英比色皿，在波长 325 nm 下每隔 30 s 测光密度值（*OD*）一次，测 4.5 min，要求自氧化速率控制在0.070 $OD\cdot min^{-1}$。

② 修饰 SOD 活性测定。方法同上。在试管中加入邻苯三酚－盐酸－EDTA 缓冲液 3 ml 后，加修饰 SOD 试样液，再加入 45 $mmol\cdot L^{-1}$邻苯三酚（邻苯三酚加样量与测定自氧化速率时相同），迅速摇匀，在波长 325 nm 处测定并记录抑制速率，要求线性速率控制在0.035 $OD\cdot min^{-1}$，控制方法一般采用调整酶液浓度或加样量。

(3) 计算

$$\text{单位体积活力}(u\cdot ml^{-1}) = \frac{(0.070 - \text{样液速率}/0.070)\times 100\%}{50\%} \times \text{反应液总体积} \times \frac{\text{样液稀释倍数}}{\text{样液体积}}$$

$$\text{修饰 SOD 比活}(u\cdot mg^{-1}) = \frac{\text{单位体积活力}(\mu\cdot ml^{-1})/\text{蛋白质浓度}(mg\cdot ml^{-1})}{1-\text{氨基修饰率}(\%)}$$

9.2 主要日用化学品的产品质量标准

产品标准是检验产品质量的主要指标，任何一种产品都必须符合标准，才准许在市场上销售。我国的产品标准分为国家标准、部颁标准、行业标准和企业标准。本节介绍几种主要产品的国家标准、部颁标准和行业标准。

9.2.1 洗涤用品的标准

9.2.1.1 洗衣粉标准

洗衣粉的国家标准代号为 GB 13171—91,其主要内容如下。

1. 产品分类

洗衣粉标准规定的洗衣粉属于弱碱性产品,适合于洗涤棉、麻和化纤织物。洗衣粉按品种、性能和规格分为 3 种类型。

Ⅰ型　以阴离子表面活性剂为主,适合于手洗衣物用。

Ⅱ型　以阴离子表面活性剂为主,适合于洗衣机洗涤用及手洗用低泡洗衣粉。

Ⅲ型　以非离子表面活性剂为主(即产品中非离子表面活性剂应不低于 8%),适合于洗衣机洗涤和手洗用低泡洗衣粉。

2. 技术要求

洗衣粉使用的各种表面活性剂的生物降解度应分别大于或等于 80%。

各类洗衣物的物理化学指标必须符合表 9.4 的规定。

表 9.4　各类洗衣粉的物理化学指标

项　目	指　标		
	Ⅰ型	Ⅱ型	Ⅲ型
颗粒度	通过 1.25 mm 筛的筛分率不低于 90%		
色泽	白(染色粉应色泽鲜艳均匀)		
水分及挥发物/w%	≤15		
总活性物加聚磷酸盐①/w%	≥30	≥30	≥40
总活性物/w%	≥14	≥10	≥10
非离子表面活性剂/w%	—	—	≥8
聚磷酸盐含量/w%	≥14	≥20	≥25
pH 值(0.1w%溶液,25 ℃)	≤10.5	≤10.5	≤11.0
发泡力(当时)/mm		≤130	≤130
相对标准粉去污力比值	≥1.0		
加酶粉酶活力/($u\cdot g^{-1}$)	≥650		

① 聚磷酸盐包括焦磷酸钠、三聚磷酸钠和三偏、多聚(缩)磷酸钠。

9.2.1.2 衣服用液体洗涤剂标准

衣服用液体洗涤剂的部颁标准代号为 QB 1224—91,其主要内容如下。

1. 适用范围

衣服用液体洗涤剂标准适用于由各种表面活性剂配成的衣服用液体洗涤剂,不适用于干洗剂。

2. 技术要求

衣服用液体洗涤剂按其中主要的表面活性剂分为阴离子型和非离子型两类,其物理化学性能应符合表 9.5 的规定。

表 9.5　衣服用液体洗涤剂的理化指标

项　　目		指　　标
外　观		均匀,无机械杂质
气　味		符合规定香型,无异味
稳定性		(40 ± 2)℃恒温 24 h,不分层;(−5 ± 2)℃恒温 24 h,恢复到 15 ~ 25 ℃,不分层,无沉淀
表面活性剂/w%	阴离子型	≥15
	非离子型①	≥10
pH 值(1w%溶液)	棉麻化纤用	≤10.5
	丝毛用	6.0 ~ 8.5
泡沫②(2.5 mmol·L^{-1} Ca^{2+} 硬水,0.25w%)溶液,30 s)/ml		≤300
相对标准粉去污比值	棉麻化纤用	≥1.0
	丝毛用	暂不定

① 非离子型指非离子表面活性剂含量不低于 8w%的产品。

② 泡沫指标仅要求适合洗衣机用的产品,对手洗用产品不要求。

9.2.1.3　餐具洗涤剂标准

餐具洗涤剂的国家标准代号为 GB 9985—88,其主要内容如下。

1. 适用范围

餐具洗涤剂标准适用于由表面活性剂和某些助剂配制成的洗涤蔬菜、水果、餐具等的餐具洗涤剂。

2. 原料要求

所用色素和香料必须是符合食品添加剂规范的产品。所用的表面活性剂的生物降解性应不小于 80%。

3. 技术要求

餐具洗涤剂的物理化学指标必须符合表 9.6 的规定。

表 9.6　餐具洗涤剂的理化指标

外观	液体产品不分层,无悬浮物或沉淀,粉状产品不结团
气味	加香产品应符合规定香型,不得有其他异味
稳定性(液体产品)	−3 ~ −4 ℃,24 h,无结晶,无沉淀;(40 ± 1)℃,24 h,不分层,不混浊,不改变气味
表面活性剂含量/w%	≥15
pH 值(25℃,1w%溶液)	< 10.5
荧光增白剂	不得检出
甲醇/(mg·g^{-1})	≤1
砷(1w%溶液中,以砷计)/(mg·kg^{-1})	≤0.05
重金属(1w%溶液中,以铅计)/(mg·kg^{-1})	≤1
去污力(人工洗盘数)	不小于指标洗涤剂的人工洗盘数

9.2.1.4 洗衣皂标准

洗衣皂的国家标准代号为 GB 8112—87,其主要内容如下。

1. 适用范围

洗衣皂标准适用于以冷板、真空冷却、压条等工艺生产的块状洗衣皂,不适用于加有其他表面活性剂及药物的肥皂。

2. 产品分类

洗衣皂分为 A 型和 B 型。

3. 技术要求

(1)感官指标。图案、字迹清楚,形状端正,色泽均匀,无不良气味。

(2)物理化学指标。物理化学指标按标准质量计,应符合表 9.7 的规定。

表 9.7 洗衣皂的理化指标

指标名称	指标	
	A 型	B 型
干皂含量/w%	≥43	≥54
氯化物(NaCl)/w%	≤0.7	≤1.0
游离苛性碱(NaOH)/w%	≤0.3	≤0.3
乙醇不溶物/w%	2~11	2~11
发泡力(5 min)/ml	≤400	≤269

注:① 测定发泡力用 1.5 $mmol\cdot L^{-1}$钙硬水配制的 0.3w%干皂溶液。

② 油脂洗衣皂执行 A 型技术指标。

9.2.1.5 香皂标准

香皂的国家标准代号为 GB 8113—87,其主要内容如下。

1. 适用范围

香皂标准适用于以碾制工艺或其他工艺生产的以脂肪酸钠为主的块状香皂,不适用于加入其他表面活性剂和药物的香皂。

2. 技术要求

(1)感官指标。组织均匀,皂型端正,图案字迹清楚;色泽均匀,相对稳定;香型应相对稳定,无不良异味;包装整洁,端正。

(2)物理化学指标。物理化学指标按标准质量计,应符合表 9.8 的规定。

表 9.8 香皂的理化指标

指标名称	指标
干皂含量/w%	≥83
游离苛性碱(NaOH)/w%	≤0.10
总游离碱(NaOH)/w%	≤0.30
乙醇不溶物/w%	≤2
水分及挥发物[(103±2)℃]/w%	≤15
氯化物(NaCl)/w%	≤0.7

9.2.1.6 合成洗衣膏标准

合成洗衣膏的行业标准代号为 ZBY 43001—86,其主要内容如下。

1. 适用范围

合成洗衣膏标准适用于由阴离子表面活性剂(或复配部分非离子表面活性剂)和三聚磷酸钠等助洗剂配制的弱碱性合成洗衣膏。

这类产品适用于洗涤棉、麻、人造纤维、合成聚酯、尼龙、聚丙烯等纤维制品。

2. 技术要求

合成洗衣膏的物理化学指标必须符合表 9.9 规定。

表 9.9 合成洗衣膏的理化指标

指标名称	要求
外观	膏体均匀,细腻,无明显颗粒
色泽	白至微黄,配有各种色素者应色泽鲜艳、均匀
气味	除洗涤剂固有气味外,不得有其他异味,加香者香味应符合本厂所订的香型
膏体稳定性	-5 ℃保持 24 h 不结晶,40 ℃保持 24 h 不分层
总固体/w%	≥50
表面活性剂/w%	≥14
聚磷酸盐①/w%	≥14
pH 值(25 ℃,0.1w%)	9.5~10.5
发泡力(当时)②/mm	≥150
去污力/%	大于标样洗衣粉③

① 对加沸石的合成洗衣膏产品,此项指标另订。

② 对低泡合成洗衣膏不作要求。

③ 标样洗衣粉配方。

配方	w%		w%
烷基苯磺酸钠	15w%	三聚磷酸钠	10w%
碳酸钠	6w%	羧甲基纤维素	1w%
硫酸钠	64w%	水	4w%

9.2.2 化妆用品的标准

目前,化妆用品已经成为广大消费者的日常用品,相当多的人甚至长年使用,并无年龄、性别以至职务的限制。可以说,化妆用品的质量直接关系到人们的健康。为了确保产品的安全性,许多国家都制订法规,对化妆用品的产销进行管理。

我国于 1989 年发布了《化妆品卫生监督条例》,对生产企业实施卫生许可证制度和生产许可证制度,并对染发、化学卷发(即烫发)、防晒、祛斑、除臭、育发、健美、丰乳、脱毛 9 种特殊用化妆品进行严格管理。与此同时,我国还陆续颁布了若干化妆品的产品标准和《化妆品广告管理办法》。这对我国化妆品行业的健康发展,保障人民健康,美化人民生活,都将起到积极作用。

9.2.2.1 洗发液标准

洗发液(洗发香波)的国家标准代号为 GB 11432—89,其主要内容如下。

1. 适用范围

洗发液标准适用于以表面活性剂为主体复配而成的具有清洁人的头发和头皮,并保持其美观作用的液体洗发用品。

2. 技术要求

洗发液的感官、物理化学和卫生指标必须符合表 9.10 的规定。

表 9.10 洗发液的感官、理化和卫生指标

指标名称			指标		
			优级品	一级品	合格品
感官指标	外观		无异物		
	色泽		符合标样		
	香气		符合标样,香气纯正		
理化指标	pH 值		4.0~8.0		
	粘度(25 ℃)/(Pa·s)		≥0.4		
	有效物/w%		≥15.0	≥15.0	≥10.0
	泡沫(40 ℃)/mm	透明型	≥140	≥120	≥100
		非透明型	≥90	≥70	≥50
	耐热		48 ℃,24 h	40 ℃,24 h	40 ℃,24 h
			没有分离、沉淀、变色现象(注明含有不溶性粉粒、沉淀除外)		
	耐寒		−15 ℃,24 h	−10 ℃,24 h	−5 ℃,24 h
			恢复室温样品正常		
	清晰度(透明型)		≤5 ℃		
卫生指标	细菌总数/(个·g^{-1})		≤500	≤800	≤1 000
	大肠杆菌		不得检出		
	金黄色葡萄球菌		不得检出		
	绿浓杆菌		不得检出		
	铅/(mg·kg^{-1})		≤30	≤30	≤40
	汞/(mg·kg^{-1})		≤1	≤1	≤1
	砷/(mg·kg^{-1})		≤10	≤10	≤10

儿童洗发液细菌总数≤500 个·g^{-1}。

9.2.2.2 洗发膏标准

洗发膏的行业标准代号为 QB/T 1860—93,其主要内容如下。

1. 适用范围

洗发膏标准适用于以脂肪醇硫酸钠和脂肪酸皂类及其他表面活性剂(椰子皂类除外)为主要原料,添加润湿剂、助洗剂、芳香物、杀菌药物、色素等辅料配制而成的洗发用品。

2. 产品分类

按产品性能分为一般洗发膏、营养洗发膏、护发洗发膏;按产品包装分为瓶装、袋装、软管装。

3. 技术要求

产品卫生指标应符合 GB 7916 的有关规定,感官和理化指标应符合表 9.11 的规定。

表 9.11 洗发膏的感官和理化指标

指标名称		指标
感官指标	膏体	均匀,软硬适宜,无杂质
	香气	香气纯正,符合规定香型,无异味
	色泽	符合规定色泽
耐热		40 ℃,24 h 膏体不流动,无分离现象
耐寒		0 ℃,24 h 膏体能正常使用 -10 ℃,24 h 膏体恢复室温无分离析水现象
泡沫(40 ℃)/mm		≥100
pH 值		≤9.8
活性物含量(以 100w%K_{12}计)/w%		≥8

9.2.2.3 头发用冷烫液标准

头发用冷烫液的国家标准代号为 GB 11428—89,其主要内容如下。

1. 适用范围

头发用冷烫液标准适用于以巯基乙酸铵为还原剂,添加各种乳化剂、芳香剂等辅料配制而成的化学卷发液系美发用化妆品。

2. 产品分类

冷烫液按其溶剂类型分为水型(水溶液型)和乳剂型;按其使用方法分为热敷型和不热敷型。

3. 技术要求

冷烫液由卷发剂和定型剂两部分组成,其指标应符合表 9.12 和表 9.13 的规定。

表 9.12 卷发剂的理化指标

指标名称	指标			
	优级品		一级品	
	热敷型	不热敷型	热敷型	不热敷型
外观	水剂:清晰透明,无杂质、沉淀 乳剂:无杂质、沉淀		水剂:清晰透明,无杂质,微有沉淀 乳剂:无杂质,微有沉淀	
气味	略有氨的气味			
pH 值	8.5~9.5			
游离氨含量/(g·mL⁻¹)	≥0.008 0			
巯基乙酸铵含量/(g·mL⁻¹)	0.085 0~0.139 0	0.095 0~0.139 0	0.085 0~0.139 0	0.095 0~0.139 0

表 9.13　定型剂的理化指标

定型剂	指标名称	指标
过硼酸钠（固体）	外观	细小白色结晶
	含量/w%	≥96
	稳定度/w%	≥90
双氧水（液体）	外观	透明水状液
	含量($g\cdot mL^{-1}$)	≥0.015 0
	pH 值	2~3

9.2.2.4　发乳标准

发乳的国家标准代号为 GB 11429—89,其主要内容如下。

1. 适用范围

发乳标准适用于护发用、特殊性护发用的乳化型发乳产品。

2. 产品分类

按乳化类型分为油在水中型(即油/水型)和水在油中型(即水/油型);按功能分为一般性护发用和特殊性护发用(包括药物性等)。

3. 技术要求

发乳的物理化学和卫生指标应符合表 9.14 规定。

表 9.14　发乳的理化、卫生指标

指标名称			优级品	一级品	合格品
耐热	油/水		48 ℃/24 h,不分离	45 ℃/24 h,不分离	40 ℃/24 h,不分离
	水/油		40 ℃/24 h,渗油量不超过 5w%		
耐寒	油/水		－15 ℃/24 h,恢复室温(25 ℃),无油水分离现象		
	水/油		－10 ℃/24 h,恢复室温(25 ℃),膏体不发粗,不出水		
色泽			符合标样		
膏体结构			细腻		
pH 值			4.0~8.5		
香气			符合规定香型		
色泽稳定性			暴露在紫外线灯下 6 h,应不变色或轻微变色		
卫生指标	重金属	铅/($mg\cdot kg^{-1}$)	≤40		
		汞/($mg\cdot kg^{-1}$)	≤1		
		砷/($mg\cdot kg^{-1}$)	≤10		
	微生物	细菌总数/(个$\cdot g^{-1}$)	≤1 000		
		粪大肠菌群、金黄色葡萄球菌、绿脓杆菌/(个$\cdot g^{-1}$)	不得检出		

9.2.2.5　护发素标准

护发素的行业标准代号为 QB/T 1975—94,其主要内容如下。

1. 适用范围

护发素标准适用于由抗静电剂、柔软剂和各种护发剂配制而成的乳状产品，用于漂洗头发，使头发具有光泽，易于梳理的漂洗型护发素。

2. 产品分类

产品按功能分为多个品种。

3. 技术要求

产品卫生指标应符合 GB 7916 的规定，感官、理化指标应符合表 9.15 的规定。

表 9.15　护发素的感官、理化指标

指　标　名　称		指　　　标
感官指标	外观	无异物
	色泽	符合企业规定
	香气	符合企业规定
理化指标	pH 值(25 ℃)	2.5～7.0
	粘度(25 ℃)/(Pa·s)	≥0.4
	总固体/w%	≥4.0
	耐热	(40±1)℃，24 h，恢复至室温后没有分离、沉淀、变色现象(注明含有不溶性粉粒沉淀物除外)
	耐寒	－5～－15 ℃，24 h，恢复室温样品正常

9.2.2.6　染发剂标准

染发剂(染发水、染发粉、染发膏)的行业标准代号为 QB/T 1978—94，其主要内容如下。

1. 产品分类

按产品形态分为染发水、染发粉、染发膏；按产品剂型分为单剂型、多剂型；按产品结构分为染料型、氧化型。

2. 技术要求

产品卫生指标应符合 GB 7916 中对苯二胺浓度的有关规定，感官指标、理化指标应符合表 9.16 的规定。

表 9.16　染发水、染发粉、染发膏的感官、理化指标

指　标　名　称		指　标			
		染　发　粉		染发水	染　发　膏
		单剂型	两剂型		
外观		符合企业规定			
香气		符合企业规定			
pH 值	染剂	8.0～11.5	4.0～7.5	8.0～11.0	8.0～11.0
	氧化剂	8.0～11.5	8.0～12.0	2.0～5.0	2.0～5.0
氧化剂浓度/w%		—	—	4.0～7.0	4.0～7.0
耐寒		—	—	—	(－10±2)℃，24 h，恢复室温膏体无油水分离
耐热		—	—	—	(40±1)℃，6 h，恢复室温膏体无油水分离
染色能力		白发染黑			

9.2.2.7　发油标准

发油的行业标准代号为 QB/T 1862—93，其主要内容如下。

1. 适用范围

发油的行业标准适用于以矿物油、有机硅氧烷及植物油等为主要原料,供滋润、保护、美化头发用的发油。

2. 产品分类

按包装形式分为玻璃瓶装、喷雾罐装和泵式喷发油。

3. 技术要求

产品卫生指标应符合 GB 7916 的有关规定,理化、感官指标应符合表 9.17 的规定。

表 9.17 发油的理化、感官的指标

指标名称		指标
理化指标	耐寒	-5 ℃,8 h 恢复室温透明,无凝析物
	密度(20℃)/($g\cdot ml^{-1}$)	单相发油:0.810~0.880
		双相发油:油相 0.810~0.880,水相 0.900~1.000
感官指标	透明度	单相发油:室温下清晰,无明显杂质、黑点
		双相发油:室温下透明,油水相分别透明,无雾状物及尘粒
	色泽	符合规定色泽
	香气	符合规定香型

喷雾罐装发油除应符合气雾剂类产品有关规定外,其余指标应符合表 9.18 的规定。

表 9.18 喷雾罐装发油指标

指标名称	指标
耐寒	-5 ℃,8 h,恢复室温(20 ℃左右),能正常使用
喷出率(气压式)/%	≥95
起喷次数(泵式)/次	≤5

9.2.2.8 发用摩丝标准

发用摩丝的行业标准代号为 QB 1643—92,其主要内容如下。

1. 适用范围

发用摩丝标准适用于以高分子聚合物为主要原料的发泡定型护发剂,用于固定发型及保护、修饰美化发型。

2. 名称

发用摩丝(hairmousse)是用于头发造型和护理头发的泡沫制品。

3. 产品分类

按发用摩丝使用功能分为定型摩丝和护发摩丝。

4. 技术要求

发用摩丝所用喷雾罐、气雾阀应符合 GB 13042 的有关要求,并具有生产厂家的出厂合格证方可使用。

产品理化指标应符合表 9.19 的规定,发用摩丝的有毒物质不得超过表 9.20 规定的限量。

表 9.19　发用摩丝的理化指标

项　目	指　　标
外观	具有芳香气味的白色或淡黄色,泡沫均匀,手感细腻,富有弹性
香气	符合规定的香型
pH 值	3.5～8.0
耐热性能	在 40 ℃恒温 24 h,恢复至室温能正常使用
耐寒性能	在 0 ℃保持 24 h,恢复至室温能正常使用
总固体/w%	标准值±0.5
残留物/w%	≤5
泄漏试验	在 50 ℃恒温水浴中试验不得有泄漏现象
内压力/MPa	在 25 ℃恒温水浴中试验应小于 0.8

表 9.20　发用摩丝的有毒物质限量

项　　目	指　标	项　　目	指　标
汞/(mg·kg^{-1})	1	砷/(mg·kg^{-1})	10
铅/(mg·kg^{-1})	40	甲醇/w%	0.2

9.2.2.9　定型发胶标准

定型发胶的行业标准代号为 QB 1644—92,其主要内容如下。

1. 适用范围

定型发胶标准适用于以高分子聚合物、酒精等经调香配制而成的固定修饰、美化发型的液体喷发胶。

2. 产品分类

按定型发胶的喷射动力分为气压式喷发胶和泵式喷发胶。

3. 技术要求

产品的理化指标应符合表 9.21 的规定。

表 9.21　定型发胶的理化指标

项　　目	指　　标
色泽	符合标样色泽
香气	符合规定的香型
总固体/w%	标准值±0.5
喷出率(气压式喷发胶)/w%	≥95
泄漏试验(气压式喷发胶)	在 50 ℃恒温水浴中不得出现泄漏现象
内压力(气压式喷发胶)/MPa	在 25 ℃恒温水浴中试验<0.8
起喷次数(泵式喷发胶)/次	≤5
甲醇/w%	≤0.2

9.2.2.10　洗面奶标准

洗面奶的行业标准代号为 QB/T 1645—92,其主要内容如下。

1. 适用范围

洗面奶标准适用于以清洁面部皮肤为主要目的,同时兼有保护皮肤作用的化妆品。

2. 产品分类

根据洗面奶产品结构、添加剂的不同，洗面奶可分为普通型、磨砂型和辅助功效型 3 种类型。

3. 技术要求

产品卫生指标应符合 GB 7916 的有关规定，理化指标应符合表 9.22 的规定。

表 9.22　洗面奶的理化指标

项　　目	指　　标
色泽	符合规定色泽
香气	符合规定香型，无异味
膏体	细腻，有一定流动性
pH 值	4.5～8.5
粘度(25 ℃)/(Pa·s)	标准值±2.0
离心分离	2 000 $r\cdot min^{-1}$，30 min 无油水分离(颗粒沉淀除外)
耐热	(40±1)℃，24 h 恢复至室温无分层、变稀、变色现象
耐寒	(－10±1)℃，24 h 恢复至室温无分层、泛粗、变色现象

9.2.2.11　润肤乳液标准

润肤乳液的国家标准代号为 GB 11431—89，其主要内容如下。

1. 适用范围

润肤乳液标准适用于滋润人体皮肤的具有流动性的乳化型化妆品。

2. 技术要求

润肤乳液的感官、理化和卫生指标必须符合表 9.23 规定。

表 9.23　润肤乳液的感官、理化和卫生指标

指标名称			指标：优级品	指标：一级品	指标：合格品
感官指标	色泽		符合标样		
	香气		符合标样		
	结构		细腻		
理化指标	耐寒		－15 ℃	－10 ℃	－5 ℃
			保持 24 h，恢复室温无油水分离现象		
	耐热		48 ℃保持 24 h，恢复室温无油水分离现象		
	离心试验	一般	4 000 $r\cdot min^{-1}$	3 000 $r\cdot min^{-1}$	2 000 $r\cdot min^{-1}$
			旋转 30 min 不分层		
		粉质	2 000 $r\cdot min^{-1}$旋转 30 min 不分层		
	pH 值		4.5～8.5		
卫生指标	细菌总数/(个·g^{-1})	成人	≤500	≤800	≤1000
		儿童	≤500		
	大肠杆菌/(个·g^{-1})		不得检出		
	绿脓杆菌/(个·g^{-1})		不得检出		
	金黄色葡萄球菌/(个·g^{-1})		不得检出		
	汞/($mg\cdot kg^{-1}$)		≤1		
	砷/($mg\cdot kg^{-1}$)		≤10		
	铅/($mg\cdot kg^{-1}$)		≤30	≤30	≤40

9.2.2.12 唇膏标准

唇膏的国家标准代号为 GB 11430—89,其主要内容如下。

1. 适用范围

唇膏标准适用以油、脂、蜡、色素、荧光素、芳香物等成分复配而成的蜡状唇部用品,具有使唇部美观和防干裂等作用。

2. 产品分类

按产品性能分为化妆唇膏和防裂唇膏;按产品包装形式分为管装和盒装。

3. 技术要求

唇膏的感官、理化、卫生指标应符合表 9.24 的规定。

表 9.24 唇膏的感官、理化和卫生指标

指标名称		指标
感官指标	外观	蜡状体,表面光泽、平滑,无气孔及异色斑点
	色泽	均匀一致,符合标样
	香气	纯正、无油脂异味,符合规定香气
理化指标	pH 值	≤7
	渗油	(38±1)℃,24 h,无渗油现象
	耐热	(48±1)℃,24 h,无弯曲软化现象
	耐寒	(0±1)℃,24 h,恢复室温后能正常使用
卫生指标	汞/$(mg\cdot kg^{-1})$	≤1
	砷/$(mg\cdot kg^{-1})$	≤10
	铅/$(mg\cdot kg^{-1})$	≤40
	细菌总数/(个$\cdot g^{-1}$)	≤500
	大肠杆菌/(个$\cdot g^{-1}$)	不得检出
	绿脓杆菌/(个$\cdot g^{-1}$)	不得检出
	金黄色葡萄球菌/(个$\cdot g^{-1}$)	不得检出

9.2.2.13 雪花膏标准

雪花膏的行业标准代号为 QB/T 1857—93,其主要内容如下。

1. 适用范围

雪花膏标准适用于供人体皮肤滋润的雪花膏、水包油型护肤膏霜。

2. 产品分类

按产品结构、色泽、香型、添加剂不同,分为普通型、营养型和辅助功效型(增白、粉质、磨面)3 种。

3. 技术要求

产品卫生指标应符合 GB 7916 的有关规定要求,感官指标、理化指标应符合表 9.25 的规定。

表 9.25　雪花膏的感官、理化指标

指标名称		指标
感官指标	色泽	符合规定色泽
	香气	符合规定香型
	膏体	细腻
理化指标	pH 值	4.0~8.5(含有粉质雪花膏≤9.0)
	耐热	40 ℃,24 h,膏体无油水分离现象
	耐寒	-5~-15 ℃,24 h,恢复室温后膏体无油水分离现象

9.2.2.14　香脂标准

香脂的行业标准代号为 QB/T 1861—93,其主要内容如下。

1. 适用范围

香脂标准适用于滋润肌肤,防止粗糙和皲裂的各种油包水乳化型香脂。

2. 产品分类

产品按功能分为普通型、营养型。

3. 技术要求

产品卫生指标应符合 GB 7916 的有关规定,感官指标、理化指标应符合表 9.26 的规定。

表 9.26　香脂的感官、理化指标

指标名称		指标
感官指标	色泽	符合规定色泽
	香气	符合规定香型
	膏体	细腻
理化指标	pH 值	5.0~8.5
	耐热	(40±1)℃,24 h,渗油率不超过 3*w*%
	耐寒	(-15±1)℃,24 h,恢复室温后无油水分离

9.2.2.15　香水、花露水标准

香水、花露水的行业标准代号为 QB/T1858—93,其主要内容如下。

1. 适用范围

香水花露水标准适用于卫生化妆用的香水和花露水。

2. 技术要求

产品卫生标准(甲醇含量)应符合 GB 7916 的有关规定要求,感官指标和理化指标应符合表 9.27 的规定。

表 9.27　香水、花露水的感官、理化指标

指标名称		指标	
		香水	花露水
感官指标	色泽	符合规定色泽	
	香气	符合规定香型	
	清晰度	水质清晰,不得有明显杂质和黑点	
理化指标	密度(20 ℃)/($g\cdot m^{-3}$)	规定值±0.02	
	浊度	5 ℃水质清晰,不浑浊	10 ℃水质清晰,不浑浊
	色泽稳定性	(48±1)℃,24 h,维持原有色泽不变	

9.2.2.16 香粉、爽身粉、痱子粉标准

香粉、爽身粉、痱子粉的行业标准代号为 QB/T 1859—93,其主要内容如下。

1. 适用范围

香粉、爽身粉痱子粉标准适用于以粉体原料为基质,添加其他辅料成分配制而成的香粉、爽身粉和痱子粉。

2. 名称

(1) 香粉。香粉系人的面部用护肤品,由粉体基质、护肤物和芳香物等组成。具有抵御风沙扑打,减弱高温刺激及紫外线伤害,遮蔽面部瑕疵、芳香肌肤等作用。

(2) 爽身粉。爽身粉系人的体部用护肤卫生品,由粉体基质、吸汗剂等组成。浴后使用,具有吸汗、爽肤、芳香肌肤等作用。

(3) 痱子粉。痱子粉系人的体部用护肤卫生品,由粉体基质、吸汗剂、杀菌剂等组成。具有吸汗杀菌、防痱、止痱等作用。

3. 产品分类

按产品使用对象分为婴儿用品、儿童用品、成人用品。

4. 技术要求

产品卫生指标应符合 GB 7916 要求,感官、理化指标应符合表 9.28 的规定。

表 9.28 香粉、爽身粉、痱子粉的感官、理化指标

指标名称		指标
感官指标	粉体	洁净,无明显杂质黑点
	色泽	符合规定色泽
	香气	符合规定香型
理化指标	pH 值	4.5~9.5
	细度(120 目)/$w\%$	≥95

9.2.2.17 化妆粉块标准

化妆粉块的行业标准代号为 QB/T 1976—94,其主要内容如下。

1. 适用范围

化妆粉块标准适用于以粉质为主体,经压制成型的胭脂、眼影粉、粉饼等。

2. 产品分类

化妆粉块按用途分为眼影粉、胭脂、粉饼等。

3. 技术要求

产品卫生指标应符合 GB 7916 的有关规定,理化、感官指标应符合表 9.29 的规定。

表 9.29 化妆粉块的理化、感官指标

指标名称		指标
理化指标	涂擦性能	油块≤1/4 粉块
	均匀度	颜料及粉质分布均匀,无明显斑点
	pH 值	6.0~9.0
	疏水性	粉质浮在水面保持 2 h 不下沉
感官指标	色泽	符合企业规定
	香气	符合企业规定
	块型	表面应完整,无缺角、裂缝等缺陷

注:均匀度,花色粉块例外;疏水性,仅适用于干湿两用粉饼。

9.2.3 牙膏标准

牙膏的国家标准代号为 GB 8372—87,其主要内容如下。

1. 适用范围

GB 8372—87 牙膏标准适用于口腔卫生用的各种牙膏。

2. 技术要求

(1) 感官指标。膏体应均匀、细腻、洁净,色泽正常。

(2) 理化指标。

① pH 值:5.0 ~ 10.0。

② 稳定性:膏体不溢出管口,不分离出水,香味、色泽正常。

③ 过硬颗粒:玻片无划痕。

④ 稠度:9 ~ 33 mm。

⑤ 粘度:不大于 360 Pa·s。

⑥ 挤膏压力:不大于 40 kPa。

⑦ 泡沫量:不小于 60 mm。

⑧ 摩擦值:2 ~ 15 mg。

⑨ 游离氟(F^-):$(400 \sim 1\ 200) \times 10^{-6}$(适用于氟化物牙膏)。

(3) 卫生要求。

① 牙膏使用的香精、色素等添加剂必须符合国家有关卫生安全标准规定。

② 微生物:细菌总数不大于 500 个/g。

③ 重金属含量(Pb):不大于 25×10^{-6}。

④ 砷含量(As):不大于 5×10^{-6}。

9.2.4 文件用品标准

9.2.4.1 自来水笔用墨水标准

自来水笔用墨水的行业标准代号为 QB/T 1745—93,其主要内容如下。

1. 适用范围

自来水笔用墨水标准适用于自来水笔和蘸水钢笔作一般书写用的蓝黑墨水和纯蓝墨水。

2. 产品分类

按色彩分为蓝黑墨水和纯蓝墨水;按性能不同分为高级墨水和普级墨水。

3. 技术要求

自来水笔用墨水的性能要求应符合表 9.30 的规定,包装要求应符合表 9.31 的规定。

9.2.4.2 墨汁标准

墨汁的行业标准代号为 ZBY 50004—90,其主要内容如下。

1. 适用范围

墨汁标准适用于绘画、书法、拓印和工业、艺术品着色用的墨汁。

2. 产品分类

产品按质量分为高级品、中级品、普级品。

3. 技术要求

产品的物理化学性能指标应符合表 9.32 的规定。

表 9.30 自来水笔用墨水的性能要求

项目	性能要求			
	蓝黑墨水		纯蓝墨水	
	高级	普级	高级	普级
色度	≥0.30	≥0.26	≥0.28	≥0.24
不溶物/mm	≤2.0	≤2.5	≤2.0	≤2.5
扩散度/级	≤3			
耐水性	线迹清晰		线迹可辨	
耐晒性	线迹清晰		线迹可辨	
稳定性	不应出现霉斑、异味			
间歇书写/min	≥30	≥20	≥30	≥20
pH 值	≥1.5		≥1.8	
墨水外观	表面无悬浮物，无异味			

表 9.31 自来水笔用墨水的包装要求

项目		包装要求
容量允差	≤100 ml	负差不大于规定容量的 5%
	>100 ml	负差不大于规定容量的 3%
密封		倒置不渗漏
包装外观		1. 表面无污染 2. 瓶及盖成型完整，无缺陷、毛刺 3. 瓶贴、小包装盒印刷清晰可识别，标志齐全，瓶贴端正

表 9.32 墨汁的理化指标

项目		高级品	中级品	普级品
色泽		≥1.45	≥1.40	≥1.35
离心色泽		不小于原液色泽的 90%	不小于原液色泽的 90%	不小于原液色泽的 85%
扩散		原液扩散均匀，无胶斑水印	原液扩散均匀，无胶斑水印	原液无胶斑水印
耐水性		水浸 24 h 不跑墨		
耐寒性	1	(1±1)℃	(2±1)℃	(3±1)℃
	2	-6 ℃冻后复原，原液的物理化学性能仍能达到标准规定指标		
防腐性		经防腐试验后无异味		

9.2.4.3 誊写油墨(油型)标准

誊写油墨(油型)行业标准代号为 QB/T 1867—93，其主要内容如下。

1. 适用范围

誊写油墨(油型)标准适用于在手工及电动誊印机上使用的誊写油墨(油型)，该油墨用于在凸版纸等吸收性较强的纸张上印刷。

2. 产品分类

按印刷速度分为誊写油墨和速印誊写油墨两类。誊写油墨又分为红、蓝、黑 3 种,速印誊写油墨只有黑色一种。

3. 技术要求

誊写油墨产品各项技术指标应符合表 9.33 的规定,各项性能要求应符合表 9.34 的规定。

表 9.33 誊写油墨技术指标

型号	产品名称	指标			
		颜色	着色力/%	细度/μm	流动度/mm
W 60 662	誊写红墨	近似标样	≥90	≤30	28~36
W 60 443	誊写蓝墨				
W 60 801	誊写黑墨				
W 60 802	速印誊写黑墨	近似标样	≥90	≤30	36~44

表 9.34 誊写油墨性能要求

型号	产品名称	渗色性	渗透度/mm
W 60 662	誊写红墨	允许油圈微带红色	≤45
W 60 443	誊写蓝墨	油圈不带蓝色	
W 60 801	誊写黑墨	油圈不带褐色	
W 60 802	速印誊写黑墨	油圈不带褐色	

9.2.4.4 双面蓝色复写纸标准

双面蓝色复写纸行业标准代号为 QB 1204—91,其主要内容如下。

1. 适用范围

双面蓝色复写纸标准适用于圆珠笔、铅笔等打印、复写一式多份用的双面蓝色复写纸。

2. 技术要求

双面蓝色复写纸的规格尺寸及极限偏差应符合表 9.35 的规定,技术指标应符合表 9.36 的规定。

表 9.35 双面蓝色复写纸的规格尺寸/mm

规格尺寸	极限偏差		极限偏差		试验方法
	一等品	合格品	一等品	合格品	
255×370	±3	+3 -5	2	3	ZBY 32010
220×340					
185×255					

表 9.36 双面蓝色复写纸的技术指标

技术指标	一等品	合格品
复写份数(第 5 份 L 值)	≤60	≤75
耐写次数(第 10 次 L 值)	≤65	≤75
污染性(L 值)	≥70	≥60
耐光性(L 值)	≤80	≤90
粘纸性(张数)	≤4	≤5
扩散性/w%	≤40	≤50

注:L 值表示明度。

9.2.4.5 蜡笔标准

蜡笔的行业标准代号为 QB 1336—91,其主要内容如下。

1. 适用范围

该标准适用于儿童绘画、书写记号用的蜡笔。

2. 技术要求

(1) 色泽。各色别的色泽与生产厂提供的标准样相似。

(2) 有害物质。蜡笔中可溶锑、砷、钡、镉、铬、铅、汞或这些元素组成的任何可溶性化合物的元素含量,不得超过表 9.37 所列的数值。

表 9.37 蜡笔中元素含量指标

元素名称	锑	砷	钡	镉	铬	铅	汞
指标/($mg \cdot kg^{-1}$)	250	100	500	100	100	250	100

(3) 软化点。不低于 58 ℃。

(4) 抗折力。不低于 4 N。

(5) 描绘性能。描绘流利并符合蜡笔画的绘画要求。

(6) 笔身外观。光洁完整,笔身色泽与涂样接近,笔身平直,笔头居中。

9.2.5 皮革制品上光剂标准

9.2.5.1 皮鞋油标准

皮鞋油的行业标准代号为 QB 1466—92,其主要内容如下。

1. 适用范围

皮鞋油标准适用于各种颜色的溶剂型和乳化型膏状皮鞋油。

2. 产品分类

皮鞋油分为溶剂型和乳化型两种。

3. 技术要求

(1) 感官要求。产品有各种颜色。膏体表面应平整光洁,膏体结构细腻,可带有原材料气味。

(2)理化指标。理化指标应符合表 9.38 的规定。

表 9.38 皮鞋油的理化指标

项 目	溶剂型	乳化型
光泽值/%	45°镜面反射率:彩色≥15,黑色≥20	45°镜面反射率:彩色≥5,黑色≥12
色泽	色泽均匀一致,符合各厂规定色泽	
pH 值	6.5~8.5	7.0~9.5
耐热	40 ℃/24 h 倾斜 45 ℃,膏体不流油,不分离	40 ℃/24 h 倾斜 45 ℃,膏体不流出,不分离
耐寒	-10 ℃/24 h,恢复室温能正常使用	0 ℃/24 h,挤膏压力≤47 kPa -10℃/24 h,恢复室温无异常变化
不挥发物含量/w%	≥20	≥15
不挥发物滴点/℃	≥70	≥55

9.2.5.2 皮夹克油标准

皮夹克油的行业标准代号为 QB 1255—91,其主要内容如下。

1. 适用范围

皮夹克油标准适用于各种颜色的溶剂型和乳化型皮夹克油。

2. 产品分类

皮夹克油分为乳化型和溶剂型两种。

3. 技术要求

(1)感官要求。产品为有色的易流动液体,可带有原材料的气味。

(2)理化指标。产品理化指标应符合表 9.39 的规定。

表 9.39 皮夹克油的理化指标

项 目	乳化型	溶剂型
粘度(25 ℃)/(mPa·s)	≥0.2	≥0.2
pH 值	6~9.5	—
耐热	40 ℃,24 h,无异常变化	
耐寒	-10 ℃,24 h,恢复室温无异常变化	
颜色摩擦牢度	≥3 级	≥2 级

参考文献

1 顾良荧.日用化工产品及原料制造与应用大全.北京:化学工业出版社,1997

2 孙绍曾.新编实用日用化学品制造技术.北京:化学工业出版社,1996

3 王培义.化妆品——原理·配方·生产工艺.北京:化学工业出版社,1999